普通高等教育“十一五”国家级规划教材
普 通 高 等 教 育 国 家 级 精 品 教 材

食品生物技术导论

Introduction to Food Biotechnology

主　编　彭志英
副主编　赵谋明　陈　坚

中国轻工业出版社

图书在版编目(CIP)数据

食品生物技术导论/彭志英主编.—北京:中国轻工业出版社,2024.2
普通高等教育“十一五”国家级规划教材
ISBN 978-7-5019-6537-3

Ⅰ.食… Ⅱ.彭… Ⅲ.生物技术-应用-食品工业-高等学校-教材 Ⅳ.TS201.2

中国版本图书馆CIP数据核字(2008)第109264号

责任编辑:马 妍
策划编辑:马 妍 责任终审:唐是雯 封面设计:锋尚设计
版式设计:王培燕 责任校对:李 靖 责任监印:张京华

出版发行:中国轻工业出版社(北京鲁谷东街5号,邮编:100040)
印 刷:三河市万龙印装有限公司
经 销:各地新华书店
版 次:2024年2月第1版第12次印刷
开 本:787×1092 1/16 印张:22.25
字 数:514千字
书 号:ISBN 978-7-5019-6537-3 定价:43.00元
邮购电话:010-85119873
发行电话:010-85119832 010-85119912
网 址:http://www.chlip.com.cn
Email:club@chlip.com.cn

240114J1C112ZBW

《食品生物技术导论》编审人员

主　　编	彭志英	华南理工大学教授、博士生导师
副 主 编	赵谋明	华南理工大学教授、博士生导师
	陈　坚	江南大学教授、博士生导师
参编人员	杨晓泉	华南理工大学教授、博士生导师
	何国庆	浙江大学教授、博士生导师
	杨海龙	浙江大学副教授
	孙　震	江南大学副教授
	黄惠华	华南理工大学教授
	许　杨	南昌大学教授、博士生导师
	胡　娜	南昌大学讲师
	李秀芬	江南大学教授
主　　审	管华诗	中国海洋大学教授、博士生导师 中国工程院院士
	姚惠源	江南大学教授、博士生导师

序

我国人民是勤劳、勇敢和智慧的人民。早在数千年前就能从自己劳动实践中创造出光辉灿烂的文化。在科学史上我国有“四大发明”，传统的天然酿酒、制醋和制酱等技术也有数千年的历史。酿酒用的酒曲，也是我国首创，后来才传至日本和世界各地。人们逐渐认识自然和改造自然，利用天然的微生物和传统的生产工艺生产出多种多样的发酵食品，形成了传统的生物工艺学，即当今生物技术的雏形。

直至欧洲的经济复兴，19世纪中后期法国科学家巴斯德（Pasteur）和德国科学家柯赫（Koch）先后发现和发明了发酵机理及微生物菌种的纯种分离技术，促使传统的生物技术向近代的发酵工艺转型，促进了抗生素、氨基酸和有机酸等液体深层发酵技术的发展。直至20世纪50年代初开始，伴随着“DNA双螺旋结构”的发现、“基因工程”和“蛋白质工程”的诞生以及后基因组学时代的到来，标志着现代生物技术的形成和发展。近半个世纪的实践表明：现代生物技术已对提高国力，迎接人类所面临的粮食短缺、癌症、能源和环境问题的挑战产生了深远的影响。同时，食品工业的发展和农副产品深加工均离不开现代科学技术。采用酶法转化和固定化酶技术，可使玉米淀粉和木薯淀粉等转化成高果糖浆、超高麦芽糖浆和啤酒专用糖浆，同时对奶酪和酶制剂等产品的生产工艺进行了革新，并产生重大的经济效益和社会效益。

人类经过漫长的生产实践和科学实验，科学技术才逐渐发展。生物技术和其他科学一样，经历了从古代开始走过近代而至现代的发展历程。

生物技术（biotechnology）又称生物工艺学，按其涵义和研究内容应包括传统、近代和现代的生物技术。食品生物技术是生物技术的重要分支学科，而且这个分支学科已经对食品工业的发展产生极其重要的作用，它不仅促进了食品工业的革新，发展了经济，改善了人民的生活，而且繁荣了食品科学。

食品是人类赖以生存和繁衍的物质基础，食品工业是生命工业。繁荣食品科学和发展食品工业是衡量一个国家、一个民族兴衰成败的关键。食品工业的发展要依靠现代科学技术，特别是要依靠生物技术。我国“食品科学与工程”一级学科的发展也离不开食品生物技术的融合和渗透。当今，食品生物技术已成为食品科学、农副产品加工、粮油蛋白质工程、水产品加工及食品安全等二级学科的重要研究方向。我国土地辽阔、水陆生物资源丰富，特别是农副产品资源极为丰富，尚有待于深入研究开发。目前，我国食品工业通过几十年的改革开放，坚持科学发展观和持续发展的战略，已逐步走向机械化和自动化的发展轨道。但是与国际先进国家相比，尚有较大差距。我国食品工业传统加工方法仍占了较大比例。劳动强度较大，成本较高，卫生条件较差。传统食品生产工艺尚需采用现代科学技术进行技术改造。

《食品生物技术导论》一书是按照我国教育部普通高等教育“十一五”国家级规划教材编写精神撰写的。本书较全面系统地介绍了国内外食品生物技术发展现状及其在食品工业中的应用。全书在分子生物学发展基础上，从系统工程角度，以上游过程与下游过程、食品与基因工程、食品与蛋白质工程、食品与酶工程、食品与细胞工程、食品与安全检测和食品工业“三废”与资源化、能源化等问题的相互关系中阐述食品生物技术的理论与实践。并且注意引导学生充分认识食品生物技术的复杂性、科学性、实践性和高新技术内涵。编写系统别具一格，有所创新。文字表达由浅入深、概念清晰、通俗易懂，便于学生自学和阅读。该书可作为食品类专业本科生教材，也可供研究生课程和科技人员参考。

前　言

当今，科学技术飞跃发展，人类社会不断进步。20世纪50年代初，由于“DNA双螺旋结构”的发现，人类进入了分子生物学时代；70年代初基因工程的诞生促使着现代生物技术产业化应运而生，对人类健康、经济发展和工业科技产生了深刻影响。因而，在科学发展史上逐步形成许多生物技术分支学科，其中包括医药生物技术、食品生物技术、农业生物技术、环境生物技术和化工生物技术等。

21世纪被誉为生物技术世纪。随着基因工程的发展，基因工程在食品工业中应用日益广泛、深入。食品生物技术这一分支学科已经形成，并且注入了高新技术的内涵，促进了“食品科学与工程”一级学科的发展。现在，食品生物技术已成为食品科学与工程的主要研究方向，也是我国普通高等院校食品类专业开设的主要课程之一。本书经教育部批准已列入普通高等教育“十一五”国家级规划教材。作者根据教育部关于编写规划教材的指示精神，力求使编写的内容能体现科学性、实践性、系统性和新颖性。全书较系统地介绍基因工程、蛋白质工程、酶工程、发酵工程、细胞工程等技术原理及其在食品工业中的应用；并从系统工程角度介绍了食品生物工程中的下游过程、食品安全检测和环境生物技术对食品工业“三废”的处理，特别强调了“三废”的资源化和能源化。可作为高等院校食品专业本科生教材，并可作为研究生课程的参考书。同时，也可供食品企业和研究单位中高级科技人员参考。

全书共分为九章。编写分工如下：第一章绪论（彭志英）；第二章食品与基因工程（彭志英）；第三章食品与蛋白质工程（杨晓泉）；第四章食品与酶工程（赵谋明）；第五章食品与发酵工程（何国庆、杨海龙）；第六章食品与细胞工程（孙 震）；第七章食品生物技术中的下游过程（黄惠华）；第八章食品生物技术与食品安全检测（许杨、胡娜）；第九章生物技术与食品工业“三废”治理（陈坚、李秀芬）。全书由彭志英统编，并汇集了兄弟院校多位专家教授的意见和建议。在编写过程中还得到林伟锋、陈中副教授、梁中坚工程师、博士生李莹等在提供编写资料、校对和图表修改等方面的大力协助。在此表示衷心谢意！

由于现代生物技术进展迅速，内容极为丰富。限于作者的编写水平，书中的错误及不妥之处在所难免，恳请同行和读者指正。

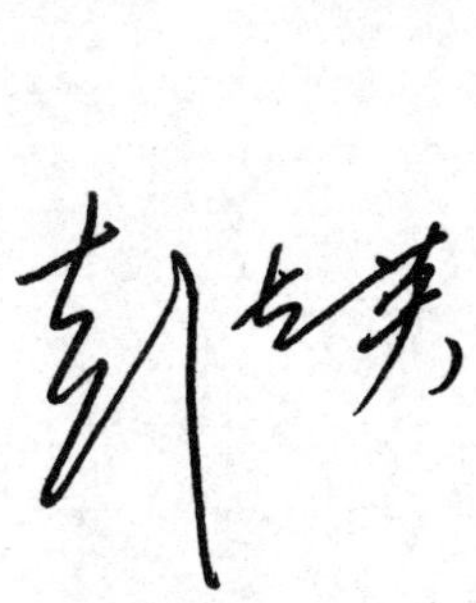

于华南理工大学

目　　录

第一章 绪 论

第一节 食品生物技术涵义

一、生物技术

20世纪50年代初，由于分子生物学的发展，对细胞核中存在的脱氧核糖核酸(dexyribonucleic acid，DNA）分子结构与功能之间关系有了比较清晰的阐述，70年代初实现了DNA重组技术（recombinant technology of DNA）或克隆技术（cloning technology)，逐步形成了以基因工程为核心内容，包括细胞工程、酶工程、发酵工程和蛋白质工程的生物技术。生物技术（biotechnology）又称为生物工程。1981年英国J. E. 史密斯著*Biotechnology*一书，对生物技术定义为："生物机体、生物系统或生物加工过程在制造业和商品业中的应用。并认为生物技术是一门研究微生物、生物化学和生物系统加工技术综合应用的科学。1983年5月在英国伦敦召开的国际生物工程会议上，与会专家讨论了生物工程涵义，会议认为所谓生物工程是达到特殊目的生物过程的控制性工程。2001年6月，我国学者陈坚教授将生物技术定义为"操纵生物（微生物、植物、动物）的细胞、组织或酶，进行生物合成及分解转化"。这一新技术之所以列入国际七大高科技领域之一，主要因为它是在分子生物学、生物化学、应用微生物学、化学工程、发酵工程和电子计算机的最新科学成就基础上所形成的综合性应用学科，并广泛应用于食品、医药、化工、农业、环保、能源和国防等许多部门。生物技术的发展已日益显示其巨大的潜力，将为世界面临的蛋白质、能源、环保和癌症等问题的解决提供极为美好的前景。

生物技术被世界各国视为一项高新技术，它对于提高国家总体实力，促进国民经济发展和人类健康具有深远的意义。

21世纪是生物技术世纪。

二、食品生物技术

食品生物技术（food biotechnology）是生物技术的重要分支学科。其定义虽然未有确切的提法，但是，按其涵义食品生物技术主要是指生物技术在食品工业中的应用，它是以基因工程技术为核心手段，包括细胞工程、酶工程、发酵工程和蛋白质工程等技术，贯穿于食品制造的全过程（上游过程和下游过程）。或者，利用生物体及其细胞、亚细胞和分子组成部分，结合工程学、信息学等手段去研究及加工处理或制造食品产品的新技术。

2002年，罗云波教授认为食品生物技术是指以现代生命科学的研究成果为基础，结合现代工程技术手段和其他学科的研究成果，用全新的方法和手段设计新型的食品和食品原料。食品生物技术不完全是一门新兴学科，它还包括传统的生物技术，诸如制酱、醋、面包、酸奶及其他传统的食品生物工艺。根据国际生物多样性公约，食品生物技术还包括传统食品生产或加工，将生物技术应用于粮食作物、动物及微生物等，以增强或改良其品质、产量、安全性、加工容易度以及经济性等。

随着世界人口急速暴涨，解决食物短缺是人类面临的重要挑战问题。目前世界人口为60多亿，预计到2035年将增至85亿，2050年后有可能增加至100亿。因此，人类为了生存和发展，食物必须增加2～3倍才有可能满足需求。解决此问题，不能单纯“靠天吃饭”，依靠现代生物技术就显出其特殊重要性。

采用基因工程技术和细胞融合等先进技术，对于改良动植物品种和对于微生物育种及应用于生产食品已有数十年的经验。实践证明，基因重组比传统育种技术具有更精确获得所需要的品系和性状，从而提高食物产量、降低成本、革新工艺、提高食品营养品质、净化环境、减少污染、减少耕作和提高抗病耐寒冻等能力。当今，转基因食品包括转基因动植物及微生物虽然也已显示其巨大潜力和优越性。但是，对其转基因食品的安全性，仍需进一步严格检测、进行评估或制定相关法规，以规范转基因食品的市场，以确保食品的安全。

第二节　食品生物技术研究内容

根据其自身发展，食品生物技术主要研究内容包括如下方面。

一、食品与基因工程

基因工程又称遗传工程，它是在体外将异源DNA（目的基因）与基因载体（质粒、病毒等）重组成复制子并转移至宿主细胞的过程。这种以分子生物学为基础，以DNA重组技术（或称克隆技术）为手段，实现动物、植物、微生物等不同种之间的基因转移或DNA重组。利用这一高新技术，已在医药、食品、化工、环境等部门得到广泛应用，在食品工业及科技领域已实现食品原料或食品微生物的改良。改革着传统的食品加工工艺或者在此基础上，采用DNA分子克隆对蛋白质分子进行定位突变（site directed mutagenesis）和体外定向进化等技术的所谓蛋白质工程（protein engineering），这对提高食品营养价值、功能蛋白质和酶的稳定性、食品加工性能和实现食品工业现代化，具有重要的科学价值和应用前景。

二、食品与酶工程

酶是活细胞产生的具高度催化活性和高度专一性的生物催化剂。为了提高酶催化各种物质的转化，以实现控制性工程的能力，酶工程发挥着极其重要的作用。所谓酶工程是把酶或细胞或经过修饰后直接应用于化学反应的生物催化工程，包括固定化酶、固定化细胞和固定化活细胞体系等。固定化酶是把水溶性酶经物理学或化学方法制备成不溶于水，但同样能催化底物反应的固相状态的酶。后来又发展为整个细胞固定化并同时使细胞增殖和提高其催化活性。它除了具有高度专一性和催化活性外，还能使反应过程管道化、自动化和数控化。因而，对食品、医药、化工、环保等部门的传统工艺革新产生重大作用。

酶工程的应用能有效地改造传统的食品工业。如在美国从20世纪70年代采用这一新技术，使玉米淀粉经酶法液化、糖化和葡萄糖异构化。并采用固定化技术，已成功地工业化生产第一代、第二代和第三代的高果糖浆（high fructose glucose syrup，HFGS）。其中果糖含量分别为42%、55%和90%以上，以代替蔗糖用作饮料和食品的甜味剂。仅美国的可口可乐和百事可乐两家饮料公司，每年就消耗高果糖浆500万～600万t以代替原来使用的蔗糖，既提高了饮料质量，又有利于人类的健康，这是一个非常成功的技术革新。采用生物技术不仅可以改良食品工业原料和材料品种，提高和改善食品用酶的稳定性，还可以修饰蛋白质分子，分离提纯各种活性成分以提高其营养价值。同时，酶的催化作用，还可有效地利用农副产品加工中的废料、废渣、废气，可使食品工厂变废为宝。有利于食品工厂逐步实现“清洁生产”和循环经济。

三、食品与发酵工程

发酵工程是生物技术的重要组成部分，是生物技术和食品技术产业化的重要手段。其涵义是采用现代发酵设备，使经微生物育种和基因重组技术改良的细胞或经其他现代技术改造的菌株进行放大培养和控制发酵，获得工业化生产预定的食品产品或食品的功能成分。

生物技术起源于传统的食品发酵，而现代生物技术首先在食品加工中得到广泛的应用。例如，改良面包酵母菌种是基因工程应用于食品工业中的第一个例子。其原理是将具有较高活力的酶基因转移至酿酒酵母（*Saccharomyces cerevisiae*），使面包酵母显著地提高麦芽糖透性酶（maltose permease）及麦芽糖酶（maltase）的活力，进而使面团发酵时产生大量的CO_2，形成膨发性能良好的面团，从而提高面包质量和生产效率。又例如制造干酪的凝乳酶，过去是从小牛胃中提取的，为了满足世界干酪的生产，每年大约需要宰掉4000万头小牛。而现在，采用基因工程技术，把小牛胃中凝乳酶的基因转移至大肠杆菌（*E. coli*）或酵母中，便可通过微生物发酵方法生产凝乳酶，并通过基因增殖来适应干酪的生产。

现代的发酵工程是在传统发酵基础上，结合DNA重组技术、细胞融合、酶工程、分子修饰和其他分子改造工程等技术，进行大规模控制性发酵。这种新型发酵技术，投资少、见效快、污染小，已日益成为全球经济的重要组成部分。

四、食品与细胞工程

应用细胞生物学方法，按照人们预定的设计，有计划地改造遗传物质和细胞培养技术，包括细胞融合技术、细胞拆合技术以及动物、植物大量控制性培养技术，还包括染色体工程和细胞质工程等内容。1902年G. Haberlandt提出植物细胞“全能性学说”，导致离体细胞和离体组织植物育种的兴起。20世纪60年代初Cocking等人用溶菌酶破除细胞壁，为原生质体融合奠定基础。70年代初诞生了细胞拆合工程。现在，细胞工程已进入崭新阶段，同时使动植物细胞生物技术进入工业化阶段。动、植物细胞培养技术是当今细胞工程的发展重点，与微生物细胞培养一样，在人工控制条件下在生物反应器中大规模培养，获得人类所需要的各种食品产品及保健产品，而且可缩短生产周期，不占用耕地，不受地理环境和气候影响，具有重要的科学价值和经济意义。

五、食品与蛋白质工程

1983年美国Genex公司K・Utmer提出蛋白质工程（protein engineering）概念，其涵义是指从蛋白质分子结构的设计入手，将待改进的蛋白质提纯为结晶，用X-射线衍射等手段研究其空间构象，确定其需要改变的氨基酸残基，然后再用基因定位突变和体外定向进化等方法达到修饰蛋白质分子空间结构的目的。因此，蛋白质工程又称为第二代基因工程。近几十年来，蛋白质工程通过定位突变（site-directed mutagenesis）和体外定向进化等方法，有数十种蛋白质分子经过这样改造，达到了提高蛋白质的稳定性、增强酶的特异性、提高酶的催化能力和改善蛋白质的食品营养功能等目的。蛋白质工程在医药、食品、农业和环境等部门有着广阔的应用前景。

六、食品与后基因组学

2003年，随着人类基因组图谱草图绘制成功，为后基因组学（post-genomics）的诞生拉开了序幕。

很早以前，许多科学家仅认为一个基因只能编码制造一个蛋白质，即“一个基因一个蛋白质”的假说。而现代科学研究认为，一个基因可以编码数个蛋白质，随之形成所谓基因组学（genomics）和蛋白质组学（proteomics），进一步阐明生活细胞的基因编码及其调节控制和阐明蛋白质之间的交互作用。近年来，在日本、美国和德国等国又启动了营养基因组学（nutrigenomics）的研究。这项研究指的是通过对基因表达蛋白质和其他代谢物等进行全面的分析。研究食品以及食品原料对人体产生影响，为进一步探索食品功能、作用机理和食品资源开发等提供科学依据。

七、食品与食品安全

食品安全关系着人类的生命安全和人民健康的重大问题。近十多年来，全球发生的食品安全事件说明，不仅危及人类的生命、安全和人体健康，而且在经济上造成重大损失，对政治、社会发展也产生重大影响。

科学技术和现代工业的发展，大大地促进了社会的发展和经济的繁荣，但也伴随着自然环境中废气、废水、废渣和环境污染的增加。同时，大面积施用化学农肥、农药也会产生环境污染。生物技术产业化的兴起和发展，对社会经济的发展产生重大的影响。如出现了转基因大豆、番茄、玉米、马铃薯等，具有产量高、营养高、抗病虫害等优点，为提供食物来源有着良好的发展前景。但转基因食品携带的抗生素基因有可能使动物与人的肠道病原微生物产生耐药性；抗昆虫农作物体内蛋白酶活性抑制剂和残留的抗虫内毒素可能对人体健康有害。

生物技术的发展为食品安全的检测提供高速高效的PCR系统检测技术。为加强食品加工过程中的食品安全管理，除必须严格执行CAC、GMP、HACCP和CCP安全体系外，还必须制定切实可行的食品安全监督管理体系并完善食品安全法规。同时，还要进一步加强食品安全检测手段的研究，以确保人类的健康和食品安全。

第三节　食品生物技术特点

根据食品生物技术的主要研究内容，食品生物技术特点如下。

一、食品生物技术与食品产业化紧密相关

食品生物技术最大特征是众多学科分支的集成体，与食品产业紧密相关。同时，对其

产业结构渗透性较强、关联度较高，而传统的食品加工关联度较低。因而，食品生物技术对改造传统食品工业和农副产品深加工，具有革命性意义和较大的经济价值。食品生物技术即食品生物工程包括上游过程（up stream process）和下游过程（down stream process），整个过程有多个操作工序，一环扣一环，核心技术为生物技术和酶工程，形成较为完整的产业链，如图 1-1 所示。

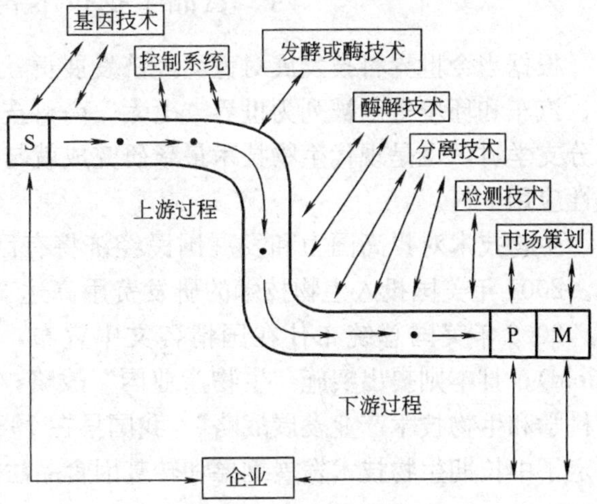

图 1-1　食品生物技术产业链示意图

这个产业链从原材料（material）开始，优化加工工艺（processing），并经过生物技术、控制系统和其他科学手段进行加工处理，然后再采用酶技术、其他先进的分离技术和食品安全检测技术等，最终获得优质高产的目标（最终）产品（products）。同时，进行现代包装（package）和贮藏运输及市场营销（marketing）等过程。即所谓实施“三 M”战略和“三 P”核心工艺的科学管理（manage）。企业则根据国内外市场信息，制定目标产品年度产量、规格和品种，并进行市场策划。同时，企业领导根据市场信息的反馈（feed back）情况，调整产品结构。整个过程都必须突出加强科学管理和依靠现代生物技术，包括基因重组技术、酶催化技术、发酵技术、现代膜分离和层析技术等。

原料品种的优化是食品加工的基础，不仅原料种植要相对集约化，而且要采用先进技术育种。食品加工过程要严格实行关键控制点质量控制体系（即 HACCP 体系），确保食品安全，进行现代化管理。

二、食品生物技术属边缘性交叉学科

生物技术是研究生命的科学技术，是生物科学和工程学综合交叉的边缘学科。它是应用生命活动的原理，诸如必须掌握生活细胞和生命的结构、功能、代谢活动及其生长规律等有关科学理论。以细胞生物学、微生物学、生理学、生物化学、分子遗传等学科为支撑，又结合诸如化学、物理学、化学工程学、数学、微电子技术、计算机技术、信息学等基础学科。同时，还应用了大量的现代化高新仪器及分析检测技术，如电子显微镜、液质联用仪、高效液相色谱仪、DNA 合成仪、DNA 序列分析仪、毛细管电泳仪等。因此，食品生物技术既是边缘性学科，又属知识密集型的应用学科。

三、食品生物技术具有“六高”基本特征

食品生物技术与其他高新技术一样，对国民经济的发展和食品工业的革新具有“六高”的基本特征：即高效益、高智力、高投入、高竞争、高风险和高潜力。按照目前科技发展情况，一般大中型食品企业研究与开发投入应占总销售产值 1%～2%，而高新技术却占 5%以上的投入，有的发达国家高新技术投入则达到 10%以上。在经济发达的国家，科技成果转化为现实经济效益的比例高达 60%～80%。

四、食品生物技术属高新技术范畴

根据当今世界科技发展对世界经济发展贡献情况，信息、能源、生物技术、航天、材料、汽车和环境等已被列为世界“七大”高科技领域。食品生物技术是现代生物技术的重要分支学科，也是现代生物技术最新研究成就与先进的工程技术手段紧密联系于一体的前瞻性应用学科。

生物技术对提高国力和发展国民经济将有巨大作用，因而已引起各国政府的高度重视。2001年美国投入生物技术的研发费用高达380多亿美元，仅次于军事科学的研发费用。2003年美国总统布什在国情咨文中宣布，美国实施“生物盾计划”（project bioshield）；日本则提出实施“生物产业国”战略；2003年9月欧盟委员会制定了“欧洲生命科学和生物技术产业发展战略”。我国早在1985年已组织制定了生物技术发展政策，并制定了中长期生物技术发展纲要和转基因食品法规等。

五、食品生物技术已成为食品科学发展的重要研究方向

为了进一步繁荣食品科学和有效地改造传统食品工业，食品生物技术作为生物技术的分支学科发挥着极其重要的作用。食品生物技术作为生物技术的分支学科，在自然科学中涵盖范围广为其特征。它以包括分子生物学、微生物学、免疫学、生理学、生物化学、食品营养与卫生学、信息学、电子学、化学工程、食品化学和社会伦理学等基础学科为支撑。而且彼此互相渗透，其主要内容又集中在现代生物技术在食品工业与科技中的应用，已成为食品科学发展的重要研究方向。目前，我国有500多所理、工、农等有关食品类专业院校设置了《食品生物技术》课程或作为培养研究生的主要研究方向。食品工业的发展需要依靠生物技术，培养食品科技人才也离不开食品生物技术。

第四节　食品生物技术发展简史

食品生物技术（food biotechnology）又称为食品生物工艺学。我国食品生物技术既是一个古老传统学科，源于我国数千年前的历史文化，又是一个近代、现代分子生物学发展而形成的生物技术分支学科。按其自身的发展历程，可划分为三个发展时期。

一、史前时期

我国古代有着灿烂的历史文化。劳动人民勤劳、智慧和勇敢，通过自身的生产实践认识自然和改造自然。人类在社会活动中积极求生存、繁衍和发展。从出土文物发现，追溯至距今数千年前的龙山文化时期。酿酒、制醋和制酱等发酵技艺已经发展到世界一流水平。以天然微生物发酵酿制食品的传统食品生物技术率先在我国形成。可以古书、传记为据。《商书》记载“若作酒醴，尔惟麴蘖”；《左传》也记载“麴”、“蘖”可以防治疾病等。到了后魏，贾思勰著的《齐民要术》已详细叙述了制曲和酿酒的技艺术。制曲技术是我国酿酒史上的一大发明，酿酒技艺也是在世界上独树一帜。远在公元前五、六世纪，我国制曲技术先后传至朝鲜、日本、印度和东南亚各国。日本著名科学家坂口谨一郎也赞口认为，“中国制曲应用于酿酒，可与中国古代四大发明媲美”。到了明代著名科学家李时珍著

《本草纲目》中对葡萄酒已有较鲜细论述，他曰“凡作酒醴须曲，而葡萄、蜜等酒类不用曲”，而用附着果皮发酵剂的作用。说明我国明代已生产葡萄酒类。

二、近代时期

从19世纪50年代开始，伴随着欧洲的文艺复兴带来科学和工业的繁荣。由于法国科学家巴斯德（Pasteur）对微生物学创立的贡献，德国科学家柯赫（Koch）发明了微生物的分离和纯种培养技术和法国学者布合乃尔（Buchner）兄弟俩通过实验揭示了发酵本质是细胞中酶的作用。标志着传统食品生物技术向近代食品生物技术的发展。从传统发酵食品的生产靠天然微生物作用，发展为人工分离筛选和物理化学育种新阶段。极大地推动着酶制剂工业、抗生素工业和食品发酵工业的发展。

在这期间，发酵技术水平不断提高[5]，在20世纪20年代初，所应用的青霉素产生菌，其发酵单位仅为2U/mL。1943年美国最早使用黄青霉（*Penicillium chrysogenum*）生产青霉素，发酵单位也仅有250U/mL。后来采用X射线诱变黄青霉菌得到的突变菌种提高至500U/mL，至80年代已提高至85000U/mL。谷氨酸发酵技术水平，也同样依靠菌种技术的进步，生产才有今天的发展水平。

三、现代的发展

从20世纪50年代初开始，伴随着生物化学、遗传学和化学分析技术的发展，特别是1953年“DNA双螺旋结构”的发现、1969年酶固定化技术的应用和1973年基因工程诞生等重大科技成就为标志的划时代发展，逐步形成以分子生物学为基础，以基因工程为核心手段，包括酶工程、发酵工程、细胞工程和蛋白质工程的现代生物技术。

酶、固定化酶和固定化细胞技术的应用已推动着传统食品工业的革新，转基因动植物和微生物现正在从根本上为增加食物和保健食品提供有效途径。依靠科学进步，现代生物技术在食品、医药等部门的应用将越来越广泛。食品生物技术作为分支科学已经形成、发展，生物技术在食品产业化方面将有更广阔的发展前景。

第五节　分子生物学的形成与发展

现代生物技术是在分子生物学发展基础上形成的。因此，对分子生物学形成的漫长历程应该有所了解。与其他科学形成一样，都是通过许多科学家的辛勤劳动和艰苦的科学实验得来的。

一、细胞学说

17世纪末，安·冯·列文虎克（Anton Van Leeuwen hoek）首先用自制的高倍数显微镜观察到活细胞，经过150年后，人们才确认生物是由细胞组成的。后来，植物学家罗伯特·布朗（Robert Brown）于1831年用显微镜观察发现了细胞核。再过7年后，马雅·施莱登（Matthias Jacob Schleiden）才于1838年用显微镜观察发现了细胞核，并认为一切植物均由细胞组成的，这种假说不仅适用于植物，也适用于动物。因而在19世纪中期，施莱登（Schleiden）和施旺（Schwann）两位学者经过20年的研究绘出有关细胞结构明显图像和细胞组成，从而创立了细胞学说。其最大成就是阐明了细胞的起源，即细胞是由现存的细胞分裂产生的。

二、生物进化论

1859年查尔斯·达尔文（Charles Darwin）发表《物种起源》一书，从理论上阐明生物的多样性。他认为，物种进化的起源是自然选择的结果，在各类物种当中，诞生了比它能够生存的数量多得多的个体，于是频繁地反复发生求生存的斗争，进而发生了自然选择。根据遗传强者的原理，挑选出来的变种要持续繁殖它的变化了的新型子孙。进化论能科学地阐明，生物的无数相近品种的多样性和相似性之间的矛盾以及生物界的其他各种事实和发现，有力地批判了“上帝创造物种”神秘莫测的唯心主义论调。

三、孟德尔遗传规律

奥地利学者格里哥尔·孟德尔（Gregor Mendel）在用庭院里种植的豌豆（*Pisum sativum*）做了8年的遗传实验。他从34个豌豆品种里选出7种做实验。经过7个品种间的杂交试验后认为，无论在什么情况下，子代的特征一方面非常像亲代的一方，另一方面又出现亲代所没有的特性。因此，他认为把能完全或几乎不变地传给子代的特性称为“显性”，把那些隐藏了的性状称为“隐性”。同时，研究认为，遗传性状是由一对遗传因子决定的。这一重要结论，被称为孟德尔遗传规律。孟德尔是著名的科学遗传学奠基者。

四、摩尔根基因学说

1909年，托马斯·亨特·摩尔根（Thomas Hunt Morgan）用害虫果蝇（*Drosophila melanogaster*）做了遗传基因的实验。从他饲养的成千个红眼的果蝇中发现有白眼的雄性果蝇，首次提出“突变”（mutagenesis）的概念。并认为突变型一旦发生也能代代相传，导致物种变异。突变这一概念对遗传学的发展十分重要。1911年，丹麦约翰生（W·Johanssen）把遗传因子命名为“基因”（gene）。1926年摩尔根撰写出版了《基因论》一书，创立了基因学说。摩尔根提出：“物质必须由某种独立的要素组成，正是这些要素我们称为遗传因子，或者更简单地称作基因。”他在书中还阐明基因是遗传物质基础，呈线状排列于细胞染色体上。因此，基因不再是抽象的概念，而是存在于细胞染色体中。

五、基因本质的发现

1928年弗雷德·格里菲斯（Fred Griffith）做了肺炎双球菌的实验，用血清学方法从肺炎双球菌分离出能致病带荚膜菌和无致病不带荚膜菌。把前者注射小白鼠即死亡，而后者注射小白鼠则表现正常。然后在试管内将致病而带荚膜菌落的抽提物作为供体，而无致病菌落作为受体混合进行反应，然后将反应产物注射小白鼠而同样致病死亡，并从这个小白鼠中分离出能致病并带荚膜的菌落，这种反应即为具有重要科学价值的“转化”（transformation）实验。

1943年O.T艾弗里（O.T.Avery）等研究证实这种转化因子是一种“强有力的物质”，即使稀释1亿倍仍然有活力。艾弗里等认为它不是蛋白质，也不是RNA或脂类，因为它不能分别被蛋白酶、RNA 酶或脂酶所降解。只有用 DNA 酶才能促使其分解而失活。多年来研究证实这种转化物质就是 DNA，这是基因本质的重大发现。

六、分子生物学的诞生

1938 年，R. Signer 等已经从 DNA 的光学导向性推测认为，嘌呤和嘧啶环结构的平面是定向垂直于 DNA 分子的长轴。1950 年，E. Chargaff 阐明了腺嘌呤与胸腺嘧啶的克分子比率，鸟嘌呤与胞嘧啶的克分子比率几乎都近似于 1。

1952 年，S. Furberg 推测 DNA 是由单条多核苷酸组成的，并由堆砌起来的碱基形成一根带磷酸—糖主链的柱，而在外侧形成一个螺旋。同时，M. H. F. Wiklkins 等用 X-射线衍射法研究 DNA 结构并得到清晰的衍射图谱。虽然 DNA 不能结晶，但 Wilkins 认为长形 DNA 分子有纵向排列倾向，容易变成纤维。因此，采用 DNA 纤维进行 X-射线研究，阐明了 DNA 分子具有相同直径（约为 2nm）的线状物，认为 DNA 分子是由两个相互缠绕的螺旋分子组成。一系列的研究成果，为分子遗传学的诞生奠定了基础。

1953 年美国遗传学家詹姆斯·沃森（James D . Watson）和英国生物物理学家弗朗西斯·克里克（Francis Crick）在莫·休·弗·威尔金斯（M. H. F. Wilkins）的 X-射线衍射等系列图谱结构分析基础上，用标度分子模型在英国 Max Perutz 教授分子生物学实验室进行研究。在英国《自然》杂志上发表的《DNA 结构》一文中，提出了“DNA 双螺旋结构模型”的研究成果。首次阐明了 DNA 结构与功能，为遗传信息的储存、传递和利用提供了科学依据，创立了现代分子生物学，这是 20 世纪科学史上划时代的里程碑。Watson 和 Crick 均为诺贝尔奖获得者。DNA 双螺旋结构分子模型如图 1-2、图 1-3 所示，其结构要点说明如下：

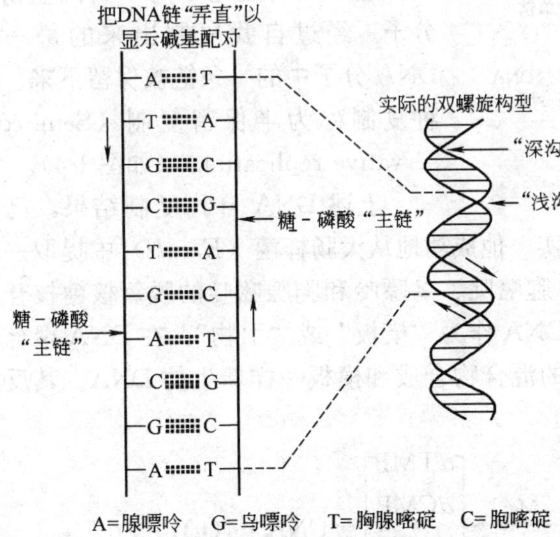

图 1-2 DNA 分子双螺旋结构模型

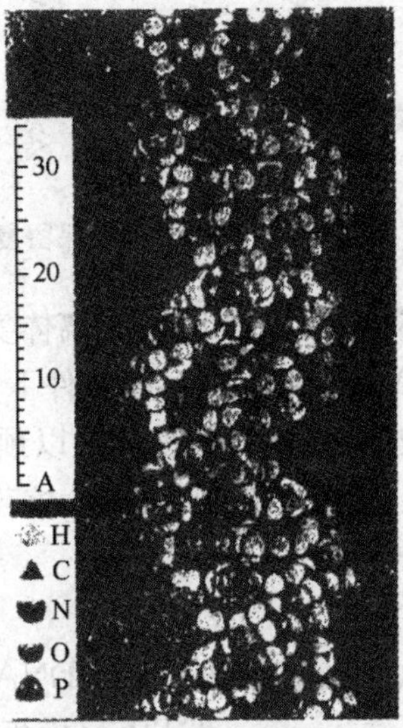

图 1-3 DNA 双螺旋结构分子模型

1Å＝0. 1nm

(1) DNA 是由两条极性相反并互补的多聚核苷酸链围绕中心轴的双螺旋结构。此螺旋为右螺旋，并存在大沟和小沟。

（2）两条链中碱基之间按照 A 配对 T、G 配对 C 的互补原则，通过氢键连接并层叠于螺旋内侧，其中碱基平面与螺旋中心轴垂直。脱氧核糖通过磷酸二酯键构成的主链为螺旋骨架，糖环平面与中心轴平行。DNA 两链间的维系主要靠氢键，其中 A 与 T 之间形成两个氢键，G 与 C 之间形成三个氢键。

（3）双螺旋的直径为 2nm，两个相邻碱基的间距为 0.34nm，每 10 个碱基的间距为 3.4nm，构成一段完整的螺旋结构，其相邻碱基的夹角为 36°。

（4）两条多聚核苷酸链间碱基配对的互补规律为：A 配对 T 或 T 配对 A、G 配对 C 或 C 配对 G，而且其分子比率为 1。

天然存在的 DNA 几乎都是右旋 DNA，但后来在人工合成的 DNA 小片断晶体中，发现过左旋 DNA，这种左旋 DNA 称为 Z-DNA。1959 年发现细菌细胞质中的 DNA 为双螺旋闭环，称为质粒（plasmid），还发现细菌 $\varphi \times 174$DNA 为单链闭环。现在，质粒 DNA 已作为基因工程操作的主要载体。

DNA 双螺旋结构模型的提出，为分子生物学的诞生和发展奠定了理论基础。因为，根据其结构，可以从分子水平上阐明其生物学功能：

（1）DNA 分子能自我复制　有生命物质与无生命物质的主要区别在于自我复制和繁殖能力，并将遗传信息传递到子代。根据 DNA 双螺旋结构模型，在两条多聚核苷酸链中，任何一条都可以作为另一条生物合成的模板，这一点明显地不同于其他生物大分子。经过自我复制出来的每一个 DNA 分子中的一条链被保留下来。这种复制称为半保留复制（Semi-conservative replication）（如图 1-4）。

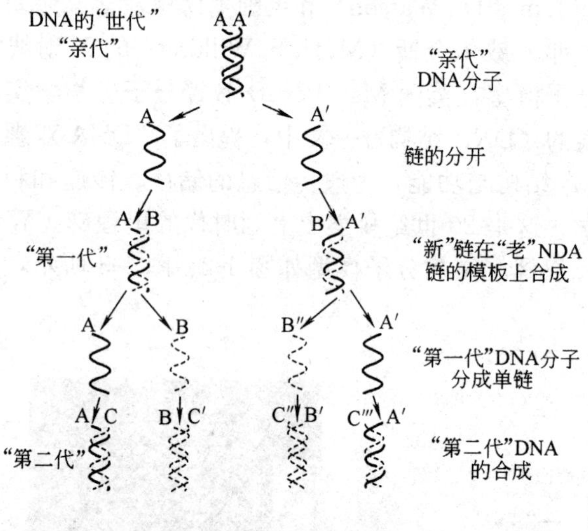

图 1-4　半保留复制示意图

上述 DNA 自我复制结果，已由 1956 年 A. Kornberg 在离体实验中得到证实。他成功地从大肠杆菌（*E. coli*）中提取一种 DNA 聚合酶。在离体条件下，用腺嘌呤、胞嘧啶、鸟嘌呤和胸腺嘧啶的脱氧核糖核苷三磷酸作为 DNA 的前体并以预先制备好的 DNA 作为"模板"或"引物"，在 DNA 聚合酶的催化作用下，便可以从核苷三磷酸前体的混合物合成和模板一样新生的 DNA。其反应式如下：

$$\begin{matrix} nd\text{ATP} \\ nd\text{GTP} \\ nd\text{CTP} \\ nd\text{TTP} \end{matrix} + \begin{matrix} \text{DNA} \\ \text{(模板)} \end{matrix} \xrightarrow{\text{DNA 聚合酶}\quad \text{Mg}^{2+}} \begin{bmatrix} d\text{TMP} \\ d\text{CMP} \\ d\text{GMP} \\ d\text{AMP} \end{bmatrix} \text{—DNA} + 4(n)\text{PP}$$

这种把亲代的遗传信息传递到子代，其遗传基因再进一步通过转录、翻译，最终生物合成的蛋白质。其结构及特征保留了亲代的特征，称为分子遗传。

（2）DNA 是遗传基因的载体　其分子质量很大，可以大至数 100ku。DNA 是由两条多聚核苷酸链组成，每一条链由众多核苷酸通过磷酸二酯键连接而成。一个核苷酸由一分子脱氧核糖、1个磷酸基和4种碱基［腺嘌呤：A（Adenine）、胞嘧啶：C（Cytosine）、鸟嘌呤：G（Guanine）、胸腺嘧啶：T（Thymine）］中的任一种组合而成。DNA双螺旋结构模型的一段可直观表示如下：

3′—A—T—C—G—G—A—T—T—C—5′

5′—T—A—G—C—C—T—A—A—G—3′

注：……表示氢键

这种生物大分子，以碱基种类不同和排列方式的差异，可容纳大量基因信息，譬如一种微小的细菌DNA可蕴藏着数千个基因，便可复制、转录和翻译合成成百上千个结构和特性不同的蛋白质。

(3) DNA双螺旋结构模型为遗传信息的保存、传递和利用提供了基础　根据1970年Crick等人提出的分子生物学中心法则(如图1-5所示)，其遗传信息传递从DNA分子中基因的自我复制开始，通过转录合成信息核糖核酸（mRNA)，然后在核糖体核糖核酸（rRNA)、转移核糖核酸（tRNA）及多种酶、化学能、微量元素和辅助因子参与下翻译合成特定的蛋白质。换句话说，特定的蛋白质是由特定的DNA基因所决定的，是特定DNA基因信息传递的结果。虽然DNA并不直接参与蛋白质合成，但它控制和调节着蛋白质的合成，决定着物种特性和蛋白质结构及其生物学功能。因此，只要采用科学方法育种（或改变DNA结构)，便可使物种产生遗传或变异，向着有利于人类或生产需要的方向进行调节控制，生产出许许多多人类所需要的食品及生化制品。

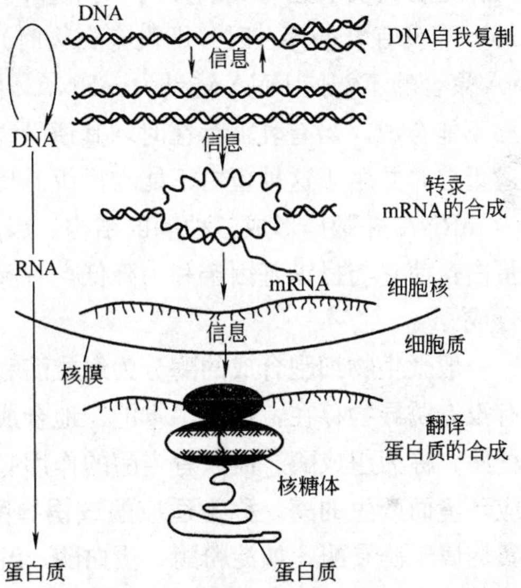

图1-5　分子生物学中心法则[5]

(4) DNA的调节功能　DNA是生物功能大分子，可容纳成百上千基因。里面的基因有表达的、不表达的、有连续的和不连续的等。1951年，B. McClintock等人发现DNA上的一些基因并不是固定不变的，而是可移动基因（或转位基因)，提出了跳跃基因(junping gene）概念。

活细胞在进行生命活动过程中有着复杂的化学变化，但是，这些变化又是很有秩序、有条不紊地进行着的，这说明活细胞本身有自我调节的机能。1961年，法国分子生物学家F. Jacob和J. Monod首次证实在大肠杆菌（*E*·*coli*）基因调节事实，提出了乳糖操纵子（Lac operon）假说。

但是，真核生物细胞的调节机制比较复杂。1969年，R. J. Britten和E. H. Davidson提出一个真核细胞基因调控的假说。根据这个假说，认为调节基因相连的一段DNA称为传感基因（sensor gene)，细胞根据需要而向它发出信号并由激体RNA传达控制信息，激体RNA一旦和受体基因结合，结构基因的功能作用便开始发挥出来。基因的转录发生在细胞核中，而翻译发生在细胞质中，染色体结构对表达起控制作用，某些激素对基因表达起到诱导调控作用。

迄今为止的研究，原核生物表达调控远比真核细胞清楚。并已在食品发酵生产中成功地得到了应用。

根据乳糖探纵子假说，F. Jacob 和 J. Monod 首先阐明了酶的诱导合成机理，认为细胞 DNA 分子中存在并排列着结构基因（structural gene）、操纵基因（operater gene）和起动基因（promoter genen)，这三种基因构成操纵子（operon)。另外，远离操纵子一端存在调节基因（regulator gene)。结构基因决定着具体蛋白质结构、性质，操纵基因决定着结构是否需要表达（关或开）、调节基因经过转录、翻译形成阻遏蛋白（repressor protein)。当没有乳糖存在时（即没有底物时），调节基因合成的阻遏蛋白与操纵基因结合，RNA 聚合酶不能使 DNA 转录为 mRNA，操纵基因呈关闭状态，因此，半乳糖苷酶等三种酶不能合成。当有乳糖存在时，其诱导物（即底物）与阻遏蛋白结合，形成被钝化了的阻遏蛋白，并由于这种蛋白不能与操纵基因结合，因而 RNA 聚合酶可顺利地使 DNA 转录为 mRNA 并翻译形成三种酶的结构。因此，酶的诱导合成的本质就是诱导物钝化了阻遏蛋白，使它与操纵基因亲和力降低，解除了阻遏蛋白对操纵基因的抑制，从而促使蛋白质合成。

一般微生物细胞合成的酶分为组成酶和诱导酶两大类。在正常微生物培养条件下，不管有没有诱导物存在，都能“本能”地合成的酶，如参与细胞基本新陈代谢和生长繁殖的各种酶，称为组成酶。而只有当酶的作用底物或它的结构类似物存在时才能合成的酶，或适应环境而产生的酶，称为适应酶或诱导酶。许多食品工业上应用的酶大部分为水解酶类，均属于诱导酶，如淀粉酶、蛋白酶、纤维素酶、β-半乳糖苷酶和葡萄糖异构酶等。因此，应用乳糖操纵子假说，从分子水平上阐明基因控制蛋白质的诱导合成不但具有重要理论意义，也具有重要的实践指导意义。如加入适当的诱导物，可以提高酶合成的产量，同时，也可采用现代生物技术育种，使调节基因发生突变，使其失去产生阻遏蛋白的能力或者使操纵基因发生突变，丧失与阻遏蛋白结合的能力，从而有利于酶的合成。例如，链霉菌发酵诱导合成葡萄糖异构酶，就是根据这种机制，加入 0.02％木糖或其代用品作为其诱导底物便可使葡萄糖异构酶诱导合成。调节基因经过转录、翻译形成阻遏蛋白（repressor protein)。当没有乳糖存在时（即没有底物时），调节基因合成的阻遏蛋白与操纵基因结合，RNA 聚合酶不能使 DNA 转录为 mRNA，操纵基因呈关闭状态，因此，半乳糖苷酶等三种酶不能合成。当有乳糖存在时，其诱导物（即底物）与阻遏蛋白结合，形成被钝化了的阻遏蛋白，并由于这种蛋白不能与操纵基因结合，因而 RNA 聚合酶可顺利地使 DNA 转录为 mRNA 并翻译形成三种酶的结构。因此，酶的诱导合成的本质就是诱导物钝化了阻遏蛋白，使它与操纵基因亲和力降低，解除了阻遏蛋白对操纵基因的抑制，从而促使蛋白质合成。

另一种酶合成调节与酶的诱导合成机制不同，称为酶的反馈阻遏。对于合成氨基酸等必需物质的酶显得重要，只有在缺乏最终产物时才有必要产生，最终产物存在时这种酶合成被阻遏，因为酶作用后的最终产物对酶的合成产生抑制作用（而不是对酶活力的抑制），引起反馈阻遏的是小分子质量末端产物。除了微生物细胞代谢产生的内源性终产物外，在培养基中加入外源性末端产物也同样能起到酶合成的反馈阻遏作用。这一点，对如何科学地设计培养基具有指导意义。

在微生物培养和发酵过程中，培养基中的葡萄糖对微生物生长提供了碳源，但又往往能明显地抑制某些酶（主要是分解代谢的诱导酶类）的合成。例如，葡萄糖能降低芽孢杆菌蛋白酶的合成。换言之，葡萄糖的存在能阻遏某些蛋白质的合成作用称为分解代谢阻遏作用（或称为葡萄糖效应）。这也是基因调节控制的一种类型。因为葡萄糖的存在能影响细胞内环腺苷酸（cAMP）物质的形成，而 cAMP 对于启动 RNA 聚合酶转录结构基因是不可缺少的，这一阻遏作用在理论上和实践意义上均十分重要。因为酶制剂的发酵生产大部分受到这种阻遏作用的调节，而且，除了葡萄糖外，其他一些分解代谢产物也能对某些酶合成起阻遏作用。

上述基因的调节机制是以分子水平基因控制调节为主，在理论和实践上具有重要意义。但是，活细胞内的蛋白质合成及其代谢调节十分复杂，特别是对高等动、植物细胞的调节因素更为复杂，还有许多不清楚的调节因子，有待于进一步研究。

分子生物学的诞生，已渗入到生命科学的各个前沿领域，现代分子生物学的创立也为基因工程的诞生和发展奠定了理论基础。

参考文献

[1] 陈坚、任洪强等编著．环境生物技术应用与发展．北京：中国轻工业出版社，2001

[2] 彭志英主编．食品生物技术．北京：中国轻工业出版社，1999

[3] 罗云波主编．食品生物技术导论．北京：中国农业大学出版社，2002

[4] 国际生物多样性公约．联合国，2000

[5] 贺小贤主编．现代生物工程导论．北京：科学出版社，2005

[6] 魏述众主编［M］．生物化学．北京：中国轻工业出版社，1996

[7] 楼士林、杨盛昌等编著．基因工程．北京：科学出版社，2002

[8] 孙冠文等译．Basic Motecular Biolgy，1985，3：318

[9] 吴乃虎编著．基因工程．第二版．上册．北京：科学出版社，2000

[10] Andersson C I，Holmberg N *et al.*，Biotechnol Bioeng，2000，70（4）：400～460

[11] Beilen J. van，Li Z，current opinion in Biotechnology，2000，13（4）：300：370

[12] Shahidi F，Janak K. Trends in Food Science and Technology，2001，12（12）：400～440

第二章 食品与基因工程

第一节 概 述

基因工程是20世纪70年代初发展起来的高新技术，它是现代生物技术的核心组成部分，并在医药、食品、农业、环境、能源和国防等工业引发着技术革新，受到了全球的关注。食品科学和食品工业的发展需要依靠这一高新技术，而基因工程的发展也离不开人类的保健事业和食品工业的广泛应用。

一、基因工程的诞生

生物细胞的基因结构是复杂的，特别是真核生物细胞DNA的含量庞大。哺乳动物细胞染色体DNA总长约有3×10^9bp，并由5万～10万个基因组成。所以，科学家们首先重视研究单基因的功能与结构关系。研究对象选择从病毒或原核生物基因组开始，一种猿猴病毒SV40，它的基因组总长度为5243bp，仅编码5个不同的基因，可避免过多DNA序列的干扰。该病毒能够在感染宿主细胞中扩增至几十万份的拷贝，同时也便于与宿主细胞分离。

20世纪70年代初，发展了基因重组的核心技术，即应用限制性核酸内切Ⅱ型酶和DNA连接酶，对核酸分子进行体外的切割与连接。1970年H. O. Smith. K. W. Wilcox和Kelly等人首次从流感嗜血菌Rd株中分离出限制性核酸内切Ⅱ型酶。1972年在美国加利福尼亚旧金山分校P. Berg和H. Boyer发现了限制核酸内切Ⅱ型酶（*E. co*RI）并把不同来源的基因片段在体外进行重组，首次获得DNA重组分子。P. Berg等人使用*E. co*RI在体外对猿猴病毒SV40的DNA和λ噬菌体DNA分别进行酶切，然后再用T_4DNA连接酶将两种酶切片段连接起来，结果首次获得了包括SV40和λDNA的重组DNA分子。但是，这一重组DNA分子尚未证明其生物学功能。1973年斯坦福大学S. N. Cohen等成功地进行了另一个体外DNA的重组实验。他们将编码有卡那霉素（kanamycin）抗性基因的*E. co*RI R6-5质粒DNA和编码有四环素（tetracycline）抗性基因的另一种*E. coli*质粒PSC101 DNA混合后，加入*E. co*RI对DNA进行切割。然后再用T_4 DNA连接酶连接成DNA重组分子导入*E. coli*中获得重组DNA分子在四环素和卡那霉素双抗性的平板上检查具有双重抗性特征，其在体外不同质粒作为基因载体形成的重组DNA分子同样具有生物功能。1973年S. N. Cohen等在美国科学院学报（PNAS）上发表了题为“Construction of biological functional bacterial plasmid in vitro”，阐明了体外构建的细菌质粒能够在细胞中进行表达，标志着基因工程的诞生，在科学史上是一个划时代的发现。

二、基因工程涵义、特点及其操作步骤

基因工程（gene engineering）又称为分子克隆（molecular cloning）或重组DNA技

术（recombinant DNA technology），其涵义为：用酶学方法，将异源基因与载体 DNA 在体外进行重组，将形成的重组子 DNA 导入宿体细胞，使异源基因在宿体细胞中复制表达，从而达到改造生物品种或性状，大量生产出人类所需要的生物品种和产物。因此，基因工程的特点是：①属分子水平上 DNA 转移过程和细胞水平上的表达；②基因的切割、连接等操作全靠酶学方法；③基因工程整个过程体现不同种间进行无性繁殖，即为克隆过程；④在体外建立无性繁殖体系，易于产业化和规模化，对人类健康和经济建设的发展产生巨大作用。

基因工程操作的主要步骤如下：

（1）采用酶切 cDNA 文库人工合成或 PCR 扩增，分离制取目的基因片段；

（2）采用核酸限制性内切酶Ⅱ（如 *E. co*RI）同时剪切（cut）目的基因和克隆载体；

（3）在 T_4DNA 连接酶作用下将目的基因与基因载体连接而成重组 DNA；

（4）把重组 DNA 分子导入受体细胞，并在一起扩增而成克隆子；

（5）标记分析和筛选出获得重组 DNA 分子的克隆受体细胞；

（6）进一步扩增、转化和表达，最终生成新的优良性状的菌种或人类所需要的产品。

基因工程操作过程如图 2-1 所示。

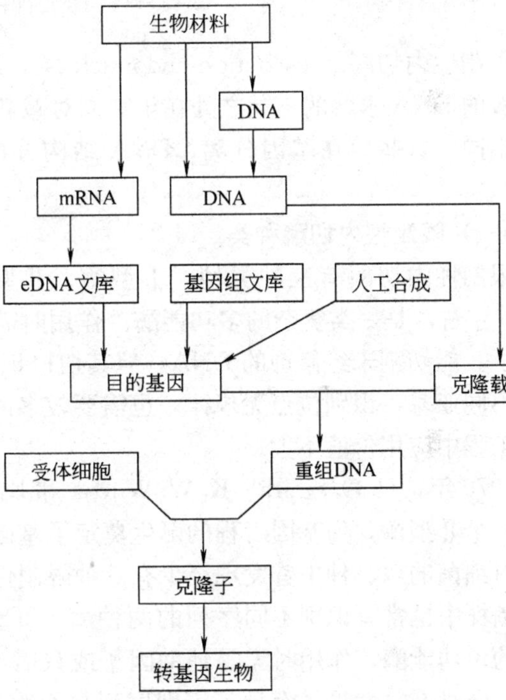

图 2-1 基因工程操作过程示意图[2]

三、基因工程的发展

30 多年来，生物技术无论在理论上或是在实际应用领域中均取得惊人的发展。重组 DNA 技术促进了基础生物学研究的深化，1977 年英国分子生物学家 F. Sanger 发明了快速 DNA 测序技术并首先完成了全长 5387bp 的 $\varphi\times174$ 噬菌体基因组全序列的测定，揭开了大规模基因组测序工作的序幕。20 世纪 80 年代基因工程已开始应用于工业生产。1982 年第一个由基因工程菌生产的药物胰岛素已在美国和英国获准使用。1983 年第一个转基因植物培育成功。1992 年第一个转基因玉米及转基因小麦植株诞生。1994 年转基因番茄上市。1996 年完成了酵母基因组 DNA（125×10^5bp）的全序列测定。2003 年《人类基因组计划》经过 20 多年努力已宣布草图描绘成功。为后基因组时代的诞生拉开了序幕，可对人体含有大约 3 万个基因的基因组的功能有所了解，将为治疗人类疾病，特别对癌症及对医药、食品、化工、环保和国防等部门的应用将会得到更大发展。

第二节 工 具 酶

酶在基因工程操作中是不可缺少的工具，在基因工程中应用的酶统称为工具酶（enzyme of tools）。例如，要取得所需要的目的基因 DNA 并与载体 DNA 连接在一起形成 DNA 重组体，首先要提供限制性内切酶和 DNA 连接酶。此外，还有其他工具酶，如 T_4 多聚核苷酸激酶、碱性磷酸酯酶、核酸酶 S_1、反向转录酶和末端脱氧核苷酸转移酶等。到目前为止，常用的工具酶已有 3000 多种。其中，根据 1994 年美国出版的《分子生物学百科全书》的统计数字，仅Ⅱ型核酸内切酶迄今就已从各种微生物中分离出 2300 种以上，可识别 230 种不同的 DNA 序列。

一、限制性内切酶

限制性内切酶（restriction endonuclease，RE）是一类专一性很强的核酸内切酶。它与一般的 DNA 水解酶不同之处在于它们对碱基作用的专一性及对磷酸二酯键的断裂方式有所不同。这些酶在基因分离、DNA 结构分析、载体的改造及体外重组中均起着重要作用。

（一）限制性内切酶种类

限制性内切酶有三种类型：Ⅰ型酶、Ⅱ型酶和Ⅲ型酶。Ⅰ型酶分子质量较大，在 300ku 左右，是一类复杂的多功能酶。作用时需要 Mg^{2+}、ATP 和 S-腺苷酰甲硫氨酸等辅助因子。能切割未经修饰的 DNA，但其切口识别序列特异性差。Ⅲ型酶属双功能酶，有两种不同亚基，识别位点无规律，也需要较多的辅助因子参加。因此，Ⅰ型酶和Ⅲ型酶在基因工程中应用价值不大。

1970 年，H. O. Smith、K. W. Wilcox 和 Kelly 等人从流感嗜血杆菌 Rd 株中分离纯化出第一个Ⅱ型酶，为基因工程的诞生奠定了基础。后来陆续发现和提纯了许多Ⅱ型酶。几乎所有细菌的属、种中皆发现至少有一种限制性内切酶。有的一个属就有好几种，同一品系的菌株中也常有识别不同序列的两种酶。Ⅱ型酶分子质量较小（20～100ku），是一种简单的单功能酶，作用时无需辅助因子或只需 Mg^{2+}，能识别双链 DNA 上特异的核苷酸序列，同时专一性强，而且其识别序列与切割序列相一致。这类酶特别适合于基因工程操作。

限制性核酸内切Ⅱ型酶中 *E. co*RI 应用最为广泛，来源于 *E. coli* 变异株 Ry13，分子质量 58ku，由两个相同亚基组成，已纯化 1500 倍，能识别 6 个核苷酸序列。专一性很强，切割天然 DNA 可形成较大片段，并形成 AATT 黏性末端，可用于基因重组及 DNA 结构分析。

（二）限制性内切酶命名

1973 年，H. O. Smith 和 Nathaus 提出限制性内切酶的命名原则，是以宿主微生物属名的头一个字母（大写）和种名的前两个字母（小写）写成斜体字的三个字母的缩写。菌株名以非斜体符号加在这三个字母的后面。若同一菌株中有几种不同的限制性内切酶时，则以罗马数字区分。例如，*Hin*d Ⅲ表示从 *E. coli*（流感嗜血杆菌）菌株 d 中分离出来的第 3 种限制性内切酶。又如，*E. co*RI 表示从 *Escherichia coli*（大肠埃希氏菌）菌株 RY13

中分离出的第 1 种限制性内切酶。

（三）限制性内切酶的作用机制和作用方式

脱氧核糖核酸是双股链或单链以核苷酸为单位通过磷酸二酯键连接而成多聚核苷酸大分子物质。限制性内切酶的作用机制是以环状和线形的双链 DNA 为底物，在一定条件下，识别一定的核苷酸序列，在两条链的特定的磷酸二酯键上催化切开，产生具有 3′-OH 基团和 5′-p 基团的片段，如图 2-2 所示。

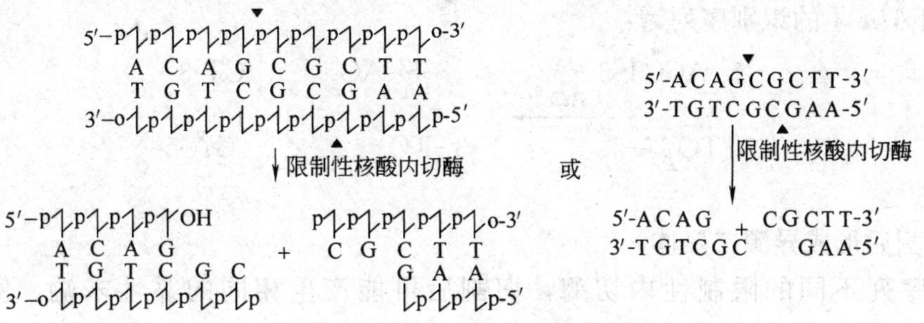

图 2-2　限制性核酸内切酶作用机制

其作用方式及识别位点有如下几种：

1. 识别不同的特异核苷酸序列

各种限制性内切酶对 DNA 识别序列的大小各有差异，有的识别 6 个核苷酸组成序列，有的识别 5 个或 4 个核苷酸序列，例如：

*E. co*RI 识别　5′-G▼AATTC-3′

Hae I 识别　5′-$\left(\frac{A}{T}\right)$GG▲CC$\left(\frac{T}{A}\right)$-3′

Asu I 识别　5′-G▲GACC-3′

*E. co*RII 识别　5′-▲CC$\left(\frac{A}{T}\right)$GG-3′

Mbo I 识别　5′-▲GATC-3′

注：▲表示切割 5′-磷酸二酯键位置。

2. 识别序列皆具有回文结构

由于 DNA 是双螺旋结构，识别核苷酸序列只能从 5′-末端向 3′-末端方向读其碱基顺序。因此，在识别序列的两条核苷酸链中碱基排列次序是完全相同的，这种结构称回文结构（palindromic structure），即正读与反读皆相同，如 *Bam*HI。

3. 切割后形成各种黏性末端或平整末端

各种限制性内切酶不仅对其识别序列的切割位点不同，而且对碱基具有严格的专一性，即对切点两边碱基有一定要求，同时对切点附近几个碱基序列都有严格要求。按其切割双链的方式可分两种：黏性末端和平整末端。

5′-G▼GATCC-3′　　　　正读时为 GGATCC

3′-CCTAG▲G—5′　　　　反读时为 GGTACC

限制性内切酶错位切割 DNA 双链而形成彼此互补的单链末端，称为黏性末端（Cohesion ends）。例如，*E. co*RI 的切割形成具有互补碱基序列的单链黏性末端—GAATTC—。

$$\begin{matrix} 5'\text{-G}\blacktriangledown\text{AATTC-3}' \\ 3'\text{-CTTAA}\blacktriangle\text{G-5}' \end{matrix} \xrightarrow{E.coR\,\text{I}} \begin{matrix} 5'\text{-G—OH} \\ 3'\text{-CTTAA—p} \end{matrix} + \begin{matrix} \text{p—AATTC-3}' \\ \text{OH—G-5}' \end{matrix}$$

这种末端的 DNA 片断很容易通过单链区的碱基配对而联结在一起，产生线状或环状 DNA 分子。这一作用对 DNA 体外重组十分重要。绝大多数限制性内切酶均有这种切割方式。

另一种是在同一位点平齐切割 DNA 两条链而形成的双链末端，称为平整末端（flush ends)。如 *Alu* Ⅰ的识别序列为：

$$\begin{matrix} 5'\text{-AG}\blacktriangledown\text{CT-3}' \\ 3'\text{-TC}\blacktriangle\text{GA-5}' \end{matrix} \xrightarrow{Alu\,\text{I}} \begin{matrix} \text{-5}'\text{-AG} \\ \text{-3}'\text{-TC} \end{matrix} + \begin{matrix} \text{CT-3}' \\ \text{GA-5}' \end{matrix}$$

4. 切割后形成异源二聚体

识别序列不同的限制性内切酶，切割后可能产生相同的黏性末端。例如，*Bam* H1、*Bgl* Ⅱ和 *Mbo* Ⅰ这三种不同来源的限制性内切酶的识别序列是不同的，分别为：G↓GATCC、A↓GATCC 和 GATC，但它们切割后有可能产生相同的 5′-GATC 黏性末端。这类酶的 DNA 酶解片断都可在体外重组，在连接酶的作用下，可以得到嵌合 DNA，称为异源二聚体。这种二聚体不再能被原来限制性内切酶识别，有利于得到大量的重组 DNA 分子，在基因工程中也显得重要。

（四）限制性内切酶识别序列及反应系统

限制性核酸内切酶在双链 DNA 上能够识别的特殊核苷酸序列称为识别序列。同一种 DNA 分子中，识别序列短的出现几率大，识别序列长的出现几率则小。由于那些长的识别序列和富 GC 或富 AT 的识别序列在 DNA 分子中出现的几率很低。因此，把这些识别序列相应的限制性内切酶称为稀切酶（rare cuting enzymes)，如表 2-1 所示。而有一些限制性内切酶虽然来源不同，但具有相同的识别序列，这些酶称为同裂酶（isoschizomer)，如表 2-2 所示。另有一些限制性内切酶虽然识别序列不同，但其切割 DNA 分子所得到的 DNA 片段具有相同的黏性末端，这些酶则称为同尾酶（isocaudamer)，如表 2-3 所示。

表 2-1　　部分限制性内切稀切酶[2]

稀切酶	识别序列	切割位点数								
		λ	Ad2	SV40	φ×174	M13mp7	pBR322	T7	TPA	A. D
Fse Ⅰ	GGCCGGCC	0	3	0	0	0	0	0	0	1
Not Ⅰ	GCGGCCGC	0	7	0	0	0	0	0	0	0
Rsr Ⅱ	CGGWCCG	5	2	0	0	0	0	1	1	0
Sfi Ⅰ	GGCCN$_5$CCGG	0	3	1	0	0	0	1	1	2
Sgr Ⅰ	CrCCGGyG	7	6	0	0	0	1	0	0	0
Swa Ⅰ	ATTT/AAAT	0	1	1	0	1	0	1	0	1

限制性核酸内切酶与其他酶类一样，均有其最适宜的反应条件及其反应系统。主要包括控制反应底物、酶用量、最适 pH 和最适温度。用于酶切的 DNA 底物样品应尽可能进行纯化。样品中若含有蛋白质或某些提取溶剂或重金属，均会降低其催化活力。酶的用量要视酶催化活力而定，能高效切割样品 DNA，酶的用量要小，反之则用量多。某种限制

表 2-2　　具有相同切割位点的同裂酶

限制性核酸内切酶	识别序列及切割位点	限制性核酸内切酶	识别序列及切割位点
AatI,StuIA	AGG/CCT	BamHⅠ,BstⅠ	G/GATCC
AccⅡ,FnuDⅡ,MunⅠ, ThaⅠ	CG/CG	BanⅢ,ClaⅠ BbuI,SphI	AT/CGAT GCATG/C
AccⅢ,BspⅡ,MroI	T/CCGGA	BbrPI,PmaCⅠ	CAC/GTG
AcyⅠ,AhaⅡ,AnsⅡ, BbiⅡ	Gr/CGyC	BcnⅠ,NciⅠ BspRI,HaeⅢ,PalⅠ	CC/sGG GG/CC
AflⅠ,AvaⅡ,Eco471	G/GwCC	BstYⅠ,MflⅠ,XhoⅡ	R/GATCy
AflⅡ,BfrI	C/AATTG	CcrⅠ,PaeR71,XhoⅠ,SexⅠ	C/TCGAG
AhaⅢ,DraⅠ	TTT/AAA	CelⅡ,EspⅠ	GC/TnAGC
AocI,Bsu361,Crnl, Eco811	CC/TnAGG	CfoⅠ,HhaⅠ CfrⅠ,EaeⅠ	GCG/C Y/GGCCr
AocⅡ,BmyⅠ,Bsp1286, NspⅡ,SduⅠ	GdGCh/C	DarⅡ,EcoO1091 EagⅠ,EclXⅠ,Eco521	rG/GnnCCy C/GGCCG
AosⅠ,AuiⅡ,PspⅠ	TGC/GCA	EcoT141,StyⅠ	C/CwwGG
ApaLⅠ,SnoⅠ	G/TGCAC	EcoVⅢ,HindⅢ	A/AGCTT
ApyⅠ,BstNⅠ,MvaⅠ	CC/wGG	HapⅡ,HpaⅡ,MspⅠ	C/CGG
AquⅠ,AvaⅠ,AvrⅠ,NspⅢ	C/yCrG	HincⅡ,HindⅡ	Gty/rAC
AseⅠ,AsnⅠ	AT/TAAT	KspⅠ,SacⅡ,SstⅡ	CCGC/GG
Asp7001,XmnⅠ	GAAnn/nnTTC	NspHI,NspⅠ	rCAtG/y
AspHⅠ,HgiAⅠ	GwGCw/G	PvuⅠ,XorⅡ	CGAT/CG
AspⅠ,Tth111	GACn/nnGTC	SacI,SstⅠ	GAGCT/C
AsuⅠ,Cfr131,NspⅣ, Sau961	G/GnCC	TaqI,TthHB81 XamⅠ,XcyⅠ	T/CGA C/CCGGG
AsuⅡ,BstBⅠ,NspⅤ, SfuⅠ	TT/CGAA		

注：s=C或G，r=A或C，y=C或T，h=A或C或T，w=A或T，d=A或G或T，n=x=A或C或G或T。

表 2-3　　部分限制性核酸内切同尾酶[2]

黏性末端	限制性核酸内切酶
5′CATG	AflⅢ,DsaⅠ,NcoⅠ,StyⅠ,BspHI
5′GATC	Sau3A,NdeⅡ,BglⅡ,XhoⅡ,BamHI,MleⅠ,BelⅠ
5′GGCC	EclXⅠ,EaeⅠ
5′CGCG	MluⅠ,AflⅢ,BssHⅡ,DsaⅠ
5′CCGG	Cfr10,AgeⅠ,XmaⅠ,AvaⅠ,MorⅠ
5′TCGA	SaeⅠ,XhoⅠ,AvaⅠ
5′GTAC	Sap718,BanⅠ,SphⅠ
5′CTAG	SpeⅠ,NheⅠ,AvrⅡ,StyⅠ,XbaⅠ
5′CG	MaeⅠ,AcyⅠ,HinPⅠ,NarⅠ,HpaⅡ,MspⅠ,TaqⅠ,ClaⅠ,AccⅠ,SfuⅠ
5′TA	NdeⅠ,MaeⅠ,MseⅠ,AsnⅠ
CATG3′	NlaⅢ,NspⅠ,SphⅠ
AGCT3′	SacⅠ,BanⅡ,BmyⅠ
GGCC3′	ApaⅠ,BanⅡ,BmyⅠ,AspHⅠ
TGCA3′	NsiⅡ,AspHⅠ,BmyⅠ,PstⅠ
GCGC3′	HaeⅡ,BbeⅠ

性内切酶在最适反应条件下，60min 内完全切割 1μg λ DNA 所需的酶活力为 1 酶活力单位（unit 或 U）。限制性内切酶反应缓冲系统中应含有氧化镁或醋酸镁、氧化钠或醋酸钾、二硫苏糖醇（DTT）或 β-硫基乙醇、Tris-HCl 或 Tris-AC。最适反应温度为 37℃，少数限制性内切酶高于或低于 37℃。

二、基因工程操作中的其他酶

（一）DNA 连接酶

在大肠杆菌，动、植物细胞和噬菌体感染的细胞中都发现过 DNA 连接酶（DNA ligase）。这类酶的发现和分离提纯，使外源目的基因片段和载体质粒 DNA 片段在体外连接形成重组 DNA 分子或称为杂合子。因此，它在 DNA 合成、DNA 复制和基因重组中起着十分重要的作用。

DNA 连接酶能催化 DNA 分子中相邻的 3′-OH 末端和 5′-磷酸基末端之间形成磷酸二酯键，即能封闭双链 DNA 上相邻核苷酸之间的单链缺口。在基因工程中常用的连接酶主要是大肠杆菌染色体编码 DNA 连接酶和从大肠杆菌 T_4 噬菌体编码的 T_4-DNA 连接酶。T_4-DNA 的分子质量为 68ku，单个多肽链。前者需要 DNA 作为辅助因子，后者需要 ATP 作为辅助因子。

（二）DNA 聚合酶 Ⅰ

大肠杆菌 DNA 聚合酶 Ⅰ 是分子质量为 109ku 的一条多肽链（约有 1000 个氨基酸）所构成的酶，分子中含有一个二硫键和一个—SH 基，此外尚含有锌离子。

该酶的作用是催化聚合脱氧核苷酸，使之逐个接到引物上去，最后形成新的 DNA。在基因操作中，DNA 聚合酶Ⅰ在缺口翻译（nick transltion）上很有用。它以 DNA 分子内有缺损部位的单链作模板，前体为引物，dNTP 为基质，从缺损部分 3′-OH 末端开始，沿 5′→3′方向依次将脱氧核苷酸拼接上去填补小片段前体之间的空隙。与此同时，5′→3′外切酶降解 5′-磷酸末端，翻译过程在酶到达 DNA 分子终点时才终止。因此，DNA 聚合酶 Ⅰ 主要用来做 DNA 探针的体外标记，即缺口翻译。此外，也用于酶法测定 DNA 顺序。

（三）碱性磷酸酯酶

碱性磷酸酯酶是催化从单链或双链 DNA 和 RNA 分子中除去 5′-磷酸残基，即脱磷酸作用。1977 年，从细菌和小牛肠道中分离得到细菌碱性磷酸酯酶（简称 BAP）和小牛肠碱性磷酸酯酶（CIP）。在基因工程中主要是应用该酶处理经限制性内切酶切割后的载体 DNA，去除载体 DNA 两末端的 5′-磷酸残基，以防止载体 DNA 自我环化，从而提高其重组效率。同时，在用同位素 ^{32}P 标记 5′-OH 末端制备 DNA 或 RNA 探针时，先用该酶去除 5′-磷酸基，而产生 5′-OH 末端，再进行末端标记。

（四）T_4 多聚核核苷酸激酶

T_4 多聚核核苷酸激酶催化 ATP 上的 γ-磷酸转移至 DNA 或 RNA 的 5′-OH 上，主要作为 DNA 的 5′-末端标记，标记待测 DNA 片段。

（五）S_1 核酸酶

S_1 核酸酶是 1965 年从米曲霉（*Aspergill oryzae*）中分离纯化得到的 S_1 核酸酶（S_1 nuclease)。它是一种对单链 DNA 或 RNA 具有特异性的核酸外切酶，产生 5′-磷酰基的单核苷酸或寡核苷酸，但不能降解双链的 DNA 或 RNA 的杂合子。因此，在分子克隆中用来分析 DNA-RNA 杂合子结构，从具有单链末端的双链 DNA 分子中除去单链突出端使之为平端，以利片段之间的连接，以及打开双链 cDNA 合成中生成的发夹状环。

（六）反向转录酶

反向转录酶（reverse transcreptase）能以 RNA 为模板，反向转录后形成双链 DNA。该酶用于催化合成与某种已知 RNA 互补的 DNA 链，以获得目的基因，在基因克隆中也是一种不可缺少的工具。

第三节　目的基因制备

在基因工程中，首先是按照人们预先设计的蓝图，获得所需要的特异基因（objective gene），或称为靶基因（target gene）。因为它属于非自身的基因片段，故又称外源基因（foreign gene）。应用于创造出优良性状和具有应用价值的新物种，这是基因重组成功的关键。

由于一个细菌约有 1000 个基因，而一般哺乳动物的基因高达 10 万个。因此，要从成千上万个基因中分离出某种特定基因，是十分困难的事。制取目的基因有三种方法，一是采用生物学方法；二是采用化学合成法；三是基因文库法；四是利用 PCR 扩增法。原核生物基因的分离多采用前法，而真核细胞基因的分离则采用后两种方法。

一、生物学方法

原核生物中常用鸟枪射击法或霰弹散射法（shotgun cloning）来克隆分离基因。此法优点是：快速简便、产物纯度高，是真正的天然基因，兼有外显子和内含子。

此法实质上是采用基因工程手段把染色体 DNA 用限制内切酶切割，将所有片段都连接到某种载体上，转入大肠杆菌（*E. coli*）中增殖。再用适当方法来筛选含该基因的重组体菌落，从重组体细菌提取 DNA，经酶切后即可制取该基因。对真核细胞基因，因酶切后形成大小不等的成千上万 DNA 片段，若采用此法则难于筛选出所需要的基因。因此，可采用凝胶电泳、密度梯度离心法或液相层析等方法。先把 DNA 片段按大小分成几个组，然后，再采用鸟枪法分离目的基因。

另一种生物学方法是采用分子杂交手段。1973 年，Shin 和 Martin 用分子杂交技术分离目的基因获得成功。这种方法是根据碱基配对原理，即单链 DNA 分子可与它的互补链（mRNA 链）配对形成双链，便可将与 mRNA 互补的那段变性 DNA 的特异序列在连续杂交系统中制取目的基因。

二、化学合成法

化学合成法是以单核苷酸为原料，在体外用化学方法按照已知基因的碱基顺序，先合成 DNA 短片段，再依次连接而成完整的目的基因链。此法必须预先知道目的基因或其 mRNA 或蛋白质的一级结构，即核苷酸或氨基酸的顺序。化学合成寡核苷酸是以 4 种 3′-核苷酸为原料，采用磷酸二酯法或磷酸三酯法，经过单核苷酸活性基团保护、缩合反应、去除保护基因和产物纯化等步骤而合成的。

化学合成一个循环有如下 4 个步骤：

（1）脱保护作用　用三氯乙酸（TCA）脱除与核苷酸$_1$（N_1）的5′-OH偶联的保护基团二甲氧基三苯甲基（DMT），显露出—OH基团。

（2）偶联反应　用弱碱（四唑）的激活作用，促使核苷酸$_2$（N_2）与在固定载体上的核苷酸$_1$的5′-OH起偶联缩合反应。

（3）封闭反应　用乙酸酐$(AC)_2O$与二甲氨基吡啶（DMAP）激活的乙酰化作用，促使部分未起偶联反应的5′-OH端乙酰化封闭起来。

（4）氧化反应　利用碘液的作用，把3′→5′磷酸三酯键氧化而形成更稳定的五价磷酸。

上述这种循环，反复地进行，直至合成具有所需序列长度的寡核苷酸片段为止。整个合成反应历程如图2-3所示。

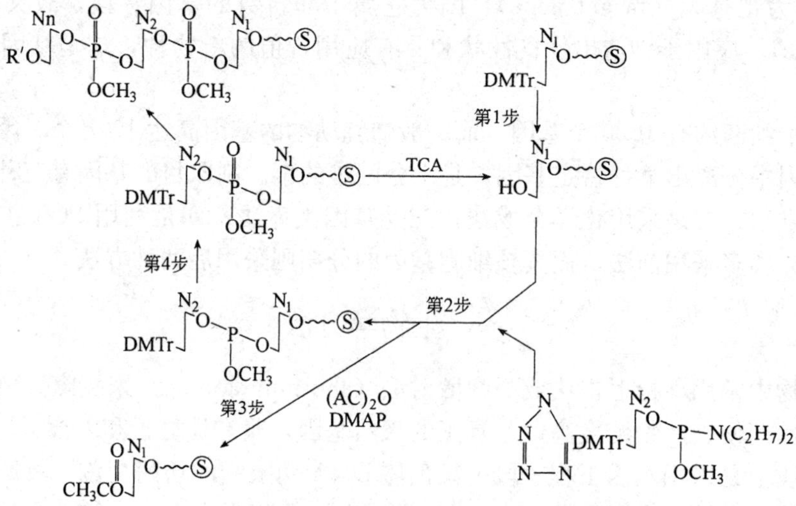

图2-3　固定化亚磷酸三酯法合成寡聚核苷酸

化学合成完成后，由于固定化载体上携带有被保护的寡聚脱氧核苷酸，尚需把合成产物进行分离和纯化。如用苯硫酚脱去甲氧基保护基团，成为游离的寡核苷酸。然后，用乙醇沉淀法纯化并用高效液相色谱法或凝胶电泳法进一步纯化。最后获得最终寡聚核苷酸产物。

一般化学合成寡聚核苷酸片段的能力局限于合成200bp以内，因此，尚需把合成的寡聚核苷酸片段拼接成完整的基因，这种过程称为基因的组装。常用的基因组装方法有三种；

（1）用激酶与连接酶组装　先将寡聚核苷酸用磷酸激酶激活，将DNA片段的5′-端磷酸化，然后再与相应互补的寡聚核苷酸片段退火，形成带有黏性末端的双链寡聚核苷酸片段。把这些双链寡聚核苷酸片段混合在一起，加上T_4DNA连接酶，使组装而形成完整的基因。然后，把组装的基因插入到适当的细菌质粒载体上，并转化到大肠杆菌（*E. coli*）宿主细胞中并可用DNA序列分析法鉴别其组装的基因。

（2）用聚合酶与限制内切酶组装　将两条具有互补的3′-末端寡聚核苷酸片段彼此退火。在Klenow聚合酶作用下，催化所形成的单链区段再合成出相应的互补链。然后，形成的双链DNA片段用平末端或黏性末端（限制酶切割）连接法，插入到质粒载体分子中进行复制和组装。但这种办法构建的基因其突变率较高。

（3）大基因组装法　另一种组装大基因的办法如图2-4所示。把一个完整基因的全序列分解成少数几个片段，然后分别组装这些片段，并经克隆验证其序列后，再用克隆技术，将这些亚片段按基因的正确顺序连接一起，最后得到所需的基因序列。

1970 年，Khorana 等首次合成含有 77 个碱基对的酵母丙氨酸 tRNA 基因。1976 年又合成了一种大肠杆菌（*E. coli*）酪氨酰-tRNA 基因。最后，结构基因连同两侧的调控部分和接头，总长 206 个核苷酸，且具有活性。1977 年，K. Itakura 等人工合成了生长抑制素基因，成功地使大肠杆菌产生出人的下丘脑中分泌出来的一种激素，即生长激素释放抑制因子（somatostatin）。

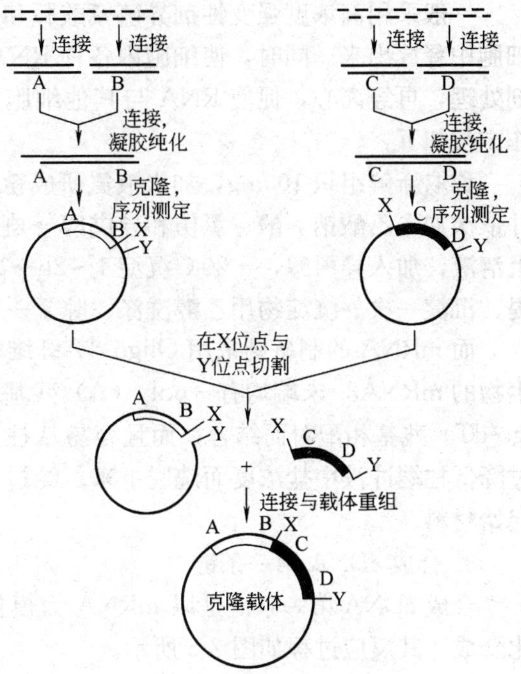

图 2-4　一个较大基因的组装示意图

化学合成法的最大优点是能按人们的意愿合成突变基因，是一种纯粹的单基因，无其他有害基因。但也有它的局限性，要合成较长的 DNA 分子尚有困难。

随着现代科学技术的迅速发展，基因工程操作仪器设备也不断更新。如日本 Zeon 公司已成功制成并出售“全自动 DNA 合成仪”；精工电子工业公司的“DNA 序列仪”；日本理化研究所首次创制出全自动 DNA 的解读系统，甚至可解读人体全部基因，均极大地推动着基因工程的发展。

三、基因文库法

基因文库（gene library）又称为 DNA 文库，它是指用克隆方法将一种生物全部基因组以重组体的方式长期保持在适当的宿主中。当需要重组体 DNA 某一片段时，便可以在此文库中查找。基因文库又称为 cDNA 文库[3][4]。

原核生物中查找目的基因采用乌抢法或散弹法或杂交技术等方法，但真核生物基因组太大，就必须将真核基因组通过限制性内切酶切割或超声波处理形成许多大小不等的基因片段。然后将这些片段构建到合适的载体（如噬菌体载体或黏性载体）上并导入到宿主细胞中，形成宿主细胞群，即含有整个基因组的基因信息，因而形成了一个生物的基因文库。

由于真核细胞含有能转录但不能翻译的内含子序列，而且翻译 RNA 自细胞核转移至细胞质中除去内含子才能合成 mRNA。因此，对于真核生物细胞，需首先构建 cDNA 文库，然后再从 cDNA 文库中获取目的基因。

cDNA 文库构建的步骤如下。

1. 酶促合成法制取 cDNA

以生物体细胞 mRNA 为模板，在反向转录酶等一系列其他酶的催化作用下形成 cDNA 分子。并将 cDNA 与载体 DNA 进行体外重组，然后导入宿主细胞。得到一群含重组 DNA 的噬菌体或细菌克隆，从而构建某种生物体的 cDNA 文库。

2. 从组织或细胞中制备总 RNA 和 mRNA

一般采用高浓度强变性剂异硫氰酸胍和β-巯基乙醇迅速破坏细胞结构，促使 RNA 从细胞中释放出来。同时，使细胞内各种 RNA 酶失活。细胞裂解液通过酚、氯仿等有机溶剂处理，再经离心，促使 RNA 与其他细胞组分分离开来，得到纯化的总 RNA。具体操作方法如下：

称取新鲜组织 100mg，加入液氮研成粉末状→匀浆（并加入溶液 D 匀浆）→离心分离并依次加入乙酸钠、酚、氯仿和异戊醇→剧烈振荡置水浴于 4℃ 10000g 离心 20min 吸出上清液，加入异丙醇，－20℃沉淀 1～2h→离心去上清液，沉淀溶于 D 液中，→再重复抽提、沉淀一次→沉淀物用乙醇洗涤、晾干→电泳检测。

而 mRNA 的制备则采用 Oligo-dT 纤维柱层析法而进行分离纯化。因为绝大多数真核生物的 mRNA3′-末端均有—poly（A）残基，它可与纤维层析柱上所偶联的寡聚 dT（Oligo-dT）残基相配对而结合，而且容易从柱上洗脱下来。结合上的 poly（A）RNA 可通过降低柱缓冲液中盐浓度而洗脱下来。经过这样纯化的 mRNA 可作为 cDNA 文库构建的起始材料。

3. 合成 cDNA 第一条链

合成 cDNA 第一条链是以 mRNA 为模板，用反向转录酶在 oligo（dT）引导下来催化合成，其反应过程如图 2-5 所示。

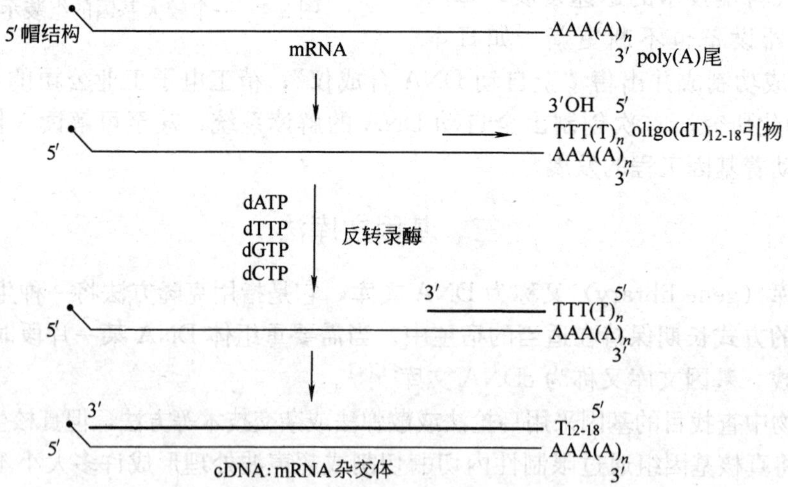

图 2-5　合成 cDNA 第一链反应过程

注：溶液 D 含有异硫氰酸胍、β-巯基乙醇、十二烷基肌氨酸钠等物质。

（1）在微量离心管冰浴中加入 mRNA（1mg/mL）10μL；oligo（dT）(1mg/mL) 10μL；1mol/L Tris. Cl（pH7. 6）2. 5μL；1moL/L KCl 3. 5μL；250mmol/L $MgCl_2$ 2μL；dNTP 混合物（各 5mmol/L）10μL；0. 1mol/L 二硫苏糖醇（DTT）2μL；RNA 酶抑制剂 25U；加水至总体积为 48μL。

（2）加入 2μL 鼠源反向转录酶，于 4℃混匀，（吸出 2. 5μL 反应液加入 0. 1μL [a^{32}-P] dCTP 进行小规模平行反应作为分析用）；

（3）根据小规模反应结果，计算 cDNA 第一链的合成量；

4. cDNA 第二条链的合成

cDNA 第二链的合成有自身引导法和置换合成法两种。由于前法切割反应难以控制，目前一般采用后者较多。置换合成法可直接利用第一条链反应产物 cDNA：mRNA 杂交体，并利用 cDNA：mRNA 杂交体为切口平移反应为模板，由 RNA 酶在 mRNA 链上的切口和缺口而产生一系列 RNA 引物，然后再由 *E. coli* DNA 聚合酶Ⅰ用这些引物以切口平移反应合成 cDNA 第二条链。其反应历程如图 2-6 所示。

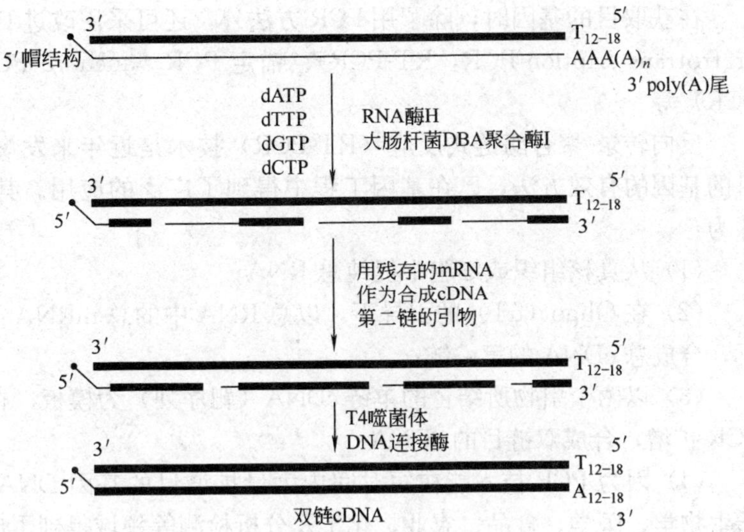

图 2-6 置换法合成 cDNA 反应过程

5. 双链 cDNA 与载体 DNA 的连接

构建成 cDNA 文库并进行目的基因 cDNA 克隆的筛选、鉴定等试验。

四、PCR 扩增法

1985 年，美国 Cetus 公司的 Mullis 等人开发成功的聚合酶链式反应（polymerase chain reaction，PCR）技术，这一快速扩增特异 DNA 片段系统在分子生物学领域中是一项重大的革新。1993 年 Mullis 荣获诺贝尔化学奖。

PCR 技术是一种用在体外扩增位于两段已知序列之间的 DNA 区段的分子生物学技术。首先使双链 DNA 在反应液中热变性而分开成单链，然后在低温下与两个引物进行退火，使引物与单链 DNA 配对结合，再在中温下利用 Taq DNA 聚合酶的聚合活性及热稳定性进行聚合（延伸）反应。每经过一次变性、退火、延伸 3 个步骤为一个循环。通过 3 个不同温度的重复循环，约经过 30 次后，所扩增的特定 DNA 序列的数量可增至 10^6 倍，其反应历程如图 2-7 所示。

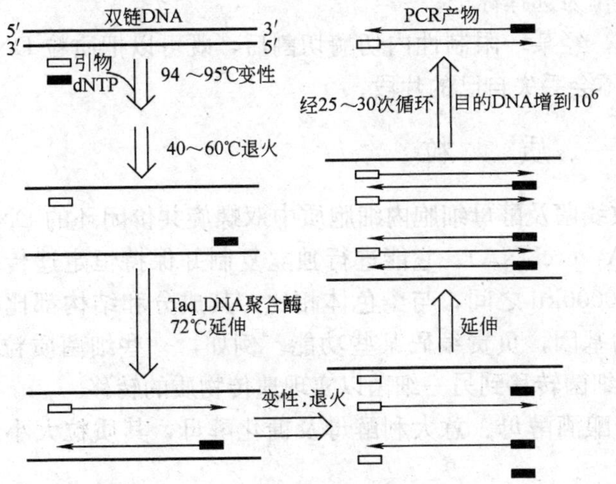

图 2-7 PCR 扩增技术基本原理

PCR 反应体系主要由靶序列的 DNA、寡核苷酸（PCR 引物）、Taq DNA 聚合物、四种脱氧核苷三磷酸（dNTP）和 PCR 缓冲液组成。

在获取目的基因时，除了用PCR方法外，还可采用改进PCR方法，如反向转录PCR（retrotrans cription PCR，RT-PCR）、锚定PCR（anchord PCR）和反向PCR（reverser PCR）等。

反向转录-聚合酶链式反应（RT-PCR）技术是近年来发展起来的一种获取真核生物目的基因的有效方法，已在基因工程中得到了广泛的应用。其合成目的cDNA的操作步骤为：

（1）从真核组织或细胞中提纯总RNA；

（2）在Oligo（dT）的引导下，以总RNA中的总mRNA为模板，在反向转录酶作用下，合成总cDNA的第一链；

（3）以两个引物所结合的单链cDNA（靶序列）为模板，在Tag聚合酶的作用下进行PCR扩增，合成双链目的cDNA；

（4）因为PCR技术能在短时间内大量扩增目的基因DNA片段，因而，此技术在分子生物学、医学、食品、农业、化工及分析检测等领域得到了广泛应用。

第四节　基因载体

有了目的基因片断（或外源基因），就必须考虑如何将目的基因引入受体细胞。因为目的基因不能直接进入宿主细胞，它必须与具有自我复制能力的质粒DNA结合为复制子才能进入受体细胞。这种目的基因（或外源基因）运载体，又称为基因载体（gene vector）或无性繁殖载体。

目前，在基因工程中应用的基因载体主要是质粒、病毒和噬菌体，它们都能担当无性繁殖载体。因为它们均符合作为载体应具备的下列条件：

（1）本身是一个复制子，能自我复制；

（2）相对分子质量较小，小分子DNA易处理，限制性内切酶切点少，适于接受目的基因（外源基因）；

（3）能给宿主细胞（受体细胞）提供可选择标记，有可供辨认的表形特征，以便人们进行筛选。多数质粒皆有抗性基因可作为选择标记；

（4）只有单一限制性内切酶切点，经某一限制性内切酶切割后，既可以把质粒DNA闭环打开以接纳外源DNA片段，又不会丢失自己的片段。

一、质　　粒

质粒（plasmid）存在于细菌、放线菌及酵母细胞内细胞质中双螺旋共价闭环的DNA（covalently，closed and circular DNA，cccDNA）。它能进行独立复制并保持恒定遗传的复制子。其相对分子质量在1000～10000ku之间，与染色体相比，其成分和结构都比较简单。但它含有某些染色体不存在的基因，负责编码某些功能。例如，一些细菌质粒F因子可以通过细菌接合作用，从一个细菌转移到另一细菌以实现遗传物质的转移。

在酵母中发现的质粒包括存在于酿酒酵母、意大利酵母及糖化酵母，其质粒大小为2μm和卡氏酵母等3μm。

质粒DNA的分离提取通常可采用两种方法：①选择性抽提法：该法在较温和的条件

下用溶菌酶溶菌，形成的细胞碎片因染色体 DNA 与质粒 DNA 有相对分子质量上的差异，用高速离心方法分离。相对分子质量较小的质粒 DNA 留在上清液，经乙醇沉淀后可得到质粒 DNA 的粗制品。②碱性 SDS 法：该法是在 pH12.0～12.5 范围内使染色体中双螺旋开链 DNA 选择性变性，而闭环双链质粒 DNA 不变性。经乙酸钠中和后，SDS 引起蛋白质-SDS 复合物和高相对分子质量 RNA 沉淀，再经高速离心将质粒 DNA 留在上清液而达到分离的目的。

质粒 DNA 进一步纯化也有多种方法，比较常用的方法有：①碱性蔗糖密度梯度离心法：因染色体 DNA 易变性而伸展为单链，而质粒 DNA 则不易变性，在蔗糖浓度梯度中，质粒 DNA 沉降速度大于变性 DNA 而得到分离纯化；②氯化铯-溴化乙锭密度梯度离心法：染色体中双螺旋开链 DNA 易与染料溴化乙锭（Et-Br）结合，且由于结合量大而密度降低，而质粒 DNA 由于紧密闭合，不易与 Et-Br 结合，密度较大。经超速离心后，由于其两者密度差异而分离；③硝酸纤维素膜吸附法：该种材料膜吸附单链 DNA，染色体 DNA 易变性形成单链 DNA 而被吸附，从而与质粒 DNA 分离纯化。

根据上述基因载体条件，目前已构建了许多人工载体质粒已在基因重组操作中应用，如 pBR322、pBH10、pBH20、pTR262、pAT153、pX-3、pMK16、pKC7 等。

（一）质粒载体 pBR322

pBR322 是目前应用最广泛的人工构建的载体之一。

如图 2-8 所示[5]，用小写英文字母 p 代表质粒，BR 表示该质粒研究者 Bolivar 和 Rogigerus，而 322 是具体研究编号。pBR322 大小为 4363bp，（1bp＝1 碱基对）含有 2 个抗生素抗性基因，即抗氨苄青霉素 Amp^r 和抗四环素抗性基因（Tet^r）作为标记。在四环素抗性基因内尚有单一的 *Bam*HⅠ、*Hind* Ⅲ、*Sal* Ⅰ 的识别位点。pBR322 带有一个复制起始位点，促使这个质粒只在大肠杆菌里行使复制功能。此种人工构建质粒以高拷贝数称著，有“万能质粒”之称。pBR322 质粒的优点如下：

(1) pBR322 质粒分子质量较小　以限制内切酶 *E. co*RI 的识别序列 GAATTC 中的第 1 个 T 为核苷酸 1，按顺时针方向计数，pBR322 质粒 DNA 分子的长度应 4363bp、仍属小分子质数，易于进行重组克隆。

(2) pBR322 质粒拷贝数高　pBR322 质粒载体属于松弛复制型，拷贝数高。而且经氯霉素扩增后，每个细

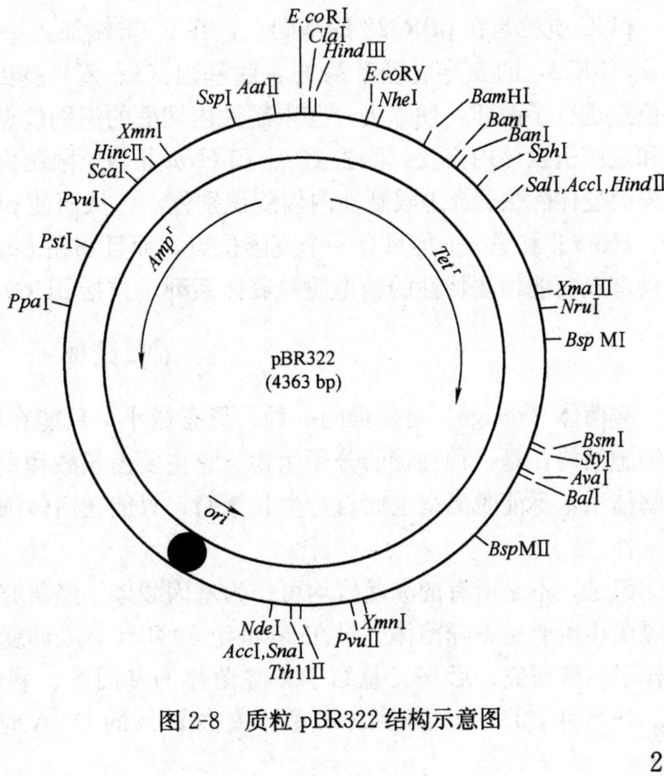

图 2-8　质粒 pBR322 结构示意图

胞可累积高达1000～3000个质粒拷贝。为重组克隆提供了方便。

(3) pBR322质粒具有抗菌素抗性基因　pBR322 DNA分子总共有24种限制内切酶的单一识别位点。其中有9种限制内切酶，包括*E.co*RV、*Nhe* Ⅰ、*Bam* HⅠ、*Sph* Ⅰ、*Sal* Ⅰ、*Xma* Ⅲ、*NruI*、*Cla* Ⅰ和*Hind* Ⅲ的识别是位于四环素抗性基因及其启动区内部。在这9个限制位点上插入外源DNA都会导致Tet^r基因的失活；还有3种限制内切酶（*Sca* Ⅰ、*Pru* Ⅰ和*Pst* Ⅰ）在氨苄青霉素抗性基因（Amp^r）内也具有单一的识别位点。在上述3个位点中插入外源DNA，则会导致Amp^r基因的失活。针对这一缺陷，已经构建了两种在其选择标记上具有*E.co*RI限制酶单一一识别位点的多外pBR322衍生质粒，包括pRB324、pRB325、APT153和pBR327等质粒。构建pBR325、pBR327如图2-9、图2-10所示。

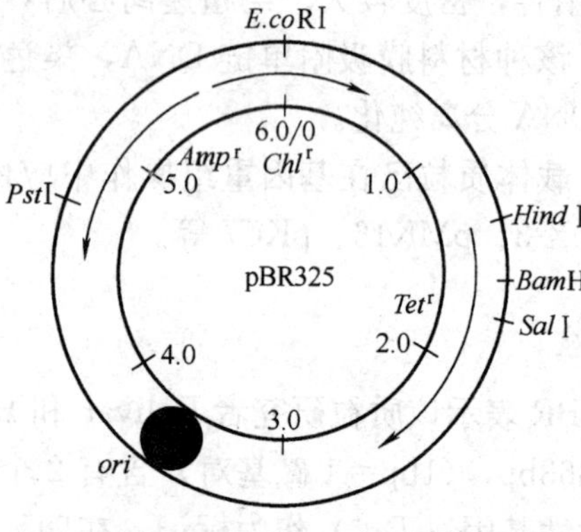

图2-9　pBR325衍生质粒

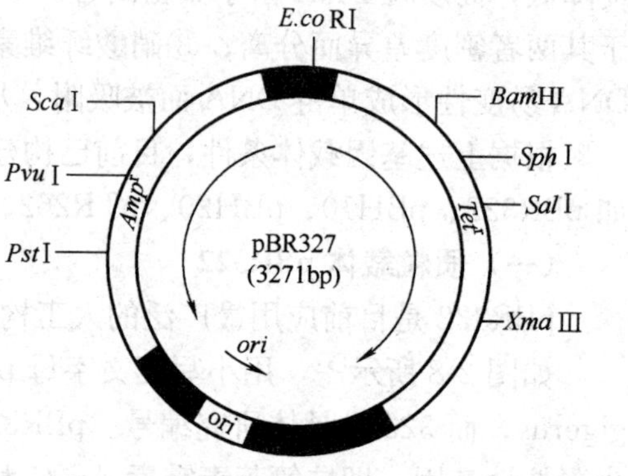

图2-10　pBR327衍生质粒

（二）质粒载体pUC

pUC质粒是在pBR322的基础上，在5′-末端加入一段多克隆位点（multiple cloning sites，MCS）的β-半乳糖苷酶的α-肽基因（*LacZ′*）基因。因此，对pBR322的*LacZ′*克隆位点进行了改建，便除去一些限制性内切酶的识别位点。其改建步骤包括：用乙基甲磺酸和羟胺引发体内突变，除去*Pst* Ⅰ和*Hinc* Ⅱ两个限制内切酶的识别位点，然后再用体外缺失突变体除去*Acc* Ⅰ限制性内切酶识别位点。从而使pUC质粒载体对限制性内切酶*Pst* Ⅰ、*Hind* Ⅱ和*Acc* Ⅰ均只有一个克隆位点，而且均在*LacZ′*基因的a序列内。从此构建成功具有双功能检测特性的新型质粒载体系列，包括pUC7、pUC18、pUC19的质粒。

二、λ噬菌体

噬菌体（phage）是病毒的一种，形态微小，只能在电子显微镜下才能观察到。它没有细胞结构，是一种独特的分子生物。它主要由核酸和蛋白质构成。由于噬菌体缺乏代谢的酶体系，不能脱离宿主而自行生长繁殖，只能在活体细胞中生长并且对宿主细胞有严格专一性。

但是，不是所有的噬菌体均可作为基因载体。经研究证实，能作为基因无性繁殖载体的噬菌体主要是λ-噬菌体。早在20世纪50年代，人们就对λ-噬菌体的溶源周期和裂解周期作了系统研究，后来又总结了λ-噬菌体的基因图、酶切图谱DNA的序列测定及其调控。1974年，Davis观察到λ-噬菌体失去20%的DNA时仍不失活，这一部分缺失DNA

的空间正好作为运载其他 DNA 之用。自从证实 λ-噬菌体作基因载体以来，至今已构成 100 多种载体。

从自然界筛选到的 λ-噬菌体还不能直接作为基因载体，因为在其基因组上存在着过多的限制性内切酶切点，必须对 λ-DNA 进行改造，采用定点突变方法以消除基因组必要区内酶切位点，保留非必要区内 1～2 个位点。

经改造后的 λ-DNA 载体分为两类：①插入型载体（insertion vector）：此类载体即为 λ-DNA 基因组中缺失部分非必要基因，只含有 1 个可供外源 DNA 插入的限制性内切酶位点。例如，插入型载体 charon6、λ-NM641 的单切点是 *E. co*RI，λ-NM728 的单切点是 *Hina* Ⅲ。②替换型载体（replacement vector）：该载体是在 λ-DNA 的可替换片段两端具有两个限制性内切酶位点，酶切后替换片段与带有所有必需基因的左右双臂分开，由外源 DNA 片段取代之。此外，尚有一系列的 λ-DNA 衍生载体，如 λ-gtwES 系列载体，λ-charon 系列载体、λ-EMBL 系列载体、λ-gt 插入型载体和 λ-NM 系列载体等。

三、M_{13} 噬菌体

M_{13} 噬菌体与 fd、fI 这三种丝状噬菌体是一组密切相关的噬菌体，皆为环状单链 DNA 分子。M_{13} 噬菌体的 DNA 由 6407 个核苷酸组成，有 8 个基因。M_{13} 是雄性专一性的，它仅吸附于带有 F 质粒的雄性大肠杆菌（F＋）的性纤毛上而引起感染。同时，M_{13} 的 DNA 也可通过转染进入雌性细胞（F－）。这种带有 M_{13} 的感染细菌可以分离单菌落而纯化，并可用普通的提纯质粒 DNA 的方法从纯化的细菌培养物中提纯双链增殖 RF-DNA，作为克隆载体之用。

四、病　　毒

哺乳动物细胞载体系统，如猴源细胞 SV40、牛乳头瘤病毒 BPV 和 EBV 病毒载体等。

第五节　基 因 重 组

基因重组即将目的基因（或外源基因）与载体在体外结合构建形成重组子。这种结合主要靠 T_4-DNA 连接酶。底物是双股上有单股缺口的 DNA，缺口处并不缺少核苷酸，但相邻两核苷酸未有共价连接。当缺口处 5′-末端核苷酸有磷酸根，3′-末端核苷酸有羟基时，便可由连接酶封闭成共价连接。主要为黏性末端连接法（或称黏接法），也可以平头连接法。而黏接法又可分为两种：直接黏接［图 2-11（1）］和加尾黏接［图 2-11（2）］。直接黏接是利用限制性内切酶作用切割 DNA 所形成的片段，通常具有长度为 2～5 个核苷酸的单链黏性末端。因此，用同一种限制性内切酶切割的不同来源的 DNA 片段由于带有相同的单链末端，在适合条件下，这种单链末端能够结合而配对成双链，然后再借 T_4DNA 连接酶的作用，这种只有几个碱基对作氢键连接片段在低温下也会溶解分开，例如 *E. co*RI 形成的末端含 4 个碱基对（黏性末端 AATT），其解链温度 T_m 为 5～6℃，而一般共价连接温度 10～15℃，即介于连接酶活性与氢键结合片段的稳定性之间的温度范围内进行。含 GC 碱基配对较多的单链末端（另一些限制性内切酶产生的）形成较稳定的复合体，可在较高温度下连接。这种连接方式最为简单而且重组率高，但也有其缺点，即DNA片段的大小和浓度会影响分子间和分子内的连接：浓度低，可促使分子自身一端与另一端相黏接，即自身成环（成环的最小长度为250～300nm）；浓度过高，则可能会在同种DNA片段间结合成二聚体、三聚体等。

加尾黏接法是利用末端核苷酸转移酶在DNA片段上制造一个黏性末端的方法。例如在外源DNA片段的3′-末端加上一小段单股的polydA（或dG），在载体DNA的3′-末端加上一段polydA：polydT（或polydG：polydC）形成碱基配对，最后用T_4-DNA连接酶连接形成重组子（见图2-11）。

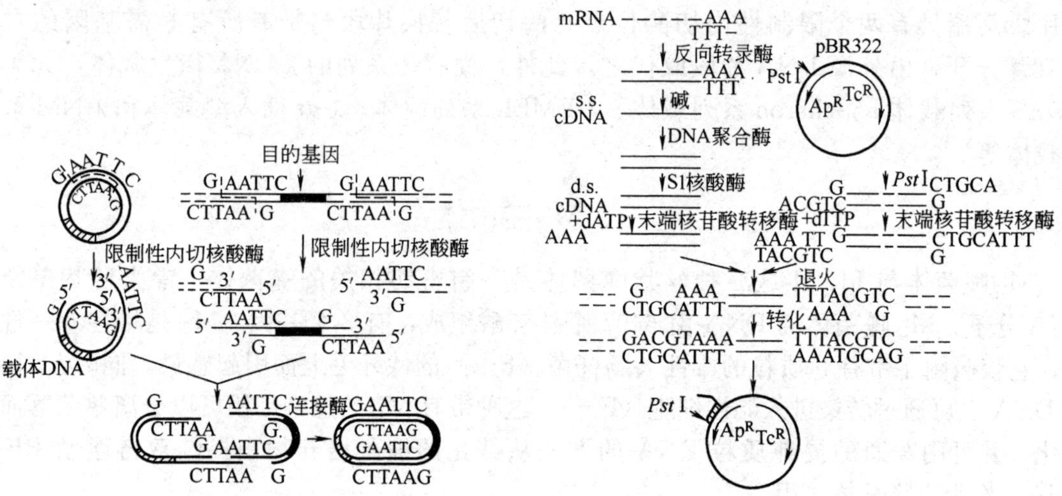

(1) (2)

图2-11 DNA体外重组方式

（1）直接黏接法 （2）加尾黏接法

第六节 转化、增殖和表达

一、转化与增殖

1. 宿主细胞

宿主细胞是指在转化、转导、杂交中接受外源基因的细胞。它必须具备下述性能：具有接受DNA能力；应为限制性内切酶缺陷型菌株或DNA重组型菌株；其标记和载体相对应；有利于表达，如选择核糖体对mRNA识别专一性较低的突变株；不适于人体或在非培养条件下生存，要有利于安全。

常用的宿主细胞以细菌为主，此外，还有放线菌、酵母菌和哺乳动物细胞。其中微生物受体系统主要有大肠杆菌、枯草杆菌、放线菌和酵母等。

大肠杆菌作为宿主细胞系统研究得最早，也最为广泛。自从基因重组技术问世以来，以大肠杆菌为材料的DNA克隆技术已取得了很大进展。人的生长激素基因、胰岛素基因和干扰素基因等已在大肠杆菌中表达成功，并已有批量生产。此外，乙型肝炎疫苗等许多药物也可利用大肠杆菌来生产。然而，大肠杆菌作为受体系统有一定局限性，有时会产生所谓性状表达“种的壁垒”，会导致遗传信息不表达或表达极其微弱等缺点。

枯草杆菌作为宿主细胞比大肠杆菌优越之处是该菌为革兰氏阳性的非致病菌，不产生内毒素，应用起来更为安全；枯草杆菌无外膜，可直接从发酵液中分离提取合成的活性蛋白质，利用重组 DNA 技术能有效地提高发酵产物的产量和质量。

放线菌作为宿主细胞其中链霉菌研究得最多，这是因为链霉菌是能形成菌丝和孢子的革兰氏阳性菌，它可产生许多抗生素、胞外酶和酶抑制剂；链霉菌的基因组比大肠杆菌多 3 倍，DNA 中 G+C 的含量高达 73%；许多研究表明，链霉菌是一个良好的受体。

酵母菌是单细胞的真核生物，能以单倍体形式存在，裸露 DNA 能有效地转化酵母细胞，以便把单个基因转入突变的酵母菌株，利用互补作用选择所需要的克隆。酵母菌能产生蔗糖酶、酸性磷酸酯酶等并分泌到体外，有利于大量生产高纯度的高活性蛋白质。如人干扰素基因、乙型肝炎病毒表面抗原基因等，已在酵母细胞中无性繁殖和进行表达。酵母宿主-载体系统已成为研究高等动、植物基因结构和功能的重要工具。

2. 感受态

感受态是指宿主细胞能吸收外源 DNA 分子而有效地作为转化受体的某些生理状态。一般宿主细胞在对数生长期转化能力最强。转化效率的高低除了取决于受体细胞的这种生理状态外，还与重组 DNA 分子的构型和分子的大小有关。环状 DNA 分子的相对分子质量越大，其转化效率越低。1970 年，Mandel 和 Higa 发现用 $CaCl_2$ 处理大肠杆菌，能使该菌对 λ-DNA 的吸收有显著的增加。1972 年，Cohen 等首先将该技术应用于质粒 DNA 的转化，其操作程序为：将培养好的感受态细胞菌液（浓度为 5×10^7 个细胞/mL）离心收集菌体，再以 10^8 个细胞/mL 浓度重新悬浮于 50mmol/L $CaCl_2$ 溶液中处理，加入质粒 DNA 进行转化。结果，每 1μgDNA 可得到 $10^6\sim10^7$ 个转化子。实际上相当于每 1 万个质粒分子中仅有 1 个转化细胞，转化率很低。后来，为了提高转化率做了系列研究，除了加入 $CaCl_2$ 外，还提高 Mg^{2+} 的浓度和加入六胺氯化钴等。通过进一步的研究，发现可用酶或化学试剂处理宿主细胞，去除细胞壁，形成原生质体，在聚乙二醇（PEG）的帮助下实现质粒 DNA 的转化。然后在再生培养基上重新形成细胞壁并进行生长繁殖，这种转化称为原生质体转化。枯草杆菌的原生质体转化，其转化频率高于 10^7 个转化子/μgDNA，转化率接近 80%。链霉菌、酵母菌原生质体转化率也可达到同样水平。

3. 扩增检筛

转化后的菌落通常置于含有标记抗菌素的丰富培养基上进行扩增、初筛，然后再用标记的 mRNA 进行原位杂交、电泳等方法检测筛出带有目的基因的转化子。例如，pBR322 质粒载体上具有 Amp^r 和 Tec^r 双抗药性标记，当它与目的的基因重组时，若用 *Bam*HI 限制性内切酶切割，则外源目的基因插入后，造成 Tct^r 基因的失活，转化后的受体细胞（重组菌）不能在含有 TC 的培养基上生长，只能在含有 AP 的培养基上生长，以此选择 Amp^r、Tec^r 的重组细胞。这种利用质粒某一特性失活而筛选重组子的方法，称为插入失活法。当克隆的目的基因无选择的遗传标记，又无法合成适当的 DNA 探针时，则可采用免疫学方法来检测筛选重组子。

上述扩增操作比较繁杂，将目的基因与载体切割、连接成杂合子（或重组子）导入到细菌细胞中，细菌转化繁殖后即完成目的基因的扩增，最后再用同位素探针筛选。此法需将目的基因在细胞与细胞之间来回搬运，然后培养、提取、纯化等，还要使用同位素，操作很费时。R. K. Saiki 和 K. B. Mullis 分别于 1985 年和 1987 年发展了一种“聚合酶链式反应（polymerase chain reaction，PCR）”技术或称为无细胞分子克隆系统或特异性 DNA 序列分离条件下引物定向酶促扩增法。这一 PCR 技术的最大特点是能高效扩增，能专一富集一个特异性 DNA 序列，可以成 10^6 倍扩增。这样，即使很微量的目的基因也可扩增到足以方便检出，省去了很多步骤，这也是分子克隆技术中的一次重大改进。

PCR 技术操作步骤为：①反复将目的基因片段进行热变性处理，令其双股链解开；②进行反链杂交、退火、形成单链；③用 Taq DNA 聚合酶沿 DNA 链全程合成出两股双链 DNA 分子；④然后开始第二个反应周期。每一反应周期，特异性目的基因可扩增一倍。用 n 代表反应周期数，则特异性 DNA 目的基因片段便按 2^n 指数扩增下去，一直扩增至所需数量为止。PCR 技术全部操作已实现自动化，这一技术不仅广泛应用于基因重组操作中的基因扩增及其检出，而且在研究活化的致癌基因、等位基因序列变异及分子生物学的许多领域中都得到广泛的应用。

二、基 因 表 达

克隆 DNA 的最终目的是表达最终目的产物。因此，通过 DNA 重组技术使特定基因片段在受体细胞内大量增殖，拷贝数目大大增加。因此，就必须使特点基因进一步转录、翻译为相应的蛋白质（或酶），进而获得它们的代谢产物，这一过程称为基因表达。

转录的起始需要 RNA 聚合酶与启动子的有效结合，转录的效率与启动子强弱有关，一般基因表达都有强启动子。

翻译则与核糖体上 mRNA 上的结合位点 S-D 顺序有关。S-D 顺序的强弱取决于与 16SrRNA3′-末端顺序的互补程度及 S-D 顺序与起始密码子 AUG 之间的距离，最适位置位于－20～＋13bp 之间。因此，要使一个外源基因在原核生物（如大肠杆菌）中很好地表达，需要在插入的 DNA 顺序中加进一个强启动子。真核生物除了加进一个强启动子外，尚需接上 S-D 这一顺序，以利其表达。

近年来，已构建了许多高效表达载体。这些载体都带有大肠杆菌的强启动子、S-D 顺序等，如目前应用的强启动子有：①Trp 启动子，受色氨酸阻遏蛋白调节，为吲哚乙酸所诱导；②Lac 启动子，受乳糖操纵子阻遏蛋白阻遏，被 IPTG 诱导；③β-内酰胺酶启动子，为氨苄青霉素诱导；④Amp^r 大肠杆菌膜蛋白基因受 Amp^r 的基因调节。近年来也构建了一些能表达融合的真核蛋白质的载体，如 PLC_{24}。它除具有复制起点 Amp^r 外，带有 λ-噬菌体的 PL 启动子和噬菌体 MS2 的 S-D 顺序及其聚合酶的 98 个氨基酸顺序，外源基因在 *Bam*HI 或 *Hind*Ⅲ位点上插入，在插入 cits857 溶源菌中，插入基因的表达受温度的调控。PLC_{24}已用来表达带有 MS_2 聚合酶的人类合成纤维细胞干扰素融合蛋白及口蹄疫病毒的外壳蛋白 VP1。

第七节　基因工程在食品工业中的应用

随着现代生物技术的发展，人类获取优质食物和制造优质食品的方法越来越科学。动物、植物和微生物是食品工业的基本原料，原料品种的改良可为食品工业发展提供先决条件。利用基因工程技术定向改造生物种的成功，开辟了一条改造和创造新品种的有效途径。1983年，世界首例转基因植物烟草问世和1994年转基因番茄“Flavr savr”上市以来，转基因食品在全球范围内迅速发展。目前，已商业化的转基因食品（作物）包括：大豆、玉米、油菜、马铃薯、番茄、甜椒、香木瓜和西葫芦等。

所谓转基因食品（genetically modified foods，GMF）是指采用酶学方法把具备优良品种细胞中的基因片段取出来，与质粒载体结合并转移至宿主细胞中表达复制而使宿主细胞品种得到改良。这种转移基因品种制成的食品称为转基因食品。我国制定的《转基因食品卫生管理办法》中把转基因食品定义为：利用基因工程技术改变基因组构成的动物、植物和微生物生产的食品和食品添加剂。根据这一涵义，按转基因的功能分为6大类：增产型、控熟型、高营养型、保健型、新品种型和加工型。而按食品原料种类不同转基因食品可包括如下三类：转基因微生物食品、转基因植物食品和转基因动物食品。

一、转基因微生物食品

转基因微生物食品[6]可定义为转基因微生物产生的食物或利用转基因微生物为原（辅）料生产（加工）的食品或食品添加剂或以转基因微生物制造的农药、肥料、饲料在动、植物所产生的食品。而某种转基因微生物菌株则称为工程菌（engineering strain）。除了转基因益生菌培养增殖后作为发酵食品直接进食外，转基因微生物食品与转基因动、植物食品不同之处在于，它一般不是直接用作食物的主要成分，而是用作食品加工的辅料成分，如酶制剂和食品添加剂；另外作为食品（食物）生产中的农药、肥料、饲料使用，均为间接产生的转基因食品。这一类转基因食品的应用日益广泛，而且此类食品的安全问题容易确认。全球约占60%以上的食品级酶制剂，其产酶微生物菌种均为工程菌生产的。基因工程技术对促进食品工业革新和经济发展起着重大作用。

（一）应用于提高食品产品的品质

1996年食品工业应用的酿酒酵母（*Saccharcmyces cerevisiae*）的全基因测序已经公布，为这一类真菌的基因改良提供了基础。

第一个采用基因工程改造的食品微生物为酿酒酵母（*Saccharomyces cerevisiae*）。由于把具有优良特性的酶基因转移至该菌中，使该菌含有的麦芽糖透性酶（maltose permease）及麦芽糖酶（maltase）的含量比普通面包酵母高，面包加工中产生CO_2气体的量也较高，最终制造出膨发性能良好、松软可口的面包产品。1991年，英国政府批准通过了DNA重组面包酵母工程菌的商业化应用[7]。

饮料酒的口感（味）风味是酿造酒质量的重要指标。在啤酒酿造过程中，形成的双乙酰和硫化氢含量超标，是啤酒口味不纯正的主要原因。双乙酰的口味阈值为0.1mg/L，若双乙酰含量超过0.1mg/L则被认为啤酒的后熟和发酵控制不佳。双乙酰具有厌恶的馊饭味，它是缬氨酸生物合成途径中的中间产物。在啤酒酿造中α-乙酰乳酸通过自发氧化作用形成双乙酰，然后由酵母细胞扩散进入正在发酵的麦芽汁中，造成啤酒终产品的口感不佳。为了提高啤酒质量，其关键是在酿酒过程中减少和控制双乙酰的形成。双乙酰形成机理及其基因重组控制双乙酰如图2-12、图2-13所示。

1995年I. R. M. Hammond[8]，将酿酒酵母通过导入异源的α-乙酰乳酸脱羧酶基因

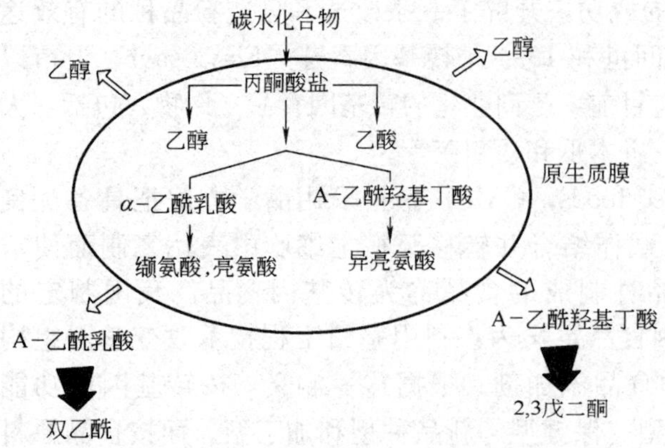

图 2-12　啤酒酿造中双乙酰形成机理

→酶促转化　⇒扩散　➡非酶降解

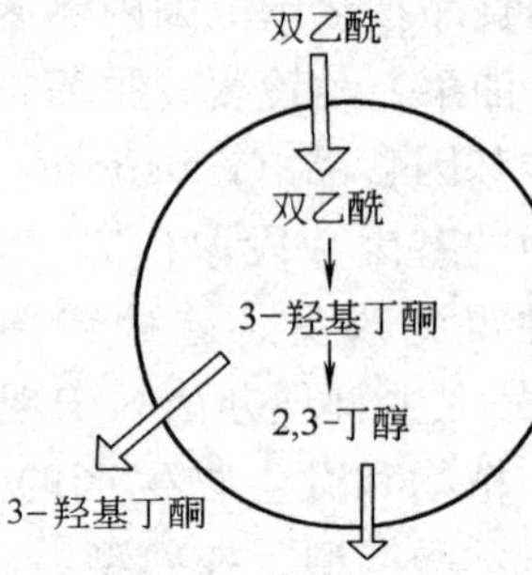

图 2-13　酿酒酵母导入α-乙酰乳酸脱羧酶基因后双乙酰酶促转化

→酶促转化　⇒扩散

（ALDC），便可使酵母细胞直接将α-乙酰乳酸酶促转化为酮类或醇类衍生物，从而缩短啤酒后熟时间，改善啤酒口感。为了减少硫化氢的形成，也是采用基因重组技术构建酿酒酵母办法比较有效，即将硫酸盐代谢途径中的 MET 25 基因置于一个糖酵解途径中的组成型启动子控制之下，然后将它们导入到酵母核糖体 DNA 中，这种方法经过中间试验已证明对降低硫化氢含量是有效的。

葡萄酒口感的改善与葡萄中萜类化合物、挥发性酯类及甘油含量的高低密切相关。萜类化合物是葡萄酒具有特色挥发性风味物质，它是葡萄的次级代谢产物。是由非挥发性的O-葡萄糖苷为前体形成的。通过异源的长枝木霉（*Trichoclerma longibranchiatam*）的β-1,4-葡聚糖酶基因转移至葡萄酒酵母菌株中表达，从而增加了葡萄酒香味。挥发性酯类构成葡萄酒独特的水果香味。它是在乙酰转移酶参与下形成的。因此，根据研究，将乙酰转移酶基因转移至葡萄酒酵母中表达发现葡萄酒的口味得到了改善[9]。甘油虽不是挥发性物质，但它赋予葡萄酒的甜味、绵滑感和持久性。Remize 等研究结果表明，在表达 GPDI 基因的同时，让 ALD6 和 ALD7 基因失活，可使甘油产量比野生型对照菌株增加 2～3 倍，同时使乙酰含量降低，提高了葡萄酒质量。

在牛乳加工中如何提高其热稳定性是一个关键问题。牛乳中的酪蛋白分子含有丝氨酸磷酸，它能结合钙离子而使酪蛋白沉淀。现在可以采用基因重组技术增加κ-酪蛋白编码基因的拷贝数和κ-酪蛋白分子中 Al-53 被丝氨酸所置换，便可提高其磷酸化，促使κ-酪蛋白分子间斥力增加，以提高牛乳的热稳定性。酪蛋白的降解对许多发酵乳制品的质地和气味的形成都非常重要。现在已经有可能对乳酸菌中蛋白和肽链代谢过程在数量上和性质上加以改变。表达其他外源蛋白酶的乳酸乳球菌菌株已经成功地构建完成。其中有些菌株曾在奶酪生产、后熟和气味产生等过程中进行过小试。

干啤酒具有纯正、爽口、低热值等特点，有益于人体健康。1987 年首先在日本上市，并在欧美流行。其发酵生产特点是麦汁发酵度高（75%以上）。要求提高麦汁可发酵性糖的比例，就必需外加糖化酶或异淀粉酶来解决，以期用于直接发酵生产。Lancashire[10]等把 *S. occidentalis* 或 *S. diastaticus* 的糖化酶基因引入啤酒酵母中表达和分泌，便可直接发酵生产干啤酒和淡色啤酒。

（二）应用于简化工艺，缩短生产周期

在啤酒生产中，由于啤酒酵母不能利用大分子葡聚糖和糊精等物质。但将大麦芽中的β-葡聚糖酶基因导入啤酒酵母中则可分解这些大分子物质，生产出碳水化合物含量较低的啤酒，改善了啤酒发酵液的沉淀性，有利于过滤操作和简化生产工艺，缩短生产周期。其中可省掉高压蒸煮和液化工艺，可节约60%的能源。

一般在啤酒生产中采用的酵母菌种是不含α-淀粉酶的，因此需要大麦芽产生的α-淀粉酶使谷物淀粉液化成糊精，生产比较繁杂，而且需要高温耗能。现在已可采用基因工程技术将大麦中α-淀粉酶基因转入酿酒酵母中进行发酵生产，可大大缩短啤酒生产工艺，推动啤酒生产革新。

葡萄酒酿造工艺需经过精制和澄清工序，把葡聚果糖、胶质及半纤维素等某些化合物除掉，以达到葡萄酒的澄清和稳定性，但这样处理同时又损失了某些物质。近年来，在一个酿酒酵母菌株中表达了一个内源性的pGUI基因，结果发现这个重组菌株能够分泌有活力的内聚半乳糖酸酶，可以大大缩短葡萄酒的过滤时间。

基因工程技术可通过改变代谢途径和代谢流向以达到提高其发酵效率的目的。例如，乳酸菌是一个相对有比较简单和较清晰的代谢途径，经过各种糖分的酵解最终生成乳酸。通过将α-乙酰乳酸代谢方向的改变，碳源代谢方向中有80%转而生成双乙酰。这种物质在啤酒酿造中形成是一个不利因素，而在乳制品发酵中形成是一个必需的、具有芳香气味的化合物。

（三）应用于食品的抗菌和防腐保鲜

除了酵母和丝状真菌外，乳酸菌在食品发酵生产中也起着非常重要的作用，因为乳酸菌不仅能改变食品的食用特性，还可以适当延长食品的保存期。发酵过程中使用的乳酸菌主要是来自食物原材料本身（植物原材料、肉类）或者是添加的引子培养物（乳制品、肉类）在发酵过程中这些细菌被认为可以延长食品的保存期限，另外有的益生菌为双歧杆菌等对人类的健康也更为有利。

在过去20多年中，乳酸乳球菌（*Lactococcus lactis*）一直是DNA重组技术中一个重要研究对象，与之相关的多种技术正相继被开发和研制出来，其中包括乳酸乳球菌的遗传转化、导入和表达（外源的）DNA分子以及分泌蛋白质等。乳酸乳球菌的基因工程研究于2001年已完成全基因组核苷酸测序工作，它是以乳酸乳球菌乳球亚种菌株IL1403的染色体DNA为测序对象，改良了这种菌株的遗传性状。已被用以生产许多不同种类蛋白质。许多工业生产中被认为是比较重要性状都是由这些质粒所编码的。例如，发酵乳糖和柠檬酸的能力、降解酪蛋白能力、运输寡肽的能力、产生细菌素或胞外多糖的能力或对噬菌体的抗性等。

有些乳酸菌除了产生其主要代谢产物外，还能够产生其他大量的抑制性物质如细菌素、双乙酰、CO_2和H_2O_2等化合物。细菌素是一种蛋白类化合物，它能够抑制有密切亲缘关系的细菌生长。有许多种乳球菌都可以产生细菌素。从乳制品环境条件下曾分离到280个细菌菌株，其中5%的细菌能够产生细菌素。其中一部分表现出可作为食品防腐剂中应用潜力，而且绝大多数都可以在外源宿主中进行表达。利用基因重组技术构建可以产生多种细菌素的菌株，将进一步扩大这类物质在食品防腐中的作用。此外，近年来在乳制品发酵过程中出现噬菌体抑制现象，从其产生机制进行较深入的研究。一般而言，细菌具有许多种噬菌体防御机制，研究认为在乳球菌中，噬菌体防卫系统主要是由位于质粒上的基因所编码的，通过接合作用，质粒有机会将噬菌体抗性基因转移到其他的细菌。现在接合作用已成功地应用在培育新引子培养物之中，并在乳制品发酵生产应用中有可靠的表达。具有噬菌体防卫系统、细菌素产生能力、抗性或免疫基因选择标记等菌株已被构建，已成功地应用在奶酪生产上[11]。

转基因微生物菌株是经过基因重组技术改良过的菌种，以便与其他育种技术在分类上有所差别，统称为工程菌。现将工程菌在食品工业应用较多的菌株如表 2-4 所示。

表 2-4　　基因工程改良的微生物工程菌

工程菌名称	改造的方式	用　途
乳酸杆菌(*Lactobacillus*)	修饰细菌素合成	乳制品生产、无污染物质生产
乳球菌(*Lactococcus*)	修饰蛋白酶活力	乳制品生产加速干酪熟化
	避免噬菌体感染	提高菌种稳定性
	修饰溶菌酶合成	干酪生产，预防杂菌感染
酿酒酵母(*Saccharomyces cerevisiae*) 卡尔酵母(*Saccharomyces carlsbergensis*)	修饰麦芽发酵将大麦中的 β-葡聚糖酶基因导修酿酒酵母中表达	啤酒生产，缩短发酵时间
	修饰豌豆脂肪氧化酶	增强面团流变学物性及稳定性
	修饰来自产气肠杆菌(*Enterobacter aerogenes*)或巴氏醋杆菌(*Acetobacter pasteurianus*)的 α-乙酸乳酸脱羧酶基因	缩短酿造周期
	修饰来自黑曲霉(*Aspergillus niger*)的葡萄糖淀粉酶基因	应用于淀粉降解和低热量啤酒的生产
	修饰来自许旺酵母(*Schwanniomyces occidentalis*)的淀粉酶和葡萄糖淀粉酶	应用于淀粉酒精和低热量啤酒的生产
	修饰来自枯草芽孢杆菌(*Bacillus subtilis*)、*Trichoderma barzianum* 或 *brley* 的 β-葡聚糖酶	应用于葡聚糖降解和啤酒过滤澄清
酿酒酵母(*Saccharomyces cerevisiae*)	*Trichoderma longibrachiatum* 的 β-1,4-葡聚糖酶基因导入葡萄酒酵母中表达	增加酿制酒的果香味 萜类化合物形成

许多食品生产中所应用的食品添加剂或加工助剂，如氨基酸、维生素、增稠剂、有机酸、乳化剂、表面活性剂、食用色素、食用香精及调味料等，都可以采用基因工程菌发酵生产而制得。因此，基因工程对微生物菌种改良大有可为。

（四）应用于食品级酶制剂生产菌的改良

凝乳酶（chymosin）是第一个应用基因工程技术把小牛胃中的凝乳酶基因转移至细菌或真核微生物生产的一种酶。1990 年美国 FDA 已批准应用于干酪生产。由于这种应用于生产时工程菌不会有残留，被认定符合 GRAS（generally recognized as safe）标准而无需要标示。

20 世纪 80 年代以来，为了缓和小牛凝乳酶供应的紧张状态，日、美、英等国纷纷开展了牛凝乳酶基因工程的研究。Nishimori 等于 1981 年首次用 DNA 重组技术将小牛凝乳酶原基因克隆到大肠杆菌（*E. coli*）中并表达成功。随后，英、美等国相继构建了凝乳酶原的 cDNA 基因库，并成功地在大肠杆菌（*E. coli*）、酵母、丝状真菌中表达。

重组 DNA 技术生产小牛凝乳酶，首先从小牛胃中分离出对凝乳酶原专一的 mRNA（内含子已被切除），然后借助反转录酶、DNA 聚合酶和 St 核苷酸酶的作用获得编码该酶原的双链 DNA。再以质粒或噬菌体为载体转移至大肠杆菌。由于所用的 mRNA 样品依然含有各种 RNA 片断，因此，所得到的 cDNA 克隆实际上是一个混合的 cDNA 文库，用放射性 mRNA 或 cDNA 探针进行杂交，可以挑选出含有专一性 cDNA。所获得的 1095 核苷酸序列基本与凝乳酶原氨基酸序列相符合，并在 N 端有一个由编码 10 个疏水性氨基酸组成的信号肽序列。为使外源基因在细菌中有效表达，在上游端还需插入适当转录启动子序列、核糖体结合部位以及翻译的起始位点 AUG。表达产物为一融合蛋白（N 端带有一小段细菌肽），但这不影响随后的酶原活化作用。在这一过程中该小肽与酶原的 42 肽一起被切除。用色氨酸启动子可以获得高效表达，其表达产物以不溶性的包含体（Inclusion bodies）的形式存在。

利用基因工程菌生产凝乳酶是解决凝乳酶供不应求的理想途径。1984 年，Marston 和 1987 年，Kawaguchi 根据电泳扫描凝乳酶原基因在大肠杆菌中的表达水平为总蛋白的 8%和 10%～20%。1986 年，Uozumi 和 Beppu 报道从每 1L 发酵醪液的菌体中可获得 13.6mg 有活力的凝乳酶。Mellor 等构建了无前导肽凝乳酶的克隆，并将凝乳酶原基因转移至酿酒酵母细胞（*Saccharomyces cerevisiae*），其表达效率达总酵母蛋白量的0.5%～2%。在酵母中，大约 20%的酶原以可溶形式存在并可被直接激活，剩余的 80%仍与细胞碎片混在一起。1990 年，Strop[15] 把携带凝乳酶原基因的质粒 PMG13195 导入大肠杆菌 *E. coli* MT 中，然后在含有胰蛋白胨、酵母膏和乳糖的培养基中培养（37℃），重组凝乳酶原在包含体中逐渐积累，包含体占整个细胞的 40%。根据 Marston 的方法可获得有活力的凝乳酶原的表达效率为 1mg/g 湿菌体。

张渝英等以 Tac 为启动子构建了牛凝乳酶原 B 基因表达质粒 PTaAC，转化大肠杆菌 JM105 进行培养。凝乳酶原基因的表达受培养基内诱导剂 IPTG（Isopropyl-β-D-thiogactose）、诱导时间和培养温度的影响。对数生长期中加入 0.1mmol/L 的 IPTG，能明显地诱导凝乳酶原的产生，进一步提高 IPTG 的剂量，效果基本相同。这说明 0.1mmol/LIPTG 足以诱导凝乳酶原基因在 JM105 受菌体中显著表达。同时，在大肠杆菌 JM105 不同生长期中加入 0.4mmol/L IPTG，6h 后收集菌体，根据电泳扫描结果，在整个对数生长期中加入 IPTG，均有明显诱导效果。凝乳酶原蛋白占细胞总蛋白的 13%左右，而在静止期加入 IPTG，则无明显诱导作用。

据 Geoffrog 等人报道，编码牛凝乳酶的基因在乳酸克鲁维酵母（*Kluyueromyces lactis*）中成功表达，*K. lactis* 能有效地把凝乳酶原分泌到培养基质中，并成功地进行了大规模的工业生产。目前，世界上已有 17 个国家采用基因工程菌生产凝乳酶并应用于干酪的生产。

耐热 α-淀粉酶基因的克隆在食品加工中应用广泛。其克隆和表达大致过程是这样的：将提取的嗜热脂肪芽孢杆菌全染色体 DNA，经限制性内切酶切割成小片段并与 pBR322 质粒 DNA 重组，转化大肠杆菌获得芽孢杆菌基因文库，从中选出目的基因克隆入芽孢杆菌表达载体并转化入芽孢杆菌中（见图 2-14）。

操作步骤如下：

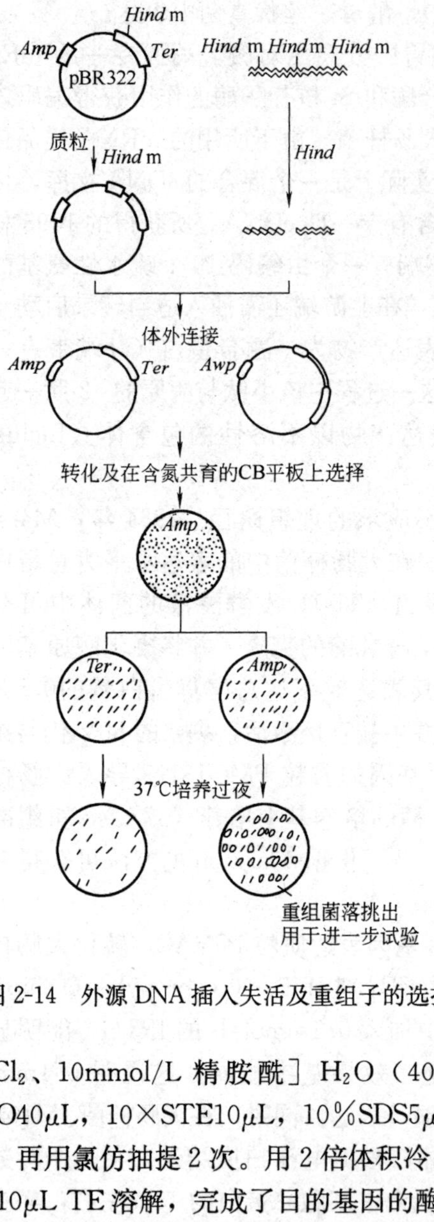

图 2-14　外源 DNA 插入失活及重组子的选择

（1）提取纯化嗜热脂肪芽孢杆菌染色体 DNA。

（2）提取纯化质粒 pBR322 及 pBD6。

（3）紫外分光光度计测定染色体 DNA 及质粒 DNA 的含量。

（4）染色体 DNA 的酶切　在一小离心管中依次加入 10 倍浓缩酶解缓冲液 20mL，100mmol/LTris（pH7.6），100mmol/L $MgCl_2$，500mmol/L NaCl，10mmol/L DTT，H_2O（180-x-y）mL，DNA 溶液 10mg/xmL，*Hind* Ⅲ 20U/ymL。37℃保温 1h 后，再于 65℃保温 10min。取 5mL 做琼脂糖凝胶电泳，观察酶切结果，余下的加入 200mL 水饱和酚/氯仿抽提，并用 2 倍体积的冷乙醇沉淀纯化酶切 DNA，风干后用 10mLTE 溶解，于 4℃存放备用。

（5）载体 pBR322DNA 的制备　在一小离心管中依次加入 10 倍浓缩酶解缓冲液 2μL，H_2O（18-x-y）μL，pBR322DNA 溶液 2μg/xμL，*Hind* Ⅲ 4U/yμL。37℃保温 1h 后，于 65℃保温 10min。取 1μL 作琼脂糖凝胶电泳，观察酶切是否完全。其余用 20μL 水饱和酚/氯仿抽提，并以 2 倍体积的冷乙醇测定纯化酶切 DNA。风干后用 5μL［其中有 0.5mmol/L Tris（pH9.0）、10mmol/L $MgCl_2$、1mmol/L $ZnCl_2$、10mmol/L 精胺酰］H_2O（40-x）μL，CIP0.5U/xμL37℃保温 60min 后加入 H_2O40μL，10×STE10μL，10%SDS5μL。再于 65℃保温 45min 后，用苯酚/氯仿抽提 2 次，再用氯仿抽提 2 次。用 2 倍体积冷乙醇沉淀 DNA，70%乙醇洗涤沉淀 3 次，风干后用 10μL TE 溶解，完成了目的基因的酶切制备，于 4℃存放备用。

（6）DNA 重组　在一小离心管中加入酶切去磷酸载体 DNA 1μg/5μL，酶切染色体 DNA1mg/5μL，T_4-DNA 连接酶缓冲液 5μL0.5mmol/L Tris（pH7.6）、100mmol/L $MgCl_2$、100mmol/L DTT、500μg/mL 牛血清白蛋白，5μL 10mmol/L H_2O（30-x）μL，T_4-DNA 连接酶 5U/xμL。16℃保温 8～16h 后，再于 65℃保温 15min。取 2μL 连接混合物进行琼脂糖凝胶电泳，确定连接情况。

（7）质粒 DNA 转化及克隆菌株筛选　将大肠杆菌 HB101 接入 40mL LB 培养液中，于 37℃、120r/min 振荡培养过夜后，取 1mL 此培养液加到 100mL LB 培养液中，于 37℃、120r/min 振荡培养 2～3h（600nm 处 OD 值达 0.3～0.5）。取 10mL HB101 培养液离心收获细胞后用 5mL 50mmol/L $CaCl_2$ 溶液轻轻悬浮，置冰浴中 30min。于 10000r/min 离心 2min，收获沉淀，用 4℃的 1mL 50mmol/L $CaCl_2$ 溶液悬浮。取此悬液 200μL 与

0.1μg 重组质粒 DNA 混匀后置冰浴中 30min，再转置 42℃水浴中 2min，加入 1mL LB 培养液，于 37℃，120r/min 振荡培养 45min。转化菌株在含氨苄青霉素 50μg/mL 的 LB 平板上选择转化子。拷贝一定数目的转化子至含 10μg/mL 四环素的平板上，根据对四环素敏感的菌落比例数，确定转化子重组频率。以氨苄青霉素抗性而四环素敏感的菌株为重组子，用于进一步试验。

（8）产生 α-淀粉酶活力的重组菌株的鉴定　将重组菌株点种于 LB 平板（含 0.5%可溶性淀粉）上，于 37℃培养 24h。将浸有 0.5%Triton 的滤纸一次性覆盖于平板表面，于 37℃培养 10min，每皿加 2～3mL 碘液，如菌落及其周围被染色，则为阳性克隆。进行 α-淀粉酶活力及重组 α-淀粉酶的耐热性测定，确定重组株，接于斜面保藏。

（9）耐热 α-淀粉酶基因的次克隆及表达　增殖重组株，提纯重组质粒，用 *Hind* Ⅲ酶切 20mg 重组质粒。用电泳洗脱法回收 α-淀粉酶基因（0.8%琼脂糖凝胶电泳），按上述方法制备去磷酸 *Hind* Ⅲ酶切枯草芽孢杆菌质粒载体 pBD6。将 α-淀粉酶基因与酶切去磷酸载体 DNA 以 1∶1 混合进行重组，然后将重组质粒 DNA 转化入枯草芽孢杆菌中，筛选转化株，进行转化株的产 α-淀粉酶产量、性质测定及稳定性试验。

1979 年，Nomura 等报道了将遗传工程方法应用于 α-淀粉酶生产菌的育种工作，将 *amy* E 克隆到枯草芽孢杆菌中，得到的转化株具有 α-淀粉酶活力。Palva 等采用 pVB110 运载体，将液化淀粉芽孢杆菌（*B. amyloliquefaciens*）的 α-淀粉酶基因克隆到枯草芽孢杆菌中，获得抗卡那霉素转化株，其 α-淀粉酶活力比野生型原始菌株高 500 倍。据推测，有效的 α-淀粉酶启动子和质粒拷贝数的增加，导致了这种酶的高产。还有报道将耐热的嗜热脂肪芽孢杆菌（*B. stearothermophilus*）的基因克隆到大肠杆菌（*E. coli*）中，而后再转到枯草芽孢杆菌中，获得产 α-淀粉酶工程菌，已获专利。Henahan 分离纯化地衣芽孢杆菌的高产 α-淀粉酶基因，并用限制性内切酶 *E. co*RI 降解 DNA，再将其克隆到质粒，并转移到枯草杆菌 α-淀粉酶的突变株上，在含淀粉的培养基上通过碘色反应检测产酶菌落。枯草芽孢杆菌重组体的基因再同样被引入生产菌株中，与原始重组株比较，α-淀粉酶产量提高了 7～10 倍，并且已经广泛地应用在食品和酿酒工业上。

Mizukami 等用基因工程方法将 *C. thermosulfurogenes* 的 β-淀粉酶基因克隆到 *B. breuis* 工程菌株中，获得的工程菌培养温度是 37℃，产酶能力在培养 6d 内持续增长，然后才稳定在最高产酶水平。此工程菌可望用于耐热 α-淀粉酶的工业生产。

对于糖化酶的研究，近年来国外已有将黑曲霉（*Aspergillus niger*）糖化酶、*A. shirosami*i 糖化酶和根霉（*Rhizopus*）糖化酶基因引入酵母中，并成功地得到表达的报道。同时，我国也对糖化酶的基因克隆、转化、表达进行了系列研究。有报道表明，从黑曲霉（*A. niger*）糖化酶高产菌株中克隆了糖化酶 cDNA，并对其序列进行分析，随后将合成的糖化酶 cDNA 的 5′、3′端改造，然后克隆到酵母质粒 YFD_{18}上，再将其转化入酿酒酵母中，获得能有效分泌胞外糖化酶的工程菌。又有研究以噬菌体 λ*gt*10-DNA 为载体构建黑曲霉 3758 的 cDNA 文库，以编码黑曲霉糖化酶 320～418 位氨基酸的 DNA 序列（456bp）为探针，从所建文库中筛选出葡萄糖淀粉（糖化酶）cDNA。克隆的 2.1kb 片段含有 5′端非编码区，编码糖化酶的结构基因及 3′端的非编码区。克隆的 cDNA 片段在表达载体 λ*gt* Ⅱ中得到了表达。另有报道将地衣芽孢杆菌 α-淀粉酶基因及黑曲霉糖化酶 cDNA 共同重组于大肠杆菌-酵母穿梭质粒中，然后转化酿酒酵母，受酵母 MF-21 因子及磷酸甘油酸激酶基因的启动子和终止信号控制，糖化酶以高水平表达，并能分泌到胞外，同时，重组质粒稳定性良好。

葡萄糖异构酶是生产高果糖浆关键性酶。其商业化的酶源为链霉菌和放线菌。美国采用基因重组技术，从暗色产色链霉菌（*Streptomyces phaeochromogenes*）的葡萄糖异构酶基因转移至变铅青链霉菌（*Streptomyes lividans*）中表达，其葡萄糖异构酶的表达量提高 350 倍。同时，把这种工程菌进一步固定化推动了高果糖浆的生产。

β-环状糊精可将多种有机物质包埋在分子内部，从而赋予这些物质以新的物理和化学性质，广泛用在医药、食品、化妆品等领域，具有良好的市场发展前景。但由于β-环状糊精葡基转移酶（β-CGT）生产菌产酶活力低，诱变其菌种育种亟待依靠先进的技术。复旦大学和上海市工业微生物研究所合作，首次在国内应用染色体整合扩增技术，以嗜碱性芽孢杆菌 N-272 作供体，克隆了β-CGT 基因，成功地构建了高表达β-CGT 的基因工程菌 BS16-7。摇瓶试验环糊精化酶活力最高达 8900U/mL。

植酸酶（phytase）是一种重要的饲料添加剂。它对于提高动物饲料中磷的利用率，提高禽畜饲料效率和降低磷对环境污染均有极其重要的作用。因而一直受到关注。目前，黑曲霉 *Phy*A、*Phy*B、*Phy*C 和 *Phys*11 等 10 多个基因已被克隆。国内外对这种酶的研究很活跃，采用转基因方法开发植酸酶的表达量高达 2.8×10^5U/mL，而野生型菌株产植酸酶仅为<100U/mL。德国 BASF 和丹麦诺维信公司已将这一研究成果转变为产业化，并产生明显的经济效益。

1998 年，姚斌、范云六从黑曲霉（*A. niger*）963 菌株中克隆了适合于在饲料中使用的植酸酶基因，并经分子改造后整合到一个酵母染色体上，其克隆后酵母植酸酶活力为 10^5U/mL，比原菌株高 3000 倍以上。

采用基因工程手段应用于超氧化物歧化酶（SOD）的研究。Hallewell 等报道了人的 Cu-Zn-SOD 的 cDNA 的核苷酸序列、分子克隆和用 T_{acl}启动子指导其在大肠杆菌中高效表达。利用酵母甘油醛磷酸脱氢酶启动子指导人的 SOD 基因在酵母菌中高效表达，产生人的 Cu-Zn-SOD 是可溶的，而且对铜、锌表现出低水平的抗性。酵母产生人的 SOD 在其 *N*-末端乙酰化，它与人们血红细胞的 Cu-Zn-SOD 物化特性相同。然而，细菌中表达产生人的 SOD 不能乙酰化，酵母菌自身的 Cu-Zn-SOD 也不能乙酰化。因此，用酵母表达生产人的 SOD 是很有应用前景的。Brehm 等人将嗜热脂肪芽孢杆菌（*B. stearothermophilus*）的 Mn-SOD 基因克隆入大肠杆菌中并测定了其完整氨基酸序列。重组体 Mn-SOD 在大肠杆菌中高效表达，产生的 SOD 占可溶性蛋白的 49%。Chembers 等人将 *B. caldotenax* 的 Mn-SOD 基因克隆到大肠杆菌中并获得高效表达，产生的 SOD 占可溶性蛋白的 40%。

20 世纪 80 年代以来，猪、牛等胰岛素、干扰素、生长素基因克隆入微生物，“工程菌”推入市场，开创了微生物生产高等动物基因产物的新途径。现在，基因工程已能将许多酶、蛋白质、多种物质的基因克隆入合适的微生物宿主细胞中，利用细菌的快速繁殖来大量生产人类所需要的物质。美国的 Biotechnica 克隆了编码黑曲霉葡萄糖淀粉酶的基因，并将其插入酿酒酵母中，在发酵期间，由酵母产生的低卡啤酒不需要添加酶制剂，且缩短了生产周期。Monfort 把含有地丝菌属 LIP2 酶基因的质粒转化到面包酵母中，利用这种重组体发酵生面团，生产的面包膨松，内部结构均匀[12]。现将诺维信（Novozyme）、Gist-Brocades 等公司采用基因工程改良酶菌种列于表 2-5、表 2-6 和表 2-7。

表 2-5　丹麦诺维信公司利用基因工程改良产酶微生物菌种[12]

酶的种类	酶生产菌(宿主)	基因来源	用途
α-乙酰乙酸脱羧酶	枯草芽孢杆菌 (*Bacillus subtilis*)	*Bacillus* sp.	饮料(一般饮料、啤酒、酒)
α-淀粉酶	枯草芽孢杆菌 (*Bacillus subtilis*)	*Bacillus* sp.	谷物、淀粉、饮料(一般饮料、啤酒、酒)
α-淀粉酶	地衣芽孢杆菌 (*Bacillus licheniformis*)	*Bacillus* sp.	谷物、淀粉、水果、蔬菜、饮料(一般饮料、啤酒、酒)、糖、蜂蜜、面包
过氧化氢酶	黑曲霉 (*Aspergillus niger*)	*Aspergillus* sp.	牛乳、蛋
凝乳酶	黑曲霉 (*Aspergillus niger* var. *awamori*)	Calf stomach	干酪
凝乳酶	乳酸克鲁维酵母 (*Kluyveromyces lactis*)	Calf stomach	干酪
环糊精葡萄糖苷转移酶	地衣芽孢杆菌 (*Bacillus licheniformis*)	*Thermoanae robacter* sp.	谷物、淀粉
β-葡聚糖酶	枯草芽孢杆菌 (*Bacillus subtilis*)	*Bacillus* sp.	谷物、淀粉、饮料(一般饮料、啤酒、酒)
β-葡聚糖酶	里氏木霉属 (*Trichoderma reesei*)	Calf stomach	谷物、淀粉、减肥食品
葡萄糖异构酶	变铅青链霉菌 (*Streptomyces lividans*)	*Actinoplanes sp*.	谷物、淀粉
葡萄糖异构酶	赤链霉属 (*Streptomyces rubigonosus*)	*Streptomyces* sp.	谷物、淀粉
葡萄糖异构酶	黑曲霉 (*Aspergillus niger*)	*Aspergillus* sp.	蛋、饮料(啤酒、酒)、面包、沙拉
脂肪酶	米曲霉 (*Aspergillus oryzae*)	*Candida* sp.	油脂
脂肪酶	米曲霉 (*Aspergillus oryzae*)	*Rhizomucor* sp.	油脂
脂肪酶	米曲霉 (*Aspergillus oryzae*)	*Thermomyces* sp.	油脂、面包
Maltogenic α-amylase	枯草杆菌 (*Bacillus subtilis*)	*Bacillus stearothermophilus*	谷物、淀粉、饮料(一般饮料、啤酒、酒)
蛋白酶	米曲霉 (*Aspergillus oryzae*)	*Rhizomucor* sp.	干酪
蛋白酶	枯草杆菌 (*Bacillus subtilis*)	*Bacillus* sp.	肉、鱼、谷物、淀粉、饮料(一般饮料、啤酒、酒)、面包
蛋白酶	地衣芽孢杆菌 (*Bacillus licheniformis*)	*Bacillus* sp.	肉、鱼
普鲁兰酶	地衣芽孢杆菌 (*Bacillus licheniformis*	*Bacillus* sp.	谷物、淀粉

续表

酶的种类	酶生产菌(宿主)	基因来源	用　途
普鲁兰酶	克雷伯氏菌 (*Klebsiella planicola*)	*Klebsiella* sp.	谷物、淀粉、饮料(一般饮料、啤酒、酒)
木聚糖酶	米曲霉 (*Aspergillus oryzae*)	*Aspergillus* sp.	谷物、淀粉
木聚糖酶	米曲霉 (*Aspergillus oryzae*)	*Thermomyces* sp.	面包、谷物淀粉
木聚糖酶	黑曲霉 (*Aspergillus niger* var. *awamori*)	*Aspergillus* sp.	面包
木聚糖酶	黑曲霉 (*Aspergillus niger*)	*Aspergillus* sp.	谷物、淀粉、饮料(一般饮料、啤酒、酒)、面包
木聚糖酶	枯草杆菌 (*Bacillus subtilis*)	*Bacillus* sp.	谷物、淀粉、饮料(一般饮料、啤酒、酒)
木聚糖酶	里氏木霉 (*Trichoderma reesei*)	*Trichoderma* sp.	谷物、淀粉、饮料(一般饮料、啤酒、酒)

表 2-6　荷兰 Gist　Brocades 公司利用基因工程改良生产食品酶的微生物菌种[12]

酶名称	酶生产菌(宿主)	用　途	商品名
凝乳酶	克鲁氏乳酸菌 (*Kluveromyces lactis*)	乳制品	Maxiren
α-淀粉酶	解淀粉芽孢杆菌 (*Bacillus amyloliquefaciens*)	酒精饮料	Dex-Lo
α-淀粉酶	地衣芽孢杆菌 (*Bacillus licheniformis*)	酒精饮料	Maxamyl, Maxaliq
α-淀粉酶	液化淀粉杆菌 (*Bacillus amyloliquefaciens*)	啤酒	Brewers Amyliq
α-淀粉酶	地衣芽孢杆菌 (*Bacillus licheniformis*)	啤酒	Brewers Amyliq TS
蛋白酶	液化淀粉杆菌 (*Bacillus amyloliquefaciens*)	啤酒	Brewers Protease
β-葡聚糖酶	液化淀粉杆菌 (*Bacillus amyloliquefaciens*)	啤酒	Filtrase, brewers Flow
内切葡聚糖酶	黑曲霉 (*Aspergillus niger*)	面包	Fermizyme HSP 2000
蛋白酶	液化淀粉杆菌 (*Bacillus amyloliquefaciens*)	面包	Bakezyme MBSR

表 2-7　　其他公司利用基因工程改良生产食品酶的微生物菌种[12]

酶名称	酶生产菌(宿主)	基因的来源	公司
脂肪酶	假单胞菌 (*Pseudomonas* sp.)	*Pseudomonas* sp.	Genencor
脂肪酶	米曲霉 (*Aspergillus orzyae*)	NA *	Unilver

续表

酶名称	酶生产菌(宿主)	基因的来源	公司
枯草杆菌蛋白酶	杆菌属(*Bacillus* sp.)	Bacillus sp.	Genencor
凝乳酶	曲霉属(*Aspergillus* sp.)	*Calf stomach*	Genencor
凝乳酶	大肠杆菌属(*Escherichia coli*)	*Calf stomach*	Pfizer
木聚糖酶	米曲霉(*Aspergillus oryzae*)	NA	NA
半纤维素酶	黑曲霉(*Aspergillus niger var. awamori*)	*Aspergillus niger var. awamori*	Quest International
半纤维素酶	枯草杆菌(*Bacillus subtilis*)	*Bacillus subtilis*	Rohm GmBh

注：* NA：not available.

（五）应用于生产保健食品的有效成分

当今，保健食品的发展有赖于基因工程这个新技术。现在，可以采用转基因手段，在动、植物或其细胞中，得到基因表达而制造有益于人类健康的保健成分或有效因子。维生素 C 是国际上公认的抗氧化保健因子。我国维生素 C 的生产一直处于世界前列。长期以来，一直采用“莱氏法”和“二步发酵”生产维生素 C。后法以葡萄糖为原料，用欧氏菌 SCB125 和棒状 SCB3058 两步串联发酵，能很好地发酵产酸，但此法生产周期较长。因此，采用基因重组构建菌株高表达的单链蛋白 2,5-DKG 还原酶，以加速催化生成维生素 C 的前体 2-KLG，便可有效地缩短生产维生素 C 的生产周期。核黄素也是维持正常活动所必需的营养物质，其生产方法也是采用微生物发酵法。目前，采用基因重组方法，构建生产核黄素基因也已有重要进展。20 世纪 90 年代初已克隆出 *A. gossyp*ii 菌株的 6 个核黄素合成基因，并进行有效改造。20 世纪 90 年代末，Perkins 等将枯草芽孢杆菌中核黄素合成基因经过改造后，以多拷贝的形式插入到特定的突变株中，结果使核黄素产量提高约 10 倍。类胡萝卜素生产菌的基因重组改造，也有新的进展。

超氧化物歧化酶（SOD）能有效消除氧自由基，是一种能延缓衰老的保健成分。近年来研究表明，这种成分可通过转基因微生物高度表达。Brehm 等人将（嗜热脂肪芽孢杆菌）（*B. stearothermophilus*）的 Mn-SOD 基因克隆入大肠杆菌中，其重组体 Mn-SOD 在大肠杆菌高效达，产生的 SOD 占可溶性蛋白 49%。

DHA（二十二碳六烯酸）是一种重要的保健食品功能成分，它能促进人体脑细胞的生长发育、改善大脑等功能。目前主要靠来自深海鱼油中分离制备，有望采用微生物发酵合成制得，即采用基因重组技术克隆破囊壶菌（*Thraustochy triumroseum*）DHA 合成关键酶基因，进而在酵母真核细胞中表达。Anammartet[14] 克隆了毕氏酵母 Δ_9 脂肪酸脱饱和酶基因及其调节机制，为微生物发酵法制备 DHA 提供了理论基础。

（六）应用于食品微生物快速检测

食源性微生物污染成为当今食品安全值得关注的重大问题。随着 DNA 分子检测技术和 PCR 等技术的应用，可使沙门氏菌、李斯特菌、致泻性大肠杆菌等食源性微生物的检测发展到一个新水平。例如，以 PCR（poeymerase chain reaction）技术原理为基础的李斯特菌的快速检测法。它是利用 DNA 多聚酶特性重新复制所需新的 DNA，以原来 DNA 序列为模板，添加其他复制因子，按照 A＝T，C＝G 的配比原则，自 5′-末端复制至 3′-末端，经过如此连续复制形成所需新的 DNA 分子。为了检测确定其产生新的 DNA，只要取其复制液 5mL 溶解试剂于试管中，再加入 5mL 李斯特菌增液，在 55℃加热 60min 后，在 95℃再加热 20min，冷却后再进行 PCR 检测，其条件为：①95℃（5min）；②每个循环含有 95℃（30s）、55℃（1min）、72℃（1min），进行 35 个循环；③72℃（5min）。PCR 产物分成控制组与实验组，在 2.0% 琼脂糖凝胶进行电泳分离，再以 ethidium bronide 染色后，使用 UV 影像分析判定。此法优点为专一性高，无需再进行其他方法确认。此外，新近还发展了免疫层析法和免疫磁性分离快速检测法等。食物的快速方法检测，建立了多重 PCR 检测技术和真菌毒素胶体全免疫纸条快速检测技术。李小鹏、吴清平等[15]针对无公害畜禽肉和水产品中的多种致病菌，分别选择针对 EHEC 溶血素基因 *hLy*AB、副溶血性弧菌属保守序列 *to*×*R* 基因、沙门氏菌侵袭基因 *inv*A 和 LM 的 *iap* 基因特异的 4 对引物，先分别进行单重 PCR 扩增，再同时加入 4 对引物进行多重 PCR 扩增，在畜禽肉和水产品中检测灵敏度达到 10^3cfu/mL，实现了对 EHEC、LM、沙门氏菌和 VP 的同时快速检测。此外，基因芯片技术应用病理诊断和转基因食品成分的检测也更为准确，快速和可靠。

二、转基因动物食品

转基因动物食品是指由转基因动物产生的食物或利用转基因动物为原料生产的食品或食品添加剂。例如，将牛的生长激素基因导入宿主猪产生了生长速度和饲料转化率大幅度提高的转基因，以这种猪为原料生产的食品即为转基因动物食品。1985 年，第一例转基因家畜研制成功，目前国内外已研究开发并商品化生产的转基因动物品种：家畜家禽（如牛、猪、羊、兔、鸡等）、水生生物（如鲤、鲫、罗非鱼、泥鳅、金鱼、虹鳟、大麻哈鱼、鲶、鲷、鲑等）和食用昆虫（如家蚕等）。

家畜生长速度与饲料转化率受多种遗传因子调节，其中编码生长调节激素的基因最令人感兴趣。1999 年 M. B. Nottee 等人[16]报道，首先把猪生长激素基因与一个受金属离子调控的启动子相连，然后再导入到猪体内，结果生长激素基础表达水平比较高或血浆中含量超过对照的转基因猪，生长激素在猪体内以组成型的方式高效表达，同时避免其他副作用。另一个报道，认为类胰岛素生长因子基因受骨骼肌表达特异性启动子的调控。由于定位在肌肉内表达，避免了生长激素的系统性影响，不仅瘦肉率有所增加，也可避免副作用产生。

牛乳及其制品是人类重要的营养来源，与人民健康息息相关。牛乳蛋白质中酪蛋白占 80%，酪蛋白有 α_{S1}-、α_{S2}-、β-和 κ-酪蛋白 4 个组分，其 4 个组分在牛乳中比例因乳源品种而异，这个比例组成与人体营养、功能均有紧密关系。其中 κ-酪蛋白能有效提高牛乳热稳定性。β-酪蛋白[17]与牛乳中钙的消化吸收有关。B. Brophy 等人[17]在高产奶牛体内导入外源编码的 β-酪蛋白和 κ-酪蛋白的基因（CSN_2 和 CSN_3），改善牛乳中酪蛋白组分。β-酪蛋白和 κ-酪蛋白含量均有所提高，前者增加 8%～20%后者含量增加 2 倍。

鱼类的自然生长速度比哺乳类家畜更快。在基因重组研究中，使用哺乳动物作为外源生长激素基因，导入到鱼类细胞中，试验表明鱼类的生长速度可以加快至1～2倍。

改变牛乳成分的转基因研究已引起关注。人乳是婴幼儿的理想食品，为了提高牛乳的营养功能，研究把人乳蛋白基因转移至牛细胞中，从而改变牛乳酪蛋白含量和增加微生物拮抗蛋白即乳铁蛋白和溶菌酶的含量，这种人源化基因重组能有效提高牛乳营养价值及其稳定性。近年来，已有利用转基因牛中大规模生产乳铁蛋白的报道[18]。乳糖是牛乳中的一个主要糖源，由于婴儿期断奶以后肠内乳糖水解酶减少，因而许多儿童会对乳糖消化不良产生肠消化紊乱而腹胀等问题。现在，采用基因重组技术可以抑制α-乳白蛋白基因的表达或在乳腺内特异性表达肠乳糖酶的分泌而对乳糖的降解可有效地降低乳中乳糖的含量。采用基因重组技术改进牛乳成分、改善乳制品加工品质、降低乳糖含量和提高其免疫能力等均已进行大量的研究，对牛乳加工及乳制品的生产提供了科学依据。由于转基因家禽及其生产的食品是人类较直接的食物，其产品的安全性评价工作应按国家和国际上有关规定进行严格检测和评价。基因重组技术改进牛乳成分如表2-8所示。

表2-8　基因重组技术改进牛乳成分[18]

目的基因	转基因方式	转基因产生效果	最终目的
α-酪蛋白和β-酪蛋白	增加新功能	改善奶酪加工品质、增加Ca^{2+}含量	改善加工工艺
κ-酪蛋白	增加新功能	改善热稳定性，减少胶粒体系和凝固现象	改善加工工艺
增加酪蛋白磷酸化和蛋白水解位点	功能交换	增加Ca^{2+}含量，改善奶酪成熟状态	改善加工工艺
β-乳球蛋白	功能丧失	改善热稳定性、提高消化能力，减少过敏原	改善加工工艺 牛乳的人源化处理
人乳铁蛋白	增加新功能	抗病原生物	牛乳的人源化处理
α-乳白蛋白	功能抑制	降低乳糖含量	改善营养品质
乳糖酶	增加新功能	降低乳糖含量	改善营养品质
乙酰辅酶A羧化酶	功能抑制	降低脂肪含量	改善营养品质
免疫球蛋白	增加新功能	被动口服免疫	滋补药品
抗原蛋白	增加新功能	主动口服免疫	滋补药品
不含苯丙氨酸的α-乳白蛋白	功能交换	为尿毒症患者提供所需氨基酸	滋补药品

此外，转基因动物应用的生物反应器也有许多研究报道。因为传统发酵产品是通过微生物发酵而生产的。若采用转基因动物来生产，其产品质量优于微生物发酵，并可降低生产成本。自1988年开始用大型哺乳类细胞生物反应器生产各种药物和保健品以来，至今可采用牛、羊乳腺或动物血液生物反应器，用来生产人血清白蛋白、人血红蛋白、抗体等10多种产品。这种转基因动物家畜技术的应用，人们喝牛乳、羊乳既可保健又能治病的时代即将到来。

三、转基因植物食品

转基因植物食品涵义更为广泛，关系着所有农作物的改良，同时还包括林业果树果品品种的改良等。所谓转基因植物食品是指由转基因植物产生的食物或利用转基因植物为原料生产的食品或食品添加剂。1983 年，世界上第一例转基因植物即转抗虫基因的烟草问世。1994 年美国 FDA 批准延熟保鲜的转基因番茄上市。

农作物的种植与人类食物来源息息相关，基因工程应用于改良农作物品种将成为解决全球粮食问题开辟新的途径。据联合国粮农组织粮食研究所预测，至 2020 年，世界人口将从目前的 60 亿增至 80 亿，全球粮食需求量将增加 40%。因此，仅靠现有耕地面积及环境条件是不可能满足人口日益增长需求的。农业的发展需要依靠现代生物技术，需要依靠基因工程改良农作物的品种，快速地提高农作物产量和质量，才能满足人类对食物的需求。

据联合国 2002 年统计，全球转基因作物的种植面积已达到 5260 万 hm^2，与 2000 年相比增加了 19%，其中约 77%含有抗除草剂基因，15%含有抗虫基因。其中美国、阿根廷、加拿大等国发展最快，中国、澳大利亚、墨西哥、西班牙、法国和南非等国也有较大的发展。目前，涉及食品来源的转基因作物（genetically modified crops）包括大豆、玉米、油菜、马铃薯、番茄、甜椒、番木瓜和西葫芦等。

农业为食品工业直接提供原料，其中转基因作物（或植物）显得特别重要。转基因植物的研究发展迅速，也已建立较为完整的转化体系。其转化方法也有十多种，主要包括农杆菌介导转化法、PEG 介导法、电激法、脂质体介导法、基因枪法等。

农杆菌介导转化法包括根瘤农杆菌（*Agrobacterium tumefaciens*）和发根农杆菌（*Agrobacterium rizogenes*），前者利用其 Ti 质粒，已成功地将其导入到多种植物而且特别有效；电激法是在高压脉冲条件下，促使细胞膜出现可逆性开放小孔，为外源基因提供通道，可有效地转移基因，并广泛应用于多种生物及微生物的原生质体；脂质体介导法也是以原生质体作为转化受体，过去曾在动物细胞中使用过，现已有效地应用于植物细胞原生质体的转化。脂质体（liposome）是由脂质双分子层膜结构组成的球形体，内部为水相的闭合囊泡，这种结构能为外源 DNA 包装脂质，可以避免细胞内源核酸酶的催化降解作用，以利于异源 DNA 的转移。用此法转化水稻原生质体，其转化频率高达 10%以上。

Ti 质粒是诱导植物肿瘤的质粒。在天然土壤中农杆菌通过植物伤口导入植物后，土壤农杆菌中的 Ti 质粒的 T 区可整合到植物染色体中去。依据 T 区携带基因功能，可决定植物冠瘿瘤的形成和控制冠瘿碱的合成。Ti 质粒结构中的可转移 DNA（T-DNA），重复促进 Ti 质粒转移至植物细胞 Ch-DNA 中。

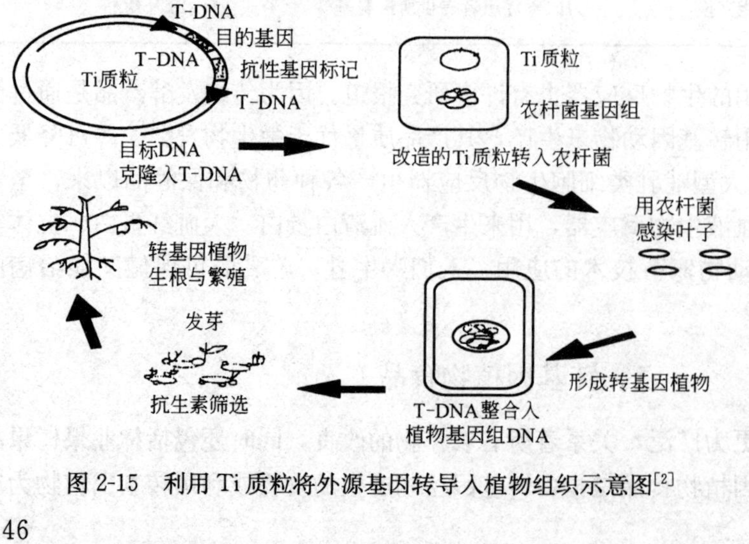

图 2-15　利用 Ti 质粒将外源基因转导入植物组织示意图[2]

科学家根据 Ti 质粒能够进入植物细胞并能整合到植物染色体 DNA 分子中的功能，将外源基因装入到 Ti 质粒，形成杂合 Ti 质粒导入农杆菌中。用农杆菌感染叶子，形成转基因植物，而 T-DNA 经过发芽和抗生素筛选，最后转基因植物便生根与繁殖。其基因重组和转移过程如图 2-15 所示。

基因枪法是较为理想的转化方法。基因枪法又称粒子轰击技术，它是利用火药爆炸、高压放电或高压气体作为动力以加速金属粒子运动，并使其进入带壁细胞，促使细胞质粒DNA沉淀在金属粒子表面（与沉淀剂氯化钙、亚精胺结合），使其形成足够动量进入细胞壁的靶细胞，随后释放出DNA分子并整合到宿主基因组内。

此法自1987年美国康奈尔大学，Sanford等人首先发明火药式（gunpowder）基因枪法，随后Klein等应用此法携带有细菌氯霉素乙酰转移酶基因（*cat*）的烟草花叶病毒RNA导入到洋葱表皮细胞并获得表达。1988年Christou等相继获得了水稻、大豆、棉花等转基因作物的植株。

用于生产植物性转基因食品的目的基因研究也十分活跃。从微生物苏云杆菌（*Bacillus thuringiensis*，Bt）分离出的杀虫结晶蛋白（insectidast crystal protein，ICP）基因，简称Bt基因；从植物中分离出昆虫的蛋白酶抑制剂基因，其中豇胰蛋白酶抑制剂基因（CPTI）应用最广泛。此外，尚有植物异源凝集基因（Lectin gene）等。其中Bt基因已成为目前应用最为广泛的一个抗虫基因，已进入大田试验和商品生产阶段。从1995年起，Bt转基因抗虫玉米、棉花和马铃薯已商业化，并且研究解决了早期存在IPC在转基因植株中表达量低的问题。科学家们通过对Bt基因进行修饰和使用新的启动子以提高其表达水平。

此外，抗病基因、耐除草剂基因、抗逆基因、提高作物品质和产量的基因和果实保鲜基因的应用也十分广泛。

改良农作物营养成分以利改善人类的健康，也是食品科学前沿领域内容。采用人工合成基因修饰种子蛋白成分，调整蛋白质的氨基酸组成，导入缺乏该氨基酸序列的基因，可减少种子血清胆固醇含量，培育出防止动脉硬化的水稻新品种。近年来，已成功地改良植物油脂品质，提高不饱和脂肪酸含量，主要应用硬脂酰辅酶A去饱和酶基因和Δ-6去饱和酶基因。

番茄因其富含维生素C和天然红色素，是重要的食品加工原料。但其保鲜期短，易熟化，不利于食品加工保鲜。1994年美国戴维斯（Davis）的卡尔京（Calgene）公司首先发展一种反义PG基因的方法，以延缓番茄后熟。该方法是用一种带有PG的反义PG基因的番茄种子。PG是多聚半乳糖醛酸酶（polygalcturonase）的简称。番茄采收时PG含量低，促使其果实转红但其软化延缓，以利于延长保鲜。在室温条件可贮藏两周，提高其耐性2倍，又有利于食品加工。其番茄的商品名为“Flavr savr”番茄[4]。这种商品番茄于1983年5月18日获美国FDA核准上市，成为第一个利用转基因方法改良的食品原料新品种。香蕉、苹果等品种的改良也正在研究开发之中。

上述反义PG番茄的操作过程包括：①目的基因的制取；②构建反义PG基因重组子，即将PG基因反向构建到适宜的载体上（如农杆菌Ti质粒）；③利用携带反义PG基因的农杆菌Ti质粒，通过叶盘法进行转化番茄子叶或者下胚轴，并通过培养、发芽形成植株；④检测判别和鉴定；⑤评价、中试和生产。

在转基因植物食品中，植物淀粉的转基因产品是一大类。其中玉米淀粉在国际市场上80%以上，其余为小麦淀粉、木薯、马铃薯和大米淀粉等。从分子水平上分类，淀粉有直链淀粉和支链淀粉两类。前者以葡萄糖单体通过α-1,4糖苷键连接而成的高分子聚合物。后者则从在分支处通过α-1,6糖苷键连接而成的。其两者均有不同的空间构型，决定其理化性及功能的差异。因此，利用其各自的优良特性，通过基因重组方法，可以改变两者在植物中的组成比例，以生产出符合人类需要的新型淀粉。其中高直链淀粉已受到国际上高度重视。因为在食品加工中，利用其高胶凝特性以制作各种食品。更主要的原因是因为高直链淀粉难于在人体肠胃中消化吸收，在小肠中不被消化，在大肠中被细菌分解生成短链脂肪酸，可作为糖尿病患者进食，有益于人类健康。类似这种淀粉被称为“抗性淀粉”。目前这类淀粉，国内仍靠进口，售价比普通淀粉高 1.5～3 倍。美国每年至少种植 2000hm^2 高直链淀粉玉米。它含有直链淀粉在 50%～70%，甚至有的含直链淀粉高达 90%。其主要是利用编码支链淀粉酶（SBE）Ⅰib 的基因突变，促使其在种植形成淀粉时减少支链淀粉形成的比例，以提高玉米中直链淀粉的含量。

到目前为止，在欧洲根据相关法规（90/220EEC）已有 10 多种转基因植物（作物）被批准上市，如表 2-9 所示。在世界上有 23 个作物品系已准许进行种植和饲料使用，延迟成熟番茄（见表 2-10）以及改变脂肪含量的转基因作物（如表 2-11）也已在某些国家准予种植。尚有大量的抗除草剂的转基因大豆、玉米、油菜、水稻和棉花，抗虫转基因玉米、马铃薯、番茄和棉花以及抗病毒、雄性不育转基因作物等均已批准种植。

表 2-9　欧洲获准上市的转基因作物及其产品[18]

植物(品系)	新增性状(基因)	申请者	被批准的应用范围	年份
大豆(GTS-40-3-2)	HR(CP4 EPSPS)	Monsanto	进口和加工	1996
玉米(Bt 176)	IR(*cry*Ⅰ *Ab*),HR(*bar*),ABR(*bla*)	Ciba-Geigy	种植,进口和加工	1997
玉米(Bt 11)	IR(*cry* Ⅰ *Ab*),HR(*pat*)	Northrup	进口和加工,食品添加剂	1998
玉米(MON 810)	IR(*cry* Ⅰ *Ab*)	Monsanto	种植,面粉,颗粒物,淀粉和淀粉类产品,油	1998 1997
玉米(MON 809)	IR(*cry* Ⅰ *Ab*),HR(CP4 EPSPS,*gox*)	先锋公司(Pioneer)	食品添加剂	1998
玉米(T 25)	HR(*pat*) ABR(部分 *bla*)	艾格福公司(AgrEvo)	种植,精炼油,淀粉和淀粉类产品,由玉米粉发酵或热处理后制备的产品	1998
油菜籽(MS 1×RF1,MS1×RF2)	MS/RF(barnase/barstar),HR(*bar*),ABR(*npt* Ⅱ)	比利时植物遗传系统公司(PGS)	种植,精炼油	1997
油菜籽(MS8×RF3)	MS/RF(barnase/barstar),HR(*bar*)	PGS	精炼油	1999
油菜籽(Topas 19/2)	HR(*pat*)ABR(*npt*Ⅱ)	AgrEvo	进口和加工(饲料) 精炼油	1995 1997
油菜籽(falconGS40/90)	HR(*pat*)	AgrEvo	精炼油	1999
油菜籽(iber-atorL62)	HR(*pat*)	AgrEvo	精炼油	1999
油菜籽(GT73)	HR(CP4 EPSPS,*gox*)	Monsanto	精炼油	1997
棉花(MON 1445/1698)	HR(CP4 EPSPS),ABR(*npt*Ⅱ,*aad*)	Monsanto	精炼油	2002
棉花(MON 531/757/1076)	IR(*cry* Ⅰ*Ab*),ABR(*npt*Ⅱ,*aad*)	Monsanto	精炼油	2002

表 2-10　　世界各地种植的延迟成熟番茄及其产品[18]

植物(品系)	新增性状(基因)	申请者	国家
番茄(flavr savr)	DR(PG,anti-sense),ABR(*npt*Ⅱ)	Calgene	美国、加拿大、墨西哥、日本
番茄(B,Da,F)	DR(PG,sense 或 anti-sense),ABR(*npt*Ⅱ)	捷利康公司(Zeneca)	美国、加拿大
番茄(8338)	DR(ACCd),ABR(*npt*Ⅱ)	Monsanto	美国
番茄(351 N)	DR(*sam*-K),ABR(*npt*Ⅱ)	阿格瑞托普公司(Agritope)	美国
番茄(1345-4)	DR(ACC,sense),ABR(*npt*Ⅱ)	DNA 植物技术合作公司(DNA Plant Technologycorporation)	美国、加拿大

表 2-11　　改变脂肪含量转基因作物及其产品[18]

植物(品系)	新增性状(基因)	申请者	国家
大豆(G94-1,G94-19,G168,高油酸大豆)	MFA(*GmFad*2-1),ABR(*bla*),RG(*gus*)	DuPont	美国、加拿大、日本、澳大利亚
油菜籽(23-18-17,23-198,高月桂酸油菜籽)	MFA(*Bay*TE),ABR(*npt*Ⅱ)	Calgene	美国、加拿大

注：MFA—改变脂肪酸含量（*GmFad*2-1 为 σ-12-去饱和酶基因；*Bay*TE—硫脂酶基因，源自海湾月桂树 *Umbellaria californica*）；ABR—抗生素（*bla* 为氨苄青霉素耐药性基因，*npt*Ⅱ 为卡那霉素耐药性基因）；RG—报告基因（*gus* 为 β-葡糖醛酸酶基因）。

我国的转基因作物的研究和开发也持积极态度。目前，我国获得安全证书的转基因作物（如表 2-12）和已发放安全证书的进口转基因产品见表 2-13。

表 2-12　　我国获得安全证书的转基因作物[19]

审批编号	项目名称	申请单位	有效日期	品种
1999A-01-43	转基因抗黄瓜花叶病毒甜椒 PK-SP01 在北京的商品化生产	北京大学	1999—2004	甜椒
1999A-01-45	转基因抗黄瓜花叶病毒甜椒 PK-SP01 在福建厦门市商品化生产	北京大学	1999—2004	甜椒
1999A-01-44	转基因抗黄瓜花叶病毒甜椒 PK-SP01 在云南的商品化生产	北京大学	1999—2004	甜椒
1999A-01-46	转基因抗黄瓜花叶病毒番茄 PK-TM8805R 在北京的商品化生产	北京大学	1999—2004	番茄
1999A-01-47	转基因抗黄瓜花叶病毒番茄 PK-TM8805R 在云南的商品化生产	北京大学	1999—2004	番茄
1999B-01-37	转基因贮藏番茄大东 9 号在北京的商品化生产	中国科学院微生物研究所	2000—2004	番茄
1999A-01-48	转基因抗黄瓜花叶病毒番茄 PK-TM8805R 在福建厦门市的商品化生产	北京大学	1999—2004	番茄
1999A-01-60	保铃棉 NC32B 在安徽省的商品化生产	孟山都远东有限公司	2000—2004	棉花
1999A-01-04	保铃棉 PM1560BG 在安徽省的商品化生产	孟山都远东有限公司	2000—2004	棉花

续表

审批编号	项目名称	申请单位	有效日期	品种
1999A-01-19	双价抗虫棉品系 SGK-321 在安徽的商品化生产	中国农科院生物 技术中心	1999—2004	棉花
农基安证字(2002) 第 001 号	转 GFMcry1A Bt 基因抗虫 GK1 在安徽省生产应用的安全证书	中国农科院生物 技术中心	2003—2004	棉花
农基安证字(2002) 第 001 号	转 cry1Ac 基因保铃棉 DP410B 在安徽省生产应用的安全证书	孟山都远东 有限公司	2003—2007	棉花
1999A-01-12	单价抗虫棉品种 GK-12 在新疆的商品化生产	中国农科院生物 技术中心	1999—2004	棉花
1999A-01-15	单价抗虫棉品种晋棉-26 在新疆的商品化生产	中国农科院生物 技术中心	1999—2004	棉花
2001A-01-116	单价抗虫棉品系 GK19 在新疆自治区的商品化生产	中国农科院生物 技术研究所	2002—2005	棉花
1999A-01-16	单价抗虫棉品种晋棉-26 在辽宁的商品化生产	中国农科院生物 技术中心	1999—2004	棉花
1999A-01-18	双价抗虫棉品系 SGK-321 在山东的商品化生产	中国农科院生物 技术中心	1999—2004	棉花
农基安证字(2002) 第 002 号	转 Bt 基因抗虫棉 GK12 在山东省生产应用的安全证书	中国农科院生物 技术研究所	2003—2007	棉花
农基安证字(2002) 第 005 号	Bt/CpTI 双价抗虫棉品种中棉 41 (SGK-中 23)在山东省生产应用的安全证书	中国农科院生物 技术研究所	2003—2007	棉花
农基安证字(2002) 第 012 号	转 cry1Ac 基因保铃棉 NC33B 在山东省生产应用的安全证书	中国农科院生物 技术研究所	2003—2007	棉花
农基安证字(2003) 第 005 号	转 Bt/CpTI 双价基因抗虫棉杂交种 sGKz4 在山东省生产应用的安全证书	中国农科院生物 技术研究所、 棉花研究所	2004—2008	棉花
1999A-01-11	单价抗虫棉品种 GK-12 在江苏商品化生产	中国农科院生物 技术中心	1999—2004	棉花
2001A-01-117	单价抗虫棉品系 GK22 在江苏省商品化生产	中国农科院生物 技术中心	2002—2005	棉花
1999A-01-10	单价抗虫棉品种 GK-12 在河北的商品化生产	中国农科院生物 技术中心	1999—2004	棉花
1999A-01-14	单价抗虫棉品种晋棉-26 在河北的商品化生产	中国农科院生物 技术中心	1999—2004	棉花
1999A-01-17	双价抗虫棉品系 SGK-321 在河北的商品化生产	中国农科院生物 技术中心	1999—2004	棉花
农基安证字(2002) 第 008 号	转 cry1Ac 基因保铃棉 DP99B 在河北省生产应用的安全证书	孟山都远东 有限公司	2003—2007	棉花
农基安证字(2002) 第 011 号	转 cry1Ac 基因保铃棉 Nc33B 在河北省生产应用的安全证书	孟山都远东 有限公司	2003—2007	棉花
1999A-01-03	单价抗虫棉品种 GK-12 在河南的商品化生产	中国农科院生物 技术中心	1999—2004	棉花
1999A-01-09	单价抗虫棉品种晋棉-26 在河南的商品化生产	生物技术中心	1999—2004	棉花

续表

审批编号	项目名称	申请单位	有效日期	品种
2001A-01-119	双价抗虫棉品种系 SGK321 在河南省的商品化生产	生物技术中心	2002—2005	棉花
农基安证字(2002) 第 006 号	Bt/CpTI 双价抗虫棉品种中棉 41(sGK- 中 23)在河南省生产应用的安全证书	生物技术中心	1999—2004	棉花
农基安证字(2002) 第 007 号	Bt/CpTI 双价抗虫棉品系 sGK-中 27) 在河南省生产应用的安全证书	生物技术中心	1999—2004	棉花
农基安证字(2002) 第 009 号	转 cry1Ac 基因保铃棉 DP99B 在河南省生产应用的安全证书	孟山都远东 有限公司	2003—2007	棉花
农基安证字(2003) 第 006 号	转 Bt/CpTI 双价基因抗虫棉杂交种 sGKz4 在河南省生产应用的安全证书	中国农科院生物 技术研究所、 棉花研究所	2004—2008	棉花
1999A-01-20	双价抗虫棉品系 SGK-321 在山西的商品化生产	中国农科院生物 技术研究所	1999—2004	棉花
农基安证字(2002) 第 004 号	转 Bt 基因抗虫棉 GK95-1(晋棉 26 号) 在山西省生产应用的安全证书	中国农科院生物 技术研究所	2003—2007	棉花
农基安证字(2002) 第 006 号	转 Bt 和 API 双价基因抗虫棉花 DR409 在山西省生产应用的安全证书	中国农科院微生 物技术研究所 山西省农科院 棉花研究所	2004—2008	棉花

表 2-13　　我国已发放安全证书的进口转基因产品[19]

国家(或公司)	品　种	品 种 型 号
美国孟山都(Monsanto)	大豆	40-2-3
美国孟山都(Monsanto)	油菜	GT73/RT73
美国拜尔(Bayer)	油菜	MS1Rf1
美国拜尔(Bayer)	油菜	MS1Rf2
美国拜尔(Bayer)	油菜	MS8Rf3
美国拜尔(Bayer)	油菜	OXY235
美国拜尔(Bayer)	油菜	T45、HCN92
美国杜邦(Dupont)	玉米	TC1507
美国拜尔(Bayer)	玉米	T25
美国孟山都(Monsanto)	玉米	GA21、MON810
美国孟山都(Monsanto)	玉米	Bt11、Bt176
美国孟山都(Monsanto)	玉米	MoN863
美国孟山都(Monsanto)	棉花	53-1445

四、食品与基因工程产业化

基因工程产业化是生物技术推动社会经济发展的重要标志之一。根据世界基因工程产业化发展状况，生物医药、生物农业的产业化进展较快，已开始进入大规模产业化阶段，生物医药占整个药物市场的 9%。预计至 2010 年，世界生物技术药物和疫苗市场将由

2000年的600亿美元增加到1500亿美元。生物技术在医药领域的主导地位正在逐步确立。基因治疗、组织工程、基因诊断、基因芯片和新药发现等正逐步发展形成产业化。其经济总值将占世界现代生物技术产业的70%。

转基因农业，包括转基因动植物食品在内的生物农业领域也已进入大规模产业化阶段，主要包括转基因农作物、分子育种、动物胚胎和体细胞克隆、生物农药和生物肥料等。1996—2003年，转基因作物种植面积增长了48倍，全球转基因作物种子市场也增长20多倍。生物农药以年均10%的速度递增。

而转基因食品或转基因工业领域的产业化相对进展较慢，尚未进入大规模产业化阶段或大规模改造传统产业阶段。只有转基因微生物菌种，即利用“工程菌”产酶在工业上或在食品工业上的产业化处于成长阶段。对于整个传统食品产业改造而言，食品与基因工程产业化仍处于幼年时期或初起阶段。但是它的发展潜力是巨大的，发展前景是可观的。

近二十多年来，国际上酶制剂公司采用基因工程技术改良产酶微生物菌种领域，无论从理论上和实际生产应用等方面均有较明显成就。有10多种产酶工程菌，均已批量生产或实现了产业化。所生产的酶制剂，产品的稳定性、酶活力和对抑制剂抗性等均有显著提高和改善。世界上具有一定规模的20多家酶制剂公司中丹麦诺维信公司处于垄断地位。这个公司投入销售额10%～15%用于基因工程改良微生物产酶菌种，并已逐年取得可喜成绩。目前采用基因工程菌生产工业用酶已达到80%以上并占有50%的市场份额，而美国杰能科公司（Genencor）占有25%的市场份额，其余公司则仅占25%市场份额。目前，国际上酶制剂工业发展迅速，其销售额平均以11%～12%的速度增长。酶制剂销售额从1995年12.5亿美元至2002年增加到25.7亿美元。其中食品工业用酶占45.8%，洗涤剂占33%，纺织工业占10%，造纸工业占7.5%，化学工业占3.7%。

改革开放以来我国酶制剂工业也有较大发展，同时，我国是酶制剂应用大国，工业用酶大量仍需从国外进口，国内酶制剂销售额仅占世界的4%，而且产品技术含量较低，现代科技开发经费投入少，采用基因工程技术改良产酶菌种产业化仍比较缓慢，产品品种比较单一，长期以来以生产淀粉酶、糖化酶和蛋白酶为主，技术水平与发达国家相比差距较大。如耐高温α-淀粉酶活力，国内活力单位为5000～6000U/mL，国外为13000U/mL以上。又如糖化酶活力，国内为30000～35000U/mL，而国外则在50000U/mL以上。这些情况说明，酶制剂工业的发展依靠基因工程技术是唯一出路。为了进一步阐述这一观点，现以皱胃酶应用工程菌产业化的实例加以说明。

实例：工程菌皱胃酶应用于干酪生产产业化

干酪是用皱胃酶或胃蛋白酶将原料乳凝聚，然后将凝块进行加工、成型或发酵成熟而制成的富有营养价值的乳制品干酪（cheese）。

（一）干酪制造工艺流程

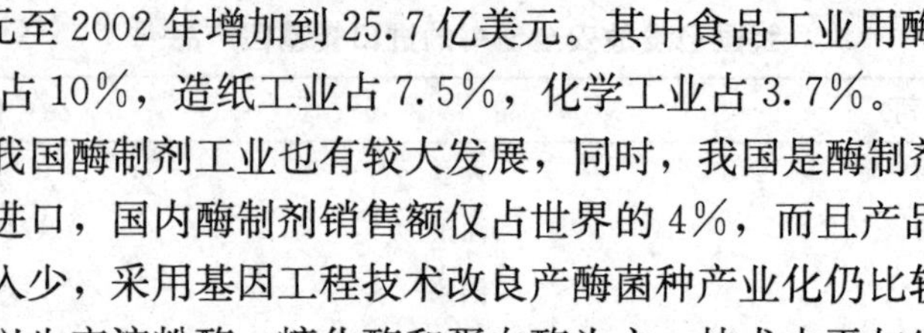

（二）干酪生产的关键工艺技术为皱胃酶的酶源

一般生产 1kg 干酪约需 10kg 牛乳，随着世界奶酪产业化发展，按照传统的生产奶酪工艺，每年需宰杀 4000 万头犊牛而提取皱胃酶才能满足干酪生产的需求，这显然是不现实的。而利用基因工程手段，从微生物细胞中克隆构建工程菌株并在适当的宿主细胞中表达，生产出凝乳酶代替犊牛胃中的皱胃酶，是解决根本问题的关键。自基因工程诞生以后，国内外学者经过多年的研究，采用现代分子生物学克隆目的基因，构建工程菌株，从理论上解释凝乳酶蛋白转录表达及酶学反应机制，为皱胃酶高表达以实现产业化打下良好基础。美国、日本等首先采用基因工程技术，从牛犊皱胃酶合成的基因 DNA 分离出来，然后再转移至宿主微生物细胞表达成功新的皱胃酶。1990 年 3 月得到美国 FDA 认定和批准，在美国 Pfrizer 公司和 Gist-Brocades 公司生产并在美国、瑞士、英国、澳大利亚等国广泛用于干酪的产业化。

干酪营养丰富，其中含有丰富的蛋白质、脂肪和钙、磷、硫等盐类以及多种维生素，有“奶黄金”美誉。在西方一日三餐膳食中，干酪涂于面包、馒头进食，是不可缺少的营养佐料。但在我国由于受饮食习惯、饮食结构和饮食文化的影响，我国奶酪生产发展比较缓慢。随着社会经济的发展和人民生活水平的提高，我国干酪的生产和皱胃酶的产业化必将会有新的飞跃。

在乳制品中，美国人最先想到的是干酪产品，牛乳产量约有 40％用于生产干酪，20％用于生产液体乳，31％用于生产奶油及乳粉和 9％用于生产酸乳酪。全球乳制品中，2005 年干酪年产量 1614.1 万 t，约需消耗原料乳 16141 万 t，占全球乳产量 37％。

目前，我国干酪在乳制品中占有比例很小，这与国际乳品发达国家以干酪产品为主形成鲜明对比。随着中国人民生活水平的提高，干酪的需求量越来越大，而目前我国干酪生产未形成工业化，因此，许多国际著名干酪生产企业乘机大举进攻中国市场，干酪的生产和皱胃酶基因工程产业化有着潜在的发展空间。

第八节　后基因组学及其应用研究

一、后基因组学涵义

为反映自然客观规律，任何科学都在不断深化和发展。20 世纪 70 年代初在分子生物学的基础上诞生了基因工程，80 年代初发展了第二代基因工程（即蛋白质工程）。近十多年时间基因工程迅猛发展，通过转基因动植物及微生物，既能生产胰岛素、干扰素、人血清蛋白等重要药物，也能通过转基因产酶微生物发酵生产酶活高、性能稳定的酶制剂。同时，将转基因动物作为专门生产一些特殊药物的“生物工厂”（bio-factories），已成功培育出一种转基因绵羊和转基因鸡，便可通过禽畜这个天然工厂生产药用蛋白质和富有特殊营养功能的蛋白质。

寻找人类基因以揭示生命的奥秘，弄清楚细胞中基因 DNA 分子的位置，绘制出完整的人类基因组图谱，破译出人类全部遗传信息。这样，人类便能够找到新的方法来治疗和预防多种疾病，更科学、更全面和更精确地采用生物技术和基因重组技术去促进工业的革新。因而，1990 年 10 月国际人类基因组计划（human genome project，HGP）正式启动。

通过13年的全球合作和努力，2003年4月14日在美国华盛顿正式宣布，“人类基因组序列图谱”已全面绘制成功，为全人类的健康带来了激动人心的福音，为生命科学进入后基因组学时代拉开了序幕。

所谓后基因组学（post-genomics）是指包括基因组学（genomis）、蛋白质组学（proteomics）、代谢组学（metabolomics）和生物信息学（bio-informatics）等主要内容。过去，传统的基因学说认为“一个基因只编码一个蛋白质（或酶）”。HGP公布的图谱初步分析表明，人类只有大约3万个基因，因此，基因可能由许多不同组合方式拼接的DNA片段组成。而今认为，一个基因可编码多种蛋白质，而且通过高通量、高灵敏度的质谱技术和多维色谱联用技术研究蛋白质结构、分布及其功能，从整体上研究细胞内基因组成、蛋白质组成及其活动规律。后基因组学是一项系统性和全方位揭示生命大分子的结构与功能关系的科学。

二、后基因组学的应用研究

根据后基因组学研究的热点其应用基础研究主要有如下几点：

1. 防治疑难疾病

肿瘤及癌症的发生均与细胞中染色体DNA结构的变化密切相关。为了精确地探索细胞内的DNA分子结构及其变化，除了采用高通量、高灵敏度的检测仪器外，还采用最新的研究成果，即结合采用基因芯片，用于检测病人血样的基因突变，该检测方法比其他方法快千倍。可对成千上万个细胞的表达水平进行快速、自动的检测。然后医生便可对症下药给予病人有效的治疗。也可将豆粒大的基因芯片放在正常人血管中，便可预知人体健康状况及其变化，使预防疾病建立在真正的科学基础上。

2. 全面探索食品营养功能[21][22]

基因组学为加速功能食品的开发提供了有力工具。人们均希望分析营养素、食品的摄取与人类健康的关系，能为每个人不同的基因多态性而定制的食品进行营养指导而形成的所谓营养基因组学（Nutrigenomics）。首先采用基因芯片对各种食品原料的食品营养素和食品摄入时基因表达发生的变化进行全面分析，然后对其营养素、食品诱导的DNA的甲基化和染色质的变化进行外基因营养分析，建立营养基因组学数据库。这样，不仅为人民日常膳食营养指导提供了科学依据，也可为食品、发酵企业在食品原料筛选制备上提供营养指导。而今，日本、美国和欧洲均投入巨大资金，积极开展营养基因组学的研究。

3. 利用哺乳动物及禽畜作为“生物工厂”提供人类优质食品

人类基因组图谱已绘制成功，其他哺乳动物及禽畜的基因组图谱也不难相继绘制出来。人们便可更有效、更精确测定其中的DNA序列，确定其中染色体DNA结构及功能。例如鸡的基因组图谱已基本阐明，人类便可利用其改良鸡的新品种或利用鸡生产出富有营养功能的鸡蛋。目前，所谓“金蛋”已经试制成功。

参考文献

[1] 贺小贤主编. 现代生物工程技术导论. 北京：科学出版社，2005

[2] 楼士林，杨盛昌，龙敏南，章军编著. 基因工程. 北京：科学出版社，2003

[3] 杨汝德主编. 基因工程. 广州：华南理工大学出版社，2003
[4] 罗云波，生吉萍主编. 食品生物技术导论. 北京：中国农业出版社，2006
[5] 吴乃虎编著. 基因工程原理. 第二版. 上册. 北京：科学出版社，2000
[6] 邓平建编著. 转基因食品释疑. 北京：人民卫生出版社，2006
[7] Walker. G. M. Yeast. physiolgy and Biotechnology. John Wiley. Sons，Chichester，1991
[8] Hammond. J. R. M. Genetically modified brewing yeasts for the 21st century ，progress to date. yeast 1995，11，1613～1627
[9] Lilly. M. *et al*. Effect of increased yeast alcohol acetyltransferase activity on feavour profiles of wine and distillafes. Appl. Environ . Microbiol，2000. 66. 744～753
[10] Lancashire，W . E . Modern genetics and brewing technology ，Brewer ，1986，72：345
[11] O. Sullivan，D. *et al*. ,；Design of phage-insensitive Lactococcl dairy starter strain via sequential transfer of naturally occurring conjugative plasmids. Appl. Eviron. Microbiol，1998，64：4618-4622
[12] 彭志英编著. 食品酶学导论. 北京：中国轻工业出版社，2002
[13] Nikkei Biotechnotogy Annual Report，1997
[14] Anamnart *et al*. The P-OLE1 gene of pichia angusta encodes a delta 9-fatty acid desaturase and complements the ole l mutation of saccharomyces cerevisae，gene，1997，184 (2)：299～306
[15] 杨小鹃、吴清平等. 微生物学通报，2005，32 (3) 452～456
[16] M. B. Nottle *et al*，in Transgenic animals in agriculture，eds CAB International，1999，UK，1999
[17] Brophy B，*et al*.，Ceoned transgenic Cattee produce miek with higher Eevees of Biotechnol，2003，21：8～9
[18] [德柯纳德]. 海勒主编. 刘德虎，陈三凤译. 基因工程食品. 北京：化学工业出版社，2005
[19] 刘光明. 转基因食品发展现状及其安全性. 第三届东西方食品业高层论坛论文集. 中国食品科学技术学会编，2006，155～161
[20] P. H. C Van Berkel *et al*，. Nature Biotechnol，2002. 20：484～487

第三章 食品与蛋白质工程

第一节 概 述

一、蛋白质工程的涵义

蛋白质是任何生命所必需的基本物质，人类不断发展也越来越依赖于对蛋白质的合理利用。但是目前蛋白质并没有像化学试剂那样被普遍应用，其原因是①蛋白质的分子质量非常大，通常在 10～1000ku 之间。因此，不能通过化学法生产；②蛋白质的功能需要在生理条件下发挥作用，在其他条件如有机溶剂中通常是不稳定的，限制了其应用，③蛋白质（酶）的专一性很强，这是其优点，但从另一角度而言它的应用范围也受到限制，又是它的缺点。自然人们想对负责编码蛋白质的某些基因进行重新设计，改造现有已知的天然蛋白质或酶，使合成出的蛋白质具有在自然进化过程中没有出现过的某些特性，符合工业生产的某些特定要求，由此产生了蛋白质工程（Protein engineering）技术。

蛋白质工程是指以蛋白质的结构及其功能关系为基础，通过基因修饰、蛋白质修饰等分子设计，对现存蛋白质加以改造，组建新型蛋白质的现代生物技术。早期蛋白质工程技术首先必须分析研究蛋白质的三维空间结构，弄清结构与功能之间的关系，然后采用定位突变（site directed mutagenesis）等方法，对编码蛋白质的特定基因进行改造，既可改变一个核苷酸，也可以加入或消除某一结构的编码序列。再将上述基因通过载体转入挑选的宿主细胞内进行表达，从而生产符合人类设计需要的“突变型”蛋白质分子。由于蛋白质工程是在基因工程的基础上发展起来的，在技术方面有诸多同基因工程相似的技术。因此，蛋白质工程又被称为第二代基因工程。

1983 年，美国 Genex 公司的 K. Ulmer 第一次提出蛋白质工程概念。其后，以美国为首的几家生物技术公司同时应用蛋白质工程技术得到几种新蛋白质，标志着蛋白质工程正式诞生。蛋白质工程创立初始即显示出它的巨大应用价值，如美国的杰能科（Gennecor）公司通过蛋白质工程提高了枯草杆菌蛋白酶的热稳定性，使之在食品工业、洗涤工业及制革工业得到广泛应用。目前，由于分子生物学和技术科学的不断进步，人们已经完成了几十种蛋白质（酶）分子结构的改造，而且在蛋白质结构与其功能关系的研究上也已获得许多新的进展。

从应用的角度出发，蛋白质的修饰可以在基因水平上，也可以在蛋白质水平上。广义的蛋白质工程概念也可包括在蛋白质水平的修饰改变，主要是通过化学、物理及酶学方法对蛋白质进行加工、修饰，从而得到符合人类需要的功能特性的蛋白质。例如，蛋白质的化学改性主要是针对蛋白质的氨基（$—NH_2$）、羟基（—OH）、巯基（—SH）以及羧基（—COOH）进行化学修饰，改变蛋白质的结构、电荷、疏水基团分布，达到改变其功能性质的目的。食物蛋白质的化学改性方法很多，主要包括酰化、脱酰胺化、磷酸化、糖基化、羧甲基化、磺酸化、硫醇化、化学接枝、共价交联、水解以及氧化等方法。

二、理性分子设计和非理性分子设计

从蛋白质工程的发展历史来看，早期蛋白质工程的技术程序就是基因定位突变。即在已知蛋白质三维结构与功能的基础上，利用专一改变基因中某个或某些特定核苷酸的序列，对一段最可能影响蛋白质功能与性质的基因序列进行定位突变，有目的地改变蛋白质的某一两个氨基酸残基或模块，从而构建全新的蛋白质分子。这种思路被称为理性分子设计。

经过近三十年的研究，理性分子设计取得了许多激动人心的研究成果，研究对象由单一蛋白质扩充到糖蛋白、蛋白/核酸复合物等生物分子和复合体。研究内容从蛋白质修饰延伸到分子设计、构象设计及药物设计等，特别是由于基因资源的积累和计算机应用软件的大量涌现，促成了生物信息技术（bioinformatics）的形成，为蛋白质工程的发展奠定了基础。

理性设计是在蛋白质天然结构的基础上进行修饰改造，但是，产生一个结构确定、具有新功能特性蛋白质并不容易，无法满足对现有蛋白质进行分子改良的要求。这是由于蛋白质的性质涉及折叠结构、机械强度、动力学等诸多信息，而人们对这些蛋白质后加工的信息的掌握程度还远远不够，所以用常规的设计方法往往无法达到目的。根据这种情况，非理性设计，特别是定向进化法逐渐受到重视。所谓非理性设计或定向进化就是在不清楚蛋白质三维结构信息和作用机制的情况下，在实验室条件下模拟自然进化的过程（随机突变、重组和选择），在一定条件下使基因发生大量变异，然后通过多轮高通量的筛选方法定向选择出所需要的特性突变物，在较短时间内完成漫长的自然进化过程，得到具有特性预期的新蛋白质的一种蛋白质工程技术。非理性设计的主要技术包括定向进化（directed evolution）、DNA 改组（gene shuffling）及融合蛋白（fusions of proteins）技术等。

由于定向进化不需要了解蛋白质的空间结构和功能，并适合一切蛋白质的改造，从而大大拓宽了蛋白质工程的研究和应用范围。使蛋白质工程技术水平发生了一次大的飞跃。定向进化方法不但可以进化具有单一催化性质的蛋白质（酶）。而且还可以使两个蛋白质或酶的性质叠加，产生具有多项优化功能的融合蛋白（酶），甚至可以进化产生具有特定功能的蛋白质，应用的领域逐渐扩大，涉及基因治疗、医学诊断、食品和化学工业等各个方面。随着各种新型突变技术和新型的检测筛选系统的不断涌现，推动了定向进化技术向纵深发展。

三、蛋白质工程在食品工业中的应用

蛋白质工程在食品工业中应用主要集中在食品工业专用酶制剂的改造方面。通过酶结构或局部构象的调整和改造，可大大提高食品专用酶制剂的耐高温、抗氧化能力，增加酶的稳定性和适用 pH 范围，从而获得性质更稳定、作用效率更高的酶。

天然酶制剂具有高效、特异的催化活力，在工业生产中具有巨大的应用潜力。但是天然的酶制剂在实际应用时尚面临着诸多限制，其一是酶的实际应用活力不高，许多酶虽然有满意的转化常数（K_{cat}）与比活常数（K_{cat}/K_m），但在应用中仍受到底物、产物和生物转化反应的多种因素影响，尤其是多数酶的分子质量很大，却往往仅有一个活性中心，因此单位质量酶制剂的催化效率显得不是很高；其二是天然酶制剂一般对环境因素如温度、

pH 和重金属离子等比较敏感。在食品加工过程中，酶制剂的催化反应通常需要处于高温、有机溶剂或极端酸碱等环境中，这就与天然酶的性质发生了冲突，而且有时要求一种酶能对不同的底物都起作用，甚至自然界中不存在的底物。这一切都需要对酶进行分子改造，使之满足需要。蛋白质工程技术已成为新型工业酶制剂分子设计的有效手段。

蛋白质工程应用于工业用酶制剂的分子修饰，往往需要考虑的问题包括：①改变亚基间静电相互作用强度；②改变邻近残基间氢键数目；③替换易被氧化和化学修饰的残基；④减少蛋白质从伸展到折叠过程的自由能等。对于一个工业用酶来说，首先要求它必须有足够的稳定性，包括热稳定性、抗蛋白酶稳定性、抗氧化稳定性和有机溶剂稳定性等。酶的稳定性受多种因素的影响，如氨基酸序列、三维结构以及辅基等。一般可通过突变引入二硫键、盐键等来提高酶的稳定性。

有些氨基酸的突变可在蛋白质结构的刚性部分引进新的分子内作用力，降低了酶折叠（folding）的熵，也可用来提高酶的稳定性。例如，在奶酪生产中，噬菌体 T_4 溶菌酶主要用来清除梭状芽孢杆菌对产品的污染。但是该酶在奶酪生产的温度 67℃，3h 后活力仅剩下 0.2%，这样就无法维持正常生产。美国 Oregon 大学的 Matthews 研究小组以噬菌体 T_4 溶菌酶为模型，研究了上百个突变子，结果发现 A82P 和 G77A 两个突变体酶的稳定性都远远高于野生型，他们认为 Gly→Ala、Ser→Thr 和 Ala→Pro 的置换都会降低酶蛋白质展开时的骨架构型熵，从而大大提高酶的热稳定性。

蛋白质工程改造酶制剂的第二个方面是提高酶活力。酶活力的高低直接影响工业生产的效率和生产成本。另外，工业加工过程所涉及底物又相当复杂，因此要提高酶活力就较困难。一般而言，酶的活力中心及调控部位通常由少数几个关键氨基酸残基在空间排列而成，因此，酶的活力往往会因为这些残基中微小改变而发生很大的变化，通常的突变都会导致酶活力的下降。但通过一些活性中心附近特定氨基酸残基的突变，可以大大提高突变体酶的活力。例如，对大肠杆菌碱性酯酶的活力位点旁边的 D101 进行定位诱变，突变体酶的比活力增加了 15 倍。

蛋白质工程改造酶制剂的第三个方面是改变酶的选择性。通过对酶结构及催化机制的详细研究，发现酶一般都具有一个决定与底物接近和结合的特异性“口袋”，“口袋”形状大小各异，口袋上连接的氨基酸种类及所带电荷又不同，其对底物的专一性也不同。通过定位突变可以改变“口袋”的电荷分布，亲/疏水性及立体结构，从而改变酶对底物的选择性。此外，在酶与底物的相互作用研究方面，发现很多重要的工业用酶都只作用于底物的表面，而酶表面电荷的相互作用是促使酶对底物吸附的主要驱动力，因此通过蛋白质工程改变酶表面电荷状况来影响酶的表面特性，也可达到改变酶对底物的选择性。

第二节　理性分子设计和定位突变技术

一、蛋白质理性分子设计的基本步骤

基于天然蛋白质结构的理性分子设计过程基本分为以下步骤，如图 3-1 所示。

（1）首先必须了解蛋白质的三维结构。目前蛋白质数据库 PDB（protein data bank）已收集了 15000 多种蛋白质的晶体结构，当我们开始对某一天然蛋白质进行蛋白质分子设

计时，首先要查找PDB，了解这个蛋白质X射线晶体学及NMR方法测定的蛋白质的三维结构，或者通过结构预测的方法构建该蛋白质三维结构模型。PDB是一个世界性的免费3D生物大分子结构数据处理和发布相关的数据库，是美国Bookhaven国家实验室负责建立、保存和分发X线衍射和NMR方法测定的蛋白质、核酸和碳水化合物三维结构的数据库。其他相关蛋白质数据库还有美国生物技术信息中心（NCBI）数据库，欧洲分子生物学实验室数据库系统（EBI/EMBL）等。

（2）从天然蛋白质的三维结构出发（实验测定或预测），利用计算机模拟技术确定突变位点及替换的氨基酸。蛋白质结构与功能的关系对于蛋白质工程分子设计是至关重要的。如果我们想改变蛋白质的性质，必须研究清楚蛋白质功能与结构的关系。表3-1列出了蛋白质设计的目标及解决办法。

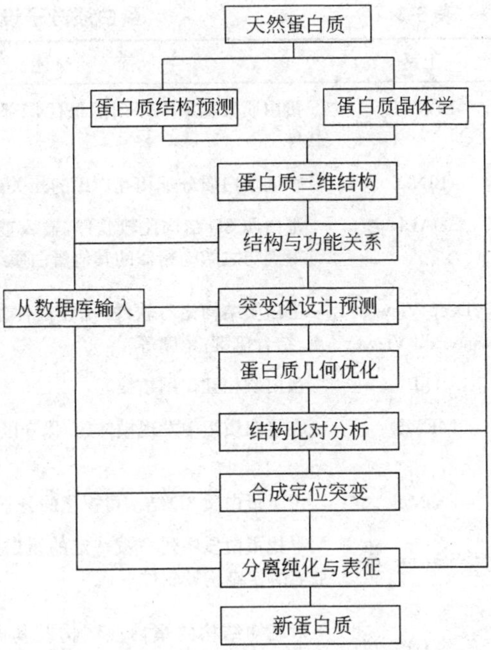

图3-1　蛋白质理性分子设计流程图

表3-1　蛋白质设计的目标及解决办法

设计目标	解决办法	设计目标	解决办法
热稳定性	引入二硫桥	对酶的稳定性	把Met转换为Gln、Val、Ile或Leu
	增加内氢键数目		替代表面羧基
	改变内疏水堆积	pH稳定性	替换表面荷电基团
	改善表面盐桥		内His、Cys和Tyr的置换
氧化稳定性	把Cys转换成Ala或Ser		内离子对的置换
	把Met转换为Gln、Val、Ile或Leu	提高酶学性质	专一性的改变
	把Trp转换为Phe或Tyr		增加逆转数
重金属稳定性	把Cys转换成Ala或Ser		改变酸碱度

一般应注意如下问题。①应确定对蛋白质折叠敏感的区域，这些区域包括带有特殊扭角的氨基酸（例如羟-脯氨酸、甘氨酸或天冬氨酸）、盐桥、密堆积区等；②当进行互换或插入/删除残基时应考虑它们对结构特征的影响，如疏水堆积、侧链取向、氢键、盐桥等，同时也应考虑它们对蛋白质功能的影响；③应确定对功能非常重要的位置，这些可以从结构与功能关系、生物化学或蛋白质工程实验及结构上考虑。

（3）利用能量优化及蛋白质动力学方法预测修饰后的蛋白质结构，并将预测的结构与原始的蛋白质结构的比较。利用蛋白质结构、功能或结构/稳定性相关知识及理论计算预测新蛋白质可能具有的性质。

上述设计工作完成后，要进行合成或突变实验并经分离、纯化及表征后得到所要求的新的蛋白质。在蛋白质分子设计中，计算机软件的应用对蛋白质工程的实施是不可或缺的。表3-2列出了目前蛋白质设计所涉及的计算工具及软件。

表 3-2　　蛋白质分子设计的技术工具及网址

工具	描　述	网　址
BLAST	蛋白质数据库中序列的最优局部比对分析及检索软件	http://www.ncbi.nlm.nih.gov/BLAST/
BIND	查询蛋白质分子相互作用的相关记录	http://www.blueprint.org/bind/bind.php
DALI	蛋白质 3D 结构比较软件，输入查询蛋白质的结构可得到与之结构相似的其他蛋白质结构	http://www.ebi.ac.uk/dali/
Deep View Swiss-Pdb Viewer	蛋白质结构比对软件，比较活性位点、氨基酸突变点、结合氢键、角度等	http://www.expasy.org/spdbv/
DIP	蛋白质相互作用数据库	http://dip.doe-mbi.ucla.edu/
MEME	在蛋白质组中发现模体（高保守区域）软件	http://meme.sdsc.edu/meme/website/intro.html
RasMol	用于蛋白质 3D 结构可视化的分子图形软件	http://openrasmol.org/
Scansite	寻找蛋白质序列中被特定的蛋白酶磷酸化的模体或者绑定结构域软件	http://scansite.mit.edu/
SCOP	对已知结构的蛋白质结构及其进化关系的描述软件	http://scop.mrc-lmb.cam.ac.uk/scop/

二、定位突变

定位突变是在已知蛋白质结构与功能的基础上，在已知 DNA 序列中取代、插入或删除特定的核苷酸，从而产生具有新性状的突变蛋白质（酶）分子的一种蛋白质工程技术，该技术在生物和医学领域中的应用非常广泛，表 3-3 列出了部分应用定位突变技术取得成效的工业酶制剂。与化学及辐射诱变方法相比，定位突变技术具有突变率高、简单易行、重复性好的特点。定位突变技术作为一种研究手段，也广泛应用于研究蛋白质的结构与功能的关系，从而阐明基因的调控机理、疾病的病因和机理等。

表 3-3　　部分应用定位突变技术取得成效的工业酶制剂

突变酶	研究目的	突变位点	研究结果
枯草杆菌蛋白酶	提高酶的抗氧化能力	Met^{222}→Ser Met^{222}→Len	保留原酶活力的 50%，在 1mol/L H_2O_2 存在时不丢失酶活力
枯草杆菌蛋白酶	提高酶在 pH7 的酶活力	Asp^{99}→Lys Glu^{156}→Lys	p*k*a 由 7 降低到 6，在 pH7 时酶活力提高 3 倍
葡萄糖异构酶	提高热稳定性	Gly^{138}→Pro	酶半衰期提高 1 倍，最适温度提高 10～12℃
L-天冬酰胺酶Ⅱ	降低免疫原性	Lys^{196}→Ala	酶活力保持不变，免疫原性降低 2.5 倍

目前常用的定位突变方法有寡核苷酸引物介导的定位突变，重组 PCR 介导的定位突变及盒式突变等。

（一）寡核苷酸引物介导的定位突变

寡核苷酸引物介导的定位突变的原理是用含有突变碱基的寡核苷酸片段作引物，在聚合酶的作用下启动 DNA 分子进行复制。该方法包括 Kunkel 突变法、基于抗生素“抗性恢复”突变法、基于去除特定限制酶切点的突变法等。其中基于抗生素“抗性恢复”突变法采用pALTER-1噬菌体为突变载体，该载体含有四环素（Tet^r）和氨苄青霉素（Amp^s）的抗性基因，在突变反应中，阳性克隆的筛选通过抗生素的“抗性恢复”进行，为了提高突变率，往往采用点突变修复缺失的菌株，如BMH71-18mutS等，主要的过程见图3-2。详细步骤：

（1）将待突变基因克隆到突变载体上，制备含突变基因的单链模板；

（2）引物与模板退火，使5′端磷酸化的突变寡核苷酸引物与待突变的核苷酸形成一小段碱基错配的异源双链DNA；

（3）合成突变链：在DNA聚合酶的催化下，引物以单链DNA为模板合成全长的互补链，而后由连接酶封闭缺口，产生闭环的异源双链DNA分子；

（4）转化和初步筛选异源双链DNA分子转化大肠杆菌后，产生野生型、突变型的同源双链DNA分子。

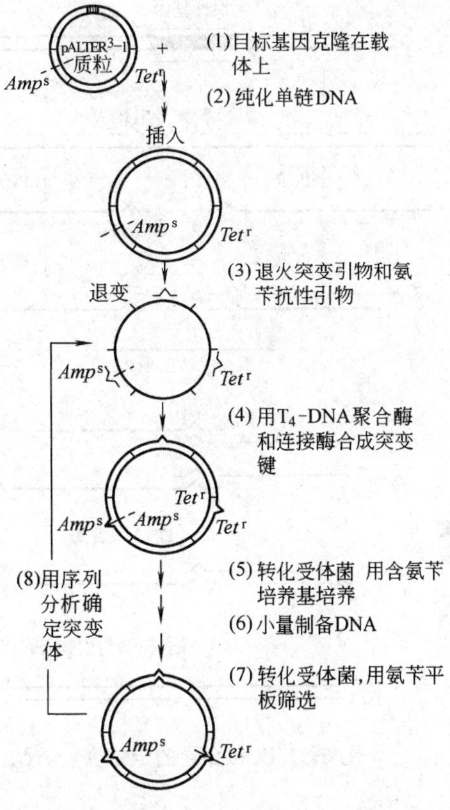

图3-2　寡核苷酸介导的定位突变方法

寡核苷酸引物介导的定位突变法的优点是保真度比重组PCR突变法高，缺点是操作环节复杂、周期长，而且在克隆待突变基因时会受到限制性酶切位点的限制。此外，寡核苷酸引物介导的定位突变常产生突变效率低的现象，其主要原因是大肠杆菌中存在甲基介导的碱基错配修复系统所致。针对这一问题，最近的研究进展是：①采用甲基修复酶缺乏的菌株作为受菌体，大大降低了突变修复频率；②采用改进后的质粒，省去了制备单链模板的烦琐步骤，节省了时间；③增加了多个抗生素筛选标志和相对应的多对敲除修复引物，使得在该质粒上可以连续进行不止一次的突变反应，使突变反应更加快速、简便。

（二）聚合酶链式反应（PCR）介导的定位突变法

聚合酶链式反应（PCR）介导的定位突变法是重组PCR（recombinment PCR）的一种。这项技术能够在DNA编码序列的任一位置引入插入和缺失点突变，从而改善蛋白质的性质与功能。其基本原理是利用PCR将插入和缺失的突变碱基均设计在引物（prime）中，先用两对引物分别对核酸进行PCR扩增，通过重叠延伸（overlap extension）产生带有部分重叠序列的两个PCR产物，这些产物经过混合、变性、复性和链延伸后，再用一对与两个待接片段外侧互补的引物进行第二次扩增，从而产生出全长的异源杂合双链DNA，见图3-3。

聚合酶链式反应（PCR）的出现推动了定位突变的发展，以PCR为介导的定位突变为基因修饰、改造提供了另一条途径。其优点是快捷，不受限制性内切酶识别位点的限

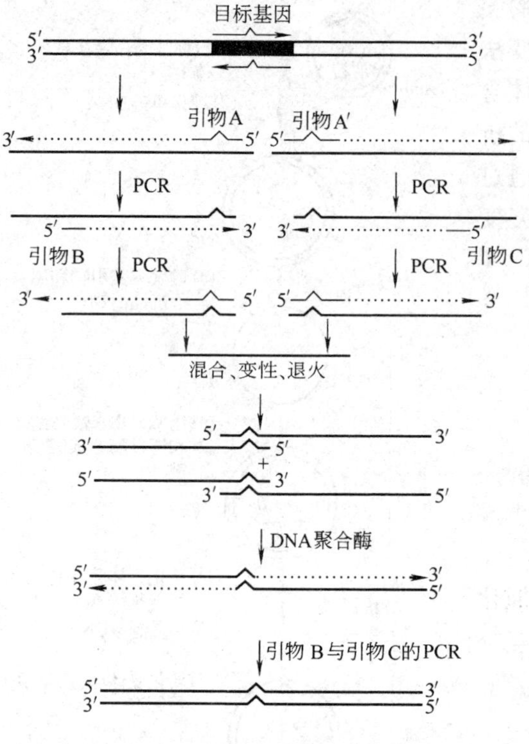

图 3-3 PCR 介导的定位突变方法

制，还可以在所设计的引物 5′端加入合适的限制性内切酶位点，为 PCR 扩增产物后续的克隆提供方便。

经典 PCR 介导的定位突变法，需要 4 种扩增引物，进行 3 次 PCR 反应（见图 3-3）。头两次 PCR 反应中，应用两个互补的并在相同部位具有相同碱基突变的内侧引物，扩增形成两条有一端可彼此重叠的双链 DNA 片段，去除未渗入的多余引物之后，这两条双链 DNA 片段经变性和退火可以形成具有 3′凹末端的异源双链分子，在 Taq DNA 聚合酶的作用下，产生含重叠序列的双链 DNA 分子。这种 DNA 分子再用两个外侧寡核苷酸引物进行第三次 PCR 扩增，便产生突变体 DNA。

近年来，产生了一种快速 PCR 定位突变方法。该方法是把要突变的基因克隆到质粒载体上，用两个突变引物同时对质粒 DNA 扩增，然后加入限制性内切酶消化掉模板 DNA，用 Pfu 补平，T_4-DNA 连接酶连接，新的方法只需一次 PCR 反应和酶切，无需 DNA 的其他操作，是一种非常有效的方法。

PCR 介导的定位突变法优点是操作较简单，突变的成功率可达 100%。但它也有两个缺点：①后续工作较复杂，PCR 扩增产物通常需要连接到载体分子上，然后才能对突变的基因进行转录和转译；②Taq DNA 聚合酶的保真性偏低，因此 PCR 方法产生的 DNA 片段要经过核苷酸序列测定，方可确证有无发生其他突变。

（三）盒式突变

盒式突变（cassette mutagenesis）也称片段取代法（DNA fragment replacement），是一种区域性定位突变方法。这一方法的要点是利用目标基因中所具有的适当的限制性内切酶位点，用具有任何长度、序列的 DNA 片段来置换和取代目标基因上的一段序列。这样人们不仅可以通过改变几个氨基酸序列，也可以通过改变一段 DNA 序列而产生嵌合蛋白质。要进行盒式突变，需要解决一个关键问题，就是在目标基因序列中，要有适当的限制性内切酶位点，使得用于取代天然 DNA 序列的盒式突变序列可以有效的插入到目标基因中。然而，对于一个天然蛋白质基因而言，其所含可供利用的限制性内切酶位点很少，为了在目标基因的特定位置产生合适的酶切点，可以利用遗传密码的兼并性，在不影响氨基酸序列的前提下，通过改变某些核苷酸的序列，产生合适的限制性内切酶位点。寡核苷酸引物介导的定位突变法 PCR 介导的定位突变法都可以有效地解决这一问题。对于人工合成的基因而言，在合成的设计阶段，就要设计好合适的限制性内切酶位点，便于盒式突变的操作。

盒式突变可以利用一段人工合成的含基因突变序列的寡核苷酸片段，取代野生型基因中的相应序列。这种突变的寡核苷酸由两条寡核苷酸组成，当它们退火时，按设计要求产生克隆需要的黏性末端，由于不存在异源双链的中间体，因此重组质粒全部是突变体。如果将简并的突变寡核苷酸插入到质粒载体分子上，在一次的实验中便可以获得数量众多的突变体，大大减少了突变需要的次数。盒式突变法具有简单易行、突变效率高等优点，还可以在一对限制酶切位点内一次突变多个位点，但缺点是合成多条引物的成本较高。

三、定位突变技术在酶结构改造中的应用

（一）淀粉酶

淀粉酶的使用范围极广，种类繁多，根据不同的需要可以选择不同种类的酶。α-淀粉酶主要用来催化淀粉分子降解生产麦芽糊精，该酶与其他淀粉酶配合可生产各种淀粉糖产品。如利用葡萄糖淀粉酶催化麦芽糊精可得到葡萄糖，用β-淀粉酶催化麦芽糊精可得到麦芽糖，葡萄糖经过葡萄糖异构酶处理可以转化为果糖，生产出在食品工业中具有广泛用途的果葡糖浆。一般的淀粉酶催化都要求在90℃以上的高温条件下进行。所以需要利用蛋白质工程提高各种淀粉酶的热稳定性。有人通过定位突变技术得到了一种α-淀粉酶的双突变体A209V/H133T，该突变酶在90℃时的半衰期比正常酶增加了9倍。Mitchinson等人用定位突变方法得到了一个α-淀粉酶突变体，使其最适pH提高0.5～1.0。Sierks等报道了通过改变葡萄糖淀粉酶活性位点的三个氨基酸残基，使其作用于1,4-糖苷键相对于1,6-糖苷键的酶解能力（以K_{cat}/K_m比值表示）提高了300倍之多。

（二）蛋白酶

蛋白酶在食品加工、洗涤剂、制革和纺织工业具有广泛的应用。通过蛋白酶的降解或转化功能，可以大大提高食品的功能性及农产品的转化率，例如蛋白质的限制性酶解作用可以生产各种具有抗氧化、抗疲劳、促进微生物生长的系列生物活性肽产品。枯草杆菌蛋白酶（subtilisin）是目前研究最为深入的一种蛋白酶。在枯草杆菌蛋白酶的活力位点内有一个Met残基，利用定位诱变用Cys代替Met可以增加枯草杆菌蛋白酶的活力。此外，枯草杆菌蛋白酶作为高效除污酶一般要置于氧化条件下使用，一个重要的特性就是要抗H_2O_2氧化，研究表明用含不可氧化氨基酸（如Ser、Ala或Len）构造的突变酶在1mol/L H_2O_2中不失活，而含可氧化氨基酸如Met和Cys的酶在此条件下则迅速失活。

（三）脂肪酶

脂肪酶能催化酯的水解和合成，广泛用于洗涤剂生产、油脂工业、皮革及造纸工业。利用脂肪酶非水相催化作用可以生产甘油二酯。甘油二酯与脂肪（甘油三酯）相比具有全降解的特性，不发生体内堆积和人体肥胖的问题，具有非常广阔的市场前景。此外，脂肪酶也可用于油脂的脱胶等油脂精制工艺过程。Yamaguchi等采用定位突变将Cys二硫键引入*Humicola lanuginsa*脂肪酶，使突变体的热稳定性提高了12℃，酶的最适温度提高了10℃。Kampen等研究了猪葡萄球菌（*Staphylococcus hyicus*）脂肪酶的突变体对底物专一性的影响，发现将356位的Ser用Val替换，其脂酶活力降低了12倍。Egmond等在腐皮镰孢（*Fusarium solanipisi*）脂酶的17和196位引入负电荷残基，则酶对阴离子表面活性剂SDS的稳定性明显提高。在英壳假单胞菌（*Pseudomonas glumae*）脂肪酶的

154 和 150 位的氨基酸残基用 Pro 替代，引入 Arg 残基，则脂肪酶的抗蛋白酶稳定性得到了提高。

（四）纤维素酶及木聚糖酶

纤维素酶已广泛地应用于食品发酵、工业洗涤、废水处理及饲料等各个领域，其应用前景十分广阔。大多数工业用的纤维素酶都是葡萄糖苷内切酶，含有一个催化区和一个纤维素连接区，没有纤维素连接区则酶对于纤维素的活力很低。目前研究的重点是了解纤维素酶的吸附和活力之间的关系。有人利用定位突变的方法将一种木霉（*Trichoderma reesei*）碱性纤维素酶的 Glu137、Asn179 和 Asp194 突变为 Lys，其热稳定性得到了提高。木聚糖酶可用于食品行业的焙烤，果汁处理及淀粉加工等，在制纸浆和造纸工业中主要用来减少漂白过程中化学药品的用量，从而减少对环境的污染。Kanekoa 等研究了橄榄绿链霉菌（*Streptomyces olivaceoviridis* α）木聚糖酶同时除去 D133 位或 S135 位残基，K_m 值从 2.0 降到 0.6，K_{cat} 值从 20 降到 8.7，如果在双突变体中插入 Q140，K_m 则进一步降到 0.3，K_{cat} 降到 3.8。

第三节　体外定向进化

一、蛋白质的体外定向进化

蛋白质的体外定向进化（direction evolution in vitro）又称分子进化（molecular evolution），就是在实验室条件下模拟自然进化机制，对编码蛋白质的基因进行随机诱变、重组，再通过高通量筛选或选择方法定向选择出性能更加优良的蛋白质，创造出新蛋白质的一种蛋白质工程技术。定向进化与定位突变的不同点是它不需要已知蛋白质的结构信息，所以该技术又称非理性设计。

1967 年，Spiegelman 等人提出了在分子水平上进行体外定向进化的概念。1984 年，Eigen 等人提出了分子进化的理论；1993 年，Arnold 等人应用分子进化的原理创造性地改造酶，提出容错 PCR（error prone PCR）的概念。1994 年，Stemmer 发展了 DNA 改组（DNA shuffling）技术，并将其延伸到 DNA 家族改组（family shuffling），从而大大拓展了蛋白质工程的研究和应用范围，使蛋白质工程技术发展为一次大的飞跃。

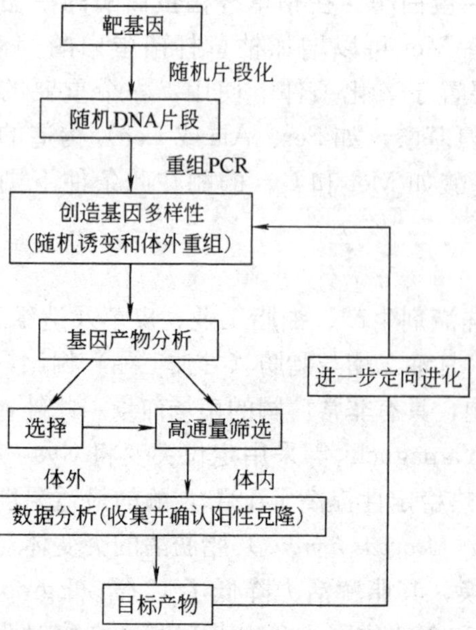

图 3-4　DNA 体外进化模式图

DNA 体外进化的模式见图 3-4。蛋白质的进化技术开始于随机 DNA 片段库的建立与基因多样性文库的产生，然后通过高通量筛选，鉴别蛋白质的基因，并将上述基因再诱变、筛选、积累有益的突变。通过 DNA 定向进化大大加快了不同品种或不同基因型之间的重组进化速度，在所产生的突变库中，由于个体差异以及与亲本的差异更大，因此可更快地获得所需突变体。DNA 体外进化的过程主要包括：①通过随机突变或基因重组创造基因多样性，建立突变文库；②突变体在适当生物体内表达；③高通量筛选检出由一个氨基酸置换而引起的预期性状改善，精确选取阳性结果，供进一步进化；④此过程的不断循环直至获得预期性状的新型蛋白质。

从某种程度上讲，定向进化的基本策略与自然进化十分相似。两个关键的步骤都是产生分子多样性和定向筛选，而且方法都是随机诱变和体外重组。定向进化与自然进化的不同在于：

(1) 进化动力不同　保守突变是自然进化的驱动力，而定向进化中非保守突变取代可明显改进蛋白质的功能。

(2) 进化方向不同　定向进化是人为制造特殊条件，模拟自然进化机制，使进化过程定向进行，主要是蛋白质突变的适应积累。

(3) 进化速度不同　定向进化只需几年、几月、几周甚至几天而自然获得满意的结果。而自然界出现的突变则是一个非常缓慢的过程，需几百万年。

目前已发展的定向进化策略常见的有 DNA 改组（DNA Shuffling）、容错 PCR（error prone PCR）、外显子改组（exon shuffling）、杂合酶（hybrid enzyme）、随机体外引物重组（random priming *in vitro* recombination，RPR），交错延伸（stagger extension process）和随机定位突变（ random site directed mutagenesis *in vitro*）等技术。

二、DNA 改组

DNA 改组（DNA shuffling）又称 DNA 洗牌，是 DNA 体外同源重组的一种重组 PCR 技术。该技术是将一群密切相关的 DNA 序列，在 DNase I 作用下，随机酶切成许多片段，这些小片段之间有部分重叠碱基序列，通过自身引导 PCR（self-priming PCR），使这些小片段重新组装成全长基因，从而建立分子多样性突变文库，下一步是对突变文库进行筛选，选择改良的突变体组成下一轮 DNA 改组的模板，重复多次重排与筛选，直到获得性状较为满意的突变体（见图 3-5）。

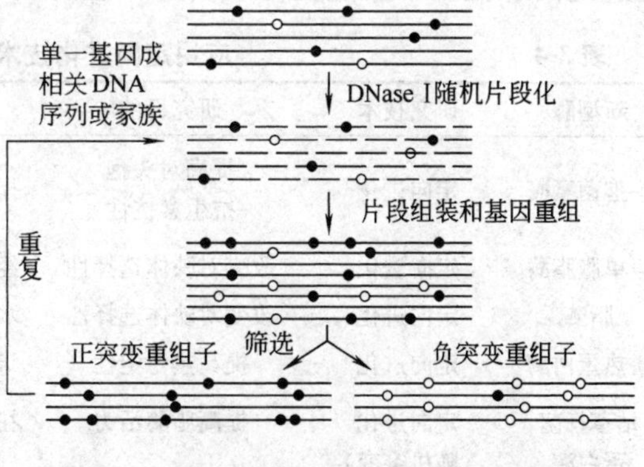

图 3-5　DNA 改组原理体外进化模式图

DNA 改组可以在实验室实现同源序列间的重组，使亲本基因群中的突变具有尽可能多组合的机会，从而导致更大的变异。当 DNA 改组用于一组同源基因时，这种技术称为 DNA 家族改组（family shuffling)。利用基因家族之间的同源序列进行 DNA 重组可以实现同源重组，所获得的突变重组基因库既体现了基因的多样化，又最大限度的排除了那些不需要的突变。最近的 DNA 家族改组方法为了尽量减小亲本序列的背景影响，例如用限制性内切酶代替 DNase I 对 DNA 进行酶切，可以增加其重组的几率，得到更多的组合形式。

DNA 改组技术已广泛用于改进和创制新酶一些特性，在提高酶活力、热稳定性、底物特异性、对映体的选择性及可溶性表达和表达水平等方面都已取得了不少成功结果。

三、容错 PCR

容错 PCR 是指在利用 Taq 聚合酶进行目的基因的 PCR 扩增的同时引入碱基错配，导致目的基因随机突变的一种 DNA 体外进化技术。容错 PCR 是通过控制适当的反应条件，如改变二价阳离子浓度和 pH，使 Taq 聚合酶在基因扩增过程中，以可控制的比率使碱基发生错掺，如以每代每序列有 2～3 个碱基置换或一个氨基酸替代。一般而言，较高的错掺率将产生中性突变或有害突变，而容错 PCR 可以导致较低的突变率，从而可以积累大部分的有益突变。存在于许多突变体当中的有益突变可以用重组 PCR 的方法将它们组合，通过重组可以去除中性突变和有害突变。

其他 DNA 改组方法包括：外显子改组（exon shuffling)、合成改组（ synthetic shuffling)、体外随机引发重组（ random priming *in vitro* recombination ，RPR）及交错延伸（ stagger extension process，StEP）等。外显子改组类似 DNA 改组，两者都是在各自含突变的片段之间进行交换。不过 DNA 改组发生在整个基因片段上，而外显子改组发生在外显子区域，需要同一种分子间内含子的同源性带动。体外随机引发重组是以单链 DNA 为模板，配合一套随机序列引物，先产生大量互补于模板不同位点的短 DNA 片段，由于碱基的错配和错误引发，这些 DNA 短片段中会出现少量的点突变，在随后的 PCR 反应中，它们互为引物进行合成，再组装成完整的基因长度。交错延伸是在 PCR 反应中把常规的退火和延伸合并为一步，大大缩短其反应时间，从而只能合成出非常短的新生链。经变性的新生链再作为引物与体系内同时存在的不同模板退火而继续延伸。此过程反复进行，直到产生完整的基因长度，结果产生间隔的含不同模板序列的新生 DNA 分子。

四、定向进化技术在酶制剂改造中的应用

运用定向进化技术对现有酶制剂进行改良，已获得了许多满意的结果。表 3-4 列出了通过定向进化技术研究获得成功的一些酶制剂。

表 3-4　　应用定向进化技术研究的生物酶制剂

新型酶	研究技术	研究目的	研 究 结 果
头孢菌素酶	定向进化	提高对头孢抗生素抗性	提高 270～540 倍，每个循环进化率提高 50 倍
假单胞脂酶	定向进化	改变对映体选择性	经 4 代突变对 S-对映体选择性，结构变化由 2%增加到 81%
脂酶	定向进化	改变对映体选择性	水解 3-羟基酯获得 25%改变
嗜热蛋白酶	定向进化	提高热稳定性	100℃的蛋白酶半衰期由 1min 增加到 170min
枯草杆菌蛋白酶	定向进化（随机突变）	提高脂酶活力	在 30%DMF 中对硝基苯甲酰脂酶活力提高了 50 倍
半乳糖苷酶	DNA 改组	提高酶活力	果糖苷酶活力提高 10 倍，半乳糖苷酶活力下降至 1/40
头孢菌素酶	家族 DNA 改组	提高酶活力	酶活力提高 540 倍
内酰胺酶	DNA 改组	提高酶活力	酶活力提高 270 倍

提高酶的催化活力和稳定性是人们对酶蛋白进行改造的两个最基本愿望。例如，L-天冬氨酸酶是一个重要的工业用酶，主要用于合成L-天冬氨酸。然而由于该酶不太稳定，在工业条件下活力不高，实际应用受到限制。Wang等人通过定向进化的方法来改良L-天冬氨酸酶，经过四轮容错PCR和三轮DNA重组，得到L-天冬氨酸酶优化突变体，其活力提高了28倍，热稳定性也相应得到提高。此外，工业酶制剂在应用于化工工业中时，必须适应人为创造的恶劣环境，即使在高浓度的有机溶剂中也要保持较高的活力。有人利用随机突变和重组的方法，筛选得到三株磷脂酶A1突变体，该突变体可以在有机溶剂存在的条件下有效发挥作用。有人利用定向进化重组的方法（容错PCR和交错延伸法），大大增加了嗜冷枯草杆菌蛋白酶S41的热稳定性和催化活力，其中最佳的S41突变体在61℃时半衰期比野生型高出500倍。

运用定向进化的方法还可以提高酶的对映体选择性。比较成功的例子是Arnold等人运用容错PCR和饱和诱变的方法，成功使一株倾向于D-型底物的乙内酰脲酶发生转变，使之变得倾向于L-型底物，大大增加了L-甲硫氨酸的产量，降低了不必要的产物积累。研究发现突变酶与野生型酶相比只有一个氨基酸的替换。

定位突变（理性设计）与定向进化（非理性设计）各具特色，在蛋白质工程技术的发展中趋向于紧密结合和相互促进。定位突变一般应用于已知蛋白质的结构与功能改造，用于在分子中引入关键性的残基或结构模块。定向进化则不需要预先了解蛋白质的结构与功能，适用于分子质量大的蛋白质分子。定向进化常常用来改变蛋白质的精细结构，有利于蛋白的空间折叠和产生新的功能。因此，定向进化也可为定位突变提供新的信息和基因改造空间，蛋白质的定向进化比定位突变具有更宽的研究空间和更多的优越性。

第四节　融合蛋白技术

一、融合蛋白概念和用途

融合蛋白（fusion of proteins）技术是另一项蛋白质工程技术。该技术是有目的地把两段或多段编码功能蛋白的基因编码区首尾连接在一起，由同一调控序列控制所构成的基因表达产物，进而表达所需蛋白。这种通过在人工条件下融合不同的基因编码区获得的蛋白质称为融合蛋白（fusion of protein，FP）。利用融合蛋白技术，可构建和表达具有多种功能的新型目的蛋白，在医药、农业、环境等的生产、研究中有着重要的用途。利用基因融合表达外源蛋白主要有以下用途：

（1）融合蛋白技术的出现为解决在大肠杆菌等原核生物中表达出具有生物活性、折叠正确的重组蛋白提供了可能　一般的重组蛋白均在原核细胞，如大肠杆菌中过量表达。原核表达系统的优点是时程短、费用低，其缺点是真核蛋白表达没有得到确切修饰，大量蛋白常常沉淀成不溶性和无生物活力的包含体（inclusion body）。包涵体蛋白一般需用尿素、盐酸胍等强变性试剂溶解包涵体再复性折叠、纯化，才能得到具有生物活性的蛋白。影响复性的条件较多，复性蛋白的浓度、pH、温度、变性剂的浓度等因素都影响表达蛋白的复性效率。重组蛋白在表达前均可利用融合蛋白技术，与结合分子伴侣共表达，这种分子伴侣被成为融合伴侣，包括硫氧还蛋白、谷胱甘肽及二硫键异构酶等。融合伴侣有利于抑制包涵体的产生，促进生物折叠功能，如与硫氧还蛋白形成融合蛋白，可使外源蛋白改变在细胞内的溶解性。因此，重组蛋白可直接用于纯化，再经化学方法或者酶学方法切离标签。

(2) 外源基因与宿主本身蛋白的部分序列构成融合基因　以融合蛋白的形式表达时，会减低宿主细胞对产物的降解，从而提高稳定表达产物的产率。外源基因的表达产物常被宿主细胞的蛋白酶降解，通过与特定肽段的融合表达，可以将表达的外源蛋白定向在宿主细胞的不同区域，例如和分泌信号肽的融合，使外源蛋白分泌到细胞质或培养基中。通过与特异性蛋白质形成融合蛋白，可使表达产物得到快速、有效的回收与纯化，例如将外源基因同金葡蛋白 A 的 IgG 结合结构域形成融合蛋白，可以利用免疫亲和层析的方法，对融合蛋白进行纯化。

(3) 融合蛋白技术的出现为研究出更多、更好的基因工程靶向药物提供了方便　融合蛋白药物一般通过细胞因子与免疫毒素、细胞因子、抗体、抗原等方面进行融合得到具有双功能的靶向蛋白药物。通常利用融合蛋白技术将药物和能与病灶特异性结合的配基融合在一起构成融合蛋白，即可构成一个具有独特构象与功能的蛋白质，它可以特异性地与靶细胞或致病因子结合，并把药物引导至病灶处，可以选择性地杀伤相应的抗原相关细胞或受体相关细胞，对其他无关细胞影响较少或无影响，起到将药物导向病灶杀伤、杀死病变细胞的目的，从而大大提高药物的效力。

二、融合蛋白技术的方法

（一）PCR 介导的蛋白质分子嵌合体形成

融合蛋白技术是利用 DNA 连接酶，把两段或多段编码功能蛋白的基因编码区首尾连接在一起，由同一调控序列控制构成的基因表达产物，进而表达所需蛋白，但是这种技术需要两个蛋白质基因序列间有合适和相容的限制性内切酶位点。如果利用上节所述的重组 PCR 方法（见图 3-3），可以在不需要分子间具有相容的限制性内切酶位点的情况下，将两个编码不同蛋白的 DNA 分子重组在一起，形成 DNA 嵌合体。

该方法首先要进行目的基因的克隆，并根据基因序列互补原则，设计合适的引物序列，以 cDNA 为模板，利用 PCR 技术扩增不同的目的 DNA 片段，然后在载体中进行重组，通过限制内切酶将两个 DNA 片段进行酶切并回收，然后通过连接酶将两个具有相同末端酶切位点的基因片段进行体外连接，并克隆到高表达质粒载体中，构建重组质粒。接着将重组表达载体转染宿主细胞并利用选择标志进行筛选及测序，最后是融合基因的诱导表达及表达蛋白的纯化。目前多家公司提供构建融合蛋白表达的载体系统，如 pGEX21T、pGEX22T 和 pGEX23T，此载体系统与其他的载体系统基本相似，含有启动子及 *Lac* 操纵基因、SD 序列等。

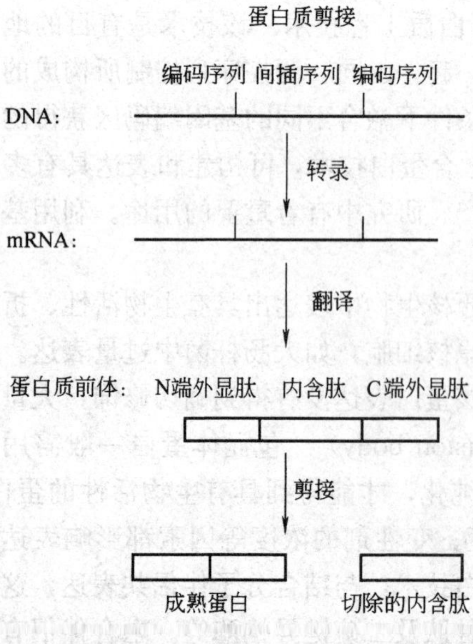

图 3-6　内含子介导蛋白质分子嵌合体形成

（二）内含子介导的蛋白质分子嵌合体形成

自1990年发现蛋白质的剪切（protein splicing）现象以来，以蛋白质内含子（intein）为基础组建的基因工程表达载体在目标蛋白的表达纯化、蛋白质或多肽的环化等方面发挥着越来越大的作用。内含子介导的蛋白质分子嵌合体形成已经发展成蛋白质工程研究的通用方法（方法见图3-6）。

该方法的原理是：将目标蛋白质用pCYB(bioLabs）作为表达载体进行表达，产生目标蛋白，即蛋白内含子/甲壳素结合蛋白，此融合蛋白经过甲壳素亲和层析纯化，将回收的融合蛋白与苯硫酚及合成的肽一起保温，由于巯基化合物的存在，使目标蛋白从蛋白内含子上切割下来，并在其C端形成具有高度反应性的巯酯基团，这个基团与合成肽的N端半胱氨酸残基相互作用，可在两个多肽分子之间形成天然肽键，可见，利用上述原理可在蛋白质水平上对蛋白质进行重组。

三、融合蛋白技术的应用

（一）双功能酶（多功能酶）

对于催化连续反应的两种或几种酶，可以利用基因融合方法构成的融合蛋白，以催化连续的反应，将产生相互增效的协同效应。例如，将β-半乳糖苷酶和半乳糖脱氢酶组成融合蛋白，在一定条件下，融合蛋白偶联反应产生NADH的速度是同时加入这两种单酶的反应速度的两倍以上，同时反应时间缩短为1/4。研究发现，在利用基因融合所构建的酶分子中，如果用以构成融合蛋白的各个酶分子的整个编码序列均保留于新的酶分子中，则融合蛋白一般均保留所构成的酶分子各自的酶活力。在这些新构建的融合蛋白中蛋白的正确折叠以及各个酶活力部位均未受到影响。

（二）靶向药物

靶向药物的“生物弹头”常以绿脓杆菌外毒素和白喉毒素为多。国内外已成功构建了许多这类的融合蛋白，并在研究中显示了较好的疗效。白喉毒素（diphtheria toxin，DT）由535个氨基酸组成、分子质量为58000u的单链多肽，白喉毒素在胰蛋白酶的作用下降解为A（193个氨基酸）和B（342个氨基酸）两个片段。A片段具有ADP依赖的核糖酰基化酶活力，B片段由穿膜区核受体结合区组成。A片段核糖体依赖酶活力的作用，必须在B片段的受体结合区与敏感细胞表面的特异受体结合，通过内化携带A片段到细胞浆才能完成。Duvic等人将白喉毒素（DT389）与白细胞介素2（IL 22）融合成DAB389/IL22蛋白，用以治疗T细胞淋巴瘤，显示融合蛋白具有显著的抗瘤活性，提示其可直接抑制肿瘤细胞的蛋白合成。Cohen等人进行了白喉毒素与表皮生长因子（human epidermal growth factor，HEGF）的融合，进行DAB389/EGF融合蛋白治疗多形性恶性胶质瘤的研究。再比如近年来对胸腺素与干扰素联合治疗慢性乙型肝炎进行了大量的临床试验，结果表明两者联合应用较单用任一种都好，而且胸腺素还可减少干扰素的副作用。基于上述原因，研究人员利用融合蛋白技术，将胸腺素基因与干扰素基因进行重组，获得胸腺素/干扰素融合蛋白。该融合蛋白表现出胸腺素和干扰素的双重活性，可用于乙型肝炎和丙型肝炎的抗病毒治疗。

（三）抗菌肽

肽类抗生素又名抗菌肽（antimicrobial peptide），由于其对耐药菌的强大抗菌作用而受到人们关注。抗菌肽广泛存在于动植物体内，是由生物体特定基因编码的一类阳离子小分子多肽，具有广谱抗菌活性，是机体天然免疫的重要组成部分。有人构建了抗菌肽B（cecropin B）和人溶菌酶（hLyso）的融合蛋白表达载体。研究结果表明，抗菌肽B可以在亚毒性浓度下抑制HIV病毒的作用，可减少HIV病毒的增殖，而人源溶菌酶除了具有一般溶菌酶的抗菌活性外，也具有抗病毒的特性。因此，以融合的形式将抗菌肽B（cecropin B）和人溶菌酶（hLyso）连接至高效的大肠杆菌表达载体上可以得到具有更高活性的抗菌和抗病毒的重组蛋白。

第五节　食物蛋白质改性技术

广义的蛋白质工程概念包括在蛋白质水平的修饰改变，主要是通过化学、物理及酶水解或酶聚合的方法对蛋白质进行加工与修饰。例如，蛋白质的化学改性主要是针对蛋白质侧链的氨基（—NH_2）、羟基（—OH）、巯基（—SH）以及羧基（—COOH）进行化学修饰，从而改变蛋白质的结构、静电荷、疏水基团，起到改变其功能性质的目的。由于天然的食物蛋白很难同时满足食品体系对蛋白质功能特性的不同需求，要想将各种食物蛋白应用于各种各样的食品体系，核心问题就是利用蛋白质改性技术，生产出功能特性各异的专用食物蛋白系列产品。食物蛋白质改性（protein modification）技术是指通过物理、化学和生物（酶）的加工手段从本质上改变蛋白质的功能特性，使之达到食品所需要的品质特性，从而扩大食物蛋白在不同类型食品体系中的应用范围。

一、蛋白质的功能特性

蛋白质的功能特性（functionality）是指蛋白质赋予食品体系的系列物理化学性质。不同的食品体系对食物蛋白的功能特性要求不同。例如，用于饮料等液态食品及乳品的食物蛋白需要具有良好的溶解性（solubility）和分散性（dispersibility）；而用于肉制品的食物蛋白则需要具有一定的凝胶性和持水持油能力等。在食品体系中，蛋白质的功能特性可以简单归结为以下三个方面：

（1）水合特性　也称水动力学特性（hydrodynamic properties）　包括溶解性、分散性、持水性、溶胀性、增稠性、润湿性及脱水收缩作用等；

（2）乳化特性　也称表面相关特性（surface-related properties）　包括乳化性、发泡性、持水及持油性；

（3）流变和质构性能　包括胶凝性、黏附性、弹性、内聚性、咀嚼性等（见表3-5）。

从本质上讲，食物蛋白质的功能特性是其结构特征的外在体现。但是，目前仍缺乏对食物蛋白质的结构与结构的相关性的基本理解。对大量文献分析可发现，蛋白质的功能特性在很大程度上受蛋白质表面的亲水性或疏水性、电荷分布、分子柔韧性等因素的影响。例如，蛋白质的水合性质主要与蛋白质的分子质量、形状以及分子柔韧性有关；而乳化特性主要受蛋白质表面的亲、疏水性以及立体特征控制。但是，这些因素对任何一种蛋白质功能特性的重要程度仍是含糊不清的。例如，已知表面疏水度（S_0）及分子柔韧性是蛋白质的起泡性以及乳化性的最重要的两个结构描述特征，但仍没有证据表明蛋白质具有最佳的起泡性以及乳化性应该具有多大的疏水度或者多大的柔韧性。单一的蛋白质在许多食

表 3-5 食品体系的蛋白质所具有的功能特性

功能特性	作用方式	食品体系
溶解和分散性	蛋白质溶解和分散性能，与pH有关	饮料及乳品类
持水性	蛋白质与水的氢键结合	肉制品、烘焙食品
持油性	蛋白质与游离脂肪的吸附	肉制品、烘焙食品、酱类
乳化性	脂肪乳状液的形成以及稳定	肉制品、酱类、汤料、糕点
凝胶性	蛋白质基质的形成以及成形	肉类、凝乳、乳酪
黏附性	蛋白质作为黏附剂	肉类、香肠、烘焙食品
黏弹性	面筋中的疏水键，凝胶中的二硫键	肉类、烘焙食品
黏性	蛋白质的增稠作用	汤料、肉汁
起泡性	形成稳定膜，固定气体	搅打奶油、甜食、蛋糕

品体系的应用受到限制，很大程度上是由于对其在特定应用时所需的结构特性缺乏了解。实际上，目前蛋白质的应用大多根据经验。

二、食物蛋白的改性

（一）化学改性

蛋白质的化学改性主要是针对蛋白质的一些氨基（$—NH_2$）、羟基（—OH）、巯基（—SH）以及羧基（—COOH）进行化学修饰，改变蛋白质的结构、静电荷、疏水基团，而起到改变其功能性质的目的。食物蛋白质的化学改性方法很多，主要包括酰化、脱酰胺化、磷酸化、糖基化、羧甲基化、磺酸化、硫醇化、化学接枝、共价交联、水解以及氧化等方法（见表 3-6）。

表 3-6 蛋白质化学改性与功能效果

反应基团	改性方法	功能效果
$—NH_2$	琥珀酰化	提高溶解性、抗凝聚性
$—NH_2$	乙酰化	改善乳化性及起泡性，提高溶解度，降低黏度
—OH	羧甲基化	提高溶解性，增加抗菌性、乳化性和亲油性
—S—S—SH	磺酸化	提高溶解性，增加抗凝聚性，黏稠性、乳化性
$—NH_2$	磷酸化	提高溶解性、乳化性、发泡性
$—NH_2$	硫醇化	提高强韧性、黏弹性、组织感

化学改性具有反应简单、应用广泛和效果显著的特点，在20世纪80年代曾得到广泛应用。化学改性存在反应条件苛刻，试剂专一性不强，反应试剂残留严重等问题，安全性不高，目前主要应用于非食品领域，如涂料、黏合剂、可降解塑料、纺织纤维、油墨助剂、皮革上光剂、农药分散剂、模具、感光材料稳定剂、药品涂层、包材缓释材料等环境友好和可降解化工产品及材料的生产。

蛋白质的糖基化可以生成具有广泛医药和食品应用价值的功能性糖蛋白生物大分子。1990年，Kato通过控制的干热美拉德反应使卵清蛋白与葡聚糖发生共价交联（见图3-7），形成了蛋白/多糖共价复合物（protein-polysaccharide conjugates，PPC），研究显示PPC具有极高的表面活性，明显优于目前食品、医药和化妆品工业广泛使用的小分子乳化剂或表面活性剂如蔗糖酯、甘油单脂肪酸酯，而且在低pH、高离子强度及高温条件下其乳化

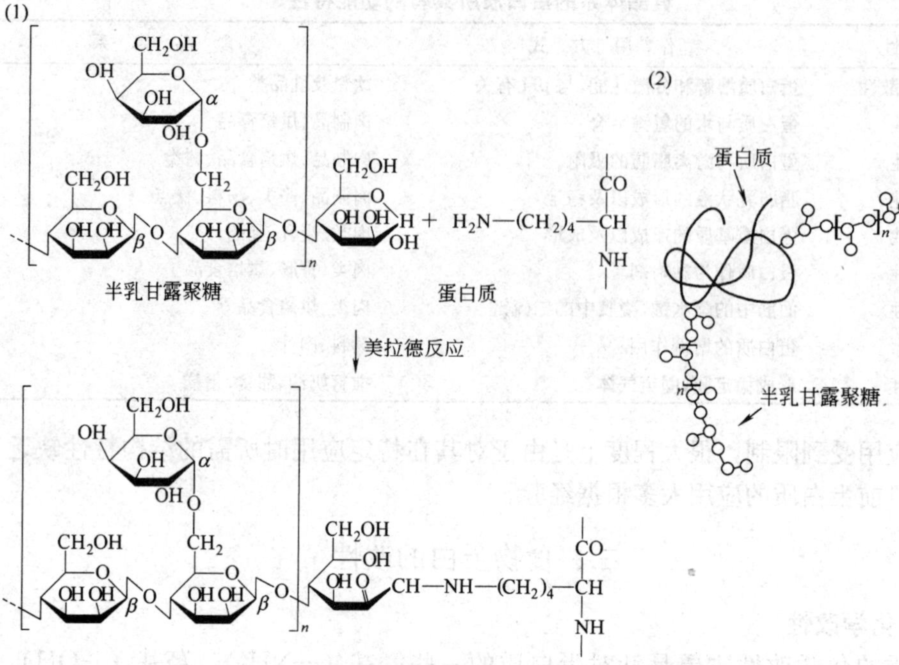

图 3-7　通过美拉德反应多糖结合于蛋白质示意图

性能仍非常稳定。其后的研究证明此反应具有广谱性，涉及酪蛋白、乳清蛋白、BSA、大豆球蛋白、小麦面筋蛋白、溶菌酶等多种蛋白质与葡聚糖、半乳甘露聚糖、CMC、PGA、甲氧基果胶等多种食品多糖的共价交联产物，除明显增加乳化活性外，该反应还大大提高了蛋白质的热稳定性、抗氧化性及抗菌活性。糖基化反应除了改善乳化性能以及溶解度之外，还可显著地改善大豆蛋白的凝胶性能。

（二）酶法水解改性

早在 20 世纪 70 年代，就广泛地采用不同来源的蛋白酶降解食物蛋白，利用蛋白酶降解蛋白质生产水解物已成为一种较为成熟的技术。食物蛋白经过酶解改性后，溶解性、分散性及乳化性得到明显改善，黏度和凝胶性降低，产品可用于饮料或乳品等液体食品体系。酶解改性的技术关键是水解度（DH）的可控性，如果水解过度，功能特性下降，并不可避免地出现苦味。酶法改性的可控性可以通过酶种筛选、变性控制及分步酶解来实现。

食物蛋白的控制酶解，可产生具有一定生理活性的生物活性肽（bioactive peptides）。蛋白肽具有许多优良的加工特性和生理活性功能，可开发出各种系列保健食品和药品。利用蛋白肽的快速吸收性和低抗原性，可以开发运动食品、肠道营养食品和婴幼儿配方食品；利用其降血压作用可开发各种降血压和预防心血管疾病的保健食品。蛋白肽还具有低黏度、流动性好、良好的 pH 和热稳定性等特点，不受蛋白质沉淀、热凝固性、高黏度的影响，利用上述性质可以很容易地开发生产出蛋白质饮料、营养饮品、速溶固体饮品和奶粉等产品。

（三）酶法聚合改性

酶法改性领域主要是利用转谷氨酰胺酶（TGase；EC2. 3. 2. 13）进行酶法聚合改性。

1989年，Ando等从土壤中分离到一种产生胞外转谷氨酰胺酶的放线菌菌株（*Streptoverticillum* S-8112），得以大量生产微生物来源的转谷氨酰胺酶（MTGase），1995年，日本味之素公司首次推出以MTGase为主的食品用酶制剂。MTGase和动物来源的TGase相比，其优点在于Ca^{2+}非依赖性、分子质量小、较强的耐热性及一定的底物特异性。已明确MTGase能催化许多食品蛋白交联，包括大豆球蛋白、蚕豆球蛋白、小麦醇溶蛋白、卵清蛋白、肌动蛋白、肌红蛋白、纤维蛋白、乳酪蛋白以及乳清蛋白等。

MTGase是一种能催化多肽或蛋白质的谷氨酰胺残基的γ-羟胺基团与伯胺化合物酰基受体之间的酰基转移反应的酶，通过该反应可共价导入蛋白质、氨基酸、多肽至同种或异种蛋白，或将氨基糖类、磷脂导入蛋白质形成多相共轭蛋白质（conjugated proteins）（如图3-8所示）。

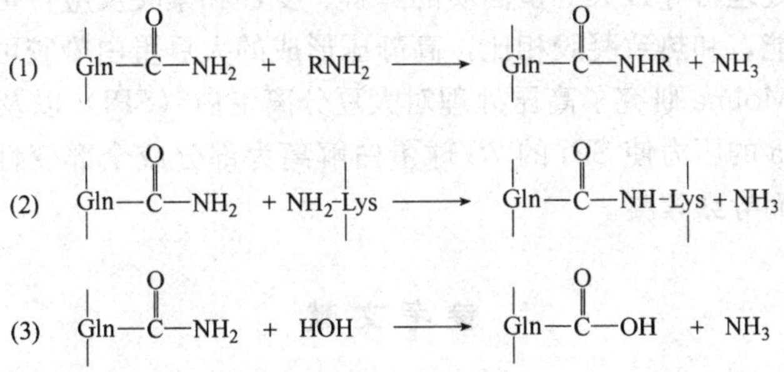

图3-8 转谷氨酰胺酶（TGase）催化的反应

（1）酰基的转移反应 （2）蛋白或多肽的Gln和Lys之间的交联反应 （3）脱胺反应

更重要的是MTGase可在同种或异种蛋白质分子内或分子间形成ε-(-Glu)-Lys键桥，形成同质（homologous）和异质（heterologous）的蛋白生物高聚物（biopolymer），此反应能显著改变蛋白质的功能性质。例如，用MTGase催化合成的乳清蛋白与大豆球蛋白聚合物的热稳定性提高，在高温下也有较大的溶解度；或催化大豆蛋白和肌球蛋白之间交联产生不溶于各种有机溶剂及变性剂、结构致密且富弹性的凝胶，可用于制备固定化酶的固定材料、医用聚合物及可食用性膜。可使蛋白质在常温下形成凝胶（cold-set gel），利用此特性，可以生产不添加胶凝剂的全蛋白布丁，以及香肠、鱼糜及鱼丸等重组肉制品，以提高产品的凝胶强度及黏弹性。微生物转谷氨酰胺酶作为一种极具潜质的“生物黏合剂”，必将在蛋白质改性及工程化食品生产方面发挥重要的作用。

（四）物理改性

物理改性是利用各种物理场效应改变蛋白质的功能特性的改性方法，主要包括组织化挤压改性、高静压改性、高热高压均质改性、超声改性、高频电场改性及微波改性等方法。

组织化挤压改性的关键设备是单（双）螺杆挤出机。螺杆挤压机为食物蛋白提供了一种特殊的高温热变性和高压剪切环境，蛋白物料在1～6MPa高压及100～190℃高温环境下发生复杂的物理与化学变化，蛋白结构的变化主要包括三级和四级结构的结合力变弱，分子形状由折叠状变为直线状，非晶态的球蛋白变成了较有序的定向排列结构，这一过程可产生具有良好咀嚼口感的纤维状质构蛋白，其物理及流变性质也有明显的改善。

根据物料和产品含水量的不同，热塑性挤压改性可分为低湿挤压组织化（挤压膨化）及高湿挤压组织化改性。在低湿组织化挤出（挤压膨化）中，食物蛋白物料的含水量一般不超过30％，产品由于水分的快速蒸发多呈多孔状海绵结构，含水量一般低于10％，产品复水后纤维感和咀嚼性均较差。高湿挤压组织化改性所需要蛋白物料的湿度可达到60％～70％，产品的含水量可超过30％，无需复水即具有良好的纤维感、咀嚼性和“肉感”，除用于“即食”的仿生肉或肉类替代品外，该技术在人造工程化高营养食品开发方面具有巨大的应用潜力。

高静压处理技术是通过500～1000MPa高压处理食品基料和产品，用于食品杀菌和修饰改性的一种现代食品加工技术。高静压处理最主要的特点是破坏或形成蛋白质的非共价键，从而对蛋白质的结构和性质产生影响。Galazka等综述了高压处理对大豆蛋白的影响，研究表明高压处理可导致大豆蛋白质的降解、变性和絮凝反应，可有效地改善大豆蛋白的凝胶和凝结性能，和热致凝胶相比，高静压形成的大豆蛋白凝胶可在低黏度保持其柔滑的质地和弹性。Molina研究了高压处理对大豆分离蛋白（SPI）以及其组分乳化性能的影响，显示400MPa的压力使SPI的7S球蛋白解离为部分或全部变性的单体，11S六聚体的多肽链的伸展而导致絮凝。

参考文献

[1] 王大成. 蛋白质工程. 北京：化学工业出版社，2002

[2] 张浩. 定点突变技术的研究进展. 免疫学杂志，2000，16（4）：108～110

[3] 吴梧桐. 蛋白质工程技术与新型生物催化剂设计. 药物生物技术，2004，11（1）：1～6

[4] 孙博，王捷. 蛋白质分子体外定向进化研究进展. 实用医学杂志，2006，22（11）：1335～1336

[5] 谢晚彬. 蛋白质定向进化的研究技术及应用. 中国生物工程杂志，2005（增刊），16～18

[6] 胡光星. DNA改组技术发展与应用. 中国生物工程杂志，2002，22（3）：9～12

[7] 张荣媛，王静. 融合蛋白技术及临床应用进展. 国际生物制品学杂志，2006，29（2）：82～85

[8] 吴华昌. 蛋白质工程在改造工业用酶中的应用. 四川轻化工学院学报，2004，17（2）：78～82

[9] Beer H D，Wohlfahrt G，McCarthy J E G，*et al*.. Analysis of catalytic mechanism of fungal lipase using computer-aided design and structural mutants [J]. Protein Eng.，1996，9：507～517

[10] Crameri A，Raillard S A，Bermudez E，*et al*.. DNA shuffling of a family of genes from diverse species accelerates directed evolution [J]. Nature，1998，391：288

[11] Cramerl A，Raillard S A Bermudez E *et al*.. DNA ahuffling of a family of genes from diyerse species accelerates evolution [J]. Nature，1998，391（6664）：288～291

[12] Pluckthum A，Schaffitzel C，Hanes J，*et al*.. In vitro selection and evolution of proteins [J]. Adv Protein Chem，2000，55：367

第四章　食品与酶工程

酶（enzyme）是活细胞产生的具有高度催化活力和高度专一性的生物催化剂。酶催化作用具有高效性、专一性和作用条件温和等特点，因此，广泛应用于食品、医药、化工、农业、环保和国防等部门。酶的生产及其在生物反应器中进行催化应用技术过程称为酶工程（enzyme engineering），或称为酶技术。它是将酶学理论与化工技术相结合而形成的一种新技术。酶学是酶工程的基础，它主要探讨酶的特性与本质问题，而酶工程研究的主要内容包括酶的发酵生产与分离纯化、酶分子修饰、酶固定化技术、酶非水相催化以及酶应用等。酶工程是生物工程极其重要的组成部分，也是推动食品工业发展和传统食品工业革新的重要手段。

第一节　酶工程发展概况

酶工程的发展已有100多年的历史，而近60年的发展非常迅速，在世界科技和经济发展中起着十分重要的作用。

19世纪后半叶，西欧对微生物发酵现象进行过许多研究，著名的法国微生物学家巴斯德（L. Pasteur）首次研究了对酒精发酵机理并认为酒精发酵是由酵母引起的。直到1897年德国科学家布合乃尔（Buchner）兄弟俩通过实验，证明酵母抽提液同样可以使糖变为酒精，这是一个划时代发现，为酶制剂工业生产奠定了理论基础。

直到20世纪60年代，固定化技术迅速发展，标志着酶工程产业化新的开端。1969年，日本千烟一郎首次在工业上应用固定化氨基酰化酶从DL-氨基酸生产L-氨基酸。1971年第一次国际酶工程学术会议的主题就是固定化酶。固定化酶具有提高稳定性，可以反复使用或连续使用较长一段时间、易于与产物分离等显著特点。70年代后期，出现了固定化细胞（固定化活细胞或固定化增殖细胞）技术。固定化细胞是指固定在载体上，在一定空间范围内进行生命活动（包括生长、增殖新陈代谢）的细胞，可以在发酵生产上反复或连续使用。1978年，日本科学家用固定化细胞生产α-淀粉酶获得成功。此后，用固定化细胞生产蛋白酶、糖化酶、溶菌酶、天冬酰胺酶、果胶酶等的研究蓬勃展开。

20世纪80年代以来，酶分子修饰技术发展很快，修饰方法主要有：酶分子主链修饰、酶分子侧链修饰、酶分子组成单位置换修饰、酶分子中金属离子置换和物理修饰等。广义而言，酶固定化也属于酶分子修饰技术的一种。两者的主要区别在于固定化酶是不溶于水的，而修饰酶则可能溶于水也可能不溶于水。随着蛋白质工程的发展，现在已把酶分子修饰与基因工程技术结合在一起。通过对酶基因的定位突变，然后经过基因克隆和表达，改变酶的结构，得到具有更具优良特性的酶，这使酶分子修饰技术展现出更广阔的前景。

酶工程的研究和应用，贯穿在国民经济中的各个领域，显示出广阔而诱人的前景。现在酶工程已成为现代生物技术中的重要内容，随着酶学、分子生物学等基础理论的研究进展，酶工程将会发展成为一个更大的现代生物技术产业。

第二节 酶的制备与发酵生产

人们可以通过两条途径获得酶制剂，一是从生物细胞内生物合成或直接提取分离获得；二是从微生物发酵生产制取特定的酶。其中以微生物发酵生产具有更多的优点。本节将着重介绍微生物发酵产酶。

一、动植物细胞培养产酶

动植物细胞培养是指通过特定技术获得优良的动植物细胞，然后在人工控制条件下像微生物发酵那样在生物反应器中进行细胞培养，以获得所需产物的过程。利用植物细胞和动物细胞发酵生产各种天然产物，是生物工程研究和开发的新领域。自20世纪80年代以来，世界上许多国家和地区的学者竞相进行研究，已取得不少进展，呈现出广阔的前景。

（一）植物细胞培养产酶

植物中存在大量的色素、药物和酶等天然产物。植物细胞发酵技术首先从植物组织中选育出植物细胞，再经过筛选、诱变、原生质体融合或DNA重组等技术而获得高产、稳定的植物细胞，然后用植物细胞在人工控制条件的植物细胞反应器中，如同微生物细胞，进行发酵而获得各种所需的产物。

与天然物提取法相比，植物细胞发酵生产天然产物具有如下优势：

（1）产率高 使用高产稳定的植物细胞进行发酵，可明显提高天然产物的产率。例如，日本三井石油化学工业公司于1983年在世界上首次成功地用紫草细胞发酵生产紫草宁。他们用750L的反应器，发酵23d，发酵液中紫草宁的含量达到细胞干重的14%，比紫草根中紫草宁含量高10倍。

（2）周期短 植物细胞生长的倍增时间一般为12～60h，发酵周期10～30d，与植物生长周期相比较，如木瓜需要8个月，大大地缩短生产周期。

（3）易于管理，劳动强度低 植物细胞发酵在人工控制的条件下进行工业化生产，不受地理环境和气候条件等的影响，易于操作管理，大大地减轻了劳动强度，改善了劳动条件。

（4）易于分离纯化 植物细胞发酵生产的产物比较单一，目标产物浓度较高，同时在工厂生产，可以减少环境中各种有害物质（如农药、农肥）的污染以及微生物、昆虫等的侵蚀，产品易于分离纯化，从而提高产品质量。目前通过植物细胞培养生产的酶如表4-1所示。

表4-1 植物细胞培养产酶

酶	植物细胞	年份	酶	植物细胞	年份
糖苷酶	胡萝卜细胞	1981	糖化酶	甜菜细胞	1988
β-半乳糖苷酶	紫苜蓿细胞	1982	苯丙氨酸裂合酶	大豆细胞	1986
漆酶	假挪威槭细胞	1983		花生细胞	1990
过氧化物酶	甜菜细胞	1983	木瓜蛋白酶	番木瓜细胞	1989
	大豆细胞	1989	超氧化物歧化酶	大蒜细胞	1993
β-葡萄糖苷酶	利马豆细胞	1987	菠萝蛋白酶	菠萝细胞	1995
酸性转移酶	甜菜细胞	1988	剑麻蛋白酶	剑麻细胞	1998
碱性转移酶	甜菜细胞	1988	木瓜凝乳蛋白酶	番木瓜细胞	2001

1. 植物细胞的特性

在动植物细胞培养中，存在与微生物发酵显著不同的地方，应予以重视。这是由于动植物细胞和微生物细胞特性不同造成的。它们的不同特性如表 4-2 所示。

表 4-2　　微生物、植物和动物细胞的特性比较

细胞种类	微生物细胞	植物细胞	动物细胞
细胞大小/μm	1～10	20～300	10～100
倍增时间/h	0.3～6	>12	>15
营养要求	简单	简单	复杂
光照要求	不要求	大多数要求光照	不要求
对剪切力	大多数不敏感	敏感	敏感
主要产物	酒精、酒类、有机酸、氨基酸、抗生素、核苷酸、酶等	色素、药物、香精、酶等次级代谢产物	疫苗、激素、单克隆抗体、酶等功能蛋白质

2. 植物细胞培养产酶的工艺流程

外植体→细胞获取→细胞培养→分离纯化→产物

外植体是指从植株取出，经过预处理后，用于植物组织和细胞培养的植物的组织（包括根、茎、叶、芽、花、果实、种子等）片段或小块。外植体首先要选择无病虫害、生产力旺盛、生产有规则的植株，另外如果细胞培养是为了得到次级产物，则应该从产该次级产物的组织切取一段。

从外植体获得细胞的方法主要有机械法或酶法直接分离、愈伤组织诱导法和原生质体再生法，从而得到一定体积的单细胞悬浮液。

把得到的植物细胞在无菌条件下，转入新的液体培养基，在人工控制条件的生物反应器中进行细胞悬浮培养。培养完成后，分离收集细胞或者培养液，再采用各种生化技术，从细胞或者培养液中得到所需的酶。

3. 植物细胞培养产酶的工艺条件控制

（1）培养基　由于植物细胞与微生物细胞的差别，两者对于培养基的要求也有较大差别。最主要的不同点在于：①植物细胞生长和发酵需要大量的无机盐，除了 P、S、K、Ca、Mg 等大量元素外，还需要 B、Mn、Zn、Mo、Cu、Co、I 等微量元素；②植物细胞需要多种维生素和植物激素，如硫胺素、吡哆素、烟酸、肌醇以及激素、萘乙酸、2,4-D（2,4-二氯苯氧乙酸）等；③植物细胞要求的氮源一般为无机氮源，如硝酸盐和铵盐；④植物细胞一般以蔗糖为碳源。植物细胞常用培养基有 MS、B_5、White 和 KM-8P 培养基。

（2）温度和 pH　植物细胞培养的温度一般控制在室温范围（25℃左右）。温度高对植物生长有利，而温度低对次级代谢物积累有利，但一般范围为 20～30℃。另外，每种植物细胞的最适温度和最适产酶温度不同，要视具体情况而定，不同的阶段控制的温度不同。植物细胞 pH 一般控制在微酸性范围，即 pH5～6，培养基配制时，pH 控制在 5.5 左右。

（3）溶氧量　植物细胞的生长和发酵需要吸收一定的溶解氧。溶解氧的供给一般要通过通风和搅拌。适当的通风搅拌还可以使细胞不至于凝聚成大的细胞团，以使细胞分散，分布较均匀。然而，由于植物细胞代谢较慢，需氧量不多，过量的氧气也会带来不良影响，加上植物细胞体积大、较脆弱，对剪切力敏感，所以通风和搅拌不能太强烈。这在植物细胞反应器的设计中，要予以充分考虑。

（4）光照　光照对植物细胞培养有重大影响。大多数植物细胞的生长和次级代谢物的产生要求有一定波长的光照，但是每种植物细胞对光照强度和光照时间的要求不同，而有些植物次级代谢物的生物合成还受到光的制约。例如，欧芹细胞在黑暗条件下生长，但只有在光照条件下才能生成黄酮类物质。因此，在植物培养中要视具体情况考虑光照因素，尤其是大规模培养过程中，光照因素必须在设计反应器和实际操作中予以重视。

（5）前体和刺激剂的添加　前体是指处于目标代谢物代谢途径上游的物质。刺激剂是指可以促进植物细胞的物质代谢朝所需次级代谢物生成的方向发展的物质。在培养过程中添加目标代谢物的前体和刺激剂是一种有效提高产量的方法。常用的刺激剂有微生物细胞壁碎片和果胶酶、纤维素酶等胞外酶。

（二）动物细胞产酶

动物细胞培养是以 20 世纪 50 年代开始的病毒疫苗细胞培养为基础，20 世纪 60 年代迅速发展起来的技术。1967 年开发的适合动物细胞贴壁培养的微载体技术，1975 年发明的杂交瘤技术，有力地推动了动物细胞培养技术的发展。动物细胞能产生各种有较高价值的物质。特别是激素、疫苗、单克隆抗体和酶等各种动物功能蛋白质。虽然随着基因工程的发展，已可将某些动物蛋白所对应的基因通过克隆技术转移到微生物细胞中进行表达，如生长激素、干扰素、胰岛素和某些疫苗等并取得巨大的成功。但是由于受到技术和产品价格等因素的制约，欲将所需的动物功能蛋白都通过基因工程菌来发酵生产，困难很多，在相当长的一段时期内都难以实现。目前动物细胞培养主要用于生产的功能蛋白质有疫苗、激素、酶、单克隆抗体和非抗体免疫调节剂。其中用动物细胞培养生产的酶只有胶原酶、纤维酶原活化剂、尿素酶等。

1. 动物细胞的特性

（1）动物细胞与微生物细胞和植物细胞的最大区别在于没有细胞壁，适应环境的能力差。对剪切力十分敏感，必须小心地控制温度、pH、渗透压以及溶解氧等外界条件。例如，温度控制要严密，允许温度波动范围在±0.25℃之内；pH 的调节要采用较温和的 $NaHCO_3$ 缓冲液；采用氧气、氮气、二氧化碳和空气四种气体的不同比例来控制培养液中的溶解氧，并通过非直接通气搅拌的方式进行供氧，并要严格控制渗透压。

（2）动物细胞的体积比微生物细胞大几千倍，比植物细胞稍小。

（3）动物细胞的营养要求比微生物细胞和植物细胞都复杂得多。其培养基中除了需要加入氨基酸、维生素、葡萄糖、激素、无机盐，还需加入血清或其代用品等，所以动物细胞培养的成本较高，主要用于珍贵药物的生产。同时为了防止微生物污染，在培养过程中，需要添加抗生素。

（4）大部分动物细胞在肌体内相互粘连以集群形式存在，在细胞培养中大部分细胞具有群体效应、锚地依赖性接触抑制性以及功能全能性。

（5）动物细胞的生长较慢，细胞倍增时间为 15～100h，而且原代细胞继代培养 50 代后，即会退化死亡，需要重新分离细胞。

2. 动物细胞培养的方式

动物细胞培养方法可分成两大类，一类是来自血液、淋巴组织的细胞、肿瘤细胞和杂交瘤细胞等，可以采用悬浮培养；另一类细胞来自于动物复杂的器官，具有锚地依赖性，即与其周围的细胞互相依存，有所谓“定位依存”关系，这一类细胞不宜采用悬浮培养，而必须依附在固体或半固体的表面才能生长和进行正常的新陈代谢，这种培养方法称为贴壁培养。而固定化细胞培养方式既适用于锚地依赖性细胞，又适用于非锚地依赖性细胞，固定化培养是指细胞与固定化载体结合，在一定的空间范围进行生长繁殖。

3. 动物细胞培养产酶的工艺条件的控制

（1）培养基　动物培养基的组分比较复杂，包括氨基酸、维生素、无机盐、葡萄糖、激素、生长因子等。①氨基酸必须加进各种必需氨基酸以及半胱氨酸、酪氨酸、谷氨酸胺等；②在含有血清的培养基中维生素一般由血清提供，在血清量低的培养基或无血清的培养基中，必需补充B族维生素，有些还需要补充维生素C；③动物培养基中也需要添加大量的无机盐，如 Na^{+}、K^{+}、Ca^{2+}、Mg^{2+}、PO_3^{3-}、SO_4^{2-}、Cl^{-}、HCO_3^{-} 等，主要用于调节培养基的渗透压。而微量元素一般由血清提供，在无血清培养基或血清低的培养基中，则需要添加铁、铜、锌、硒等；④动物细胞一般以葡萄糖作为碳源和能源；⑤动物细胞培养过程中需要加入胰岛素、生长激素、氢化可的松等激素；⑥生长因子对于动物细胞培养是非常重要的，一般是用血清来提供细胞所需的各种生长因子。目前常用的各种动物细胞培养基已经商品化生产，可根据需要选购。但是由于谷氨酰胺不稳定，需要单独配制并冷冻保存，随配随用。

（2）温度　不同种类的动物细胞对温度要求不同，如哺乳动物最适温度为37℃，鸡细胞为39～42℃，昆虫细胞为25～28℃，鱼类细胞为20～26℃。一般动物细胞更耐低温些。

（3）pH　动物细胞培养的pH一般控制在微碱性范围内，即pH7.0～7.6。在培养过程中，随着新陈代谢的进行，培养液中的pH不断变化，因此需要对pH进行检测和调节。通常在培养基中加入一定浓度的缓冲液，用来防止pH的变化。

（4）渗透压　动物细胞培养液中渗透压应当与细胞内的渗透压处于等渗状态，一般控制在700～850kPa。

（5）溶氧量　溶氧量对动物细胞培养至关重要。供氧不足时，细胞生长受到抑制；氧气过量时，又会对细胞产生毒害。不同的动物细胞对溶氧量要求不同，同一细胞在不同生长阶段对氧的要求不同，而细胞密度不同，需氧量也是不一样的，因此在动物细胞培养中，要根据具体情况而对其供氧量加以控制。

二、微生物发酵产酶

微生物发酵产酶是工业生产酶中最主要的方法。因为微生物发酵产酶具有其他方法无可取代的优点：①种类繁多，目前已鉴定的微生物有20万种，几乎自然界存在的所有酶都能在微生物中找到；②微生物繁殖快、发酵周期短、产量高并且培养基价廉，通过控制培养条件可大幅度提高酶的产量，便于实现大规模的工业化生产；③微生物的适应性强，可通过诱导突变、基因工程、细胞融合等现代生物技术选育出新的、更理想的微生物，从而得到人们需要的酶；④同样的反应可利用来源于不同微生物的性质相近的酶催化，因此可灵活选择生物反应器，以便与前后工序相配合。因此，目前工业化的酶绝大多数来源于微生物。

（一）常用的产酶微生物

任何生物都能在一定条件下合成各种各样的酶，但是，并不是所有的细胞都能用于食品级酶的发酵生产。关于食品酶制剂的安全问题，FAO 和 WHO 已有明确规定，根据酶作为一种食品添加剂则按照食品添加剂生产和应用标准执行。能用于酶发酵生产的细胞必需具备如下几个条件：①安全可靠，是非致病菌，在系统发育上与病原体无关，并且不产生毒素，不影响环境，也不会对酶的应用产生其他不良影响；②稳定性好，不易感染噬菌体，在通常的生产条件下，能够稳定地用于生产，不易退化；③酶产量高，有较好的开发应用价值，高产细胞可以通过筛选、诱变、或采用基因工程、细胞工程等技术而获得；④容易培养和管理，要求产酶细胞容易生长繁殖，并且适应性较强，易于控制，便于管理；⑤能利用廉价的原料，发酵周期短，易培养。

产酶微生物包括细菌、放线菌、霉菌和酵母菌等。常用的产酶微生物的特点和应用如表 4-3 所示。

表 4-3　　常用产酶微生物特点及应用[1]

微生物种类	微生物特点	应用
细菌		
枯草杆菌（*Bacillus subtilis*）	杆状，(0.7～0.8)μm×(2～3)μm，单个，无荚膜，周生鞭毛，革兰氏染色阳性；菌落粗糙，不透明，污白色或微带黄色	广泛应用于生产 α-淀粉酶、蛋白酶、β-葡聚糖酶、碱性磷酸酶、5′-核苷酸酶和碱性磷酸酶等
大肠杆菌（*E. coli*）	杆状，(0.5×1.0)～0.3μm，革兰氏染色阴性，无芽孢，菌落从白色到黄白色，光滑闪光，扩展；运动或不运动，运动者周身鞭毛	可生产多种多样的胞内酶，如谷氨酸脱羧酶、天冬氨酸酶、苄青霉素酰化酶、β-半乳糖苷酶、限制性核酸内切酶等
放线菌		
链霉菌（*Streptomyces*）	菌落呈放射状，革兰氏阴性；形成分支的菌丝体；有气生菌丝和基内菌丝之分，基内菌丝体不断裂，气生菌丝体可形成孢子链	应用于产葡萄糖异构酶，还可用于产青霉素酰化酶、纤维素酶、碱性和中性蛋白酶、几丁质酶、16α-羟化酶等
霉菌		
黑曲霉（*Aspergillus niger*）	属黑曲霉群霉菌；菌丝体由具横隔的分支菌丝构成，菌丛黑褐色，顶囊球形，小梗双层，分生孢子球形，平滑或粗糙	可产胞外酶和胞内酶，如糖化酶、α-淀粉酶、酸性蛋白酶、果胶酶、葡萄糖氧化酶、过氧化氢酶、核糖核酸酶、脂肪酶、橙皮苷酶等
米曲霉（*Aspergillus oryzae*）	属黄曲霉群霉菌；菌丛一般为黄绿色，后变为黄褐色，分生孢子头呈放射形，顶囊球形或瓶形，小梗一般为单层，分生孢子球形，平滑少数有刺，分生孢子梗长 2mm 左右，粗糙	可用于生产糖化酶和蛋白酶，广泛用于我国传统的酒曲和酱油曲的制造中；还用于产氨基酰化酶、磷酸二酯酶、核酸酶 P_1、果胶酶等
红曲霉（*Monascus*）	菌落初期白色，后变红色；菌丝具有隔膜，多核，分支甚繁；分生孢子着生在菌丝及其分支的顶端，单生或成链，有柄	可用于产 α-淀粉酶、糖化酶、麦芽糖酶、蛋白酶等
青霉（*Penicillium link*）	属半知菌纲；营养菌丝无色，淡色，有横隔，分生孢子梗也有横隔，顶端形成扫帚状的分枝，小梗顶端串生分生孢子	黄青霉用于产葡萄糖氧化酶、苯氧甲基青霉素酰化酶、果胶酶、纤维素酶 C_X 等；橘青霉用于产 5′-磷酸二酯酶、脂肪酶、葡萄糖氧化酶、凝乳蛋白酶等
木霉（*Trich oderma Pars.*）	属半知菌纲；生长时菌落呈棉絮状或致密丛束状，绿色；菌丝透明，有分隔，分支繁复，分支末端为小梗，分生孢子由小梗相继生出，黏液把它们聚集孢子头	应用于生产纤维素酶的重要菌株；木霉产生的纤维素酶中包含有 C_1 酶、C_X 酶和纤维二糖酶等；此外，木霉中含有较强的 17α-羟化酶，常用于甾体转化

续表

微生物种类	微生物特点	应用
霉菌		
根霉 (*Rhizopus ehrenberg*)	它由营养菌丝产生匍匐枝，匍匐枝末端生出假根，再生出成群的孢子囊梗，梗的顶端膨大形成孢子囊，囊内生孢子囊孢子	用于产糖化酶、α-淀粉酶、转化酶、酸性蛋白酶、核糖核酸酶、脂肪酶、果胶酶、纤维素酶、半纤维素酶、11α-羟化酶等
毛霉 (*Mucor*)	菌丝体在基质上或基质内广泛蔓延，菌丝体上直接生出孢子囊梗，分支较小或单生，孢子囊梗顶端有膨大成球形的孢子囊，囊壁上常带有针状的草酸钙结晶	用于产蛋白酶、糖化酶、α-淀粉酶、脂肪酶、果胶酶、凝乳酶等
酵母菌		
酿酒酵母 (*S. cerevisiae*)	在麦芽汁琼脂培养基上菌落为白色，有光泽，平滑，边缘整齐；营养细胞可直接变为子囊，每个子囊含有1～4个圆形光亮的子囊孢子	它是在工业上广泛应用的酵母，主要用于酿造啤酒、酒精、饮料酒和面包制造；在酶的生产方面，用于转化酶、丙酮酸脱羧酶、醇脱氢酶等的生产
假丝酵母 (*Candida*)	细胞呈圆形、卵形或长形；无性繁殖为多边芽殖，形成假菌丝，可生成厚垣孢子、无节孢子、子囊孢子。不产生色素。在麦芽汁琼脂培养基上菌落呈乳白色或奶油色	单细胞蛋白的主要生产菌；可用于产脂肪酶、尿酸酶、尿囊素酶、转化酶、醇脱氢酶；具有烷类代谢的酶系，可用于石油发酵；具有较强的17α-羟化酶，可用于甾体转化制造睾丸素

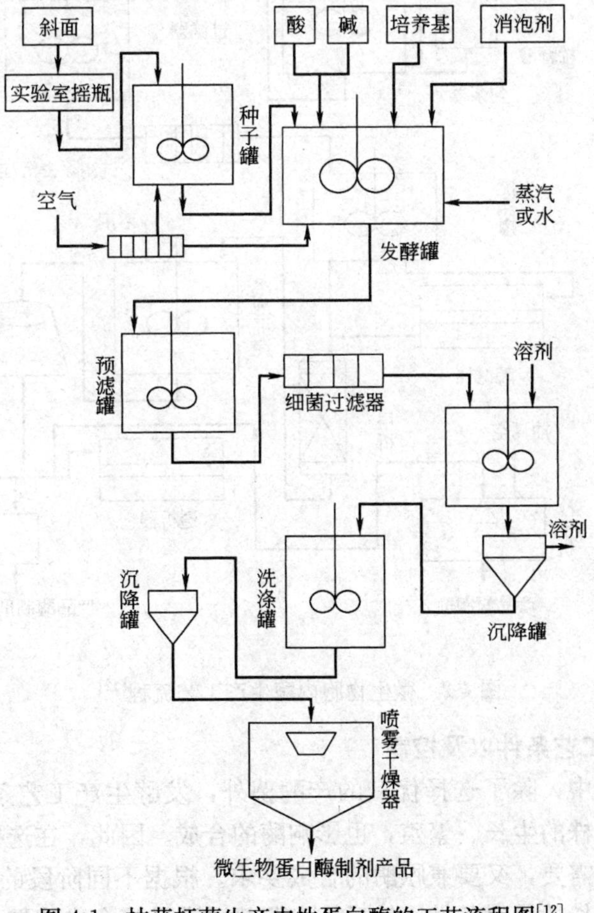

图 4-1 枯草杆菌生产中性蛋白酶的工艺流程图[12]

（二）微生物产酶的典型生产工艺流程

一般微生物发酵产酶生产方式有两种：一种是固体发酵法，另一种是液体发酵法，而液体发酵法包括间歇发酵和连续发酵。其中液体发酵产酶是目前主要的发酵方式，又分为胞外酶的发酵生产，枯草杆菌生产中性蛋白酶的工艺流程如图 4-1 所示，胞内酶的发酵生产如图 4-2 所示。

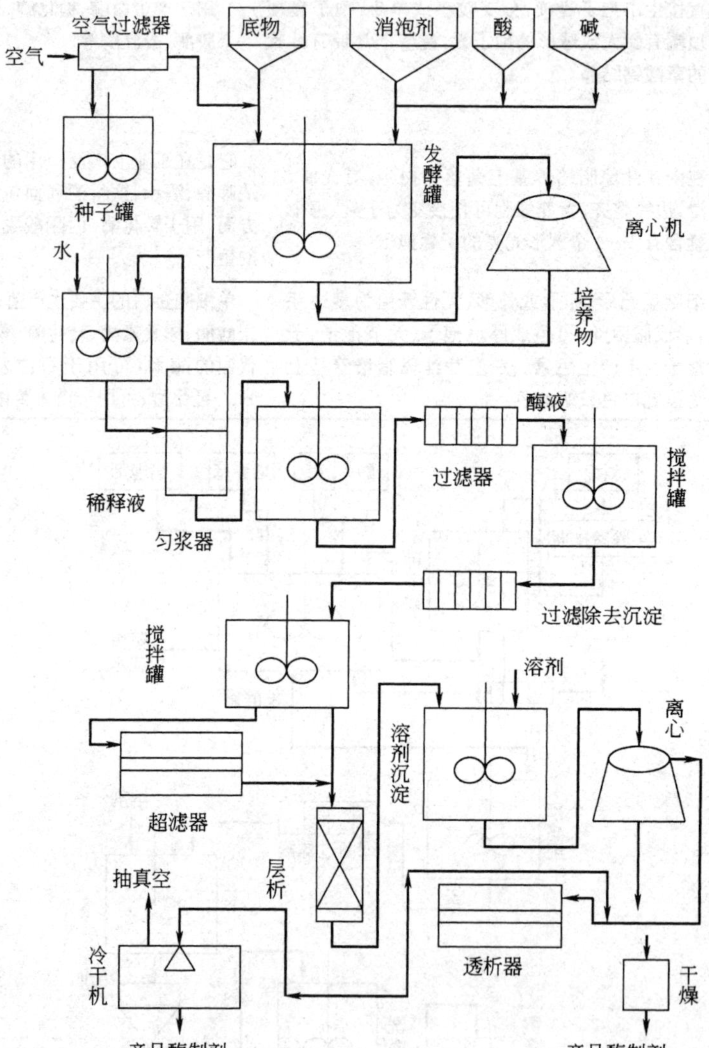

图 4-2　微生物胞内酶生产工艺流程[12]

（三）发酵产酶工艺条件以及控制

在酶的发酵生产中，除了选择优良的产酶菌外，发酵生产工艺条件的控制是关键工序。它不仅关系到菌株的生长、繁殖，也影响酶的合成。因此，在选择发酵工艺条件时既要考虑微生物的生长需要，又要兼顾酶的合成要求。根据不同阶段的要求选择最佳条件。一般是先确定菌体生长的最适条件，然后作出调整以满足酶合成的需要。例如，枯草杆菌

A. S 1398 发酵生产中性蛋白酶，其营养培养基中除含有合适的碳氮比外，尚需添加无机磷酸盐 0.1%～0.3%和 0.03%～0.05%的植酸钙镁或多聚磷酸盐或大豆提取物。

1. 培养基

(1) 碳源　不同微生物对碳源的利用有所不同，应根据细胞的营养需求而选择碳源。目前采用的碳源主要是淀粉或其水解物。如糊精、淀粉水解物、麦芽糖、葡萄糖等。但是，有些特殊的产酶菌需要特殊的碳源才能产生目的酶。链霉菌生产葡萄糖异构酶（或称为木糖异构酶）需要 D-木糖或木聚糖作为碳源。除了考虑细胞的营养需求外，还要重视某些碳源对酶的生物合成具有的诱导作用和分解代谢物阻遏作用。例如，淀粉对 α-淀粉酶的生物合成有诱导作用，而果糖则有阻遏作用。碳源的选择首先要考虑细胞的营养要求和代谢调节。另外，在工业生产上原料的价格和来源是否充裕也是需要考虑的因素。

(2) 氮源　氮源可分为有机氮源和无机氮源两大类。不同微生物对氮源的利用情况差异较大，应根据细胞的营养要求进行选择。在微生物细胞中，一般异养型细胞要求有机氮源，自养型细胞则要求无机氮源。在使用无机氮源时，铵盐和硝酸盐的比例对细胞的生长和新陈代谢有较明显影响。

碳和氮两者的比例，即碳氮比（C/N）对酶的生物合成也是一个重要影响因素。例如，较低的 C/N 常有利于蛋白酶的合成，但是在这种条件下，发酵后期培养基的 pH 往往会偏高，反过来抑制蛋白酶的积累。因此选择并控制适宜的 C/N 是提高酶产量的一个重要因素。

(3) 无机盐　无机盐的主要作用是提供细胞生命活动不可缺少的无机元素，并对培养基的 pH、氧化还原电位和渗透压起调节作用。不同的无机元素在细胞的生命活动中有所差异，它们有的直接参与细胞的构成，如磷、硫等；有的是酶分子的组成元素如磷、硫、锌、钙等，还有的是酶的激活剂，如钾、镁、锌、铁等。

(4) 生长因子　生长因素是指细胞生长繁殖所必须的微量有机化合物。主要包括各种氨基酸、嘌呤、嘧啶、维生素等。它们一方面对微生物代谢起调节作用，提高酶产量，另一方面作为辅酶的构成成分。生长因子一般是添加含有多种生长因子的天然原料的水解物，如酵母膏、玉米浆等。

2. pH

培养基的 pH 的调节控制需要考虑以下几个方面：①不同的细胞，其生长繁殖的最适 pH 不同。一般细菌和放线菌最适 pH 在中性至碱性范围，霉菌和酵母偏酸性；②发酵产酶的最适 pH 和生长最适 pH 往往是不同的。一般细胞产生某种酶的最适 pH 通常接近于该酶催化反应的最适 pH。③通过控制培养基中的 pH 可改变细胞产不同酶的产量比例。④随着细胞的生长、繁殖和新陈代谢产物的积累，培养基的 pH 往往会发生变化，尤其当微生物产酸能力较强时，若不适当地加以调节，菌体就会抑制甚至死亡。因此，在发酵过程中必须对培养基的 pH 进行适当的控制和调节。pH 调节方法可以采取改变培养基的组分或其比例，必要时可使用缓冲溶液，或添加适宜的酸、碱溶液，以调节控制培养基中 pH 的变化。

3. 温度

培养基温度的调节控制需要考虑的因素与 pH 调节有相似之处，主要有：①不同的细胞，其生长繁殖的最适温度不同。如枯草杆菌最适生长温度为 34～37℃，黑曲霉为 28～32℃；②有些细胞发酵产酶的最适温度与生长最适温度有所不同，前者往往低于后者；

③在细胞生长和发酵产酶过程中，培养基的温度是变化的，这是由两方面原因造成的，一方面是由于细胞的新陈代谢作用，会不断放出热量使温度升高，另一方面是由于热量的不断扩散，使温度不断下降。因此，必须经常及时地对温度进行调节控制，使培养基的温度维持在适宜的范围内。

4. 溶氧量

在培养基中培养的细胞一般只能吸收和利用溶解氧，故对于好气菌而言，溶解氧对好气发酵控制是最重要参数之一，溶氧量对于提高产酶量有重要作用。由于氧气在发酵液中溶解度很小，仅为0.22mmol/L，因此，为了提高溶解氧浓度，需要不断通风和搅拌。其溶解氧的大小主要由通风量和搅拌转速决定。溶解氧的供给，一般是无菌空气通入发酵容器。调节溶氧量的主要方法是调节通气量、调节氧分压、搅拌转速、调节气液接触时间、调节气液接触面积和改变培养液的性质等。

5. 发酵时间控制

在生产过程中掌握适宜的酶回收时间也是很重要的。对于大多数胞外酶而言，酶的合成和菌体的生长是有关系的：生长停止时，酶产量往往达到最大；继续培养，酶产量往往会以不同的速率逐渐下降。

（四）提高酶产量的措施

在酶的发酵生产过程中，为了提高酶产量，除了选育优良的产酶菌种，保证发酵工艺条件并根据需要和变化情况及时加以调节控制以外，还可以采取一些有效的措施，正常情况下，酶产量受其合成调节机制的控制。

1. 添加诱导物

有些酶在通常情况下不合成或很少合成，加入诱导物后，就能大量合成，这种现象称为诱导作用。这种诱导作用合成的酶称为诱导酶，在酶的诱导中，调节蛋白就是阻遏物，诱导物就是效应物。在没有诱导物时，调节蛋白直接和操纵基因结合，阻遏酶的合成；当诱导物出现时，它们能和阻碍物结合，发生变构效应，失去和操纵基因结合的能力，酶得以合成。因此，在发酵培养基中添加适当的诱导物，可使产酶量显著提高。

例如，乳糖诱导β-半乳糖苷酶，纤维二糖诱导纤维素酶，蔗糖甘油单棕榈酸酯诱导蔗糖酶等。

不同的酶有各自不同的诱导物。然而有时一种诱导物可诱导生成同一酶系的若干种酶，如β-半乳糖苷可同时诱导β-半乳糖苷酶、透过酶和β-半乳糖乙酰化酶等3种酶。

同一种酶也往往有多种诱导物，实际应用时可根据酶的特性、诱导效果和诱导物的来源等方面进行选择。例如，纤维素、糊精、纤维二糖等都是纤维素酶的诱导物。

2. 控制阻遏物浓度

如前所述，有些酶的生物合成受到阻遏物的阻遏作用。为了提高酶产量，必须设法解除阻遏作用。阻遏作用有末端代谢产物阻遏和分解代谢产物阻遏两种。末端代谢产物阻遏是指在生物的生长发育过程中，原以一定速率合成某些酶，当这些酶催化生成的产物过量累积时，这些酶的合成受到阻遏，也称反馈阻遏。分解代谢产物阻遏是指有些酶，特别是参与分解代谢的酶，当细胞在容易被利用的碳源（葡萄糖）上生长时，其合成受到的阻遏，也称葡萄糖效应。

对于受末端产物阻遏的酶，可通过控制末端产物的浓度解除阻遏。例如，组氨酸合成途径中的10种酶的生物合成受到组氨酸的反馈阻遏，若在培养基中添加2-噻唑丙氨酸（组氨酸类似物），即可解除阻遏，使这10种酶的产量增加30倍。郭勇等人研究表明，枯草杆菌碱性磷酸酶受其反应产物无机磷酸的阻遏，当培养基中无机磷含量在1.0μmol/mL以上时，该酶的合成完全受阻遏；当培养基中无机磷含量在0.01μmol/mL以下时，该酶大量产生。所以，为了提高碱性磷酸酶的产量，必须限制培养基中无机磷的含量。

为避免分解代谢物的阻遏作用，可采用难利用的碳源（如淀粉等），或采用补、分次添加碳源的方法使培养基中的碳源保持在不至于引起分解代谢阻遏的浓度。例如，β-半乳糖苷酶受葡萄糖引起的分解代谢物阻遏作用。在培养基中有葡萄糖存在时，即使有诱导物存在，β-半乳糖苷酶也无法大量产生。只有在不含葡萄糖的培养基中，或在葡萄糖被细胞利用完以后，诱导物的存在才能诱导该酶大量生成。此外，在分解代谢物存在的情况下，添加一定量的环腺苷酸（cAMP），可以解除分解代谢物阻遏作用，若同时有诱导物存在，则可迅速产酶。

3. 添加表面活性剂

表面活性剂可分为离子型和非离子型两大类。离子型表面活性剂又有阳离子型、阴离子型和两性离子型之别。由于离子型表面活性剂对细胞有毒害作用，特别是季铵型离子表面活性剂是消毒剂，故不能用于酶的发酵生产。用于增加酶产量的往往是非离子型表面活性剂。

非离子型表面活性剂，如吐温（Tween）、特里顿（Triton）等，可积聚在细胞膜上，增加细胞的通透性，有利于酶的分泌，所以可增加酶的产量。例如，在霉菌发酵生产纤维素酶的培养基中，添加1%的吐温，可使产酶量提高1～20倍。在使用时，要注意表面活性剂添加量，过多或过少都效果不好，应控制在最佳浓度范围内。此外，添加表面活性剂有利于提高某些酶的稳定性和催化能力。

4. 添加产酶促进剂

产酶促进剂是指可以促进产酶，但作用机理并未阐明清楚的物质。添加产酶促进剂往往对提高酶产量有显著效果。例如，添加植酸钙镁可使霉菌蛋白酶和橘青霉磷酸二酯酶的产量提高1～20倍。添加聚乙烯醇可提高糖化酶的产量。聚乙烯醇、醋酸钠等对提高纤维素酶的产量也有效果等。产酶促进剂对不同细胞、不同酶的作用效果各不相同，要通过试验选用适当的产酶促进剂并确定一个最适浓度。

根据酶的生物合成机理来提高酶的产量是一种比较直接、有效的途径。但是有时难以找到适宜的诱导物和降低（辅）阻遏物浓度的有效方法与条件，所以人们还从遗传控制着手，采用基因重组方法通过改造菌种来提高酶产量。这些方法主要涉及基因工程的内容，在此不再赘述。

第三节　酶的分子修饰

通过各种方法改变酶分子的结构，从而使酶的某些特性和功能发生改变的技术称为酶分子修饰（molecular modification of enzyme）。酶分子修饰技术对于酶学和酶工程的发展都有极其重要的作用，通过酶分子修饰技术，可以探索酶的结构与功能的关系，并可以提高酶活力，增强酶的稳定性，降低或消除酶的抗原性，改变酶的动力学特性等，从而提高酶在食品、医药、轻工、化工、环保和能源等领域的应用价值。

一、酶的化学修饰

酶的化学修饰（chemical modification）是指利用化学手段将某些化学物质或基团结合到酶分子上，或将酶分子的某部分删除或置换，改变酶的理化性质，最终达到改变酶的催化性质的目的。酶的化学修饰主要方法有以下几种。

（一）大分子结合修饰

大分子结合修饰是酶化学修饰中最重要修饰方法之一，经过修饰后的酶可显著提高酶活力，例如，每分子胰凝乳蛋白酶与11分子右旋糖酐结合，酶活力比原来酶活力提高5.1倍；经大分子修饰后，大分子可在酶分子外围形成保护层，从而保护酶的空间构象，使酶稳定性提高。如超氧化物歧化酶（SOD）在血浆中的半衰期仅为6～30min，经过大分子结合修饰后，其稳定性显著提高，半衰期延长70～350倍（见表4-4）；大多数酶是从微生物和动植物中获得的，对人体来说是一种外源性蛋白质，故当酶蛋白进入人体后，往往会成为一种抗原，刺激体内产生抗体。当这种酶再次进入体内时，产生的抗体就可与作为抗原的酶特异性结合，使酶失活。而经过大分子结合修饰后，可大大降低或消除酶蛋白的抗原性。例如，用乙二醇修饰精氨酸酶及SOD后，可使其抗原性显著降低；对白血病有显著疗效的L-天冬酰胺酶经右旋糖酐或聚乙二醇结合修饰后，都可使抗原性显著降低甚至消除，其中聚乙二醇结合修饰的L-天冬酰胺酶于1994年被美国FDA正式批准为治疗急性淋巴性白血病的药物使用。

目前通常采用的水溶性大分子修饰剂有：右旋糖苷（dextran）、聚乙二醇（PEG）、聚蔗糖β-环糊精、琼脂糖、壳聚糖、聚丙氨酸、白蛋白、明胶、淀粉、硬脂酸等。由于酶的结构有差异，不同的酶所能结合的修饰剂的分子数目有所差异，故在进行修饰时，应根据其分子比例控制好酶和修饰剂的浓度。

表4-4　天然及经修饰的SOD在人血浆中的半衰期

酶	半衰期	酶	半衰期
天然SOD	6min	高分子质量-SOD	24h
右旋糖苷-SOD	7h	聚乙二醇-SOD	35h
低分子质量-SOD	14h		

（二）肽链有限水解修饰

在肽链的限定肽键位点进行水解，使酶的空间结构发生某些改变，从而改变酶的特性和功能的方法，称为肽链有限水解修饰。这种修饰通常使用某些专一性较高的蛋白酶或肽酶作为修饰剂。

肽链有限水解既可保持酶活力，又可降低其抗原性，对酶蛋白的应用极为有用。常用于水解蛋白质的酶有木瓜蛋白酶、真菌蛋白酶、胰酶和胃蛋白酶等。例如，木瓜蛋白酶由180个氨基酸连结而成，若用蛋白酶有限水解，除去其肽链的2/3，即除去120个氨基酸组成的肽段，仍可保持其酶活力，而其抗原性大大降低；又如酵母的烯醇化酶水解除去150个氨基酸组成的肽段后，酶活力仍可保持，抗原性却显著降低。

除可用蛋白酶对酶进行有限水解外，也可用其他方法达到修饰目的。例如，枯草杆菌中性蛋白酶，先用EDTA等金属螯合剂处理，再经纯水或稀盐溶液透析，可使蛋白酶部分水解，得到仍有酶活力的小分子肽段，用作消炎剂时，不产生抗原性，表现良好的疗效。但是，化学方法水解修饰往往作用条件剧烈，易导致蛋白质功能特性及生物活性降低或丧失。

（三）侧链基团修饰

酶分子的侧链基团修饰，在酶学方面可用于研究酶分子结构与功能，采用荧光剂作为修饰剂，可通过荧光光谱分析了解溶液状态下酶分子的构象；可研究各种基团在酶分子中的作用及其对酶的结构、特性和功能的影响；还可测定某一基团在酶分子中的数量。在酶工程方面，它可提高酶活力、增加酶的稳定性、降低酶的抗原性，并且可能引起酶催化特性和催化功能的改变，以提高酶的使用价值。如α-胰凝乳蛋白酶表面的氨基修饰成亲水性更强的—NH_2、—COOH并达到一定程度时，酶活力在60℃时提高1000倍，在温度更高时稳定化效应则更强烈，这个稳定的酶能耐受灭菌的极端条件而不失活，具有很高的应用价值。经过这种方法修饰后的水溶性稳定的酶制剂，特别是蛋白酶和脂肪酶，在食品行业和洗涤剂行业中显示出巨大潜力。

（四）分子内或分子间交联

某些含有双功能基团的化合物（又称双功能试剂），如戊二醛、己二胺、葡聚糖二乙醛等，它们可使酶分子内或分子间肽链的两个游离氨基酸侧链基团之间形成共价交联，这种修饰方法称为分子内或分子间交联。

通过分子内交联修饰，可以使酶分子的空间构象更稳定，从而提高酶分子的稳定性。例如，采用葡聚糖二乙醛对青霉素酰化酶进行分子内交联修饰，可使该酶在55℃下半衰期延长9倍，而最大反应速度不变。

分子间修饰主要产生杂化酶，如有人用戊二醛将胰蛋白酶和胰凝乳蛋白酶交联在一起。将大小、电荷和生理功能不同的两种药用酶交联在一起，则有可能在体内将它们输送到同一个部位从而提高药效。

（五）氨基酸置换修饰

将酶分子肽链上的某一个氨基酸置换成另一个氨基酸的修饰方法，称为氨基酸置换修饰。主要包括化学修饰法和蛋白质工程修饰法。有学者成功利用化学修饰法将枯草杆菌蛋白酶活力中心的丝氨酸转换为半胱氨酸。但是化学修饰法难度大、专一性差，而且要对酶分子进行逐个修饰，难以工业化生产。蛋白质工程中的定位突变是指将DNA序列中的某一特定位点上进行碱基的改变从而获得突变基因的操作技术。蛋白质工程中定位突变技术为氨基酸或核苷酸的置换修饰提供了先进、可靠、行之有效的手段。

（六）金属离子置换修饰

通过金属离子置换修饰，可以了解各种金属离子在酶催化过程中的作用。并可提高酶活力、增强酶的稳定性、改变酶的专一性、甚至改变酶的某些动力学性质，如改变其最适pH和温度。例如，酰基化氨基酸水解的活力中心含有Zn^{2+}，用Co^{2+}置换后，其催化*N*-氯-乙酰丙氨酸水解的最适pH从8.5降低为7.0，该酶对*N*-氯-乙酰丙氨酸的米氏常数K_m增大，亲和力降低；同时Co酶对*N*-氯-乙酰丙氨酸等六种底物的水解活力增加，而对*N*-氯-乙酰蛋氨酸等三种底物活力降低，在实际应用中可对不同底物选用不同的酶——Zn/Co酶。

二、酶的物理修饰

酶分子物理修饰的特点在于不改变酶的组成单位及其基团，酶分子中的共价键不发生改变，只是在物理因素作用下，次级键发生某些改变和重排，使酶分子的空间构象发生某些改变。例如，羧肽酶 γ 经过高压处理，底物特异性发生改变，其水解能力降低，但有利于催化多肽合成反应；用高压处理纤维素酶，该酶的最适温度有所降低，在 30～40℃的条件下，高压修饰的纤维素酶比天然酶的活力提高 10 倍。

酶分子的空间构象的改变还可以在某些变性剂的作用下，首先使酶分子原有的空间构象破坏，然后在不同的物理条件下，使酶分子重新构建新的空间构象。例如，首先用盐酸胍使胰蛋白酶的原有空间构象破坏，通过透析除去变性剂后，再在不同温度下使酶重新构建新的空间构象。结果表明，在 20℃的条件下重新构建的胰蛋白酶与天然胰蛋白酶的稳定性基本相同，而在 50℃的条件下重新构建的酶的稳定性比天然酶提高 5 倍。

第四节　酶的非水相催化

一、非水相介质中酶催化反应特性

20 世纪 80 年代中期，美国科学家 Klibanov 等人开创性的研究表明，许多酶在非水相中不仅不失活，而且在某些情况下其催化活力与水相中相当，从而奠定了非水相酶学的基础。

（一）水的作用

所谓非水介质并不是绝对无水，在非水介质中一般水含量 0.01%以下。因为水分子对于维持酶的结构是必不可少的，酶活力构象的形成有赖于各种氢键、疏水键等非共价的相互作用，而水分子直接或间接参与氢键和疏水键的形成。因此，水分子与酶分子的活性形成密切相关。酶只有在一定量水存在的条件下才能进行催化反应，但是，只有与酶分子紧密结合的一层的水分子，对酶活力才至关重要。把这层维持酶催化活力所必需的水称为必需水（essential water）。

（二）有机溶剂对有机介质中酶催化的影响

有机溶剂是有机介质反应体系中的主要成分。常用的有机溶剂主要有辛烷、正己烷、苯、吡啶、季丁醇、丙醇、乙氰、己酯和二氯甲烷等。

一般酶分子不能直接溶于有机溶剂，而是悬浮在溶剂中进行催化反应。有些酶在有机溶剂作用下，其空间结构会受到某些破坏，使酶变性失活。要使酶悬浮在有机介质中进行催化反应，通常要将酶进行冷冻干燥，并需要在干燥中加入蔗糖、甘露醇等保护剂，以减少酶的变性失活。

在有机介质酶催化过程中，应选择好所使用的溶剂。有机溶剂的选择必须考虑以下因素：①溶剂对酶反应的影响，包括对底物的溶解能力、对反应平衡点、动力学及酶专一性的影响；②溶剂的毒性，这对食品工业和药物生产特别重要；③对酶稳定的影响。④选择的溶剂是惰性的；⑤选择有机溶剂时还必须考虑其他因素，如溶剂的密度、黏度、表面张力以及废物处理与成本等。

（三）非水介质中酶催化的特性

（1）热稳定性　许多酶在有机介质中比在水溶液中具有更高的热稳定性。如在100℃条件下，胰脂肪酶在水溶液中很快失活，可是在有机介质中其半衰期可达数小时；在20℃条件下，胰凝乳蛋白酶在辛烷中保存5个月仍然可保持其活力，而在水溶液中，其半衰期只有几天而已。酶在有机介质中的热稳定性与介质中的水含量有关。

在通常情况下，随着介质中水含量的增加，其热稳定性降低。如细胞色素氧化酶在甲苯中的水含量从0.3%增加到1.3%时，半衰期从4h降低到1.7min。

（2）改变底物的专一性　在有机介质中，由于酶分子活力中心的结合部位与底物之间的结合状态发生某些变化，致使酶的底物特异性发生改变。这种专一性的改变包括酶对极性底物和非极性底物的专一性发生逆转和对对映体的专一性降低。这是因为底物与酶分子活力中心的结合主要靠疏水作用，在水溶液中，疏水性强的底物易与酶活力中心结合，而在有机介质中，由于有机溶剂与底物之间的疏水作用强于底物与酶的疏水作用，故疏水性较强的底物容易受有机溶剂的影响而不易与酶分子活力中心的结合。

（3）产生新的酶促反应　在有机介质中酶可催化一些在水溶液中本不可以进行的反应，如酯酶可催化一系列的反应，包括酯化、转酯、胺解、转硫酯反应等，但是在水溶液中这些反应均被水解反应所代替。又如枯草杆菌蛋白酶可催化糖类的酰化。酪氨酸酶所催化的酚类物质氧化，在水溶液中由于产物醌类的聚合并引起酶的失活，产率很低，而在三氯甲烷中反应可持续进行。

（4）pH记忆　在有机介质中，酶所处的pH环境与酶在冻干与吸附到载体上之前所使用的缓冲液pH相同，这种现象称为pH记忆。即酶的离子化基团在缓冲液中所获得的离子化状态可以在有机溶剂中得以保持。利用酶的这种pH记忆特性，可以通过控制缓冲液中pH的方法，达到控制有机介质中酶催化反应的最适pH。酶在有机介质中催化反应的最适pH通常与酶在水溶液中反应的最适pH接近或者相同。但也有研究发现，有些酶在有机介质中催化的最适pH与水溶液中的最适pH有较大差别，需要在实际应用时加以调节控制。

二、有机介质中酶催化反应条件及其控制

（一）有机介质反应体系

常见有机介质反应体系包括以下几种：

（1）微水介质体系　微水介质体系是由有机溶剂和微量的水组成的反应体系，是在有机介质酶催化中广泛应用的一种反应体系。由于酶分子不能溶解于疏水有机溶剂，所以酶以冻干粉或固定化酶的形式悬浮于有机介质之中，在悬浮状态下进行催化反应。通常所说的有机介质反应体系主要是指微水介质体系。

（2）反胶束体系　反胶束是指在大量与水不相混溶的有机溶剂中，含有少量的水溶液，加入表面活性剂后形成的油包水的微小液滴。表面活性剂的极性端朝内，非极性端朝外，水溶液包在胶束内部。反应时，酶分子在反胶束内部的水溶液中，疏水性底物或产物在反胶束外部，催化反应在两相的界面中进行。在反胶束体系中，由于酶分子处于反胶束内部的水溶液中，稳定性较好。反胶束与生物膜有相似之处，适用于处于生物膜表面或与膜结合的酶的结构、催化特性和动力学性质的研究。

（3）与水溶性有机溶剂组成的均一体系　这种均一体系是由水和极性较大的有机溶剂互相混溶组成的反应体系。体系中水和有机溶剂的含量均较大，由于水和有机溶剂互相混溶，于是组成了均一的反应体系。酶和底物都是以溶解状态存在于均一体系中。由于极性大的有机溶剂对一般酶的催化活力影响较大，所以能在该反应体系进行催化反应的酶较少。然而该体系近几年来却受到人们极大的关注。这主要是因为辣根过氧化物酶（HRP）可以在此均一体系中催化酚类或芳香胺类底物聚合生成聚酚或聚胺类物质。这些聚酚、聚胺类物质在环保黏合剂、导电聚合物和发光聚合物等功能材料的研究开发方面的应用引起了人们极大的兴趣。

（4）与水不溶性有机溶剂组成的两相或多相体系　这种体系是由水和疏水性较强的有机溶剂组成的两相或多相反应体系。催化反应通常在两相的界面进行。一般适用于底物和产物两者或其中一种是属于疏水化合物的催化反应。应用不广泛，研究也较少。

（二）有机介质中酶催化反应条件及控制

（1）酶的选择　在有机介质中的酶催化反应，选择好所使用的酶是很重要的。对酶的选择不但要看催化反应的速度大小，还要特别注意酶的稳定性、底物专一性、对映体选择性和是否产生不同于水溶液中的酶促反应等。

（2）水含量的控制　对于同一种酶，其最适水含量因不同的有机溶剂而有所差异，然而达到最大反应速度的水分活度一般变化不大，均在 0.5～0.6 之间。所谓水分活度（Aw）是指体系中水的逸度与纯水逸度之比，通常可用体系中水的蒸汽压与相同条件下纯水的蒸汽压之比表示。所以水分活度能够更加确切地反映水对催化反应速度的影响，在实际应用时应当控制反应体系的水分活度在 0.5～0.6 的范围内。

（3）有机溶剂的选择　有机溶剂是影响酶在有机介质中催化的关键因素之一，在使用过程中应根据具体情况进行选择。不同的有机溶剂由于疏水性不同，对酶分子的结构以及底物和产物的分配有不同的影响，从而影响酶催化反应速度。同时还会影响酶的底物专一性、对映体选择性等。

（4）底物的选择和浓度控制　由于酶在水溶液和有机介质中存在底物专一性的逆转，故要根据酶在所使用的有机介质中的专一性选择适宜的底物。

一般，疏水性强的底物虽然在有机溶剂中溶解度大，但难于从有机溶剂中进入必需水层，与酶分子活性中心结合的底物浓度较低，而降低酶的催化速度；如果底物亲水性强，在有机溶剂中的溶解度低，也使催化速度减慢。

（5）pH 的控制　酶在有机介质中催化的最适 pH 通常与在水溶液中催化的最适 pH 相同或者接近。因为在有机介质中，与酶分子基团结合的必需水维持酶分子的空间构象，而且只有在特定的 pH 和离子强度条件下，酶的活力中心上的基团才能达到最佳的解离状态，从而保持其催化活力。

（6）温度的控制　在微水有机介质中，由于水含量低，酶的热稳定性增强，所以其最适温度高于在水溶液中催化的最适温度。但是温度过高，同样会使酶的催化活力降低，甚至引起酶的变性失活。因此，需要通过试验，确定有机介质中酶催化的最适温度，以提高酶的催化反应速度。

由于手性化合物的拆分是有机介质酶催化的主要应用领域，而酶与其他非酶催化剂一样，随着温度的升高，其立体选择性也随之下降，因此，在有机介质的酶催化过程中选择适当的温度保持其立体选择性显得特别重要。必需通过试验，控制适宜的反应温度，使酶催化反应在较高的反应速度以及较强的立体选择性条件下进行。

第五节　酶的固定化

酶的固定化是指将酶与不溶性载体相结合，使游离酶、细胞或细胞器等的催化活动完全或基本上限制在一定空间内的过程，经过固定化的酶，容易与溶液中的底物和产物分离，且可使酶反复使用，效率高，生产成本大大下降，并增强了其稳定性。因此，固定化酶在工业生产上的应用为生产自动化、管道化、连续化提供了条件，促进了酶工程的飞跃发展。

一、固定化酶的制备方法

由于固定化酶的应用目的、应用环境各不相同，而且用于固定化酶的材料也多种多样，因此，酶的固定化方法很多，也没有一种适合所有酶固定化的方法。目前，根据酶与载体结合的化学反应类型主要分为四类：吸附法、包埋法、共价键结合法和交联法。

（一）吸附法

吸附法的显著特点是工艺简便及条件温和，其载体选择范围较广，不会引起酶变性失活，而且可反复使用。但是由于酶与载体的结合力较弱，两者结合不牢固而容易脱落，所以使用受到一定的限制。根据吸附结合力不同，吸附法分为物理吸附法和离子吸附法。

(1) 物理吸附法　酶被载体物理吸附而固定化的方法称为物理吸附法。此类载体较多，常用的无机载体有活性炭、多孔玻璃、多孔陶瓷、氧化铝、硅胶、金属氧化物等；有机载体有淀粉、谷蛋白、丁基或己基-葡萄糖凝胶、纤维及其衍生物、甲壳素及其衍生物等。近年来大孔型合成树脂、陶瓷等载体也引人注目。此法具有酶活力部位及其空间构象不易被破坏的优点，但酶靠物理作用力附着在载体上，存在易于脱落等缺点。曾采用此法固定化的酶有 α-淀粉酶、糖化酶、葡萄糖氧化酶等。

(2) 离子吸附法　离子吸附法是将与含有离子交换基团的水不溶性载体以静电作用力相结合的固定化方法。此法的载体有多糖离子交换剂和合成高分子离子交换树脂。例如，DEAE-纤维素、DEAE-葡聚糖凝胶、Amberlite CG-50、IRC-50、XE-97、Dowex-50 等。离子吸附法操作简单，处理条件温和，酶活力的氨基酸残基不易被破坏。但是，载体和酶的结合力比较弱，容易受缓冲液或 pH 的影响，在离子强度高的条件下进行反应时，酶往往会从载体上脱落。迄今为止，采用此法固定的酶有葡萄糖异构酶、糖化酶、β-淀粉酶、纤维素酶等。

（二）包埋法

包埋法是指用一定方法将酶包埋于半透性的载体之中，制成固定化酶的方法。包埋法的基本原理是单体和酶溶液混合，再借助引发剂进行聚合反应，将酶固定在载体材料的网络中。固定化时保护剂和稳定剂的存在不影响酶的包埋产率。这种酶包埋在高聚物内的方法对大多数酶、粗酶制剂甚至完整的微生物细胞都是适用的。

根据载体材料和方法的不同，包埋法可分为凝胶包埋法和半透膜包埋法两大类。

(1) 凝胶包埋法　凝胶包埋法是将酶或含酶菌体包埋在各种凝胶内部的微孔中，制成一定形状的固定化酶或固定化菌体。常用的凝胶有琼脂凝胶、海藻酸钙凝胶、角叉莱胶、明胶等天然凝胶以及聚丙烯酰胺凝胶、光交联树脂等合成凝胶。天然凝胶在包埋时条件温和，操作简便，对酶活力影响甚少，但强度较差。而合成凝胶的强度高，对温度、pH 变化的耐受性强，但需要在一定的条件下进行聚合反应，才能把酶包埋起来。在聚合反应过程中往往会引起部分酶的变性失活，应严格控制好包埋条件。

（2）半透膜包埋法　又称微胶囊包埋法，它将酶分子定位于半透性的聚合体膜内制成微胶囊，直径为 1～100μm，颗粒比网格型要小得多，比较有利于底物和产物的扩散。半透膜的孔径比一般酶分子直径小些。常用于制备固定化酶的半透膜有聚酰胺膜、火棉胶膜、硝化纤维、聚苯乙烯以及壳聚糖等。微胶囊包埋法具有许多优点：微胶囊的大小可以控制；胶囊化时间较短；酶和底物接触表面积很大，利于酶反应；多种酶可以同时包埋在同一囊中，利于多酶固定化。

（三）共价键结合法

共价键结合法是酶蛋白的侧链基团和载体表面上的功能基团之间形成共价键而固定的方法。共价键结合法的优点是酶与载体结合牢固，不易脱落，利于连续使用。但是，其缺点为载体活化的操作复杂，反应条件激烈，易引起酶蛋白高级结构的变化，破坏酶的活力部位，酶活力回收率一般仅为 30%左右。

与载体共价结合的酶功能基团包括：①氨基：赖氨酸的 ε-氨基和多肽键 N 末端的 α-氨基；②羧基：天冬氨酸 β-羧基、谷氨酸的 α-羧基和末端 α-羧基；③酚基：酪氨酸的酚基；④巯基：半胱氨酸的巯基；⑤羟基：丝氨酸、苏氨酸和酪氨酸的羟基；⑥咪唑基：组氨酸的咪唑基；⑦吲哚基：色氨酸的吲哚基。其中最常见的共价键结合反应基团包括氨基、羧基或酪氨酸和组氨酸的芳环。常用的载体包括 3 类：天然有机载体（纤维素、琼脂糖等）、合成高聚物（尼龙、多聚氨基酸等）和无机支持物（多孔玻璃、金属氧化物等）。目前能进行酶的固定化的偶联反应主要包括：重氮化法、烷基化法、芳基化法、溴化氰法、巯基-二硫键交换反应和金属偶联法等。

（四）交联法

交联法是使用双功能试剂或多功能试剂与酶分子间进行交联的固定化方法。除了酶分子间发生交联外，还存在着一定的分子内交联。根据使用条件和添加材料的不同，还能够产生不同物理性质的固定化酶。常用的交联剂有戊二醛、双重氮联苯胺-2,2-二磺酸等。其中戊二醛应用最为广泛，它有两个醛基，这两个醛基都可与酶或蛋白质的游离氨基反应，形成席夫碱，而使酶或菌体蛋白交联，制成固定化酶或固定化菌体。

共价交联主要有 4 种形式：①酶直接交联法；②酶辅助蛋白交联：此法主要是在可得到的酶量有限时使用，通过使用第二个“载体”蛋白来增加蛋白质的浓度，从而使酶与惰性蛋白交联；③吸附交联法：此法是先将酶吸附在硅胶、皂土、氧化铝、球状酚醛树脂上，再用双功能试剂交联；④载体交联法：此法是用多功能试剂的一部分功能基团化学修饰高聚物载体，而其中的另一部分功能基团偶联酶蛋白。

交联法制备的固定化酶结合牢固，可以长时间使用。但由于交联反应条件较激烈，酶分子的多个基团被交联，致使酶活力损失较大，而且制成的固定化酶的颗粒较小，给使用带来不便。为此，可将交联法与吸附法或包埋法联合使用，以取长补短。这种固定化的方法称为双固定化法，它可制备出活力更高的固定化酶。

上述各种固定化方法各具优缺点（见表 4-5 所示）。实际应用时，常将两种或数种固定方法联用。

表 4-5　　各种固定化方法的比较

项目	吸附法		包埋法	共价键结合法	交联法
	物理吸附法	离子吸附法			
制备	易	易	较难	难	较难
结合程度	弱	中等	强	强	强
活力回收率	易流失	高	高	低	中等
再生	可能	可能	不可能	不可能	不可能
费用	低	低	低	高	中等
底物专一性	不变	不变	不变	可变	可变

二、固定化酶的性质与特点

（一）固定化酶的形状

固定化酶的形状依不同用途有颗粒、线条、薄膜和酶管等。颗粒状占绝大多数，主要用于工业发酵生产；薄膜主要用于酶电极；酶管机械强度较大，也可用于工业化生产。

（二）酶活力

酶经固定化后，其活力往往会下降。分析其原因主要有：①酶活力部位的重要氨基酸与水不溶性载体相结合；②酶与不溶性载体相结合引起其结构发生改变；③酶被固定化后，酶与底物的相互作用受到空间位阻的影响。但也有的固定化酶，其活力与游离酶相同，甚至有的高于游离酶。

（1）固定化酶的效果测定　固定化酶的活力是以反应初速率表示的，即每毫克（干重）固定化酶每分钟转化 1μmol 底物量或形成 1μmol 产物的酶量为一个酶活力单位。对于酶管、酶膜、酶板等，则以单位面积的初速率来表示。

（2）偶联效率　偶联效率以载体结合酶量或酶活力的百分数来表示。由于固定化酶活力受到很多因素的影响，因此酶活力的百分数不能确切反映载体的偶联速率，故常用酶的蛋白量来表示。在固定化过程中，当酶与载体结合后，用适量的缓冲液淋洗固定化酶，收集洗脱液中的未固定化酶，并测定其中蛋白质，即残留蛋白量。

偶联效率＝(加入的蛋白量－溶液中残留的蛋白量)/加入的蛋白量×100％

（3）活力回收和相对活力　与溶液酶相比，固定化酶活力下降，固定化酶活力占溶液酶活力的百分数称为活力回收率。

活力回收率＝固定化酶活力/溶液酶活力×100％

（三）固定化酶的稳定性

固定化酶的稳定性一般都比游离酶提高得多，同时，提高其有效寿命，这对工业生产是有利的。

（1）热稳定性　热稳定性对酶工业应用是很重要的。酶作为生物催化剂，它与其他化学催发化剂一样，温度越高，反应速度越快。但是游离酶往往具有热不稳定性，而很多酶经固定化后，其热稳定性往往有所提高，使酶催化反应能在较高温度下进行，加快了反应速率，提高了酶的作用效率。例如，乳酸脱氢酶、脲酶等的固定化酶的热稳定性有较大提高。但是也有些酶的耐热性反而下降。

（2）对蛋白酶的稳定性　游离酶经过固定化后，它对蛋白酶的抵抗力提高了。这可能因为蛋白酶是大分子，受到空间位阻，不能进入固定化酶中。例如，日本千烟一郎发现，用尼龙或聚脲膜包埋，或用聚丙烯酰胺凝胶包埋的固定化天冬酰胺酶，对蛋白酶极为稳定。在同一条件下，游离酶便几乎全失活了。

(3) 操作稳定性　固定化酶在操作中可以长时间保留活力，半衰期在一个月以上即有工业应用价值。不同固定化酶的操作稳定性比较见表4-6。

表4-6　不同固定化酶的操作稳定性比较

酶	固定方法	操作		残余活力/%
		温度/℃	操作时间/d	
糖化酶	离子吸附法	40	21	100
β-半乳糖苷酶	交联载体法	30	100	50
青霉素酰化酶	烷基法	37	77	100
天冬氨酸酶	包埋法	37	20	50
转化酶	重氮结合法	23	28	100
	包埋法	25	1000	100
木瓜蛋白酶	共价法(尼龙)	37	73	54
	吸附法(甲壳素)	37	35	50
	共价法(蔗糖纤维素)	37	34	50

固定化酶操作稳定性在应用中是一个关键因素，其操作稳定性通常以半衰期表示，其含义是指固定化酶活力下降为初活力一半所经历的连续工作时间。其半衰期可用下式表示：

$$t_{1/2}=0.693/K_D$$

式中　K_D——衰减常数，$K_D=\frac{2.303}{t}\log\left(\frac{E_D}{E}\right)$

E_D/E——在时间 t 后，酶活力的残留分数

(4) 储藏稳定性　大部分酶经固定化后，其储藏稳定性增强。如固定化的木瓜蛋白酶在4℃下贮藏，120d后酶活力几乎无变化。

(四) 固定化酶的催化特性

酶经固定化后，依所用固定化方法的不同，固定化酶的催化特性与游离酶有所不同。

(1) 底物专一性　酶固定化后，由于空间位阻的存在，酶对高分子质量底物的活力显然减少。例如，糖化酶用CM-纤维素迭氮衍生物固定化时，对相对分子质量8000的直链淀粉的活力为游离酶的77%，而对相对分子质量500000的直链淀粉的活力只有15%～17%。

(2) 最适温度　固定化酶的最适作用温度一般与游离酶差不多，活化能也变化不大。但有些固定化酶的最适温度与游离酶比较会有较明显的变化。例如，用重氮法制备的固定化胰蛋白酶和胰凝乳蛋白酶，其作用的最适温度比游离酶高5～10℃；同一种酶，在采用不同的方法或不同载体进行固定化后，其最适温度也可能不同。如用DEAE-纤维素固定化的，其最适温度（67℃）比游离酶提高7℃；而用烷基化法固定化的氨基酰化酶，其最适温度都比游离酶有所降低。

(3) 最适pH　酶经过固定化后，其作用的最适pH往往会发生一些变化。影响固定化酶最适pH的因素主要有两个，一个是载体的带电性质，另一个是酶催化反应产物的性质。

① 载体性质对最适pH的影响：载体的性质对固定化酶作用的最适pH有明显的影响。一般说来，用带负电荷的载体制备的固定化酶，由于载体会吸引溶液中的阳离子，使固定化酶周围的H^+浓度比周围高，这样外部溶液的pH必须偏碱才能抵消外部环境的影

响，故固定化酶的最适 pH 比游离酶的高（即向碱性移动）；反之，用带正电荷载体制备的固定化酶的最适 pH 比游离酶的低（即向酸性移动）；而用不带电荷的载体制备的固定化酶，其最适 pH 一般不改变。

② 产物性质对最适 pH 的影响：酶催化作用的产物的性质对固定化酶的最适 pH 有一定的影响。一般说来，催化反应的产物为酸性时，固定化酶的最适 pH 要比游离酶的高一些；产物为碱性时，固定化酶的最适 pH 要比游离酶的低一些；产物为中性时，最适 pH 一般不改变。这是由于固定化载体成为扩散障碍，使反应产物向外扩散受到一定的限制所造成的。当反应产物为酸性时，由于扩散受到限制而积累在固定化酶所处的催化区域内，使此区域内的 pH 降低，必须提高周围反应液的 pH，才能达到酶所要求的 pH。为此，固定化酶的最适 pH 比游离酶要高一些。反之，反应产物为碱性时，由于它的积累使固定化酶催化区域的 pH 升高，故此使固定化酶的最适 pH 比游离酶的最适 pH 要低一些。

（4）米氏常数 K_m　米氏常数 K_m 反映了酶与底物的亲和力。固定化酶的 K_m 与游离酶的 K_m 有些不变，有些变得很大。使用载体结合法制成的固定化酶的 K_m 有时变动的原因主要是载体与底物间静电相互作用。例如，用 CM-纤维素迭氮衍生物结合法制成的固定化无花果酶的 K_m 比游离酶少 1/10，这是因为正电荷底物（苯酰-L-精氨酸乙醚）与载体多阴离子的 CM-纤维素间的静电吸引力提高，所以固定化酶区域的底物浓度比外部溶液高，在较高底物浓度下酶反应可以更快地进行，表现 K_m 就下降了。相反，用尼龙膜或聚脲膜作成天冬酰胺酶微胶囊或用聚丙烯酰胺凝胶包埋的固定化酶的 K_m 值，较游离酶多二个数量级。这是由于在凝胶中底物浓度减少之故，所以内部底物浓度低于外部区域的浓度，表观 K_m 就上升了。

（5）最大反应速度 V_{max}　固定化酶催化的最大反应速度 V_{max} 与游离酶多数是相同的。但是也有些酶采用不同的固定化方法，其最大反应速度 V_{max} 发生变化的。例如，用多孔玻璃的重氮化结合所得的固定化转化酶的 V_{max} 与游离酶相同，而用聚丙烯酰胺凝胶包埋的转化酶的 V_{max} 则比游离酶慢 1/10。

第六节　酶工程在食品工业中的应用

一、淀粉水解酶类的特性及其应用

淀粉酶类属水解酶中一大类，对玉米、木薯、谷类等淀粉质原料水解转化成系列的淀粉糖具有极其重要的意义和经济价值。此类酶包括 α-淀粉酶、β-淀粉酶、葡萄糖淀粉酶、异淀粉酶等。

1. α-淀粉酶（α-amylase）

（1）淀粉酶及其作用特点　α-淀粉酶（1,4-α-D-glucan glucanohydrolase，EC 3.2.1.11）广泛应用于淀粉质原料制造葡萄糖、高浓度麦芽糖浆及高果糖浆等淀粉糖的工业生产。α-淀粉酶作用于淀粉和糖原时，从底物分子内部随机内切 α-1,4 糖苷键，生成一系列分子质量较小的糊精和少量低聚糖、麦芽糖和葡萄糖，它一般不水解支链淀粉的 α-1,6 糖苷键，也不水解紧靠分支酶 α-1,6 键外的 α-1,4 键，所生成的产物均为 α-型。α-淀粉酶是一种金属酶类，钙离子对其具有保护作用，能使酶分子保持适当的构象，从而可以维持其最大的活性与稳定性。钙与酶蛋白结合的牢固程度一般顺序为：霉菌＞细菌＞哺乳动物＞植物。用 EDTA 透析处理，可将钙离子同酶蛋白分开，重新加入钙后可恢复其稳定性。一般耐热性的 α-淀粉酶，钙同酶蛋白结合相对紧密一些。

淀粉酶水解淀粉分子最初阶段速度很快，淀粉浆黏度急剧降低。因此，工业上也将 α-淀粉酶称为液化型淀粉酶。随着淀粉分子相对分子质量变小，水解速度变慢，所以工业生产上一般只利用 α-淀粉酶对淀粉分子进行前阶段的液化处理。

（2）淀粉酶的来源及性质　α-淀粉酶广泛存在于动物、植物和微生物中，目前工业上应用的 α-淀粉酶主要来源于细菌和曲霉。用于生产 α-淀粉酶尤其是耐热性的 α-淀粉酶的细菌主要是芽孢杆菌。不同来源的 α-淀粉酶性质差异较大，如表 4-7 所示。

表 4-7　　各种 α-淀粉酶的性质

来　源	淀粉水解限度/%	主要水解产物	碘反应消失时的水解度/%	最适反应 pH	pH 稳定范围（30℃，24h）	最适作用温度/℃	热稳定性（15min）
麦芽	40	G_2	13	5.3	4.8～8.0	60～65	＜70
淀粉液化芽孢杆菌（*Bacillus subtilis*）	35	G_5，G_2(13%)，G_3，G_6	13	5.4～6.4	4.8～10.6	70	65～80
地衣芽孢杆菌（*Bacillus licheniformis*）	35	G_6，G_7，G_2，G_5	13	5.5～7.0	5.0～11.0	90	95～110
米曲霉（*A. oryzae*）	48	G_2(50%)，G_3	16	4.9～5.2	4.7～9.5	50	55～70
黑曲霉（*A. niger*）	48	G_2(50%)，G_3	16	4.0	1.8～6.5	50	55～70

注：G_2，G_3……表示葡萄糖的聚合度。

工业生产的耐热性 α-淀粉酶通常指最适反应温度为 90～95℃，热稳定性在 90℃以上的 α-淀粉酶，其耐热性较中等耐热性 α-淀粉酶高 10～20℃。与一般 α-淀粉酶相比，耐热性 α-淀粉具有以下优点：①在 90℃以上液化淀粉，温度高反应快，液化彻底，并能避免淀粉分子胶束重排形成难溶性团粒，易过滤，节省能源；②对 Ca^{2+} 依赖性小，液化时不需添加 Ca^{2+}，可降低成本；③酶的稳定性好。在淀粉糖生产及发酵工业中，一般细菌淀粉酶正逐步被耐热性淀粉酶所取代。各种耐热性的 α-淀粉酶特性见表 4-8。

表 4-8　　各种耐热性 α-淀粉酶的特性[1]

来　源	最适温度/℃	最适 pH	pH 稳定范围	相对分子质量
嗜热脂肪芽孢杆菌	65～73	5～6	6～11	48000①
地衣芽孢杆菌	90	7～9	7～11	62650②
枯草杆菌	95～98	6～8	5～11	—
嗜热芽孢杆菌	70	3.5	4～5.5	66000②
梭状芽孢杆菌	80	4.0	2～7	—

注：① 超离心法，②SDS-PAGE 法。

酶的特性与酶的来源有关。枯草芽孢杆菌（*Bacillus subtilis*）α-淀粉酶耐热性比霉菌高，而地衣芽孢杆菌 α-淀粉酶耐热性更高，可以在高达 105～110℃温度下使用，有底物存在时其耐热性更强。目前，地衣芽孢杆菌已成为许多国家酶制剂生产厂商普遍采用的菌种。该菌株经各种方法诱变和现代生物技术改造得到了许多新的变异株，产酶量比亲株提高了几十倍到几百倍，发酵液中酶活力达到 7000U/mL 以上。

2. β-淀粉酶（β-amylase）

β-淀粉酶（1,4-α-D-glucan maltohydrolase，EC 3.2.1.2）作用于淀粉分子，每次从淀粉

分子的非还原端切下两个葡萄糖单位，并且将其原来的α-构型转变为β-构型。β-淀粉酶只能水解α-1,4键，不能作用于α-1,6键，故水解支链淀粉是不完全的，水解至分支前2～3个葡萄糖残基时停止作用，而残留较大分子的所谓极限糊精，生成50%～60%的麦芽糖。

β-淀粉酶广泛存在于植物（大麦、小麦、甘薯、大豆类等）和微生物中，其中微生物β-淀粉酶直到1964年才被发现。生产β-淀粉酶的微生物目前主要有芽孢杆菌、假单胞杆菌、放线菌等。

植物来源β-淀粉酶的最适pH为5～6之间，最适温度在60～65℃，一般不能为生淀粉所吸附，也不能水解生淀粉。工业上植物β-淀粉酶主要从麸皮、甘薯淀粉的废水以及大豆提取蛋白后的废水中提取。常见的植物β-淀粉酶的性质如表4-9所示。

表4-9　植物β-淀粉酶的性质

来　源	最适pH	稳定pH范围	等电点/pH	淀粉水解率/%
大豆	5.3	5.0～8.0	5.1	63
小麦	5.2	4.9～9.2	6.0	67
大麦	5.0～6.0	4.5～8.0	6.0	65
甘薯	5.5～6.0		4.8	62

由于植物来源的淀粉酶生产成本较高，所以微生物来源的β-淀粉酶逐步受到重视。多黏芽孢杆菌、巨大芽孢杆菌、芽孢杆菌BQ、环状芽孢杆菌以及蜡状芽孢杆菌中都发现了β-淀粉酶，其中蜡状芽孢杆菌β-淀粉酶也同时具有水解α-1,6键的能力，水解淀粉可生成92%的麦芽糖。虽然芽孢杆菌β-淀粉酶来源丰富，但其最适pH偏碱且热稳定性不及植物β-淀粉酶，因而工业上生产麦芽糖仍以植物β-淀粉酶为主。不同来源的β-淀粉酶性质比较如表4-10所示。

表4-10　不同来源的β-淀粉酶性质比较

酶　来　源	作用方式	最适温度/℃	最适pH
多黏芽孢杆菌			
ATCC8523	对淀粉作用产生糊精；能分解schandinger糊精产生麦芽糖和麦芽三糖，对麦芽八糖作用产生麦芽糖、麦芽三糖和麦芽四糖	40	7.0
NCIB8158	对支链淀粉作用分解率50%，产物为麦芽糖；不能作用于schandinger糊精；对氯汞苯甲酸盐、铜离子和氢化物对该酶有抑制作用	37	6.8
ASI.546	对可溶性淀粉作用生成麦芽糖可达96%；该菌不仅产生β-淀粉酶，也可能产生一些β-淀粉酶和异淀粉酶	45	6.5
巨大芽孢杆菌	对麦芽低聚糖作用，从非还原性末端切下麦芽糖；能被对氯汞苯甲酸所抑制，也能被半胱氨酸所复活	50	6.5
蜡状芽孢杆菌	通过Bernfeld测定法，具典型β-淀粉酶活力；分解产物为麦芽糖	40～60	6.0～7.0
环状芽孢杆菌	对糖原作用亲和力较淀粉高；对氯汞苯甲酸盐或对汞苯磺酸盐对该酶无抑制作用	60	6.5～7.5
假单胞菌	通过Brenfeld测定法，具典型β-淀粉酶活力；分解产物为麦芽糖	45～55	6.5～7.5
土佐链霉菌	对淀粉分解率为74%，生成葡萄糖为32%，麦芽糖58.2%，麦芽低聚糖38.6%；对直链淀粉分解率为78.6%，生成麦芽糖为62.8%；麦芽低聚糖为34.9%；产物麦芽糖不是α-麦芽糖，而是β-麦芽糖	50～60	4.5～5.0

3. 葡萄糖淀粉酶

葡萄糖淀粉酶（α-D-glucoside glucohydrolase，EC 3.2.1.3）对淀粉的水解作用也是从淀粉分子非还原端开始，依次水解一个葡萄糖分子，能将淀粉分子降解生成葡萄糖，又称为糖化酶（Saccharogenic amylase），并把α-构型转变为β-型。因此，产物为β-葡萄糖。葡萄糖淀粉酶不仅能水解淀粉分子的α-1,4 键，而且能水解α-1,3、α-1,6 键，但水解速度不同，如表 4-11 所示。

表 4-11　黑曲霉葡萄糖淀粉酶水解双糖的速度

双　糖	糖 苷 键	水解速度/[mg/(U·h)]	相对速度/%
麦芽糖	α-1,4	2.3×10^{-1}	100
普鲁兰糖	α-1,3	2.3×10^{-2}	6.6
异麦芽糖	α-1,6	0.83×10^{-2}	3.6

葡萄糖淀粉酶最基本的催化反应是水解淀粉生成葡萄糖，但在一定条件下也能催化葡萄糖合成麦芽糖或异麦芽糖的反应。当葡萄糖浓度增加或温度提高时，这种逆反应速度也随水解速率的增加而增加。此外，葡萄糖淀粉酶水解速度与底物分子大小有关。底物分子越大，反应速度越快，因为葡萄糖淀粉酶水解淀粉分子和大分子低聚糖的反应属于单链式反应，即水解完一个分子后再水解另外一个分子；而水解较小分子低聚糖的反应则属于多链式反应。

4. 脱支酶（Debranching enzymes，EC 3.2.1.9）

脱支酶对支链淀粉、糖原等分支酶的α-1,6 糖苷键有专一性。这种酶与β-淀粉酶一起用于制造麦芽糖，可使麦芽糖的得率由 50%～60%提高到 90%以上。与糖化酶一起使用可将淀粉转化为葡萄糖得率提高到 98%。脱支酶广泛存在于植物和微生物中。与淀粉加工有关的微生物脱支酶有两类，一类为普鲁兰酶（Pullulanase），又称为茁霉多糖酶，代表菌株为肺炎克雷伯氏菌（*Klebsiella pneumoniae*），传统名为产气荚膜菌。这类酶能水解普鲁兰糖（聚麦芽三糖）。另一类脱支酶又称异淀粉酶（Isoamylase），它只对支链淀粉和糖原的α-1,6 键有专一性，对普鲁兰糖无作用，代表菌株是假单胞杆菌。

一般微生物的脱支酶因热稳定性太低（<50℃）或最适 pH 太高，不便与β-淀粉酶或葡萄糖淀粉酶合用。Novozyme 公司在 1982 年开发出一种由酸解普鲁兰糖芽孢杆菌（*B. acidpullulyticus*）生产的脱支酶（商品名 Promozyme 200），具有较好的耐热、耐酸性，故更适合淀粉糖化应用。各种微生物脱支酶的性质见表 4-12。

表 4-12　微生物脱支酶的性质

脱　支　酶	最适反应温度/℃	最适反应 pH	热稳定性/℃	pH 稳定范围
产气杆菌普鲁兰酶	50～60	5.5～6	<45	pH5 以下失活
酸孢杆菌普鲁兰酶	60	50～60	50～60	pH4.3 以下失活
假单胞菌异淀粉酶	52	<55	<55	pH3 以下失活
诺卡氏菌	40～45	6～7	<45	pH5 以下失活
蜡状杆菌草状变株普鲁兰酶	50	6～6.5	—	pH6～9

二、酶法生产淀粉糖的产业化

（一）双酶法生产葡萄糖

采用酶法生产淀粉糖是食品生物技术应用于改造传统酸法水解淀粉的重要革新。其核心技术为酶工程技术。早在 1980 年 10 月 6～10 日华南理工大学、广州第一制药厂和广东微生物研究所承担的中央石化部、国家医药管理总局下达的“葡萄糖双酶法新工艺的研究”重点科研项目通过了国家部级技术鉴定［国家医药管理总局以药科学第（80）101 号文］，采用连云港及无锡酶制剂厂生产的 BF-7658 细菌淀粉酶和无锡 A. S. 3. 4309 黑曲酶生产的液体糖化酶，以木薯淀粉或玉米淀粉为原料经过 30 多批次试验，糖化液 DE 值稳定达到 97%以上，注射用结晶葡萄糖达到 1977 年版中国药典标准，并达到行业优级品标准，注射糖产率比酸法提高 20%，每吨成品原料成本可降低 14%左右，母液可继续回收应用，同时有利于环保。

专家鉴定委员会认为，双酶法一次结晶生产注射葡萄糖工艺是可行的。以玉米淀粉乳为原料，采用 α-淀粉酶和糖化酶的双酶法生产淀粉葡萄糖浆的生产工艺流程如图 4-3 所示。

现在，我国淀粉糖的生产，已基本上革掉了传统的酸法制糖工艺，积极推广酶法工艺及高压喷射液化技术。我国淀粉资源丰富，特别是玉米淀粉年产 600 多万 t，占淀粉总产量 70%以上。不仅可从玉米淀粉酶法生产药用、食用级葡萄糖、也可生产啤酒专用糖浆、麦芽糖、超高麦芽糖及其他功能性低聚糖。

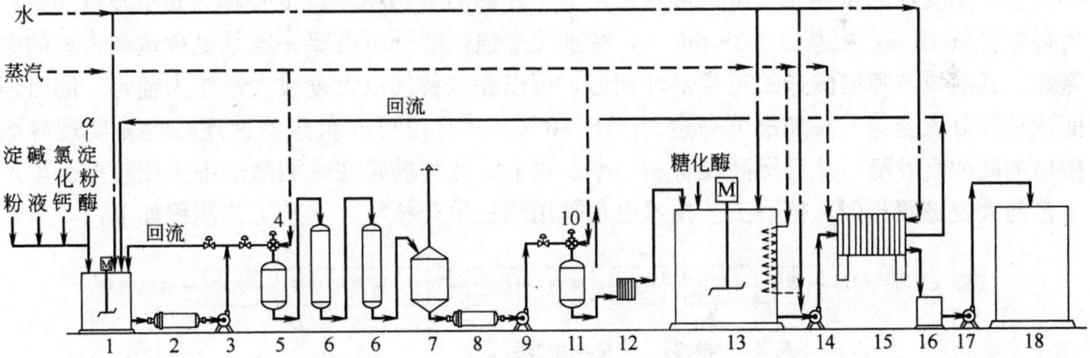

图 4-3　双酶法制糖工艺流程图

1—调浆配料槽　2、8—过滤器　3、9、14、17—泵　4、10—喷射加热器　5—缓冲器　6—液化层流罐　7—液化液贮槽　11—灭酶罐　12—板式换热器　13—糖化罐　15—压滤机　16—糖化暂贮槽　18—贮糖槽

（二）酶法生产啤酒专用糖浆的产业化

我国是啤酒和淀粉生产大国。2006 年，我国啤酒产量已达到 3500 万 t。2004 年开始，我国啤酒产量超过美国，位居世界第一。啤酒酿造主要原料——啤酒大麦在我国多年来已不能满足需求，而大麦淀粉和玉米淀粉为原料生产的糖浆含有的合理氮源、维生素、矿物质的啤酒专用淀粉糖浆则可替代部分麦芽和大米辅料，既可降低啤酒生产成本，又可提高和稳定啤酒质量。淀粉糖浆作为辅料生产啤酒在国外早已有应用。1994 年江南大学开始研究啤酒专用糖浆并在上海正广和葡萄糖厂试产成功。近年来，我国啤酒糖浆的生产及啤

酒企业的应用已普及全国，实践证明，采用啤酒专用糖浆作辅料，以糖代粮，能简化啤酒酿造工艺，提高发酵度，降低成本，每吨啤酒成本可降低 30 元以上，全国可降低啤酒生产成本接近 10 亿元。同时也可减少污染物的排放。

根据啤酒专用糖浆研究开发情况，可包括大麦糖浆、营养型麦芽糖浆和功能性糖浆三大类：

（1）大麦糖浆　以大麦和麦芽为原料，经高温 α-淀粉酶液化和复合糖化酶糖化，再经脱色、过滤和浓缩等工序生产而成，麦芽糖含量高达 45%～55%，而葡萄糖含量小于 10%，α-氨基氮≥1400mg/L 的大麦糖浆。其组成与麦汁基本一致，在啤酒生产中可以直接稀释加入煮沸锅并加酒花生产发酵麦汁。其生产工艺流程：

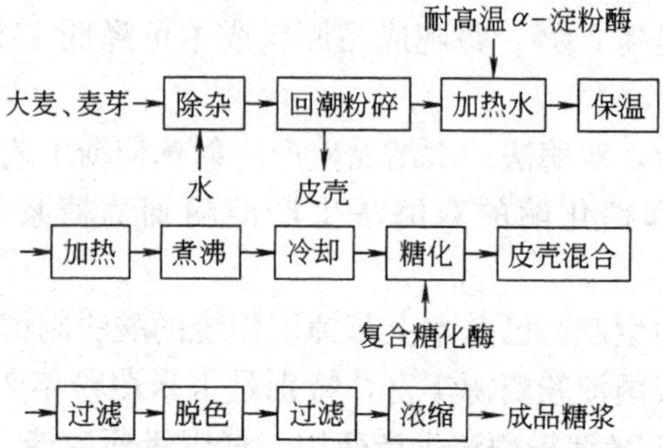

（2）营养型专用麦芽糖浆　该糖浆的生产采用较廉价的玉米或玉米淀粉为原料，按照啤酒生产用麦汁的营养要求进行营养强化的一种啤酒专用糖浆。麦芽糖含量 50%～60%，葡萄糖含量 10%，氨基氮 1100mg/L，特别注意强化酵母所需要 α-氨基氮含量和合理的碳氮比。其组成与啤酒酿造的正常麦汁相似，可以完全替代以大麦或大米作为辅料。同时还能代替部分大麦芽。添加量可高达 30%～50%，并且还可改善过滤速度，容易实现啤酒酿造的高浓度发酵，从而提高设备利用率。目前，此种糖浆在啤酒酿造中应用较多。生产工艺与大麦糖浆相似，核心工艺技术也是采用酶法生产技术。生产工艺流程如下：

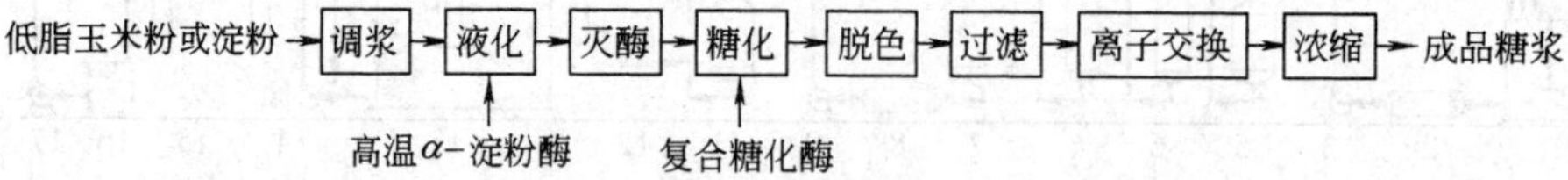

（3）功能性糖浆　目前用于啤酒生产的功能性糖浆主要为低聚异麦芽糖浆，此种糖浆特点为：发酵度较低，价格较高，适合于生产醇和可口、酒精含量较低的低醇保健型啤酒。产品的固形物含量 75°Bx 低聚异麦芽糖为 45%，葡萄糖和麦芽糖小于 10%。其生产工艺流程如下：

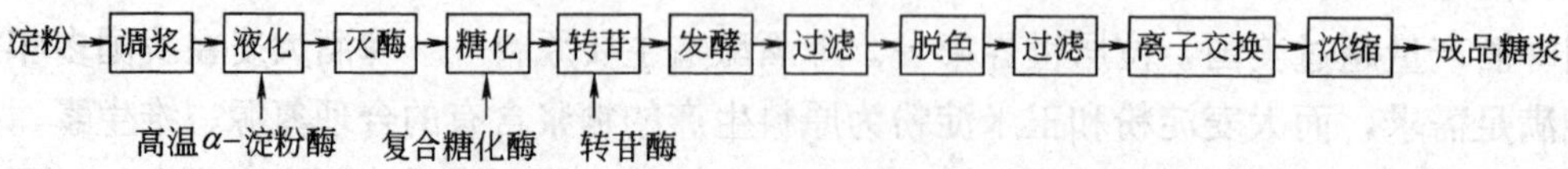

（三）酶法生产果葡糖浆产业化

果葡糖浆是一种以果糖和葡萄糖为主要成分的混合糖浆。国家标准上按果糖含量及其发展分为三代：第一代果葡糖浆含 42%的果糖，其他成分为葡萄糖 53%，低聚糖 5%，浓度为 70%～72%，甜度与蔗糖相同：第二代果葡糖浆含果糖 55%，葡萄糖 40%，低聚糖 5%，浓度为 76%～78%，甜度约为蔗糖的 1.1 倍：第三代果葡糖浆含果糖量在 90%以上，低聚糖 3%，浓度为 79%～80%，其甜度为蔗糖的 1.4 倍。其中果糖含量超过 50%的糖浆称为高果糖浆（high fructose glucose syrup，HFGS）。

果葡糖浆无色无臭，常温下流动性好，使用方便，甜度相当于蔗糖 85%～100%，其主要成分和性质接近于天然果汁，具有蜂蜜风味，俗称“人造蜂蜜”。此外还具有溶解性高、抗结晶性好、保湿性好、渗透压大和发酵性能好等特点，广泛地应用于食品工业。

果葡糖浆中的果糖成分是由葡萄糖异构酶催化葡萄糖异构化生成。国内外普遍采用固定化葡萄糖异构酶进行连续化果葡糖浆的商业生产。葡萄糖异构酶（glucose lsomerase，EC. 5. 4. 1. 5）又称为木糖异构酶，能将 D -木糖、D -葡萄糖、D -核糖等转化为相应的酮糖。葡萄糖异构酶的生产菌种主要有放线菌、芽孢菌、节杆菌等。早期多数微生物培养基中需要木糖或以 Co^{2+} 诱导。在 20 世纪 80 年代中期，产葡萄糖异构酶的菌种几经诱变和改良，现在使用的菌株为无需木糖或 Co^{2+} 诱导的菌株或变异株。多数微生物所产的葡萄糖异构酶都是胞内酶，不易分泌到培养基中，也发现有一些菌株可生产胞外的异构酶，其最适温度 60～65℃，最适 pH7.0 左右。

果葡糖浆的生产工艺如图 4-4 所示，主要有以下几个步骤：

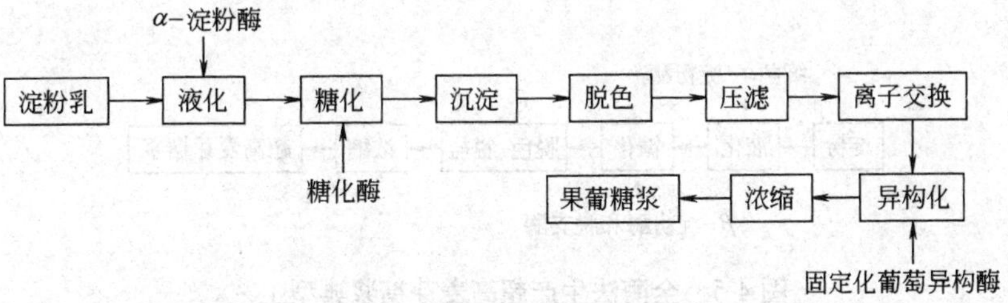

图 4-4　酶法生产果葡糖浆

1. 淀粉液化

淀粉液化是果葡糖浆及其他淀粉生产中一个重要的生产工序，酶法液化即利用α-淀粉酶将淀粉水解成糊精和低聚糖。液化 DE 值的高低，直接影响到糖化 DE 值的高低。一般液化 DE 值控制在 15～20。

目前淀粉液化多采用耐热性淀粉酶，温度控制在 95～105℃。其工作原理是将加酶的淀粉乳瞬间加热到淀粉酶的耐高温临界温度，在充分分散的条件下，进行液化反应，有利于避免被水解的淀粉链重新聚合。

2. 糖化

经液化处理好的液化液，采用葡萄糖淀粉酶进一步水解成葡萄糖。该生产工序要求糖化 DE 值越高越好。糖化操作的条件为：稀盐酸调整至 pH4.5～5.0，加糖化酶量为100～200U/g（干物质），糖化温度（60±1）℃，最终糖化液 DE 值达到 95～96 即终止糖化，进入过滤、脱色、离子交换等精制工序，得到精制的葡萄糖液，利用葡萄糖异构酶进行异构化处理。

3. 葡萄糖异构化

糖化得到的葡萄糖液经过精制获得浓度为45%左右的精制葡萄糖液，精制葡萄糖液由葡萄糖异构酶催化生成果葡糖浆，异构化率一般为42%～45%。

异构化生产果葡糖浆工艺有分批法、连续搅拌法、酶层过滤法和固定化酶床反应器法。现在普遍采用固定化酶床反应器法。在连续反应过程中，酶活力逐渐降低，需要相应降低进料速度以保持一定的转化率。

（四）酶法生产超高麦芽糖浆的产业化

麦芽糖是人们最早发现并用作甜味剂的淀粉糖，我国从20世纪80年代开始研制高麦芽糖浆，而超高麦芽糖浆是20世纪90年代才发展起来的新型淀粉糖浆。按制法和麦芽糖含量的不同，麦芽糖可以分为饴糖、麦芽糖浆、高麦芽糖浆及超高麦芽糖浆等几种类型。已有2000多年的历史的饴糖以大米或红薯为原料，用麦芽糖化后淋出的糖液加以煎熬浓缩而成，其中麦芽糖含量为45%～50%；随着酶制剂工业的发展，酶制剂已应用于麦芽糖浆的生产，即先用液化型α-淀粉酶液化，再用植物或微生物β-淀粉酶糖化，所制成的糖浆通常称酶法饴糖；经脱色精制过的酶法饴糖也称高麦芽糖浆，麦芽糖纯度50%～60%；在糖化时添加脱支酶水解支链淀粉的-1,6键，使之产生更多的麦芽糖，葡萄糖含量小于3.0%，麦芽糖纯度高达75%～85%以上的麦芽糖浆称为超高麦芽糖浆，其酶法生产的工艺流程如图4-5所示。由于具有麦芽糖纯度高和葡萄糖含量少的特点，超高麦芽糖浆成为生产结晶麦芽糖、麦芽糖醇和异麦芽糖的首选原料。各种麦芽糖浆的主要组成成分如表4-13所示。

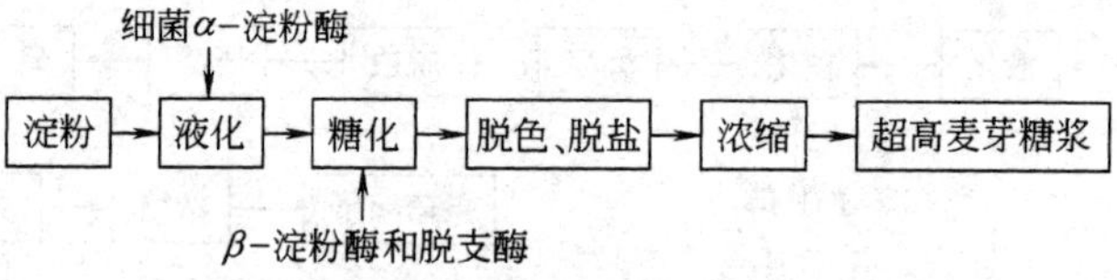

图4-5　全酶法生产超高麦芽糖浆典型工艺

表4-13　各种麦芽糖浆的主要组成成分

糖浆名称	DE	G_1	G_2	G_3	G_4	G_5	G_6	G_7	D	糖化方式
麦芽饴糖	47	9	41	14	—	—	—	—	33	麦芽
	48	10.3	45.1	—	—	—	—	—	44.6	
酶法饴糖	37	0.1	64.7	3.2	—	—	—	—	32.1	细菌α-淀粉酶+细菌
	39.4	1.1	51.2	17.3					30.5	β-淀粉酶
酶法饴糖	44	4.5	52.3	20.6	—	—	—	—	—	霉菌α-淀粉酶
	43.8	5.2	50.3	21.8						
高麦芽糖浆	50	5.5	60	—	—	—	—	—	—	细菌α-淀粉酶+细菌
高麦芽糖浆	35	<5	65	35	—	—	—	—	—	β-淀粉酶+脱支酶
超高麦芽糖浆	51.4	0.1	82.7	6.9	—	—	—	—	10.4	细菌α-淀粉酶+脱支酶+β-淀粉酶
玉米糖浆	95	92	4	1	1	—	—	—	—	酶液化、酶催化
玉米糖浆	42	20	14	12	9	8	7	10	—	

注：G_1，G_2……表示葡萄糖的聚合度；D表示糊精。

麦芽糖是由两分子葡萄糖通过 α-1,4 糖苷键构成的双糖，其甜度仅为蔗糖的 30%～40%，入口不留后味，具有良好防腐性和热稳定性，吸湿性低、并且由于不参与胰岛素调节的糖代谢，具有特殊生理功能，在食品和医药工业中有着广泛的应用。

1. 液化

超高麦芽糖浆生产的液化步骤和果葡糖浆生产相似，也是利用耐热性的 α-淀粉酶在 95～105℃下高温喷射液化，DE 值一般控制在 5～10 之间。若 DE 值过低，液化不完全，会影响后续工序的糖化速度及精制过滤。而 DE 值过高，葡萄糖生成量增大，会减少麦芽糖的生成。

2. 糖化

目前生产超高麦芽糖糖化的方法主要有糖化型淀粉酶糖化法和双酶糖化法。

（1）利用糖化型淀粉酶糖化　糖化型淀粉酶都是由链霉菌产生，其性质见表 4-14。将液化液调整至酶的最适 pH 和最适温度，加入糖化酶糖化 40h，精制浓缩后可得到 70%～85%的麦芽糖浆。

表 4-14　几种链霉菌酶的性质

产酶菌	最适 pH	最适温度/℃	水解淀粉极限/%	葡萄糖与麦芽糖比
白色链霉菌(*S. albus*)	4.5～5.0	50～60	78	0.058∶1
金色链霉菌(*S. aureofaciens*)	4.5～5.0	50～60	76	0.058∶1
吸水链霉菌(*S. htgroscopicus*)	4.5～5.0	50～60	82	0.055∶1
绿色产色链霉菌(*S. vioidochromogenes*)	4.5～5.0	50～60	79	0.051∶1
黄色链霉菌(*S. flavus*)	4.5～5.0	50～60	76	0.058∶1
托氏链球菌(*S. tosaenisis* nov. sp.)	4.5～5.0	50～60	79	0.053∶1

（2）双酶糖化法　双酶糖化法是指利用 β-淀粉酶和脱支酶协同作用进行糖化。由于这两种酶具有协同作用，使淀粉分子在糖化过程降解得更彻底，因而麦芽糖生成率可达 90%以上。要提高麦芽糖的含量，淀粉液化程度应尽可能降低，DE 值控制在 5 以下，可采用高温（150～160℃）液化淀粉或用少量 α-淀粉酶中温液化淀粉。在较低的液化程度下，糖液冷却后凝沉性强，黏度大，混入酶有困难，因此需要分步糖化。首先将液化淀粉乳喷入真空容器中，急骤冷却至 50～60℃，再加入耐热性的 β-淀粉酶或脱支酶作用几小时使黏度降低后，再加入脱支酶和 β-淀粉酶进行第二次糖化。第二次糖化一般是在酶的最适 pH 下糖化 48h 左右。至于脱支酶与 β-淀粉酶是同时加入或分开加入，主要决定于所选用的两种酶的最适 pH 和温度是否接近。如两者接近可同时加入进行糖化：如两者相差太远，则先加脱支酶作用，然后调整条件再加入淀粉酶糖化。以这种工艺生产的超高麦芽糖浆的麦芽糖纯度可达 90%～95%。

3. 利用超高麦芽糖浆生产结晶麦芽糖

将超高麦芽糖浆精制浓缩，加入麦芽糖晶种，在 35℃左右可结晶出麦芽糖。如果将糖浆喷雾干燥，可以得到流动性能良好的粉状麦芽糖产品。由麦芽糖浆精制生产麦芽糖主要有以下几种方法：

（1）吸附分离法

① 活性炭柱精制法：利用各种活性炭对糊精和寡糖的吸附能力，根据糖浆的成分，

适当组合活性炭柱，吸附除去糊精和寡糖，可以得到较纯的麦芽糖。

② 阴离子交换树脂法：阴离子树脂 OH^- 型吸附麦芽糖而不吸附糊精、寡糖，再以水和2%的盐酸洗脱麦芽糖，产品纯度可以达97%以上。

(2) 有机溶剂沉淀法　将30%～50%（体积分数）丙酮加入到高麦芽糖浆中沉淀糊精，可得到纯度为95%～98%的麦芽糖，得率为50%以上。

(3) 膜分离法　超滤、反渗透均可以分离麦芽糖，得到96%以上纯度的麦芽糖。处理前糖浆浓度只能为15%～20%，否则影响处理能力。超滤膜的处理能力较好，而反渗透膜处理得到的麦芽糖产品纯度较高。

(4) 结晶法　将纯度为94%的麦芽糖糖浆浓缩至固形物含量为70%，再加0.1%～0.3%的麦芽糖晶种。从40～50℃逐步冷却到27～30℃，保持1.15～1.3倍过饱和度，结晶40h，麦芽糖的得率约为60%，纯度在97%以下。

三、酶法生产功能低聚糖的产业化

低聚糖（oligosaccharide）是指2～10个单糖单位通过糖苷键连接起来，形成直链或分支链的一类寡糖的总称。

目前国际上已研究开发成功的功能性低聚糖有十多种，主要有：异麦芽寡糖、低聚果糖、半乳糖基寡糖、半乳糖基转移寡糖、帕拉金糖、低聚木糖耦合糖、大豆低聚糖、低聚乳果糖、异构乳糖等。研究表明，低聚糖的生理功能主要有双歧杆菌增殖作用、抑制腐败菌的生长繁殖、低热能、防止肥胖和糖尿病、抗龋齿、抗肿瘤等重要功能，并广泛应用于食品工业。

功能性低聚糖生产过程一般包括酶的发酵生产、低聚糖的酶法合成、分离精制三个关键步骤。每个过程都与生物技术和化学工程技术密切相关。相关微生物酶的发酵生产，可运用现代生物技术对菌种进行基因工程改造，以提高酶的活力和产量；运用现代发酵技术和新型生物反应器，达到最优化控制来提高发酵酶的产量；在酶法合成过程中，大多采用固定化酶或固定化菌体来连续合成低聚糖；分离精制过程一般包括过滤、脱色、脱盐、分离、纯化、浓缩等操作过程，近年来膜分离技术及层析分离技术在功能性低聚糖分离纯化方面的应用取得了显著的进展。

（一）低聚果糖酶法转化

1. 低聚果糖的构成及酶法合成原理

低聚果糖（fructooligosaccharides）又称为蔗果寡糖（fructosylsucrose），是在蔗糖（GF）分子上以β-1,2糖苷键连接1～3个果糖分子的寡糖的总称，其组成主要是蔗果三糖（GF_2）、蔗果四糖（GF_3）和蔗果五糖（GF_4）。

低聚果糖广泛存在于高等植物中，在洋葱、牛蒡、芦笋、香蕉等植物中含量较高。目前工业上用微生物发酵所生产的β-果糖转移酶（β-fructosyltransferase）或β-呋喃果糖苷酶（β-fructofuranosidase）作用于蔗糖，进行分子间果糖转移反应而生产低聚果糖。分子间果糖的转移反应分两步进行，见图4-6。

在酶法转移合成低聚果糖的两步反应中，蔗糖既是供给体，同时也是受体。在式（4-1）反应中，蔗糖在β-果糖转移酶或β-呋喃果糖苷酶的作用下分解为果糖基和葡萄糖，为式（4-2）、式（4-3）两个反应提供果糖基。在式（4-2）反应中果糖基加水合成果糖。在

$$\text{Fru—OR} + \text{E—H} \longrightarrow [\text{Fru—E}] + \text{H—OR} \tag{4-1}$$

$$[\text{Fru—E}] \xrightarrow{\text{H—OH}} \text{Fru—OH} + \text{E—H} \tag{4-2}$$

$$[\text{Fru—E}] \xrightarrow{\text{H—OR}'} \text{Fru—OR}' + \text{E—H} \tag{4-3}$$

图 4-6　分子间果糖转移反应的两步机理

Fru—OR—蔗糖　E—H—酶　Fru—E—果糖基-酶复合体

H—OR—葡萄糖　Fru—OH—果糖　Fru—OR′—低聚果糖

式（4-3）中蔗糖作为受体和果糖基作用合成蔗果三糖，蔗果三糖作为受体则合成蔗果四糖，蔗果四糖作为受体则合成蔗果五糖。从低聚果糖酶法合成两步反应可知，反应液是由葡萄糖、果糖、蔗果三糖、蔗果四糖、蔗果五糖和剩余蔗糖所组成的混合糖浆，各组分的含量取决于酶的特性及反应条件控制（如蔗糖浓度、反应时间等）。就工业生产的目的而言，希望蔗果寡糖含量越高越好。式（4-1）反应是低聚果糖生产的必经步骤，因此，葡萄糖的存在是不可避免的，关键是如何抑制式（4-2）的果糖基加水反应，同时促进式（4-3）的蔗果寡糖的生成。这主要取决于酶的亲和特性与基料的浓度，若酶偏向于亲和蔗糖、蔗果三糖等、则有利于式（4-3）反应的进行，此外通过提高底物浓度，可以促进式（4-3）反应的进行，同时也可抑制式（4-2）的反应，从而达到生产高含量低聚果糖的目的。

2. 催化果糖基转移的酶及其微生物来源

低聚果糖生产中一个关键性的问题是催化果糖转移酶的选择。工业上均采用微生物发酵生产果糖转移酶（或β-呋喃果糖苷酶）。这些微生物包括细菌、霉菌、酵母等。酵母所产的果糖转移酶在催化果糖转移反应的初期产生以蔗果三糖为主的数种低聚糖，但由于酵母所产生的果糖转移酶水解活力较强，反应后期又会继续水解蔗果寡糖，从而导致最终产物中低聚果糖含量低。因此工业生产上采用的果糖转移酶通常由霉菌来发酵生产。

目前，能催化果糖基转移反应合成低聚果糖酶的优良菌株有：*Aureobasidium pullulans*；*Aspergillus niger* ATTCC 20611、NRRL4337、ATCC9612、*Aspergillus japonicas* TIT－KJI、*Aspergillus oryzae*、*Aspergillus phoenicis* CBS 294.80 等。细菌生产菌有 *Arthrobacter* SPK-1。这些生产菌及其酶的特性和合成低聚果糖的主要成分见表 4-15。

表 4-15　β-呋喃果糖苷酶和果糖转移酶生产菌的特性

生产菌种类	产酶种类	最适 pH	相对分子质量	主要蔗果糖成分
黑曲霉(*A. niger*)	呋喃果糖苷酶	5～5.5	340000	蔗果三糖，蔗果四糖
A. pullulans	呋喃果糖苷酶	5	360000	蔗果三糖，蔗果四糖
日本曲霉(*A. japonicus*)	呋喃果糖苷酶	5～6	240000	蔗果三糖，蔗果四糖
米曲霉(*A. oryzae*)	呋喃果糖苷酶	7.8	—	蔗果三糖
海藻曲霉(*A. phoenicis*)	果糖转移酶	8.0	—	蔗果三糖
节杆菌(*Arthrobacter*)	呋喃果糖苷酶	6.7	52000	蔗果三糖

3. 低聚果糖的工业化生产

低聚果糖生产工艺流程见图 4-7。

（1）果糖转移酶的发酵培养　选定合适的产酶菌株后，由斜面种子逐级扩大培养，并进行发酵产酶。其发酵培养基：蔗糖 10%～20%，K_2HPO_3 0.1%～0.15%，$MgSO_4$

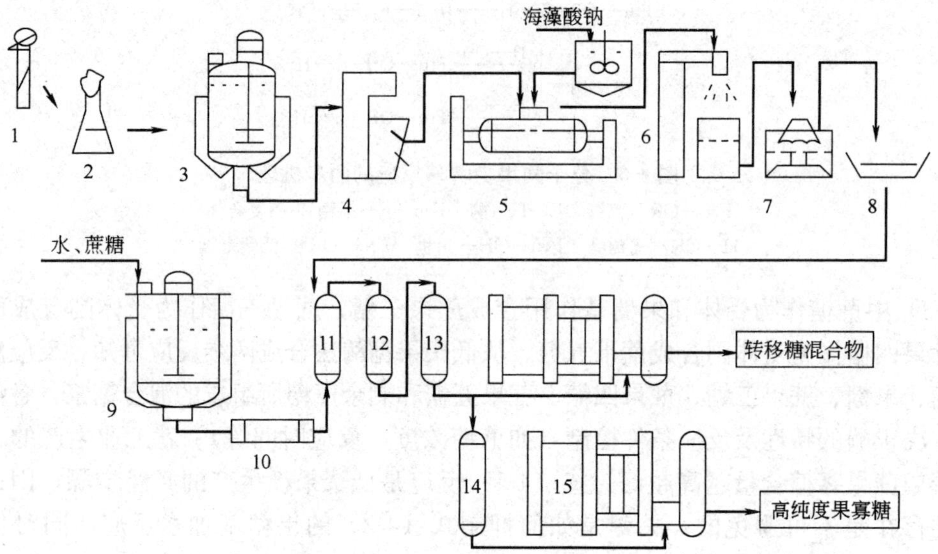

图 4-7　低聚果糖生产工艺流程

1—种子斜面培养　2—种子扩大培养　3—酶的发酵生产　4—酶或菌体分离器　5—真空搅拌混合器　6—造粒机　7—分离器　8—固定化的果糖转移酶或固定化细胞　9—暂贮罐　10—加热器　11—固定化反应柱　12—活性炭柱　13—离子交换柱　14—活性炭再生柱　15—浓缩器

0.15%～0.20%。在 28～30℃条件下通气搅拌培养 3～4d，即可生产出含有果糖转移酶活力的菌体。由于转移酶属于胞内酶，大部分酶在菌体内，一般将菌体分离后，直接对菌体进行固定化。也可以将菌体细胞破碎后，分离纯化出果糖转移酶后再进行固定化处理。

(2) 菌体或酶的固定化　固定化方法一般采用海藻酸钠包埋法进行菌体或酶的固定化。将海藻酸钠配成 6%～8%的溶液，经消毒处理后，将湿菌体或酶按比例和配制好的海藻酸钠溶液在真空条件下混合均匀。然后应用压力喷雾的方法使混合液通过孔径为 0.6mm 的喷嘴，均匀落入 0.5mol/L 的 $CaCl_2$ 溶液中，使其形成凝胶珠（直径介于 2～3mm），硬化 20～30min，过滤分离得到固定化菌体或固定化酶，充填到固定化床柱或流化床生物反应器中。

(3) 酶催化合成低聚果糖　将 50%～60%的蔗糖溶液流经装有固定化菌株或固定化酶的生物反应器，反应时间控制在 24～30h。流速应根据酶活力来控制，温度和 pH 应根据所选择的菌株所产酶的特性来确定。在酶法合成低聚果糖的过程中，控制蔗糖浓度是关键，在低浓度下，低聚果糖转化率低，在低于 5%的浓度下几乎不生成低聚果糖，而将蔗糖水解为葡萄糖和果糖。随着蔗糖浓度的提高，低聚果糖转化率提高。

用酶法合成的低聚果糖含量一般仅为 40%～55%，蔗糖浓度控制在 50%～60%为宜。原因在于酶法合成低聚果糖的同时生成了副产物葡萄糖。葡萄糖既是平衡产物，又是酶的抑制物，它阻滞了底物蔗糖的进一步转化，因而产品中仍含有相当数量的葡萄糖和未作用的蔗糖。目前消除葡萄糖的抑制作用，提高低聚果糖含量的方法主要有：①在反应物中加入葡萄糖氧化酶和 $CaCO_3$，将葡萄糖氧化为葡萄糖酸；②利用酵母同化单糖快于同化低聚果糖，在产物中加入酵母菌，以消除单糖的抑制作用。③将葡萄糖氧化酶和果糖转移酶或含果糖转移酶的活菌体共固定化，来达到消除葡萄糖的抑制作用。这样，低聚果糖的含量可由原来的50%左右提高到70%以上。

（4）纯化工序　从固定化生物反应器流出的混合糖浆先经活性炭柱脱色处理，然后再经阴—阳离子交换树脂脱除盐分，再经真空浓缩到固形物含量为75%的液体糖浆，其中低聚果糖含量占总固形物含量50%左右。也可以根据市场要求进一步除去混合糖浆中的葡萄糖和蔗糖，使低聚果糖含量提高。目前，日本有低聚果糖占总固形物含量95%的糖浆，也有粉末状或颗粒状的产品销售。

（二）低聚异麦芽糖酶法转化

低聚异麦芽糖（isomaltooligosaccharide）具有适口的甜味，甜度约为蔗糖的50%，黏度和蔗糖相近，具有良好的保湿性和抗结晶性，可防止淀粉老化，具有低热值、抗龋齿、促进肠道内有益菌双歧杆菌增殖、改善肠功能、增强机体免疫力等功效，可作为一种功能性食品配料，广泛应用于饮料、乳制品、糖果、糕点、罐头等食品加工中，还可用作医药配料、饲料配料。

低聚异麦芽糖为直链麦芽寡糖分子中具有分枝状结合的双糖和寡糖，因此又称为分龙胆低聚糖（branching oligosaccaride），主要成分为异麦芽糖、潘糖和异麦芽三糖，其次还含有异麦芽四糖等，分子中除了α-D-葡萄糖基以α-1,6糖苷键结合以外，尚含有α-1,2键及α-1,3键等分支状结合方式。

低聚异麦芽糖的酶法合成反应分两步，第一步是α-淀粉酶（EC 3.2.1.1）将淀粉液化，第二步由β-淀粉酶（EC 3.2.1.2）将液化的淀粉水解成麦芽糖，再用α-葡萄糖苷酶（α-glucosidase，EC 3.2.1.20）将麦芽糖转化为低聚异麦芽糖。低聚异麦芽糖生产中最关键的酶是α-葡萄糖苷酶。许多霉菌生产的α-葡萄糖苷酶可进行α-1,6键葡萄糖苷转移反应，如将黑曲霉（*Asperillus niger*）、米曲酶（*Asperillus oryzae*）等所产的α-葡萄糖苷酶作用于30%的麦芽糖，可生成含量超过60%的低聚异麦芽糖。日本天野制药株式会社生产的α-转移葡萄糖苷酶（α-transglusidase L Amano）就是从黑曲霉中分离纯化的；美国康乃尔大学 Hung 选用臭曲霉（*A. fotidus* NRRL337）、台糖研究所选用炭黑曲霉（Acarbonarious CCRC30414）、迁阪选用黑曲霉（ATCC6257，ATCC9642）等生产的α-转移葡萄糖苷酶均有较高的酶产率。

α-转移葡萄糖苷酶的催化反应属于氧碳正离子催化机制，由两步组成：第一步为塑性阶段，此时α-转移葡萄糖苷酶的活力中心可发生一定的结构变化，与不同类型的底物结合；第二步是立体结构保持阶段，此时进行催化反应，酶分子稳定氧碳正离子中间体的立体构型不变，并生成产物。以麦芽糖为例，α-转移葡萄糖苷酶首先使之水解为二分子葡萄糖，同时将一分子葡萄糖以α-1,6糖苷键转移到另一个麦芽糖分子上形成潘糖，或者转移到另一个葡萄糖分子上生成以α-1,6糖苷键连接的异麦芽糖，若葡萄糖分子继续在酶的作用下以α-1,6糖苷键转移到异麦芽糖分子上则生成异麦芽三糖。

工业生产低聚异麦芽糖以淀粉为原料，添加α-淀粉酶和α-葡萄糖苷酶进行糖化和液化，液化 DE 值控制在6～10之间，在 pH5～6，温度55～60℃糖化10h左右，然后灭菌、过滤和精制处理。日本生产低聚异麦芽糖的工艺流程如图4-8所示。此外低聚异麦芽糖生产也可以由淀粉制得高浓度的葡萄糖浆（80%左右），在较高温度下（70℃左右）利用固定化葡萄糖淀粉酶逆向合成而得。

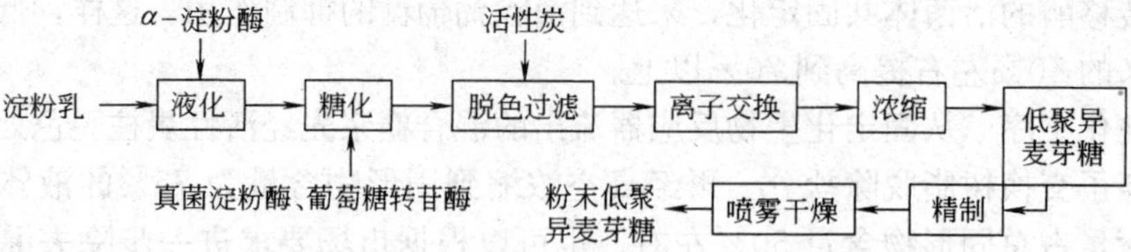

图 4-8 低聚异麦芽糖生产工艺流程

（三）低聚半乳糖酶法转化

低聚半乳糖为难消化性低聚糖，其产热能仅为 7.1kJ/g，热值远低于蔗糖，具有良好的双歧杆菌的增殖效果，能改善便秘、抑制肠内腐败菌的生长。此外，还有一定程度的抗龋齿性和改善脂质代谢的效果。低聚半乳糖耐热性强，对酸稳定，在食品加工中得到广泛应用。

低聚半乳糖是在乳糖分子的半乳糖基上以 β-1,4、β-1,6 连接了 2～3 个半乳糖分子的寡糖类混合物。低聚半乳糖是以乳糖为原料，由 β-半乳糖苷酶（β-galactosidase，EC 3.2.1.23）进行半乳糖转移反应来生产。乳糖是半乳糖残基供给体，同时也是接受体，其合成原理和低聚果糖酶法合成相类似。这种糖首先由日本的 Yakult 公司生产。该公司于 1988 年利用一株米曲霉（*Asperillus oryzae*）生产的 β-半乳糖苷酶作用于乳糖，并且进行工业化生产。其后荷兰 Borculo 公司将大量的乳糖用作生产低聚半乳糖，成功地应用于乳制品、婴儿食品、糖果、饮料等食品。

低聚半乳糖是以高浓度的乳糖为底物，在具有半乳糖基转移活性的半乳糖苷酶的作用下，首先将乳糖水解成半乳糖和葡萄糖，然后再将半乳糖转移到乳糖的半乳糖基上而得。一般制得的低聚半乳糖是在乳糖中的半乳糖基一侧结合了 1～4 个分子的半乳糖的混合物。目前工业化生产低聚半乳糖多采用固定化酶的方法连续生产。据报道，利用乙二醛活化离子交换树脂固定 β-半乳糖苷酶，进行低聚半乳糖的连续化生产，在 pH4.5～5.0、55℃条件下，反应半衰期高达 192d。

（四）低聚乳果糖酶法转化

低聚乳果糖（lactosucrose）是在乳糖分子的葡萄糖基端以 β-1,2 键结合一个果糖分子，因此又称为半乳糖基蔗糖。这种低聚糖以 1∶1 的乳糖与蔗糖为原料，用节杆 κ-1 菌（*Arthrobacter* sp. κ-1）产生的 β-呋喃果糖苷酶作用，先将蔗糖分解，将分解下来的果糖基优先地转移至乳糖分子的还原性末端的 C_1 位的羟基上，高效地合成非还原性的半乳糖基蔗糖。

目前低聚乳果糖商品有“LS-35”糖浆（低聚乳果糖含量＞35％），其糖分组成为：低聚乳果糖 37％，蔗糖 28％，乳糖 13％，葡萄糖及果糖 17％，其他低聚糖 5％，甜度约为蔗糖的 70％。另外有粉末状的低聚乳果糖“LS-55P”（低聚乳果糖＞55％）。低聚乳果糖几乎不为生物体内消化酶所分解，为低热值低聚糖，耐热性强，加工特性好，甜味品质好，而且双歧杆菌增殖效果强，是一种很有发展前景的功能性低聚糖。

四、酶法降解纤维素及其应用

纤维素广泛而大量地存在于自然界，在人们开发利用植物资源时，有时会集中形成富含纤维素的副产物，比如农副产品和工业的废料糠渣、蔗渣、造纸废料等，这些副产物大部分没有被利用而直接排放，造成巨大的浪费或环境污染。纤维素酶可将这些副产物转化成糖，对于扩大食品工业原料和植物原料的综合利用、提高原料利用率、净化环境和开辟新能源等方面以及解决目前世界能源危机、粮食短缺、环境污染等问题有着十分重要的意义。

（一）纤维素酶特性

纤维素酶（cellulase）是指能水解纤维素 β-1,4 葡萄糖苷键，使纤维素变成纤维二糖和葡萄糖的一组酶总称，它是一种起协同作用的多组分酶系。自从 1906 年在蜗牛的消化液中发现了纤维素酶之后，人们对纤维素酶进行了大量的研究，主要集中在酶系的组成、性质、作用方式、培养条件（菌种筛选、基因克隆、发酵控制等）、分离纯化、测定方法、固定化和工业化应用等方面。

目前，用于生产纤维素酶的微生物菌种以真菌为主，其中，酶活力较强的菌种为木霉属（*Trichoderma*）、曲霉属（*Aspergillus*）和青霉属（*Penicillium*），特别是绿色木霉（*Trichoder mavirde*）及其近缘菌株是产酶活力较高的菌种。现已制成制剂的有绿色木霉、黑曲霉、镰刀霉等纤维素酶。反刍动物瘤胃中的微生物可消化纤维素，可以利用瘤胃液获得纤维素酶的粗酶制剂。此外，酵母、细菌、放线菌生产纤维素酶也有研究。

一般将纤维素酶分为三类水解酶：

（1）葡萄糖内切酶（endo-1,4-β-glucanase，EC 3.2.1.4，EG） 这类酶作用于纤维素分子内部的非结晶区，随机水解 β-1,4 糖苷键，将长链纤维分子切断，产生大量非还原性末端的小分子纤维素。

（2）葡萄糖外切酶（exo-1,4-β-D-glucanase） 来自真菌的葡萄糖外切酶称 Gbh，来自细菌的称 Gex。葡萄糖外切酶又称为纤维二糖水解酶（cellobiohydrolase，CBH），作用于纤维素线状分子末端，水解 β-1,4 糖苷键，每次切下一个纤维二糖分子。

（3）β-葡萄糖苷酶（β-glucosidase，EC 3.2.1.21，BG 酶） 这类酶水解纤维二糖和短链的纤维寡糖生成葡萄糖，也称为纤维二糖酶，对纤维二糖和纤维三糖酶水解很快，随着葡萄糖聚合度的增加水解速度下降。

纤维素酶的作用效果受底物的结构和浓度、酶的浓度、反应系统的 pH 和温度等因素的影响。纤维素酶解的底物是纤维素，由于木质的空间障碍以及纤维素本身的结晶度和聚合度的阻碍等因素，使酶解效率下降，因而要通过预处理来改变天然纤维的结构、降低纤维素的结晶度、脱除木质素；酶的组成及浓度也是影响因素之一，应根据水解底物的成分和性质，选择相应的纤维素酶才能达到目的：纤维素酶的最适 pH 一般在 4.5～6.5 范围内，一般都具有较高的热稳定性，各组分酶的热稳定性有差异，并受到反应 pH 的影响，一般来说最适温度范围是 40～60℃：纤维素酶的竞争性抑制剂有纤维二糖、葡萄糖和甲基纤维素、植物中的某些酚、单宁和花色素、卤素化合物、重金属、去垢剂和染料，而能使纤维素酶活化的有 Mg^{2+}、$CoCl_2$、Ca^{2+}、$Ca_3(PO_4)_2$ 和中性盐类。

（二）纤维素酶在食品加工中的应用

1. 饮料生产

在果汁生产上，利用纤维素酶对纤维素类物质的降解，可促进果汁的提取与澄清，提高可溶性固形物含量，并可将果皮渣综合利用。目前已成功地将柑橘皮渣酶解制取全果饮料，其中的粗纤维经纤维素酶的酶解后，50%转化为可溶性糖，另 50%降解为短链低聚糖，即构成全果饮料中的膳食纤维，具有一定的保健医疗价值。

2. 果蔬生产

某些蔬菜、水果经纤维素酶适当处理可使细胞壁膨胀、软化，提高可消化性和改进口感。另外，在制备脱水蔬菜如马铃薯、胡萝卜时，若经适当的纤维素酶处理后再干燥脱水，可改进脱水蔬菜的烧煮性和复原性。

3. 种子蛋白利用

纤维素酶用于处理大豆可促进脱皮，增加大豆或豆饼提取优质水溶性蛋白质的得率，也可用于回收豆渣中的蛋白质和油渣。另外，纤维素酶用于豆类制品加工，可缩短时间，提高质量。

4. 速溶茶生产

速溶茶饮用方便，可同其他饮料调用，要求速溶后无不溶渣滓。生产上常用热水浸提法提取茶叶中的有效成分，但若用纤维素酶低温抽提，则既可提高得率，又可保持茶叶原有的色、香、味。若将沸水浸泡和酶法结合，既可缩短抽提时间，又可提高水溶性较差的茶单宁、咖啡因等的抽提率。

5. 琼脂生产

用酸处理和热处理的方法提取琼脂，会引起琼脂的分解，而用纤维素酶处理可以避免此类分解，并且由于细胞壁的降解，可提高得率，简化工艺。

（三）纤维素酶在发酵工业中的应用

纤维素酶在发酵工业中应用有两种方式：一种是先用纤维素酶进行糖化，再经微生物发酵生产；另一种是同时加入纤维素酶和用于发酵的微生物。后一种方式可解除前一种方式中降解产物如葡萄糖对纤维素酶的抑制作用，从而提高发酵产物的产量。目前的研究应用主要集中在酱油酿造和酿酒工业。

1. 酱油酿造

纤维素酶用于酱油酿造可以改善酱油质量，缩短生产周期，提高产量。在大豆粉中加入纤维素酶和半纤维素酶进行前处理再以稀盐酸水解，可减少残余的碳水化合物和提高氮的溶出率，还可提高酱油浓度。用于固态无盐酱油发酵，能将包裹蛋白质的纤维素分解，使蛋白质呈裸露状态，便于蛋白酶分解蛋白质，提高酱油得率，加快发酵速度，改善酱油风味和质量，酱油的氨基酸、全氮、无盐固形物含量和出油率以及原料利用率明显提高。

2. 酿酒工业

纤维素酶可提高酒精和白酒的出酒率，特别是对野生淀粉质原料进行发酵时需要纤维素酶和其他各种酶类，以提高淀粉利用率，并可降低溶液的黏度，且酒的口感醇香，杂醇油含量低。纤维素酶提高出酒率的原因可能是：①对原料纤维素的分解形成的主要产物葡萄糖可供酵母利用；②对植物细胞壁的分解，有利于淀粉的释放和利用。将纤维素酶应用于啤酒工业的发芽生产中，可增加麦粒溶解性，加快发芽，减少糖化液中单一葡萄糖含量，改进过滤性能。

3. 纤维素渣的转化应用

应用纤维素酶或微生物把农副产物和城市废料中的纤维素转化成葡萄糖、酒精和单细胞蛋白质等，对于开辟食品工业原料来源，提供新能源和变废为宝具有十分重要的意义。

五、酶法降解甲壳素及其利用

甲壳素又称几丁质（chitin），是除纤维素外地球上最丰富的有机化合物，估计每年生物合成的甲壳素高达 100 亿 t 之多。甲壳素是由 *N*-乙酰-2-氨基-2-脱氧-D-葡萄糖以 β-1,4 糖苷键形式连接而成的多糖，相对分子质量为 100 万～200 万，氮含量为 6.3%～6.7%，是自然界中罕见的带正电荷的纤维结构化合物。壳聚糖是甲壳素脱乙酰产物，其化学名称为 β-1,4-2-氨基-2-脱氧-D-葡萄糖。甲壳素和壳聚糖的结构式见图 4-9，由于有游离氨基的存在，在酸性介质中，壳聚糖分子中的—NH_2 被质子化，破坏了原有的氢键和晶格，使壳聚糖分子中的—OH 基与水分子结合，分子膨胀并分散溶解在稀酸中成黏稠胶体，其化学性质较甲壳素强。因此，壳聚糖的应用比甲壳素更加广泛。壳聚糖在工业、农业、医药、食品、化妆品、饮用水工程、造纸、纺织等诸多领域中都具有应用前景。

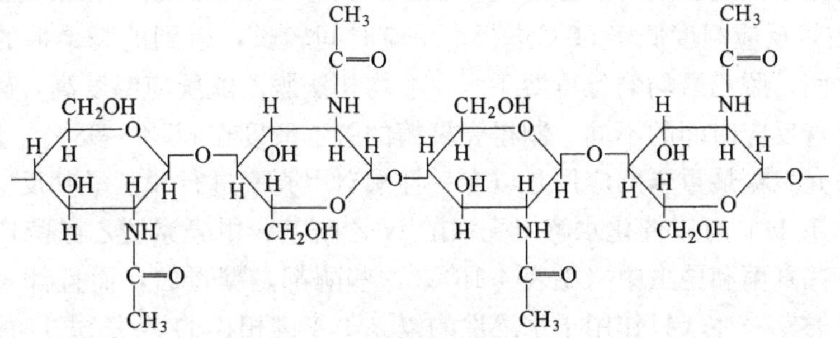

甲壳素

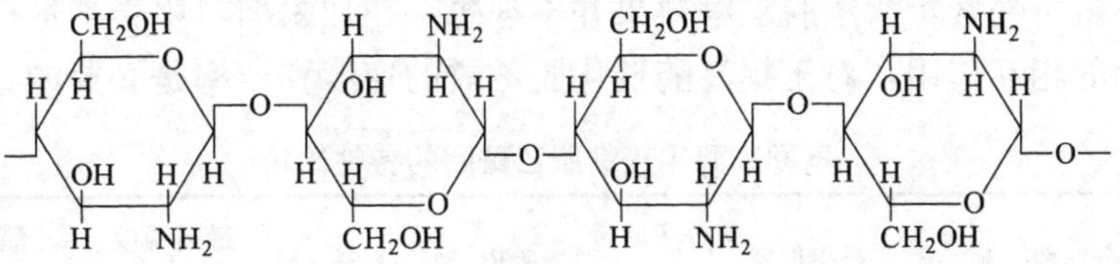

壳聚糖

图 4-9　甲壳素和壳聚糖的结构式

一直以来，壳聚糖的制备工艺以化学方法为多。但化学方法存在反应条件剧烈、设备要求高、产品质量差、容易造成环境污染等缺点，而酶法制备壳聚糖具有反应条件温和，反应容易控制、设备简单，产品可以满足食品和医药等方面的高要求等优点，成为目前的研究热点。酶在壳聚糖制备中的应用主要包括三个方面：酶法脱蛋白、酶法脱乙酰、酶法降解[15]。

（一）酶法脱蛋白

酶法脱蛋白技术在多糖提取过程中应用较多，采用酶法脱蛋白可降低有机试剂的用量，缩短提取时间，效果比常规方法好。但是，酶法用于虾蟹壳脱蛋白制备甲壳素并不多见，主要原因是虾蟹壳不溶于水和一般的溶剂，很难与酶发生作用。因此，脱蛋白的效果不如常规的碱法好。另外，有些酶（例如木瓜蛋白酶）在降解蛋白质的同时也会引起甲壳素的降解，在需要制备大分子壳聚糖时并不适用。但是由于酶法脱蛋白化学试剂用量少，蛋白质回收容易，以虾蟹壳蛋白质含量占干重 30%～40%而言，酶法脱蛋白对这些低值蛋白质回收也是一条降低加工成本的有效途径之一。

(1) 直接用酶水解脱蛋白　用蛋白酶（Rhozyme-62）来对虾壳水解脱蛋白，以干虾壳粉（1mm）∶酶=100∶1的比例，在发酵罐中，控制pH为7，温度为60℃，以400r/min的速度搅拌反应6h，然后经离心分离，再用蒸馏水洗净，在空气中65℃干燥16h即可得到脱蛋白甲壳素。

(2) 利用微生物发酵脱蛋白　San-Lang Wang等用能产蛋白酶、壳聚糖酶/溶菌酶的铜绿色假单胞菌（*Pseudomonas aeruginosa*）K-187分别对虾/蟹壳粉（SCSP）、虾壳和虾头进行液体发酵脱蛋白，蛋白质的脱去率分别为55%、48%和61%；而分别对SCSP、酸处理SCSP、虾壳和虾头进行固相发酵，蛋白质的脱去率分别为68%、46%、82%、81%[16]。

（二）酶法脱乙酰

甲壳素的化学法脱乙酰可以分为均相脱乙酰和非均相脱乙酰。均相法脱乙酰在碱液浓度为10%左右，反应温度低于50℃进行，反应时间较长，得到的壳聚糖的脱乙酰度介于48%～55%之间，脱乙酰均匀且可溶于水。非均相法脱乙酰反应温度高，碱液浓度一般在40%以上，随着反应时间的不同，制得壳聚糖的脱乙酰度在85%～93%，且不溶于水。

酶法制备壳聚糖最重要的应用是以专一性酶对甲壳素进行脱乙酰基反应。甲壳素脱乙酰酶（EC3.5.1.41）可以催化水解甲壳素的*N*-乙酰基。甲壳素脱乙酰酶广泛存在于自然界，尤其是一些真菌和昆虫中（见表4-16）。这些酶都是糖蛋白，而且都表现出较高的热稳定性和严格的专一性（只作用于水溶性的以β-1,4键相连的*N*-乙酰-D-葡糖胺聚合物）。但是对于水不溶甲壳素，酶法脱乙酰效果并不理想。在加酶前对甲壳素进行处理，以改善酶与底物之间的相互作用，对于提高酶催化脱乙酰的速度和产率是必要的。

表4-16　　不同来源甲壳素脱乙酰酶的特性比较

产酶菌	产酶位置	分子质量/ku	等电点	最适pH	最适温度/℃	乙酸抑制性	底物最低聚合物
鲁氏毛霉(*Mucor rouxii*)	周质中	75	3	4.5	50	抑制	3
蓝色犁头霉(*Absidia coerulea*)	周质中	75	—	5.0	50	抑制	3
无冠构巢曲霉(*Aspergillus nidulans*)	培养基中	27	2.75	7.0	50	不抑制	2
Colletotrichum lindemuthianum (ATCC 56676)	培养基中	24	—	11.5	50	不抑制	2
Colletotrichum lindemuthianum (DSM 63144)	培养基中	150	3～5	8.5	50	不抑制	2

甲壳素脱乙酰酶催化水解底物的乙酰基符合多作用位点模式（作用位点为3个）。酶与底物结合形成复合物，并催化水解多个（1个以上）乙酰基后，与底物分开，再与其他底物结合，继续发挥催化作用。Tsigos等研究了鲁氏毛霉（*M. rouxii*）甲壳素脱乙酰酶催化聚合度为2～7的甲壳低聚糖脱乙酰，发现低聚物的聚合度对于酶的作用模式有很大影响。该酶不能催化水解聚合度小于3的甲壳素低聚物脱乙酰，能够催化水解4-*N*-乙酰壳四糖［$(GlcNAc)_4$］和5-*N*-乙酰壳五糖［$(GlcNAc)_5$］脱去全部乙酰基，而对于3-*N*-

乙酰壳三糖［$(GlcNAc)_3$］、6-*N*-乙酰壳六糖［$(GlcNAc)_6$］和7-*N*-乙酰壳七糖［$(GlcNAc)_7$］只能催化水解脱去除还原端基之外的糖基上的乙酰基。研究还发现，该酶催化脱乙酰基是从非还原端开始，依次向还原端进行的，这与催化聚合度更大的底物是相似的。

（三）酶法制备低聚壳聚糖

与壳聚糖相比，低聚壳聚糖显示出更好的功能特性。由于分子质量小（一般为10000u以下）、分子中游离氨基、羟基较多，除水溶性得到改善外，低聚壳聚糖的吸湿性、保湿性、抑菌防腐作用、生理活性均优于壳聚糖。生理活性方面，低聚壳聚糖具有增强机体免疫能力、降低人体肝脏和血液中的胆固醇含量、防治胃溃疡等保健功能，被中国预防医学会微生态学分会确认为有待开发的新益生元。低聚壳聚糖一般是通过降解壳聚糖的方式来制备，降解法分为两种：一种是化学法；另一种是酶法。化学法又可分为酸解和氧化降解，它们都存在反应条件剧烈，不好控制；使用的化学试剂较多，产物分离纯化困难；废物排放较多，容易造成环境污染等缺点。酶催化降解壳聚糖制备低聚壳聚糖，可以克服上述缺点，因此受到广泛关注。能够催化水解壳聚糖的酶分为专一性酶和非专一性酶两大类。

(1) 非专一性酶水解法　目前，已经发现30多种非专一性的酶可以水解壳聚糖，其中效果较为显著的酶包括来自*Trichodermaviride*以及黑曲霉（*A. niger*）的纤维素酶、来自米曲霉（*A. oryzae*）的半纤维素酶、来自黑曲霉（*A. niger*）的果胶酶、来自黑曲霉（*A. niger*）的脂肪酶、来自米曲霉（*A. oryzae*）的真菌蛋白酶、木瓜蛋白酶、无花果蛋白酶、菠萝蛋白酶、胃蛋白酶等。

木瓜蛋白酶对壳聚糖的水解速率很快，且价格低，引起各研究者的注意。Hong Lin等用乙酰化度为50%的甲壳素固定化木瓜蛋白酶，用于壳聚糖的降解，酶的催化效率由未固定化前的每毫克酶生产2.57mg低聚壳聚糖，升高到每毫克固定化酶能生产17.34mg低聚壳聚糖，且与未固定化酶相比，酶的最适反应条件变化不大。麦胚芽脂肪酶在微酸性条件下能非常有效地水解壳聚糖及其衍生物，能快速降低壳聚糖溶液的黏度，形成分子质量分布较均匀的降解产物。某些非专一性酶类水解壳聚糖具有协同作用，采用这些酶组成复合酶，其水解作用比单一酶强。在适当条件下，用这些酶水解壳聚糖可以得到相对分子质量低于3000的低聚糖。但是，非专一性的酶水解壳聚糖，往往很难得到高度水解的产物，例如具有很高生理活性的五糖到八糖。要得到这一类寡糖，需要用专一性更高和水解效率更高的酶来水解。

(2) 专一性酶降解法　专一性水解壳聚糖的酶包括溶菌酶、甲壳素酶、壳聚糖酶等。

① 溶菌酶（lysozyme，EC 3.2.1.17）：溶菌酶广泛分布在自然界中，在动物、植物、微生物中都普遍存在。该酶可以水解细菌肽聚糖的*N*-乙酰葡萄糖胺长链的β-1,4糖苷键，由于甲壳素及壳聚糖与肽聚糖的结构十分相似，因此，溶菌酶同样可以水解甲壳素的β-1,4糖苷键。将聚合度为1000的部分脱乙酰壳聚糖水解为聚合度仅约为11的产物。从蛋清中提取得到的溶菌酶对甲壳素及壳聚糖的降解方式与其他酶类略有不同。研究发现，壳聚糖的脱乙酰程度及GlcNAc单体的分布显著影响溶菌酶对上述底物的水解。底物的乙酰化度越高，越容易被溶菌酶消化，低聚多糖生成的最佳脱乙酰度为70%。在被溶菌酶水解时，随着*N*-乙酰化程度的提高，产量增加，其中聚合度小于6的产物的产量增加显著。

② 甲壳素酶（EC 3.2.1.11）：该酶来源广泛，在许多植物、微生物中都存在，例如

在杆菌、链霉菌、大多数真菌中都有。甲壳素酶水解甲壳素及壳聚糖的效率较其他酶类高，这是因为它与甲壳素有特异的作用位点，可以水解甲壳素中的β-1,4糖苷键。该酶可以降解部分或完全乙酰化的甲壳素，生成低聚壳聚糖，但不能降解完全脱乙酰化的壳聚糖。该酶的底物特异性是要求水解的β-1,4糖苷键的两侧至少有一侧是*N*-乙酰葡萄糖胺。甲壳素的乙酰化程度对该酶水解壳聚糖效率有较大影响。一般认为，10%～30%的乙酰化度较适合于甲壳素酶水解。在此乙酰化范围内，甲壳素酶特异性地切断部分乙酰化壳聚糖链上的*N*-乙酰葡萄糖胺的β-1,4糖苷键，且随着壳聚糖上乙酰化度的提高酶的水解速率加快，K_m下降；生成的低聚多糖的聚合度增加，如三、四、五聚物的产率可达12%～20%。

③ 壳聚糖酶（chitosanase，EC. 3. 2. 1. 99）：该酶可以降解部分或完全脱乙酰基的壳聚糖，生成低聚壳聚糖，但不能降解完全没有脱乙酰化的甲壳素。与甲壳素酶不同，该酶的底物特异性是要求水解的葡萄糖胺长链的β-1,4糖苷键的两侧至少有一侧是葡萄糖胺。

六、酶法应用于果汁、果酒的生产

20世纪60年代，人们第一次用酶浸渍果浆解决了黑加仑的榨汁问题，从此酶在果汁饮料生产中的应用有了飞速的发展。一些经济发达国家在饮料生产中已普遍采用酶技术。用于饮料加工的酶主要有果胶酶、纤维素酶、α-淀粉酶、糖化酶、单宁酶、蛋白酶和溶菌酶等多种类型，其主要作用是提高产品得率、防止产品沉淀、改善产品品质和防腐杀菌等。

近年来，随着人民生活水平的提高，果酒的需求和加工更是有了突飞猛进的发展。果汁的榨取、澄清和过滤都是酶作用的结果，酶影响着果酒酿制的各个重要环节。在果酒生产中使用的酶制剂主要有果胶酶、纤维素酶、半纤维素酶、淀粉酶、蛋白酶和风味酶等。

在工业生产中应用的果胶酶制剂是多种酶的复合体，含有数量不同的各种果胶分解酶，通常其主要作用是分离细胞和破坏部分细胞，分解细胞间层的部分原果胶、纤维素，又能使果浆保持一定的结构，有利于果浆的压榨，提高出汁率。如Novozyme公司将果胶酶、纤维素酶等的复合酶制剂应用于苹果的榨汁工艺中，出汁率可提高5%～25%，生产能力也大幅提高。

在果酒的生产中有两种澄清作业，一是果汁的澄清，二是果酒的澄清。果汁澄清的目的是在发酵前将果汁中的杂质尽量减少到最低限度，以避免果汁中的杂质参与发酵而产生不良成分给酒带来异味，果汁澄清是果酒澄清的重要步骤，主要采用果胶酶、淀粉酶、蛋白酶等。果酒澄清的目的是为了避免果酒在贮存过程中形成酒石结晶沉淀或无定形的色素微粒沉淀，以及出现蛋白质浑浊、微生物浑浊等不良现象。

果酒的透明度是果酒质量的一项重要指标，要获得清亮透明的果酒，过滤则是一项必不可少的技术手段。过滤是用多孔隔膜进行固相物质与液相物质分离的操作，其作用效果受被过滤物料的物理性质，如液体黏度、固体颗粒大小等因素影响。在进行果汁或果酒的过滤时，如果黏度过大或者其中的固体颗粒过大，则很容易堵塞过滤层，使过滤能力下降。导致汁液黏度较大的主要原因是残留的果胶物质、淀粉及一些中性低聚糖等作用的结果，因此如果在过滤前的操作中利用果胶酶、淀粉酶等将这些物质水解，降低汁液的黏度，就能提高过滤能力和加快过滤的速度。另据报道，将酶制剂应用于超滤工艺中，能够较好地解决超滤膜堵塞和清洗的问题，从而提高超滤膜的通透量和缩短超滤膜的清洗时间。所用到的酶主要有淀粉酶、果胶酶、半乳聚糖酶、阿拉伯聚糖酶等。

七、酶法应用于啤酒的生产

在啤酒生产中使用酶制剂有许多优点：①可降低对某些原材料的要求。②在糖化或发酵前添加高转化率糖化酶，能提高啤酒发酵度。③减少或不使用麦芽糊化，降低啤酒色度。④提高过滤速度及出酒率。⑤操作方便，便于控制。⑥可生产干啤酒，增加啤酒的品种。⑦缩短生产周期，提高效率及设备利用率。⑧改善啤酒风味，提高啤酒澄清度，延长货架期。

在啤酒酿造中利用从黑曲霉枯草杆菌具耐热性的α-淀粉酶，米曲霉中的糖化酶以及黑曲霉中提取的葡聚糖化酶，可用于糖化过程中促进淀粉的水解以及生产酒精含量高、热量低的啤酒。

利用固定化酶和固定化细胞技术酿造酒是近年来国内外啤酒酿造的新工艺，可以将原来的分批发酵法改为连续生产，大大提高了生产能力，并能较为容易地改进生产工艺，使产品质量达到均一，缩短啤酒发酵和成熟时间。传统的啤酒后熟工艺需要 3 周左右的时间，采用固定化酵母技术后可大大缩短后熟时间，只需数天即可生产出符合产品质量要求的啤酒。充填固定化酵母的生物反应器主要分为固定床和流化床两种。

木瓜蛋白酶（EC3.4.22.2）具有耐高温、活性强、稳定性好、对 pH 变化和金属离子不敏感的特性。用于冷冻贮存的啤酒中，不但能水解啤酒中的蛋白质，还能部分水解一些已形成的复合物，生成更多的多肽或氨基酸，保证啤酒在冷冻贮存过程中的高澄清度，同时改善啤酒的口感、调节原有多肽和氨基酸的组成和比例，提高啤酒泡沫覆盖度。

葡萄糖氧化酶能催化葡萄糖生成葡萄糖酸，同时消耗了氧，起到了脱氧作用。葡萄糖氧化酶的存在可以去除啤酒少量溶氧和成品酒中瓶颈氧，是阻止啤酒氧化变质、防止老化、保持啤酒原有风味、延长保质期的一项有效措施。

β-葡聚糖是一种黏性多糖，它由葡萄糖单位以β-1,4 键连接而成。大麦原料中的β-葡聚糖含量一般占干物质的 5%～8%，大麦发芽过程中，大部分的β-葡聚糖被新产生的β-葡聚糖酶所降解、少量仍保留在麦芽内，在制麦芽汁时溶入糖化醪中。适量的β-葡聚糖是构成啤酒酒体和泡沫的重要成分，但含量过高会给整个啤酒生产过程和产品质量带来不利影响，因为过多的β-葡聚糖会使糖化醪的黏度升高，麦芽汁难于过滤，延长麦汁过滤时间，降低麦芽汁得率，并容易造成麦芽汁浑浊。此外，过量的β-葡聚糖进入发酵液后与蛋白质结合，使啤酒酵母容易产生早期沉降，影响发酵的正常进行。成品啤酒中的β-葡聚糖含量超出一定范围时，容易形成雾浊或早期凝胶沉淀，严重影响产品的品质。

双乙酰即丁二酮（化学式 $CH_3COCOCH_3$），其含量是影响啤酒风味的重要因素，是品评啤酒成熟与否的主要依据，对啤酒质量具有决定性的影响。在啤酒生产中，双乙酰的形成与消除对促进啤酒成熟和缩短发酵周期起着重要的作用。双乙酰的口味界限值很低，仅为 0.1～0.15mg/L，超过此阈值会使啤酒带有不愉快的馊饭味。一般成品啤酒的双乙酰含量不得超过 0.1mg/L。

双乙酰是啤酒酵母在发酵过程中形成的代谢副产物，一般认为双乙酰是由前体物质α-乙酰乳酸经非酶氧化脱羧形成。加入α-乙酰乳酸脱羧酶（EC 4.1.1.5），利用支路代谢途径可使α-乙酰乳酸转化为3-羟基丙酮（见图4-10），从而有效地降低啤酒中双乙酰的含量，在发酵过程中大大降低双乙酰的峰值和含量，缩短发酵时间，加快啤酒的成熟。

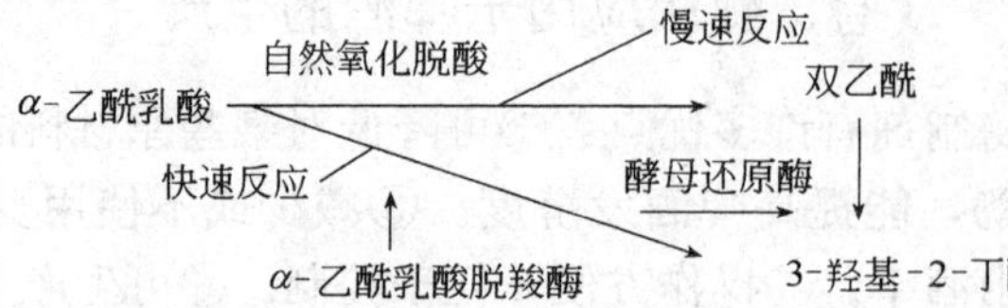

图4-10　α-乙酰乳酸脱羧酶作用机理

八、酶法应用于肉类加工

肉类可以在动物肉解僵成熟过程中以肌肉释放出来的蛋白酶酶解达到嫩化的效果，称为自然嫩化；也可以通过添加外源蛋白酶加速嫩化的过程，常用的酶有木瓜蛋白酶、菠萝蛋白酶、无花果蛋白酶等植物蛋白酶。

其使用方法有喷洒搅拌、浸渍、注射、活体静脉注射和宰后大动脉注射泵注等。

在转谷氨酰胺酶的催化作用下，肉制品蛋白质肽链上的谷氨酰胺残基上的甲酰胺基能与赖氨酸残基上的氨基发生转氨基反应，可使酪蛋白、肌球蛋白、谷蛋白和乳球蛋白等蛋白质分子之间产生交联，从而改变食品蛋白质的功能性质达到将碎肉重组成整块肉的目的。

九、酶法应用于海洋资源的开发、利用

海洋低值鱼（鲨鱼）、贝等蛋白质资源十分丰富，又尚未直接利用，仅作为动物饲料甚至直接废弃，既造成了资源的浪费，又导致了环境污染。例如，随着水产养殖业及捕捞业的迅速发展，致使我国每年腐烂变质鱼占总产量的10%以上，直接经济损失在125亿元人民币以上，造成大量的动物蛋白质资源浪费。因此，采用生物酶解技术利用这些海洋蛋白资源，便可制备出各种具有保健功能的肽。此外，也可从海产品中制取各种风味物质。

利用内肽酶和端解酶的复合酶解技术，以小杂鱼为原料实现控制酶解生成氨基酸和肽类物质，再通过美拉德反应制备出不同香型风味的美拉德反应物，为高级调味品提供优质原料，是低值鱼深度开发利用的重要方向。低值鱼生产呈味基料工艺流程如图4-11所示。

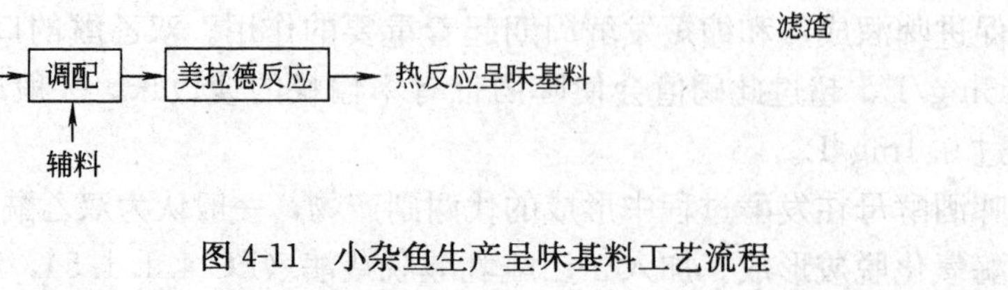

图4-11　小杂鱼生产呈味基料工艺流程

十、酶法应用于食品保鲜

（一）葡萄糖氧化酶应用于食品保鲜

在氧存在下，葡萄糖氧化酶（EC 1.1.3.4，glucose oxidase，GOD）能专一性地将β-葡萄糖催化氧化成β-D-葡萄糖酸，并释放过氧化氢，其最佳反应条件为：pH6.0、55℃，酶活力会受到Cu^{2+}和Ag^{+}等重金属离子的抑制。早在20世纪初已在黑曲霉中发现葡萄糖氧化酶的存在，现在西方生产葡萄糖氧化酶几乎都是用黑曲霉，我国则主要用点青霉与产黄青霉生产。

1. 氧化作用应用于食品的除氧保鲜

食品在运输、储藏保存过程中，容易发生色、香、味的改变。除了微生物的影响外，氧是最大的影响因素。含量很低的氧就足以使食品氧化变质。

应用葡萄糖氧化酶进行保鲜时，应将葡萄糖氧化酶、葡萄糖和食品一起置于密闭容器中保藏。已经广泛应用的含有葡萄糖氧化酶的吸氧保鲜袋，虽然其形式多种多样，但其基本原理是相同的：将葡萄糖氧化酶和其作用底物葡萄糖混合在一起，包装于不透水而可透气的薄膜袋中，封闭后置于装有需保鲜食品的密闭容器中。当密闭容器中的氧气透过薄膜进入袋内时，在葡萄糖氧化酶的催化作用下，与葡萄糖发生反应而消耗，因而可除去罐藏食品容器中的氧，达到防止氧化的作用。葡萄糖氧化酶也可以直接加入到罐装果汁、果酒和水果罐头中，起防止食品中的维生素C及油脂等组分的氧化变质的作用，还能有效防止罐装容器的氧化作用[32]。

2. 氧化作用应用于高蛋白制品的脱糖保鲜

在蛋粉加工中，如果未用葡萄糖氧化酶进行脱糖处理，则全蛋粉中含有的0.3%葡萄糖与含氮化合物会发生美拉德反应，生成褐色的类黑精，在偏碱性及高温条件下这种反应更为强烈。因此，在蛋粉加工中的技术关键是脱糖。

利用霉菌的葡萄糖氧化酶，在蛋白液中催化其中的葡萄糖氧化成葡萄糖酸和过氧化氢，过氧化氢分子在过氧化氢酶的作用下分解成氧和水，而释放出的氧又可作为葡萄糖氧化酶反应的必备条件。需要的氧气也可以额外补充。在葡萄糖氧化酶中加入一定量的过氧化氢酶，分次加入适量的双氧水，双氧水在过氧化氢酶的作用下，分解生成氧和水。在葡萄糖氧化酶的作用下原子氧与葡萄糖反应生成葡萄糖酸。加入的双氧水的量一定要控制好，否则会影响葡萄糖氧化酶的活性。

（二）溶菌酶在食品保鲜的应用

溶菌酶（Lysozyme，EC 3.2.1.17），即*N*-乙酰胞壁质酶（*N*-acetylmuramidase）。溶菌酶根据其作用的微生物不同可以分为两大类：细菌细胞壁溶菌酶和真菌细胞壁溶菌酶。细菌细胞壁溶菌酶又细分为两种，一种是专一性地作用于细菌细胞壁*N*-乙酰胞壁酸（NAM）与*N*-乙酰葡糖胺（NAG）之间的β-1,4糖苷键的细胞壁溶解酶，另一种是作用于肽链末端和酰胺部分的细胞壁溶解酶。真菌细胞壁溶菌酶包括酵母菌细胞壁溶解酶和霉菌细胞壁溶解酶。溶菌酶对革兰氏阳性菌中的枯草杆菌、耐辐射微球菌有强力分解作用，对大肠杆菌、普通变形菌和副溶血性弧菌等革兰氏阴性菌也有一定程度溶解作用，其最适作用浓度为0.05%，与植酸、聚合磷酸盐、甘氨酸等配合使用，可提高其防腐效果。

十一、酶法应用于食品添加剂的生产

（一）β-环糊精的酶法生产

环状糊精（cyclodextrin，CD，分子式 $C_{42}H_{70}O_{35}$）又称环糊精，是一种由 6 个以上的葡萄糖以 α-1,4 糖苷环状低聚糖。环糊精的构象很像一个中空的圆筒，这个圆筒被形象地称为超微囊或分子囊，可以吸收一些物质进入囊中形成包络物，这是环糊精的特性及应用基础。环状糊精分为 α-环糊精、β-环糊精、γ-环糊精，分别是由 6、7、8 个脱水葡萄糖单位组成。

β-环糊精的生产通常采用环状糊精葡萄糖基转移酶（CGTase）催化淀粉水解生产，用于生产 β-环糊精的酶主要从芽孢杆菌中分离得到，包括巨大芽孢杆菌、环状芽孢杆菌、嗜碱性芽孢杆菌等，各种来源的 β-CGTase 性质比较见表 4-17。有关 β-CGTase 生成环状糊精的机理比较复杂，β-CGTase 的主要作用有四种：①环化作用：一般从糖链的 α-1,4-葡萄糖非还原端开始，催化 α-1,4-葡萄糖分子内糖基转移反应，生成 β-环糊精，生成物的种类受 SDS、Triton 等表面活性剂影响，由表面活性剂的疏水性基的大小决定；②结合作用：打开环糊精的环，把它结合到葡萄糖和麦芽糖等受体上，起耦合作用，按反应的速度大小受体的顺序依次为：麦芽糖、葡萄糖、麦芽三糖；③歧化作用：在直链寡糖分子间进行糖基转移的作用，生成聚合度不同的各种糖分子；④水解作用：淀粉水解为 β-环糊精的速度一般为 β-环糊精的环化反应速度的 0.15%左右。

表 4-17　　各种来源的 β-CGTase 性质

微　生　物	最适 pH	最适温度/℃
Bacillus macerans ATCC 8514	6.1～6.2	60
Bacillus macerans IFO 3490	5.0～5.7	55
Bacillus sp. *ATCC* 21783	4.5～4.7	45
Bacillus megaterrium	5.0～5.7	55
Bacillus sp. *AL*-6	7.0～10.0	60
Bacillus ohbensis sp. nov. *C*-1400	5.0	55
Bacillus cereus NCIMB 13123	5.0	40
Bacillus sp. *INMIA T*6	5.6	55
Bacillus halophilus INMIA 3849	7.0	60～62
Bacillus circulans DF 9 *R*	4.5～7.5	55
Bacillus firmus	5.5～8.5	65

工业上生产 β-环糊精主要有三个阶段（见图 4-12）：①CGTase 制备：将菌种从斜面培养基转移至种子罐培养，进而在发酵罐中进行产酶操作。若为嗜碱性芽孢杆菌，培养基 pH 控制为碱性，发酵罐温 36～39℃，罐压 0.05～0.07MPa，通风量为 0.6～0.8（体积比），一般发酵周期为 20～24h，产酶活力在 3000U/mL。发酵完毕后离心分离得到酶液，或以变性淀粉吸收酶制成酶饼。②β-环糊精的制备：以玉米淀粉或马铃薯淀粉为原料，配成 10%～15%的淀粉浆，调 pH 至 8.0～8.5，按每 1g 生淀粉加入 420 U CGTase 液，在 85～95℃搅拌液化 30min，冷却至 55～60℃，追加 C GTase，保温反应 16～20h，直至 β-环糊精产量达到高峰并呈下降趋势时，加热至 100℃终止酶促反应，调 pH 至 6.0～6.5，加入少量 α-淀粉酶（酶量为 3U/g 淀粉左右）使未反应的淀粉和糊糖水解，降低反应液的黏度。然后经活性炭脱色过滤，再经离子交换树脂精制，真空蒸发至 45%～50%时，加

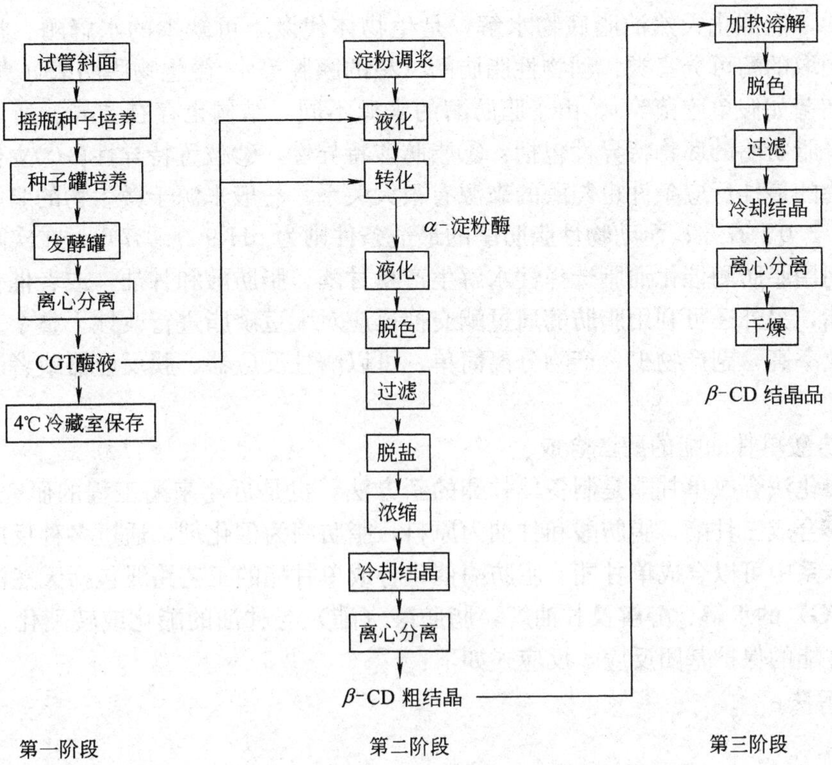

图 4-12　β-环糊精生产工艺流程

入重结晶母液一起浓缩至60%左右，加晶种混合均匀，一起放入冷却结晶槽中流水降温结晶，再用离心机脱水并用少量蒸馏水洗涤，离心甩干，用低温气流干燥或50～60℃烘干，即得到β-环糊精粗品（β-环糊精含量在90%以上）。③β-环糊精的精制：如果将结晶后的粗品在100℃下用蒸馏水溶解，活性炭脱色，再重结晶，干燥后可以得β-环糊精精品（β-环糊精含量在99%以上）。

由于β-环糊精分子的中空圆筒状结构以及内部疏水、外部亲水的结构特性，其包埋能力可起到保护、抗光、抗热、提高溶解度、改变剂型、掩盖异味、提高生物利用度等特殊作用。因而在食品、医药、化工、农业等许多方面得到广泛的应用。但由于β-环糊精在水中溶解度较低，目前使用化学修饰法可将β-环糊精衍生化，生成水溶性较高而包埋性能不受影响的羟丙基β-环糊精，其应用正在逐渐扩大。

（二）应用于乳化剂生产

食品乳化剂是食品加工过程中使互不相溶的液体（如油和水）形成稳定乳浊液的添加剂。食品乳化剂能够改善乳化体系中构成相之间的表面张力，使之形成均匀、稳定的分散体系或乳化体系，从而改善食品的组织结构，使食品的口感和风味更加和谐。食品乳化剂在加工中的用途十分广泛，除乳化外还有稳定、起酥、防老化等作用。

近年来，酶在非水相中的催化技术的发展对整个研究起到了推动作用。尤其是脂肪酶在有机相中能够催化油脂分解、酶交换和配合反应，显示出它在乳化剂合成、改性及其他有机合成领域的巨大应用潜力。

脂肪酶即甘油三酯水解酶（lipase，EC 3.1.1.31），广泛存在于动物组织、植物种子和微生物中，能催化天然油脂底物水解，是生物体代谢不可缺少的水解酶。根据来源不同，工业制取的酶可分三类：动物性脂肪酶（猪的胰腺等）、微生物脂肪酶（真菌如曲霉、毛霉等；细菌如假单胞菌等）。由于脂肪酶的来源不同，结构也存在差异。所以底物特异性也不同。脂肪酶的底物特异性包括：①脂肪酸特异性；②位置特异性；③立体结构特异性。脂肪酶的最佳反应条件也与酶的来源有很大关系。一般来源于微生物的脂肪酶的最适条件为 pH 7.0、37℃；而动物性脂肪酶的最适条件则为 pH 9.0、37℃。在实际生产过程中，可以利用脂肪酶催化油脂选择性水解生产单甘酯、脂肪酸和甘油，或者催化油脂醇解生产单甘酯，另外还可利用脂肪酶通过酯交换反应对大豆磷脂进行改性。整个工艺比化学方法催化效率高，副产物少，产物分离简单，可以酶柱反应器、膜反应器或者游离的形式进行生产。

1. 脂肪酸单甘油酯的酶法合成

生物转化法合成单甘酯是制备单甘酯的新方法，也是近年来酶工程的研究热点之一。以天然脂、合成三甘酯、脂肪酸和甘油为原料，脂肪酶为催化剂，通过多种反应途径在不同的反应体系中可以合成单甘酯。脂肪酶催化合成单甘酯的工艺路线包括天然油脂或合成三甘酯（TG）的水解、醇解及甘油解，脂肪酸（酯）与甘油的酯化或转酯化，天然油脂或合成三甘酯的保护基团反应，反应式如下：

① 水解法：

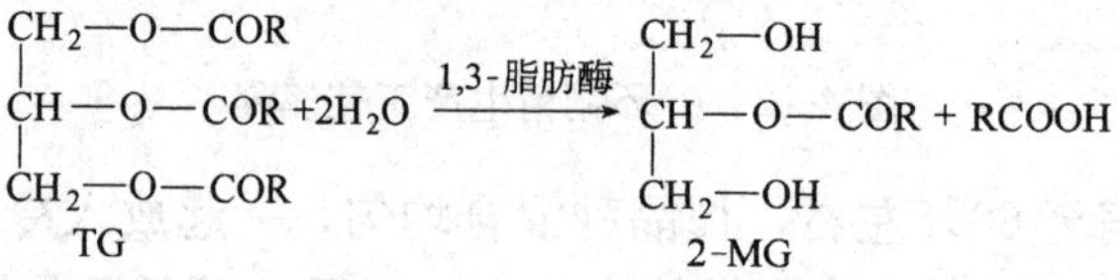

② 甘油解法：

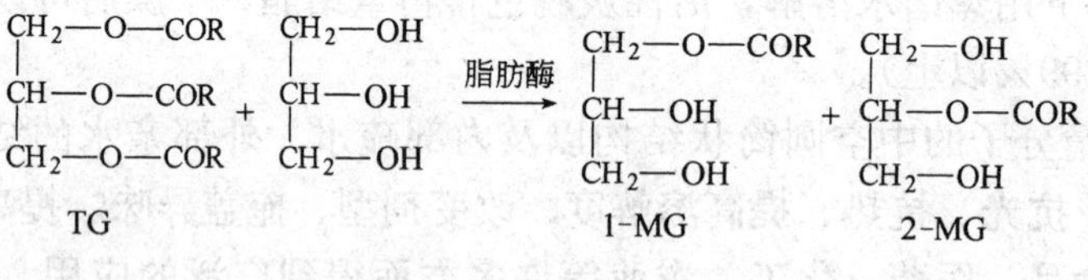

③ 酯化或转酯化法：

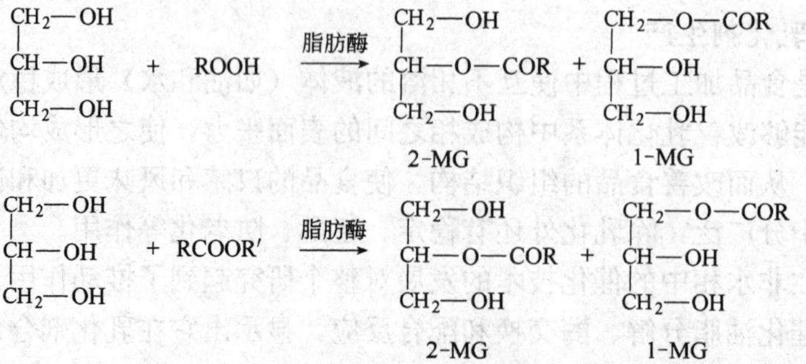

④ 保护基团法：

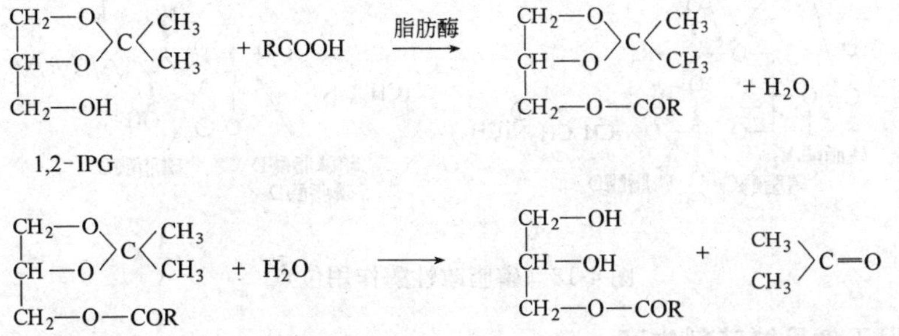

由于脂肪酶催化合成单甘酯的底物脂肪酸（酯）与甘油互不溶解，造成接触困难，使反应难于发生。许多研究者研究了多种反应体系，包括微乳液体系、无溶剂体系、选择性吸附体系、表面活性剂包埋体系。很多反应体已在实验室规模上实现了间歇或连续生产。反应器类型包括间歇搅拌反应器、固定床反应器、隔膜反应器、连续微孔膜反应器等。

2. 蔗糖脂肪酸酯的酶法合成

蔗糖脂肪酸酯简称蔗糖酯（sucrose fatty acid esters，SE），是蔗糖与正羟酸反应生成的一大类有机化合物的总称，属多元醇酯型非离子表面活性剂，以其无毒、易生物降解及良好的表面性能，广泛应用于食品、医药、化妆品等行业，是联合国粮农组织和世界卫生组织（WHO/FAO）推荐使用的食品添加剂。用根霉菌、肠杆菌、曲霉菌、假单胞菌、色杆菌、念球菌、黏液菌和青霉菌属的脂肪酶催化蔗糖和硬脂酸、棕榈酸、油酸、亚油酸等反应，使蔗糖与脂肪上的碳链部分酯化反应，可生成蔗糖酯。在有机溶剂中，利用脂肪酶的催化作用，将脂肪酸或脂肪酸低级烷基酯（如甲基酯、乙基酯）与蔗糖进行直接酯化或酯交换反应，可以生产出不同酯化度的蔗糖酯。

3. 磷脂的酶法改性

从大豆油中提取的豆磷脂是多种磷脂的混合物，其主要成分是卵磷脂、脑磷脂及磷酸肌醇等。豆磷脂可用于生产各种专门的磷脂，广泛用于食品、涂料、皮革等工业，还可用于生产纯的单一磷脂。单一磷脂用于医药、化妆品等。由于未经改性的大豆磷脂水分散性不好，近年来，人们致力于对大豆磷脂进行精制与改性，以获得具有特定功能和用途的磷脂。磷脂改性包括物理改性、化学改性和酶改性。生物酶技术是迄今为止应用最广，且最具工业化生产潜力的改性技术。由于磷脂分子上有许多功能基团，用酶法改性可以提供精确的定向选择及精确的控制改性程度。

对于甘油磷酯而言，用于磷脂改性研究的酶主要是包括磷脂酶 A_1、A_2、C、D 的磷脂酶（phospholipase）和包括 1,3-特异性脂肪酶和非特异性脂肪酶的脂肪酶类（EC 3.1.1.3）。另外，还有部分磷脂酶，如能同时水解两个酰基链的磷脂酶 B（phospholiase B，EC 3.1.1.5），能直接水解溶血磷脂的溶血磷脂酶（lysophospholipase，EC 3.1.1.5），有关这两种酶研究报道还较少。对于鞘磷脂而言，可用于改性研究的酶主要有鞘磷脂酶（sphin-gomyelinase，EC 3.1.4.12），它能催化鞘磷脂水解生成神经酰胺和胆碱磷酸（phosphocholine）。磷脂酶 C、D 和神经酰胺酶（ceramidase）也能作用于鞘磷脂。上述这些酶对应的磷脂底物和作用位点如图 4-13 所示。

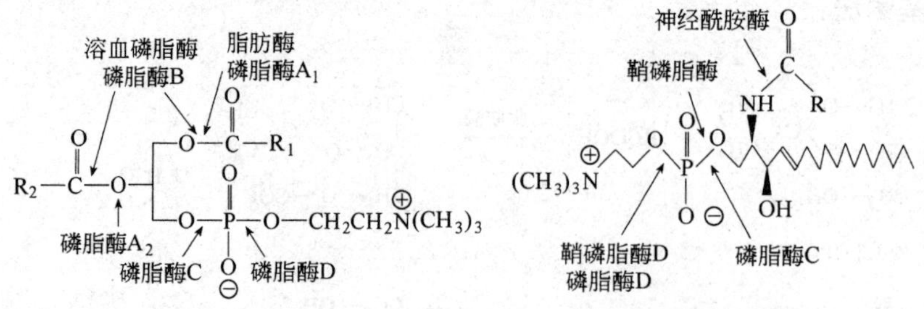

图 4-13　磷脂改性酶作用位点

（三）应用于食品鲜味剂生产

食品鲜味剂是指赋予食品鲜味的一类添加剂，被广泛应用以增强食品的风味。目前，我国批准许可使用的鲜味剂有氨基酸类鲜味剂 L-谷氨酸钠（mono-sodiumglutamate，MSG）、天冬氨酸钠（sodiumaspartate）、L-丙氨酸（L-alanine）、甘氨酸（glycine），核糖核苷酸类鲜味剂 5′-鸟苷酸二钠（disodinm 5′-gnanylate，GMP）、5′-肌苷酸二钠（sodium5′-inosinate，IMP）、琥珀酸（succinic acid）及其钠盐，以及植物水解蛋白、动物水解蛋白、酵母抽提物等。

呈味核苷酸是 5′-核苷酸，包括以 5′-肌苷酸（5′-inosine monophosphate，IMP）和 5′-鸟苷酸（5′-guanosine monophosphate，GMP）等。在自然界，5′-肌苷酸广泛存在于多种动物特别是肉类和鱼类中；5′-鸟苷酸主要存在于蔬菜尤其是存在于以香菇为代表的食用菌类之中，在肉类中的含量甚微。鸟苷酸是组成核酸的核苷酸之一，肌苷酸则是腺嘌呤核苷酸（AMP）和鸟苷酸的生物合成的重要中间产物。工业上生产 5′-肌苷酸和 5′-鸟苷酸的方法主要有 3 种：①核糖核酸（ribonucleic acid，RNA）水解法；②发酵法和化学法相结合的方法，即采用微生物发酵的方法，生产出核苷酸，然后再由化学法进行磷酸化；③直接发酵法。

核糖核酸酶解法利用核糖核酸 RNA 水解酶对酵母菌体分离出来的 RNA 进行水解，从中得到 5′-肌苷酸和 5′-鸟苷酸（见图 4-14）。制备 RNA 的原料，以酵母菌最为实用，RNA 含量为干菌体的 10%～15%。酵母菌体可以从糖质原料或亚硫酸制浆废液等制备，工业生产上以 2%热食盐水从菌体中抽提出 RNA。

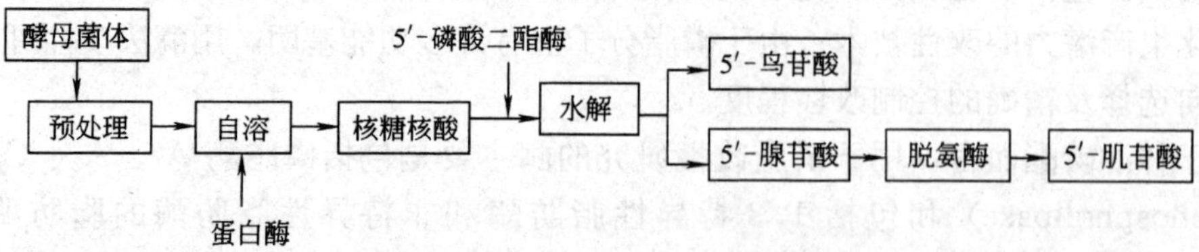

图 4-14　酶法水解 RNA 基本原理

酶法水解 RNA 所采用的 5′-磷酸二酯酶，过去来自牛的小肠黏膜和蛇毒等特殊材料。后来发现，在橘青霉和金色链霉菌等中也有这种酶。现在工业生产上以培养微生物作为酶源。采用橘青霉的 5′-磷酸二酯酶水解 RNA 时，得到的产物为 5′-腺苷酸、5′-鸟苷酸、5′-胞苷酸、5′-肌苷酸混合物，还需采用米曲霉产生的 5′-腺苷酸脱氨酶将混合物中的 5′-腺苷酸脱氨生成5′-肌苷酸；在采用金色链霉菌时，其培养液中除含有5′-磷酸二酯酶外，还含有5′-腺苷酸脱氨酶，所以在其RNA酶法水解液中不含有5′-腺苷酸。从RNA中提取出5′-肌苷酸和5′-鸟苷酸后，还有一半与呈味无关的嘧啶核苷酸：5′-胞苷酸和5′-尿苷酸，对它们进一步的开发利用可以使酶法水解RNA成本有所降低。酶解的工艺条件可参考如下：10%～15%的酵母悬浮液高压均质后，加入自溶促进剂和6×10^4U/kg的木瓜蛋白酶，50～60℃下自溶16h后快速升温至95℃灭酶10min，冷却至60～70℃，如有需要再进行二次酶解，酶解结束后调节pH，加入27mL/(kg自溶液)的5′-磷酸二酯酶粗酶液作用4h，迅速升温至95～100℃灭酶100min，最后对反应液进行5′-核苷酸的分离和结晶。一般以离子交换树脂作为主要的酶解法生产核苷酸的分离手段。考虑到各种核苷酸的性质，采用阴、阳离子交换结合分离既经济，分离效果也比较理想。

酵母菌体RNA的水解也可以利用菌体细胞内的5′-磷酸二酯酶专一地作用于本身的核糖核酸，使其降解成5′-单核苷酸，然后从细胞内渗透出来。可以进行自溶的材料有酵母和细菌等微生物。其中酵母只在碱性条件下能生成5′-核苷酸。谷氨酸短杆菌细胞内RNA比较丰富，含量高达7%～10%，也是很好的自溶材料。脱氨生成肌苷酸的方法和前面相同。

参考文献

[1] 王希成编著. 生物化学. 北京：清华大学出版社，2001

[2] 郭勇. 酶工程（第二版）. 北京：科学出版社，2004

[3] 纪红兵，佘远斌编著. 绿色氧化与还原. 北京：中国石化出版社，2004

[4] 袁勤生主编. 现代酶学. 上海：华东理工大学出版社，2001

[5] 宁正祥，赵谋明著. 食品生物化学. 广州：华南理工大学出版社，2005

[6] 周晨妍，邬敏辰. 木聚糖酶的酶学特性与分子生物学. 生物技术. 2005，15（3）：89～94

[7] 彭志英，曹劲松等. 蔗果糖酶生产菌株的筛选及生产特性研究. 华南理工大学学报. 1996，24（10）：128～133.

[8] 居乃琥，陈石根等著. 固定化酶理论与应用. 北京：中国轻工业出版社，1987

[9] Q. K. Beg. M，et al. Microbial xylanases and their industrial application：a review. Appl. Micro Biotech.，2001（56）：26～38

[10] 彭志英主编. 食品生物技术. 北京：中国轻工业出版社，1999

[11] 吴小勇，曾庆孝，朱志伟. 酶在壳聚糖制备中的应用. 广州食品工业科技. 2004，20（1）：95～99

[12] 梅乐和，姚善泾，林东强编著. 生化生产工艺学. 北京：科学出版社. 1999

[13] 凌健斌，郑建仙. 酶在果酒生产中的应用与研究. 四川食品与发酵，2000，1：22～25

[14] 罗云波，生吉萍. 食品生物技术导论. 北京：化学工业出版社，2006

[15] 孔楠，袁唯. 酶制剂在啤酒品质改良中的应用. 食品研究与开发，2006，11：202～204

[16] 梁海燕，马俪珍，金越. 谷氨酰胺转氨酶对于重组羊肉卷形成效果的初探. 肉类工业，2005，1：19～25

[17] 周雪松. 水解蛋白来源的抗氧化肽研究进展. 中国食品添加剂，2005，6：84～87

[18] Hee-Guk Byun，et al. Purification and characterization of angiotensin I converting. Process Biochemistry，2001，36：1155～1162

［19］ 孙桂芬，王洪荣．活性肽的生物学作用．中国饲料，2002，13：89
［20］ 曹雁平编著．食品调味技术．北京：中国轻工业出版社，2001
［21］ Maehashi，K. M. Matsuzaki，Y. Yamamoto *et al.*. Isolation of peptides from an enzymatic hydrolysate of food proteins and characterization of their taste properties. Biosci. Biotechnol. Biochem.，1999，63（3）：555～559
［22］ Hu，Shengshui，Xu，Cuilin，Luo，Jiahui，*et al.*. Biosensor for detection of hypoxanthine based on xanthine oxidase immobilized on chemically modified carbon paste electrode. Analytica Chimica Acta Volume：412，Issue：1-2，May 8，2000，55～61
［23］ 武彦文，欧阳杰．氨基酸和肽在食品中的呈味作用．中国调味，2001，01
［24］ 赵梅，吴成业．鱼蛋白水解及脱苦方法研究进展．福建水产，2006，2：55
［25］ 马美湖，葛长荣，王进等．冷却肉生产中保鲜技术的研究——溶菌酶、Nisin、GNa液复合性保鲜试验．食品科学，2003，24（4）：74～77
［26］ 虞淼，励建荣．酶制剂在食品加工保鲜与检测中的应用．保鲜与加工，2006，3：37～39
［27］ 陈国斌．酶制剂在谷物食品加工中的应用．食品科技，2003，4：47～49
［28］ 武俊杰，宋铁珊，陈志慧．环糊精包合技术研究进展．新疆师范大学学报（自然科学版），2005，24（2）：51
［29］ 彭立凤．脂肪酸单甘油酯的性能和酶法合成．粮油食品科技，2000，8（1）：19～21
［30］ 蔡奕文．酵母抽提物生产工艺的优化．食品与机械，2003，3：17
［31］ 彭志英著．食品酶学导论．北京：中国轻工业出版社，2002
［32］ Adlercreutz. p.. Enzymes in Food Processing. 3rd Edition. 1996. 103～109
［33］ 罗九甫编．酶与酶工程．上海：上海交通大学出版社，1996
［34］ 王璋著．食品化学．北京：中国轻工业出版社，1999
［35］ 赵谋明，郭善广，崔春等．猪血血红蛋白酶解及脱苦．吉林大学学报（工学报）2006，36（60）：1034～1040（EI收录）
［36］ Zhong Mouming，Rao Guohua，Lin Weifeng，*et al.*. Optimization of extraction technology and amino acid analysis of rotein extracted from discarded tobacco leaf. *Nongy Gongcheng Xuebao*. 2006，22（1）：142～146
［37］ Wang Jinshui，Zhao Mouming，Zhao Qianzhong，*et al.*. Characterization of hydrolysates derived from enzymatic hydrolysis of wheat gluten. *Journal of Food Science*. 2007，(2) 72：78

第五章　食品与发酵工程

第一节　概　述

一、发酵工程的涵义

发酵（fermentation）一词最初来源于拉丁语“发泡”（fervere）的派生词，其意思为像沸水一样鼓泡，这种现象是由酵母菌在无氧条件下利用果汁或麦芽汁中的糖类物质进行酒精发酵时产生 CO_2 气泡引起的。将发酵现象与微生物生命活动联系起来，首先应归功于法国科学家巴斯德（Louis Pasteur），他经过长期的研究认为发酵是酵母在无氧状态下的呼吸过程。近代对发酵定义认为，发酵是微生物在无氧条件下通过分解代谢降解有机化合物并产生能量的生物氧化过程。而现代工业微生物学家认为发酵是在有氧或无氧条件下通过微生物的生长繁殖和代谢活动产生和积累人们所需产品的生化反应过程。

发酵工程又称微生物工程，是指利用微生物的生长繁殖和代谢活动，并通过现代化工技术，大量生产人们所需产品过程的理论和工程技术。发酵工程的主要研究内容包括优良菌种的选育与保藏、培养基的制备、菌种的扩大培养、微生物代谢产物的发酵生产、分离和纯化，发酵工业废弃物的处理等。

二、发酵工程的发展历程

发酵技术有着悠久的历史，其发展经历数千年时间。发酵工程的发展历史大致可分为以下几个阶段。

（一）自然发酵阶段

在古代，虽然劳动人民对微生物的性质还没有认识，但在长期的生产实践中，对微生物的利用已有悠久的历史，并积累了丰富的经验。人们采用自然接种的方法进行发酵制品的生产，主要产品有饮料酒、酒精、醋、酸乳、酱、酱油等。

（二）纯种发酵技术的建立

19 世纪中叶，法国科学家路易·巴斯德（Louis Pasteur）通过多年的试验证明酒精发酵是由于酵母菌的作用，指出发酵现象是微小生命体进行的化学反应。其后，他又研究了乳酸发酵、葡萄酒发酵、食醋酿造等，明确了这些不同类型的发酵是由形态上不同的各种特定微生物引起的；葡萄酒的酸败是由酵母菌以外的另一种醋酸菌的污染造成的，并发明了低温灭菌法避免葡萄酒的酸败，巴斯德灭菌法（pasteurization）也一直沿用至今。巴斯德也因此被人们誉为“发酵之父”。近代细菌学之父、曾获得 1905 年诺贝尔奖的德国人罗伯特·柯赫（Robert. Koch）首先应用固体培养基分离培养出了炭疽芽孢杆菌（*Bacillus anthracis*）、结核分枝杆菌（*Mycobacterium tuberculosis*）、霍乱弧菌（*Vibrio cholerae*）等病原微生物，建立了一套研究微生物纯培养的技术方法，如菌种分离、培养、接种、染色等。另外，丹麦的汉逊（Hansen）建立了啤酒酵母的纯培养方法，从而确立了单种微生物的分离与纯培养技术，使发酵技术从天然发酵转为纯培养发酵。

从19世纪末到20世纪30年代出现的发酵产品有乳酸、酒精、面包酵母、丙酮、丁醇等厌氧发酵产品以及柠檬酸、淀粉酶、蛋白酶等好氧发酵（表面培养）产品。

（三）深层发酵技术的建立

1928年英国的弗莱明（Alexander Fleming）发现了青霉素。1940年英国的弗洛里（Haward Florey）和钱恩（E. B. Chain）精制分离出青霉素，并确认青霉素对伤口感染比当时的磺胺药更有疗效。第二次世界大战中对于抗细菌感染药物的极大需求，促进了青霉素等微生物药物的研究与发展，在英美生物学家及工程技术专家的共同努力下，实现了青霉素的大量生产。

青霉素发酵生产的成功，开拓了庞大的抗生素工业，为人类的医疗保健事业做出了巨大贡献；同时将化学工业的通气搅拌技术引入发酵工业，建立了深层培养（submerged culture）技术，使需氧菌的发酵生产从此走上了大规模工业化生产途径。

（四）代谢控制发酵技术

1950—1960年，随着生物化学、微生物遗传学等学科以及新型发酵技术的飞速发展，发酵工业实现了两个显著的进步。一是利用微生物的生化反应实现甾体化合物转化为去肾上腺皮质激素、性激素等；二是在研究谷氨酸等物质发酵生产的基础上建立了代谢控制发酵技术，利用遗传学的方法或其他生物化学的方法，进行微生物突变株的选育，从DNA分子水平上改变和控制微生物的代谢，实现有用目的产物的大量生成和积累。根据氨基酸生物合成途径采用遗传育种方法进行人工诱变，选育出某些营养缺陷菌株或抗代谢类似物菌株（氨基酸高产菌株），在控制营养条件的情况下发酵生产，并大量积累人们所预期的氨基酸。随后，核酸类物质、抗生素以及有机酸的生产菌株也以代谢控制理论进行发酵生产。由于代谢控制发酵理论的应用，发酵已由野生型菌株的发酵向高度人为控制的发酵转移，由依赖于微生物分解代谢的发酵向依赖于生物合成代谢的发酵，即向代谢产物大量积累的发酵转移。在育种方面，将微生物遗传学的理论与育种实践密切结合，改变以往从大量菌株中盲目地挑选高产菌株的方式，而是先研究目的产物的生物合成途径、遗传控制及代谢调节机制，然后进行菌株的定向选育。

（五）发酵原料的拓展与发酵设备的改进

随着发酵工业的迅速发展，需要大量的粮食作为原料。在20世纪60年代初期，由于粮食紧张以及饲料的需求日益增多，为了解决人类的粮食短缺问题，生物学家对发酵原料多样化的开发进行研究，出现了利用石油化工副产品石蜡、醋酸、甲醇等碳氢化合物为原料进行单细胞蛋白（single cell protein，SCP）的生产，开始了所谓的石油发酵时期；同时，发酵罐的容量也发展到前所未有的规模，生产单细胞蛋白的发酵罐容积最高可达3000m^3；由于以碳氢化合物为原料在发酵时氧耗大，发展了高压喷射式、强制循环式等多种形式的发酵罐，并逐步运用计算机及自动控制技术进行灭菌和发酵过程的pH、溶解氧等发酵参数的控制，使发酵生产朝连续化、自动化方向前进了一大步。

（六）基因工程菌的构建与发酵

20世纪70年代以来，基因工程技术和细胞融合技术的相继建立，赋予了发酵工程新的涵义。利用DNA重组技术构建基因工程菌，不但可以改造原有微生物生产的发酵产品，如氨基酸、抗生素、酶制剂等的菌种，大幅度提高产品的发酵水平；而且可将外源基因导入微生物细胞生产原有微生物所不能生产的产品，如胰岛素、干扰素、白细胞介素、生长素等，使工业微生物所产生的化合物超出了原有微生物的范围，大大丰富了发酵工业的内容，使发酵工业发生了革命性变化。

第二节　固体发酵及其特点

一、固态发酵涵义

固态发酵又称固体发酵（solid fermentation)，是指微生物在湿的固体培养基上生长、繁殖、代谢的发酵过程。固态的湿培养基一般含水量在50%左右，但也有的固态发酵的培养基含水量为30%或70%等。此种培养基通常是“手捏成团，落地成散”，所以此种发酵也可称为半固体发酵。我国农村青饲料发酵和酒曲生产，就是固态发酵。固体发酵主要适合于霉菌，这是由于霉菌细胞内的渗透压比较高，不会因固体基质的高渗透压而致死。

一般情况下，微生物发酵生产的首选是液态深层发酵，但固态发酵的成本低，排放废水少，至今仍在生物杀虫剂、纤维素酶、饲料、单细胞蛋白、曲种以及调料品中广泛应用。

二、固态发酵特点

（1）培养基简单且来源广泛，多为便宜的天然基质或工农业生产的下脚料，在生产目标产物的同时，解决了工农业废渣污染问题，也使生产成本大大降低；而且固态发酵原料不需要糖化液体，处理简单。

（2）发酵过程一般不需要严格的无菌操作；固态发酵更能抵抗细菌污染，这是因为细菌生长受低水分活度限制，因而在固态培养基上很少发生严重的染菌。

（3）培养过程供氧和温度可以采用直接空气强制通风来控制。一般可用间歇通风完成，与液体发酵相比，在产量不变的情况下，固体发酵节省能源30%，原料处理和产物提取可分别节省开支70%～80%。

（4）发酵残渣的处理简单。由于发酵残渣含水量低，可直接干燥后作为饲料或肥料，废水排放量大大减少。

（5）对于传统制曲等固态发酵，分生孢子可作为种子，这些孢子能长期保存并且能重复使用。

（6）固态发酵是一种接近自然状态的发酵，最显著的特征就是水分活度低。微生物代谢、生长和产物的形成都在固体介质表面，培养基不均匀且不易搅拌，菌体的生长、对营养物质的吸收和代谢产物的分泌在各处都是不均匀的，使得发酵参数的检测和控制都比较困难，许多在液态发酵使用的传感器也无法应用于固态发酵，很难及时确定微生物生长和其他发酵参数，也使得连续操作和自动化变得很困难。同时，与液体发酵相比，劳动强度大、占地面积大、易污染杂菌。

第三节　液体深层发酵及其发酵动力学

在装有无菌液体培养基的封闭式发酵罐中接入菌种，通入无菌空气并适当搅拌，进行微生物培养或发酵的技术称为液体深层发酵（liquid submerged fermentation）。其特点是：容易按照生产菌种对代谢营养物以及通风、搅拌、温度、pH 等的要求，选择最佳培养条件；易于实现大规模工业化、标准化、自动化生产，生产效率高。因此，目前几乎所有好氧发酵都采用液体深层发酵法。根据操作方式，液体深层发酵可分为间歇式发酵和连续式发酵。

一、间歇式发酵及其发酵动力学

间歇性发酵又称分批发酵（batch fermentation），操作最为简单，在培养基中接种后只需维持一定的温度，对于好氧培养过程则还需进行通气搅拌。向发酵罐内一次性投入发酵培养基和菌种，中间除了空气进入和尾气排出，与外部没有任何物料交换，放料后再重复投料、灭菌、接种和发酵等操作。

采用分批发酵操作简单、周期短、染菌的机会减少，而且生产过程、产品质量容易控制。但分批发酵不利于测定其生长过程动力学，因使用复合培养基，底物限制或抑制问题非常复杂；对底物类型及初始浓度敏感的次级代谢物如一些抗生素等不适合采用分批发酵。

（一）菌体生长速率

微生物进行发酵的反应动力学描述常采用群体来表示。微生物群体的生长速率反映群体生物量的生长速率。在液体培养基中的群体生长，其生长速率指单位体积、单位时间里生长的菌体量。

比生长速率 μ 是指单位菌体的生长速率。比生长速率除受细胞自身遗传信息支配外，还与培养温度、pH、培养基质成分及限制性基质浓度等环境因素有关。

$$\mu=\frac{1}{X}\cdot\frac{dX}{dt}\quad(h^{-1},\ s^{-1})\tag{5-1}$$

菌体生长速率 v_X 与微生物的菌体浓度 X 成正比。

$$v_X=\frac{dX}{dt}=\mu X\quad[g/(L\cdot h)]\tag{5-2}$$

（二）基质消耗速率

基质的消耗速率
$$v_S=-\frac{dS}{dt}\quad[g/(L\cdot s)]\tag{5-3}$$

基质的比消耗速率
$$\sigma=-\frac{1}{X}\cdot\frac{dS}{dt}\quad(h^{-1},\ s^{-1})\tag{5-4}$$

基质消耗速率与菌体生长速率的关系为：
$$-v_S=\frac{v_X}{Y_{X/S}}\tag{5-5}$$

式中　$Y_{X/S}$——菌体得率系数

（三）产物的生成速率

微生物生成的代谢产物种类很多，既有胞内产物又有胞外产物，而且微生物细胞内的生物合成途径与代谢调节机制各有特色，因此，很难用统一的生成速率模式来表示，与生长速率和基质消耗速率相似，可作如下表示：

产物生成速率 $$v_P=\frac{dP}{dt}\quad [g/(L\cdot s)] \tag{5-6}$$

产物的生成比速 $$\pi=\frac{1}{X}\cdot\frac{dP}{dt}\quad (h^{-1},\ s^{-1}) \tag{5-7}$$

（四）分批发酵的生长动力学

分批发酵是一种准封闭培养，其发酵过程属于典型的非稳态过程，随着发酵初期接入微生物细胞对培养环境的适应和生长，基质被逐渐消耗，代谢产物不断积累，整个过程中菌的浓度、营养成分的浓度和产物浓度等参数都随时间变化。在分批发酵过程中，微生物生长通常经历延滞期、对数生长期、衰减期、稳定期（静止期）和衰亡期五个时期，如图 5-1 所示。

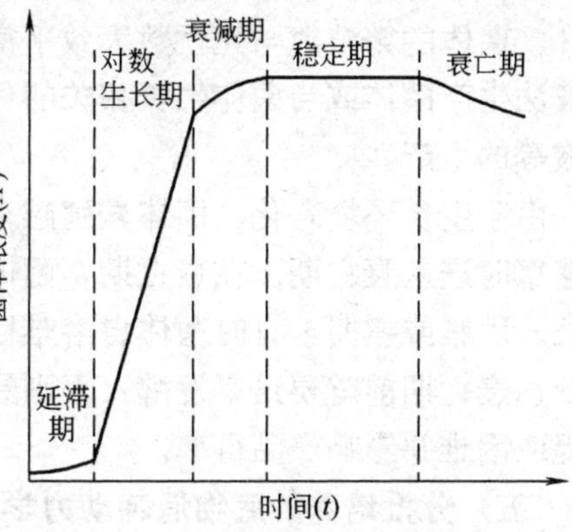

图 5-1　分批发酵时典型的微生物生长动力学曲线

延滞期又称停滞期、调整期或适应期。指微生物接种到新鲜培养基中后一段时间内，菌体数目增加不明显的一段时期。这是由于接种初期微生物细胞对生长环境有一个适应的过程，这个时期的长短取决于种子质量、菌龄、接种量等因素。如果接种物处于对数生长期，延滞期就短；同一菌种，接种量大延滞期则短。在延滞期微生物细胞浓度（或数量）的变化

$$\frac{dX}{dt}=0 \tag{5-8}$$

对数生长期又称指数期。在这一阶段中，由于培养基中营养物质丰富，有害代谢物少，微生物细胞的生长不受限制，因此细胞质量和数目均随时间呈指数增加。细胞生长速率与细胞浓度是一级动力学关系。

$$\frac{dX}{dt}=\mu X \tag{5-9}$$

在对数生长阶段，细胞的生长不受基质浓度限制，比生长速率 μ 达到最大值 μ_{max} 并保持不变，$\mu=\mu_{max}$。对式（5-9）积分：

$$\int_{x0}^{x}\frac{dX}{X}=\mu\int_{0}^{t}dt \tag{5-10}$$

得 $$\ln\frac{X}{X_0}=\mu t \tag{5-11}$$

细胞浓度增加一倍（$X=2X_0$）时所需时间为：

$$t_d=\frac{\ln 2}{\mu_{max}}=\frac{0.693}{\mu_{max}} \tag{5-12}$$

细菌的倍增时间一般为 0.25～1h，酵母为 1.15～2h，霉菌为 2～6.9h。

经过对数生长期细胞的大量繁殖，培养基中营养物质迅速消耗，有害物质逐渐积累，

细胞的比生长速率逐渐下降，进入减速期。当培养基中不存在抑制细胞生长的物质时，细胞的比生长速率 μ 和限制性基质的浓度 S 有如下关系（Monod 方程）：

$$\mu=\frac{\mu_{\max}S}{Ks+S} \tag{5-13}$$

式中　$\mu_{\max}$——最大比生长速率，h^{-1}

Ks——底物饱和常数，g/L

饱和常数 Ks 的物理意义是比生长速率等于最大比生长速率的一半时的底物浓度。

因营养物质的耗尽和代谢物（包括有害的和目的产物）的大量积累，细胞死亡数逐步上升，菌体的繁殖数与死亡数大致平衡，使活细胞数不再增加，进入稳定期。稳定期是以发酵法生产菌体或与菌体生长相关的代谢产物的最佳收获期，如单细胞蛋白、有机酸、氨基酸等的生产。

由于生长环境恶化，菌体繁殖越来越慢，死亡数越来越多，当菌体死亡的速率超过生长速率时进入衰亡期。在衰亡期，菌体形态显著改变，出现多形态的细胞衰退型，如菌体变长、肿胀或扭曲，有时菌体自溶难以辨认，新陈代谢活动趋于停滞等。大多数分批发酵在到达衰亡期前就要结束发酵，否则易引起目的代谢产物的大量分解，以及菌体自溶而使后提取困难并影响产品得率。

（五）分批培养的底物消耗动力学

1. 得率系数

微生物细胞内的生化反应极为复杂，好氧发酵总的反应可用下式表示：

碳源＋氮源＋氧⟶细胞＋产物＋CO_2＋H_2O

基质生长得率，即消耗单位数量的营养基质所得到的菌体量，$Y_{X/S}$。

$$Y_{X/S}=\frac{\Delta X}{-\Delta S} \tag{5-14}$$

式中　ΔX——菌体增加的量，g

$-\Delta S$——基质消耗量，g

相对于氧的菌体得率系数：　$Y_{X/O}=\frac{\Delta X}{\Delta O_2}$　(5-15)

$Y_{X/O}$的倒数表示生成单位质量菌体所需氧的质量。

基质的产物得率，即消耗单位数量的基质所得到的产物量，$Y_{P/S}$。

$$Y_{P/S}=\frac{\Delta P}{-\Delta S} \tag{5-16}$$

2. 基质消耗动力学参数

对于基质消耗速率

$$v_s=\frac{dS}{dt}=\frac{1}{Y_{X/S}}\times\frac{dX}{dt} \tag{5-17}$$

因

$$\mu=\frac{1}{X}\times\frac{dX}{dt}$$

故

$$v_s=\frac{dS}{dt}=\frac{\mu X}{Y_{X/S}} \tag{5-18}$$

则单位质量细胞在单位时间内的底物消耗量，即基质比消耗速率 σ 为：

$$\sigma=\frac{1}{X}\times\frac{dS}{dt}=\frac{\mu}{Y_{X/S}} \tag{5-19}$$

对于氧的消耗，单位体积培养液中的细胞在单位时间内摄取溶解氧的量称为摄氧率（γ）或溶解氧的消耗速率。则单位质量细胞在单位时间内的溶解氧消耗量（称为比耗氧速率，也可称为微生物细胞的呼吸强度）。

$$\delta=\frac{\mu}{Y_{X/O}} \tag{5-20}$$

（六）基质消耗动力学

微生物发酵过程中的底物消耗主要用于三个方面，即合成细胞生长繁殖所需的物质、维持细胞的结构和生命活动所需的能耗以及合成代谢产物。根据物料衡算：

$$\frac{dS}{dt}=\frac{dS_1}{dt}+\frac{dS_2}{dt}+\frac{dS_3}{dt} \tag{5-21}$$

即：

$$-\frac{dS}{dt}=\frac{\mu X}{Y_{X/S}}+\frac{\pi X}{Y_{P/S}}+mX \tag{5-22}$$

由上式可得：

$$\sigma=\frac{\mu}{Y_{X/S}}+\frac{\pi}{Y_{P/S}}+m \tag{5-23}$$

式中　π——产物的比生长速率，即单位质量的细胞在单位时间内生成产物的速率

m——维持细胞结构和生命活动所需能量的细胞维持系数，其定义为单位质量菌体在单位时间内，因维持代谢消耗的基质量

维持系数是微生物菌株的一种特征值，对于特定的菌株、特定的基质和特定的环境因素（如温度、pH 等）是一个常数，故又称为维持常数。维持系数越低，菌株能量代谢效率越高。

（七）分批发酵的产物形成动力学

由于微生物细胞代谢所生成的产物种类繁多，细胞内生物合成的途径十分复杂，代谢调节机制各不相同。为了研究在工业发酵过程中如何提高代谢产物的产量，就必须首先确定目的代谢产物的合成与微生物细胞生长的动力学关系，再根据这种动力学关系来初步确定发酵控制的基本策略和工艺优化对策。Gaden 根据产物生成速率与细胞生长速率之间的动态关系，将其划分为生长相关型、生长部分相关型和非生长相关型三种情况。

1. 生长相关型

生长相关型是指产物的生成与细胞的生长密切相关的动力学过程，产物的合成是微生物细胞主要能量代谢的直接结果。即产物是基质分解代谢产物或合成细胞生长必需的代谢产物，通常指微生物的分解代谢产物或更广泛意义的初级代谢产物，如乙醇、葡萄糖酸、乳酸等。其产物形成速率：

$$\frac{dP}{dt}=Y_{P/X}\frac{dX}{dt} \tag{5-24}$$

式中　$Y_{P/X}$——以细胞为基准的产物得率系数

2. 生长部分相关型

生长部分相关型指代谢产物是能量代谢的间接结果，不是底物直接氧化产物，而是菌

体内生物氧化过程的主流产物（如氨基酸、柠檬酸的发酵等）。其产物形成速率：

$$\frac{dP}{dt}=\alpha\frac{dX}{dt}+\beta X \tag{5-25}$$

式中　α——与菌体生长相关的产物生成系数

β——与菌体浓度相关的产物生成系数

若以比生长速率表示，则：

$$\pi=\alpha\mu+\beta \tag{5-26}$$

3. 非生长关联型

非生长关联型是指产物的生成与能量代谢无关，与细胞生长也无直接关系，产物均为次级代谢产物（如抗生素等）。这类发酵属于复杂的发酵合成类型，其特点是细胞处于生长阶段时无产物的积累，当细胞生长进行稳定期后，产物才开始大量生成，所以这类发酵的产物生成只与微生物细胞的积累量有关。其产物形成速率：

$$\frac{dP}{dt}=\beta X \tag{5-27}$$

（八）补料分批发酵

由于分批发酵中养分会很快耗竭，无法维持微生物继续生长和生产，因此工业发酵又发展了补料分批发酵技术（也称为流加发酵）和连续发酵技术。

补料分批发酵是在分批发酵过程中补入新鲜的料液，以克服由于养分的不足而导致发酵过程的过早结束，延长对数生长期，增加生物量。由于只有料液的输入，没有输出，因此，发酵液的体积在增加，到了一定时候即需结束培养，或者将部分培养液取出，剩下的培养液继续进行补料分批发酵。

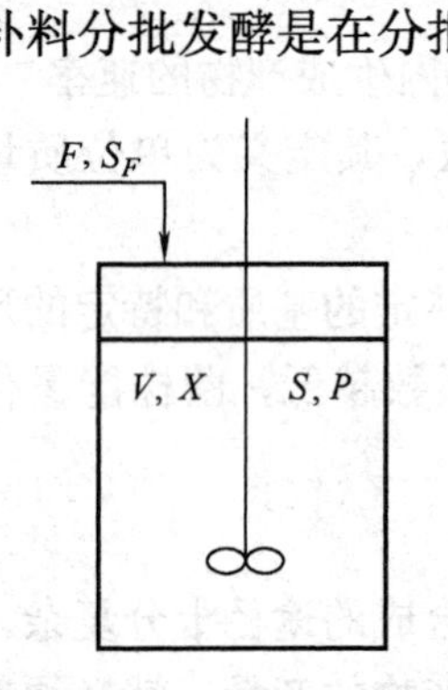

图 5-2　补料分批培养示意图[25]

补料分批发酵可以有效地对培养过程加以控制，提高培养过程的生产水平，在发酵工业中得到广泛的应用。图5-2是补料分批培养的示意图。假定反应器中进行理想的混合，培养液中只存在一种基质限制细胞的生长，细胞的得率系数恒定不变。若在某一时刻 t 培养液中的细胞、限制性基质和产物浓度分别为 X、S 和 P，培养液体积为 V，新鲜培养基中的限制性基质浓度为 S_F，流加速度为 F。由于培养基的流加，培养液的体积不断变化，因此对流加培养过程进行物料衡算，有：

细胞：
$$\frac{d(VX)}{dt}=\mu XV \tag{5-28}$$

底物：
$$\frac{d(VS)}{dt}=FS_F-\frac{1}{Y_{X/S}}\frac{d(VX)}{dt} \tag{5-29}$$

产物：
$$\frac{d(VP)}{dt}=\pi VX \tag{5-30}$$

$$\frac{dV}{dt}=F \tag{5-31}$$

关于细胞，对式的左边求全微分：

$$\frac{d(VX)}{dt}=V\frac{dX}{dt}+X\frac{dV}{dt} \tag{5-32}$$

则

$$\frac{dX}{dt}=\left(\mu-\frac{F}{V}\right)X=(\mu-D)X \tag{5-33}$$

其中 $D=\frac{F}{V}$，称为稀释率。

对于限制性基质和产物，类似地可推出：

$$\frac{dS}{dt}=D(S_F-S)-\frac{\mu X}{Y_{X/S}} \tag{5-34}$$

$$\frac{dP}{dt}=\pi X-DP \tag{5-35}$$

二、连续式发酵及其发酵动力学

连续发酵（continuous fermentation）是指在发酵过程中以一定的速度连续地向发酵罐中补入新鲜的料液，同时以相近的流速从发酵罐中排出含有目的产物的发酵液，维持发酵液在发酵罐中的体积恒定。连续发酵达到稳态后，整个发酵过程中微生物菌体的浓度、产物、浓度和限制性基质浓度都是恒定的。与分批发酵相比，连续发酵具有生产能力高、易于实现自动控制并使发酵过程最优化、产量高、易于研究菌体生长的动力学等优点。同时，连续发酵对于无菌要求严格。目前连续发酵主要应用于啤酒、酒精、单细胞蛋白、有机酸的生产，另一种方法是把固定细胞技术与连续发酵相结合，用于生产丙酮、丁醇、正丁醇、异丙醇等产品。

连续发酵的控制方式主要有两类：一种为恒浊器法，即利用浊度仪来检测微生物细胞的浓度，并通过自控仪调节流入培养基或输出发酵液的量，以控制发酵液中菌体浓度达到恒定值；另一种为恒化器法，它不直接控制菌体浓度，而是控制恒定输入的培养基中某一生长限制基质的浓度。常用的生长限制基质有作为碳源的葡萄糖、麦芽糖和乳糖，还有作为氮源的氨或氨基酸以及生长因子和无机盐等。

（一）单级连续发酵

图 5-3 是单级连续发酵的示意图。反应器中的培养基接种以后，通常先进行一段时间的分批培养，待细胞浓度达到一定程度后，以恒定的流量 F 将新鲜培养基输入反应器，同时将发酵液以同样的流量从反应器中排出，于是反应器中的发酵液体积 V 保持不变。假定反应器中的混合处于理想状态，即反应器中各处的细胞浓度、基质（包括溶解氧）浓度和产物浓度都相同，因而流出液的组成与反应器中完全相同。在这样一个体系中各组分的物料平衡可按下式计算：

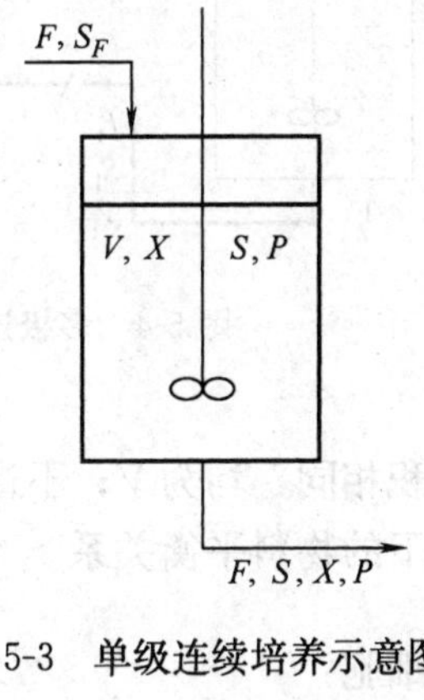

图 5-3　单级连续培养示意图[25]

积累速率＝流入速率－流出速率－变化速率

细胞（忽略细胞死亡）：

$$V\frac{dX}{dt}=FX_0-FX+\mu XV \tag{5-36}$$

限制性基质：

$$V\frac{dS}{dt}=FS_F-FS-\frac{\mu XV}{Y_{X/S}} \tag{5-37}$$

产物：

$$V\frac{dP}{dt}=FP_0-FP+\pi VX \tag{5-38}$$

式中　　　F——物料的流量

X、S和P——分别为反应器中细胞、限制性基质和产物的浓度

X_0、S_F和P_0——分别为培养基中的细胞、限制性基质和产物浓度

对于单级连续发酵，由于加入的培养基中不含细胞和产物，由式（5-36）得：

$$\frac{dX}{dt}=\left(\mu-\frac{F}{V}\right)X=(\mu-D)X \tag{5-39}$$

当达到稳定状态时，细胞浓度、基质浓度和产物浓度恒定，因此由式（5-39）可得：

$$\mu=D \tag{5-40}$$

即细胞的比生长速率和稀释率相等。因此，在单级连续培养时，只要改变加料速率，就很容易改变稳态下的细胞比生长速率，从而达到控制细胞生长的目的。同样，在稳态下，由式（5-37）和式（5-38），分别可以得到：

$$X=Y_{X/S}(S_F-S) \tag{5-41}$$

$$P=Y_{P/X}X \tag{5-42}$$

（二）多级连续发酵

将多个发酵罐串联起来，前一发酵罐的出料作为后一发酵罐的进料，即成为多级连续发酵系统（图5-4）。连续发酵的优点是在不同级的发酵罐内可以预先设定不同的培养条件，或操作时在第二级以后的各反应器中加入新培养基，这将有利于多种碳源的利用和次级代谢产物的生产。如采用葡萄糖和麦芽糖混合碳源进行发酵，第一级罐只利用葡萄糖使菌体生长，而第二级罐利用麦芽糖使菌体的生长速率远比第一级小，同时合成次生代谢产物。对于最简单的连续发酵，即各级发酵罐中的发酵液体积相同，均为V；不进行中间添加新培养基的操作；各级流量均为F。对于第n级，有如下的物料平衡关系

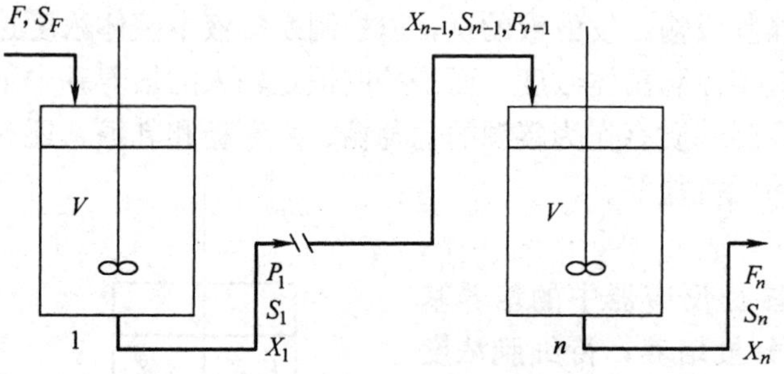

图5-4　多级连续培养示意图[15]

细胞：

$$V\frac{dX_n}{dt}=FX_{n-1}-FX_n+\mu_n X_n V \tag{5-43}$$

限制性基质：

$$V\frac{dS_n}{dt}=FS_{n-1}-FS_n-\frac{\mu_n X_n V}{Y_{X/S}} \tag{5-44}$$

产物：

$$V\frac{dP_n}{dt}=FP_{n-1}-FP_n+Y_{P/X}\mu_n X_n V \tag{5-45}$$

其中下标n和$n-1$分别表示第n和$n-1$级反应器。在稳态时，由上述各式可得：

$$\mu_n = D\left(1-\frac{X_{n-1}}{X_n}\right) \tag{5-46}$$

$$X_n = \frac{DY_{X/S}(S_{n-1}-S_n)}{\mu_n} \tag{5-47}$$

由式（5-46）和式（5-47）得：

$$X_n = X_{n-1} + Y_{X/S}(S_{n-1}-S_n) \tag{5-48}$$

$$S_n = S_{n-1} - \frac{\mu_n X_n}{DY_{X/S}} \tag{5-49}$$

$$P_n = P_{n-1} + \frac{Y_{P/X}\mu_n X_n}{D} = P_{n-1} + Y_{P/X}Y_{X/S}(S_{n-1}-S_n) \tag{5-50}$$

由式可知，从第二级发酵罐开始，微生物细胞的比生长速率不再和稀释率相等。在较大的稀释率范围内，随着发酵罐级数的增加，由于发酵罐内的限制性基质浓度越来越低，细胞的比生长速率越来越小。

第四节　发酵工程的工艺与技术

一、发酵工程的工艺过程

典型的发酵工艺过程如图 5-5 所示。

（一）菌种的选育

进行产品的发酵生产，首要要有一株能满足生产需求的高产菌株。野生型微生物自身代谢过程是被严格调控的，并且还存在着代谢产物的分解途径，所有代谢产物都不可能过量积累，一般不能满足生产的需要。所以首先必须进行菌种的分离、纯化和各种选育或基因重组，以供发酵生产使用。优良的生产菌种需具有以下特性：①遗传特性稳定，不易变异退化；②生长繁殖能力强，有较高的生长速率及合成目标产物的能力；③不产生或少产生与目标产品性质相近的副产物及其他产物，目标产物易从发酵液中分离、提取和精制；④对培养基营养成分要求低，能利用价格便宜、来源广泛的原料；⑤最适温度、耗氧适中，易于控制条件下进行和发酵；⑥具有抗噬菌体感染的能力；⑦菌种为非病原菌。

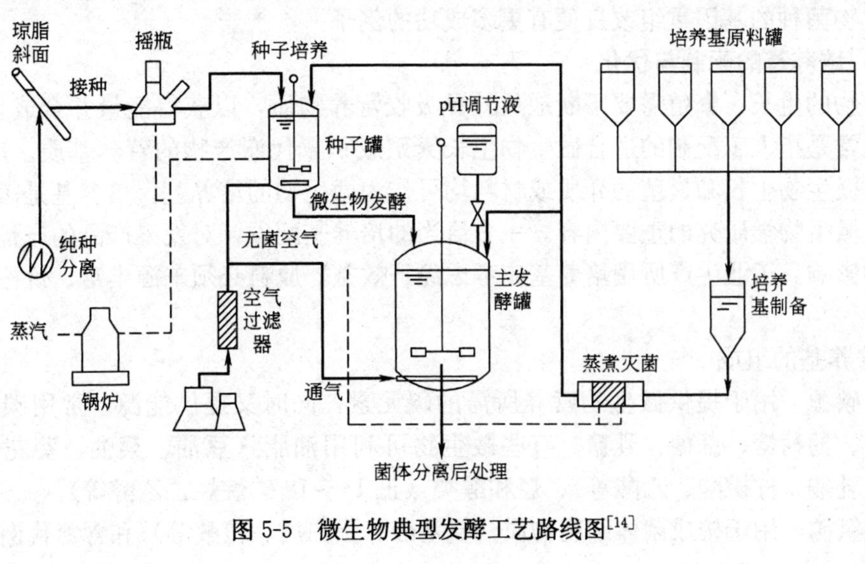

图 5-5　微生物典型发酵工艺路线图[14]

1. 发酵微生物来源的途径

（1）从自然界分离筛选　自然界中微生物资源丰富，土壤、水、空气、腐败的动植物尸体都是微生物的集居和繁殖场所，野生型微生物是获得优良菌种的宝库，从自然界分离菌种是最基本的途径，但投资和劳务成本可能比较高。

（2）从菌种保藏机构的已知菌种中直接分离筛选　可节省时间和筛选工作量，但已知菌种不一定完全符合生产要求，需对其进行选育以获得优良菌株。

（3）从生产过程中分离筛选　这是一种在工业生产中常采用的方法，取发酵水平最高批次的菌体进行分离筛选，研究和比较其生产性能，获得更优良的菌株。

2. 诱变育种

诱变育种是利用物理或化学诱变剂处理均匀分散的微生物细胞群，促进其突变率大幅度提高，然后采用简便、快速和高效的筛选方法，从中挑选少数符合育种目的的突变株，以供生产实践或科学研究用。物理诱变主要是采用辐射。如紫外线、X射线、γ射线、激光和快中子等都是常用的物理诱变剂。化学诱变剂的种类有许多，但具有高效诱变作用的并不多，常用的化学诱变剂根据其作用方式不同分为三种类型：①与核酸碱基化学反应的诱变剂，主要有硫酸二乙酯（EDS）、甲基磺酸乙酯（EMS）、*N*-甲基-*N′*-硝基-*N*-亚硝基胍（NTG）、亚硝基甲基脲（NMU）、氮芥、乙烯亚胺和环氧乙酸等烷化剂、亚硝酸盐和羟胺等。②碱基类似物，主要有5-溴尿嘧啶（5-BU）、5-氟尿嘧啶（5-FU）、8-氮鸟嘌呤（8-NG）和2-氨基嘌呤（2-AP）等。③移码突变的诱变剂，主要有原黄素、吖啶黄、吖啶橙及α-氨基吖啶等吖啶类染料。

3. 基因重组改良菌种

采用基因重组技术是改良发酵菌种新的有效途径。通过这种不同基因重组或转移交换手段，便可增加优良品种性状的组合，或者导致多倍体的出现，从而获得优良性能的发酵产生菌种。在基因重组改良菌种中，发酵工业中的酵母菌是比较成功的实例。卡尔酵母能使糖类发酵转化成乙醇和CO_2，但是它只能发酵麦芽糖，而糖化酵母只能发酵糊精。如果把这种菌株进行杂交，可以产生能发酵糊精的杂种，并把卡尔酵母再进行杂交；便可使卡尔酵母在啤酒酿造中得到改良，能把糖100%进行转化，并生产出美味可口的啤酒。至于原核微生物菌种的基因重组改良便有更多成功的例子。

（二）培养基的配制与优化

微生物的生长、繁殖需要不断地从外界吸收营养物质，以获得能量并合成新的物质。培养基通常是指人工配制的适合微生物生长繁殖或积累代谢产物的营养基质。广义上说，凡是支持微生物生长和繁殖的介质或材料均可作为微生物的培养基。培养基是微生物学尤其是工业微生物学研究的重要内容。一个恰当的培养基配方，对发酵产品的产量和质量有着极大的影响。工业生产所用培养基应考虑经济效益，原料必须来源丰富、价格低廉、质量稳定。

1. 培养基的组成

（1）碳源　用于提供微生物营养所需的碳元素，同时又提供能源。常用碳源包括糖蜜、淀粉、葡萄糖、蔗糖、乳糖。有些微生物可利用油脂（豆油、菜油、葵花籽油等）、有机酸（乳酸、柠檬酸、乙酸等）、烃和醇类（正14～18碳烷烃、乙醇等）。

（2）氮源　用于构成菌体细胞物质（氨基酸、蛋白质、核酸等）和含氮代谢产物，包括无机氮源和有机氮源。工业发酵常用的有机氮源有花生饼粉、黄豆饼粉、棉籽饼粉、玉米浆、玉米蛋白粉、蛋白胨、酵母粉、鱼粉、尿素、酒糟等；无机氮源有铵盐（氯化铵、硫酸铵、硝酸铵、磷酸铵）、硝酸盐（硝酸钠、硝酸钾）、氨水等。

（3）无机盐及微量元素　无机元素可分为磷、硫、钾、钠、钙、镁、铁等主要无机元素和钼、锌、钴、铜、硼、溴等微量无机元素。磷、硫是构成细胞物质的重要成分，钾、钠、镁主要是调节和控制原生质的胶体状态、维持膜的透性并激发某些酶的活力。微量无机元素虽然量微，但往往会强烈刺激微生物的生长发育。

（4）生长因子　生长因子是微生物生长发育过程中不可缺少而需要量又极少的一类特殊营养物质，它包括了维生素、氨基酸、嘌呤、嘧啶类碱基等。营养物质中的酵母膏、玉米浆或麦芽浸出物等都含有丰富的生长辅助物质。

（5）另外，发酵生产中常常还在培养基中添加促进目的产物合成的发酵促进剂、前体、抑制剂等。

2. 培养基的配制

发酵培养基的配制首先要使营养物质满足微生物的需要。不同营养类型的微生物对营养的需求差异很大，所以，应根据所培养菌种对各营养要素的不同要求进行配制。如自养微生物的培养基成分是无机物，而异养型微生物的培养基成分必须含有机物。针对不同类别的微生物，一般可以先采用现成配方的培养基。如细菌采用肉汤蛋白胨培养基、放线菌采用高氏 1 号合成培养基、酵母采用麦芽汁培养基及霉菌采用查氏合成培养基。培养基中的营养物浓度及配比应恰当。营养物的浓度太低，不能满足微生物生长的需要，浓度太高，又会抑制微生物的生长。如糖和盐都是良好的营养物质，但是，浓度升高，则有抑菌作用。其中碳氮比是培养基设计中通常要考查的一个重要指标，碳氮比（C/N）一般指培养基中元素 C 与 N 的比值。为方便测定和计算，人们常以培养基中还原糖含量与粗蛋白含量的比值来表示，一般培养基的 C/N 比为 100∶0.5～2。在谷氨酸生产菌发酵中，C/N 比为 4∶1 时，菌体大量繁殖，谷氨酸积累量较少；当 C/N 为 3∶1 时，菌体繁殖受到抑制，谷氨酸大量积累。在设计营养物配比时，还应该考虑避免培养基中各成分之间的相互作用。如蛋白胨、酵母膏中含有磷酸盐时，会与培养基中钙或镁离子在加热时发生沉淀反应。在高温下，还原糖与蛋白质或氨基酸也会相互作用产生褐色物质。

在培养基配制时，通常可添加化学试剂补充宏量元素。其中，首选的是 K_2HPO_4 和 $MgSO_4$，因为它们包含了四种宏量元素。培养基的物理化学条件（pH）要适宜微生物的生长。各大类微生物一般都有它们生长繁殖的最适 pH，细菌的最适 pH 一般在 7.0～8.0，放线菌在 pH7.5～8.5 间，酵母菌在 pH3.8～6.0 间，霉菌在 pH4.0～5.8 之间，对于具体的微生物菌种来说，它们都有各自特定的最适 pH 范围，有时会大大突破上述界限。

在微生物生长繁殖过程中会产生引起培养基 pH 改变的代谢产物，尤其是不少微生物有很强的产酸能力，如不适当地加以调节，就会抑制甚至杀死其自身。在设计它们的培养基时，就要考虑到培养基的 pH 调节能力。一般应该加入磷酸缓冲液或 $CaCO_3$，使培养液的 pH 稳定。

培养基的成分直接影响着培养的目标，在设计培养基时必须考虑是要培养菌体，还是要积累产物，是实验室培养还是大规模发酵等问题。

用于培养菌体的种子培养基营养成分应丰富，尤其是氮源含量宜高，即碳氮比值低。相反，用于积累大量生产代谢产物的发酵培养基，它的氮源一般应比种子培养基稍低。当然，若发酵产物是含氮化合物时，有时还应该提高培养基的氮源含量。在设计培养基时，还应特别考虑到代谢产物是初级代谢产物，还是次级代谢产物。若是次级代谢产物还要考虑是否加入特殊元素（如维生素 B_{12} 中的 Co）或特定的前体物质（如生产卞青霉素时，应加入苯乙酸）。

另外在设计培养基尤其是大规模发酵生产用的培养基时，还应重视培养基中各种成分的来源和价格，应该优先选择来源广泛、价格低廉的培养基，提倡“以粗代精”，“以废代好”。

3. 培养基的优化

培养基是影响微生物生长和产物合成的重要因素，在微生物代谢产物的研究中，微生物培养基的优化工作有着举足轻重的作用。实验室最常用的优化是单次单因子（one variable at a time）法，这种方法是在假设因素间不存在交互作用的前提下，通过一次改变一个因素的水平而其他因素保持恒定不变，然后逐个因素进行考察的优化方法。但是由于考察的因素间经常存在交互作用，使得该方法并非总能获得最佳的优化条件。另外，当考察因素较多时，需要太多的试验次数和较长的试验周期。这可弥补单次单因子法的缺陷，多种优化方法已被成功地运用于微生物发酵培养基的优化工作中，包括全因子实验法、Plackett-Burman 设计法、响应面优化设计法、正交设计法、均匀设计法等基于数理统计的优化法以及单纯形法等非数理统计优化法。微生物发酵培养基的优化一般过程如下：

（1）碳源的筛选　在基础发酵培养基中分别加入不同碳源，以取代基础培养基中的葡萄糖进行碳源试验。以菌体生物量或目的产物为指标来衡量碳源的优劣，从而选择出最佳碳源。

（2）氮源的筛选　在基础发酵培养基中分别加入不同的有机氮或无机氮，以取代基础培养基中的氮源进行氮源试验。然后以相关的菌体或目的产物为指标来衡量氮源的优劣，从而选择出最佳氮源。

(3) 还有碳氮比试验　金属离子对菌种生长及产物生产的影响试验，以及其他生长因子的筛选。

（4）选定碳源、氮源以及其他影响产物合成的主要因素后，对培养基的各主要成分进行量的优化，采用正交或其他试验设计方法，选择合适的因素水平安排试验，确定一个最优的发酵培养基。

（三）培养基的灭菌

对于大量的培养基和发酵设备的灭菌，最有效、最常用的灭菌方法是蒸汽灭菌（即湿热灭菌）。

1. 微生物的死亡速率与理论灭菌时间

微生物的受热死亡是指其生活力丧失，在一定温度下，湿热灭菌，培养基中微生物受热死亡过程与一级化学反应中未反应物的减少速度类似。如果 N 表示活菌数，则活菌减少率即受热死亡速率 $\left(-\frac{dN}{dt}\right)$ 与 N 成正比。

$$-\frac{dN}{dt}=kN \tag{5-50}$$

式中　N——培养基中活微生物的个数

t——微生物受热时间

k——比死亡速率

若开始灭菌时（$t=0$），培养基中活微生物数为 N_0，将上式积分可得：

$$\ln\frac{N}{N_0}=-kt \tag{5-51}$$

即：

$$t=\frac{1}{k}\ln\frac{N_0}{N} \tag{5-52}$$

随温度的变化，比死亡速率 k 值有很大的变化，温度对 k 的影响遵循阿仑尼乌斯定律。培养基在灭菌以前，存在各种各样的微生物，它们的 k 各不相同，k 值越小，则此微生物越耐热。在计算时，可以对热抵抗力较大的芽孢杆菌的 k 进行计算，即：

$$\lg k=-\frac{14845}{T}+36.127 \tag{5-53}$$

若要求灭菌后绝对无菌，即 $N_t=0$，则从上面公式可以看出灭菌时间将等于无穷大，这是不可能的，故培养液灭菌后，以在培养液中还残留一定活菌数进行计算。工程上，通常以 $N_t=10^{-3}$ 个/罐，即杂菌污染降低到被处理的每 1000 罐中只残留 1 个活菌的程度，此数已满足生产要求。

2. 培养基的分批灭菌

培养基的分批灭菌就是将配制好的培养基放在发酵罐或其他容器中，通入蒸汽将培养基和所用设备一起灭菌的操作过程，也称实罐灭菌。在工业上，培养基的分批灭菌无须专门的灭菌设备，设备投资少，灭菌效果可靠，对灭菌用蒸汽要求低（0.2～0.3MPa 表压），但因其灭菌温度低、时间长而对培养基成分破坏大，对操作难于实现自动控制。分批灭菌的过程包括升温、保温和降温三个阶段。

3. 培养基的连续灭菌

连续灭菌就是将配制好的培养基在通入发酵罐时进行加热、保温、降温的灭菌过程，也称之为连消。连续灭菌时，培养基在短时间内被加热到灭菌温度（一般为 130～140℃），短时间保温（一般为 5～8min）后，被快速冷却，再进入早已灭菌完毕的发酵罐。组成培养基的不同成分（耐热与不耐热、糖与氮源）可在不同温度下分开灭菌，以减少培养基受热破坏的程度。

培养基的连续灭菌具有对培养基破坏小、可以实现自动控制、提高发酵罐的设备利用率、蒸汽用量平稳等优点而被广泛应用，尤其在培养基体积较大时。但对加热蒸汽的压力要求较高，一般不小于 0.45MPa。同时连续灭菌需要一组附加设备，设备投资大。

（四）种子扩大培养

种子扩大培养是指将保藏在沙土管、冷冻干燥管中处休眠状态的生产菌种接入试管斜面活化后，再经过扁瓶或摇瓶及种子罐逐级扩大培养而获得一定数量和质量的纯种微生物的过程。现代发酵工业规模越来越大，每只发酵罐的容积有几十立方米甚至几百立方米，若装液量以70%、接种量以5%～10%计算，就要接入几立方米到几十立方米的种子，为保证发酵的顺利进行，试管或摇瓶的微生物必须经过种子制备过程。要从保藏在试管中的微生物菌种逐级扩大为生产用种子是一个由实验室制备到车间生产的过程，种子制备的工艺流程如图5-6所示。

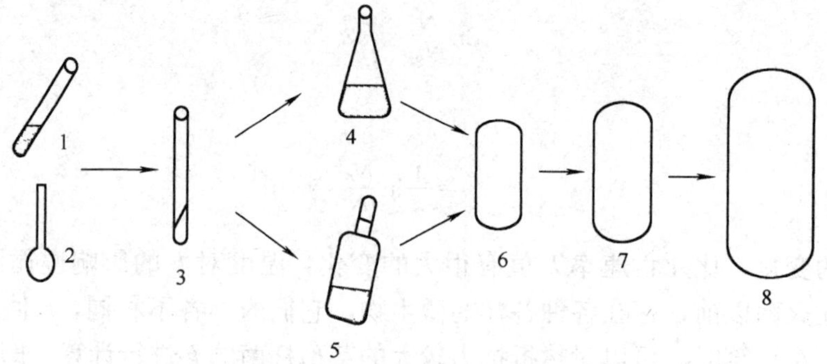

图5-6　种子扩大培养流程图[25]

1—沙土孢子　2—冷冻干燥孢子　3—斜面孢子　4—摇瓶液体培养
5—固体培养基培养　6、7—种子罐培养　8—发酵罐

（五）微生物发酵生产

微生物发酵是菌体大量生长繁殖并逐步合成和积累代谢产物的动态过程，是整个发酵工程的中心环节。发酵特别是液体深层发酵是在无杂菌条件下的纯种培养过程，发酵前必须将配制好的培养基和发酵设备彻底灭菌，冷却至适宜温度后接入制备好的发酵种子。好氧发酵时，通入经无菌过滤的压缩空气，中途补料液要事先灭菌并保持无菌，种子转移和取样分析亦需采用无菌操作过程。发酵过程中发酵罐内部的代谢变化（菌体形态、菌体浓度、营养物质浓度、pH、溶氧浓度、产物浓度、温度等）是比较复杂的，次级代谢产物的发酵就更加复杂，受到许多因素的影响。具体内容在后面叙述。

（六）发酵液的后提取

微生物的代谢产物可分为胞内和胞外两种，发酵结束后应迅速从发酵液中或菌体中将目的产物提取出来，制成符合要求或一定纯度、剂型的产品。如果是胞内产物，首先须将菌体从发酵液中分出，再经细胞破碎使产物从胞内溶出，然后进行相应的分离纯化；如果是胞外产物，一般只需除去发酵液中的菌体及其他悬浮固形物，就可进行相应的分离纯化。发酵产物分离提取的具体内容参见本书第七章。

二、常用发酵设备

现代大规模发酵生产均采用液体深层培养。从广义的范围来说，发酵设备包括从原料处理、培养基的配制与灭菌、种子扩大培养、发酵、产品后加工等工序的所有设备与装置。其中最关键的设备就是生物反应器或发酵罐，它是微生物在液体发酵过程中进行生长、繁殖和合成产物时所必须的装置。一个优良的发酵设备应具有严密的结构、良好的液体混合性能、高效的传质和传热速率、可靠的检测和控制仪表，微生物才能获得最大的生产效率。随着发酵工业的发展，发酵产物种类、菌种类型、原料来源，以及工艺操作方式等方面的不断扩展和改进，相继设计制造出了各种类型的发酵罐。20 世纪 50 年代，发酵罐一般只配备温度、空气流量、罐压和消泡等几种参数的手动控制或自动控制；60 年代已基本上实现了发酵罐运转中主要参数的自动控制；70 年代以后实现了计算机控制。与此同时，发酵罐容积、型号也出现了多样化，由小到供实验室研究用的 1～2L 发酵罐，也有大到工业化生产的 150～500m^3 发酵罐。微生物有好氧与厌氧之分，相应的发酵设备也可分为好氧发酵设备与厌氧发酵设备。

（一）好氧发酵设备（aerobie fermentative reactor）

对于好氧微生物，发酵罐通常采用通气和搅拌来增加溶氧浓度，以满足其生长、繁殖和代谢的需要。一个理想的发酵罐应使氧气不断均匀地溶解于培养基之中，并保证溶氧速率至少等于微生物最大生长繁殖时的好氧速率，同时在发酵过程中每千克溶解氧所消耗的功率又要低。常用的好氧发酵生物反应器包括机械搅拌式发酵罐、气升式生物反应器、膜式生物反应器等。

1. 机械搅拌式发酵罐

机械搅拌式发酵罐也称标准式或通用式发酵罐，它是利用机械搅拌器的作用，使空气中的氧气和培养液充分混合并溶解于其中，以保证微生物的生长繁殖所需要的氧气，同时保证培养液中各种物质快速而均匀的混合。为使微生物发挥最大的生产效率，发酵罐的设计和制造必须满足以下几个要求：①发酵罐应有适当的高径比，一般为 1.5～4，罐身越高，氧的利用率也越高，但空气阻力越大；②发酵罐应能承受一定的压力和温度，因为发酵罐在灭菌和工作时，要承受一定的压力和温度，一般最大设计压力和温度分别为 0.4MPa 和 150℃；③发酵罐的搅拌通风装置能使气液充分混合，以实现传热传质作用，以及保证微生物发酵过程中所需要的溶解氧；④发酵罐盘管和夹套应具有足够的换热面积，以保证发酵过程中对温度的控制；⑤发酵罐内应尽量减少死角，以避免藏污积垢、保证灭菌彻底和防止染菌；⑥搅拌器的轴封要严密，以减少泄漏和染菌几率。

机械搅拌式通风发酵罐（图 5-7），既具有机械搅拌又有压缩空气分布装置，为可同时进行搅拌和通入无菌压缩空气的发酵罐。由于这种发酵罐是目前大多数发酵工厂所常用的，所以称之为通用式。该类发酵罐为密闭式，灭菌蒸汽压力 0.1～0.15MPa，正常工作气压 0.03～0.05MPa。

（1）形状和大小　发酵罐大多为立式圆筒形，罐顶和罐底采用椭圆形封头；容积为 10～20m^3 不等，有的甚至可达 500m^3。

（2）部件和接口　发酵罐主要包括罐体（身）、轴和叶轮、挡板、夹套或蛇形管、空气分布装置、轴封和传动装置等，并在罐体上设有传感器、通风和蒸汽、排气、取样、接种、消泡剂或补料管道接口等，以及人孔或手孔、视镜和灯孔等，大型发酵罐还有脚梯。

（3）大小和比例　发酵罐各部分有一定的大小和比例，其中罐身的高度一般为直径的 1.5～4 倍，使培养液有较大深度，以便延长培养液和空气的停留时间；搅拌轴上安装 2～3 个搅拌叶轮，叶轮直径和罐径之比在（1∶3）～（1∶2）之间，最下面的叶轮距离罐底约等于其直径，各叶轮间距一般不小于其直径。搅拌轴一般由罐顶伸入罐内，称上搅拌式；而大型发酵罐搅拌轴常采用由罐底伸入罐内的方式，称下搅拌式。后者可缩短搅拌轴长

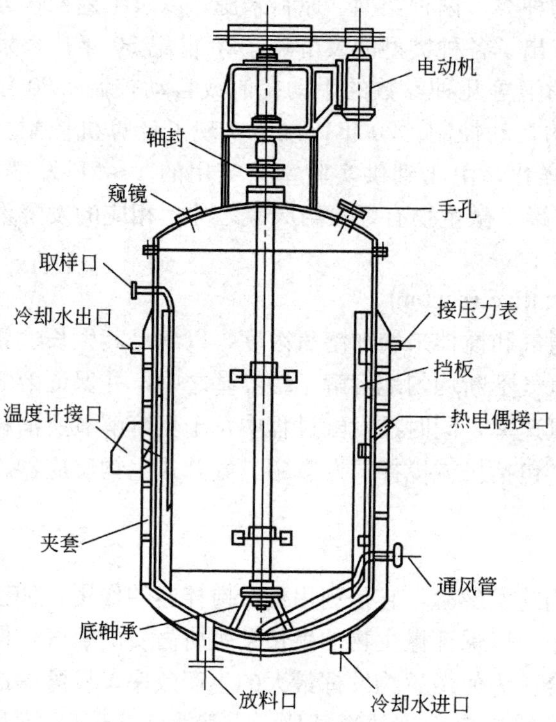

图 5-7　机械搅拌通风发酵罐结构示意图[12]

度，提高搅拌装置的稳定性。同时，由于电机和传动装置设于罐体下部，降低了罐重心和操作噪声，但轴封密封要求很高。

(4) 冷却和加热　蒸汽灭菌后的培养基和发酵过程中所产热量都需要用换热装置来进行冷却。发酵过程中机械搅拌产生的机械摩擦热以及微生物代谢产生的能量部分以热能形式散发至发酵液中。虽然培养液水分蒸发及向周围环境散热能带走部分热量，但总体上能使发酵液温度上升，需通冷却水调节和维持要求的发酵温度。而在微生物发酵初期，有时又需要通过热水或蒸汽加热保温。小型发酵罐一般采用外夹套作为换热装置，随着罐体增大，夹套换热面积不够，需采用立式蛇形管作为换热装置。

(5) 空气引入　发酵罐内的空气分布装置是将无菌空气引入到发酵罐中，有单孔管及环形管等形式，装于最低的搅拌叶轮下面，空气由分布管喷出，上升时被转动的搅拌叶轮打碎成小气泡并与液体充分混合，增加了气液接触面积，提高了气液传质效率，喷口向下有利于罐底部分液体的搅动，并使发酵液中的固形物不易沉积。

(6) 泡沫消除　在通气搅拌的作用下，发酵液中含有的一些如蛋白质、糖类等发酵物质会产生大量泡沫，将导致发酵液的外溢或感染杂菌，除了可加入消泡剂消除泡沫外，在消泡量较少时，也可采用机械消泡装置来消泡。简单的消泡装置为耙式消泡桨，固定于搅拌轴上，其直径为罐径的 0.8～0.9，齿面朝下高出液面 0.2～0.5m。由于泡沫的机械强度较小，当少量泡沫上升时，耙齿就可以把泡沫打碎。

机械搅拌式通风发酵罐广泛应用于微生物发酵工业，它是通过叶轮或桨式搅拌器转运来搅动培养液增加传质能力，确保发酵罐中氧浓度和培养液养分的均匀，达到大规模培养微生物细胞的目的，同时使培养液中剪切应力很大。因此，机械搅拌式通风发酵罐不适用于动植物细胞和组织的培养。用于动植物细胞大规模培养的机械搅拌式生物反应器都需经过改良以减小剪切应力，如在搅拌器罩上一个带夹套的筒体，从而使培养液流动更平稳更有规律。采用微孔透气器渗透供养系统，可避免大气泡的产生，实验证明，改进的机械搅拌式生物反应器在细胞培养时能获得较高的产率。

2. 气升式生物反应器 (air-lift bioreactor)

气升式生物反应器也是应用非常广泛的生物反应设备。它的主要原理是在反应器的底部设置一个气体喷嘴，从外部通入的空气或氧气以气泡形式从下部上升，上升过程中达到气体交换的目的（图 5-8)。

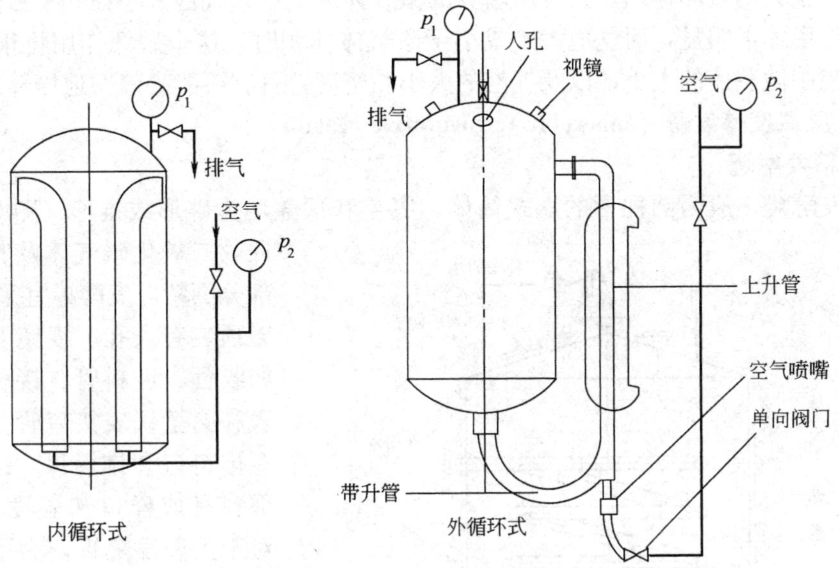

图 5-8　气升式环流发酵罐示意图[21]

气升式生物反应器按其所采取的液体循环方式不同，可划分为内循环气升式生物反应器和外循环气升式生物反应器。前者使循环过程中的升管与降管均设置在同一发酵罐内部；而后者则是将升管与降管分立布置。由于它的工作状况柔和，操作简单，剪切力小，有较好的传热、传质和混合特性，培养液的浓度也比较均匀，因此比较适合动植物细胞的培养。

气升式生物反应器的优点：①结构简单，发酵放大设计容易，易于实现设备大型化；②由于省去搅拌器，使得培养细胞受到的剪切损伤小，甚至不受剪切破坏作用；③由于没有轴封和轴承等运动部件，密封好，使得发酵罐中灭菌可靠，杂菌污染少；④无局部滞流，传热传质性能好，溶氧好；⑤无搅拌装置，使发酵罐操作噪声小，罐体积利用率大，发酵罐的加工、安装、控制、操作、维修、清洗等变得十分简便；⑥装料系数有所增加，动力能源消耗大幅度降低，钢材用量及设备投资大为节省，间接与直接经济效益均非常可观。对于黏度大的发酵液及具有丰富营养的培养基不宜采用内循环气升式发酵罐。

气升式生物反应器中，剪切力的分布更为均匀。对细胞的培养而言，减小剪切力非常重要，因为它可以对以下几个方面产生影响：①重组微生物遇到剪切力是更容易发生裂解，这是由于合成外源蛋白的额外负担使细胞壁更为脆弱；②通常细胞对剪切力的反应就是降低所有蛋白的合成；③剪切力能改变细胞的物理和化学性质，使下游操作更难进行，如发酵时剪切力可使微生物细胞表面多糖增多，从而改变收获和裂解细胞的条件，使纯化的工作更困难。

在气升式反应器中，虽然气流流速的增大将明显增大流体对细胞的剪切力，但这只是提高氧传递速率的手段，动物细胞培养不要求很高的氧浓度，因此就有可能降低流速来降低剪切力。研究表明，气泡上升时产生的涡流以及气泡破裂时产生的瞬间张力将对它附近的细胞产生很大的破坏作用。只有所培养的微载体的大小和气泡大小在一个数量级时，气泡的破坏作用才很明显，而气泡大于或小于微载体体积时，这个破坏作用将很小。因此，只要适当控制微载体的大小，以及气泡的大小和密度，就有可能高效率地培养细胞。

（二）厌氧发酵设备（anaerobic fermentative reactor）

1. 酒精发酵罐

酒精发酵罐一般为圆柱形的立式筒体，底盖和顶盖均为碟形或锥形（图 5-9）。为了回收二氧化碳气体及其所带出的部分酒精，发酵罐宜采用密闭式。罐顶装有人孔、视镜及二氧化碳回收管、进料管、接种管、压力表和测量仪表接口管等。罐底装有排料口和排污口，罐身上、下部装有取样口和温度计接口等。对于大型发酵罐，为了便于维修和清洗，往往在近罐底也装有人孔。

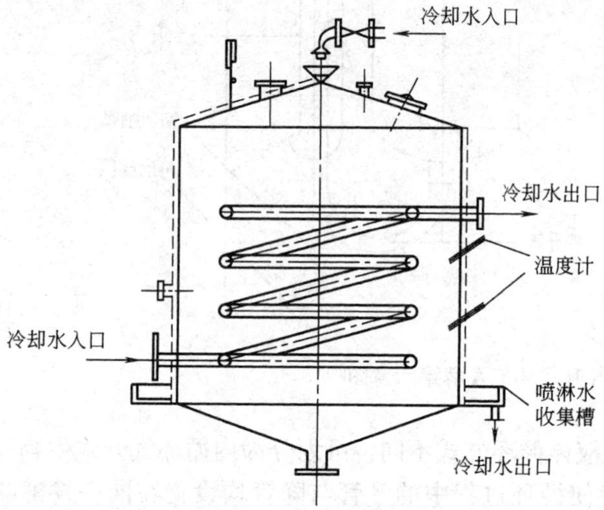

图 5-9　酒精厌氧发酵罐[12]

发酵的冷却装置，对于中小型发酵罐，多采用罐顶喷水淋于罐外壁表面进行膜状冷却。对于大型发酵罐，罐内装有冷却蛇管或罐内蛇管和罐外壁喷淋联合冷却装置。为避免发酵车间的潮湿和积水，要求在罐体底部沿罐体四周装有集水槽。采用罐外列管式喷淋冷却的方法，具有冷却发酵液均匀，冷却效率高等优点。酒精发酵罐的高径比为 1～1.5，装料系数为 0.8～0.9。

2. 新型啤酒发酵设备（圆筒体锥底发酵罐）

圆筒体锥底立式发酵罐（简称锥形罐），可单独用于啤酒的前发酵或后发酵，还可以将前、后发酵合并在该罐进行（一罐法）。目前，国内外啤酒工厂使用较多的是锥形罐，其优点在于能缩短发酵时间，而且具有生产上的灵活性，故能适合于生产各种类型啤酒的要求。

锥形罐一般置于室外，大型化，容积在 100～600m^3。锥形罐大多采用不锈钢或碳钢加涂料制成，外筒体具蝶形或拱形盖，锥形体底，罐筒体壁和锥底有各种形式的冷却夹套。锥底角度一般为 60°～130°，以 70°较好，利于酵母的自然沉降。对单酿罐的高径比（H/D）一般为 1～2，两罐法的发酵罐为 3～4，两罐法的贮酒罐为 1～2。增加 H 有利于加速发酵，降低 H 有利于啤酒的自然澄清。

锥形罐的冷却夹套一般分成三段，上段距发酵液面 15cm 向下排列，中段在筒体的下部距支撑裙座 15cm 向上排列，锥底段尽可能接近排酵母口，向上排列。在罐的外部包扎良好的保温层，以减少冷量损耗。在上中下三段冷却介质进口位置下装有智能型铂温度传感器；圆筒形下部有可清洗取样阀。罐顶有安全阀、真空破坏阀，还有视镜、灯镜、空气和二氧化碳排出管等；罐身和罐盖上均装有人孔，以观察和维修发酵罐内部。单酿罐底部有出酒管和排酵母底阀及四通视镜。在锥形罐的内部距液面 15cm 装有内部清洗系统（CIP 清洗系统）。

三、发酵过程的控制与优化

发酵是一种很复杂的生化过程，其好坏涉及诸多因素。除了菌种的生产性能，还与培养基的配比、原料的质量、灭菌条件、种子的质量、发酵条件、过程控制等有密切的关系。同样的菌种，同样的培养基在不同工厂，不同批次会得到不同的结果，可见发酵过程的影响因素是复杂的。比如设备的差别、水的差别、培养基灭菌的差别，菌种保藏时间的长短，发酵过程的细微差别都会引起微生物代谢的不同。有一个好的菌种以后要有一个配合菌种生长的最佳条件，使菌种的潜能发挥出来。

微生物代谢是一个复杂的系统，它的代谢呈网络形式，比如糖代谢产生的中间物可能用作合成菌体的前体，可能用作合成产物的前体，也可能合成副产物。而这些前体有可能流向不同的反应方向，环境条件的差异会引发代谢朝不同的方向进行。因此对发酵过程的了解不能机械地、割裂地去认识，而要从细胞代谢水平和反应工程水平全面的认识。

微生物的生长与产物合成有密切相关性，不仅表现在菌体量的大小影响产物量的多少，而且菌体生长正常与否，即前期的代谢直接影响中后期代谢的正常与否。特别是对于次级代谢产物的合成更具有复杂性。发酵体系是一个非常复杂的多相共存的动态系统，其主要特征在于：①微生物细胞内部结构及代谢反应的复杂性；②所处的生物反应器环境的复杂性，包括气相、液相、固相混合的三相系统；③系统状态的时变性及包含参数的复杂性，这些参数互为条件，相互制约。因此发酵过程的控制具有不确定性和复杂性。但是，掌握发酵工艺条件对发酵过程的影响以及微生物代谢过程的变化规律，可以帮助人们有效地控制微生物生长和代谢的发酵生产，不断提高发酵水平。

（一）发酵过程的中间分析

发酵过程的中间分析是生产控制关键环节，它显示了发酵过程中微生物的主要代谢变化。因为微生物个体极微小，肉眼无法看见，要了解它的代谢状况，只能从分析一些参数来判断。要对微生物发酵过程进行控制，首先必须了解发酵过程的各种参数及其检测方法。

发酵过程的代谢参数按性质分可分三类：①物理参数：温度、搅拌转速、空气压力、空气流量、溶解氧、表观黏度、排气氧（二氧化碳）浓度等；②化学参数：基质浓度（包括糖、氮、磷）、pH、产物浓度、核酸量等；③生物参数：菌丝形态、菌浓度、菌体比生长速率、呼吸强度、基质消耗速率、关键酶活力等。

按检测手段可分为直接参数和间接参数。能表征发酵过程性质的直接状态参数有 pH、溶解氧（DO）、溶解 CO_2、氧化还原电位，尾气中的 O_2 和 CO_2 含量、基质或产物浓度、代谢中间体浓度、菌体浓度等。通过这些直接参数可以求得发酵体系中的各种间接状态参数，如比生长速率（μ）、摄氧率（OUR）、CO_2 释放速率、呼吸商（RQ）、氧得率系数（$Y_{X/O}$）、体积氧传质速率（$K_L\alpha$）、基质消耗速率（v_S）、产物合成速率（v_P）等。

发酵过程参数以传感器实现在线检测，取样后离线检测的仪器包括气相色谱、高效液相、离子色谱、双向电泳、毛细管电泳、红外光谱、基因测序仪等用于检测基质成分的浓度、代谢中间体、产物、酶活力等。

微生物发酵的生产水平取决于生产菌种的特性和发酵条件（包括培养基）的控制。为了掌握生产菌种在发酵过程的代谢规律，可通过各种监测手段了解各种状态参数随时间的变化，并予以有效的优化控制。通常，一种发酵过程的优化控制可以通过以下步骤来完成：

（1）首先确定能反映过程变化的各种理化参数及其检测方法。

（2）其次研究这些参数的变化对发酵生产水平的影响及其机制，获取最佳范围和最适水平。

（3）建立数学模型定量描述参数之间随时间变化的量化关系，为发酵过程优化控制提供依据。

（4）最后，通过计算机实施在线自动检测和控制，验证各种控制模型的可行性及其适用范围，实现发酵过程的最优控制。

（二）温度对发酵的影响及其控制

温度是保证酶活力的重要条件，故在发酵过程中必须保证最适宜的温度环境。

1. 温度对微生物生长的影响

不同的微生物，其最适生长温度和耐受温度范围各异。根据它们对温度的要求大致可分为四类：嗜冷菌适应于0～26℃生长，嗜温菌适应于15～43℃生长，嗜热菌适应于37～65℃生长，嗜高温菌适应于65℃以上生长。温度会影响碳-能源基质转化为细胞的得率，温度也影响细胞的各种代谢过程。

每种微生物对温度的要求可用最适温度、最高温度、最低温度来表征。嗜冷菌、嗜温菌、嗜热菌和嗜高温菌的最适生长温度分别为18℃、37℃、55℃、85℃左右。在最适温度下，微生物生长迅速；超过最高温度微生物即受到抑制或死亡；在最低温度范围内微生物尚能生长，但生长速度非常缓慢，世代时间无限延长。在最低和最高温度之间，微生物的生长速率随温度升高而增加，超过最适温度后，随温度升高，生长速率下降，最后停止生长，引起死亡。

微生物受高温的伤害比低温的伤害大，即超过最高温度，微生物很快死亡；低于最低温度，微生物代谢受到很大抑制，并不马上死亡。

2. 温度对发酵的影响

（1）温度影响反应速率　发酵过程的反应速率实际是酶反应速率，酶反应有一个最适温度。

从阿累尼乌斯方程式可以看到反应速率常数：

$$k=Ae^{-\frac{E}{RT}} \quad \text{或} \quad \ln k=-\frac{E}{RT}+\ln A \tag{5-54}$$

$$E=\frac{RT_1T_2}{T_2-T_1}\ln\frac{k_2}{k_1} \tag{5-55}$$

酶反应的E值，通常是正值。反应速率常数与温度成正相关，当温度升高时，酶反应速率增大，生长代谢加快，生产期提前。但酶本身很易因过热而失去活力，表现在菌体容易衰老，发酵周期缩短，影响最终产量。温度还通过改变发酵液的物理性质（如氧的溶解度、基质的传质速率等）、某些基质的溶解度等间接影响产物的合成。

（2）温度还会影响生物合成的方向　如金色链霉菌能生产金霉素和四环素，在低于

30℃下，合成金霉素的能力较强，在35℃时金霉素的合成几乎停止，只产生四环素。

3. 影响发酵温度的因素

在发酵过程中，随着微生物对培养基的利用，以及机械搅拌的作用，将产生一定量的热量。同时因罐壁散热、水分蒸发等也带走部分热量。发酵热就是发酵过程中释放出来的净热量，它包括生物热、搅拌热、蒸发热、辐射热和显热等。

$$Q_{发酵}=Q_{生物}+Q_{搅拌}-Q_{蒸发}-Q_{显}-Q_{辐射}$$

(1) 生物热（$Q_{生物}$） 是指生产菌在生长代谢过程中产生的热量。培养中碳水化合物、脂肪和蛋白质被生产菌分解时释放出来的能量，部分用来合成高能化合物，供菌体合成和代谢活动的需要，产生代谢产物，其余部分以热的形式散发。生物热随微生物菌种、培养基成分和发酵周期的不同而不同。

(2) 搅拌热（$Q_{搅拌}$） 是指好气培养的发酵设备进行搅拌带动发酵液作机械运动产生的热量。

(3) 蒸发热（$Q_{蒸发}$） 这部分热量是在发酵过程中以蒸汽形式散发到发酵罐的液面，再由排气管带走的热量。空气进入发酵罐后就和发酵液广泛接触，进行热交换同时必然会引起发酵液水分的蒸发，水分蒸发以及排出的气体夹带着部分显热（$Q_{显}$）散失到外界，一般计算时因 $Q_{显}$ 较小而忽略不计。

(4) 辐射热（$Q_{辐射}$） 由于发酵罐外壁与大气间的温差而使发酵液通过罐体向大气辐射热量。辐射热的大小取决于罐内外温差的大小，通常冬天影响大，夏天影响小。

由于上述这些热能在发酵过程中是随时间变化的，因此，发酵热在整个发酵过程中也随着时间变化，造成发酵温度发生波动。这就需要在生产中人为地进行控制，使发酵能在一定温度下进行。生产中都采取在发酵罐上安装夹套或盘管，在温度高时，通过循环冷却水加以控制；在温度低时，通过加热使夹套或盘管中的循环水达到一定的温度从而实现对发酵温度的有效控制。

4. 最适温度的选择

最适温度的选择应从菌体的生长和产物的合成两方面加以考虑。整个发酵周期内仅选一个最适温度不一定好，因适合菌体生长的温度不一定适合产物的合成。如谷氨酸生产菌的最适生长温度为30～34℃，产谷氨酸的最适生长温度为36～37℃。

(1) 根据菌种及生长阶段选择　微生物种类不同，所具有的酶系及其性质不同，所要求的温度范围也不同。如黑曲霉生长温度为37℃；谷氨酸产生菌棒状杆菌的生长温度为30～34℃；青霉菌生长温度为30℃。

在发酵前期由于菌量少，发酵目的是要尽快达到大量的菌体，取稍高的温度，促使菌的呼吸与代谢，使菌生长迅速；在中期菌量已达到合成产物的最适量，发酵需要延长中期，从而提高产量，因此中期温度要稍低一些，可以推迟衰老。因为在稍低温度下氨基酸合成蛋白质和核酸的正常途径关闭得比较严密有利于产物合成。发酵后期，产物合成能力降低，延长发酵周期没有必要，一般采取提高温度，刺激产物合成到放罐。如四环素生长阶段的最适温度为28℃，合成期26℃，后期再升温；黑曲霉最适生长温度为37℃，产糖化酶32～34℃。但也有的菌种产物形成比生长温度高。如谷氨酸产生菌最适生长温度为30～34℃，产酸34～37℃。最适温度选择要根据菌种与发酵阶段做试验。

(2) 根据培养条件选择　温度选择还要根据培养条件综合考虑，灵活选择。通气条件差时可适当降低温度，使菌呼吸速率降低些，溶氧浓度也可高些。培养基稀薄时，温度也该低些，因为温度高营养利用快，会使菌过早自溶。

(3) 根据菌生长情况　菌生长快，维持在较高温度时间要短些；菌生长慢，维持较高温度时间可长些。培养条件适宜，如营养丰富，通气能满足，那么前期温度可高些，以利于菌的生长。

总的来说，温度的选择根据菌种生长阶段及培养条件综合考虑。要通过反复实践来定出最适温度。

（三）pH 对发酵的影响及其控制

pH 是微生物代谢的综合反映，又影响代谢的进行，所以是十分重要的参数。发酵过程中 pH 是不断变化的，通过观察 pH 变化规律可以了解发酵的正常与否。

1. pH 对发酵的影响

pH 对微生物生长繁殖及产物合成的影响主要有以下几个方面：①影响各种酶的活力，当环境 pH 抑制菌体内某些酶的活力时，就会阻碍菌体的新陈代谢；②影响微生物细胞膜所带电荷的状态，改变细胞膜的通透性，影响微生物细胞对营养物质的吸收和代谢产物的分泌；③影响培养基中一些组分的解离（如氨基酸等两性分子），进而影响微生物对这些组分的吸收；④pH 不同，往往引起菌体代谢过程的变化，使代谢产物的质量和比例发生改变。例如，黑曲霉在 pH2～3 时发酵产生柠檬酸，在 pH 近中性时，则产生草酸。谷氨酸发酵，在中性和微碱性条件下积累谷氨酸，在酸性条件下则容易形成谷氨酰胺和 *N*-乙酰谷氨酰胺。pH 是微生物生长和产物合成的非常重要的状态参数，是代谢活动的综合指标。大多数微生物生长适应的 pH 跨度为 3～4 个单位，其最佳生长 pH 跨度在 0.5～1。不同微生物生长的最适 pH 不一样，细菌和放射线在 6.5～7.5、酵母在 4～5、霉菌在 5～7。

微生物生长阶段和产物合成阶段的最适 pH 往往不一样，这不仅与菌种特性有关，也取决于产物的化学性质。生产不同产物所需要的最适 pH 不同，如链霉素和红霉素为中性偏碱，6.8～7.3；金霉素、四环素为 5.9～6.3；青霉素为 6.5～6.8；柠檬酸为 3.5～4.0。

2. 发酵过程中 pH 的变化

发酵液的 pH 在发酵过程中是变化的，这与微生物的生命活动有关。糖类氧化不完全时分解成小分子酸、醇，使 pH 下降，糖缺乏，pH 上升，是补料的标志之一。脂肪不完全氧化产生的脂肪酸、铵盐（硫酸铵等）氧化后产生酸根离子等都使 pH 下降。当氨基酸中的—NH_2 被利用后 pH 会下降；尿素被分解成 NH_3，pH 上升。NH_3 利用后 pH 下降。发酵中所用碳源种类也会影响 pH 的变化，如以乳糖为碳源，乳糖被缓慢利用，丙酮酸积累较少，pH 维持在 6～7 之间。如以葡萄糖为碳源，丙酮酸迅速积累，使 pH 下降快，发酵单位降低。微生物的发酵产物性质对 pH 也有影响。某些产物本身呈酸性或碱性，使发酵液 pH 变化。如乳酸、丙酮酸或乙酸等有机酸类的积累使 pH 下降；红霉素、洁霉素、螺旋霉素等抗生素呈碱性，使 pH 上升。

此外，通气条件的变化，菌体自溶或杂菌污染都可能引起发酵液 pH 的变化。所以确定最适 pH 以及采取有效的控制措施，是使菌种发挥最大生产能力的保证。

3. 最适 pH 的选择和控制

选择最适 pH 的准则是要获得最大的比生产速率和适当的菌体量，以获得最高产量。对一菌株最适 pH 的选择要经反复试验加以确定。控制 pH 在合适的范围应首先在基础培养基的配方中考虑到维持 pH 的需要，然后通过加酸碱或中间补料来控制。一般地，pH 调控通常有以下几种方法：

(1) 配制合适的培养基，调节培养基初始 pH 至合适范围并使其有很好的缓冲能力；

(2) 培养过程中加入非营养基质的酸碱调节剂，如 $CaCO_3$；

(3) 培养过程中加入基质性酸碱调节剂，如氨水等；

(4) 加生理酸性或碱性基质，通过代谢调节 pH；

(5) 将 pH 控制与代谢调节结合起来，通过补料来控制 pH。在实际生产中，一般可选取其中一种或几种方法，并结合 pH 的在线检测情况对 pH 进行不断控制，以保证 pH 处于合适的范围。

（四）溶解氧对发酵的影响及其控制

溶解氧（dissolve oxygen，DO）是好氧微生物生长所必需的。在发酵过程中有多方面的限制因素，由于氧在水中的溶解度很低，所以溶氧往往最易成为好氧微生物发酵的限制因素。即使培养是被空气饱和，它所贮存的氧量仍然是很少的，在对数生长期即使发酵液中的溶氧能达到 100%空气饱和度，若此时中止供氧，发酵液中溶氧可在几分钟之内便耗竭。氧是一种难溶于水的气体，在 25℃、100kPa 条件下，氧在纯水中的溶解度仅为 1.26mmol/L，空气中的氧在纯水中的溶解度更低（0.25mmol/L）。培养基中因含有大量的有机和无机物质，氧的溶解度比水中还要低。这就决定了好氧微生物深层培养需要适当的通气条件，才能维持一定的生产水平。

在工业发酵中，产率是否受到氧的限制，单凭通气量的大小是难于确定的，因为 DO 的高低不仅取决于供氧效率，还取决于微生物细胞耗氧状况。了解溶氧状况的最简便有效的方法是在线监测发酵液中 DO 的浓度，从 DO 浓度变化情况可以了解氧的供需规律及其对菌体生长和产物合成的影响。目前，最常用的测定溶氧的方法是基于极谱原理的电流型测氧覆膜电极法，在发酵罐内安装溶氧电极进行溶氧的测定。

1. 溶解氧对发酵的影响

在耗氧发酵中，微生物对氧有一个最低要求，满足微生物呼吸的最低氧浓度为临界氧浓度。一般好氧微生物临界氧浓度很低，为 0.003～0.05mmol/L，是饱和度的 1.25%。当不存在其他限制性基质时，溶解氧浓度高于临界值，微生物的呼吸强度保持恒定，与培养液中溶解氧浓度无关；当溶解氧浓度低于这个临界值，微生物的呼吸强度受到溶解氧的影响，即随溶解氧浓度的增加而提高，也随溶解氧浓度的降低而下降，这时细胞的代谢活动会因溶解氧浓度的限制受到影响。

溶解氧的大小对菌体生长和产物的形成及产量都会产生不同的影响。如谷氨酸发酵，供氧不足时，谷氨酸积累就会明显降低，产生大量乳酸和琥珀酸。又如薛氏丙酮酸菌发酵生产维生素 B_{12} 时，维生素 B_{12} 的组成部分卟啉醇酰胺（又称 B 因子）的生物合成前期中的两种酶受到氧的阻遏，只有限制氧的供给，才能大量积累 B 因子；B 因子又必须在供氧的条件下才能转变成维生素 B_{12}，因而采用厌氧和供氧相结合的方法，才有利于维生素 B_{12} 的合成。所以在好氧发酵中并不是溶氧越大越好。即使是专性好氧菌，过高的溶氧对生长也可能造成不利，这是因为氧通过形成超氧化物基 O_2^-、过氧化物基 O_2^{2-} 或羟自由基

OH^-，破坏细胞及细胞膜。

发酵过程中从培养液的溶氧浓度变化可以判断菌的生长生理状况。随菌种的活力、接种量以及培养基的不同，DO值在培养初期开始明显下降的时间也不同。通常，在对数生长期DO值下降明显，从其下降速率可大致估计菌的生长情况。抗生素发酵在前期10～70h间通常会出现一个DO值低谷阶段，如土霉素在10～30h、红霉素在25～50h、赤霉素在20～60h、头孢菌素C和两性霉素在30～50h。发酵过程中，DO值低谷到来的迟早与低谷时的DO水平随工艺和设备条件不同而异。出现二次生长时，DO值往往会从低谷处逐渐上升，到一定高度后又开始下降，这是微生物开始利用第二种基质（通常为迟效碳源）的表现。当生长衰退或自溶时，DO值将逐渐上升。

2. 影响供氧的因素

在稳定情况下，氧分子从气体主体扩散到液体主体的传递速率即氧的传质方程式为：

$$OTR = K_L\alpha(C^* - C_L) \tag{5-56}$$

式中　OTR——单位体积培养液中的氧传递速率，$mol/(m^3 \cdot s)$

$K_L\alpha$、C^*、C_L——分别为容积氧传递系数（s^{-1}）、与p平衡的液相氧浓度（mol/m^3）和液相主体氧浓度（mol/m^3）

由上式可见，凡是影响推动力（$C^* - C_L$）、传递系数K_L和比表面积α的因素都会影响氧的传递速率。此外，发酵罐中的液体体积与高度，发酵液的物理性质等也对供氧有影响。

提高推动力实际上是增加氧的饱和度C^*，可采用以下的方法实现：①在通气中掺入纯氧或富氧提高空气中的氧分压。②提高发酵罐的罐压，但增加罐压使溶氧浓度增加的同时也会增加CO_2的浓度。而且CO_2的溶解度比氧高30倍，这会影响pH和菌的生理代谢。

对一定的培养基和培养条件来说，C^*是一常数，因此要想提高氧的传递速率，关键是设法提高$K_L\alpha$值。可以从操作条件、液体的性质以及其他条件等方面来改进$K_L\alpha$值。

（1）搅拌　对于装有机械搅拌器的发酵罐，搅拌器可以从多方面改善通气效率：可将通入培养液的空气打散成细小的气泡，防止小气泡的凝集，从而增大气液相的有效接触面积；使液体形成涡流，延长气泡在液体中的停留时间；增加液体的湍动程度，减少气泡外滞流液膜的厚度，从而减小传递过程的阻力。增大搅拌功率可显著增加$K_L\alpha$值，但搅拌功率也并非越大越好，因为过于激烈的搅拌，产生很大的剪切力，可能对细胞造成损伤；另外激烈的搅拌还会产生大量的搅拌热，增加传热的负担。

（2）空气流量　在通气培养中，空气为微生物提供氧气的同时，还能带走发酵废气。增加空气流量可增加$K_L\alpha$值，但有一定的限度，超过这一限度，搅拌器就不能有效地将空气泡分散到液体中，而在大量空气泡中空转，发生“过载”现象。

（3）发酵液黏度　发酵液黏度增大时，由于滞流液膜的厚度增加，传质阻力增大，同时黏度也影响扩散系数，致使通气效率降低。

（4）微生物的生长　随着微生物的生长，发酵液中细胞浓度的增加，会使$K_L\alpha$值逐渐变小。不同的菌丝体形态使发酵液的流动特性有较大的差别，明显影响$K_L\alpha$值。

（5）消泡剂的影响　在发酵过程中加入的消泡剂，会分布在气液界面，增大传递阻力，使K_L下降；虽然加入消泡剂也会使气泡直径有相当的减小，导致比表面积增加，但

$K_{L}\alpha$ 下降的影响超过增大的作用。使用消泡剂会引起溶解氧的暂时下降，但最终会有效地改善发酵液的通气效率。

（6）离子强度的影响　电解质溶液中生成的气泡比在水中的要小得多，所以有较大的比表面积。在同样条件下，电解质溶液的 $K_{L}\alpha$ 值也比水中的大，并且随着电解质浓度的增加，$K_{L}\alpha$ 值也有较大的增加。

3. 溶解氧在发酵过程控制中的重要作用

掌握发酵过程 DO 值变化的规律与其他参数的关系后，就可以通过检测溶氧的变化来控制发酵过程。如果溶氧出现异常变化，就意味着发酵可能出现问题，要及时采取措施补救。而且，通过控制溶氧还可以控制某些微生物发酵的代谢方向。

（1）溶解氧判断操作故障或事故引起的异常现象　一些操作故障或事故引起的发酵异常现象能从 DO 值的变化中得到反映，如停止搅拌、未及时开启搅拌或搅拌发生故障、空气未能与液体充分混合都会使 DO 值比平常低得多，又如一次补糖过量也会使 DO 水平显著降低。

（2）溶解氧判断中间补料是否恰当　中间补料是否得当可以从 DO 值的变化看出，如赤霉素发酵，有些批次的发酵罐会出现“发酸”现象，这时氨基氮迅速上升，DO 值会很快升高。

（3）溶解氧判断发酵体系是否污染杂菌　当发酵体系污染杂菌后，DO 值一般会一反往常，迅速（一般 2～5h）下跌到 0，并长时间不回升。但不是一染菌 DO 值就下跌到 0，要看杂菌的好氧情况和数量，以及在罐内与生产菌相比是否占优；有时会出现染菌后 DO 值反而升高的现象，这可能是因为生产菌受杂菌抑制，而杂菌又不太好氧。

（4）溶解氧作为控制代谢方向的指标　在酵母及一些微生物细胞的生产中，DO 值是控制其代谢方向的主要指标之一，DO 分压要高于某一水平才会进行同化作用。当补料速率较慢和供氧充足时糖完全转化为酵母、CO_2 和水；若补料速率提高，培养液的 DO 分压跌到临界值以下，便出现糖的不完全氧化而生成乙醇，使酵母的产量减少。此外，DO 值还能作为各级种子罐的质量控制和很多种指标之一。

（五）基质浓度对发酵的影响及其控制

基质的种类和浓度直接影响到菌体的代谢变化和产物的合成。培养基过于丰富，会使菌生长过盛，发酵液非常黏稠，传质状况很差，细胞不得不花费许多能量来维持其生存环境，即用于非生产的能量倍增，对产物的合成不利。养分贫瘠则菌体难于生产。选择适当的基质和控制适当的浓度，是提高代谢产物产量的重要方法。

1. 碳源对发酵的影响及控制

碳源浓度对产物形成的影响以酵母的 Crabtree 效应为例，酵母生长在高糖环境下，即使溶氧充足，它还会进行有氧发酵，从葡萄糖产生乙醇，当培养基中葡萄糖浓度＞5％时就会出现此效应。

就碳源种类可以分为迅速利用的碳源和缓慢利用的碳源。迅速利用的碳源（如葡萄糖）有利于菌体生长，但有的分解代谢产物对产物的合成可能产生阻遏作用；缓慢利用的碳源，有利于延长代谢产物的合成，特别有利于延长抗生素的分泌，也常为许多微生物药物的发酵所采用。如乳糖、蔗糖、麦芽糖、玉米油等分别用于青霉素、头孢菌素 C、链霉素、核黄素发酵的最适碳源。选择最适碳源对提高代谢产物产量是很重要的，在工业上，发酵培养基中常采用含有快速和慢速利用的混合碳源，以控制菌体的生长和产物的合成。

控制碳源浓度可采用经验法和动力学法，即在发酵过程中采用中间补料的方法来控制，根据不同代谢类型来确定补料时间、补料量和补料方式。动力学方法是要根据菌体的比生长速率、糖的比消耗速率及产物的比生产速率等动力学参数来控制。

2. 氮源对发酵的影响及控制

氮源有无机氮源和有机氮源两类，它们对菌体代谢都能产生明显的影响，不同种类和浓度都能影响产物合成的方向和产量。如谷氨酸发酵，当 NH_4^+ 供应不足时，就促使形成 α-酮戊二酸；而过量的 NH_4^+ 则促使谷氨酸转变成谷氨酰胺。

迅速利用的氮源（氨基酸等）容易被菌体利用，促进菌体生长，但对某些产物（如螺旋霉素抗生素等）的合成产生调节作用，影响产量；缓慢利用和氮源（黄豆饼粉、花生饼粉等）对延长次生代谢产物的分泌期、提高产物的产量有好处。

发酵培养基中一般选用含有快速和慢速利用的混合氮源。如链霉素发酵采用硫酸铵和黄豆饼粉；氨基酸发酵时用铵盐和麸皮水解液、玉米浆。

3. 磷酸盐浓度的影响

磷是微生物菌体生长繁殖的必需成分。微生物生长良好所允许的磷酸盐浓度为0.32～300mmol/L，但对次生代谢产物合成良好所允许的最高平均浓度仅为1.0mmol/L，如提高到10mmol/L，就明显地抑制其合成。磷酸盐浓度调节代谢产物合成机制，对于初级代谢产物合成的影响，往往是通过促进生长而间接产生的，对于次级代谢产物来说，机制比较复杂。

磷酸盐浓度的控制，一般是在基础培养基中采用适当的浓度。对于初级代谢来说，要求不像次级代谢那样严格。对于抗生素发酵，常常采用亚适量的磷酸盐浓度，也就是对菌体生长不是最适合但又不影响生长的量。其最适浓度取决于菌种特性、培养条件、培养基组成和来源等因素，必须结合当地的具体条件和使用的原料进行试验确定。

除上述主要基质外，还有其他培养基成分影响发酵，如 Cu^{2+}，在以醋酸为碳源的培养基中，能促进谷氨基产量的提高；Mn^{2+} 对芽孢杆菌合成杆菌肽等次级代谢产物具有特殊的作用，必须使用足够的浓度才能促进它们的合成等。

（六）二氧化碳和呼吸商对发酵的影响及其控制

1. 二氧化碳对发酵的影响

CO_2 是呼吸和分解代谢的终产物，几乎所有的发酵均产生大量的 CO_2。CO_2 可作为一些物质合成的基质，如在精氨酸的合成过程中其前体氨甲酰磷酸的合成需要 CO_2 基质；牛链球菌发酵生产多糖，最重要的发酵条件是提供的空气中要含有5%的 CO_2。

大多数微生物适应低的 CO_2 浓度（0.02%～0.04%体积分数），当尾气 CO_2 含量高于4%时，微生物的糖代谢与呼吸速率下降。例如，发酵液中 CO_2 的浓度达到0.16mol/L，就会严重抑制酵母菌的生长。当 CO_2 的含量占混合气体的80%时，酵母活力与对照相比降低20%；CO_2 对肌苷、异亮氨酸、组氨基、抗生素等的发酵都会产生严重的抑制作用。

CO_2 及 HCO_3^- 对细胞的作用主要是影响细胞膜的结构，CO_2 主要作用于细胞膜的脂肪酸核心部位，而 HCO_3^- 则影响磷脂亲水头部带电荷表面及细胞膜表面上的蛋白质。当细胞膜的脂质相中 CO_2 浓度达到一临界值时，膜的流动性及表面电荷密度发生变化，导致膜对基质的运输受阻，影响细胞膜的运输效率，使细胞处于“麻醉”状态，生长受抑制，形态异常。CO_2 除影响菌体生长、形态及产物合成外，还影响发酵液的酸碱平衡，使发酵液的 pH 下降，或与其他化学物质发生化学反应，或与生长必需金属离子形成碳酸盐沉淀，造成间接作用而影响菌体生长和产物合成。

2. 二氧化碳浓度的控制

CO_2 在发酵液中的浓度变化不像溶解氧那样有一定的规律，它的大小受到许多因素的影响，如细胞的呼吸强度、发酵液的流变学特性、通气搅拌程度、罐压大小、设备规模等。由于 CO_2 的溶解度比氧气大、所以随着发酵罐压力的增加，其含量比氧气增加得更快，有时为了防止"逃液"而采用增加罐压消泡的方法，会增加 CO_2 的溶解度，不利于细胞生长。

发酵过程中通过通风量的控制，可以达到调节 CO_2 浓度的目的。发酵中增大通风量，既可以保证发酵液中的溶解氧浓度，又可以随废气排出发酵产生的 CO_2，使之低于能产生抑制的浓度；降低通风量，有利于增加 CO_2 在发酵液中的浓度。

CO_2 的产生与补料发酵工艺控制密切相关，如在青霉素发酵中，补糖会增加发酵液中 CO_2 浓度和降低发酵液的 pH。因为菌体生长、菌体维持和青霉素合成等方面都消耗糖而产生 CO_2，增加发酵液中 CO_2 浓度，使 pH 下降。因此，补糖、CO_2、pH 三者之间具有相关性，被用于青霉素补料工艺的控制参数，其中排气中的 CO_2 的变化比 pH 的变化更为敏感，故采用 CO_2 释放率作为控制补糖参数。

3. 呼吸商与发酵的关系

发酵过程中的摄氧率（*OUR*）和 CO_2 的释放率（*CER*）可通过测量进气和排气中 O_2 和 CO_2 的含量分别由以下两个公式求得：

$$OUR=Q_{O_2}X=\frac{F_{in}}{V}\left[C_{O_2\,in}-\frac{C_{inert}\cdot C_{O_2\,out}}{1-(C_{CO_2\,out}+C_{O_2\,out})}\right]f \tag{5-57}$$

$$CER=Q_{CO_2}X=\frac{F_{in}}{V}\left[\frac{C_{inert}\cdot C_{CO_2\,out}}{1-(C_{O_2\,out}+C_{CO_2\,out})}-C_{CO_2\,in}\right]f \tag{5-58}$$

式中 Q_{O_2}——呼吸强度，mol O_2/(g·h)

Q_{CO_2}——比 CO_2 释放率，mol CO_2/(g·h)

X——菌体干重，g/L

F_{in}——进气流量，mol/h

V——发酵液体积，L

C_{inert}、$C_{O_2\,in}$、$C_{CO_2\,in}$——分别为进气中的惰性气体、O_2 和 CO_2 浓度，体积分数

$C_{O_2\,out}$、$C_{CO_2\,out}$——分别为尾气中的 O_2 和 CO_2 浓度，体积分数

$f=273/(273+t_{in})\cdot P_{in}$，$t_{in}$——进气温度，℃

P_{in}——进气绝对压强，1×10^5 Pa

呼吸商（*RQ*）为 CO_2 释放率（*CER*）与摄氧率（*OUR*）的比值。*RQ* 可以反映菌的代谢情况，如酵母发酵 *RQ*＝1，糖有氧代谢，仅生成菌体，无产物形成；*RQ*＞1.1，糖经 EMP 途径，生成乙醇。不同基质，菌的 *RQ* 也不同。大肠杆菌（*E. coli*）以延胡索酸为基质 *RQ*＝1.44；以丙酮酸为基质 *RQ*＝1.26；以琥珀酸为基质 *RQ*＝1.12；以乳酸为基质 *RQ*＝1.02；而以葡萄糖为基质 *RQ*＝1.00。

在实际生产中测得的RQ值明显低于理论值，说明发酵过程存在着不完全氧化的中间代谢产物和葡萄糖以外的碳源。如发酵过程中加入消泡剂，由于它具有不饱和性和还原性，使RQ值低于葡萄糖为唯一碳源时的RQ。

（七）补料的控制

补料分批培养是在分批培养过程中，间歇或连续地补加一种或多种成分的新鲜培养基。与分批培养相比，它具有：①可以解除底物抑制、产物反馈抑制和分解代谢物的阻遏；②可以避免在分批发酵中因一次投料过多造成细胞大量生长所引起的不良影响；③可作为理论研究的手段，为自动控制和最优控制提供实验基础。同连续培养相比，补料分批培养不需要严格的无菌条件，产生菌也不会产生老化和变异等问题，适用范围广。

补料分批培养是分批培养和连续培养之间的一种过渡培养方式，现已广泛用于微生物发酵工业。补料的方式分很多情况，有连续流加、不连续流加或多周期流加。每次流加又可分为快速流加、恒速流加、指数流加和变速流加。从补加培养基的成分来分，又可分为单组分补料和多组分补料。

流加操作控制系统可分为有反馈控制和无反馈控制两类。差别反馈控制系统由传感器、控制器和驱动器三个单元组成，根据控制依据的指标不同，又分为直接方法和间接方法。间接方法是以溶氧、pH、呼吸商、排气中CO_2分压及代谢产物浓度等作为控制参数。对间接方法来说，选择与过程直接相关的可检参数作为控制指标，是研究的关键。这需详尽考查分批发酵的代谢曲线和动力学特性，获得各个参数之间的有意义的相互关系来确定控制参数。对于通气发酵，利用排气中CO_2含量作为补料反馈控制参数是较为常用的间接方法。如控制青霉素生产所用的葡萄糖流加的质量平衡法，就是利用CO_2的反馈控制，它是依靠精确测量CO_2的逸出速度和葡萄糖的流动速度，达到控制菌体的比生长速率和菌浓。pH也是常用作糖流加的控制参数。由于缺乏可行的实时测定手段，无法控制实时补料，所以直接法目前还很少用于发酵控制。

（八）泡沫对发酵的影响及其控制

1. 泡沫的产生及其影响

在大多数微生物发酵过程中，由于通气搅拌、发酵产生的CO_2以及发酵液中糖、蛋白质和代谢物等稳定泡沫物质的存在，使发酵液含有一定量的泡沫，这是正常现象，泡沫的存在可以增加气液接触表面，有利于氧的传递。

泡沫也给发酵带来的副反应：①降低了发酵罐的装料系数；②增加了菌群的非均一性；③增加了污染杂菌的几率，发酵液溅到轴封处容易染菌；④大量起泡，若控制不及时会引起“逃液”，招致产物的流失；⑤消泡剂的加入有时会影响发酵或给提炼工序带来麻烦。

发酵液的理化性质对形成泡沫的表面现象起决定性的作用，气体在纯水中鼓泡，生成的气泡只能维持瞬间，但发酵液中的玉米浆、皂苷、糖蜜所含的蛋白质和细胞本身都具有稳定泡沫的作用。此外，发酵液的温度、pH、基质浓度以及泡沫的表面积对泡沫的稳定性也有一定的作用。

2. 发酵过程中泡沫的消长规律

发酵过程中泡沫的多寡与通气搅拌的强度和培养基的成分有关，玉米浆、蛋白胨、花生饼粉、黄豆饼粉、酵母粉、糖蜜等是发泡的主要因素。随着发酵过程中蛋白酶、淀粉酶的增多及碳、氮源的利用，起稳定泡沫作用的蛋白质的降解，发酵液黏度的降低和表面张力的上升，泡沫在减少。在发酵后期菌体自溶，可溶性蛋白增加，又促进泡沫的上升。

3. 泡沫的控制

泡沫的控制可分为机械消泡和消泡剂两大类。

(1) 机械消沫　机械消沫是通过机械引力引起的剧烈振动或压力变化达到消沫作用。消沫装置可安装在罐内或罐外。罐内可在搅拌轴上方安装消沫桨，当消沫桨随着搅拌轴转运时，将泡沫打碎。罐外法是将泡沫引出罐外，通过喷嘴的加速作用或离心力粉碎泡沫后，液体再返回罐内。机械消沫的优点是不需引进外界物质，从而减少染菌机会，节省原料和不增加下游处理工艺的负担。缺点是效率不高，对黏度较大的流动型泡沫几乎没有作用，也不能从根本上消除泡沫成因，所以仅作为消泡的辅助方法。

(2) 消泡剂消沫　是通过添加消泡剂进行消泡，加入某些消泡剂后，可降低泡沫表面张力，使泡沫受力不均匀而破裂。一般好的消泡剂应能降低泡沫的机械强度和表面黏度。此外，为了使消泡剂易分散于泡沫表面，消泡剂应具有较小的表面张力和较小的溶解度。同时消泡剂还应对微生物细胞无毒，不影响氧的传递，能够耐高温、高压，浓度低而效率高，并且对产品质量和产量无影响，成本低，来源广泛。

发酵工业常用的消泡剂分天然油脂类（玉米油、豆油等）、聚醚类（聚氧丙烯甘油）、高级醇类（十八醇、聚二醇）和硅树脂类（聚二甲基硅氧烷及其衍生物）。油脂不仅用于消泡，还可作为碳源，但由于油脂分子中无亲水基团，在发泡介质中难以铺展，所以消泡能力较差。使用时，油脂只能在发酵早期或中期加，后期不能加，多余的油脂会影响下游提取收率。泡敌是生产中最常用的消泡剂，它是聚氧丙基甘油醚、聚氧乙烷丙烷甘油醚以一定的比例配制而成，其用量仅为0.03%～0.035%，但消泡能力是天然植物油的10倍以上。消沫作用的持久性除与消泡剂本身的性能还与加入量和时机有关。过量消沫剂通常会影响菌的呼吸活性和物质（包括氧）透过细胞壁的运输。

一般在发酵早期发现泡沫可采用暂停搅拌、间歇搅拌、降低搅拌速度、减少通气量或稍微增加罐压等措施。某些发酵在旺盛期，能利用油脂为碳源，这时加油可收到双重效果，但加油时必须有足够的通气量相配合。在发酵后期一般不加消泡剂，残留的消泡剂会引起过滤和提取困难。

第五节　发酵工程在食品工业中的应用

一、酒类发酵

（一）白酒

我国的白酒，生产工艺独特，它是以高粱、大米等为原料，用曲作为糖化剂和发酵剂酿制而成，再利用固态蒸馏技术得到的一种蒸馏酒，其酒精度较高，具有独特的芳香和风味。

1. 白酒生产的原辅料

原料以淀粉质原料，如高粱、玉米、小麦、大麦、荞麦、大米、豌豆等为主；辅料采用麸皮、谷糠、稻壳、玉米芯、花生壳、木屑等。

2. 酒曲的生产

(1) 大曲　大曲以小麦、大麦和豌豆为原料，经破碎，加水拌料，压成砖块样曲坯后，在人工控制的温度、湿度下培养而成。大曲含霉菌、酵母菌、细菌等多种微生物及它们产生的各种酶类。大曲生料制曲、自然接种，是大曲酒生产的糖化发酵剂。根据大曲培养过程中控制品温不同分为高温曲和中温曲。高温曲品温达60℃以上，用纯小麦制曲，用于生产酱香型白酒；中温曲品温50℃以下，用于生产清香型白酒；品温在55～60℃称为偏高温大曲，用于生产浓香型白酒。

(2) 小曲　小曲也称酒药、白药、酒饼等，以米粉或米糠和麸皮为原料，并添加少量中药材或辣蓼草，接种曲母，人工控制培养温度，制成颗粒状或饼状，主要含根霉、毛霉和酵母等微生物。

(3) 麸曲　麸曲以麸皮为主要原料，接种霉菌，纯种扩大培养而成，主要用于生产麸曲白酒、糖化剂。麸曲糖化力强，原料淀粉利用率高达80%以上。麸曲白酒发酵周期短，原料适用面广，易于实现机械化生产。近年来使用酶制剂取代麸曲，效果较好。

3. 白酒的生产

(1) 大曲酒的生产　大曲酒包括浓香（泸州老窖、五粮液等）、清香（汾酒等）、酱香（茅台酒等）等香型的白酒。清香型白酒多采用清蒸清烧工艺，即原料的蒸煮和酒醅的蒸馏分别单独进行，工艺流程见图5-10。浓香型和酱香型白酒采用混蒸混烧工艺，即在发酵成熟的酒醅中加入未蒸煮处理过的粉状原料，然后边蒸酒边蒸料，蒸馏完毕，将蒸完酒的酒醅扬冷，加入大曲后继续发酵，工艺流程见图5-11。

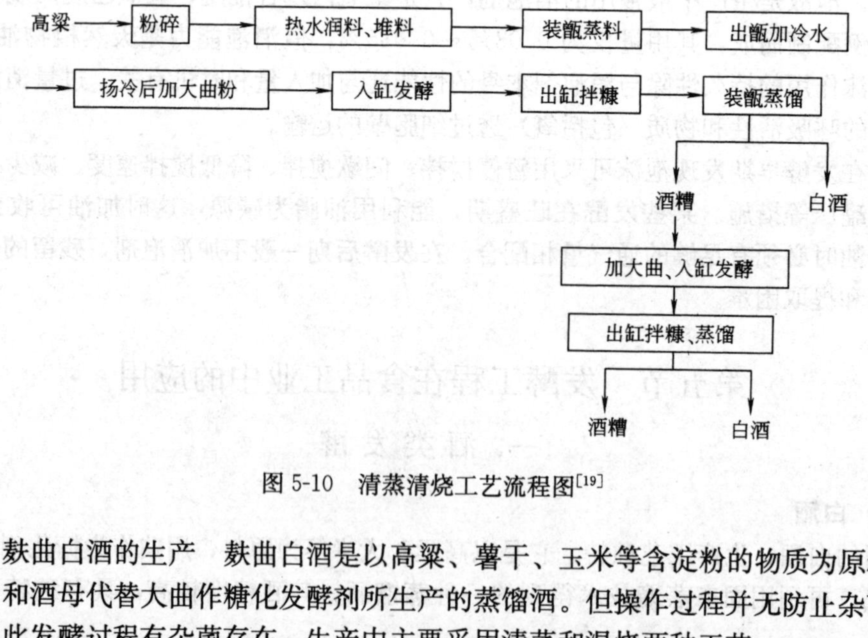

图5-10　清蒸清烧工艺流程图[19]

(2) 麸曲白酒的生产　麸曲白酒是以高粱、薯干、玉米等含淀粉的物质为原料，采用纯种麸曲和酒母代替大曲作糖化发酵剂所生产的蒸馏酒。但操作过程并无防止杂菌污染的措施，因此发酵过程有杂菌存在。生产中主要采用清蒸和混烧两种工艺。

(3) 小曲酒生产　小曲酒以小曲为糖化发酵剂，根据所用原料和生产工艺的不同分为两类，一类是云贵等省盛行的以高粱、玉米等为原料，小曲箱式固态培菌，配醅发酵，固态蒸馏的小曲白酒；另一类是两广及福建等省盛行的以大米为原料，采用小曲固态培菌糖

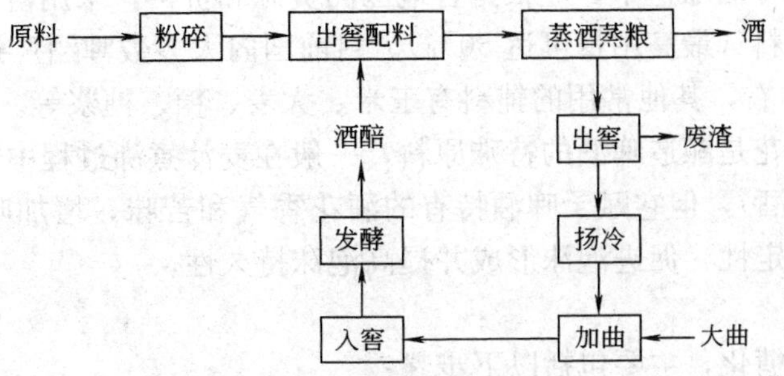

图 5-11　混蒸混烧工艺流程图[11]

化，半固态发酵，液态蒸馏的小曲白酒。半固态发酵法又可分为先培菌糖化后发酵和边糖化边发酵两种工艺，见图 5-12 和图 5-13。

图 5-12　先培菌后糖化工艺流程图[19]

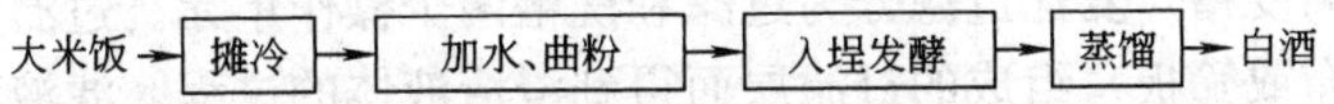

图 5-13　边糖化边发酵工艺流程图[19]

(4) 液态法白酒生产　液态法是指原料的糊化、糖化、发酵和蒸馏等工艺全部在液态下进行，采用类似酒精生产的方法制造白酒。液态法生产白酒周期短，机械化程度高，原料出酒率可提高 5%以上，原料适应性强。液态法生产工艺可分为全液态法、液固结合法和调香勾兑法，应用较多的是液固结合法和调香勾兑法。随着生产工艺的改进，液态法白酒的质量不断提高，几乎达国内白酒总产量的 60%。

(二) 啤酒

啤酒是一种以麦芽汁为原料，经酵母菌发酵酿制而成的含酒精饮料。要酿制啤酒，首先必须制备麦芽汁，然后在冷却的麦汁中接入酵母菌种，进行啤酒主发酵，大约 1 周后，发酵醪糖度由 10～12°Bx 下降到 4°Bx 左右，就可进入后发酵。后发酵在 0～2℃的密闭发酵罐中进行，经过 3 个月左右，啤酒就成熟了，经过滤、装瓶、消毒，就可以上市了。

1. 啤酒发酵的原料

啤酒发酵的主要原料是麦芽汁，是由麦芽经粉碎后兑水糖化而成。为了降低成本，大多数厂家都会适当添加一些辅助原料。另外，为了保证啤酒的品质和口味，麦汁中必须添加一定浓度的酒花。

(1) 水　啤酒中水的含量占 90%以上，因此水对啤酒口味影响极大。同时水也要用于洗涤、冷却、消防和生活等各个方面。酿造用水是指糖化用水、酵母洗涤用水以及高浓度酿造时的稀释用水。必须达到饮用水标准，一般由深井水经改良处理而成。

(2) 麦芽　以啤酒大麦为原料，经浸麦、发芽、烘干、焙焦而成。麦芽是啤酒生产的主要原料，是“啤酒的灵魂”。麦芽按其色度可分为淡色、浓色、黑色三种，因此应根据啤酒的品种和特性来选择麦芽种类。

（3）辅料　在啤酒酿造中，应根据各地区的资源和价格，采用富含淀粉的谷类、糖类或糖浆作为辅助原料（最高用量可达50%）。目前国内大多数啤酒厂选用大米作辅料，其比例控制在30%左右，其他常用的辅料有玉米、大麦、糖、糖浆等。

（4）酒花　酒花是酿造啤酒的特殊原料，一般在麦汁煮沸过程中加入。酒花的用量不大（约1.4kg/t啤酒），但它赋予啤酒特有的酒花香气和苦味，增加啤酒的防腐作用，提高啤酒的非生物稳定性，促进泡沫形成并提高泡沫持久性。

2. 麦汁制造

麦汁制造俗称糖化，主要包括以下步骤：

（1）麦芽和谷物的粉碎　麦芽及辅料必须在糖化前进行粉碎，粉碎的程度对糖化快慢、麦汁的组成及原料利用率有很大的影响。粉碎过细会增加麦皮中有害成分的溶解，使麦汁过滤困难；粉碎过粗，则会影响麦芽有效成分的利用，降低麦汁浸出率。因此应经常观察粉碎粒的均匀度，使粗细粉粒之比达到1∶2.5左右，并尽可能使麦皮完整。

（2）糖化制成麦芽汁　糖化是利用麦芽所含的酶使原料中的大分子物质如淀粉、蛋白质等逐步降解，使可溶性物质如糖类、糊精、氨基酸、肽类等溶出的过程。由此制备的溶液称为麦芽汁。

（3）过滤分离麦糟　麦汁过滤分为过滤和洗糟两个操作单元。过滤是麦汁通过麦糟层和过滤介质（滤布或筛板）组成的过滤层而得到澄清液体的过程，滤液称为头号麦汁或过滤麦汁；洗糟是利用热水（称洗糟水）洗出残留于麦糟中的浸出物的过程，洗出的麦汁称为第二次麦汁或洗涤麦汁。

过滤的好坏，对麦汁的产量和质量有重要影响，因此要求过滤速度正常，洗糟后残糟含糖量适当，麦汁吸氧量低，色香味正常。

（4）麦汁煮沸并添加酒花　过滤后的麦汁需进行煮沸并添加酒花。其目的是：①蒸发多余水分，使麦汁浓缩到规定浓度；②使酒花有效成分溶入麦汁中，赋予麦汁独特的香气和爽口的苦味，提高麦汁的生物和非生物稳定性；③使麦汁中可凝固性蛋白质凝固析出，以提高啤酒的非生物稳定性；④使酶失活，对麦汁进行灭菌，以获得定型的麦汁。

麦汁煮沸要求适当的煮沸强度，分批添加酒花，在预定时间内，使麦汁达到规定浓度，并保持明显酒花香味和柔和的酒花苦味，以保证成品啤酒有光泽、风味好、稳定性高。

（5）麦汁冷却并分离固形物　麦汁在进行正式冷却之前，常进行预冷却来分离煮沸过程中产生的热凝固物。回旋沉淀槽是最常用的预冷却方法。预冷却后的麦汁，通过麦汁冷却器，迅速冷却至发酵所需的温度，同时析出冷凝固物。在其管路上常装置有充氧器，常用的冷却设备为薄板冷却器。

3. 啤酒酵母的扩大培养

酵母扩大培养是啤酒厂微生物工作的核心，目的是提供优良、强壮的酵母，以保证生产的正常进行和良好的啤酒质量。从斜面种子到卡氏罐培养为实验室扩大培养阶段。汉生罐以后的培养为生产现场扩大培养阶段。

4. 啤酒发酵工艺

啤酒发酵是在啤酒酵母的参与下对麦芽汁进行发酵的过程。麦汁中的可发酵糖等营养物被酵母细胞中的酶分解成酒精和二氧化碳，并产生诸如双乙酰、高级醇、醛、酸、酯和硫化物等一系列风味活性物质，将麦汁的风味转变成啤酒风味。传统发酵工艺分成前发酵和后发酵两个阶段。将冷却麦汁充氧后流入发酵槽中，加啤酒酵母进行前发酵（又称主发酵），一般将发酵液品温控制在9～10℃，发酵7～10d即成嫩啤酒；嫩啤酒输到贮酒室内的贮酒罐中进行后发酵（又称贮酒），一般在0～3℃下贮酒42～90d，以达到啤酒成熟、二氧化碳饱和和啤酒澄清的目的。目前，许多啤酒厂采用了一罐法（前酵和后酵在同一发酵罐完成）和高浓酿造工艺。

（三）葡萄酒

葡萄酒是用新鲜的葡萄汁酿制成的低酒精饮料。它的主要成分有单宁、酒精、糖分、有机酸等。葡萄酒的品种繁多，按酒色分为白葡萄酒、桃红葡萄酒、红葡萄酒；按酒中糖分含量分为干葡萄酒、半干葡萄酒、半甜葡萄酒、甜葡萄酒；按酿造方法分为天然葡萄酒、加强葡萄酒、添香葡萄酒；按酒中CO_2含量分为静酒和起泡酒。

葡萄酒的酿造是利用葡萄皮自带的酵母或人工接种的葡萄酒酵母菌，将新鲜葡萄汁中的葡萄糖、果糖发酵，生成酒精、CO_2，同时生成高级醇、脂肪酸、挥发酸、酯类等副产物。

用于酿酒的葡萄品种很多，酿制白葡萄酒的主要品种有雷司令（*Gray Riesling*）、贵人香（*Italian Rielsing*）、李将军（*Pinot Gris*）等；酿制红葡萄酒的主要品种有佳丽酿

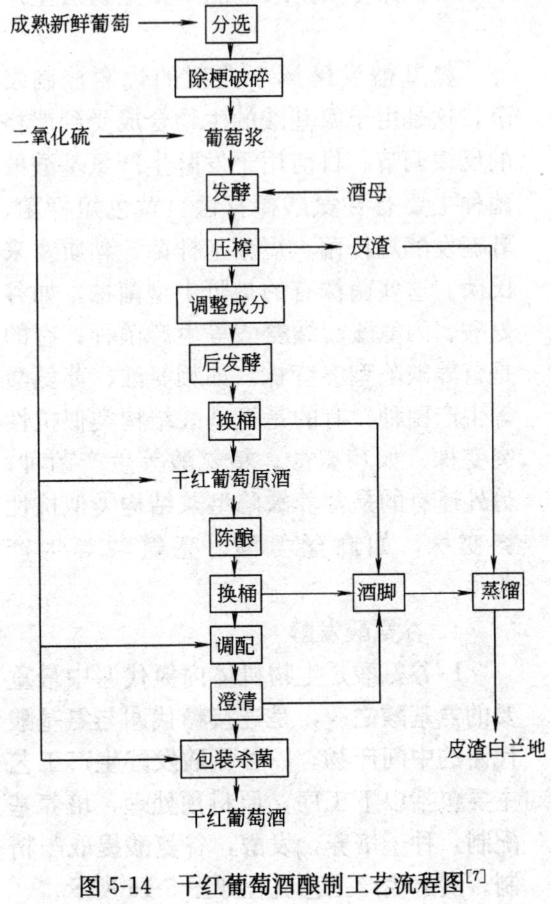

图5-14　干红葡萄酒酿制工艺流程图[7]

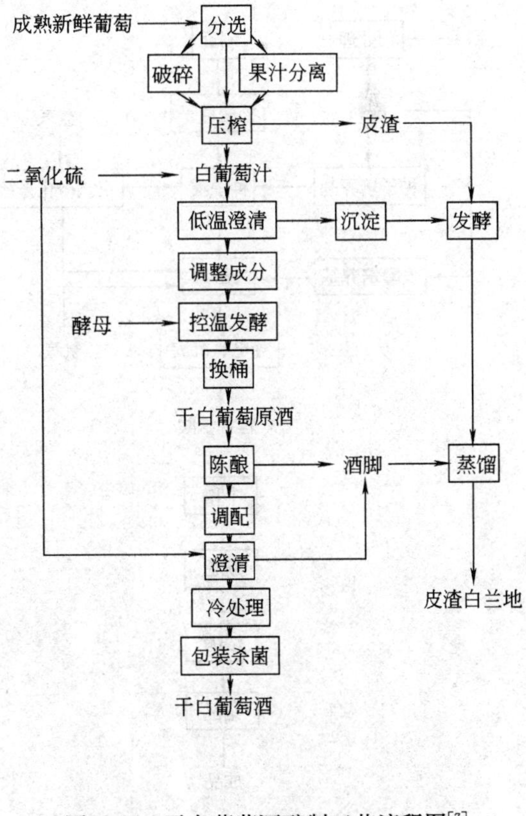

图5-15　干白葡萄酒酿制工艺流程图[7]

(*Carignane*)、赤霞珠（*Cabernet Sauvignon*）、蛇龙珠（*Cabernet Gernischet*）、黑品乐（*Piont Noir*）等。另外我国特产山葡萄用于酿制山葡萄酒，紫北塞（*Alicante Bouschet*）、烟 74 等品种用于红葡萄酒的调色。

红葡萄酒的酿制工艺是葡萄经破碎后，果汁和皮渣共同发酵至残糖 5g/L 以下，经压榨分离皮渣进行后酵，其工艺流程见图 5-14；白葡萄酒与红葡萄糖的前加工工艺不同，白葡萄经破碎后，压榨分离果汁，果汁单独进行发酵，其工艺流程见图 5-15。

优良的葡萄品种，如在栽培季里一切条件合适，常常可以得到满意的葡萄汁。但由于气候、栽培等因素，往往使压榨出的葡萄汁成分不一，需要对葡萄汁成分（主要是糖度、酸度）进行调整。

酿制葡萄酒一般都需经二氧化硫处理，其主要作用包括：选择性杀菌作用；澄清作用，抗氧化作用，溶解作用，增酸作用。但 SO_2 的添加量必须在食品法规规定的范围内。

近年生产葡萄酒多使用以葡萄汁酵母制得的活性干酵母。葡萄酒在发酵后一般要经过半年以上的贮存及稳定性处理。

二、氨基酸发酵

氨基酸的生产方法有提取法、化学合成法和微生物发酵法。微生物发酵法又包括直接发酵法和酶法，其中以直接发酵法最为重要。1956 年，木下竹郎（Kinoshita）首次报道分离出谷氨酸产生菌，经过半个世纪的努力，目前几乎所有氨基酸都能用微生物法生产（胱氨酸和半胱氨酸除外）。

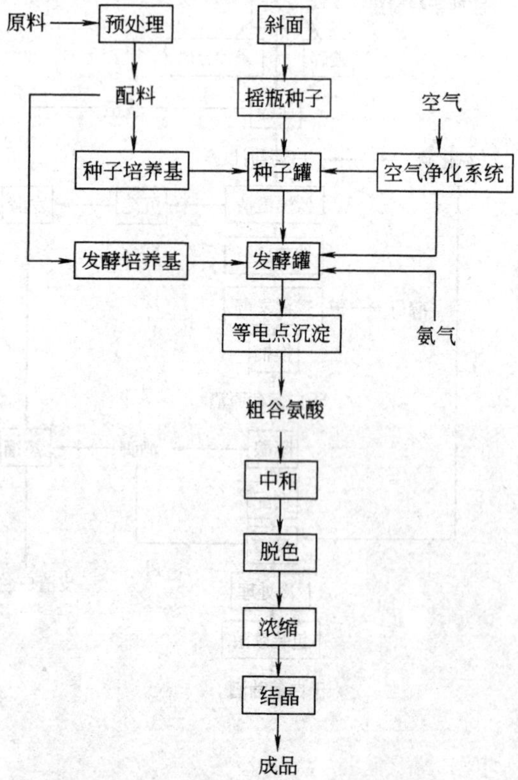

图 5-16 谷氨酸发酵生产工艺流程图[10]

氨基酸发酵属于典型的代谢控制发酵，这是由于氨基酸的生物合成受到严格的反馈调节。目前用于发酵生产氨基酸的菌种主要有谷氨酸棒杆菌、黄色短杆菌、乳糖发酵短杆菌、短芽孢杆菌、黏质塞来氏菌。这些菌株有的是野生型菌株，如谷氨酸、丙氨酸、缬氨酸等生产菌种；有的是营养缺陷型突变株，如赖氨酸、苏氨酸等生产菌种；有的是氨基酸结构类似抗性突变株，如赖氨酸、精氨酸等生产菌种；另外还有的是营养缺陷型兼结构类似抗性突变株，如高丝氨酸、亮氨酸等生产菌种。

1. 谷氨酸发酵

L-谷氨酸是生物机体内氮代谢中最重要的氨基酸之一，是连接糖代谢与氨基酸代谢的中间产物。L-谷氨酸发酵生产工艺主要包括以下工序：原料预处理，培养基配制，种子培养，发酵，谷氨酸提取与精制。发酵生产工艺流程如图 5-16 所示。

（1）菌种　目前国内大多数厂家使用的菌种是天津工业微生物研究所选育的天津短杆菌T6-13及其变异株（如复旦大学选育的FM-415、华南理工大学选育的S9114、浙江工学院选育的LS168和天津轻工业学院选育的TG931等菌株）。这些菌株均是优良的谷氨酸生产菌，具有高产酸、高转化率等特点，在许多方面优于国外菌种。目前谷氨酸生产菌能够在体外积累100g/L以上的谷氨酸。

（2）L-谷氨酸发酵培养基　已知所有谷氨酸产生菌只能以葡萄糖等作为碳源。所用的山芋淀粉、玉米淀粉、大米或木薯淀粉都需先进行水解，制成葡萄糖。谷氨酸分子中氮含量占9.5%，所以培养基中必须提供相对充足的氮源。尿素是国内谷氨酸发酵中较常用的氮源，目前也常通入气态氨以补充氮源。生物素是谷氨酸产生菌的必需生长因子，培养基中必须提供生物素，但是生物素过量对谷氨酸的合成和分泌又带来十分不利的影响，所以生物素浓度要控制在谷氨酸产生菌的亚适量。

（3）谷氨酸发酵生产　发酵初期，即菌体生长的延滞期，糖基本没有利用，尿素分解放出氨使pH略上升。

延滞期的长短取决于接种量、发酵操作（分批或流加）及发酵条件，一般为2～4h。接着进入对数生长期，代谢旺盛，糖耗快，尿素大量分解，pH很快上升。但随着氨被利用pH又下降，溶氧浓度急剧下降，然后又维持一定水平上，菌体浓度迅速增大。这个时期，为了及时供给菌体生长必需的氮源及调节培养液的pH至7.5～7.8，必须流加尿素；又由于代谢旺盛，泡沫增加并放出大量发酵热，需加入消泡剂及冷却，使温度维持在30～32℃。这个阶段主要是菌体生长，几乎不产酸，一般为12h左右。

当菌体生长基本停止就转入谷氨酸合成阶段，此时菌体浓度基本不变，糖与尿素分解后产生的α-酮戊二酸和氨主要用来合成谷氨酸。这一阶段，为了提供谷氨酸合成所需的氨及维持pH在7.0～7.2，必须及时流加尿素，又为了促进谷氨酸的合成需要加大通气量，并将发酵温度提高到谷氨酸合成的最适温度34～37℃。

发酵后期，菌体衰老，糖耗缓慢，残糖低，此时流加尿素必须相应减少。当营养物质耗尽酸度不再增加时，需及时放罐，发酵周期一般为30～36h。

（4）谷氨酸提取　从谷氨酸发酵液中提取谷氨酸方法，一般有等电点法、离子交换法、金属盐沉淀法、盐酸盐法和电渗析法等，其中以等电点法和离子交换法较普遍。

2. 赖氨酸发酵

L-赖氨酸的化学名称为2,6-二氨基已酸，分子式$C_6H_{14}O_2N_2$。作为第一限制性必需氨基酸，广泛应用于食品、饲料和医药工业，在平衡氨基酸组成方面起着十分重要的作用。自1960年，日本用谷氨酸棒杆菌的高丝氨酸缺陷型突变株发酵生产赖氨酸获得成功后，直接发酵生产赖氨酸就成了主要方法。

（1）菌种　赖氨酸的直接发酵法生产主要采用短杆菌属和棒杆菌属细菌的各种变异株。与大肠杆菌相比，短杆菌属和棒杆菌的L-赖氨酸生物合成调节机制较为简单，适合作为出发菌株。一般来说，L-赖氨酸产生菌由亚硝基胍（NTG）、甲基磺酸乙酯（EMS）、紫外线（UV）等诱变选育而得。

（2）赖氨酸的发酵控制　赖氨酸生产菌大多以谷氨酸生产菌为出发菌株，通过选育解除自身的代谢调节获得赖氨酸的高产菌株。

① 培养基中苏氨酸、蛋氨酸的控制：赖氨酸生产菌是高丝氨酸缺陷型突变株。苏氨

酸和蛋氨酸是赖氨酸生产菌的生长因子。赖氨酸生产菌缺乏蛋白质分解酶，不能直接分解蛋白质，只能将有机氮源水解后才能被利用。常用大豆饼粉、花生饼粉和毛发的水解液。发酵过程中，如果培养基中的苏氨酸和蛋氨酸丰富，就会出现只长菌体，而不产或少产赖氨酸的现象，所以要控制其在亚适量，当菌体生长到一定时间后，转入产酸期。

② 生物素对赖氨酸的影响：赖氨酸生产菌大多是生物素缺陷型，如果在发酵培养基中限量添加生物素，赖氨酸发酵就会向谷氨酸转换，大量积累谷氨酸；若添加过量生物素，使细胞内合成的谷氨酸对谷氨酸脱氢酶产生反馈抑制作用，则抑制谷氨酸的大量生成，使代谢流向合成天冬氨酸方向。因此，生物素可促进草酰乙酸生成，增加天冬氨酸的供给，提高赖氨酸的产量。

③ 赖氨酸发酵的工艺条件：发酵温度前期为32℃，中后期为34℃；pH6.5～7.5。发酵过程中，通过添加尿素或氨水来控制 pH，同时尿素和氨水还能为赖氨酸的生物合成提供氮源。种龄和接种量要求以对数生长期的种子为好，当采用二级种子扩大培养时，接种量约为2%，种龄一般为8～12h；当采用三级种子扩大培养时，接种量约为10%，种龄一般为6～8h。赖氨酸发酵要求供氧充足。

（3）赖氨酸的提取与精制　赖氨酸的提取过程包括发酵液预处理、提取和精制三个阶段。因游离的L-赖氨酸易吸附空气中的CO_2，故结晶比较困难，一般商品都以L-赖氨酸盐酸盐的形式存在。

从发酵液中提取赖氨酸通常有四种方法：沉淀法；有机溶剂抽提法；离子交换法；电渗析法。工业上大多采用离子交换法来提取赖氨酸。

赖氨酸是碱性氨基酸，等电点为9.59，在pH2.0左右被强酸性阳离子交换树脂所吸附，pH7.0～9.0被弱酸性阳离子交换树脂所吸附。从发酵液中提取赖氨酸均选用铵型强酸性阳离子交换树脂，强酸性阳离子交换树脂的氢型对赖氨酸的吸附比铵型容易得多，但是铵型能选择性地吸附赖氨酸和其他碱性氨基酸，不吸附中性和酸性氨基酸，同时在用氨水洗脱赖氨酸后，树脂不必再生。

离子交换柱的洗脱液中含游离赖氨酸和氢氧化铵。需经真空浓缩蒸去氨后，再用盐酸调至赖氨酸盐的等电点5.2，生成赖氨酸盐酸盐以含一个结晶水合物的形式析出。经离心分离后，在50℃以上进行干燥，去除结晶水。

3. 异亮氨酸、亮氨酸生产工艺

异亮氨酸、亮氨酸和缬氨酸均是分支氨基酸，其分子中都有甲基侧链，都属于必需氨基酸。异亮氨酸具有两个不对称碳原子，存在4种异构体，仅L-Ile能为动物利用，微生物发酵生成的异亮氨酸都是L型的，所以发酵法生产具有重要意义。

（1）异亮氨酸发酵　异亮氨酸发酵有两种方法，即添加前体发酵法和直接发酵法。

早期，异亮氨酸发酵是通过添加前体物质，避开反馈调节进行的。异亮氨酸生物合成中的关键酶苏氨酸脱水酶是受异亮氨酸的反馈抑制，并且异亮氨酸、缬氨酸生物合成酶系还受异亮氨酸、缬氨酸和亮氨酸的多价阻遏。发酵时，添加D-苏氨酸、α-酮基异戊酸等前体物质，绕过异亮氨酸对苏氨酸脱水酶的反馈抑制。同时破坏细胞内异亮氨酸、缬氨酸和亮氨酸的储存平衡，使异亮氨酸、缬氨酸合成酶系解除阻遏而过量积累异亮氨酸。

直接发酵法是因为应用了抗反馈调节突变株。使用的生产菌种主要有谷氨酸棒杆菌、黄色短杆菌和黏质塞来氏菌的抗性突变株。例如，异亮氨酸氧肟酸抗性突变株解除了异亮氨酸对苏氨酸脱水酶的反馈抑制；α-氨基丁酸抗性菌株解除了对异亮氨酸、缬氨酸合成酶系所受到的阻遏。

（2）亮氨酸发酵　亮氨酸是从缬氨酸生物合成后期的中间产物α-酮基异戊酸分支出来的。异亮氨酸、缬氨酸合成酶系受异亮氨酸、缬氨酸和亮氨酸的多价阻遏，但亮氨酸生物合成途径的初始酶α-异丙基苹果酸合成酶仅受亮氨酸的反馈抑制，同时还需要α-酮基异戊酸的积累。

亮氨酸高产菌株的选育可采用各种不同的策略，如选育α-氨基丁酸抗性突变株，可以解除对异亮氨酸、缬氨酸合成酶系的阻遏作用。还可以选育异亮氨酸缺陷型回复突变株，其α-异丙基苹果酸合成酶不再受亮氨酸的反馈抑制。此外，还有α-噻唑丙基酸抗性兼蛋氨酸、异亮氨酸双重缺陷型突变株用于亮氨酸的发酵生产。

三、有机酸发酵

柠檬酸、乳酸、醋酸、葡萄糖酸、衣康酸、苹果酸等有机酸是重要的工业原料，在食品工业、医药工业、化学工业中有重要作用。在现代有机酸的生产过程中，发酵法生产有机酸占有重要的地位。

（一）柠檬酸

柠檬酸又名枸橼酸，化学名称 2-羟丙烷三羧酸，分子式 $C_6H_8O_7$。柠檬酸具有令人愉快的酸味，口感好，安全无毒，又是有机体的中间代谢产物，能被人体直接消化吸收，是食品工业最重要的酸味剂。除碳酸饮料、果汁外，糖果、果酱、酿造、酒类、冰淇淋、罐头食品等广泛使用柠檬酸。食品工业中柠檬酸除作为酸味剂外，还可作为增溶剂、缓冲剂、抗氧化剂、除腥脱臭剂、螯合剂等。柠檬酸在医药、化妆品及其他行业也有广阔用途。

柠檬酸是生物机体三羧酸 TCA 循环的中间代谢产物之一，但并非所有能产柠檬酸的微生物都可作为柠檬酸的生产菌种。曲霉，特别是黑曲霉（*Aspergillus niger*）能分泌大量的柠檬酸，目前用于工业化生产的菌种几乎都是黑曲霉。

（1）原料及其预处理　用于柠檬酸发酵生产的原料以糖质原料为主，包括甘薯、木薯、马铃薯、玉米、小麦、大米以及各种淀粉、水解糖、糖蜜等。含淀粉或糖质的原料，发酵前需进行预处理，如去杂质、去霉块、粉碎、液化、去除金属离子等。

（2）柠檬酸的深层发酵法　深层通气发酵是柠檬酸发酵生产的主要方法。国外以淀粉水解糖为原料，产酸可达 19%，发酵周期 5d 以上。国内以淀粉质粗原料（薯干粉等）为培养基，其技术特点是粗原料液化后，边糖化边产酸，液化后不经过任何净化处理，发酵产酸一般为 11%～13%，最高达 15%，发酵周期为 50～70h。柠檬酸的深层发酵法的生产工艺流程如下：

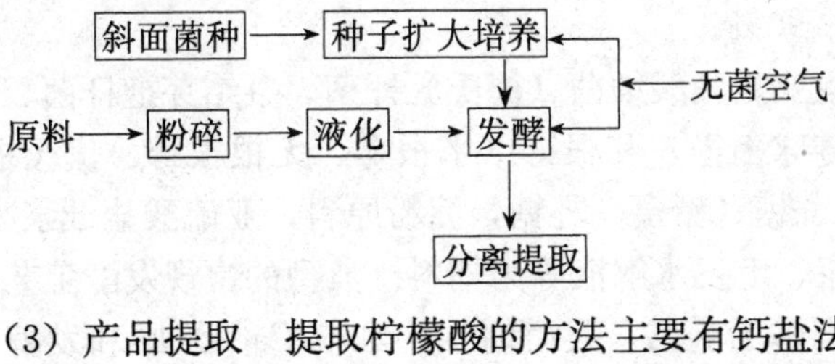

（3）产品提取　提取柠檬酸的方法主要有钙盐法、离子交换法、萃取法、电渗析法以及近年来发展起来的色谱分离法。但目前生产上普遍采用的仍是钙盐加离子交换的提取方

法。发酵液过滤除去菌丝体后，用钙盐沉淀法向清液中添加 $CaCO_3$ 或 $Ca(OH)_2$，然后滤出生成的柠檬酸钙，滤饼用硫酸处理，析出 $CaSO_4$，含柠檬酸的稀滤液通过活性炭柱脱色，再以离子交换柱脱盐和精制，所得溶液经真空浓缩后产生柠檬酸结晶，用离心机甩水、流化床气流干燥获得结晶产品。

（二）苹果酸

发酵法生产的 L-苹果酸是国际上公认的安全性食品添加剂，在各种饮料、罐头、糖果、糕点、果冻等加工中用作酸味剂，如与柠檬酸配合使用，其果香更加浓郁。最早制取苹果酸是采用压榨水果提取的，20 世纪初，发酵酵母、曲霉能合成 L-苹果酸。目前一般以天然糖质为原料利用霉菌进行发酵生产 L-苹果酸或者利用霉菌加细菌或酵母进行混合发酵生产 L-苹果酸。

（1）苹果酸产生菌　不同的苹果酸发酵工艺所采用的微生物也不同。一步发酵法采用黄曲霉、米曲霉、出芽短梗霉等；两步法采用华根霉、无根根霉、短乳杆菌、膜醭毕赤酵母等；酶法转化用短乳杆菌、大肠杆菌、产氨短杆菌、黄色短杆菌等。

（2）苹果酸发酵工艺　一步发酵法是以糖质为原料，黄曲霉、米曲霉等直接发酵生产苹果酸。培养基组成：葡萄糖 7%～8%，豆饼粉 1%，$FeSO_4$ 0.05%，NaCl 0.001%，K_2HPO_4 0.02%，$MgSO_4$ 0.01%，$CaCO_3$ 6%（单独灭菌）。温度 33～34℃，发酵 40h，当残糖降到 0.1%以下时放罐。

两步发酵法也称混合发酵工艺，是先用根霉将糖类发酵成富马酸（或富马酸与苹果酸的混合物），再由酵母或细菌发酵成 L-苹果酸。前一步称富马酸发酵，后一步称转化发酵。当华根霉 6508 发酵 4～5d 后，再接入膜醭毕赤酵母 3130 培养 5d，苹果酸对糖的产率可达 62.5%。

酶转化法工艺相当于两步法发酵工艺中的转化发酵。酶法转化是以富马酸盐（一般是化学合成的）为原料，利用微生物的富马酸酶转化成苹果酸（盐）。酶法转化是目前国内外生产 L-苹果酸的主要方法，应用固定化酶或细胞技术连续生产 L-苹果酸是其发展趋势。

苹果酸的提取方法与柠檬酸类似，主要过程也是加入 $CaCO_3$ 或 $Ca(OH)_2$，滤出生成的苹果酸钙，滤饼用硫酸处理，析出 $CaSO_4$，含苹果酸的滤液经精制、真空浓缩后获得苹果酸结晶。

（三）乳酸

乳酸又称 2-羟基丙酸，是种多用途的精细化学品，可广泛用于食品、制药、制革、化工、纺织等行业。乳酸的工业化生产包括化学合成法和生物发酵法，化学合成法（主要是乳腈水解法）所产生的乳酸均为外消旋 DL-乳酸，因为合成所用原料有毒性，人们对把化学合成法生产的乳酸用于食品心存疑虑，故合成法一直受到限制。目前在世界年产 10 万 t 的乳酸中，由发酵法生产的乳酸占 90%。

工业上，用于生产乳酸的微生物主要是乳酸细菌（德氏乳杆菌、凝结芽孢杆菌、左旋乳酸芽孢杆菌、肠膜状明串珠菌、乳链球菌等）和根霉（米根霉、无根根霉、伏氏根霉、匍枝根霉等）。发酵原料可用葡萄糖、蔗糖、糖蜜、乳糖，淀粉原料，亚硫酸盐纸浆废液，菊粉等为主原料，麸皮、米糠、玉米浆、毛发水解液等为辅料。典型的常规发酵工艺过程是经选用的细菌，把合适碳水化合物发酵为乳酸，发酵时加中和剂 $CaCO_3$ 中和发酵生成的乳酸，形成乳酸钙。提取时加入硫酸水解，生成游离乳酸和硫酸钙。目前已发展了一些乳酸发酵的新工艺。

（1）电渗析发酵法乳酸生产工艺　在乳酸发酵中，由于产生的乳酸的积累，发酵液的pH逐渐下降，乳酸的生成受到抑制。为防止这种抑制作用，工业生产通常采用$CaCO_3$等加以中和生成乳酸钙，导致乳酸的提取和精制复杂化。电渗析发酵法则利用离子交换膜的作用从发酵液中不断地移走所产生的乳酸，使发酵液的pH保持在一个合理的范围。电渗析法发酵避免了产物抑制作用，所获得的乳酸浓度高，使乳酸的提取和纯化相对简单。

（2）萃取发酵法生产乳酸工艺　这是一种利用萃取技术实现乳酸发酵生产与在线分离相耦联的技术。所用的萃取剂为叔胺Alamine335（三辛胺至三癸胺的混合物）与油醇的混合物，萃取后再用反萃取剂NaOH反萃取，得到乳酸钠，再以HCl置换回收乳酸。离子交换树脂萃取发酵法是类似的工艺技术，“萃取剂”是离子交换树脂，把发酵罐与离子交换树脂装填柱耦合，在乳酸发酵过程中在线不断移去产物。

（3）膜循环生物反应器发酵工艺技术　这是一种连续发酵工艺，把连续搅拌反应器同细胞循环膜组件（中空纤维系统）相耦合，连续搅拌罐中的流加速度与流出速率相等，发酵液流经膜组件时，乳酸被分离，消除产物抑制，提高乳酸产率。

（4）同时糖化发酵工艺技术　从淀粉质原料如大麦、玉米、大米以发酵法转化为乳酸，一般原料需经过糖化处理。同时糖化发酵工艺则简化了淀粉的糖化工序，把它与乳酸发酵结合起来，在液化后加糖化酶的同时就进行乳酸发酵，从而节省时间、设备投资及运行成本。并且可以避免初糖浓度过高造成对发酵的抑制作用。米根霉本身产糖化酶，能同时糖化、发酵玉米等淀粉质原料生产L-乳酸。少数乳酸菌如食淀粉乳杆菌、嗜淀粉乳杆菌本身产糖化酶，也可以同时糖化发酵产乳酸，不必事先把淀粉水解为葡萄糖。

（四）葡萄糖酸

葡萄糖酸又称五羟基己酸，毒性和腐蚀性极小，酸味爽口，是制药和食品工业的重要原料。以发酵葡萄糖产葡萄糖酸的微生物很多，但有工业应用价值的只有黑曲霉（*A. niger*）、葡萄糖酸杆菌（*Gluconobacter*）和弱氧化葡萄糖酸杆菌（*G. oxydans* sub sp.），目前工业上最有竞争力的是黑曲霉。

（1）真菌钠盐发酵　以工业葡萄糖或淀粉水解糖为原料，接种黑曲霉回收菌丝或预培养菌丝悬浮液10%，32～34℃发酵，NaOH为中和剂，维持pH 6.0～6.5，液体深层通风培养，十八醇为消泡剂连续流加，发酵时间18～20h。当残糖降到1g/L以下时发酵结束。

（2）真菌钙盐发酵　工艺类似钠盐发酵，只是中和剂改为$CaCO_3$。因葡萄酸钙在20～30℃时溶解度限制在40g/L，所以培养基中糖含量要在150g/L以下，否则会出现葡萄糖酸钙沉淀。

（3）细菌发酵　以葡萄糖酸杆菌为生产菌，用含葡萄糖液15%的培养基，30～34℃通风搅拌培养40～60h，转化率可达90%～95%，发酵时不控制pH。也可将细菌固定化后用于连续发酵生产葡萄糖酸。

（4）葡萄糖的提取　发酵液经固液分离去除菌丝，菌丝可复用。钙盐清液在搅拌下升温加石灰乳，使钙总浓度达酸浓度的98%，100℃下浓缩到过饱和，冷至20℃静置，葡萄酸钙结晶析出。上述浓缩液用等浓度硫酸酸化，并过滤除去$CaSO_4$即可得葡萄糖酸溶液。钠盐清液经活性炭脱色和阳离子交换可得葡萄糖酸溶液。葡萄糖酸溶液浓缩至过饱和再冷至30℃，可结晶出无水葡萄糖酸。添加NaOH至pH 7.5再干燥可得葡萄糖酸钠。

四、单细胞蛋白的发酵生产

单细胞蛋白（single cell protein，SCP）是指通过培养酵母、细菌、真菌、微藻等单细胞微生物而获得的菌体蛋白质。微生物菌体的蛋白质很高，以干重计，大部分可达42%～75%。利用微生物发酵技术生产单细胞蛋白具有较高的产率，其富集蛋白质的能力要比动、植物快得多。随着世界人口的剧增，为缓解粮食短缺，减少饲料用植物蛋白及鱼粉等的用量，利用廉价的原料生产微生物蛋白是提供饲料及食品蛋白资源的有效途径。

（一）SCP生产的微生物

目前工业上生产SCP的微生物是酵母，主要有酿酒酵母、产朊假丝酵母和脆壁克鲁维酵母。产碱杆菌、假单胞菌、节杆菌、短杆菌等细菌能够良好地利用烷烃生产SCP，但是细菌容易感染噬菌体，而且核酸含量高，用于食用较困难。真菌（霉菌、担子菌等）用于生产SCP也受到广泛关注，因为它含有丰富的木质、纤维素降解酶系，可以利用廉价的废弃碳水化合物原料进行SCP生产。

（二）用于SCP生产的原料

生产SCP的原料在很大程度上取决于当地的资源。20世纪60年代末至70年代初，开发了利用烷烃类物质生产SCP的工艺，利用高级烷烃生产SCP的微生物主要是解脂假丝酵母、热带假丝酵母等，利用甲醇为原料的主要是嗜甲基能力较强的细菌。

淀粉（甘薯、木薯、马铃薯等）、糖蜜等糖类物质是生产SCP的另一传统原料。酵母菌种，如产朊假丝酵母、酿酒酵母、假丝酵母（*Candida fennic*）和皮状丝孢酵母（*Trichosporon cutaneum*）等不能直接利用淀粉，需要淀粉酶系丰富的黑曲霉、根霉等一起混合培养获得SCP；利用基因工程手段构建具淀粉酶活力的SCP生产菌是一大发展趋势。糖蜜是甜菜、甘蔗制糖的主要副产品，以糖蜜原料生产SCP一般采用酵母菌，如热带假丝酵母、酿酒酵母等，也有采用木霉、尖孢镰刀霉菌的报道。

纤维素是地球上最丰富的天然资源，约占生物物质总量的50%，是SCP发酵生产的潜在资源。利用纤维素为碳源生产SCP目前都需以酸或酶法对纤维素进行前处理，或者以产纤维素酶的真菌与SCP生产菌混合发酵。随着基因工程技术的发展及纤维素酶高产菌的选育，纤维素的资源化将可从根本上解决人类的资源问题。

造纸厂、酒精厂、味精厂、酱油厂及豆腐厂等排放的大量废液及农副产品加工废渣都是潜在的SCP生产原料，对这些废弃物进行综合利用生产SCP，具有重要的经济效益和社会效益，国内外正在展开深入的研究。

（三）SCP生产的一般工艺流程

单细胞蛋白质生产的一般工艺流程如图5-17所示。

采用的发酵罐有传统的搅拌式发酵罐、通气管式发酵罐、空气提升式发酵罐等。原料经预处理和调配、灭菌后接入生产用种子，培养过程中控制培养液的pH和温度。为使培养液中营养成分充分利用，可将部分培养液连续送入分离器，上清液回入发酵罐中循环使用。

SCP分离提取的关键技术是菌体细胞壁的裂解和降低SCP产品的RNA含量。破碎微生物菌体细胞壁主要方法包括化学法（加入化学试剂以去除细胞壁或增加其通透性）、

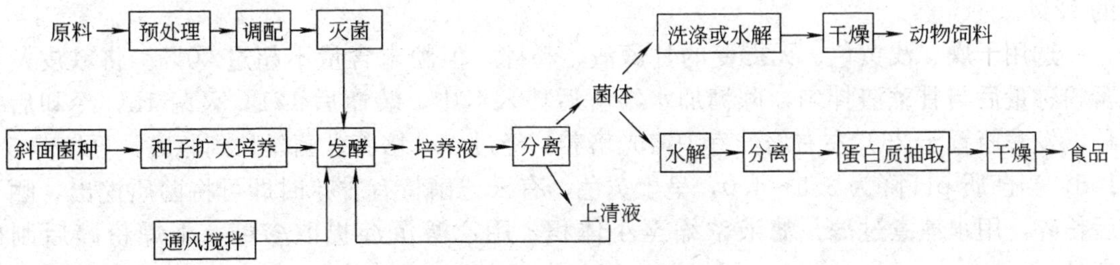

图 5-17　SCP 生产工艺流程图[9]

酶法（加入溶菌酶、蛋白酶、葡聚糖酶等）、机械法（高压均质、球磨研磨、超声破碎等）；去除 RNA 的方法包括碱法、酸法、化学修饰法及盐析法等。

五、食用菌的发酵生产

食用菌俗称蘑菇或食用蕈菌，是一类可以食用的高等真菌，广义地来说它包含两类：一类是药食兼用型，如香菇、平菇、姬松茸、金针菇、竹荪等；另一类为医药专用型，如灵芝、云芝、麦角菌、冬虫夏草等。食用菌不但风味独特，而且营养丰富，是菜肴中的珍品。近年的研究发现某些食用菌，如羊肚菌、香菇等可用作提取调味品（增鲜剂），灵芝、银耳、猴头、茯苓、冬虫夏草等可用来制成药品或加工制成保健饮料。因此，食用菌也是食品工业和制药工业的重要资源。

（一）食用菌的固体发酵生产

食用菌的菌种接种到固体培养料中，以得到子实体为目的的称为固体栽培，如食用菌的瓶栽、袋栽、床栽等都是这种生产方式。如果目的物是菌丝体或菌体所产生的次生代谢产物，则称为固体发酵。

中国在固体发酵生产方面有着悠久的历史，早在 2500 年前就有中药神曲的固体发酵生产。食用菌的固体发酵生产，从 20 世纪 70 年代后期开始，分别进行了猴头菌、安络小皮伞菌、亮菌、云芝菌、槐耳菌等发酵生产。固体发酵工艺是对固体培养基进行灭菌，在无菌条件下接种，然后置于适宜环境中培养，最后对发酵产物进行深加工处理。

1. 猴头菌（*Hericium erinaceus*）的固体发酵生产

常用的固体发酵培养基为甘蔗渣、米糠等，并添加适量石膏粉、蔗糖，加水合适的湿度。甘蔗渣、米糠要求无霉变。料称好后，将糖溶于水中，倒入混匀的固体培养料中，拌匀，装入菌种瓶中，边装边振动使上下松紧一致。装好后，将料面压平，洗净瓶口，塞紧棉塞，121℃灭菌 1h。然后接入菌种、培养。菌丝长满瓶约需 30d，继续培养 10d 左右，pH 降至 4 左右开启棉塞，挖出菌质，晒干供提取用。

晒干的菌质经粉碎后用沸水煎煮，过滤取滤液，减压浓缩至膏状，加入辅料后，制粒压片即得猴菇菌片。猴头菌质提取物具有抑制肿瘤细胞生长，加速肠黏膜微循环及增强机体免疫力等作用。猴菇菌片对胃、十二指肠溃疡、慢性胃炎有良好疗效，对食管癌也有一定疗效。

2. 云芝菌（*Coriolus versicolor*）的固体发酵生产

固体发酵培养基为（%）：甘蔗渣 78，麸皮 20，蔗糖 1，石膏粉 1，加水量为总量的72%。

选用干燥、浅黄色、无霉变的甘蔗渣，粉碎，但粉末含量不超过20%。将麸皮及石膏粉称量后与甘蔗渣拌匀，蔗糖加水溶解后拌入料中，装瓶后121℃灭菌1h，冷却后接种，发酵瓶置于26℃左右培养室中避光培养。经过45d培养，菌丝长到瓶底，再培养5～10d，当菌质pH降为3.5～4.0，呈土黄色，有云芝菌特有香味时即可将菌质挖出，晒干后粉碎，用水煎煮过滤，滤液浓缩至小体积，用乙醇沉淀提取多糖，干燥粉碎后制成产品。

（二）食用菌的液体发酵生产

液体发酵和固体发酵生产不同，液体发酵生产是以液体为培养基，通过多级发酵培养得到发酵液。发酵液中含有菌体，被菌体分解的营养成分及未分解的成分，以及菌体产生的次生代谢产物。发酵液可直接加工成制剂或用于提取活性成分。相对固体发酵生产，液体发酵生产可进行工业化、标准化连续生产，规模大、产量高、发酵周期短，但设备投资大。

用深层发酵法来生产食用菌的菌丝体要比栽培子实体简便快速，因此，许多目前还不能进行人工栽培的野生食用菌都可用深层发酵来生产菌丝体。自从1949年，Humfeld和Sugiham首次成功地在发酵罐中培养出了双胞蘑菇菌丝体后，至今已有五十多种食用和药用高等真菌的深层发酵获得成功。其主要工艺流程为：

斜面菌种 ⟶ 摇瓶菌种 ⟶ 摇瓶扩大培养 ⟶ 种子罐种子 ⟶ 发酵罐深层培养

1. 虫草的液体发酵生产

冬虫夏草（*Cordyceps sinensis*）为名贵中药材，味甘性平，具有保肺肾、补精髓、化痰止咳等功效，多用于肺肾两虚症，可调节人体免疫功能，增强对多种疾病的抵抗力。由于天然虫草受自然条件的限制，产量有限，所以名贵无比。为此很多单位开展了冬虫夏草人工培养的研究，目前冬虫夏草无性型菌株的深层发酵已实现工业化生产，利用发酵菌丝或发酵物制成制剂用于医疗及保健临床，主要产品包括：由蝙蝠蛾拟青霉（*Paecilomyces hepiali*）菌株发酵制备的金水宝胶囊；由蝙蝠蛾多毛孢（*Hirsutella hepiali*）菌株发酵制备的百令胶囊；由虫草头孢菌（*Cephalosporium dongchongxiacao*）发酵制备的宁心宝胶囊等。Cha等报道的液体发酵条件为：

斜面培养基：PDA，25℃培养7d；

种子培养基：20%马铃薯（煮汁），2%葡萄糖，0.1%酵母膏；250mL摇瓶装液50mL，150r/min摇床25℃培养3d；

发酵培养基：2%糖蜜，0.9%酵母膏，0.3% K_2HPO_4，0.4% $CaCl_2$；25℃培养6d。

2. 灰树花的液体发酵生产

灰树花（*Grifola frondosa*）是一种近年来开发的珍奇食药两用真菌，其肉质脆嫩，味如鸡丝，营养丰富，且含有生物活性物质灰树花多糖。1984年Ohno等报道了灰树花多糖具有抗肿瘤活性以来，大量的药理药效研究证明，灰树花多糖具有明显的抗肿瘤、抗HIV病毒、免疫调节、治疗肝炎等功效，且无任何毒副作用。目前灰树花生产主要以人工固体栽培为主，但以获得其活性成分为目的，对灰树花的深层发酵工艺方面有诸多报道，Lee等报道的工艺条件为：

斜面培养基：PDA；25℃培养7d。

发酵培养基（g/L）：葡萄糖 30，酵母膏 6，蛋白胨 2，KH_2PO_4 0.5，$MgSO_4$ 0.5，$MnSO_4$ 0.2；250mL 摇瓶装液 50mL，120r/min 摇床 25℃培养 7d。

3. 姬松茸的液体发酵生产

姬松茸（*Agaricus blazei Murrill.*）又名小松菇、巴西蘑菇等，是一种药食两用真菌，具有浓郁的杏仁香味，美味可口，含有丰富的蛋白质和多糖，维生素含量特别丰富，为已知食用菌含量最高，营养价值很高。近年来，国内外实验研究发现姬松茸子实体中含有抗肿瘤多糖、凝集素、固醇、核酸等成分。姬松茸的人工栽培始于日本，我国于 1992 年从日本引进该菌种在福建、广西、湖北等地栽培，均获成功，同时为了高效地获得其活性成分，国内外对姬松茸的深层发酵技术进行了广泛研究，Zou 报道的工艺条件为：

斜面培养基：PDA；25℃培养 7d；

发酵培养基（g/L）：葡萄糖 40，蛋白胨 5，酵母膏 5，KH_2PO_4 3，$MgSO_4$ 2，维生素 B_1 0.05；500mL 摇瓶装液 100mL，180r/min 摇床 25℃培养 8d。

4. 灵芝的液体发酵生产

灵芝（*Ganoderma lucidum*）是一种药用价值很高的名贵真菌，自古以来，一直被人们视为延年益寿的珍品。现代医学证明灵芝具有防止动脉硬化，提高免疫力，抗肿瘤，抗衰老等多种作用，主要活性成分包括灵芝多糖、灵芝酸、腺苷、麦角固醇以及肽类等。传统上，灵芝是通过野外采集或人工栽培获得，以子实体或孢子入药，但灵芝子实体形成周期长，所需劳动强度大，目前已实现了灵芝菌的工业化液体发酵生产，以获得其活性成分或直接加工成制剂。灵芝菌的发酵温度为 24～28℃，pH 6.0～6.5，通气量 1.3～1.5m^3/min，搅拌转速 120～160r/min，接种量 10%（体积分数），发酵时间 5～7d。发酵后可直接加工成营养制剂或从中提取多糖等活性成分。

斜面培养基：PDA；

种子培养基：葡萄糖 3%～4%，蛋白胨 0.3%～0.5%，酵母膏 0.2%～0.3%，KH_2PO_4 0.1%，$MgSO_4$ 0.05%，少量维生素 B_1；

发酵培养基：常用碳源包括糖蜜、玉米粉、葡萄糖、蔗糖、乳糖等，氮源包括蛋白胨、酵母膏、麸皮、花生饼粉、玉米浆、豆饼粉等，以及 KH_2PO_4、$MgSO_4$ 等。

近年来，随着研究的深入及发酵技术的进步，开发了以中药为基质的食用菌新型发酵技术。食用菌具有产生淀粉酶、蛋白酶、纤维素酶等多种酶系的能力，利用其强大的分解转化能力，以中药为培养基或在培养基中添加适量中药，可能对中药中的某些成分进行转化，降低中药的毒副作用或提高其效价。将现代发酵技术与中药的加工进行有机的结合，利用食用菌对中药材进行发酵，可生产包含中药活性成分、食用菌菌体及其活性代谢产物且药效较简单、组方配伍更佳的新型制剂。许多中药如薏苡仁（*Coix lachryma-jobi*）、枸杞子（*Lycium barbarum*）、当归（*Angelica sinensis*）、玄参（*Scrophularia ningpoensis*）、山药（*Dioscorea opposita*）、党参（*Codonopsis pilosula*）、牛膝（*Achyranthes bidentata*）等在一定的剂量内对灵芝等食用菌菌体的生产及活性成分多糖的合成具有促进作用，特别是一些富含淀粉质及蛋白的药食两用中药是很好的药食两用菌液体发酵的营养基质。以药食两用中药为基质进行的灵芝液体发酵，研究表明山药、芡实、莲子、薏苡仁等都是灵芝液体发酵适宜的营养基质，经响应面分析法优化的最佳发酵培养基为：葡萄糖

2.1%，山药3%，薏苡仁1.96%，灵芝菌体生物量可达2.05g/100mL。

六、食品添加剂的发酵生产

（一）食用色素

食用色素是以食品着色和改善食品色泽为目的的食品添加剂。天然色素因其安全性能良好而受到青睐，天然色素的来源一种是直接从原料中提取，如叶绿素、番茄红素等，另一种是利用微生物发酵生产。利用发酵技术制备天然色素是目前色素生产研究的一大重点。

（1）红曲色素的发酵生产　红曲色素的生产是利用红曲菌进行固体发酵或液体深层培养，再经分离提取获得。

① 固体发酵法：采用的多为“红曲通风制曲”工艺，优质大米经浸泡后沥干，蒸锅中蒸透，冷却至40℃时接入已制备好的优良红曲霉菌，充分搅拌。此时品温30～35℃，将拌匀的曲料转入曲池，堆积升温，用麻袋盖住保温，待温度上升至50℃进行一次翻曲，料温下降至30℃左右，再堆积升温至40℃，进行第二次翻曲。将曲料搅拌后摊平地面，待料温上升至35℃利用电机进行通风制曲，然后将成熟的曲出池晒干或直接提取红曲色素。

② 液体深层发酵法：液体发酵生产周期短、品质易于控制，是红曲色素大规模工业化生产的方向。液体深层培养以淀粉为碳源，硝酸钾或硝酸钠为氮源，pH 5.5～6.0，发酵周期一般为50～60h。淀粉浓度为5%时所获得色素浓度最高，残糖量最低；当淀粉浓度为5%及含有$NaNO_3$ 0.15%时，菌体细胞生长极为旺盛，菌体细胞量增多。但淀粉浓度超过菌体生长极限时，残糖量增加，周期延长并使色素提取困难。红曲霉菌是好氧菌，其细胞的生长与色素的生成都需要足够的氧气，因此，在深层培养时提供足够的溶氧很重要。

发酵结束后将发酵液进行固液分离，滤渣用70%～80%的乙醇进行多次浸提，所得滤液与发酵液分离后的澄清滤液合并，回收乙醇后喷雾干燥。在喷雾干燥时往往添加特别是辅料用作色素载体，并有利于干燥操作的进行。

（2）降脂红曲的发展　红曲色素生产菌种为红曲霉（*Monascus*），这种霉菌在发酵生产天然色素已有1000年历史，但随着人们对红曲霉研究的深入，红曲霉产生的次级代谢产物日益受到重视。早在20世纪80年代末日本学者远腾章从红曲霉（*Monascus taber*）的培养液中分离出莫纳可林K（*Monacotin* K），后来证实它能有效地降低人体血脂和胆固醇，这是研究红曲的重大发现。现代科技发展为红曲产品开发提供了理论依据，红曲不仅被用于一般酿酒、腐乳、食醋、食品色素和中药等方面的应用，而且正在深入研究和开发出降血脂和降低胆固醇等富有保健价值和造福人类的保健产品。目前，国内外把正在深入研究*Monacotin* K高产菌株及其发酵工艺控制条件。同时，在医学界也在积极开展临床研究。降血脂红曲有着极其宽广的发展空间。

（3）β-胡萝卜素的发酵制备　胡萝卜素是最重要的天然色素之一，颜色从黄到红。β-胡萝卜素是500多种胡萝卜素中的一种，是维生素A的前体。β-胡萝卜素作为食品添加剂主要用于着色，同时还具有增强免疫、降血脂、预防心血管疾病等功能，因此在食品与医疗保健行业具有广阔的应用前景。β-胡萝卜素的生产方法包括化学合成、植物提取及生物发酵三种。化学合成法技术复杂、售价远不如天然品，但植物提取法受原料、产地、气候等条件限制，难以大量生产，微生物发酵法是β-胡萝卜素制备的发展方向。

前苏联和东欧各国利用三孢布拉霉工业化发酵生产β-胡萝卜素，其工艺流程如图5-18。

斜面培养基：蛋白胨4%，玉米淀粉 5%，KH_2PO_4 0.05%，$MgSO_4$ 0.01%，琼脂2.5%。

种子培养基：玉米浆7g，玉米淀粉50g，KH_2PO_4 0.05g，$MgSO_4$ 0.01g，盐酸硫胺素0.01g，定容至1L。

发酵培养基：酒糟70g，玉米淀粉60g，豆油30mL，棉籽油30mL，促长啉0.35g，$MgSO_4$ 0.2g，盐酸硫胺素0.5mg，煤油20mL，定容至1L，pH 6.3。发酵培养时接种量10%，26℃ 210r/min 25m³/h，培养185h。培养48h后，添加无菌β-紫罗酮1g/L和煤油5mL/L，然后连续添加总量为42mL/L的53%葡萄糖溶液至发酵终了。

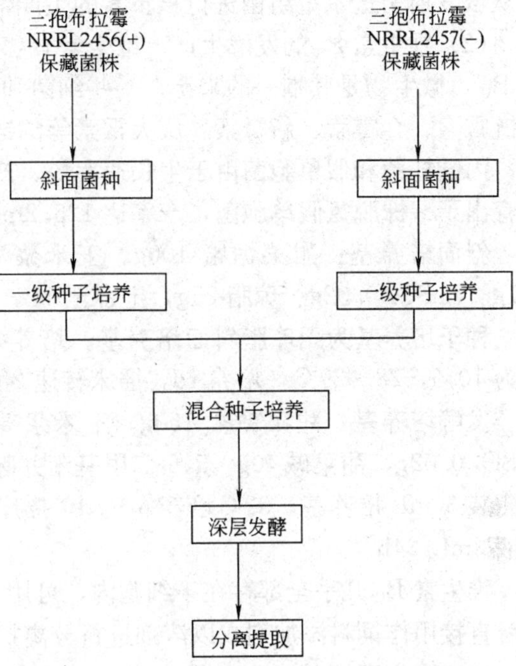

图5-18 β-胡萝卜素的生产工艺流程[21]

β-胡萝卜素是胞内产物，菌丝体干燥后可直接用作饲料，细胞中的β-胡萝卜素稳定性较差，为了提高稳定性，要添加抗氧化剂到发酵液中或回收的菌体中。β-胡萝卜素提取时先用离心机离心或加助滤剂过滤，收集菌体，湿菌体经无水甲醇洗涤后脱水干燥，用二氯甲烷重复抽提，于35℃减压蒸发，然后用丙酮或乙烷之类的溶剂萃取得粗品。再溶于氯仿中减压蒸发至一半体积，于20℃暗处，在充氮条件下添加乙醇进行结晶，可得β-胡萝卜素精品。

（二）维生素

（1）维生素B_2的发酵生产　维生素B_2又称为核黄素（riboflavin），是重要的水溶性维生素之一，用于合成黄素单核苷酸（FMN）和黄素腺嘌呤二核苷酸（FAD），作为氧化还原酶的电子受体。为了避免缺乏症如皮炎，成人的日需量为0.3～1.8mg/d，动物饲料为1～4mg/kg。现有多种饮料和酸奶加有纯的核黄素，而占产量的大部分以较粗形式用于饲料中。

微生物可直接发酵生产核黄素或采用两步法，两步法是先以微生物将葡萄糖转化为D-核糖再经化学合成为核黄素。核黄素的发酵始于20世纪40年代，先后采用的菌种为阿氏假囊酵母（*Eremothecium ashbyii*）和棉阿舒囊霉（*Ashbya gossypii*），经多年选育，现产量可高达15g/L。美国ADM公司应用一种假丝酵母（*Candida famata*）发酵生产核黄素，产量可达20g/L。俄罗斯学者以及瑞士Hoffmann-La-Roche公司利用基因工程技术构建了重组枯草芽孢杆菌（*Bacillus subtilis*）用于工业化生产核黄素，我国武汉广济药业从俄罗斯引进了重组菌进行核黄素的生产，成本较化学合成降低了约50%。

（2）维生素B_{12}的发酵生产　维生素B_{12}又名氰钴胺素，人类和动植物都不能合成维生素B_{12}，微生物是其唯一的来源。一些细菌和放线菌能产维生素B_{12}。维生素B_{12}可以从生产链霉素、金霉素、新霉素、庆大霉素等的链霉菌发酵废液中提取，也可由专性发酵法生产，丙酸杆菌和假单胞菌由于生长速率快、产率高而用于发酵生产维生素B_{12}。祁桂玲等选育出了一株脱氮假单胞菌，产率达125.2mg/L，其发酵生产工艺如下：

斜面培养基：甜菜糖蜜100g、玉米浆4g、$(NH_4)_2HPO_4$ 2g、$MgSO_4$ 1g、$MnSO_4$ 0.1g、$ZnSO_4$ 0.02g、琼脂25g，定容至1L，pH 7.2。培养条件28～29℃，3～4d。

种子培养基为无琼脂斜面培养基。培养条件：250mL三角瓶装30mL培养基，接种量为10%，28～29℃，培养1d，摇床转速200r/min。

发酵培养基：甜菜糖蜜160g，玉米浆5g，K_2HPO_4 5g、$MgSO_4$ 5g、$MnSO_4$ 0.2g、$ZnSO_4$ 0.02g，甜菜碱40g，5,6-二甲基苯并咪唑0.025g，定容至1L，pH 7.4。250mL三角瓶装30mL培养基，32℃培养6～7d，摇床转速200r/min，3d后摇瓶中补入30%糖蜜溶液2mL/24h。

维生素B_{12}几乎全部存在于细胞内，可用高速离心机从发酵液中收集细胞，经鼓风干燥后直接用作饲料添加剂或以溶剂进行分离提取。

（3）维生素C的生产　维生素C又名抗坏血酸，是细胞氧化还原反应中的催化剂，参与机体新陈代谢，增强机体对感染的抵抗力并具有抗氧化活力。维生素C的工业化生产包括天然提取法、化学合成法和发酵半合成法。目前，发酵法还不能完全替代化学合成法，但某些步骤已用微生物发酵法替代。

① 莱氏法：为德国Reichstein等人于1935年建立的方法，以D-山梨醇为原料，经黑醋菌（*Acetobacter melanogenum*）一步发酵得L-山梨糖，再经丙酮酮化等步骤制备维生素C，工艺路线如下：

$$\text{D-葡萄糖}\xrightarrow{\text{加氢}}\text{D-山梨醇}\xrightarrow{\text{微生物发酵}}\text{L-山梨糖}\xrightarrow{\text{酮化}}\text{双丙酮-L-山梨糖}\xrightarrow{\text{氧化}}\text{双丙酮-L-古洛酸}$$

$$\xrightarrow{\text{酸化}}\text{2-酮-L-古洛酸}\xrightarrow{CH_3OH}\text{甲基-2-酮-L-古洛酸}\xrightarrow{\text{转化}}\text{维生素C}$$

② 两步发酵法：这是我国首创的生产维生素C的工艺方法，实质是通过发酵技术替代了莱氏法中的部分化学合成阶段，避免了丙酮、酸、碱等溶剂的大量使用。两步发酵法工艺路线如下：

$$\text{D-葡萄糖}\xrightarrow{\text{加氢}}\text{D-山梨醇}\xrightarrow{\text{微生物发酵}}\text{L-山梨糖}\xrightarrow{\text{微生物发酵}}\text{2-酮-L-古洛酸}$$

$$\xrightarrow{CH_3OH}\text{甲基-2-酮-L-古洛酸}\xrightarrow{\text{转化}}\text{维生素C}$$

（三）黄原胶

黄原胶别名（xamthan gum）又称黄单胞多糖，是国际上20世纪70年代发展起来的新型发酵产品。它是由甘蓝黑腐病黄单胞菌（*Xauthomonas campestris*）以碳水化合物为主要原料，经通风发酵，分离提纯后得到的微生物多糖，在食品行业中用作增稠剂。

（1）菌种　黄单胞菌属的许多种类菌株都能产生黄原胶。目前，国内外用于生产黄原胶的菌种大多是从甘蓝黑腐病病株上分离到的甘蓝黑腐病黄单胞菌，另外生产黄原胶的菌种还有油菜豆黄单胞菌、锦葵黄单胞菌和胡萝卜黄单胞菌等。

（2）发酵　黄原胶生产属高需氧量发酵，需大通风量，一般为1～0.6m^3/(m^3 ·

min)，发酵温度25～28℃。碳源一般为糖类、淀粉等碳水化合物，起始浓度一般在2%～5%，黄单胞菌容易利用有机氮源，包括鱼粉蛋白胨、大豆蛋白胨、鱼粉、豆饼粉、谷糠等，其中以鱼粉蛋白胨为最佳，它对产物的生成有明显的促进作用，一般使用量为0.4%～0.6%。黄原胶发酵培养基的起始pH一般控制在6.5～7.0，这有利于初期的细胞生长和后期的黄原胶合成。

（3）黄原胶的分离提取　包括乙醇沉淀法、钙盐-乙醇沉淀法、膜分离法以及利用絮凝剂使黄原胶絮凝沉淀等方法从发酵液中分离提取黄源胶。

七、生物活性物质的发酵生产

（一）不饱和脂肪酸

多不饱和脂肪酸对人体具有多种生理功能，尤其是花生四烯酸（arachidonic acid，AA）、γ-亚麻酸（γ-linolenic acid，GLA）、二十碳五烯酸（eicosapentaenoic acid，EPA）和二十二碳六烯酸（decosahexaenoic acid，DHA）等，都是人体必需的脂肪酸，其中EPA和DHA对防治心血管疾病有着非常重要的作用，并具有抗炎、抗肿瘤、促进大脑发育等功能；GLA作为人体合成前列腺素的前体物质，具有抗动脉粥样硬化、降低血清胆固醇、降血压、抑制血小板凝集、增强免疫、保湿护肤等多种重要的生理活性作用；AA是人体最为重要的一种多不饱和脂肪酸，母乳中含有丰富的AA，对婴儿的正常发育十分重要，AA是婴幼儿配方食品中的重要添加剂。多不饱和脂肪酸主要来源于动植物油，但由于受气候及其他条件的制约，限制了多不饱和脂肪酸的生产，而发酵法不受原料及自然条件的限制，产品含油量稳定，可实现工业化生产，为多不饱和脂肪酸的生产开辟一条新途径。其中，花生四烯酸和二十二碳六烯酸已实现工业化生产。

（1）菌种　高山被孢霉常用于花生四烯酸的发酵生产；γ-亚麻酸所用菌种主要为被孢霉、少根根霉、鲁氏毛霉等；用于生产DHA和EPA的菌种包括海洋细菌及破囊壶菌、裂殖壶菌等海洋真菌、微藻等。

（2）发酵与提取　通常油脂生产微生物在碳源丰富，氮、磷含量低的基质中培养，较高的C/N有利于菌体油脂的积累。发酵的碳源一般用葡萄糖，浓度在10%～20%，属于高糖浓度发酵，这往往在发酵初期不利于菌体的生长，可以采用流加发酵或连续发酵；氮源一般采用无机氮源如硝酸盐或铵盐；某些金属离子如Mn^{2+}、Zn^{2+}、Cu^{2+}等可以使细胞内积累更多的油脂。

发酵的起始pH一般控制在6.0左右，真菌喜偏酸的环境生长，发酵后期菌体积累油脂时pH下降至5.0左右，低pH下油脂合成酶系活力较高，油脂合成速度快。藻类与真菌类似，而细菌发酵生产脂肪酸时，起始pH控制在中性或偏碱性。

温度可以影响生物合成中脂类成分的比例及脂肪酸的去饱和程度，一般情况下，低温环境可促进饱和脂肪酸转变为不饱和脂肪酸，大量资料报道，在低温下能增加真菌、藻类和细菌的不饱和脂肪酸的合成。在被孢霉属的真菌中，在低温下（12～15℃）能合成大量的二十碳五烯酸。在多不饱和脂肪酸合成途径中的去饱和需要分子氧，氧的有效性决定产生的脂肪酸的去饱和程度，生产菌在发酵过程中的需氧量为20～25mmol/(L·h)。

发酵结束后收获的菌体先行破碎，然后以烷烃类溶剂（已烷、苯、环已烷等）或极性稍强的氯仿、石油醚等进行萃取。

（二）功能性多糖

多糖是存在于自然界的醛糖及酮糖通过糖苷键连接而成的多聚物，广泛存在于植物、微生物的细胞壁，是所有生命有机体的重要组成成分与维持生命所必需的结构材料。近几十年来，多糖的生物功能不断被发现，活性多糖逐渐成为生物药物开发和生化研究的热点之一。

（1）真菌多糖　真菌多糖包括香菇多糖、金针菇多糖、灵芝多糖、猴头菇多糖、虫草多糖、银耳多糖等具有显著的促进免疫、抗肿瘤、抗突变、降血脂、抗病毒等活性，日本1986年率先将裂褶菌多糖（schizophyllan）和香菇多糖（lentinan）作为免疫增强剂用于癌症的治疗，其后灵芝多糖被用于临床，其他真菌多糖正在研究或开发中。

目前人们获得真菌多糖的途径主要是从真菌子实体中提取，但随着需求量的增大，人工栽培真菌子实体周期长且易染菌及受病虫的侵袭，利用深层发酵技术生产真菌多糖具有周期短、染菌少等优势，是工业化生产真菌多糖的发展方向。

真菌多糖的提取过程，首先是将真菌子实体或菌丝体粉碎，以水、稀酸或稀碱在50～80℃温度下浸提，在浸提过程中，可添加纤维素酶以提高浸提速度。提取液经中和后进行减压浓缩，即可直接用于制造功能性食品；进一步纯化可将浓缩液用乙醇沉淀，以蛋白酶去除蛋白，膜分离去除小分子物质并浓缩多糖液，喷雾干燥成固体粉末状物质。

（2）β-葡聚糖　β-葡聚糖存在于许多细菌、酵母及植物的细胞壁，具有促进免疫及抗肿瘤活性。目前β-葡聚糖的获得大多从啤酒或面包酵母的细胞壁中提取，β-葡聚糖占啤酒酵母细胞壁干重的30%～60%，酵母经自溶或外加蛋白酶溶解后，抽提酵母浸膏，经高速离心所得细胞壁再以酸或碱提取葡聚糖。

八、其他物质的发酵生产

（一）肌苷酸（IMP）的发酵生产

当核苷酸与氨基酸类物质混合使用时，可成倍地提高鲜度；核苷酸对甜味有增效作用，对咸、酸、苦味有消杀作用，对肉味有增效作用。日本是最早将核苷酸作为助鲜剂用于食品调味的，目前国内外产量最大的呈味核苷酸为5′-肌苷酸。

能产肌苷酸的菌株包括短小芽孢杆菌、产氨短杆菌、枯草芽孢杆菌、谷氨酸棒杆菌等，应用产氨短杆菌突变株直接发酵合成IMP已经实现工业化生产。生产上采用的都是缺陷型菌株，在其培养基的组成上需要满足一定的条件，具体为：①需添加一定量的腺嘌呤，生产上一般使用酵母膏或酵母水解液；②添加高浓度的KH_2PO_4、K_2HPO_4和$MgSO_4$有利于菌株生长及积累IMP；③Mn^{2+}、Zn^{2+}、Fe^{2+}、硫胺素以及泛酸钙对菌株的生长和IMP的积累是必需的；④添加组氨酸、赖氨酸、高丝氨酸、甘氨酸及丙氨酸的混合物对发酵有促进作用，生产上一般用2%左右的玉米浆。发酵液中的肌苷酸可以采用活性炭或离子交换树脂进行提取，用离子交换树脂法，提取得率较高。

（二）乳酸链球菌肽的发酵生产

乳酸链球菌肽（nisin）是乳酸乳球菌乳酸亚种（*Lactococcus lactis* subsp. *lactis*）某些菌株产生的一种小肽，又称为乳链菌肽或乳酸链球菌素，包括2个天然变异体nisin A和nisin Z。它对革兰氏阳性菌，包括对造成食品严重危害的许多腐败菌有强烈的抑制作用，是人们广为应用的一种天然食品防腐剂，在口腔保健及药用领域也有良好的应用前景。

（1）产生菌的筛选　人们已从新鲜的牛乳、发酵乳、泡菜汁、豆芽、发酵腊肠等不同来源的材料中分离到产生 nisin 的乳酸乳球菌菌株。菌种筛选的一般方法首先是分离具有抗菌性能的乳酸乳球菌菌株，然后对产物进行分析鉴定，以确定它是否是乳酸链球菌肽。为提高初筛的效率，可利用乳酸链球菌肽产生（nip^+）、乳酸链球菌肽抗性（nis^r）和蔗糖发酵（suc^+）紧密连锁的原理，设计一个简便、快速、定向的方法，在以蔗糖作碳源和适当添加乳酸链球菌肽的 M17 培养基上，配以溴甲酚紫作指示剂，如果一个菌株既对乳酸链球菌肽显示抗性，又能利用蔗糖，则能使菌落周围的培养基由紫色转变成黄色，很容易用肉眼识别。

（2）发酵与提取　产 nisin 的乳酸乳球菌属于需要复杂营养的微生物，它们需牛乳或复合有机培养基才能生长良好。蔗糖为最佳碳源，浓度在 4%左右；KH_2PO_4 为最佳磷源，提高 KH_2PO_4 的浓度可维持有利的 pH 条件，又可刺激 nisin 的产生；棉籽粉、Mn^{2+}、吐温 80、丝氨酸、苏氨酸、半胱氨酸等可刺激 nisin 的合成，nisin 的生物合成还依赖于含硫无机盐（$MgSO_4$、硫代硫酸钠）或含硫氨基酸（甲硫氨酸、半胱氨酸）或胱硫醚这些硫源。

发酵结束后，可以 $(NH_4)_2SO_4$ 沉淀或硅藻土吸附沉淀进行 nisin 的初步分离，也可用超滤法进行分离，再以柱层析法进行精制。

参 考 文 献

［1］ Cha S. H., Lim J. S., Yoon, C. S., *et al.*. Production of mycelia and exo-biopolymer from molasses by *Cordyceps sinensis* 16 in submerged culture. Bioresource Technology 2007，(98)：165～168

［2］ HORIUCHI J., HIRAGA K. Industrial Application of Fuzzy Control to Large-Scale Recombinant Vitamin B_2 Production J. BIOSCI. BIOENG. 1999，87（3）：365～371

［3］ Vogel HC，Todaro CL. Fermentation and biochemical engineering handbook（2nd ed.）NJ：Noyes publications，1997

［4］ Zou X. Fed-batch fermentation for hyperproduction of polysaccharide and ergosterol by medicinal mushroom *Agaricus brasiliensis*. Process Biochemistry，2006，(41)：970～974

［5］ 曹军卫，马辉文主编．微生物工程．北京：科学出版社，2002

［6］ 高孔荣，黄惠华，梁照为编著．食品分离技术．广州：华南理工大学出版社，1998

［7］ 顾国贤主编．酿造酒工艺学．北京：中国轻工业出版社，1996

［8］ 何国庆主编．食品发酵与酿造工艺学．北京：中国农业出版社，2001

［9］ 贺小贤主编．生物工艺原理．北京：化学工业出版社，2003

［10］ 焦瑞身主编．微生物工程．北京：化学工业出版社，2003

［11］ 李艳主编．发酵工业概论．北京：中国轻工业出版社，1999

［12］ 梁世中主编．生物工程设备．北京：中国轻工业出版社，2002

［13］ 罗大珍，林稚兰主编．现代微生物发酵及技术教程．北京：北京大学出版社，2006

［14］ 罗云波，生吉萍主编．食品生物技术导论．北京：化学工业出版社，2006

［15］ 潘力主编．食品发酵工程．北京：化学工业出版社，2006

［16］ 彭志英主编．食品生物技术．北京：中国轻工业出版社，1999

［17］ 祁桂玲，宋毅芳．脱氮假单胞菌发酵生产维生素 B_{12} 高产菌株的选育．河北省科学院学报，2006，

23 (3)：16～18
[18] 姚汝华主编. 微生物工程工艺原理. 广州：华南理工大学出版社，2001
[19] 王福源主编. 现代食品发酵技术. 北京：中国轻工业出版社，1998
[20] 吴振强主编. 固态发酵技术与应用. 北京：化学工业出版社，2006
[21] 邬敏辰主编. 食品工业生物技术. 北京：化学工业出版社，2005
[22] 肖冬光主编. 微生物工程原理. 北京：中国轻工业出版社，2004
[23] 杨海龙，吴天祥，章克昌. 中药提取液对灵芝深层发酵的影响，微生物学报，2003，43 (4)：519～522
[24] 杨海龙，李雁群，吴天祥等. 以药食两用中药为基质的灵芝发酵，食品科学，2003，(9)：99～102
[25] 俞俊棠，唐孝宣，邬行彦等. 新编生物工艺学（上、下）. 北京：化学工业出版社，2003
[26] 余龙江主编. 发酵工程原理与技术应用. 北京：化学工业出版社，2006

第六章　食品与细胞工程

第一节　概　　述

细胞工程（cell engineering）是生物技术的重要组成部分，它是以生物细胞或组织为研究对象，利用细胞生物学和分子生物学技术，应用工程学的步骤，按照预定目标和设计有计划地改变细胞的遗传物质并使之增殖，从而生产有用的细胞生物产品或获得新型生物品种的一门综合性科学技术。细胞工程的研究对象涉及动物、植物和微生物的染色体、细胞核、原生质体、整个细胞、受精卵、胚胎、组织或器官等。从研究水平而言，细胞工程可分为细胞水平、组织水平、细胞器水平和基因水平几个不同的研究层次。一般认为细胞工程包括：细胞大量培养及控制生长技术、组织培养技术、细胞融合技术、细胞拆合技术、染色体导入技术、胚胎和细胞核移植技术及转基因技术等研究内容。

第二节　细胞培养技术

细胞培养（cell culture）是指动、植物细胞在体外条件下生长、分裂和繁殖，并在培养过程中不再形成组织的一项技术；它是生物工程中的一种重要手段，各种生物工程技术均与细胞培养有关。

一、植物细胞培养技术

（一）植物细胞培养的发展简史

早在20世纪40年代J. Bonner就报道了银胶菊（*Parthenium hysterophorus*）植物组织培养能产生橡胶。20世纪70年代，利用植物细胞培养生产一些药用有效成分在工业上获得了成功。据20世纪80年代末期的统计，全世界已经建立了400多种植物的组织和细胞培养，可以分离超过600种代谢产物，其中40多种植物次生代谢产物细胞工程通过筛选高产细胞系，改进培养条件和技术，以及设计适合植物细胞培养的反应器，在悬浮培养体系中次生代谢物质的产量达到或超过整株植物的产量，研究达到中试水平。20世纪90年代全世界已经有1000多种植物被进行过细胞培养方面的研究。利用植物细胞培养生产的植物次生代谢产物包括药用成分、香料、色素、杀菌剂等。目前，已经建立细胞体系的有人参、西洋参、长春花、红豆杉、三七、水母雪莲（藏药、黄酮类、抗风湿）、青蒿、紫草等，成功地培养了人参皂苷、长春花碱、紫杉醇、三七皂苷、青蒿素、紫草宁、阿马里新等一系列的天然植物次生代谢物质。其中培养紫草细胞生产紫草宁的成功令人瞩目，1984年日本的Mitsui石化公司利用紫草的细胞培养生产紫草宁，规模达到750L，产物最终浓度达到1400mg/L。在我国，对于人参中人参皂苷的生物合成研究较为深入。

至今，利用植物细胞工程进行天然产物的生产进入了一个新的发展阶段。

（二）植物细胞工程的理论基础

植物细胞工程（plant cell engineering）是一种利用离体培养细胞进行遗传操作，实现植物品种改良或获取次生代谢产物的生物技术。

1902年德国植物学家Haberlandt认为，作为高等植物的器官和组织基本单位的细胞有可能在离体培养条件下实现分裂分化，乃至发育为胚胎和植株。但是限于当时的技术，还未能用实验成功验证其学说。经过100年来的细胞和组织培养实践表明，有许多类型的细胞能在离体培养条件下具有形成胚胎和植株的潜能。

从20世纪30年代起植物组织培养和细胞培养开始迅速发展。1948年Skoog和Tsui首次从离体培养的植物组织诱导出芽和植株，他们在加有吲哚乙酸（IAA）和腺嘌呤的培养基上，发现烟草茎段的髓组织细胞可以分裂生长，并分化形成了不定芽。1954年Muir利用液体振荡培养烟草和万寿菊愈伤组织的方法建立了悬浮细胞培养，首次实验了离体条件下单个细胞分裂和愈伤组织的形成。1958年Steward和Shantz培养了来自胡萝卜根韧皮部的细胞，并成功地经液体振荡培养诱导单个的悬浮细胞发育为成熟的胚胎，并得到了完整的小植株，最终开花结果。首次证明了Haberlandt提出的细胞全能学说，即植物细胞具有发育成植株的潜能。1964年Guha和Maheshiwari培养被子植物毛叶曼陀罗的花药时，得到了由小孢子发育而来的小植物，两年之后经细胞学鉴定是单倍体，证明了生殖细胞和体细胞一样，在离体培养的条件下也具有发育成完整植物体的潜能。

（三）培养基

在进行植物细胞工程研究时培养基选择和配制是一个重要环节。由于植物种类、组织的不同，满足离体培养生长所需的营养也不相同。目前，已经研制了多种适宜各种植物细胞培养的培养基配方。但是这些培养基均含有大量无机盐、微量元素、碳源、维生素和氨基酸以及生长调节素（激素）等。因此，还需要向培养基中加入一些复合的有机物或天然提取物，例如酪蛋白水解物、乳蛋白水解物、椰子乳、酵母提取物、马铃薯提取物或香蕉提取物等。常用的培养基有MS、B5、White、Heller、ER、Nitsch、NT等，最常用的是MS培养基，目前Sigma等试剂公司已将基本培养基MS商品化。

培养基中使用的无机盐、碳源、维生素和生长激素应该采用高纯度级的生化品。生长激素2，4-D和NAA等需要重结晶提纯，其酒精-水溶液要用吸附法脱色处理，对于像2,4-D、IAA和NAA这样难溶于水的试剂，配溶液时可先溶于2～5mL酒精中，然后慢慢加入蒸馏水，稍微加热，稀释至所需体积，再调节pH。

配制培养基时应采用蒸馏水或者高纯度的去离子水，在培养基配制过程中可用0.5mol/L HCl或0.2mol/L NaOH调节pH，配制固体培养基需加入0.6%～1.0%琼脂。配好后，121℃蒸汽灭菌15～20min。对于一些热敏性化合物，应该用过滤法灭菌，如L-谷氨酰胺、植物生长激素、椰子汁等，然后再按无菌操作加入到已灭菌的培养基中。

由于培养基配比中有些组分量很小，种类又很多，配制起来很繁琐。因此，往往把培养基配成使用浓度的10倍或者100倍的母液，分成小瓶后冷冻保存，使用时再稀释到正常浓度。经稀释后的培养基应放在10℃以下冰箱中保藏。为了防止在高浓度下培养基组分间相互作用产生沉淀，$CaCl_2$、KI和EDTA钠铁盐等要单独配制保存，使用时再稀释混合。

（四）愈伤组织和悬浮细胞培养技术

食品工业应用的植物细胞培养主要是指细胞悬浮培养（suspension culture of cell），即利用愈伤组织或单细胞悬浮在液体培养基中进行增殖培养并分离提取植物细胞产生的次生代谢产物。在培养过程中细胞或小的细胞团必须保持较好的分散状态。培养物可以接种在培养瓶中并在摇床上培养，也可以在全自动控制的大容积生物反应器中进行大规模培养生产。

植物细胞大量培养需要经历 3 个步骤。第 1 步是诱导植物产生旺盛生长的愈伤组织和悬浮细胞系；第 2 步是筛选高产细胞系，第 3 步是在生物反应器中大量培养细胞或细胞团。

1. 愈伤组织和悬浮细胞的制备

为了获得用于细胞大量培养的培养物，首先要从植物的外植体诱导生长旺盛的愈伤组织。外植体（explant）是指植物组织培养中用来进行离体无菌培养的植物材料。愈伤组织是从外植体的离体材料组织增生的细胞产生的一团不定型的疏散排列的薄壁细胞，是分化的，而且还未形成组织的结构。诱导愈伤组织的外植体可以采自植物的不同器官，幼嫩的根、茎、叶、花或果实都是诱导愈伤组织的好材料，在有些植物上较老的器官和组织也有产生愈伤组织的能力。愈伤组织可以用继代培养的方式长期保存，也可以通过悬浮培养而迅速增殖用作无性系，还可以用作培养原生质体的来源。

诱导疏松易碎的愈伤组织的关键是培养基各营养成分的含量。首先，培养基中应当有较高含量的无机氮源、丰富的有机附加物（如水解酪蛋白、L-脯氨酸和谷氨酰胺等）以及较高的激素浓度。其次培养基应保持较低的蔗糖浓度，蔗糖浓度较低时（10～30g/L）有利于疏松易碎的愈伤组织的形成。另一个行之有效的方法是适当缩短继代培养的间隔时间，可以每隔 7～10d 转移一次，在培养过程中用摇床振荡方法并加入压缩空气可以使悬浮培养中疏松易碎的愈伤组织细胞更容易分散成单细胞和小细胞团。

2. 高表达细胞系的筛选建立

为了获得适合大规模工业化生产用的细胞株，一般要先通过对愈伤组织的诱导，再经过长期的继代培养过程对细胞的驯化和筛选，寻找出适于悬浮培养、生长速度快、次生代谢产物积累多、遗传稳定性高的细胞系，高产细胞系的建立与种质保存技术如图 6-1 所示。即对某种氨基酸、生物碱、酶类、萜类、甾体类、天然色素类有较强合成能力的细胞系。

适合大规模工业化生产的悬浮细胞培养体系应当具有以下三个基本条件，一是悬浮培养物分散性良好、外观疏松、色泽鲜艳，由几十个以下的细胞组成的较小细胞团；二是均一性好，细胞形状和细胞团大小大致相同，悬浮系外观为大小均一的小颗粒，在倒置显微镜下观察为体积和形状大致相同的细胞团；三是筛选生长速度快，次生代谢物合成能力高的细胞系。

（五）单细胞培养技术

1. 单细胞分离方法

（1）机械法　单细胞分离的机械法是从完整的植物器官中分离单细胞的方法之一。叶肉组织因为排列疏松、细胞间接触较少的薄壁组织，被认为是最好的材料。分离叶肉组织单细胞的具体做法是：将叶片轻轻研碎，经过滤和离心，收集和净化细胞。机械法分离细

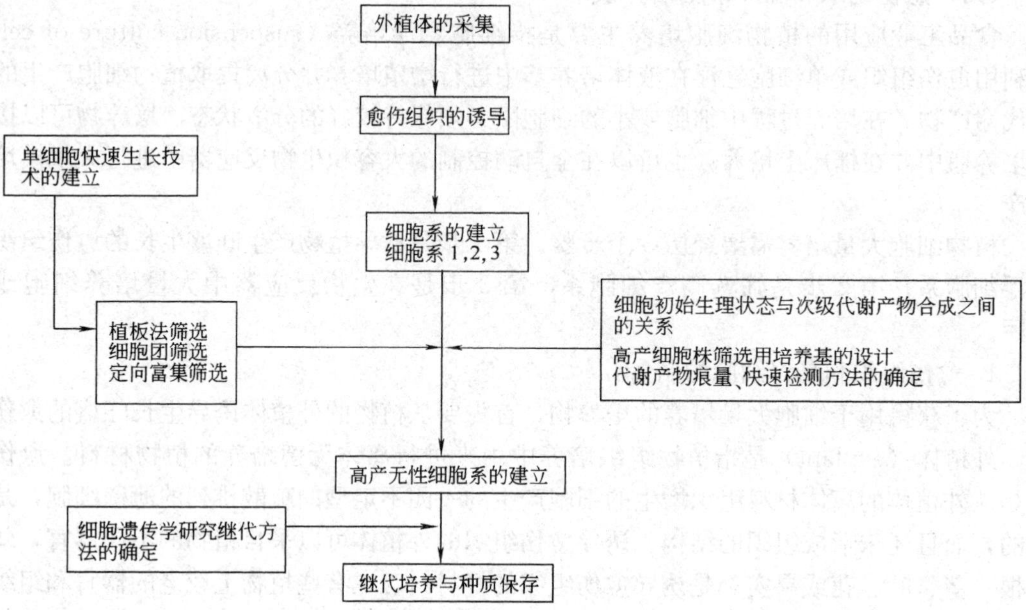

图 6-1 高产细胞系的建立与种质保存的技术方案

胞的优点是：①细胞没有受到酶的伤害；②有利于进行细胞的生理和生化研究。缺点是手工操作难度大，获得完整细胞的数量少，能够用此法产生单个细胞的植物种类受到限制，而且费时费力，难以进行单细胞的大量制备。

另一种分离细胞的物理方法是从培养的未分化且疏松易碎的愈伤组织中获得单细胞。

(2) 酶法 单细胞分离的酶法指利用果胶酶、纤维素酶处理植物叶片或其他外植体，使细胞分离的方法。Takebe 最早报道了用果胶酶分离烟草叶肉细胞获得成功。因酶对细胞壁有一定软化的不良作用，所以采用酶法时，必须加入甘露醇等渗透压保护剂。另外，如在离析液中加入硫酸葡聚糖钾盐可提高游离细胞产量。

(3) 化学法 单细胞分离的化学法指利用一些化学药剂游离细胞的方法。如处理胡萝卜悬浮细胞培养物时，加草酸钙可获得分散细胞。此外，秋水仙碱、2,4-D 或 LH 对分散细胞均有一定作用。

2. 单细胞培养方法

从植物多细胞分离出单细胞后进行单细胞培养，其培养方法依培养方式不同可分为看护培养、平板培养、微室培养等（如图 6-2 所示）。

(1) 看护培养 看护培养（nursing culture）是用一块活跃生长的愈伤组织来促进培养细胞持续分裂和增殖的方法。具体做法是将一张 8mm 见方的无菌滤纸放到一块几毫米大活跃生长的愈伤组织上，这块愈伤组织称为看护愈伤组织。1d 后，将分离到的单细胞培养在已充

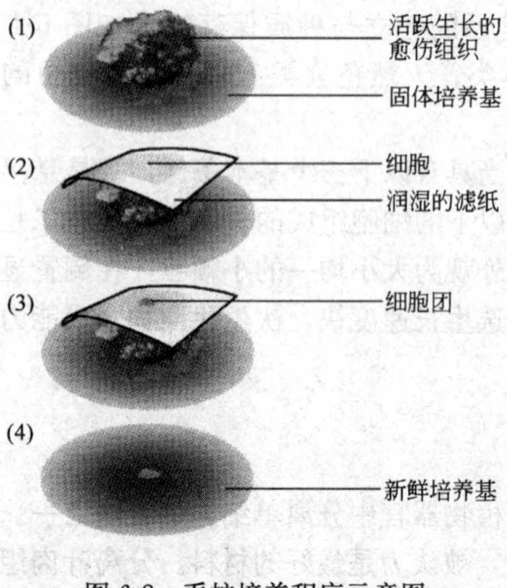

图 6-2 看护培养程序示意图

分吸收愈伤组织渗透液的湿滤纸上。单细胞分裂形成肉眼可见的小细胞团后，转移至新的琼脂培养基上培养，继而形成由单细胞衍生出来的愈伤组织。看护培养方法（图 6-2）的优点是简便易行，效果好。但不能在显微镜下追踪细胞分裂、生长过程。

（2）平板培养　平板培养（planting culture）法的具体操作是将一定细胞密度（通常为 10^3～10^5 个细胞/mL）制备好单细胞悬浮液，接种到琼脂培养基上并铺成约 1mm 左右的薄层固体平板进行培养。平板培养的关键点在于单细胞的分离制备，并计算植板效率（植板效率是在平板上形成细胞团的百分率，即每 100 个铺在平板上的细胞有几个能长出细胞团）。

植板率(%)=(形成的细胞团数/接种的细胞数)×100%

平板培养的优点是单细胞在培养基中分布均匀，便于在显微镜下对细胞进行定点观察，是单细胞株选和突变体筛选的常用方法。由于它具有筛选效率高、筛选量大、操作简便等优点，被广泛用于研究细胞分裂、分化、生理生化、遗传变异、次生代谢物合成等。但该方法通气状况不佳，排泄物质易积累造成毒害或影响组织吸收。

（3）微室培养　微室培养（micro culture）是在人工制造的无菌小室中，将一滴悬浮细胞液培养在少量培养基上，使其分裂增殖形成细胞团的方法（见图 6-3）。具体做法是：将一滴单细胞悬浮培养液滴于载玻片中央，在其四周放一团石蜡油，左右两侧各加一滴石蜡油并分别置一张盖玻片，第三张盖玻片架在两个盖玻片之间，中间形成一个微室。也可用凹穴载玻片，将一滴琼脂培养基滴在一块小盖玻片上（四周放培养细胞），然后将小盖玻片粘在另一块大盖玻片上，翻过来盖在凹载玻片凹穴上，并密封四周。培养基成为悬滴，故又称微室悬滴培养。

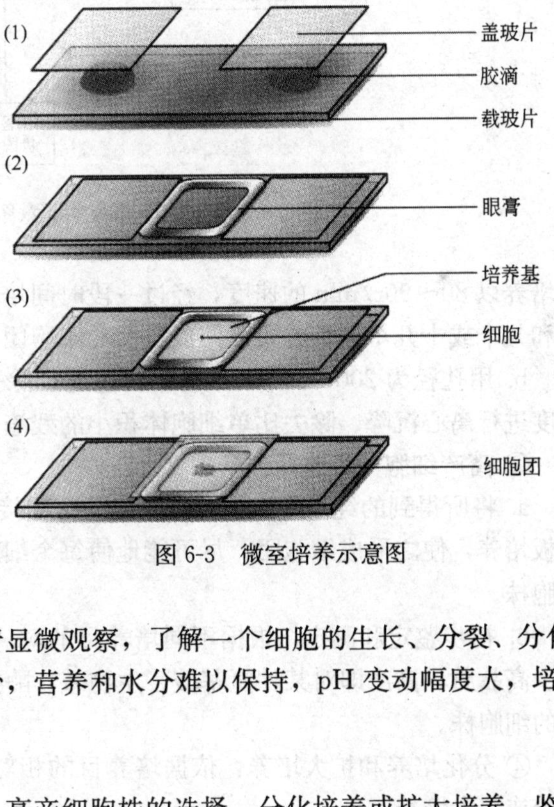

图 6-3　微室培养示意图

微室培养的优点是可对培养细胞连续进行显微观察，了解一个细胞的生长、分裂、分化、胞质环流规律等过程。但由于培养基太少，营养和水分难以保持，pH 变动幅度大，培养细胞仅能短期分裂。

3. 单细胞培养的程序

单细胞培养的程序包含建立细胞株，高产细胞株的选择、分化培养或扩大培养，鉴定和提取等四大程序，见图 6-4 所示。

（1）建立细胞株

① 确定材料：所选择的材料应是易于分散的花粉或分散性好、具有松脆性的愈伤组织为材料，若选择直接从叶肉、根尖、髓组织取材，则必须经过酶处理后，方可分散。

② 悬浮细胞液的制备：

a. 将分散性好的或经酶处理过的组织，置于液体培养基中，在摇床或转床上进行振

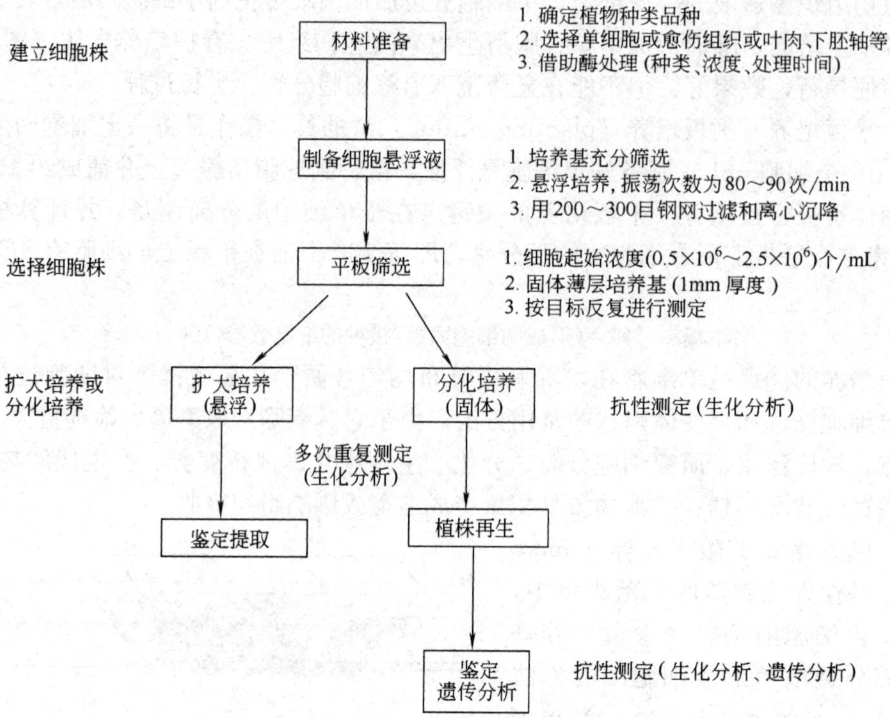

图 6-4　单细胞培养程序示意图（引自周微燕，2001）

荡培养以 80～90r/min 的速度，经过一段时间培养后，液体培养基中就会出现游离的单细胞和几个或十几个细胞的聚集体以及大的细胞团和组织块。

b. 用孔径为 200～300 目不锈钢网过滤，除去大的细胞团和组织块；再以 4000r/min 速度进行离心沉降、除去比单细胞体积小的残渣碎片。获得纯净的细胞悬浮液。

③ 高产细胞株的选择：

a. 将所得到的纯净细胞群，以一定的密度接种在 1mm 厚的薄层固体培养基上，进行平板培养，使之形成细胞团，尽可能地使每个细胞团均来自一个单细胞，这种细胞团称为细胞株。

b. 初步鉴定和测定，根据不同培养目的对“细胞株”进行鉴定和测定。从中选择高抗、高品质、高产即对某种氨基酸、生物碱、酶类、萜类、甾体类、天然色素类合成能力强的细胞株。

④ 分化培养和扩大培养：依据培养目的相对单细胞株的鉴定或测定结果，进行分化培养或扩大培养。

a. 分化培养：用以获得高品质、高抗性，即抗病、抗旱、抗涝、抗除莠剂等为目的的细胞团的继续培养，使它们在分化培养中再生成完整植株。

b. 扩大培养：用于生化合成能力强的细胞株的继续增殖。然后提取某些有效成分用于医药工业、酶工业、天然色素等工业等。

⑤ 鉴定和提取：一方面对可以分化的再生植株进行产量、品质及抗性鉴定和遗传分析，另一方面对生化产物进行提取和测定。

（六）提高植物细胞次级代谢产物含量的方法

1. 加入前体物或诱导物

在植物细胞培养物中加入前体物质是提高次生代谢产物的有效方法之一。前体物质往往是次生代谢合成途径中的某一中间化合物或是合成的起始物，前体物质的加入可以减弱限速酶的作用，促进次生代谢物的合成。

诱导物（elicitor）是一类能引起植物细胞代谢强度改变或代谢途径改变的物质。诱导物根据性质可分为生物诱导剂和非生物诱导剂，前者包括真菌菌丝体、酵母提取物和植物细胞壁片段等，包括一些寡糖、多糖或结构不清楚的碳水化合物；后者指紫外光照射、金属离子等。用诱导子处理植物细胞，往往会刺激植物细胞合成防御物质，胁迫植物细胞的合成和次级代谢产物的积累。

2. 毛状根和冠瘿瘤培养技术

毛状根和冠瘿瘤培养是20世纪80年代发展起来的基因工程和细胞工程相结合的一项技术（见图6-5）。毛状根是将发根农杆菌（*Agrobacterium rhizogenes*）的Ri质粒中含有的T-DNA整合到植物细胞的T-DNA上，诱导植物细胞产生毛状根。用Ri质粒转化产生毛状根具有激素自养的特性，在没有附加任何外源激素的离体条件下，能迅速生长并合成次生代谢产物，具有高生长率、高产率与遗传性状稳定的优点。目前，已有大约31个科100余种植物建立了毛状根培养系统，其中大多为药用植物，如黄花烟草、曼陀罗、颠茄、莨菪、长春花、紫草、红豆杉、人参、黄连等。Aoki等筛选出莨菪碱含量差别很大的颠茄的不同毛状根株系，发现用毛状根培养系统生产次生代谢产物的产率和经济成本都比悬浮细胞培养优越得多。

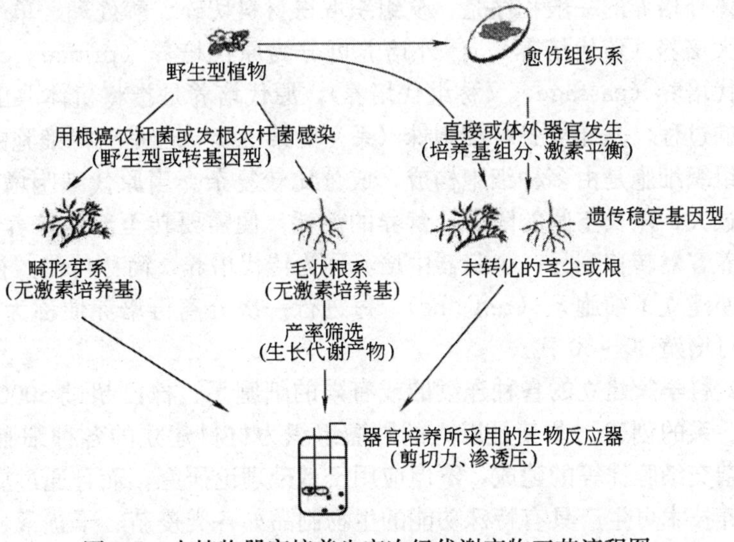

图6-5　由植物器官培养生产次级代谢产物工艺流程图

冠瘿瘤是根癌农杆菌（*Agrobacterium tumefaciens*）的Ti质粒引起植物感染部位非组织化增殖形成的，是由于Ti质粒中致瘤基因整合于植物细胞染色体并表达的结果。冠瘿瘤同样具有激素自养、生长迅速、遗传性状稳定的特点，在T-DNA中，至少有4个癌基因已被分离出。经野生Ti质粒诱导的非分化冠瘿瘤组织和细胞悬浮培养物已用于次生代谢物的生产。

二、动物细胞培养技术

动物细胞培养是从动物体内取出组织或细胞并离散，模拟体内的生理环境，在体外无菌、适温和丰富的营养条件下，使离体细胞或组织生存、生长并维持结构和功能的一门技术。

动物细胞（组织）培养技术起源于19世纪所应用的某些胚胎学技术。1885年Roux最早将鸡胚神经培养于保温的生理盐水中，存活了一段时间，并首次采用了“组织培养”这个名词。由美国生物学家Ross Harrison在1907年采用盖玻片覆盖凹窝玻璃悬滴培养法，将蛙胚的神经组织培养在淋巴液中，保持存活了几周时间，并观察到细胞突起的生长过程。1923年法国学者Carrel将设计的卡氏瓶成功地应用于鸡胚的心肌组织培养。20世纪40年代后，动物组织培养的重点集中在对培养基的改造上，1951年Earle等人开发了供动物细胞体外培养的培养基。1975年Kohler和Milstein巧妙地创立了淋巴细胞杂交瘤技术，获得了珍贵的单克隆抗体。1997年英国Wilmut领导的小组用体细胞克隆技术克隆出“多利”（Dolly）绵羊。2001年英国又宣布成功培育出世界首批转基因克隆猪。我国在细胞工程一些重要领域也已经进入世界先进行列，如转基因鱼、试管婴儿、动物体细胞克隆等。20世纪80年代以后，随着细胞生物学、培养系统及培养方法等领域的不断丰富和完善，基因工程技术和细胞融合技术的发展，PCR技术的应用，细胞培养技术已成为转基因技术、生物制药、食品生物活性成分研究及其他许多技术的基础，在现代生物技术中发挥着重要的作用。

（一）动物细胞培养的特点

动物细胞体外培养的一般程序是：从组织取得材料切碎、酶处理、单个细胞培养（原代培养）和扩大培养（传代培养）。体外培养可分为原代培养（primary culture，又称初代培养）和传代培养（passage，又称继代培养），原代培养是指将机体取出的组织或细胞进行初次培养的过程，是建立各种细胞株（系）的第一步，也是获得细胞的主要手段。但是原代培养的组织细胞是由多种细胞构成，成分比较复杂。当原代细胞增殖到一定时候，由于细胞密度过大，生长空间的障碍，营养的消耗，便需要转至新的培养瓶中分离培养，细胞从一个培养容器转移到另一个容器中培养称为传代培养，简称传代。初次培养的细胞传代成功后，便建立了细胞系（cell line）。每进行一次分离再培养便称为“传一代”。初次培养的细胞可增殖30～50代。

迄今为止，科学家建立的各种连续的或有限的细胞系、株已超过5000种，随着大量永久性细胞株、系的创建，尤其是以人的肿瘤组织为材料建立的各种细胞系，包括突变株、转化株、杂交细胞株等的建成，不但应用于基础理论研究，而且通过应用动物细胞工程的大规模培养技术可生产具有特殊功能的生物制品如各类疫苗、干扰素、激素、酶、生长因子、病毒杀虫剂、单克隆抗体等。目前已有许多种产品实现了商业化。

体外培养的细胞根据是否贴附于支持物上生长的特性，主要可分为两大类：悬浮型细胞（suspension cell）和贴附型细胞（adherent cell）。前者是指生长时呈悬浮状态的细胞，后者是指生长时附着在带有适量电荷的固体或半固体表面上的细胞，在体外培养时绝大多数细胞必须贴附在某一固相表面才能生存和生长，细胞的这种特性称为贴壁依赖性（anchorage dependent）。

按照培养细胞的形态，主要有四种类型（见图 6-6）：①成纤维细胞型细胞：此类细胞体外培养时细胞外形大致呈梭形或不规则形，与体内成纤维细胞形状相似。②上皮细胞型细胞：体外培养的此类细胞呈扁平状，外形较为规则，类似于上皮细胞，细胞贴壁后呈三角形及不规则扁平的多角形，中央有扁圆形核，生长时彼此紧密连接成单层细胞片。③游走细胞型细胞：体外培养的此类细胞在支持物上生长位置不固定，生长分散，呈活跃的游走和变形运动，外形不规则且不断变化，一般不连接成片、形成群落，细胞内容易出现暗的吞噬性颗粒。④多形性细胞型细胞：此类细胞是一些不常见的形态上不规则的细胞，细胞由略呈现多角形的胞体和细长的、类似丝状伪足的胞突两部分组成。

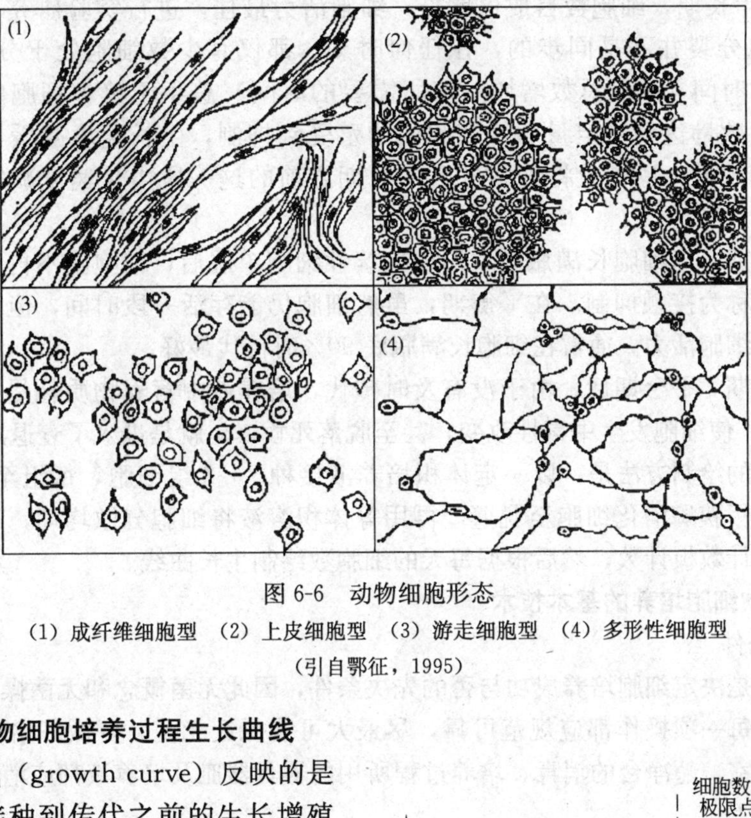

图 6-6　动物细胞形态

(1) 成纤维细胞型　(2) 上皮细胞型　(3) 游走细胞型　(4) 多形性细胞型

(引自鄂征，1995)

(二) 动物细胞培养过程生长曲线

生长曲线（growth curve）反映的是培养细胞从接种到传代之前的生长增殖情况。一般分为潜伏期（lag phase）、指数生长期（log phase）、平衡期（plateau phase）和衰退期（senescence phase）四个时期（见图 6-7）。

(1) 潜伏期　潜伏期细胞有生长活动而无细胞分裂，是细胞分裂前的准备时期。一方面，细胞逐渐适应新的环境；另一方面细胞不断积累分裂增殖所需要的某些物质，使之达到一定的浓度，以便使细胞能够进入分裂期。原代培养细胞的潜伏期长，为 24～96h；细胞系的潜

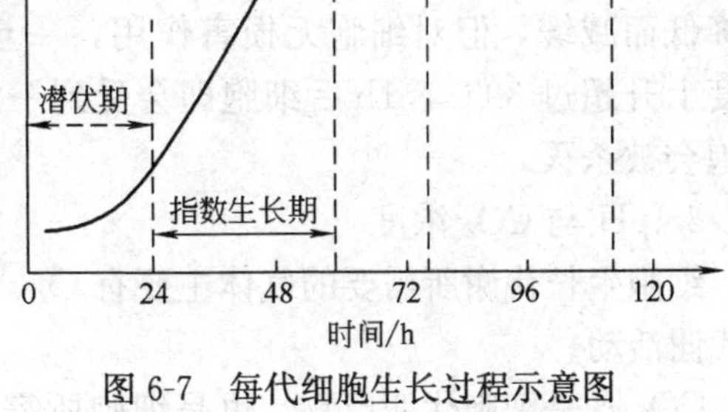

图 6-7　每代细胞生长过程示意图

伏期短，为 6～24h。

细胞刚刚接种后，在培养液中呈悬浮状态，此时细胞质回缩，胞体呈圆球形。静置一段时间后，细胞因重力作用而沉降到培养瓶底部，附着在培养基质上，并在促贴附因子的作用下贴壁。细胞胞体从圆球形变得扁平，并扩展开来。原代培养细胞的这一贴壁过程大约需要 24h，细胞系则只需要 5～30min。单个细胞贴壁快，细胞团和组织块贴壁慢。另外，培养基偏酸或偏碱，细胞健康状况都不好，培养基质不干净等都会影响细胞的贴壁能力。

（2）指数生长期　潜伏期结束后，细胞进入分裂旺盛的指数生长期（又称对数生长期）。在指数生长期，细胞数目成倍增长，细胞活力最佳，进行实验研究一般选择此期细胞。但细胞分裂并不是同步的，在任何时刻，都仅有少数细胞处于分裂相。因此，细胞群体倍增时间（细胞总数增加一倍所需要的时间）总小于单个细胞的细胞周期时间。当细胞的数量达到一定量后，细胞的增殖受到抑制，生长速度减缓，出现细胞生长的密度抑制现象。也有人将细胞进入平台期之前的这一段生长速度减缓的时期称为减缓期。

（3）平衡期　当细胞长满瓶底，形成连续性细胞单层后，细胞就不再分裂而停止增殖，这种现象称为接触抑制。在平衡期，虽然细胞仍能存活一段时间，但如果不及时传代，就会影响细胞活力。通常在细胞长满瓶底 90%时传代最好。

（4）衰退期　平台期后，由于没有及时传代，培养液中营养物质耗尽，代谢废物累积，pH 降低，使细胞发生中毒性改变，甚至脱落死亡，也就是进入了衰退期。

生长曲线的绘制方法是：以一定体积培养液接种 7～8 组细胞，每组至少 3 瓶细胞；每日抽一组，用胰酶消化细胞至脱壁，再用等体积溶液将细胞分散均匀，制成单细胞悬液，用血细胞计数板计数；然后根据每天的细胞数绘制生长曲线。

（三）动物细胞培养的基本技术

1. 无菌条件

防止污染是决定细胞培养成功与否的先决条件，因此无菌概念和无菌操作必需贯穿整个培养过程，每一项操作都应规范可靠，尽最大可能保证无菌。要做好培养前的准备工作，做好培养室、超净台的消毒，培养过程所用的器具器皿及培养液都应消毒，操作者按照要求着装洗手。

2. 温度

与多数哺乳动物体内温度相似，培养细胞的最适温度为 35～37℃，偏离此温度范围，细胞正常的生长及代谢将会受到影响甚至导致死亡。在实际培养中，细胞对低温的耐受性要比对高温的耐受性要强一些，在低温条件下细胞的生长代谢速率会随温度的降低而减缓，但对细胞无损害作用，一旦恢复正常温度 37℃时，细胞继续生长；当温度上升超过 39℃，1h 后细胞即会受到一定的损伤，若培养温度达到 43℃以上时很多细胞会被杀灭。

3. pH 与 CO_2 浓度

细胞生长代谢所需要的气体主要有 O_2、CO_2，环境中的 O_2、CO_2 主要用以保证细胞的代谢活动。

CO_2 既是细胞代谢产物，也是细胞所需的成分，环境中 CO_2 与维持培养基的 pH 有直接的关系，当细胞生长旺盛时，随着细胞数量的增多和代谢活动的加强，会释放过多CO_2，营养物质耗尽，酸性代谢物质积累，使培养液变酸，pH 下降。大多数细胞适宜的 pH 为 7.2～7.4，偏离此范围对细胞会产生不利的影响。各种细胞对 pH 的要求也不完全相同，原代细胞一般对 pH 变动的耐受性较传代细胞系差，CO_2 培养箱可根据需要持续地提供一定比例的 CO_2 气体，使培养环境中的氢离子浓度保持一个比较稳定的 pH 范围。为维持培养液 pH 的恒定，最常用的方法是加磷酸缓冲液。

4. 营养物

动物细胞的培养对营养的要求较高，在保证细胞渗透压的情况下，培养液的成分要包含满足细胞进行糖代谢、脂代谢及核酸代谢所需要的各种营养，如多种必需氨基酸及非必需氨基酸、碳水化合物、维生素、辅酶、核酸、嘌呤、激素、生长因子及无机盐等。多数细胞培养中需要添加谷氨酰胺，细胞需要谷氨酰胺合成核酸和蛋白质，并促进各种氨基酸进入细胞。只有具备这些基本条件，细胞在体外才能正常存活、生长。用于动物细胞培养的培养基一般可分为天然、合成、无血清培养基几种。

目前研制的无血清培养基一般是由基础培养基、生长因子以及激素、基质组成。根据其成分大致分为：①不含蛋白质的，只有成分已知的小分子物质和带微量元素的聚合物。这种培养基价格便宜，适用于某些确立的细胞系；②含大分子物质，如蛋白质、激素等，这种培养基成本较高，但适用的细胞株较多，大多数无血清培养基属于此类；③所含成分不完全清楚，成分简单，成本低，适于大规模生产使用。目前国外已有专门无血清培养基商品供应，如 SFRE199-1 和 NCTC135 等。

5. 缓冲体系

平衡盐溶液（balanced salt solution，BSS）是人工合成培养基的基础用液，在实验中常用来洗涤组织细胞。其主要成分是无机盐和葡萄糖，前者是细胞的重要成分，维持细胞的渗透压及其生存环境的稳定，后者供给细胞生存所需的能量。目前最常用的 BSS 液是 Hanks 液、Earle 液和 PBS 液等。各种 BSS 的差异在于氯化钠浓度、离子浓度及缓冲系统的不同。BSS 中常加入少量的酚红作为酸碱指示剂，以便于观察培养液 pH 的变化。

第三节　细胞融合技术及其应用

细胞融合（cell fusion）又称细胞杂交（cell hybrization），是指在外力（自然或人工）作用下，两个或两个以上的异源（种、属间）细胞或原生质体互相接触，不经过有性过程而发生膜融合、胞质融合和核融合并形成一个杂合细胞的现象。如取材为体细胞则称体细胞杂交（somatic hybrization）。细胞融合与两个性细胞的结合（受精）不同：性细胞是单倍体，结合后形成二倍体细胞；而体细胞融合后可形成四倍体或多倍体细胞，由此形成的杂交细胞，其特性会有很大的变化。

人工诱导细胞融合是细胞工程的重要基本技术，它能把亲缘关系较远，甚至毫无亲缘关系的生物体细胞融合在一起，为远缘杂交架起了桥梁，是改造细胞遗传物质的有力手段。它的意义在于从此打破了传统的只有同种生物杂交的限制，实现种间的杂交。这项技术不仅可以把不同种类或者不同来源的植物细胞或者动物细胞进行融合，还可以把动物细胞与植物细胞融合在一起。这对创造新的动、植物和微生物品种具有重大意义。

一、细胞融合的方法

根据诱导细胞融合所用的融合剂不同，可将细胞融合的方法分为三种，即病毒诱导法、化学诱导法和物理诱导法。

（一）病毒诱导细胞融合

病毒诱导细胞融合是最早采用的诱导细胞融合的方法。1958 年日本仙台东北大学医学系学者冈田（Okada）在动物细胞中首先发现仙台病毒具有促进动物细胞融合的效应。现已发现能诱导细胞融合的病毒种类很多，如疱疹病毒（herpes virus）、牛痘病毒（cowpox virus）、天花病毒、一些致癌病毒（rous 肉瘤）和副黏液病毒等。其中，最常用的是副黏液病毒类，如腮腺炎病毒、新城疫病毒、仙台病毒和 SV5 病毒，在这些病毒中的仙台病毒是最为广泛使用的。

使用仙台病毒来诱导细胞融合，由于病毒的致病性与寄生性，且需要制备大量病毒，过程较复杂，融合率较低，重复性不高。

（二）化学诱导细胞融合

化学诱导细胞融合（chemical fusion）是指利用化学融合剂，促使原生质体相互靠近、粘连融合的方法。1974 年华裔加籍科学家高国楠发现聚乙二醇能促使植物原生质体融合，当加入一定量的 PEG 时，融合效率较病毒诱导法可提高 1000 倍以上，并发现 PEG 在融合过程中起着稳定和诱导凝集作用。

后来人们又发现还有许多其他的化学剂可使细胞凝集并融合，例如 $NaNO_3$、溶菌酶、明胶、二甲亚砜（DMSO）、溶血卵磷脂、磷酸盐、高级脂肪酸衍生物、脂质体、PEG、抗体、植物凝血素 PHA、伴刀豆球蛋白 A（ConA）及聚乙烯醇等。其中 PEG 是最常用的诱融剂。

PEG 诱导细胞融合的过程大致如下：

双亲本细胞→分别制成细胞悬液→混合离心→弃上清→双亲细胞沉淀→加入 PEG，水浴（37℃，60s 振摇）→细胞凝集、融合→加入 37℃无血清培养液，终止作用→离心、弃上清、洗涤细胞→选择性培养基

（三）物理诱导细胞融合

1. 电诱导细胞融合（cell electrofusion）

在直流电脉冲的诱导下，细胞膜紧密接触，在电场中极化成偶极子，并沿电力线排列成串，然后用高强度、短时程的电脉冲击穿细胞膜，从而导致细胞融合。实际操作是先把待融合的细胞或原生质体混合，取样置于 100V/cm 的高频交流电场内，在非均匀交流电场中形成项链状排列，再以 1～5kV/cm 直流电脉冲/μs 冲击细胞或原生质体的粘接点，细胞膜降解造成若干微孔，于是在膜之间形成了通道，使细胞质得以交换，最后导致新的球状细胞的形成，如图 6-8 所示。若选择的电压强度和持续时间恰当，则全部细胞或原生质体都会融合。

电诱导细胞融合的过程大致如下：

双亲本细胞→分别制成细胞悬液→混合离心→弃上清→双亲细胞沉淀用 PM 洗涤两次→细胞重悬，注入电极的小池，施加电场（交流电场频率：1MHz，振幅：250V/cm，

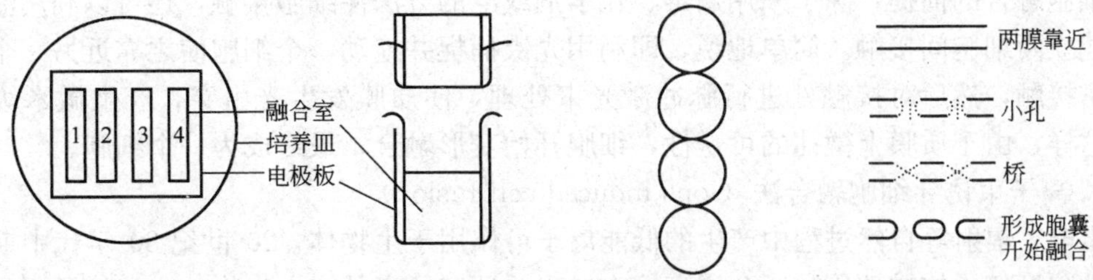

(1) 平行多电极融合装置　(2) 电融合微室　(3) 交流电场中排列的原生质体　(4) 两原生质融合过程

图 6-8　电融合诱导法原理示意图

（罗立新，细胞融合技术与应用，2003）

施加 30s）→细胞排列成珠串，→施加穿孔电脉冲（脉冲幅度 5kV/cm，时间常数 20μs，脉冲数：5 个，间隔 1s）→细胞融合→室温，静置 10min→充分清洗融合后的细胞→选择性培养基，其整个过程如图 6-9 所示。

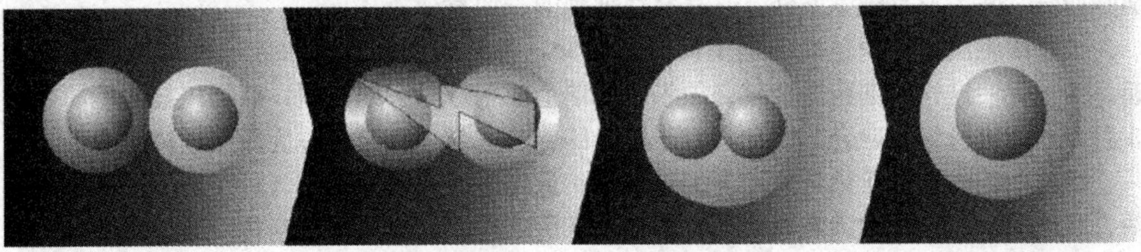

(1) 聚焦

通过双向电泳，细胞互相紧密接触。

(2) 融合脉冲

采用仅仅15μs的方波脉冲穿透细胞膜，细胞膜随后发生融合。

(3) 异核体期

细胞膜完全融合，细胞质也完合混合。只有细胞核仍然保持分离状态。

(4) 完全融合产物

现在细胞核也发生了融合。根据常识，染色体数量下降。

图 6-9　电融合诱导细胞融合示意图

与 PEG 法比较，电融合法具有融合率高、重复性强、对原生质体伤害小的优点，同时融合的过程可在显微镜下观察，诱导过程可操控性强，电参数（如脉冲强弱、长短等）容易精确地调节，化学毒性对细胞损伤小，融合率高，而且免去了 PEG 诱导后繁琐的洗涤过程，可应用于许多种不同的细胞。故此方法得以在短期内被广泛采用，成为细胞融合的主要技术手段。不过需要购置专用的细胞电融合设备——细胞电融合仪。

该方法在哺乳动物细胞、植物和微生物原生质体融合中都有成功的结果。用 Zimmermann 法促进细胞融合时，植物原生质体（燕麦、蚕豆等）同种或异种均可融合。在一些实验中细胞融合率几乎达 100%；鼠骨髓瘤与淋巴细胞融合率达 60%～80%；人杂交瘤细胞也高频率产生；酵母不同缺陷型的原生质体，胞质配合的频率为 5×10^{-2}左右，核配合频率为 5×10^{-3}左右。

2. 细胞融合激光诱导法（laser induced cell fusion）

1984 年，Schierenberg 首次报道利用微束激光成功地进行了细胞融合实验，为细胞融合找到了另一种有效的方法。该方法利用激光微束对相邻细胞接触区的细胞膜进行破坏（或扰动），将两个不同特性、不同大小的细胞在显微镜下实现融合。细胞之间相互接触是实现细胞融合的前提，除了采用病毒、化学剂或电的方法使细胞接触，还可以利用激光的光镊建立两细胞间接触。简单地说，即利用光镊捕捉并拖动一个细胞使之靠近另一个细胞并紧密接触，然后对接触处进行脉冲激光束处理，使质膜发生光击穿，产生微米级的微孔。这样，由于质膜上微孔的可逆性，细胞开始变形融合，最终成为一个细胞。

3. 离子束诱导细胞融合法（ions induced cell fusion）

雷电、辐射等自然过程中产生的低能离子可作用于生物体，20 世纪 80 年代中期，中国科学院等离子体物理研究所余增亮等人发现并证实了离子注入生物效应和粒子沉积生物效应的存在，建立了质量、能量、电荷三因子作用机制体系。在离子束与生物体相互作用中，粒子的植入、动量的传递和电荷交换可导致细胞表面被刻蚀，引起细胞膜透性和跨膜电场的改变，据此原理，发展了离子束诱导细胞融合技术。

二、植物细胞融合

（一）原生质体

原生质体指用特殊方法脱去植物细胞壁后而成裸露的、有生活力的原生质团。就单个细胞而言，除了没有细胞壁外，它具有活细胞的一切特征。

植物细胞质膜外面包裹一层坚韧的细胞壁，各细胞壁间又有果胶层将细胞联结在一起。为了促使这样的细胞融合就必须先得到单个细胞，除去细胞壁，获得植物细胞原生质体后，才能进行细胞融合。因此，对于植物细胞的融合一般又可称为原生质体融合。

植物细胞的原生质体可从培养的单细胞、愈伤组织和植物器官（种子根、子叶、下胚轴、胚细胞、花粉母细胞和嫩叶等）获得。从所获得以原生质体的遗传一致性出发，一般认为由叶肉组织分离的原生质体，遗传性较为一致。从培养的单细胞或愈伤组织来源的原生质体，出于受到培养条件和继代培养时间的影响，致使细胞间发生遗传和生理差异。因此，单细胞和愈伤组织不是获得原生质体十分理想的材料，最常用的理想的材料还是植物的叶片。

选用叶片做材料时，应注意植物的生长环境、叶片的年龄及其生理状态。例如，小麦、大麦宜取 3～7d 的第一片嫩叶；烟草宜取叶龄 60～100d 的叶片。

（二）原生质体的制备

原生质体制备包括原生质体的分离、纯化、鉴定与活力测定。

1. 原生质体的分离

（1）材料的消毒处理　悬浮培养细胞一般无需除菌。对较脏的外植体往往要先用肥皂水清洗再以清水洗 2～3 次，然后浸入 70%酒精消毒后，再放进 3%次氯酸钠处理。最后用无菌水漂洗数次，并用无菌滤纸吸干。

（2）植物细胞原生质体的分离方法

① 机械分离法：原生质体的机械分离法是借助于利器（如刀等）或机械磨损等措施使细胞壁破损，促使原生质体释放的方法。Klercker（1892 年）曾将材料放在高渗糖溶液中预处理，待细胞发生轻微质壁分离，原生质体收缩成球形后，再用刀把细胞壁切破，使原生质体从伤口处释放出来。

② 酶解分离法：原生质体的酶解分离法指将材料放入能降解细胞壁的混合等渗酶液中保温一定时间，在酶的作用下，细胞壁被降解，从而获得大量有活力的原生质体的

方法。

常用的细胞壁降解酶种类：纤维素酶、半纤维素酶、果胶酶、R-10、蜗牛酶等。其中纤维素酶类包括纤维素酶、半纤维素酶、崩溃酶。

我国常用由 EA3867 菌株生产的纤维素酶是一种复合酶，其成分含纤维素酶、半纤维素酶、果胶酶。

例：胡萝卜（悬浮培养细胞）： 1%纤维素酶，0.5%半纤维素酶

月季（悬浮培养细胞）： 3%纤维素酶

柑橘（胚愈伤组织）： 5%EA3-867 复合酶

蚕豆（根尖）： 2%EA3-867 复合酶

烟草（花粉）四分体孢子： 2%果胶酶、1%蜗牛酶（降解胼胝质壁）

成熟花粉： 1%～1.5%果胶酶、2%纤维素酶

原生质体制备程序如图 6-10 所示。一般是在无菌条件下将消毒后的供试材料放入无菌的酶液中，保温数小时。在倒置显微镜下观察到大多数细胞已经脱去细胞壁，游离为圆形的原生质体时，即可停止酶解。然后收集包含原生质体的酶液，用不锈钢筛去掉细胞残渣，原生质体悬浮液通过低速离心将原生质体离心至管底。除去上清液后用高浓度蔗糖或甘露醇溶液重新悬浮原生质体，此时有活力的原生质体会漂浮在悬浮液的表面，形成一薄层。用吸管吸出原生质体，稀释于培养液中，取少量悬浮液测定原生质体的密度，调整到合适的密度后即可。

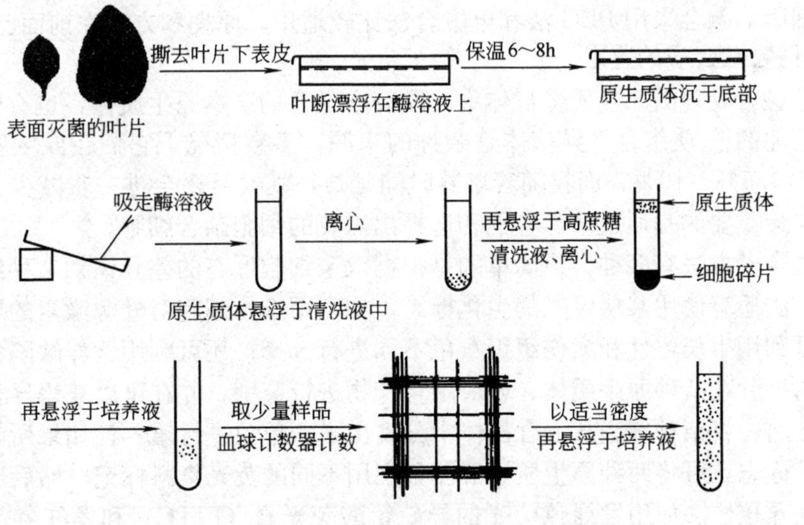

图 6-10 原生质体制备的一般程序

2. 原生质体的纯化

原生质体酶解结束后，要将原生质体与未消化的碎片及酶液分离，然后经过洗涤后再进行培养，用作细胞融合的细胞还需进一步纯化。方法如下：

(1) 过滤-离心法 采用 40～400μm 的网筛过滤细胞混合液、除去未消化的细胞、细胞团、碎片，在适当的溶剂内低速离心使原生质体下沉于离心管底部，细胞碎片留在上清液中，如此收集得到原生质体，反复 3～4 次。

(2) 漂浮法　由于原生质体相对密度较小，能在具有一定渗透压的溶液（25%的蔗糖溶液）中漂浮、然后用吸管收集。此种方法优点是制备的原生质体比较纯净，缺点是丢失的细胞较多。

(3) 沉降法和漂浮法结合　将收集到的原生质体酶解液低速离心。倾去上清液，再将沉降得到的原生质体重新悬浮于纯化液中（含 21%的蔗糖）。离心，在表面得到漂浮的原生质体。再将漂浮得到的原生质体重新悬浮于洗涤液中，离心，收集沉于底部的原生质体，根据需要重复两次以上操作，这样获得的纯化的原生质体就可以用于培养或细胞融合等操作了。

(4) 原生质体活力测定　获得高活力的原生质体是植物原生质体培养成功的关键，制备所得的原生质体活力如何，对细胞融合率有很大的影响。

可以用原生质体的形态来判断其活力，活的叶肉细胞来源的原生质体呈绿色，叶绿体和细胞内的小颗粒在不停地运动。由愈伤组织或悬浮细胞来源的原生质体的活力，可根据细胞质内原生质的环流的速度或颗粒状内含物布朗运动的快慢来判断。还可以用 0.1%酚番红或伊文斯蓝染色来检测原生质体的活力，生活的原生质体不着色，而死亡的原生质体立即被染上色。最常用的方法是用荧光染料荧光素双醋酸盐（fluorescein diacetate, FDA）活体染色，FDA 能透过原生质膜，并在内酯酶的作用下水解为不能排出的、积累在质膜内的荧光素，在荧光显微镜下观察时，凡是发淡绿色荧光的都是生活的原生质体，无荧光或荧光很微弱的已经死亡。

（三）植物细胞融合

植物细胞的融合采用 PEG 法和电融合法比较适用。原理和方法在前面已有介绍。

（四）植物融合子的鉴定

在经过融合处理的原生质体群体中，既有未融合的亲本原生质体，也有同核体、异核体和各种其他的核-质组合。异核体是杂种的来源，多数情况下它们在原生质体混合群体中只占大约 0.5%～10%，而且随着培养时间延长，其数目还会进一步减少。因此，在细胞融合中，最重要的是通过培养鉴别和选择出需要的细胞杂合细胞。

鉴定融合子方法有多种，最简单的是根据双亲细胞形态的差异识别杂种细胞；比较常用的筛选方法还有使用某些可见的生化标志，如利用亲本细胞对外源激素的要求不同进行选择；也可利用生长习性和愈伤组织颜色不同进行选择；还可利用营养缺陷型突变细胞系互补进行选择分离杂种原生质体，以对融合产物进行鉴别，并在可以获得异核体其可辨认特征消失之前，将杂种细胞从混合群体中分离出来，单独进行培养；如果所筛选的融合子不存在可见标志，可将两种原生质体群体分别用不同的荧光染料标记，然后通过荧光显微镜镜检鉴别异核体。如用发绿色荧光的异硫氰酸荧光素（FITC）和发红色荧光的碱性蕊香红荧光素（RITC）分别标记亲本烟草的叶肉原生质体，标记后的亲本原生质体一个是绿色的，另一个是红色的，而两种原生质体融合后形成的杂种原生质体是灰色的，因而很容易鉴别。

第四节　细胞拆合技术及其应用

一、细胞拆合与重组的涵义

细胞重组（cell reconstruction）是细胞工程中将细胞融合技术与细胞核、质分离技术结合，即在融合介于诱导下，使胞质体与完整细胞合并，重新构成胞质杂种细胞的过程。所谓细胞拆合，在细胞工程中主要指核质拆合技术，即用特殊的方法使完整活细胞的细胞核和细胞质分离开来，或把细胞核从细胞质中吸取出来，或用紫外线等把细胞中的核杀死，然后在体外一定条件下将同种或异种的细胞核和细胞质重新组合起来，形成核质杂交细胞，培育出特定性状和功能的细胞或新的小物个体。

除去细胞核后由细胞膜包裹的完整细胞的绝大多数的细胞质部分称为胞质体（cytoplast)，又称无核细胞（anuclear cell ）。细胞去核原生质体又称微质体（mini-protoplast）或亚原生质体（subprotoplast）。小细胞（minicell）主要由细胞核组成，外面包裹着少量的细胞质和一层完整的细胞质膜，又称核质体（karyoplast）。小细胞和胞质体单独仅能存活几个小时，如果用细胞融合的方法将它们融合起来形成重组细胞，或用胞质体与完整的体细胞融合，则可以长时间存活，而且分裂繁殖。细胞重组的方式基本分为三种：

（1）胞质体与完整细胞重组形成细胞质杂交细胞（cytoplastmic hybrid）；

（2）微细胞与完整细胞重组形成微细胞异核体（heterkaryon）；

（3）胞质体与核体重新组合形成重组细胞（reconstituted cell）。即将除去细胞核后的胞质体与核体重新组合形成重组细胞。这种细胞重组的技术即核移植技术（nuclear transplantation），它是利用显微操作技术将一个细胞的细胞核移植到另一个细胞中，或者将两个细胞的细胞核（或细胞质）进行交换，从而创造无性杂交生物新品种的一项技术。细胞拆合技术中最具有重要意义的是动物细胞核移植工作，我国在鱼类细胞核移植方面的研究处于世界先进水平。

二、细胞拆合的方法

细胞拆合技术常可分为物理拆合法和化学拆合法。

（一）物理拆合法

物理拆合法是用机械的方法或短波光将细胞核去掉（见图 6-11）。例如用微玻璃针或吸管将细胞核吸出或先用激光、紫外线将细胞核破坏，再用微吸管吸取另一细胞和移植入去核的细胞。哺乳类卵细胞的拆合通常是结合细胞融合技术与显微外科手术，在显微细胞仪下将一个细胞的核放进另一个细胞里。

受体在接受另一个细胞核之前，先要被激活以获得发育能力。激活的方法视不同受体而异，原有的核可以去掉也可以不去掉，视具体情况而定。

显微外科术在应用时的一大障碍是对体外培养的许多较小的哺乳类体细胞进行去核，不仅费时耗力，而且所产生的胞质体只是细胞的残片而不是含有近全部胞质成分的去核细胞，由于细胞质内的细胞器以及代谢物的分布显然会有很大差别，这给解释实验结果带来了困难。另一障碍是它不能提供大量的去核细胞，以供对去核状态下细胞的性质以及核质相互作用等诸方面进行详尽分析。

（二）化学拆合法

细胞松弛素（cytochalasin）最早是从霉菌（*Helminthosporium dematioideum*）代谢产物中得到的化合物，具有多种不同的结构，目前已分离纯化出 A、B、C、D、E、F、G、H 等几种，迄今有关研究大多使用细胞松弛素 B（CB），即 $C_{29}H_{37}NO_5$。CB 对于活细胞具有不寻常的特殊效应，它能阻断细胞质分裂而不干扰细胞核的分裂，引起细胞表面形

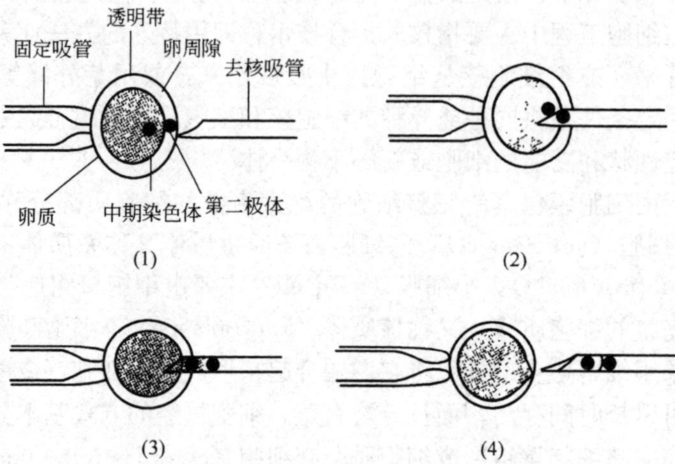

图 6-11 核移植受体成熟卵去核过程示意图
(1) 去核吸管接近透明带 (2) 去核吸管插入透明带并探推卵质膜
(3) 将极体、中期染色体及其周围胞质吸入去核吸管 (4) 退出去核吸管

状的改变，从外表上看好像是发生了松弛作用。虽然 CB 对广泛的细胞活动具有一致作用，但它却不明显影响细胞内的DNA、蛋白质和ATP的合成。且对细胞的大多数影响是可逆的，在除去CB后数分钟内细胞就可以恢复正常形态。目前常用CB结合离心技术，可将细胞拆分为核体和胞质体，一次处理可得到许多胞质体。

三、各种重组细胞的制备

（一）胞质体和核体的制备与融合

通常CB的自然脱核率只有30%左右，且时间较长（8～24h），目前常采用CB结合离心的方式大大提高了去核率（可达99%）。将细胞事先培养到可用作细胞培养的器皿上，加入一定量的CB处理，将培养皿中长有细胞的一面朝下置于离心管中离心。

细胞培养好后准备脱核时，将经37℃预湿的CB溶液（含CB10μg/mL和小牛血清5%）5mL加入50mL离心管内，把生长有细胞的塑胶板面朝下，水平放入CB溶液中（注意在板下面勿形成气泡），在圆板上压上一个圆形的栓，以防止圆板移动位置。圆板如果是玻璃制品时，则先用硬质聚乙烯制的脱核环放入离心管。再加CB溶液10mL，把玻璃板细胞朝下放在圆环上。盖好离心管后，放入经37℃预温过的转头内进行离心。多数细胞株在11000～15000r/min、15～30min，有80%以上的细胞脱核，个别细胞株脱核高达99%。图6-12表示离心脱核法。

按上述去核过程，即可得到无核的胞质体和核体，但在被分离出的核中，一般都混有完整细胞和细胞质的碎片，在使用核体进行融合前，可利用核体贴壁黏附性弱的特点，用离心的方法分离纯化核体（见图6-13)。

植物细胞由于细胞外有一层坚韧的细胞壁，在制备植物细胞胞质体和核体前应先制备原生质体。获得原生质体后可按照与动物细胞胞质体和核体相似的制备方法操作。也可用低渗溶液使原生质体细胞膜破裂，保留完整核膜时，采用密度梯度离心法，获取核体。

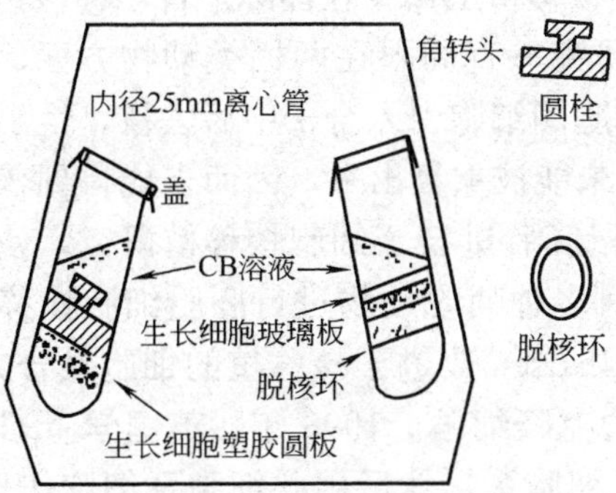

图 6-12　离心脱核法

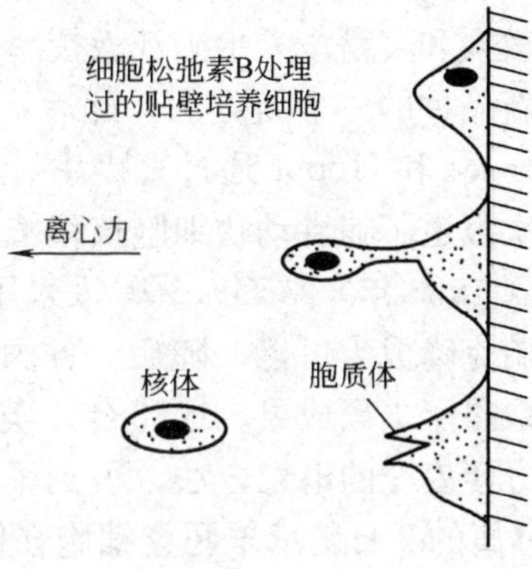

图 6-13　胞质体和核体的制备过程示意图

（罗立新等．细胞工程．广州：华南理工大学出版社，2003）

（二）微细胞的制备与融合

动物供体细胞先用有丝分裂阻断试剂秋水仙素（colchicine）处理后，阻止了细胞分裂，使染色体停滞在有丝分裂中期，复制的染色体不能分离，当核膜重新形成分别包封一对或几对染色体时，细胞内形成的微核体（micronucleus），用 CB 结合离心术进行脱核，可分离出大小不同的微细胞（microcell）。微细胞不同于小细胞，前者的核内只含有 1 对或几对染色体，后者含有全部的染色体。一般用 14000r/min、20min 离心即可脱核 80%～90%。此时和分离细胞质不同，不需要完全脱核，脱核后，大小不同的微核体在离心管中沉淀下去，再用 1%～3%牛血清白蛋白梯度重力沉淀，使小的微核体在分层液上面悬浮。最小的微核体只含有 1～2 对染色体，适用于融合。

细胞核移植的前提是要尽量保证核供体细胞和受体细胞处于同样的分裂周期。在哺乳动物核移植试验中，核供体细胞和受体细胞可能处于细胞周期的不同阶段，此时可采用某些方法使供体细胞处于休眠状态，从而获得同步分化的细胞。处于 G0 和 G1 期的细胞适于融合；而处于 S 和 G2 期的休眠细胞则不适于融合，否则重建胚胎会出现四倍体现象。

（三）细胞核移植

对细胞进行拆合研究中最具重要意义的是动物细胞核移植的工作。动物细胞核携带了细胞的遗传物质。决定了细胞生命活动的命脉，而细胞质在细胞维持生命活动中起了十分重要的调控作用，为了认识细胞核和细胞质在动物细胞生命活动中的作用和相互关系，科学家进行了细胞核、质交换试验细胞。

核移植是指利用物理、机械或化学方法将一种细胞的核取出细胞，经分离纯化后，移植到另一种细胞的已去除核的胞质体中，最经典的实验是采用显微操作技术将一种动物的细胞核移入同种或异种动物的去核受精卵中。这种核移植的研究先后在变形虫、两栖类、鱼类、昆虫和哺乳动物中获得成功，而且不仅局限于同种动物细胞间进行，甚至可在不同种的细胞间进行，获得杂交细胞。

20 世纪 30 年代德国胚胎学家、诺贝尔奖获得者 Spemnnn 首次提出“核移植”的设想：能否将细胞核移植到成熟的去核卵母细胞中进行个体复制，以获得遗传性状与供体细胞一致的后代，但由于技术方面的原因他没能找到将细胞核导入卵细胞的方法。1952 年

Briggs 等利用两栖类动物建立了细胞核移植技术。1963 年，被誉为中国“克隆先驱”的童第周教授和美籍华人牛满江教授率先开展了鱼类核移植工作，在国际上首创移核鱼和培育鱼类新品种的一个新方法。此后，细胞核移植研究一直局限在两栖类动物方面。1981 年 Illmensee 和 Hoppe 通过直接注射法把小鼠内细胞团细胞引入合子中后去核，生出了小鼠，首次报道了哺乳动物细胞核移植，但这项研究未能被重复出来，因而未能得到普遍承认，直到 1983 年，McGrath 等人采用新方法对小鼠胚胎进行了细胞核移植研究，使哺乳动物胚胎克隆成为可能。随后，各国学者们开始对多种哺乳动物进行胚胎细胞核移植研究，并取得了丰硕成果。1986 年，英国科学家 Willadsen 改进了核移植的细胞融合方法，引入了方便安全的电融合法，得到了世界上最早的克隆绵羊。1996 年，英国学者 Campbell 用分离的 9 日龄绵羊胚盘细胞在体外培养建立细胞系，然后用此细胞系细胞作供体，以绵羊去核卵母细胞为受体构建核移植胚，经移植后获得成活后代，这是世界首例以传代细胞为供体获得成活后代，也是从胚胎细胞核移植向体细胞核移植的一个关键性过渡。1 年后，他的同事 Wilmut 将来自 6 岁绵羊的乳腺上皮细胞移入去核的卵母细胞后，得到世界上第一头体细胞核移植后代——“Dolly”，这是生物学史上一个里程碑式的事件，掀起了哺乳动物体细胞核移植研究高潮。并已在猪、牛、山羊、绵羊、小鼠、兔和猫等许多动物上获得成功，其中研究最多最深入的还是牛，迄今已有胎儿、成体成纤维细胞、颗粒细胞、卵丘细胞、输卵管上皮细胞、乳腺上皮细胞等多种体细胞被用作核供体成功生产出克隆牛。

1. 细胞核移植的类型

按照克隆的涵义，目前哺乳动物克隆的方法按技术要求和供体细胞的来源，分为以下几种：

（1）胚胎分割　用机械的方法将已发育的胚胎分割，再把部分移植到动物体内，经发育后出生，以提高动物的出生率，但是这并非严格意义上的克隆。

（2）胚胎细胞核移植　用显微手术的方法将未着床的早期胚胎细胞分离成单个卵裂球，再把单个卵裂球导入去除染色体的卵母细胞中，再经一系列的步骤获得胚胎，经移植后获得后代。

（3）胚胎干细胞核移植　胚胎干细胞是一种全能细胞，可在体外培养条件下使细胞的数量成倍增多，而细胞不分化，每个细胞仍具有完整个体的能力。把这种细胞用以上核移植技术导入去除核的卵母细胞内，得到克隆胚胎，移植产仔，获得体细胞克隆动物。

（4）体细胞核移植　用动物体细胞作细胞的来源，用核移植技术将其导入去除核的卵母细胞内，得到克隆胚胎，移植产仔，获得体细胞克隆动物。

2. 哺乳动物核移植的过程

（1）卵母细胞的去核　从体内收集或体外培养的成熟的卵母细胞（MⅡ期）作为细胞质受体。去核的方法主要有两种：一为用外径 20～30μm 细的吸管在显微镜下穿过透明带，吸出第一极体和下方的染色体，并在紫外灯下检查核物质是否除净；二为用紫外线照射细胞核，使核物质（DNA）分解而达到去核的目的。

（2）供体的准备　不同来源的核供体所用的方法有所不同。若用早期胚胎，只需将其分散成单个的卵裂球即可；培养的细胞可取单个细胞，将核物质取出，以裸核作为核供体。

（3）核移植　在实际应用中可能有三种方式：①将卵裂球用吸管穿过透明带注入去核卵母细胞的间周隙中；②将供体核细胞的裸核用吸管穿过透明带注入去核的卵母细胞中；③将供核细胞和去核细胞同时放入营养液中，再用电脉冲使之融合和活化。

（4）融合和活化　融合指用某种方法使供核细胞或供体核与卵母细胞中的细胞质融合为一体的过程，使其形成一个完整的单细胞结构。或者通过某种刺激使卵细胞内钙离子浓度升高，给卵细胞一个启动信号，促使细胞周期恢复。

（5）重构克隆胚胎发育　重构胚可以在短时间培养后，直接移植到受体动物，也可以在体外活中间受体动物输卵管内培养至桑囊胚阶段再移植到受体动物。

哺乳动物核移植的过程示意图见图 6-14。

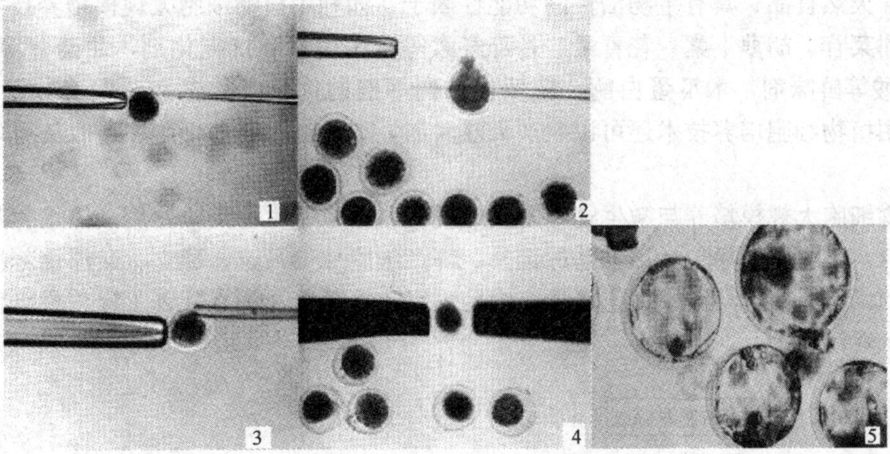

图 6-14　细胞核移植过程示意图

1—切开卵母细胞透明带　2—挤出卵母细胞细胞核　3—注入供体细胞核　4—电融合仪融合　5—培养

第五节　动植物细胞大量培养及应用

一、植物细胞大规模培养及在食品工业中的应用

植物细胞大规模培养的产物有种苗、细胞、初级代谢物、次级代谢物和生物大分子等。其中，许多产物已在医药、食品、化工、农业及林业中得到广泛的应用。

植物细胞大规模培养首先是细胞的生长量的增长。培养的细胞即为重要产品之一。利用植物细胞培养进行有用物质的生产，不受环境生态和气候条件的限制，且生长速度比整个植株栽培快得多，例如从鞘蕊花属细胞培养得到的迷迭香酸高达细胞干重的 27%，是从整个植株培养得到的 9 倍。紫草宁产生于紫草的根部，可用作创伤、烧伤以及痔疮等疾病的治疗。南京大学生物系从 1986 年开始进行紫草细胞的大规模培养，所得的紫草细胞悬浮物中的紫草宁含量占干重的 14%，比紫草根中的含量高若干倍。如人参细胞培养规模已达到 $2m^3$，国内也达到了日产 10kg 湿细胞的产量。新鲜细胞经冻干后可得活性人参细胞，既可作为保健食品，也可以作为药材，不仅人参皂苷的含量高于天然人参，且产生了一些特殊的酶。

植物细胞大规模培养的具有重大经济价值的应用即为次生代谢产物生产。植物体内的化合物可以分为初生代谢产物和次生代谢产物两大类。初生代谢产物包括淀粉、糖类、脂肪、蛋白质、氨基酸、维生素等，是人类食物的主要来源，有些也是重要的工业原料。次生代谢产物是一大类无明显生理功能或者非生长发育所必需的小分子有机化合物。它们是由初生代谢产物经过一些独特的代谢途径而派生出来的。次生代谢的种类异常繁杂、化学结构迥异，分类方法不一，主要包括氨基糖衍生物、酚类、醌类、黄酮类、香豆素、木质素、环氧化物、生物碱、喹啉、糖苷、吲哚、大环内酯、萘、吩嗪、吡咯、萜类、甾类、皂苷、多肽类、多烯类、多炔类、有机酸、毒素和色素，每一大类的化合物都有数百种乃至数千种。从化学结构上可简化分为酚类化合物（芳香族）、萜类化合物和含氮类化合物（生物碱）三大类。目前从培养细胞中提取的有用成分已超过 300 种。

植物细胞培养在食品工业中的应用主要体现在利用该技术生产各种食用色素、香料、酶制剂、天然食品、具有生物活性的功能性因子，如利用植物细胞大规模培养技术目前已生产出甜菜苷、胡萝卜素、花青素、番茄红素等食用色素和抗氧化剂，甜菊苷等甜味剂，5′-核苷酸等鲜味剂，木瓜蛋白酶、菠萝蛋白酶等酶制剂以及人参皂苷等生物活性成分。此外利用植物细胞培养技术还可以生产天然食品，如从咖啡培养细胞中可收集可可碱和咖啡碱。

植物细胞大规模培养与微生物细胞发酵类似，可采用生物反应器用液体培养基进行悬浮式培养，其生产程序包括培养基的选择，高产细胞株的筛选、建立，悬浮培养技术中培养条件的优化，扩大培养及大量培养、细胞固定化培养以及利用基因工程手段培育高产细胞系，一般流程为：

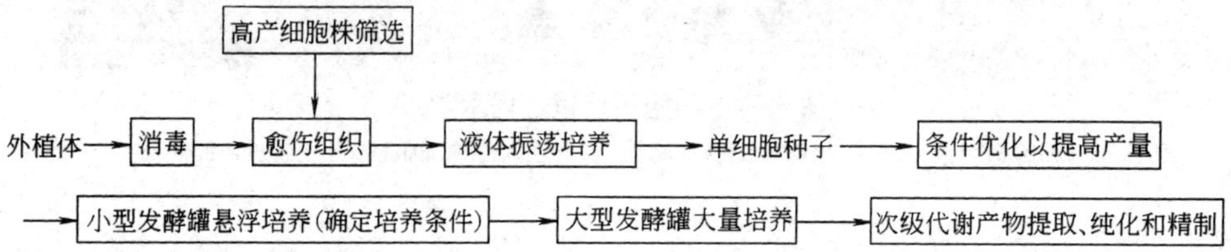

（一）大规模培养植物细胞的特点

（1）对剪切力敏感　植物细胞的个体大，细胞壁僵脆且具有大的液泡，这些特性决定了其对剪切力十分敏感。适当的剪切力可改善通气，使植物细胞具有良好的混合状态和分散性，甚至可以提高细胞密度和增加代谢产物产量。但过高的剪切力可使细胞受到机械损伤，细胞体积变小，细胞形态和聚集状态改变，或影响细胞代谢，降低产率；或使细胞自溶，胞内化合物释放；也可能导致细胞的活性丧失。研究表明，不同细胞系对剪切力敏感性不同，个别细胞甚至对剪切力并不敏感。同种细胞在生长的不同时期对剪切力的敏感性也不同，一般情况下，老一些的细胞通常更敏感一些。有研究发现迟滞期、对数生长期早期及稳定期后期的细胞比对数生长期后期及稳定期早期的细胞对剪切力更敏感。

（2）结团　多数植物细胞直径一般为 10～200μm，呈球形或柱形，平均直径比微生物细胞大 30～100 倍。除了少数细胞外，在悬浮培养时绝大多数植物细胞很少以单一细胞形式悬浮生长，通常结成直径小至 100μm，大至几毫米的小团。其主要原因是细胞分化后不能很好地分开，另外生长后期分泌的多糖类物质也有助于结团过大的细胞团容易下沉，造成混合困难，而且还影响传质，使中心的营养和供氧不足，影响产物的合成能力。另一方面一定的结团使颗粒中心至表面形成一个传质梯度，起到一个类似细胞分化的作用，这在一定程度上有利于产物的形成。

一般来说，不同的细胞系结团情况也不同，同一种细胞在不同时期、不同培养条件下，结团情况也不同。次级代谢物的生成明显地受到细胞结团情况的影响，因此细胞结团差异也是放大培养中的一个难题。

（3）生长速度慢　与微生物细胞相比，植物细胞生长速度慢，操作周期长，分批培养一般需要 2～3 周，半连续或连续培养时间一般长达 2～3 个月。同时植物细胞培养基成分丰富而复杂，很适合真菌等生长。因此，对于植物细胞培养，防止污染的发生更困难。

（4）多泡沫　细胞的结团、高浓度大分子、培养过程中分泌的多糖类等物质，造成培养液的黏度增高，起泡严重。在气流的作用下，许多细胞在气液界面聚集，使其脱离发酵液主体，阻碍了培养液的正常循环流动，造成细胞浓度急剧下降。因此，在植物细胞培养中选用合适高效的消泡剂是非常重要的。

（5）流体学特征　研究显示，植物细胞在高浓度培养时培养液为假塑性流体。吴兆亮等采用颗粒状琼脂水物系代替植物细胞悬浮培养体系，观察到培养液随细胞浓度的增大从牛顿型向非牛顿型的转变。他们还研究了两相培养系统的流体特征，结果表明有机溶剂浓度低于 10%时，对植物细胞悬浮培养体系流变特性仅有很小的影响，而且是促使其体系向牛顿型流体靠近。相对而言，黏度小的有机溶剂对细胞浓度较小的植物细胞悬浮培养体系流变特性影响大些，而黏度大的有机溶剂则相反。这对有机溶剂的选择和反应器的设计都有一定的指导意义。

对植物细胞悬浮培养体系流变特性的研究不多，致使对生物反应器内生物反应特征和传递特征的认识远远不够，这也是植物细胞培养规模放大的一个制约因素。

（6）气体成分　由于植物生长代谢速度慢，对氧气的需求量很小，因此培养液中的溶氧浓度对植物细胞的生物量影响不大。一般在植物细胞培养中采用 15%～20%的氧饱和度。

除了氧气之外，CO_2、乙烯等气体对植物细胞培养尤其是次级代谢有着重要的影响，乙烯能抑制细胞生长，促进次级代谢物的生成，而且还可作为一种生产压力促进次级代谢物分泌。而 CO_2 能阻遏或延迟乙烯的作用。因此对培养细胞来说，在培养液充分混合的同时，氧气、CO_2 和乙烯的浓度只有达到某一平衡时，才会很好地生长。

（7）光照　一般愈伤组织和细胞生长时不需要光照，但是大多数植物细胞次级代谢产物的合成受光照的影响。光对细胞的代谢产物的合成有很重要的影响。光照时间长短、光质、光强等的不同都会对代谢产物合成相积聚产生影响。一些研究显示光照对于胡萝卜素、黄酮、花青素、多酚类、质体醌等的合成有促进作用，而烟碱和紫草宁的合成却受到光照的抑制。这就要求在大规模植物细胞培养时能够有效地控制光照的参与。通常光照采用荧光灯，或者荧光灯和白炽灯混合，其光强度是 300～10000lx。

（二）植物细胞悬浮培养的生物反应器

过程工艺操作优化是大规模培养提高生物产量的一个重要条件。过程操作的关键因素是生物反应器，它必须能提供优良的细胞生长的环境条件（溶解氧、溶解二氧化碳和其他的气体代谢物及各种营养物质）。目前应用于植物细胞悬浮培养的生物反应器主要分为两大类：机械搅拌式和非机械搅拌式。机械搅拌式反应器适用性比较广，是细胞培养的主要类型；非机械搅拌式反应器设计简单，没有可动部件，仅依靠鼓气来通气和搅拌，剪切力较低，尤其适合对剪切敏感的植物细胞，但是使用此种类型的反应器培养细胞时主要存在的问题是在高细胞密度时混合效率往往下降。植物细胞大规模培养方式及特点见表 6-1。

表 6-1　植物细胞大规模培养方式及特点

培养方式	培养特点	生物反应器	培养植物种类示例
悬浮细胞培养	细胞生长较慢，易成团，次生代谢产物含量较低，遗传不稳定，培养后期黏度较大	机械搅拌式反应器 气升式反应器 鼓泡塔式反应器 转鼓式反应器等	紫草，人参，长春花，烟草，毛地黄等
固定化培养	载体固定化：生长慢，次生代谢产物含量较高，遗传较为稳定，可连续培养；自生固定化：生长较快，细胞聚集成大颗粒，次生代谢物含量高，培养液澄清	填充床生物反应器 流化床生物反应器 中空纤维反应器 气升反应器等	胡萝卜，长春花，毛地黄，万寿菊，烟草，咖啡等

1. 机械搅拌式生物反应器

机械搅拌式生物反应器的一个主要优点是可以直接借助微生物培养的经验进行控制，搅拌充分，这种反应器优点是搅拌充分，混合性能好，传氧效率高，操作弹性大，可用于细胞高密度培养，适应性广。缺点是用于植物细胞培养时由于剪切力高，易对细胞造成较大损伤，直接影响细胞的生长和代谢，造成次生代谢产物合成能力的下降。搅拌器搅拌转速越高，产生的剪切力越大，对植物细胞的伤害越大。因此，对剪切力敏感的细胞不是用于传统的搅拌式反应器。不少学者积极参与对搅拌罐的改进工作以减小剪切力，包括改变搅拌形式、叶轮结构与类型、空气分布器，加挡板等，力求减少因搅拌产生的剪切力，同时满足供氧与混合的要求。近年来，对传统和新型的叶轮进行了很多的研究，有人证明不同叶轮产生剪切力大小顺序不同，一般认为涡轮状叶轮好于平叶轮，而平叶轮好于螺旋状叶轮，但目前还没有形成一个比较好的选择叶轮的指导方针。

德国人已经建立了由 75L、750L、7500L、15000L、75000L 系列搅拌式生物反应器组成的植物细胞培养工厂，并利用这些反应器培养了紫松果菊细胞，生产免疫活性多糖。

2. 非搅拌式生物反应器

相对于传统搅拌式反应器，非搅拌式反应器所产生的剪切力较小，结构简单。其主要类型有鼓泡式反应器、气升式反应器和转鼓式反应器等。

(1) 鼓泡式生物反应器　鼓泡式生物反应器（sparged bioreactor）是由 Routien 等于 1956 年设计的用于次级代谢产物生产的大规模培养体系，虽然其结构简单，但它在剪切力方面优于机械搅拌式反应器，它没有活动的搅拌装置，容易长期保持无菌操作，整个系统密闭，气体从底部通过喷嘴或孔盘穿过液池实现气体的传递和物质的交换，培养过程中无需机械能的消耗，适合于培养对剪切力敏感的细胞，对于高密度及黏度较大的培养体系，反应器的培养效率会降低。

但是鼓泡式生物反应器混合性能差，对氧的利用率较低，如果用较大通气量，则产生的剪切力会损伤细胞。研究表明，鼓泡大时，湍流剪切力是抑制细胞生长和损害细胞的重要原因。较大气泡或较高气速导致较高剪切力，从而对植物细胞有害，因此鼓泡式生物反应器的应用不尽理想。

(2) 气升式反应器　气升式反应器（air-lift bioreactor）是在鼓泡反应器的基础上发展起来的，已广泛应用于多种植物细胞悬浮培养。植物细胞生长较慢，所用的生物反应器应具有极好的防止杂菌污染的能力。搅拌式生物反应器搅拌轴和罐体间的轴缝往往容易因泄漏造成染菌源，而气升式生物反应器具有结构简单，不需要搅拌，没有泄漏点，剪切力小，对细胞伤害小，氧传递速率较高，混合性能又优于鼓泡式反应器，在长期的植物细胞培养过程中容易保持更好的无菌状态，且运行成本、耗能和造价低等优点。它以气体为动力，依靠大量通气输入动量和能量，通过上升液体和下降液体的静压差实现气流循环，以保证反应器内培养液良好的传热、传质，并保证不出现死角，流动形式比鼓泡式更均一。现在气升循环式生物反应器根据上升管和下降管的布置可分为内循环式和外循环式两种。前者上升管和下降管都在反应器内，循环在器内进行，结构较紧凑，后者通常将下降管置于反应器外部，便于加强传热。

气升式生物反应器的缺点是操作弹性小，低气速时，尤其在培养高密度培养时，其混合效果较差。如果此时将通气量提高会导致产生大量泡沫和较高的溶氧，且泡沫会夹带一些挥发性物质，严重影响植物细胞的生长。

为加强气升式反应器的混合效果，带有低搅拌速度的气升式反应器在培养某些植物时已获得了较好的效果，另外利用分段的气升管，也有利于氧的利用和混合。

气升式生物反应器用于植物细胞悬浮培养，给植物细胞的生长和代谢合成都提供了适宜的环境，因此必须结合植物细胞的生理特性对其加以改进才能更好地适应植物细胞悬浮培养的要求，进而更广泛地用于工业化生产。

(3) 转鼓式生物反应器　转鼓式生物反应器是一种新型的反应器，已用于长春花、紫草的培养。因为转子的转动促进了液体中溶解气体与营养物质的混合，因此，转鼓式生物反应器具有悬浮系统均一、低剪切环境、供氧效率高、防止细胞粘壁的优点，适合于高密度植物悬浮细胞的培养。Naomi 等将转鼓式生物反应器用于烟草细胞悬浮培养的研究发现，与有一个通风管的气升式生物反应器相比，相同条件下转鼓式生物反应器中细胞生长速率高，氧的传递及剪切力对细胞的伤害程度等性能优于气升式反应器。但转鼓反应器的旋转需要专门的变速装置，电能消耗较多。

3. 光照搅拌式光生物反应器

由于植物独特的光合作用功能，使得植物细胞内的多种酶需要光照刺激和诱导才能合成或表现较高的生理活性。光生物反应器的研究也是植物细胞培养不可忽视的一个方面。小规模实验往往采用外部光照，反应器表面有透明的照明区，光源固定在反应器外部周围。但大规模生产时透光窗的设置，内部培养物对光的均匀接受等问题难以解决，外部给光很不现实，光源一般安装在反应器内。常用的方法是在反应器内先安装一个起保护作用的透光圆柱体，然后在圆柱体内安装光源。由于发光体并非机械固定在反应器上，且通过玻璃管与发酵液分离，因此反应器可高压灭菌，而发光体在冷却后插入玻璃管。Yamamurak 等研制了搅拌器具有发光作用的光反应器。

（三）植物细胞固定化培养生物反应器

自 1979 年植物细胞固定化成功以来，许多科学家在此领域进行了广泛深入的研究，使该技术有了长足的进步，固定化细胞较悬浮细胞具有较多的优点：①有利于次级代谢产物的积累；②细胞经过包埋后，可以减小剪切力的损伤，有利于产物合成和分泌；③有利于进行连续培养和生物转化等。

目前，植物细胞常用的固定化方法一般为：凝胶包埋、表面吸附、网格及泡沫固定、膜固定（包括中空纤维），经常采用的固定剂主要是一些多糖和多聚化合物，如海藻酸盐、角叉藻聚糖、琼脂、琼脂糖、明胶聚丙酰胺等。

细胞固定化生物反应器的共同特点是细胞固定而培养液循外流动。不同的是反应器的外观形式、细胞固定化方式和液体流动的方式有所差异。适用于植物细胞固定化体系培养的生物反应系统为：流化床生物反应器、填充床生物反应器和膜反应器。

流化床生物反应器（fluidized bed bioreactor）中细胞包裹于胶粒、金属或泡沫颗粒中，通过通入无菌空气使培养基在反应器内的流动进而使固定化细胞呈流态化，流化床反应器包埋的颗粒小，传质效果好，其缺点在于剪切力和颗粒碰撞会破坏固定细胞。

填充床生物反应器（packed bed bioreactor）中填充了惰性材料，培养基通过泵，以一定的流速流经床位，与固定在胶粒、泡沫、金属颗粒或连续的网格的床层中生长的细胞进行物质交换，流出反应器后一部分培养基被收集提取产物，另一部分则流动到气体交换器中进行气体交换，并监测温度、溶氧、pH 等参数，再补充一部分新鲜的培养基重新进入固定床。其优点为单位体积容量大，缺点在于：①由于混合效果低，对必要的氧传递、pH、温度控制和产物的排泄造成困难；②固定床中颗粒或支持物的破碎会阻塞液体的流动；③用于固定的胶颗粒在高压下易变形，会导致床阻塞。传质效率低和阻塞是填充床要解决的关键问题。

膜反应器是近年来使用广泛的一种固定化反应器。其优点为膜可以重复使用和选择性使用。最常用的膜反应器是中空纤维和螺旋式卷绕反应器。但膜反应器同样存在传质效率低和易堵塞的问题，产物收获困难且反应器投资大。

固定化培养反应器主要适用于分泌产物到体外的细胞培养，对于分泌量少的体系，应采用适当的产物释放技术。

二、动物细胞大规模培养方法

动物细胞大规模培养技术（large-scale culture technology）是指在人工条件下（设定的 pH、温度、溶氧、操作方式等），在动物细胞生物反应器中高密度地大量培养有用的动物细胞以生产珍贵生物制品的技术。动物细胞大规模培养技术是细胞工程发展中一项关键的技术。

近十多年来，用传统的生化分离技术从动物组织中获取生物制品的手段已远远满足不了人们猛增的对生物活性大分子蛋白等生物制品需求量，或者生产成本极其昂贵，动物细胞大规模培养技术的应用可以将动物细胞株或经过细胞融合、细胞重组、细胞核移植技术构建后的动物细胞，通过动物细胞大规模培养后获得大量的满足人类需求的生物制品。

（一）动物细胞大规模培养工艺方式

在大规模的细胞培养中，必需满足细胞对理化因素的要求，这些因素包括气体、pH、培养液成分以及排除细胞产生的废物。大规模动物细胞培养与小规模实验室细胞培养相比，条件更严格，控制难度更大。选用的培养液通常是无血清培养液，同时为使细胞不凝集、成团或沉淀，在配制培养液的基础盐溶液时不加 Ca^{2+} 和 Mg^{2+}。同时，为减轻机器搅拌对细胞的损伤，在培养液中要加入一些非营养物质，如羟甲基纤维素钠。pH 的稳定维

持一般依靠 CO_2-HCO_3^- 系统，通常采用通入 5% CO_2 无菌空气的方式，以及足够量的氧气。

大规模细胞培养按操作方式和工艺类型可分为四种类型，即分批式培养、流加式培养、半连续培养和连续培养。

1. 分批式培养

分批式培养（batch culture）是动物细胞规模培养发展进程中较早期采用的方式，也是其他操作方式的基础。将细胞扩大培养后，一次性将所需量的细胞和培养液投入反应器中，在培养过程中不再加入营养物，也不从中取出培养物，经过一段时间的正常培养后，待细胞增长和产物形成积累到一定程度，将生长的细胞和全部反应产物一次性取出的培养方式。

在分批式培养中，培养细胞按照延滞期、对数期、减速期、稳定期和衰退期五个时期生长。该培养方式操作简单，培养周期短，污染和细胞突变的风险小。但由于各个时期的环境条件不断变化，因此，细胞的生长并不总是在一个良好的状态下。随着营养物质的不断消耗，细胞数量增加，代谢产物积累，细胞生长空间减少，越来越不利于细胞生长。一般分批式培养的周期多在 3～5d。

2. 流加式培养

流加式培养（feeding culture）是指在装有一定量的培养液的反应器中接种细胞，细胞初始接种的培养基体积一般为终体积的 1/3～1/2，进行正常培养，在培养过程中根据细胞对营养物质的不断消耗和需求，流加浓缩的营养物或培养基，从而使细胞持续生长至较高的密度，目标产品达到较高的水平，整个培养过程没有流出或回收。

流加式培养能适当地调整营养成分的浓度，使细胞保持在一个较平稳的营养环境下生长。一方面，可避免某种营养成分的初始浓度过高而出现的底物抑制现象，另一方面，可以防止某些营养成分在培养过程中被消耗而影响细胞的生长和产物的形成。由于新鲜培养液的加入，整个培养过程反应体积不断加大。最常用的流加物质是葡萄糖、谷氨酰胺等能源和碳源物质。

流加式培养分为两种类型：单一补料分批式培养和反复补料分批式培养。

（1）单一补料分批式操作是在培养开始时投入一定量的基础培养液，培养到一定时期，开始连续补加浓缩营养物质，直到培养液体积达到生物反应器的最大操作容积，停止补加，最后将细胞培养液一次全部放出。该操作方式受到反应器操作容积的限制，培养周期只能控制在较短的时间内。

（2）反复补料分批式操作是在单一补料分批式操作的基础上，每隔一定时间按一定比例放出一部分培养液，使培养液体积始终不超过反应器的最大操作容积，从而在理论上可以延长培养周期，直至培养效率下降，才将培养液全部放出。

流加培养工艺是当前动物细胞培养工艺中占有主流优势的培养工艺，也是近年来动物细胞大规模培养研究的热点。流加培养工艺中的关键技术是基础培养基和流加浓缩的营养培养基。通常进行流加的时间多在指数生长后期，细胞在进入衰退期之前，添加高浓度的营养物质。

3. 半连续培养

半连续培养（semi-continuous culture）是将细胞接种一定体积的培养基，让其生长至一定的密度，在细胞生长至最大密度之前，用新鲜的培养基稀释培养物，每次稀释反应器培养体积的1/2～3/4，以维持细胞的指数生长状态，随着稀释率的增加培养体积逐步增加。或者在细胞增长和产物形成过程中，每隔一定时间，定期取出部分培养物，或是条件培养基，或是连同细胞、载体一起取出，然后补加细胞或载体，或是新鲜的培养基继续进行培养的一种操作模式。即在细胞增长和产物形成过程中，每间隔一段时间，从中取出部分培养物，再用新的培养液补足到原有体积，使反应器内的总体积不变。

该操作方式的优点是操作简便，生产效率高，可长时期进行生产，反复收获产品，可使细胞密度和产品产量一直保持在较高的水平，在动物细胞培养和药品生产中被广泛应用。例如，用微载体系统培养基因工程 rCHO 细胞，反复收获细胞反应产物——乙肝表面抗原（HBsAg），用于制备乙肝疫苗。

在半连续式操作中由于细胞适应了生物反应器的培养环境和相当高的接种量，经过几次的稀释、换液培养过程，细胞密度常常会提高。

4. 连续培养

连续培养（continuous culture）时，在反应体系中，不断地取出反应物，又不断地加入新营养液，一直保持反应条件处于恒定状态。在取出反应物的过程中，通常不取出细胞，而只取出反应液，使细胞始终处于良好的营养状态下，有人将此称为灌注培养法（perfusion culture）。连续培养的最大优点是反应器的培养状态可以达到恒定，保持细胞在优化状态下生长，有效的延长分批培养中的对数生长期，既有利于细胞及产物的连续生产，也有利于研究细胞的生理及代谢规律。

上述方法中，连续式培养比较好，此种方法有利于细胞生长、增殖和产物生成；不足之处在于操作过程复杂，是开放式操作，生产过程所需时间长，相对增加了污染的机会。此外，在长周期的连续培养中，细胞的生长特性以及分泌产物容易变异；同时连续式培养对设备、仪器的控制技术要求较高。

（二）动物细胞大规模培养技术

由于体外培养的动物细胞的类型和生长特性分为贴壁依赖型细胞和非贴壁依赖型细胞两种，动物细胞大规模培养技术是建立在贴壁培养法和悬浮培养法基础上并融合了固定化细胞、流式细胞技术、填充床、生物反应器技术以及人工灌流等技术而发展起来的，主要包括悬浮培养、微载体培养、多孔载体培养、微囊化培养、中空纤维法等。

1. 悬浮培养技术

悬浮培养（suspending culture）是指细胞在反应器中自由悬浮生长。少数动物细胞属于悬浮生长型，它们在离体培养时不需要附着物，只需悬浮于培养液中就可以良好生长。该法将采集到的活体动物组织分散、过滤、离心、纯化、漂洗后接种到适宜的培养液中置于特定条件下进行培养。适用于非贴壁依赖型细胞培养，如杂交瘤细胞、淋巴细胞和某些细胞株等，用于大量生产疫苗、α-干扰素、白介素及单克隆抗体等药品的生产。但不适合于少数转化细胞和人的二倍体细胞的培养。

悬浮培养法细胞增殖快，产量高，设备结构简单，有成熟的理论计算，可以借鉴微生物发酵的部分经验，放大效应小，是动物细胞大规模培养的理想模式。而且细胞传代时不需要再分散，只需按比例稀释即可继续培养。但是悬浮培养的缺点是细胞密度较低，转化细胞悬浮培养有潜在致癌的危险，培养病毒易失去病毒标记而降低免疫能力。此外，有许多动物细胞属于贴壁依赖性的，因此不能悬浮培养。

2. 贴壁培养技术

贴壁培养技术（attachment culture）是指在培养时因为细胞有贴壁的要求要利用容器的表面积，让细胞贴壁到培养体系表面，因为细胞只有贴附到合适的培养表面才能生长繁殖。在工业化生产中需要提高表面积与体积的比例，以提高单位体积的产率（如图6-15所示）。

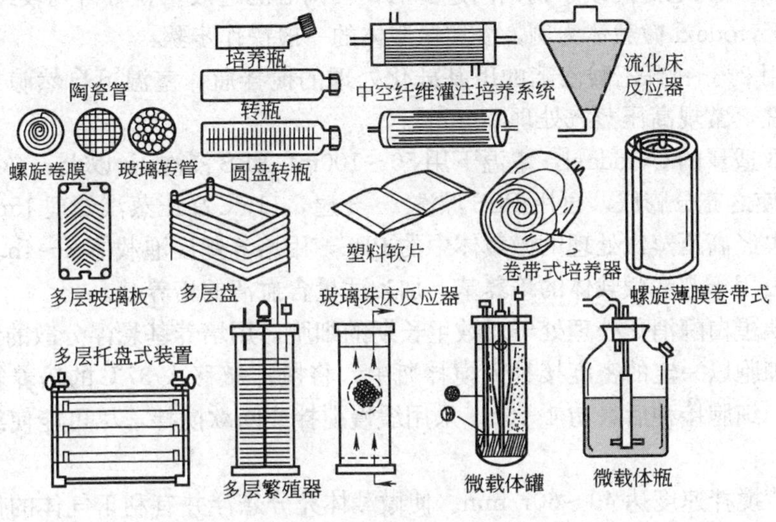

图 6-15　适用于贴壁细胞培养的各种培养系统

传统的贴壁细胞培养方式有：滚瓶（roller bottle）培养、多层平板培养和搅拌釜微载体悬浮培养。目前的滚瓶和多层平板培养只限在特殊的领域，如红细胞生成素、基因治疗产品和疫苗生产。滚瓶是由玻璃或塑料制成，培养时放在滚瓶机上缓慢滚动，但培养条件接近于静止培养，体积较大，接种后放入温室或专门的培养箱中培养。滚瓶的主要缺点是劳动强度大，比表面积小，占用空间大，培养条件难以检测和控制。目前的转瓶和多层平板培养只限在特殊的领域，如红细胞生成素、基因治疗产品和疫苗生产。

3. 微载体培养技术

微载体培养（microcarrier culture technique）系统由 Van Wezel 在 1967 年首先创立的。经马萨诸塞理工学院（MIT）的研究小组广泛工作以后已得到改进，并扩充了应用范围。其原理是依赖贴壁生长的细胞可以附着在微载体的表面繁殖，而微载体又可通过连续搅拌而悬浮在培养液中，这样就可把贴壁生长的细胞导向悬浮培养。动物细胞贴附在微载体表面生长于细胞表面及微载体表面的化学-物理性质有关，微载体表面一般带有正电荷，而细胞表面带有负电荷，这种静电吸引作用使细胞易于在微载体表面吸附。

采用微载体培养贴壁细胞，被公认有如下优点：

(1) 兼具单层培养和悬浮培养的优势，且是均相培养。

(2) 细胞所处环境均一，放大容易。

(3) 培养操作可系统化、自动化，降低了污染发生的机会。

在用微载体培养进行传代培养时，可以不必把细胞从微载体分离下来，可将带有细胞的微载体和新的微载体混合进行培养，细胞能移动到新微载体上。如果进行其他实验或需要分离细胞进行传代培养时，可与常规培养相同，先用消化液作用使细胞脱离微载体表面。一般来说，从微载体上分离细胞比从玻璃表面分离细胞困难些，所以要预先用不含血清的培养液或缓冲液冲洗培养物，同时调节消化液 pH（pH7.8～8.0）和作用温度、时间。细胞脱离微载体后，可用自然沉降法，即在室温下静置 5min，微载体将先自沉在底部，细胞大部分仍在上清中，然后离心上清即可得到细胞。如果需要分离程度较高时，需用孔径为 100μm 的尼龙网或不锈钢网过滤后，再离心滤过液，就可得到较纯净的细胞。

以下以 Cytodexl 微载体为例，介绍微载体的一般操作步骤：

(1) 选用 2%～5%乙酸乙酯的甲基硅化处理的搅拌瓶，室温下自然晾干后，用去离子水反复冲洗，常规高压蒸汽处理 20min。

(2) 称取适量的 Cytodexl，室温下用 50～100mL PBS 浸泡 4h 以上，必要时加入适量的吐温 80，使之充分膨胀，再用 PBS 漂洗 2～3 遍，115℃高压蒸汽处理 15min。

(3) 吸去经高压蒸汽处理的微载体中的 PBS，用培养基浸泡载体 2～4h。

(4) 吸去用于漂洗微载体的培养基，加入适量含血清的培养基。

(5) 用胰蛋白酶消化处理处于对数生长期的细胞，用培养基悬浮分散的细胞。

(6) 将细胞以一定的密度接种入搅拌瓶中，将搅拌瓶移入 37℃的培养箱中，放置在搅拌装置上，细胞接种后最初 4～6h，采用缓慢搅拌或间歇搅拌，尽可能使细胞均匀悬浮在微载体上。

(7) 调节搅拌速度达 40～60r/min。使微载体充分悬浮并有利于气体的传递但不损伤细胞，观测细胞生长的情况，检测并控制细胞生长环境的变化。

4. 多孔载体培养

多孔载体是一种用于大规模高密度动物细胞培养的支持物，其内部具有网状结构的小孔，因此能使细胞在其内生长，可降低血清用量，增加细胞固定化的稳定性。多孔载体用于动物细胞培养还具有很多优点，如：易固定化；大的比表面积可保证细胞充分的生长空间；细胞生长在载体内部，能使细胞免受机械损伤，同时又可以提高搅拌强度和通气量，强化传质。因此，多孔载体不仅能培养贴壁细胞，也适合于悬浮细胞的固定化连续灌流培养，可应用于大规模高密度的动物细胞培养系统。

5. 微囊化培养技术

在常规的微载体培养系统中，由于细胞是生长在微载体的表面，在培养过程中的搅拌常常会损伤微载体表面的细胞，于是，20 世纪 80 年代初，利姆和萨姆（Lim & Sum）制成了细胞能在其中生长繁殖的微囊，建立了一种将培养的细胞包埋在微粒内部的培养技术，即微囊培养技术（micro encapsulation）。其技术要点是在无菌的条件下用一层亲水性的人造的半透膜将拟培养细胞包埋在珠状的微囊中，从而使细胞不能从微囊中逸出，而小分子的物质可以自由出入半透膜，然后将微囊放入培养系统中进行培养。微囊化培养是借鉴固定化技术将细胞包囊在微囊中，在培养液中悬浮培养。细胞生长在各自的微小环境里受到一定的保护，细胞直接感受到的剪切力降低，细胞总的生长体积有了一定的增加。微囊化为细胞创造了一个微生态环境，有利于保护细胞，由于环境的改善，细胞会很好的生长；同时，由于细胞生长和维持于一个较小体积的培养液中，富集了细胞及其产物，简化了下游加工技术。通过生物微胶囊固定化培养，使培养过程与分离过程有机的结合起来，充分体现了生物微胶囊固定化的优势。单克隆抗体、干扰素等有用产品的大规模生产提供了一条有效途径。该方法的不足之处是，微囊制作步骤较为复杂，成功率不高，微囊内部死亡的细胞会污染正常产物。

目前以海藻酸钠-聚赖氨酸-海藻酸钠（APA）微囊技术发展最为成熟。海藻酸是以-1,4键连接的多聚甘露糖醛酸和古罗糖醛酸，此两者的不同比例及海藻酸本身的纯度、黏度都是影响微囊形成的重要条件。赖氨酸相对分子质量的大小（通常在40～80ku之间）及其溶液的浓度、与海藻酸钠球混合的时间、溶液的pH和温度等都会影响微囊膜孔径的大小，甚至影响它的半渗透作用。

6. 中空纤维细胞培养技术

中空纤维细胞培养技术是Richard Kncazek等在1972年发明的，最初使用的空心纤维是一种由醋酸纤维素和硝酸纤维素混合组成的可透性膜，表面有许多海绵状多孔结构，这样水分子、营养物质和气体可以透过，细胞也能在上面贴附生长。

中空纤维细胞培养技术就是模拟细胞在体内生长的三维状态，中空纤维是一种细微的管状结构，类似动物组织的毛细血管状的由醋酸纤维素和硝酸纤维素混合物所组成的可透性滤膜。外径100～500μm，管壁的厚度为50～75μm，管壁多呈多孔的海绵状，在每根中空纤维管壁的内表面都衬贴着一层超滤膜，不同规格的中空纤维内表面的超滤膜透过的分子质量不同。管的直径为200μm，因为纤维内部是空的，纤维之间有空隙，圆筒内构成了两个空间：每个纤维的管成为内室，可灌流无血清培养基供细胞生长，管与管之间的间隙，成为外室，接种的细胞黏附在外室的管壁上，吸取内室渗透出来的营养迅速生长繁殖。由于血清和细胞分泌的产物（如单克隆抗体）相对分子质量较大无法渗透到内室中，只能被留在外室不断被浓缩，当需要收集产物时，只要打开管与管之间的外室的总出口，即可收集产物。而细胞代谢废物，一般为小分子的物质，可以从外室渗透入内室，从而避免对外室细胞的毒害作用。细胞向二维空间生长繁殖，形成类似组织的多层细胞群体，细胞密度可达10^9/mL。细胞培养维持时间长，可达数月，适合分泌细胞的长期培养，分泌物的纯度可达60%～90%。这种反应器占据的空间小，接近体内环境，适用于各类细胞培养，可用于制备多种细胞产物。在培养过程中，细胞保持高度活性，形态正常，遗传物质正常。

（三）动物细胞大规模培养用反应器

在动物细胞产品生产过程中通过动物细胞生物反应器将原料转化为产物，是整个生化工艺过程中的核心环节，因此，选择合适的设计合理的大规模培养装置十分重要，即生物反应器（bioreactor）。

由于动物细胞与微生物细胞有很大差异，动物细胞没有细胞壁，对剪切力敏感，生长缓慢，且大都具有贴壁依赖性，传统的微生物反应器显然不适用于动物细胞的大规模培养。合适的生物反应器首先必须满足在低剪切力及良好的混合状态下，能够提供充足的氧以供细胞生长及细胞进行产物的合成。其次能有效隔离对细胞有毒作用的反应物或反应产物，有良好的抗污染能力。

目前，动物细胞培养用生物反应器随着技术的发展，种类越来越多，规模越来越大。主要包括：转瓶培养器、填充床生物反应器、多层板生物反应器、螺旋膜生物反应器、管式螺旋生物反应器、陶质矩形通道蜂窝状生物反应器、流化床生物反应器、中空纤维及其他膜式生物反应器、搅拌式生物反应器、气升式生物反应器、堆积床生物反应器等。

参考文献

［1］ 罗立新. 细胞融合技术与应用. 北京：化学工业出版社，2004

［2］ 罗云波. 食品生物技术导论. 北京：化学工业出版社，2006

［3］ 朱至清. 植物细胞工程. 北京：科学出版社，2003

［4］ 李志勇. 细胞工程. 北京：科学出版社，2003

［5］ 徐永华. 动物细胞工程. 北京：化学工业出版社，2003

［6］ 刘玉堂. 动物细胞工程. 哈尔滨：东北林业大学出版社，2003

［7］ 王蒂. 细胞工程学. 北京：中国农业出版社，2003

［8］ Bourgaud F，Gravot A，Milesi S，Gontier E. Production of plant secondary metabolites：a historical perspective. Plant Science，2001，161：839～851

［9］ Aoke T，Matsumoto H，Asako Y et al. Variation of alkaloid productivity among several clones of hairy roots and regenerated plants of Atropa belladonna transformed with Agrobacterium rhizogenes 15834. Plant Cell Rep，1997，16：282～285

［10］ 赵佼，谭文松，俞俊棠. 动物细胞培养工程的现状与展望. 华东理工大学学报，1997，23（2）：131

［11］ 田三德，李成涛. 动物细胞多方法规模性培养技术综述. 陕西科技大学学报，2005，23：117

［12］ 俞俊唐，顾其丰，叶勤. 生物化学工程. 北京：化学工业出版社，1991

［13］ Peta Meissner，Bernd schroder. development of a fixed bed bioreactor for the expansion of hematopoietic progenitor cells. Cytotechnology，1999，30：227～234

［14］ Gloeckner H，Lemke H D. New miniaturized hollow-fiber bioreactor forin vivo like cell culture，cell expansion，and production of cell derived products. Biotechnol Prog，2001，17（5）：828～831

［15］ Ghanem A，Shuler ML. Characterization of a perfusion reactor utilizing mammalian cells on microcarrier beads. Biotechnol Prog，2000，16（3）：471～479

第七章　食品生物技术中的下游过程

第一节　概　　述

在食品生物工程中，发酵或细胞培养的结束尚需要一系列的后续处理过程才能得到符合质量要求的产品。食品生物工程是一个系统工程，因此，相对于上游过程（up stream process），下游过程（down stream process）主要对生化反应后的物料（包括发酵、细胞培养、酶反应器处理等各种反应产物）进行分离或纯化处理，使目标产物最终成为商品。

下游过程在整个食品生物工程中占有重要地位。国外一些发达国家由于采用先进的分离纯化技术，产品最终收得率可达到90%以上，而国内一般仅达到70%～75%。目前，国内下游消耗成本较高，占总成本的75%。因此，下游工程仍有较大的发展空间。

一、下游过程步骤和特点

食品生物工程中大部分的分离涉及人类保健和医学有关的功能性成分，如蛋白质、多肽、酶、核苷酸、多糖，同时还有各种小分子成分，如氨基酸、激素、各种生长因子、丙酮、乙酸、乙醇、抗生素、维生素以及各种有重要应用价值的次级代谢产物等。

设计一个蛋白质的分离过程有如下步骤：

(1) 与分离目标成分相关的一些重要因素，例如蛋白质，就必须考虑如下几个因素：

① 蛋白质的特性：分子质量、等电点、生物亲和性、溶解性；

② 过程的特性：预期的杂质及其特性，对热、剪切力的失活敏感性，产品的浓度；

③ 细胞的特性：细胞壁破碎的难易程度，是细胞内产物或者细胞外产物。

(2) 选择和确立对该组分进行定性、定量测定的方法，目的在于能对分离效率有一个有效的评价。

(3) 确定选用分离技术并对分离条件进行实验选择。

(4) 对分离效果进行评价。

(5) 中间试验和工业生产应用的放大设计。

二、下游过程生物分离方法

下游过程常见的生物分离技术有二三十种，按分离技术的应用规模可分为：实验室规模（分析分离、制备分离）；中试规模和工业应用规模；按分离性质分类则有：物理分离法，化学分离法，物理化学分离法和酶分离法等。一般传质分离过程又包括两大类：一为平衡分离过程，二为速率控制分离过程。表7-1列出一些典型的平衡控制分离与速率控制分离过程及应用。

表 7-1 平衡控制分离与速率控制分离过程的原理及应用

分离过程	分离原理	产品形式	应用
平衡控制分离			
蒸发	蒸汽压差异	液体、蒸汽	果汁浓缩
蒸馏	蒸汽压差异	液体、蒸汽	石油馏分分离
萃取	溶解度差异	多相液体	食用油的溶剂法提取
结晶	溶解度变化	固体,液体	糖、食用盐的结晶析出
离子交换	质量作用定律	液体	硬水的软化
泡沫吸附	表面吸附与分配差异	液体	污水中洗涤剂的去除
凝胶过滤	分子质量差异	液体	蛋白质脱盐
双水相萃取	分配系数差异	液体	培养液中大分子与小分子物质的分离,细胞碎片的去除
反向微胶团分离(速率控制分离)	分配系数差异	液滴、液体	发酵液中酶或蛋白质分级分离
电渗析	电位差条件下膜对离子的选择性透过	液体	苦咸水脱盐,氨基酸分离
反渗透	压力驱动下膜对组分的选择性透过	液体	海水淡化,果汁浓缩
超滤	压力驱动下膜对组分的选择性透过	液体	蛋白质浓缩、除菌和除杂

三、下游过程的评价及其发展趋向

下游过程效果如何，综合起来可以从如下 5 个方面进行考察评价。

(1) 分离效率和选择性　分离效率是指单位时间内分离获得的目标成分（或除去杂质）的数量，与分离的传质速率有关；选择性是指分离技术对目标成分的有效性，涉及目标成分在产品中的含量。

(2) 产品质量　符合国家制订的标准或与国际接轨的国际质量标准，并能尽量做到有利于综合利用。

(3) 产品的安全性　应保证符合食品卫生要求。

(4) 工艺流程简化，生产周期要短。

(5) 生产成本不要太高。

下游过程的发展总趋势，具体体现在如下几个方面：

(1) 传统分离技术的发展　蒸馏、吸收、吸附、萃取、沉淀等过程都是传统的分离技术。并在此基础上，在设备的改进、工艺优化、节能等方面均在研究发展。

(2) 实验室规模分离技术的放大　凝胶色谱和离子交换在 20 世纪 70 年代实现了工业化应用。电泳技术一直是作为实验室的分析手段，最近由于采用了新的支持介质，简化了操作，上样量增加，使此项分离技术演化成制备分离技术，并朝着生产应用方向发展。

(3) 生物大分子分离技术的发展　对蛋白质、酶以及核酸等生物大分子的分离有新的突破。由于超滤、电泳、凝胶过滤以及亲和色谱技术的出现，使生物大分子的分离得到了更广泛的实际应用，产品质量得到了较大的提高。不仅可以有效地改进产品质量（包括风味、色泽和溶解度等），还可以大大提高蛋白质的得率，减少污染，节约能源。

(4) 新型分离技术的开发　膜分离、泡沫分离、超临界气体萃取、电泳分离，微波辅助萃取技术以及色谱分离等相继出现，使这些新型分离技术得到广泛应用。膜分离技术，在食品中的果汁浓缩，速溶咖啡、速溶茶的生产及酶的提取等方面都有应用。超临界气体萃取技术应用于食品香气成分的提取也有较好的应用前景。

（5）集成化分离技术的发展　如膜分离/反应过程集成；渗透蒸馏/其他膜分离过程的集成；膜分离/吸附过程的集成；超临界萃取/超声波处理集成；膜分离/超声波处理集成。

第二节　细胞破碎

细胞的破碎主要是指对细胞壁和细胞膜的破碎。动物细胞由脂-脂蛋白所组成的细胞膜包围，容易破碎。而细菌和植物细胞由多糖组成的细胞壁包围，较难破碎，如酵母菌(*Saccharomyces cerevisiae*)。由于所需要的蛋白质存在于细胞膜与细胞壁之间的原生质周边，必须破壁后才能将其释放。

细胞破碎技术从性质分，有物理破碎、化学破碎和酸法破碎（表 7-2）。机械破碎的效果决定于固体物的剪切与摩擦。摩擦会产生热量，热量则会导致蛋白质变性，此外剪切力的作用也会导致酶和蛋白质的变性。细胞破碎的另一种技术是超声波处理。其原理主要是利用超声波施加于溶液时所产生多种效应，包括空化效应、温升效应、强力剪切和微流效应。但是超声波破壁的同时，也往往会改变酶和蛋白质大分子的二级、三级结构和更高级的构象而导致其失活。

表 7-2　细胞破碎常见技术及其特点

细胞破碎方法	方法要点	优点	缺点
物理方法			
珠磨法	在珠磨机中细胞悬浮液与细小的玻璃珠石英砂混合，快速研磨达到细胞破碎并释放内含物	对于韧性的细胞壁较有效，操作简单，破碎率高	温升较大，易使酶失活，需去除玻璃碎片
超声波法	利用超声波的多种场致效应破壁达到释放细胞内含物	可连续操作	容易升温并且会使蛋白质构象变化而变性
固体剪切法（冻压法）	加压将冰冻后的材料通过狭小孔挤出，包埋在冰内的细胞由于变形而导致破碎	特别适合于热敏感性的酶类。酶收率高	需先使细胞冰冻然后破碎
液流剪切法或高压匀浆法	在 200MPa 压力下，细胞悬浮液通过限制性小孔，细胞受到激烈冲击和剪切而破碎	对于细菌、真菌较有效，适于酶的大规模生产	产生热量，间歇操作，不规则的颗粒（如菌丝）会降低细胞破碎效果
酶学方法			
酶处理	利用蛋白酶、溶菌酶对无坚厚细胞壁的微球菌进行大规模降解，导致原生质体由于细胞内含物的高渗透压而溶解	条件温和而有选择性	成本较高
化学方法			
去垢剂处理	利用去垢剂对细胞壁的解构作用进行细胞破壁。离子型去垢剂：十二烷基磺酸钠和十六烷基三甲基铵溴化物；非离子型去垢剂：吐温或 Triton X-100	对于胆固醇氧化酶的商业化生产有效果	去垢剂的存在会导致酶的失活，影响后续的纯化过程
碱处理	在 pH11.5～12.5 范围处理 20～30min，使细胞壁降解	适于治疗用的酶类如从 *Erwinia chrysanthemi* 提取天冬酰胺酶的成本较低	会导致酶的失活
渗透冲击	利用盐浓度的快速变化导致渗透压的激烈变化，导致破壁	只有很少量的可溶性蛋白质会被释放，因此有利于后续的纯化过程	对于韧性大的细胞壁效果不大，固-液回收步骤中含盐量较大

第三节 固-液分离

食品生物工程中的固体物主要是菌体以及植物细胞培养所形成的分化组织。对这些固体物的分离主要有三种方法：过滤、离心和絮凝。

一、过 滤

过滤是以过滤介质两侧的压力差为驱动力，使液体通过过滤介质（膜），固体颗粒不能透过而实现固液分离的目的。这种压力差的产生有四种：物料本身的液柱压力差；在物料液面上加压；在过滤介质下方抽真空和利用离心力等。典型的过滤过程分为几个阶段：过滤阶段，滤饼洗涤阶段；滤饼卸除阶段：将滤饼从滤布中卸除，目的是回收滤饼并减少下一个过滤过程的阻力。上述几个阶段可以是间歇式，也可以是连续式。

工业过滤操作可分为：间歇式过滤和连续式过滤。加压式过滤的优点在于可以采用较大的压力差，而真空过滤则相反。常用的间歇式过滤是加压过滤式。常见的设备有板框式压滤机，箱式压滤机；而连续式的过滤均为真空过滤设备，包括叶滤机，转鼓真空过滤机，转盘真空过滤机和流线式过滤机等。

为了保持合适的过滤通量，除了利用助滤剂外，还可以通过对过滤设备与压力的设计，优化料液过滤方向而改善过滤效果，这就是所谓错流过滤（如图 7-1 所示）。错流过滤是指过滤方向与压力方向相垂直的一种过滤方法。此种过滤一般采用多孔的高分子材料或多孔的陶瓷作为过滤介质，由于加压方向与过滤方向相垂直，流体能够对过滤介质的表面同时进行冲刷时可有效地防止过滤介质表面形成滤饼，可改善过滤效果。

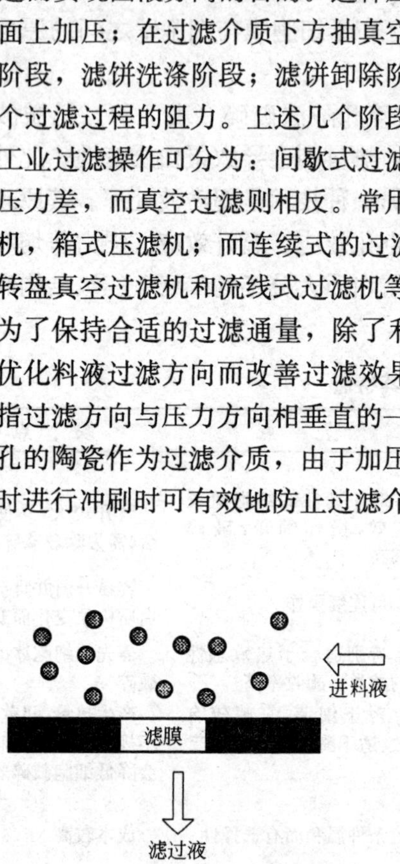

图 7-1 错流过滤

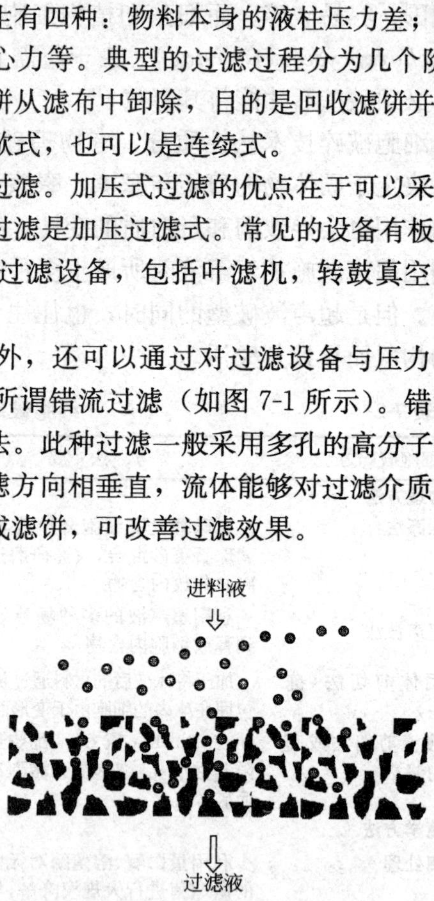

图 7-2 堵塞式深层过滤

通常，细胞的堵塞式过滤，也就是加压方向与主体液过滤方向平行的过滤（图 7-2），是与滤饼的产生相关联。利用剪切流（错流）过滤可以减少滤渣的形成（图 7-1），把超滤看作是一种特殊的过滤，在超滤时，膜两边的压力使小分子溶质可以透过膜而大分子不能通过，吸附在膜表面的大分子会污染膜而降低膜的透过通量，形成所谓浓差极化现象。在错流过滤中，用反向扩散现象能更好地表达颗粒极化。超滤和错流过滤的过滤通量 J [滤液的体积通量 $m^3/(m^2 \cdot s)$] 都可以通过下式表示：

$$J=\Delta p/R_T$$

式中 Δp——压力差，MPa

R_T——渗透的总阻力系数

R_T 由三方面因素组成，滤膜、凝胶（滤饼）层和扩散层。所以减少滤饼的阻力可以提高过滤通量，这可以通过设计狭窄流道的高速料液产生的高剪切速率来达到这个目的。此外，当过滤压力达到某个极限值时，过滤通量和压力无关，升高压力只会导致过滤通量的短暂提高，但是滤饼的厚度也会相应地增加，使过滤通量难以改变。

二、离心分离

离心分离是发展比较好的一种单元操作，主要适用于去除那些密度比溶剂大得多的颗粒物（$D>10^{-3}g/cm^3$）。越大的颗粒沉淀物则需要越小的离心速率。虽然离心分离是可行的大规模操作过程，但是增大生产能力受到制作离心机的材料的机械强度的限制。因而，受尺寸和转速的限制，目前仅作为实验室装置。

一般标准的离心分离是一种间歇式的实验室单元操作，但它也可以设计成连续式大规模操作。工业上已经有几种不同的离心过滤设备，包括管型、卷轴型和碟片-喷嘴型。篮式离心可以将过滤和离心分离两种操作结合在同一个单元中。

三、凝聚和絮凝

絮凝作用是指胶体和悬浮物颗粒在絮凝剂的作用下，交联成为粗大絮凝体的过程。絮凝首先是从凝聚开始，絮凝作用的过程首先包含着凝聚的作用，可以认为凝聚作用是颗粒由小到大的量变过程，而絮凝作用是若干个凝聚作用的结果，当颗粒聚集到一定程度（颗粒粒径为 1～2cm）时，便会从溶液中沉降而分离出来。

絮凝分离技术的应用主要是除杂，即去除溶液中不需要的组分。因此此种技术尤其在水的净化方面应用得最多，如饮用水、工业用水以及石油工业废水、造纸工业废水、采矿工业废水、化学工业废水、生化工程废水、食品工业废水、纺织印染工业废水等的处理。制糖工业中应用絮凝分离技术进行各类糖浆、混合汁、泥汁以及甜水、废水的澄清脱色处理。

第四节　膜浓缩与分离

一、膜分离涵义

膜分离的定义是指利用半透性膜对不同物质的透过速度差别而实现对混合物的组分分离过程，实质上是一种由于膜的作用导致传质速率差异的效应。膜分离过程如图 7-3 所示。

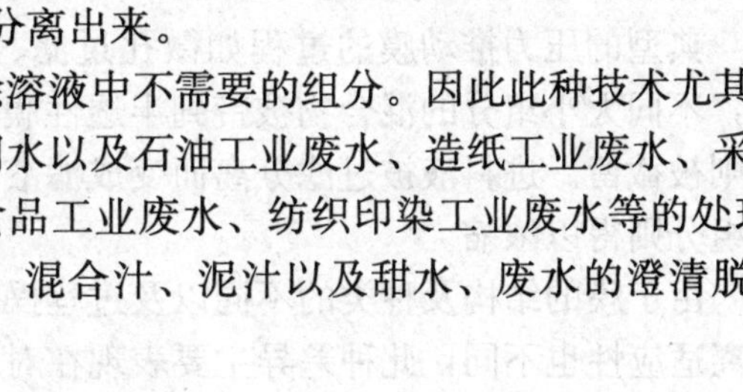

图 7-3　膜分离示意图

二、膜分离基本原理及分类

（一）膜分离的一般原理

膜分离技术的类型有多种，如微孔过滤、超滤、反渗透、电渗析、液膜分离等。各种类型的膜分离，其原理各有不同，但也具有共同的特点：各种膜分离技术的一般原理是用天然或人工合成的高分子膜，外加某种推动力，如压力、化学位差、电势差、气体分压差等，利用膜对不同组分的透过速率的差异，实现对混合物溶液的分离、分级、提纯和富集。例如，由膜隔开的两相之间的静压差能够引起流体的体积通量，当不同的组分在压力作用下通过膜的渗透性具有差异时，就会使化学组分得以分离；由膜隔开的两相之间的浓度差能够引起质量的传递，当膜中的组分扩散性具有差异时，也会使这些组分得以分离；由膜隔开的两相之间的电势差同样地能够引起带电粒子质量的传递，当膜中带电量不同的粒子表现出不同的迁移性时，就会使这些不同的化学组分得以分离。

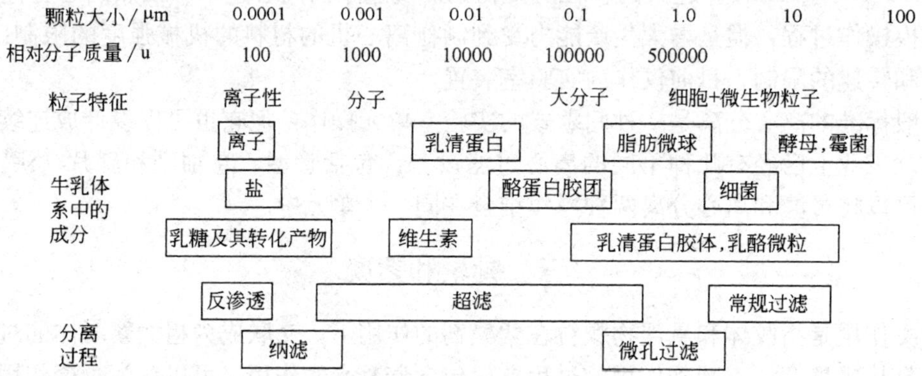

图 7-4　膜分离适用相对分子质量范围及在乳制品工业中的应用

典型的压力推动膜的过程如微孔过滤、超滤、反渗透和气体分离，在压力差的作用下，不同大小组分的混合物被带到半透性膜的表面上，一些组分容易透过膜，而另一些组分则被截留。进料液被过滤分离而变成滤液，滤液中去除了大部分颗粒或分子，截留液中的组分则得以浓缩。

由于膜的结构及种类的不同以及过程操作条件的差异，各种膜分离过程对不同组分的分离适应性也不同，此种差异主要表现在对不同分子量组分的分离效果方面，各种膜分离过程的适用分子质量范围如图 7-4 所示。

（二）膜技术分类与膜的种类

表 7-3 归纳了一些工业上重要的膜分离过程。可以将所有这些过程区分为压力推动的过程与非压力推动的过程。压力推动如微孔过滤、超滤、反渗透、气体分离等，而非压力推动包括浓度差（透析）或电势差（电渗析）。某些膜分离过程中可以同时利用压力差和浓度差（例如，蒸发和膜蒸馏）。

1. 压力推动的过程包括：

（1）反渗透（reverse osmosis，RO）　主要利用无孔膜，在较高的压力下，水等小分子透过膜，截留具有高渗透压的小分子的过程。截留的分子质量通常在 300～500u 以上，需高压（2～10MPa）。

（2）超滤（ultra-filtration，UF）　主要利用微孔膜或无孔膜，透过小分子，截留大分子（300～500000u）的过程。需压力在 0.1～1MPa 之间。

（3）纳滤（nano-filtration，NF）　处于 RO 和 UF 的中间状态，去除分子质量大于 200～500u 的有机分子，所需的压力也介乎于 RO 与 UF 之间。

（4）汽化渗透（vaporization permeation，VP） 推动力为分压差，常应用于空气中氧气的分离、富集。

（5）微孔过滤（micro-filtration，MF） 即为利用微孔膜在一定的压力下从液体或气体中去除0.01～10μm大小粒子的过程。

（6）气体交换与分离 工业上用膜进行的气体交换与分离有两种方法，一是利用微孔膜进行分离（见图7-5）：微孔膜根据气体分子质量不同进行截留与透过而实现分离，在此种分离中，由于Knudsen扩散传递机理的关系，微孔膜的选择性比较低；另一种是利用无孔膜进行气体交换与分离（见图7-6），此种过程是利用气体混合物透过膜时，不同气体组分对膜所具有的溶解和扩散能力的差异而获得分离。在压力差的推动下，气体中的某些组分透过膜，进料流体被分成透过相与截留相。如果膜对于气体混合物中的某种组分比其他组分具有较高的透过性，此种组分便会在透过相中得到富集，而在截留相中便会减少乃至完全被去除。

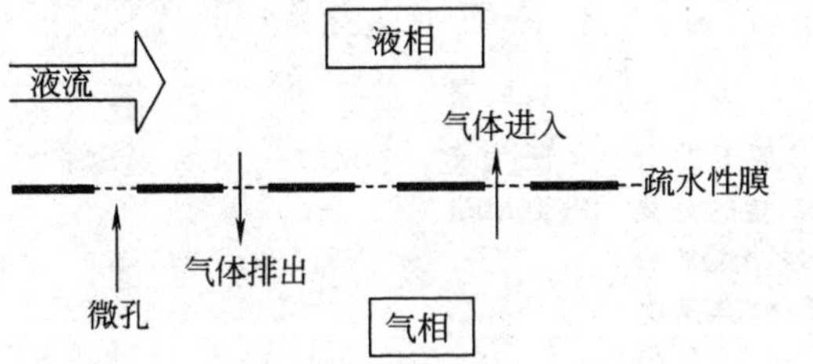

图7-5 用微孔膜进行气体交换与分离

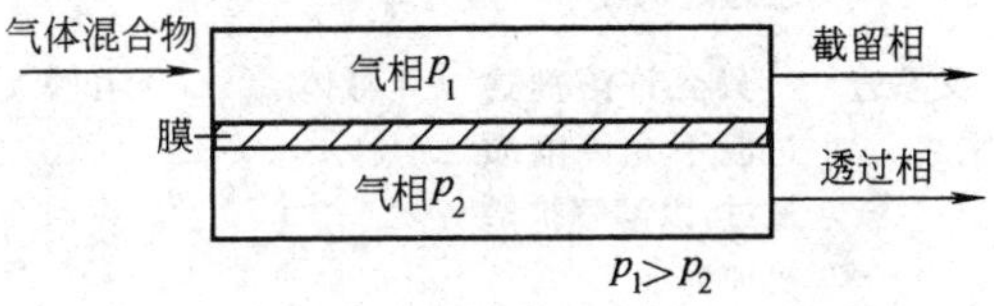

图7-6 用无孔膜进行气体交换与分离过程

2. 非压力推动的过程包括：

（1）电渗析分离（electrodialysis，ED） 依据粒子的电荷及大小，利用离子交换膜对不同带电性离子的选择性透过而获得分离。

（2）液膜分离（liquid emulsion separation，LEM） 靠乳化了的液膜及其中的载体对混合物中的某一组分进行选择性透过而实现分离的过程。

各种膜过程的特点及其区别见表7-3，其中的反渗透、超滤、电渗析以及液膜等分离过程由于与生物工程产品的分类提取关系密切，因此将进行单独章节的讨论。

表7-3 各种膜分离过程及其不同的特征

膜分离类型	过程特征与机理	进料液初始状态	膜结构	工业应用	推动力	透过相	截留相
透析	从溶液中选择性除去小分子成分，利用对流-自由层中的扩散机理	液体	微孔膜，孔径0.01～1μm	血液透析，盐的分离及从大分子溶液中分离微粒溶解物	压力/浓度差	小分子	大分子
气体分离	通过压力差的作用去除气体中某一成分，溶解扩散机理	气相，蒸汽	不对称均质聚合物膜，无孔膜	空气分离	压力/浓度差	氧气	氮气
液膜	溶质萃取，液膜中的溶解扩散，载体的主动运输	蒸汽或液体	液膜，带载体液膜	废水中锌的回收	浓度差	废水	回收组分

续表

膜分离类型	过程特征与机理	进料液初始状态	膜结构	工业应用	推动力	透过相	截留相
微孔过滤	分离有机物和聚合物，利用孔径与吸附而形成的筛分机理	液相或气相	微孔膜，孔径0.1～10μm	从液体混合液中分离悬浮固体，无菌过滤，澄清	压力差，10～500kPa	水，溶剂	悬浮固体
汽化渗透	在低压力作用下混合物中的组分通过汽化扩散过膜然后真空回收，溶解扩散机理	液体	不对称均质聚合物膜，无孔膜	乙醇-水共沸混合物除水	蒸汽压差	乙醇	水
电渗析	依据粒子的电荷及大小，利用离子交换膜对不同电性离子的选择性透过机理	液体	阳离子交换膜和阴离子交换膜	离子溶液的脱盐，饮用水的制备	电势差	与离子交换膜固定电荷相反的离子	与离子交换膜固定电荷同性的离子
反渗透	只允许溶剂透过但不允许溶质透过，以溶解扩散机理为主	液体	无孔膜	离子的分离，盐的分离及从溶液中分离微粒溶解物	压力差，2～10MPa	水	盐离子
超滤	从溶液中分离大分子或聚合物，以筛分机理为主	液体	微孔膜，孔径1～10nm	大分子溶液的分离，从溶液中分离大分子或聚合物	压力差，0.1～1MPa	水，低分子质量成分	胶体，高分子质量组分

三、膜的种类及其制备

膜的种类主要有如下几种：

（1）微孔膜　微孔膜的结构比较简单，微孔膜含有直径在1～20μm之间的小孔。空隙率在80%左右，孔的平均分布在10^7个/cm^2左右。微孔膜具有较高的渗透性，但选择性较低。分离的原理基本是根据孔径大小和待分离成分的分子质量，按照筛分原理进行（如图7-7所示）。制膜的材料分无机物与高分子聚合物两类。以无机材料做成的微孔膜通常是由陶瓷、石墨、金属、金属氧化物及多种有机高分子等微细粉末在高温下烧结而成。当孔径超过1μm时，可用于气体、液体中微粒的分离；有机聚合材料制成的微孔膜孔径在1～1000μm，常用于微孔过滤或超滤，如水的净化，溶液除菌、酶的回收，血液净化等。其中用于气体分离、控制释放、电渗析、反渗透、超滤、微孔过滤、渗析等方面的技术发展较快。微孔膜的制备技术除了简单的结构法外，还包括辐射-蚀刻、相转化以及聚合物沉淀等技术。辐射-蚀刻法制备微孔膜是以做成的聚碳酸酯、聚酯

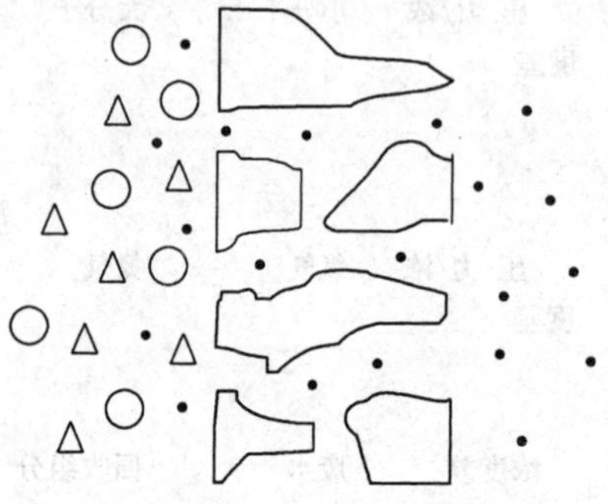

图7-7　微孔膜示意图

等薄膜为材料，用辐射源（如U^{235}）辐射，使薄膜在荷电粒子的作用下断裂分子中的某些键，形成径迹，然后再用酸、碱等溶液进行浸渍处理，除去受辐射的痕迹，形成垂直的孔道。如图7-8所示，包括以下几个工艺过程：

均相聚合成膜→U^{235}→辐射→刻蚀→洗涤成膜。

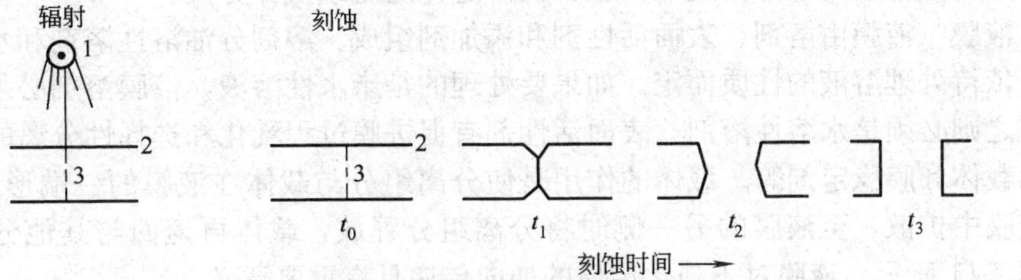

图7-8 刻蚀法制备微孔膜示意图

1—辐射源 2—聚合物薄膜 3—刻蚀痕迹

另一种比较典型的微孔膜制备方法称作拉伸均相法。此种方法以聚烯烃（如聚乙烯和聚四氟乙烯）等高分子为制膜材料，将结晶态的聚烯烃低温熔融，挤出成膜，然后从垂直于挤出的方向拉伸而获得微孔膜。

微孔膜的制备及其应用如表7-4所示。

表7-4 **微孔膜的制备及其应用**

膜材料	膜孔径/μm	制备方法	应用
陶瓷，金属或聚合物粉末	0.1～20	粉末烧结	微孔过滤
均一的聚合物薄膜(聚乙烯膜，聚四氟乙烯膜)	0.5～10	聚合物挤出成膜后再进行拉伸	微孔过滤，烧伤敷料剂，人造血管
均一的聚合物薄膜(聚碳酸酯)	0.02～10	痕迹刻蚀	微孔过滤
聚合物溶液(硝酸纤维素，乙酸纤维素)	0.001～5	相转化	微孔过滤，超滤，无菌过滤

（2）均质膜　又称非微孔膜、均一膜。如图7-9所示，其结构较为致密，膜的孔隙率<10%。为了减少阻力，提高通量，膜通常做得较薄，厚度在5～5000μm之间，由结晶部分与非定型部分组成。膜的各部分都保持相同的特性。均质膜是一种结构密实的薄层，分子混合物是通过压力差的作用和膜的溶解-扩散作用移动过滤膜。

（3）非对称膜　非对称膜是指膜的断面不对称的一类膜（如图7-10所示）。这种膜包括其极薄的表面活性层（又称皮层或致密层）以及下部的多孔支撑层，可用同一材料或不

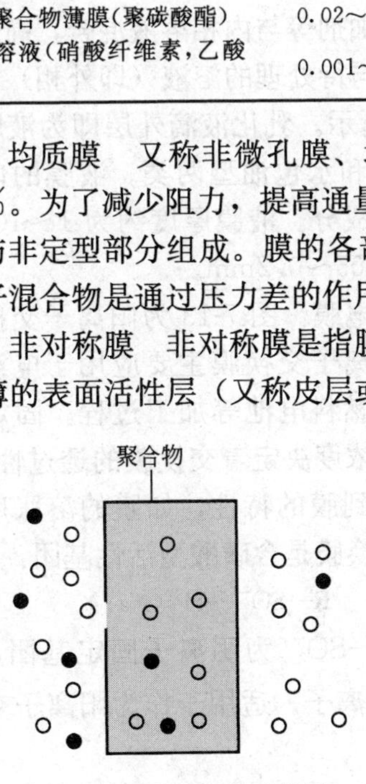

图7-9 非微孔膜示意图

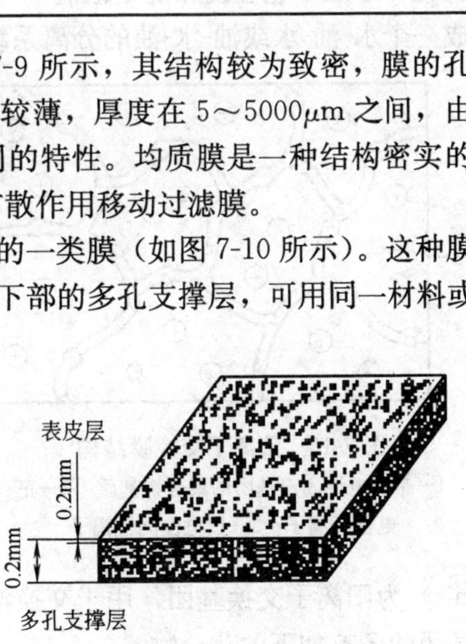

图7-10 非对称膜横截面

同材料复合而成，表面活性层在 0.1～1μm 间，而多孔支撑层在 100～200μm 之间。

在大规模分离过程中使用的大部分膜都是属于在结构上相当精密的非对称性膜。膜的分离特性取决于膜材料的性质或孔的大小，然而其传质速率则主要取决于薄表皮的厚度。多孔的亚层结构只起支撑作用，对膜的分离特性及膜的传质速率的影响不大。非对称性膜主要应用于压力推动的膜分离过程，包括反渗透，超滤或气体分离。

（4）液膜　液膜由溶剂、表面活性剂和添加剂组成。溶剂分油溶性溶剂和水溶性溶剂两大类，依待处理溶液的性质而定。如果要处理的是亲水性溶液，液膜溶剂必须是油溶性溶剂，反之则必须是水溶性溶剂。表面活性剂有促进膜过程乳化和选择性分离的作用。添加剂包括载体和膜稳定剂等。载体的作用是使分离组分与载体在液膜的一端形成结合体，然后在液膜中扩散，至液膜的另一侧时将分离组分释放，载体再返回与其他分离组分结合，如图 7-11 所示。液膜对于强化传质的逆向传递具有重要意义。

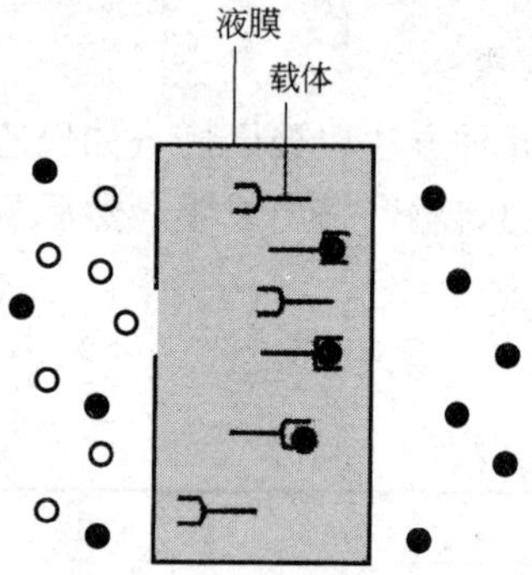

图 7-11　载体液膜示意图

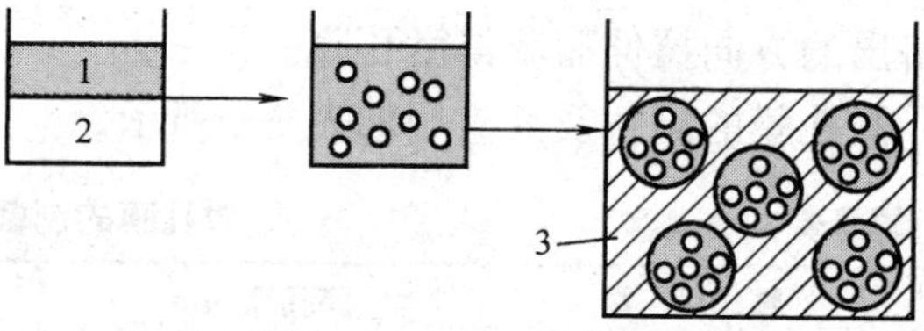

图 7-12　液膜制备示意图

1—液膜相　2—吸收液（内相）　3—进料液（外相）

液膜制备的一般方法是将溶剂、表面活性剂、添加剂等与内相溶液混合，高速搅拌使之乳化，形成了包埋内相的小液滴，将乳化的小液滴与待处理的溶液（即外相）混合，即形成一个水-油-水或油-水-油的分离系统，如图 7-12 所示。乳化液滴外层即为液膜，液膜分油包水型和水包油型两类。液膜的内相用于吸收外相的成分。液膜厚度约为 1～10mm，液滴直径为 0.05～0.2mm。

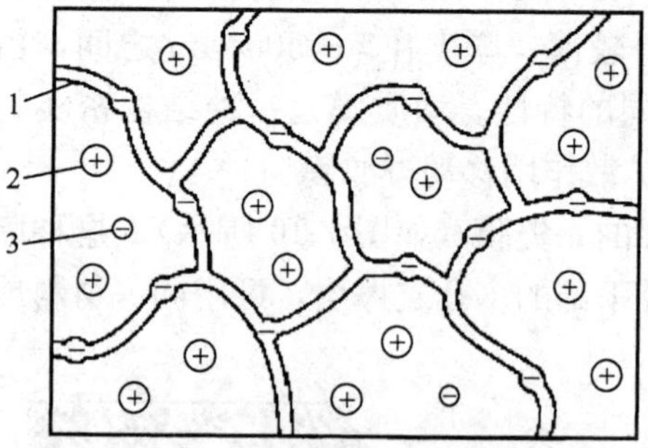

图 7-13　阳离子交换膜结构

1—带负电性固定基团的聚合物基质　2—正电性反离子　3—负电性同性离子

（5）荷电膜　图 7-13 为阳离子交换膜的结构示意图。离子交换膜主要应用于电渗析、电解、电池、燃料电池等加工过程。固定基团电荷的类型与浓度决定着交换膜的透过性与电阻，同时也影响到膜的特性，如膜的溶胀度。典型的阳离子交换膜是含磺酸型活性基团：

$$R—SO_3^-—H^+(Na^+)$$

其中 $R—SO_3^-$ 为阴离子固定基团，而 H^+（Na^+）为阳离子交换基团，用于交换溶液中游离的阳离子。适用于作为阳离子交换膜固定基团的还有如下的化合物：

$—SO_3^-$，$—COO^-$，$—PO_3^{2-}$，$—AsO_3^{2-}$ 典型的阴离子交换膜含季铵基型活性基团：

R—N^+（CH_3）$_3$—OH^-（Cl^-）

其中 R—N^+(CH_3)$_3$ 为阳离子固定基团，OH^-（Cl^-）为阴离子交换基团，用于交换溶液中游离的阴离子。适用于作为阴离子交换膜固定基团的包括如下的化合物：

$$—NH_3^+，—\overset{|}{N}H_2^+，—\overset{|}{\underset{|}{N}}H^+，—\overset{|}{\underset{|}{N}}{}^+—$$

上述对膜分类是相对的，因为有许多膜结构与上述的膜类型中不止一种相吻合，例如，一种膜在结构上有时具有多孔性，也可以具备不对称性，同时还可以带有电性等。如果按分离过程分，膜还可以分为反渗透膜、超滤膜、微孔过滤膜、纳滤膜、透析膜、电渗析膜等。

四、超滤和反渗透过程中的传递及数学表达式

在超滤过程中，膜所截留的组分大部分属于直径 0.1μm 的分子，在这种过程中，进料溶液的渗透压通常可忽略，使用的静压在 0.1～1MPa 范围。超滤膜大部分是非对称结构，其表皮层的膜孔直径在 1～10μm 范围。但是反渗透过程是将大分子和低分子质量的组分从溶剂中分离。含有低分子质量溶质的溶液，尽管在相对低的浓度时，其渗透压也相当高。所以，截留液通常具有明显的渗透压，施加的静压力必须克服这种渗透压。过膜通量是压力差的函数。

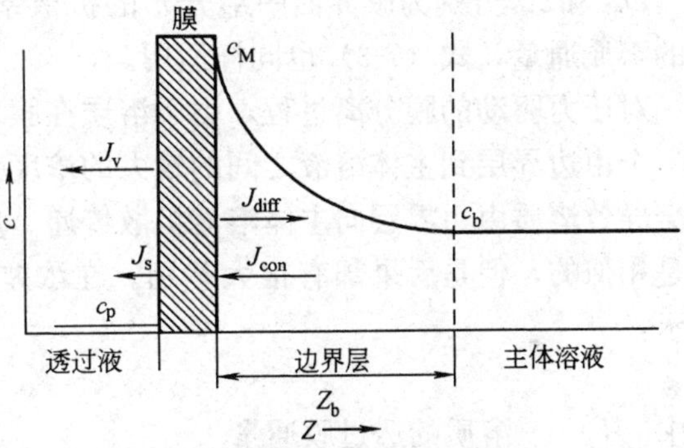

图 7-14 薄层模型下膜过程中的几种传质类型以及浓差极化

如图 7-14 所示，在超滤和反渗透过程中，存在 3 种传递现象：①溶剂（水）在压力差的作用下通过膜的传导（J_v）；②溶质在压力差及浓度差的作用下通过膜的传导（J_s）；③膜的高压侧由于浓差极化现象，溶质由边界层向主体溶液的扩散现象（J_{diff}）。

如果以数学模型表示这些传质与相关因子关系的话，对于第一种传质，如果是微孔过滤和超滤，质量传递是以对流通量为主，一般情况下，可以用下面的数学表达式表示：

$$J_v = \frac{\omega r^2}{8\eta\tau} \cdot \frac{\Delta p}{\Delta z} \tag{7-1}$$

式中 J_v——溶剂（水）的透过通量

ω——膜孔隙率

r——孔半径

η——动力学黏度

τ——扭曲因子

Δp——膜两边的压力差

Δz——膜厚度

在反渗透过程中，驱动力是静压差，但是其传递机理，是基于两种模型，一是

Sourirajan 提出的膜表面和孔壁对溶剂的优先吸附的假设；二是溶解-扩散机理。可以用如下数学模型表达：

$$J_v=\frac{D_1^M v_n}{RT}\left(\frac{\Delta p-\Delta\pi}{\Delta z}\right) \tag{7-2}$$

式中 D_1^M——扩散系数，M 表示膜内，下标 1 表示溶剂

v_n——溶剂的摩尔体积分数

R——气体常数

T——绝对温度

而对于第二种传质，在微孔过滤和超滤的情况下，由膜所截留的溶质会形成被截留组分的浓度差，于是产生渗透压差和溶质过膜的扩散通量。可用下面的数学表达式表示：

$$J_n=-D_n^M\frac{\Delta c_n^M}{\Delta z} \tag{7-3}$$

式中 J_n——溶质的透过通量

Δz——膜的厚度

D_n^M 和 c_n^M 分别为膜界面中组分 n 的扩散系数和浓度。在反渗透情况下，对于稀溶液中的溶质通量，式（7-3）也同样适用。

对压力驱动的膜分离过程，由于溶质在膜表面与主体溶液之间边界层的积累，逐渐形成一个由边界层到主体溶液之间的较大的浓度差，这就是所谓的浓差极化。浓差极化的结果会导致溶质由边界层向主体溶液扩散传递。反渗透，超滤及微孔过滤等的浓差极化的原因是相似的，但是后果却有很大差别。在浓差极化情况下构成的溶质的质量平衡用下式表示：

$$J_s=J_{con}-J_{diff} \tag{7-4}$$

式中 J_s——溶质的透过膜通量

J_{con}——对流传递到达膜的溶质通量

J_{diff}——溶质以扩散形式从膜表面回流到主体液的通量，而且：

$$J_s=J_v c_p;J_{diff}=-D\frac{dc}{dz};\text{并且}$$

$$J_{con}=\dot{V}c=J_v c \tag{7-5}$$

式中 J_v——过膜体积通量

c_p——透过液中溶质浓度

$\dot{V}$——到达膜表面的对流传递体积通量，在稀溶液中为一近似值，等同于过膜通量

D——扩散系数

dc/dz——溶质在边界层溶液中的浓度梯度。将式（7-4）和式（7-5）合并，并设定边界层条件：$z=0$ 时，$c=c$，$z=z_b$ 时，$c=c_b$，积分得到：

$$\frac{J_v z_b}{D}=\ln\frac{c_w-c_p}{c_b-c_p} \tag{7-6}$$

式中 z_b——边界层厚度

c_w——膜表面的溶质浓度

c_b——主体液浓度。膜截留率 R 与透过液和膜壁处的溶质浓度有关：

$$R=\left(1-\frac{c_p}{c_w}\right) \tag{7-7}$$

将式（7-6）和式（7-7）合并，得：

$$\frac{c_w}{c_b}=\frac{\exp\frac{J_v z_b}{D}}{R+(1-R)\exp\frac{J_v z_b}{D}} \tag{7-8}$$

式中　c_w/c_b——浓差极化比

在超滤甚至在错流微孔过滤的情况下，简单的薄层模型不适用，其原因是：被超滤的溶液含有大分子组分或悬浮物质；通常其过膜通量比反渗透高出许多。

超滤及错流微孔过滤等过程中的膜阻不仅与膜的特性有关，而且在浓差极化情况下，还受到被截留溶质所形成的凝胶层或滤饼的影响。如果把进料溶液的渗透压忽略，这时过膜通量可表达为：

$$J_v=\frac{1}{R^M+r^L\Delta z^L}\Delta p \tag{7-9}$$

式中　J_v——过膜通量

R^M——膜的水压阻力

r^L——凝胶层的比阻力

Δz^L——凝胶层的厚度

Δp——静压力

五、膜　组　件

有了性能良好的膜。还必须根据流体动力学原理，按一定方式组装起来，才能有效地实现分离，即称为膜组件。膜组件的发展首先是平面膜的大型化，然后发展成管式膜组件、毛细管式、卷式膜组件和中空纤维式膜组件。这些膜组件各有不同的特点和应用，其中毛细管式膜组件是介于管式和中空纤维式。由于薄层流道装置的出现，板式组件又获得新的发展和应用。各种膜组件的比较见表 7-5。

表 7-5　　各种膜组件的性能比较

性　能	管式膜组件	平板式膜组件	卷式膜组件	中空纤维式膜组件
结构	简单	非常复杂	复杂	复杂
膜装填密度/(m^2/m^3)	33～330	160～500	650～1600	16000～30000
膜支撑体结构	简单	复杂	简单	不需要
抗污染性	很好	好	一般	差
膜清洗	内压式易，外压式难	易	难	难(指内压式)
膜更换方式	更换膜(内压)或组件(外压)	更换膜	更换组件	更换组件
膜更换难易	内压式费时，外压式易	尚可	易	易
膜更换成本	低	中	较高	较高
对水质要求	低，只需除去 50～100μm 微粒	较低	较高	高
水质前处理成本	低	中	高	高
要求泵容量	大	中	小	小
按比例放大	易	重新研制	重新研制	重新研制
主要应用	RO，UF	D透析、RO、PV、UF、MF	D、RO、UF、MF	D、RO、UF

（一）管式组件

管式组件按管径不同分为粗管、毛细管和纤维管（中空纤维）。常用的管式组件是由管状膜及支撑体构成（见图7-15①，④）。膜可在管的外壁或内壁，管支撑体应有良好的透水性及较高的强度。管式组件按压力分布可分为内压式和外压式。纤维管和毛细管由于直径很小，一般无需支撑。由于材料本身的抗压能力大于抗张能力，因此在反渗透中所用的中空纤维的工作面多在外壁。而在超滤中，由于压力较低，内压、外压式两种均有采用，为使凝胶层减至最薄，多选用内压式组件。管式组件又可分为单管式与列管式，还可组合成串联与并联式。为了提高膜的装填密度，改善水流状态，可将内、外压两种形式组合于同一装置中，即为套管式。

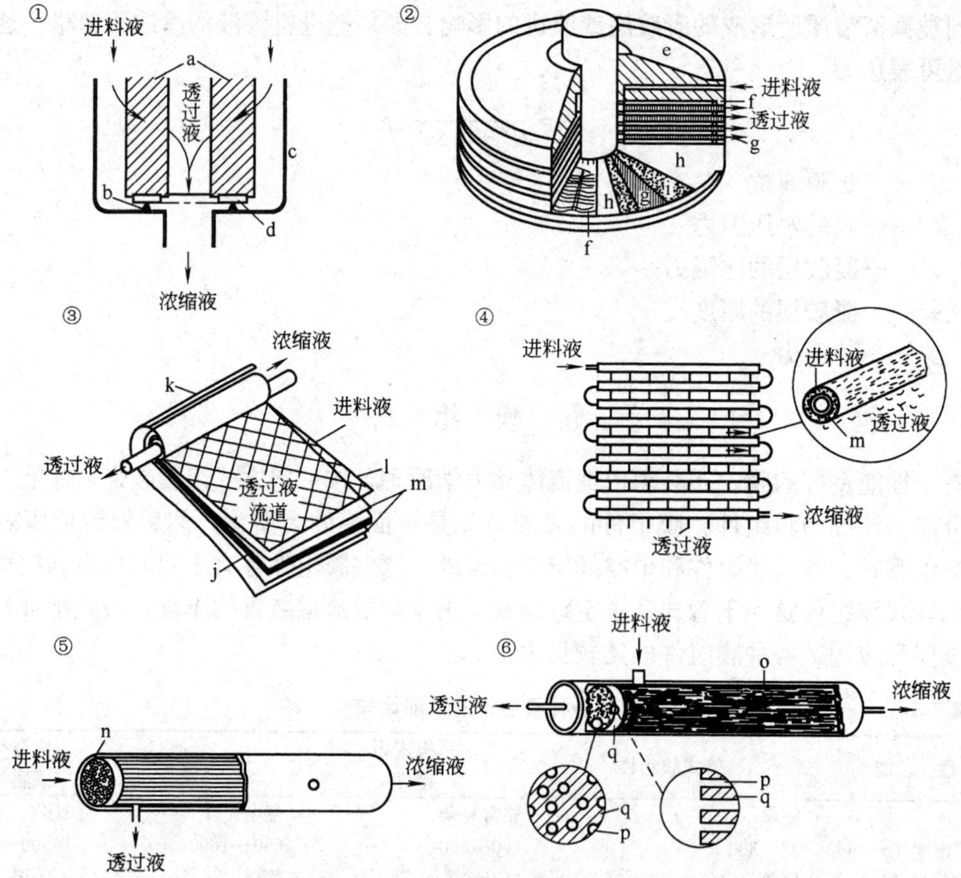

图7-15　工业分离过程所使用的膜组件[11]

①折叠式过滤器　②板框型膜组件　③螺旋卷式膜组件　④管式膜组件　⑤毛细管式膜组件
⑥中空纤维式膜组件　a—过滤筒　b—刀缘封口　c—滤室　d—弹性平垫圈　e—端板　f—隔板
g—默默支撑板　h—膜　i—滤纸　j—多孔性膜支撑　k—面盖板　l—隔板筛　m—膜
n—毛细管膜　o—壳管　p—中空纤维　q—环氧树脂

这种设备的优点是流道比较宽，不容易堵塞，膜表面可用化学法和物理机械法清洗，适合于工业应用如废水处理等。但膜的装填密度较低，一般为33～330m^2/m^3，设备及操作费用较高。

（二）平板式膜组件

板框式膜组件的设计来源于常规的压滤设计，平板式超滤器是使用最早的一种平板式膜组件，此种膜组件在工业规模上应用于各种膜分离过程，在反渗透、气体分离及汽化渗透应用较多。组件中，膜、多孔膜支撑板以及隔板被夹装在一起，构成一个进料流道，堆叠在两个端板之间（见图 7-15②）。组件的设计要求能耐高压。平板式的特点是制造和组装简单，膜的更换、清洗、维护容易，在同一设备中可按要求改变膜面积。当处理量大时，可以增加膜的层数。其性能与管式相似，原液流道截面积较大，在原液含少量杂质时，也不易堵塞流道，过程中压力损失较小，原液流速可达 1～5m/s。适应性较强，预处理要求不是很高，可以将原液流道设计为波纹型，进料液成为湍流。设计时应考虑到能够增大进料液的雷诺数，避免和减少过程中产生凝胶层。设备应具有足够强度。如果由于液流流程较短，单程回收率较低，则需要循环的次数较多，泵的容量也相应提高，能耗增加。

（三）卷式膜组件

卷式膜组件是美国 Gulf General Atomic 公司首先开发的组件。中国于 1982 年由国家海洋局第二研究所研制成功。卷式膜组件的构造如图 7-15③所示。

卷式膜组件所用膜为平面膜，粘成密封的长袋形，隔网装在膜袋外，膜袋口与中心集水管密封。膜袋数目称为叶数，叶数越多，密封的要求越高。隔网多为聚丙烯格网，厚度在 0.7～1.1mm 之间，其作用为提供原液，促进料液湍流。膜的支撑材料用聚丙烯酸类树脂或三聚氰胺树脂，其作用是使纤维不外露，衬料定型，方便刮膜，减少淡水流动时的阻力。支撑材料厚度 0.3mm，具有化学稳定性及耐压等特性。将多个组件装于一个壳体内，然后将中心管相互联通。用于反渗透时，由于压力高，压力损失的影响较小；用于超滤时，连接的组件一般不超过 3 个。壳体材料多为不锈钢或玻璃钢管。卷式组件一般要求膜面流速为 5～10cm/s，单个组件的压头损失较小，只有 7～10.5kPa，这是它的一个优良特性。

（四）中空纤维组件

中空纤维型组件的主要特点为：体积小，组件内能装多达几十万根中空纤维，装填密度高达 16000～30000m^2/m^3；透过水一侧的压力损失大，透过膜的水是由极细的中空纤维膜的中心部位引出，压力损失达几百千帕；膜面污染去除较困难，只能用化学清洗，因此对进水要严格预处理；一旦损坏无法更换。尽管如此，它仍是主要发展形式之一。其结构见图 7-15⑥。

六、膜分离工艺流程

（一）膜分离用泵

膜分离用泵分容积式与非容积式两类。容积式泵主要有往复式与旋转式两种，如柱塞泵、隔膜泵、齿轮泵、转子泵、叶片泵、螺杆泵、偏心泵、蠕动泵等。非容积式泵主要有离心泵、旋涡泵等。反渗透中多用螺杆泵、柱塞泵、隔膜泵。低压反渗透多采用转子泵和齿轮泵。在超滤中常用离心泵、旋涡泵、转子泵。对于生理活性物质，宜选用蠕动泵，以防止或减少活性物质的失活。

（二）前处理工艺

进料液中的悬浮物、胶体和可溶性高分子物质会聚集在膜的表面，使膜污染，在分离过程中形成浓差极化现象，微生物会在膜面产生黏液，侵蚀膜。同时，不同的膜有不同的使用温度、pH、进料液最大允许浓度等，这些因素均会影响膜的性能。膜性能的恶化主要是指膜的化学性质的变化和膜形态结构的变化。膜的化学性质的变化会使水和溶质的透过速度改变。因此溶液必须进行适当的预处理，包括以下几方面的处理：

（1）温度的调整　按膜的适宜温度调整液温，提高进料液的温度有利于提高膜的透水速度，但温度过高膜的水解速度加快，导致膜结构不可逆地变化。通常温度调至 25℃左右较为合适。

（2）pH 的调整　假如膜在酸性下使用，常用硫酸进行调整，这是因为硫酸盐有较高的分离率。但在某些条件下会生成不溶性的硫酸盐，此时可用 HCl 溶液调节。如在碱性条件下使用，常用 NaOH 溶液调节。

（3）微生物的去除　细菌的存在会对膜发生侵蚀，细菌的侵蚀会使膜的乙酰基含量下降，结果会引起脱盐率的降低。去除进料液中的细菌、藻类等微生物时，加入氯是价廉而有效的方法。采用 NaClO 溶液时，浓度控制在 1～5mg/L，并尽可能在前面的工序中加入。在入口处的进料液，氯的含量必须低于允许的上限值。当超过该浓度时，可用活性炭吸附或与 Na_2SO_3 反应去除。除氯以外，在进料液中加入 H_2O_2、臭氧和 $KMnO_4$ 也有效。

（4）悬浮固体和胶体的去除　对于悬浮固体，0.3～5μm 的悬浮颗粒和胶体最容易引起膜的污染。由于胶体本身的带电性，在进料液的浓缩过程中，胶体凝聚、沉积在膜表面上，改变了膜表面的流动状态，致使沉积更严重。胶体微粒常用过滤方法除去，如果加入与胶体带有相反电荷的粒子——絮凝剂，使胶体凝集成大的胶团而除去。

（5）可溶性有机物的去除　可溶性有机物可使膜腐蚀溶化而性能恶化。去除方法有：氧化法，用氯或 NaClO 进行氧化；使用臭氧、$KMnO_4$ 等氧化效果好；但成本较高；活性炭吸附法，由于活性炭能够再生，较经济，但对醇、酚的去除仍需用氧化法处理。

（6）可溶性无机物的去除　在膜分离时，碳酸钙、硫酸钙、金属氧化物、金属氢氧化物很容易被同时浓缩，易沉淀在膜上。铁、锰等金属离子的去除常采用接触氧化过滤法。通过调节 pH 至 5.6，可防止 $CaCO_3$ 沉淀析出，也可以用络合剂将 $CaCO_3$ 除去，或者采用阳离子交换树脂除去。当处理量大时，可用石灰沉降法。也可采用对钙离子掩蔽的方法，一般加入聚磷酸盐，如六偏磷酸钠作掩蔽剂。这些方法可同时用于处理硫酸钙。SiO_2 以固体颗粒、胶体和硅酸根等形式存在，在浓度高时还会以硅酸钙形式析出。去除的方法可用强碱性阴离子交换树脂。

（三）膜分离工艺流程

在实际生产中，应按照溶液分离的质量要求、废液的处理排放标准、浓缩液有无回收价值等方面综合考虑组件的配置方式。配置方式分一级和多级（通常为二级）配置。所谓级是指进料液经加压的次数，即通过泵处理的次数；而段通常是指料液所经过膜处理的次数。而根据过程中浓缩液或透过液是否循环处理，分为循环式和连续式。

（1）一级一段循环式　一级一段循环式如图 7-16 所示。为了提高透过液（水）的回收率，将部分浓缩液返回进料液贮槽与原有的进料液混合后，再次通过组件分离。因为浓缩液中溶质含量比原进料液要高，所以透过液的水质有所下降。

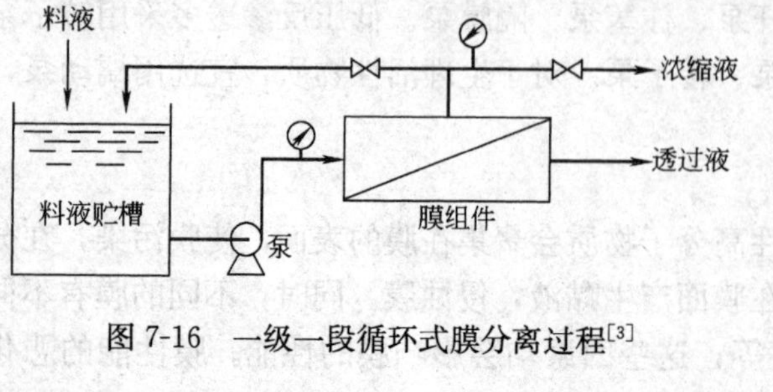

图 7-16　一级一段循环式膜分离过程[3]

(2) 一级多段循环式　一级多段循环式工艺如图 7-17 所示。它将第二段的透过水返回料液贮槽，与进料液混合作为第一段进料液，第二段的进料液为第一段的浓缩液，因此第二段的透过水质较第一段水差，这种方式可得到较高浓度的浓缩液产品。

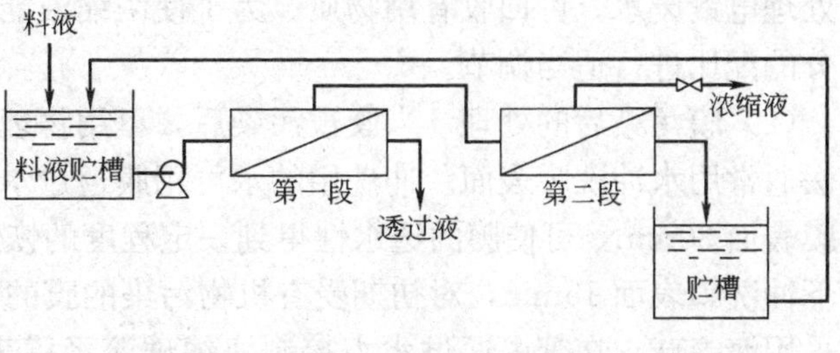

图 7-17　一级多段循环式膜分离过程[3]

(3) 多级多段循环式　组件的多级多段配置工艺有连续式与循环式之分，图 7-18 为循环式的配置工艺。它是将前级的透过水作为后一级的进料液，后一级的浓缩液与前一级的进料液进行混合；再进行分离。此种工艺可以提高透过水的回收率及质量，但是由于增加了泵，能耗也随着提高。

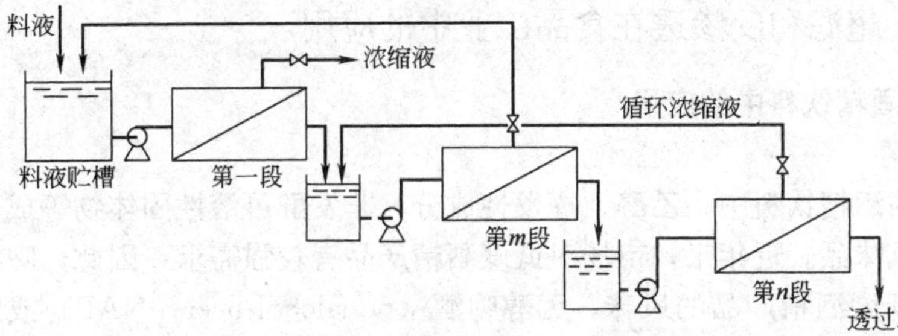

图 7-18　多级多段循环式膜分离过程[3]

由于一级脱盐淡化操作压力高，需要有高脱盐性能的膜，因此在技术上有很高的要求。而采用多级多段循环分离可降低操作压力，对设备要求降低，对膜的脱盐性能要求也降低，因此此种工艺有较高的实用价值。

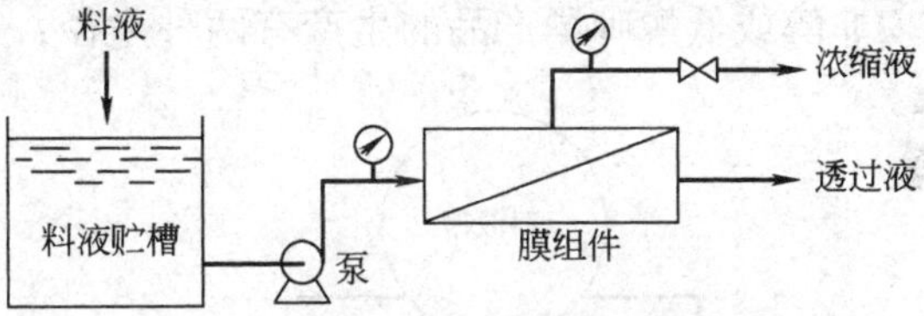

图 7-19　一级一段连续式膜分离过程[3]

(4) 一级一段连续式　一级一段连续式工艺如图 7-19 所示。在工艺操作中，经膜分离的透过液和浓缩液被连续引出系统，这种工艺比较简单，但是透过液（水）的回收率不高，在工业中较少采用。

(5) 一级多段连续式　一级多段连续式工艺如图7-20所示，这种工艺方式适合于大规模处理系统，能得到较高的回收率。它是把第一段的浓缩液作为第二段的进料液，再把第二段的浓缩液作为第三段的进料液，依此类推，而各段的透过水连续排出。这种工艺水的回收率高，浓缩液量少，而浓缩液中的溶质含量较高。

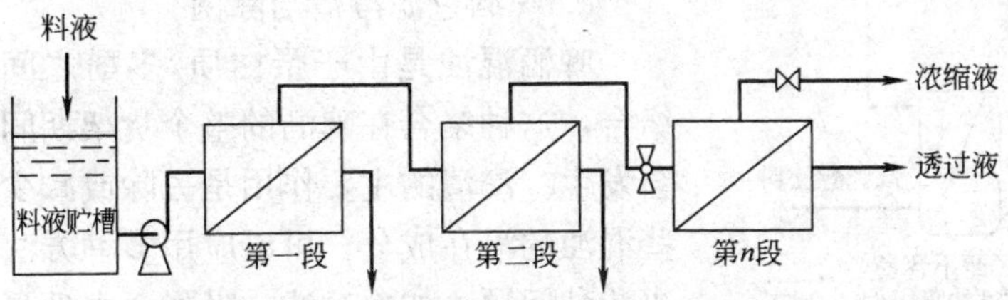

图 7-20　一级多段连续式膜分离过程[3]

（四）后处理工艺

(1) 透过水与浓缩液的后处理　水淡化过程通常在酸性条件下进行。因此透过水呈弱酸性并含有 CO_2 气体，要进行脱气处理，除去 CO_2 气体，或者加碱调节 pH。用反渗透法处理电镀废水，可回收有用物质。为了使浓缩液能返回镀槽循环使用，需对浓缩液中各组分的配比进行适当调节。

(2) 膜污染后的处理　当膜被污染后，可用物理或化学方法对膜进行清洗。物理清洗方法通常用水冲洗膜表面。冲洗用的水可用膜透过水，也可用进料液，采用低压高流速冲洗膜表面 30min，可使膜的透水性得到一定程度的恢复。也可采用水和空气混合流体在低压下冲洗膜表面 15min，对初期受有机物污染的膜的清洗是有效的。对内压管膜的清洗可以采用海绵球。在管内通过水力控制海绵球流经膜表面，对膜表面的污染物强制性地去除。但去除硬质污垢时，易损伤膜表面。用加酶洗涤剂对有机物，特别是蛋白质、多糖类、油脂类污染物的洗涤比较有效，在 50～60℃时具有良好的清洗效果。

七、超滤和反渗透在食品工业中的应用

（一）膜技术在啤酒和酒精饮料中的应用

1. 利用反渗透去除酒精

在啤酒以及其他类型的酒精饮料中，乙醇、挥发性成分、非发酵可溶性固体物等成分共同作用，构成其主要的风味品。近年来，市场对低度酒精产品有较强需求，因此，啤酒和其他的酒类朝着适宜于低度酒精产品的风味。无醇啤酒（nonalchol-beer，NAB）或脱乙醇啤酒（alchal free beer，AFB）是指产品中的乙醇体积含量低于 0.5%的啤酒；而低醇啤酒（low alchol beer，LAB)，是指介乎于 AFB 和全酒精饮料之间的啤酒。如果乙醇含量低于某一个值时，则直接用麦芽饮料来代替啤酒的称呼。

非醇或低醇啤酒产品的生产有两种途径：一种途径是防止或限制乙醇的生成；另一种途径是在终产品中去除部分乙醇。膜技术被应用于酿酒工业中生产低乙醇酒和改良酒的品质，可以利用反渗透去除一些乙醇和酸性物质，将品质不佳和高酸性产品改良成市场可接受的低乙醇酒。图 7-21 是利用膜对乙醇的选择性透过而实现的降乙醇工艺。

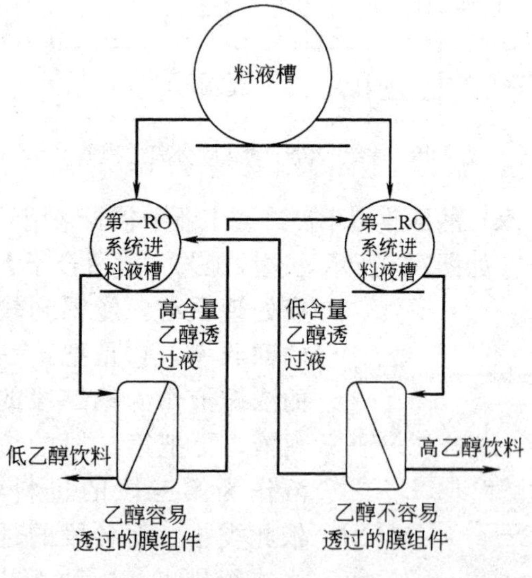

图 7-21　利用选择性透过膜进行降乙醇的工艺流程

2. 啤酒过滤澄清与除菌

啤酒混浊是由于蛋白质/多酚之间的络合，这种络合在啤酒的整个货架期间都会发生。澄清的主要作用是去除或减少这些混浊的潜在成分。可以应用多种方法解决此种问题，如冷过滤、吸附、木瓜蛋白酶水解等。广州珠江啤酒集团有限公司在国内率先生产的“纯生啤酒”就是采用低温超滤膜过滤除掉发酵醪液中啤酒酵母菌体及其他潜在的沉淀物质酿造而成清澈透明、清凉醇口的新型品种。

微孔过滤是膜分离中的一种，堵塞式与错流式两种微孔过滤都可以替换常规的啤酒澄清与除菌工艺。啤酒的微孔过滤作为一种澄清手段，必须立足于解决啤酒长期的混浊稳定

性问题，并且必须能够与其他的预处理技术相配合。表7-6为啤酒微孔过滤与巴氏杀菌技术的比较。

表7-6　巴氏杀菌和微孔过滤应用于啤酒微生物稳定化的比较

	巴氏杀菌	微孔过滤
温度	温度较高，如果操作不适当会产生风味的热破坏	常温
运行成本	需要加热和冷却	膜寿命有限，膜成本较高
清洁	每天清洗以防止积垢和保持卫生	每天需对过滤器进行再生并保持卫生
流速	稳定	由于微粒在过滤器膜上的堆积而流速会下降
效果综合	达到温度后，即产生效果	无需对较小的渗漏进行检测，整体效果良好

3. 葡萄酒中酒石的去除

葡萄酒中酒石的形成是由于酒中的酒石酸与Ka^+、Na^+，结合形成酒石酸钾钠，在较高浓度下结晶析出的现象。主要影响感官品质。去除方法可采用阳离子交换技术，冷却法沉淀，钙盐沉淀法和RO法，RO法利用了反渗透膜对盐离子的截留，可以将盐离子浓缩，加速其结晶分离，使葡萄酒稳定化，工艺流程如图7-22所示。

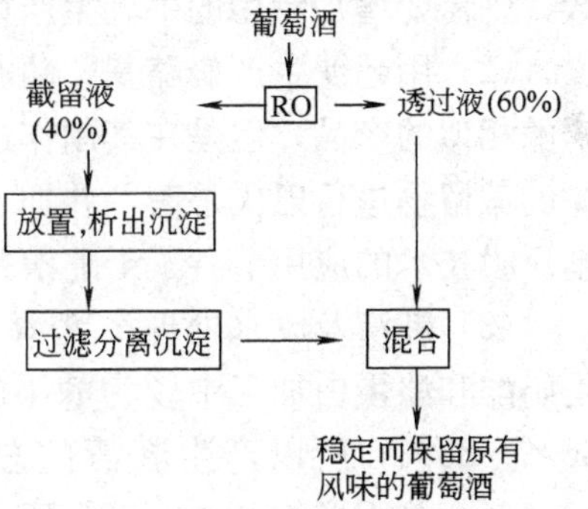

图7-22　利用反渗透技术去除葡萄酒中酒石的工艺流程

（二）膜技术在酶制剂生产中的应用

浓缩提纯酶的方法有盐析沉淀、溶剂萃取、真空蒸发、低温冷冻、色层分离、超离心分离以及膜浓缩等技术。采用超滤技术进行酶的浓缩提纯的优点为：产品质量高，纯度高，收率高，能耗低，操作工艺简单，节省沉淀剂和有机溶剂。

美国Abcor公司用HFA～200醋酸纤维素超滤膜浓缩淀粉酶和蛋白酶混合液，压力0.1MPa时，透过率为444L/(m²·d)，酶截留率约为96%。由于酶制剂黏性较大，膜组件的形式以管式和板式比较合适。发酵后的酶液先经板框压滤机、真空吸滤机或离心沉降分离机处理，得到澄清液。进入料液槽，再用管式膜超滤，如图7-23所示。

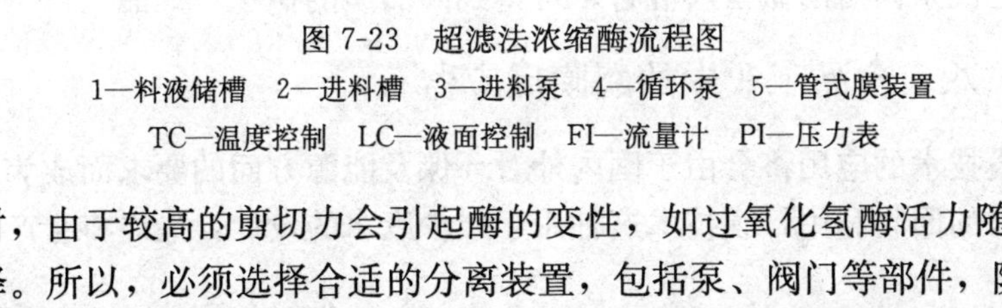

图7-23　超滤法浓缩酶流程图

1—料液储槽　2—进料槽　3—进料泵　4—循环泵　5—管式膜装置

TC—温度控制　LC—液面控制　FI—流量计　PI—压力表

酶液用膜进行浓缩时，由于较高的剪切力会引起酶的变性，如过氧化氢酶活力随剪切力及时间的增加而下降。所以，必须选择合适的分离装置，包括泵、阀门等部件，防止高切力对酶的影响。流速的选择既要考虑到酶的变性失活，又要考虑到膜的透过速度。当用过滤装置在层流薄层流过，剪切速度为10000cm/s时，过氧化氢酶失活率达7%；湍流最高剪切速度为22000cm/s时，失活率达26%；高剪切速度81500cm/s时，失活率达46%。通常，膜面流速越大，酶的失活率越大。对黑曲糖化酶分批超滤，浓缩倍数为4～6倍时，透过速度为45～55L/(m^2·h)；浓缩倍数达10倍时，透过速度下降为20L/(m^2·h)。酶在其等电点的pH时，酶蛋白的电荷为零，同其他蛋白质的作用力减小，因而透过液透过速度提高。因此，膜浓缩时应选择适当的pH。

（三）膜分离在乳制品中的应用

从20世纪60年代开始，膜技术被引入乳制品工业中。最初是利用超滤和反渗透技术处理乳清。其后膜技术的应用范围扩大，目前的应用主要包括：废水浓缩、牛乳组分分离、蛋白质浓缩、从脱脂乳和乳清溶液中回收脂肪、超滤透过液的浓缩、乳清过滤与脱盐、牛乳除菌等多个方面。

（1）浓缩牛乳　超滤用于牛乳的浓缩，当牛乳的浓缩体积倍数不超过2倍时，只需要常规的奶酪生产设备，便可以利用超滤浓缩生产奶酪。如果需要进一步提高牛乳的浓缩倍数，则需要增加专用的牛乳生产设备。

（2）用超滤生产奶酪基　超滤与全过滤可应用于生产奶酪基。在国外奶酪基是一种与奶酪相似的产品，但是在其制作过程中省掉了时间长而且成本高的风味和成熟工艺。将超滤的截留物进行巴氏杀菌，并加入盐与酵母。酸化完成后，将混合物进行蒸发以形成奶酪基。膜技术的应用节省了干酪槽并将乳清的产生量降低。

（3）乳清及废水处理　乳清中的生物耗氧量（BOD）较高，不利于环保。乳清曾经是奶酪和酪蛋白加工中较为棘手的副产品。因为乳清体积占用于生产奶酪的牛乳体积的86%～88%，所以产生乳清的总体积相当大。一般凝乳酶处理后的乳清成分中含水93.6%、总固形物6.4%、乳糖4.6%、蛋白质0.9%、灰分0.7%、脂肪0.1%、乳酸0.1%。如此高BOD和COD的废水，采用超滤与反渗透浓缩乳清的方法十分有效，可使乳清进一步得到开发利用。

（四）膜技术在果汁工业中的应用

用反渗透技术浓缩苹果汁时，其浓缩程度一般只能达到20～25°Bx，并且果胶常会对膜造成污染。但是如果配以酶法降解果胶，然后用超滤技术澄清，则可以将果汁浓缩到60°Bx。膜技术无需热处理，还可以去除微生物，通过适当的工艺设计酶的使用也由于膜处理过程的截留而可以反复利用，也可以去除对色泽和气味有不良影响的单宁成分。膜技术不但过程简化，并且使得果汁得率比常规的方法提高。

膜技术应用于橘子汁的浓缩可获得具有较佳风味特征的果汁产品。将超滤截留液进行巴氏杀菌，而透过液则进一步用高截留率和低截留率的一系列膜进行浓缩。经浓缩而不用巴氏杀菌的果汁送回与经巴氏杀菌后的截留液混合，可得到高品质的橘子汁产品。

八、食品工业中的酶膜反应器

在今后相当的时期，膜技术的应用将会由于国内外对环保及能源方面的要求而成为热点。对节能及从废水中对水的回收利用，膜技术这种用于减少废水的设计，最终将会产生较大的节约成本的效益。

酶膜反应器将传统的化学反应器与膜操作结合起来。将催化剂固定于膜上，就可以实现底物的就地转化（见图7-24）。正是此种固定化系统，使催化反应与膜分离在一个单独的组件中进行。这是最初的膜反应器。用于构造催化膜反应器的膜类型有多种，这也反映了膜分离操作的广泛适应性。

1. 连续搅拌罐膜反应器（CSTMR）

最先开发的催化膜反应器是在图7-24的基础上进行改进，由一个连续搅拌罐反应器（CSTR）与一个分离用的膜组件相偶联而成。此种反应器有3种类型。第一种是一个CSTR与一个堵塞式分离组件相偶联，通过堵塞式分离组件将透过液不断地除去。此种反应器需要连续的搅拌以防止浓差极化的产生并提高反应速率。与其他膜反应器相比，由于此种反应器操作效率低已被淘汰。循环式CSTMR比较流行，在此种类型的CSTR中，酶通过膜分离组件循环，含有产品的透过液被移去，而含有游离酶的截留液被送回CSTR中。此种系统中对于膜的选择标准是对酶的最大截留和对产品的最小截留。

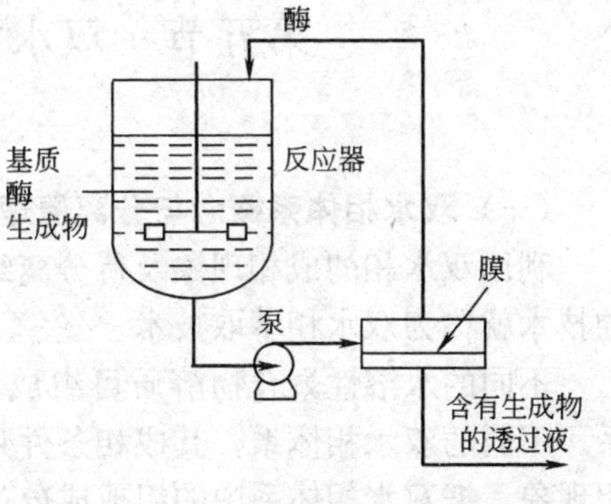

图7-24　化学反应器与膜操作的结合

2. 酶的固定化与酶膜反应器

酶固定化技术可分为如下几种：①酶共价连接于固体支撑物上；②酶吸附与固体支撑物上；③酶的截留；④酶共价连接于支撑载体。酶吸附固定化的特征是简单。酶在膜上面的固定化另一种方法是将酶包封截留。此种技术主要是将酶包封于各种形式的膜中。这些膜对于酶和其他大分子不可透过，但是对于小分子物质与产物则可透过。典型的例子是将酶包封于中空纤维膜中。意大利的Snamprogetti公司将青霉素酰基转移酶，乳糖分解酶和胺基酰基转移酶等包封于中空纤维膜中。酶也可以包封于中空纤维超滤膜的多孔基质内。与酶固定化相适应的膜组件有螺旋卷式，中空纤维式及管式膜组件。

目前，大多数的食品工业酶处理都是基于间歇式或CSTR系统。随着膜技术与酶固定化技术的新发展，催化膜反应器的前景将会被认识。工业上已开发出多种反应器应用于中试规模（见表7-7），这些应用将会被进行放大研究以适用于可行的工业规模。

表7-7　催化膜反应器的应用

酶膜反应器功能	酶膜反应器类型	膜/支撑材料	酶类	酶的固定化方法
乳清透过液水解	CSTMR	儿丁质膜	乳糖分解酶	共价连接
脱脂乳乳糖水解	轴向环流反应器	PVC硅胶膜	乳糖分解酶	共价连接
酪蛋白水解	CSTMR	聚砜中空纤维膜	碱性蛋白酶	溶液酶
黄油水解	中空纤维反应器	微孔聚丙烯膜	脂肪酶	吸附
黄油脂解	中空纤维反应器	微孔聚丙烯膜	脂肪酶	吸附
植物油水解	中空纤维反应器	PTFE膜	脂肪酶	共价连接
橄榄油水解	中空纤维反应器	聚酰胺膜	脂肪酶	吸附/共价连接
橄榄油水解	中空纤维反应器	聚酰胺膜	脂肪酶	吸附
果胶的浓缩	管式反应器	二氧化钛膜	果胶酶	吸附
果胶浓缩	管式反应器	二氧化钛膜	果胶酶	吸附
葡萄糖生产	管式反应器	含水氧化锆聚丙烯酸酯膜	葡萄糖-淀粉酶	吸附
蔗糖转化	管式反应器	陶瓷膜	转化酶	共价连接

第五节　双水相萃取与反向微胶团萃取

一、双水相萃取技术

（一）双水相体系概念与分离原理

利用双水相的成相现象及待分离组分在两相间分配系数的差异，进行组分分离和提纯的技术就称为双水相萃取技术。

不同的水溶性聚合物溶质可组成不同的双水相体系，表7-8是一些常见的双水相体系。不同的双水相体系，其成相条件是不同的。相图常被用于研究不同双水相体系中的成相现象。把双水相体系中的组成成分，分别以不同的浓度相混，然后观察其成相过程，把此过程以图的形式描绘下来，称为双水相体系的相图。

表7-8　不同类型的双水相体系

双水相体系	组　成
聚合物-聚合物-水	聚丙烯乙二醇-甲氧基聚乙二醇
	聚乙二醇-聚乙烯醇
	聚乙二醇-葡聚糖
	聚乙烯吡咯烷酮-甲基纤维素
高分子电解质-聚合物-水	硫酸盐葡聚糖钠盐-聚丙烯乙二醇
	羧基甲基葡聚糖钠盐-甲基纤维素
高分子电解质-高分子电解质水	硫酸葡聚糖钠盐-羧基甲基纤维素钠盐
	硫酸葡聚糖钠盐-羧基甲基葡聚糖钠盐
聚合物-低分子组分-水	聚丙烯乙二醇-磷酸钾
	甲氧基聚乙二醇-磷酸钾
	聚乙二醇-磷酸钾
	聚丙烯乙二醇-葡萄糖

对于蛋白质的分离来说，最常用的是聚乙二醇与葡聚糖或盐所组成的双水相系统。这些系统分成两相时（水含量90%），由于各种生物产物在不同相间的分配系数的差异，每一相都含有其中最主要的组分。聚乙二醇通常是低密度的一相，蛋白质溶解于水相，因此在有聚合物存在的情况下，蛋白质无明显的失活现象。蛋白质，蛋白质和细胞，或细胞碎片明显地分配于不同的两个相，这样，双水相便可分离其体系中的各种组合。不同酶类在不同双水相中的分配系数如表7-9所示。

表7-9　不同酶类在不同双水相中的分配系数

微生物	产物酶	双水相系统	分配系数（$^bK_{enzyme}$）
Candida boidinii	过氧化氢酶	PEG 4000-右旋糖苷粗制品	2.95
	甲酸盐脱氢酶	PEG 4000-右旋糖苷粗制品	7.0
		PEG1000-磷酸钾	4.9
酿酒酵母（*Saccharomyces cerevisiae*）	α-葡萄糖苷酶	PEG4000-右旋糖苷 Triton-500	2.5
	葡萄糖6-磷酸盐脱氢酶	PEG 1000-磷酸钾	4.1
卡尔酵母（*Saccharomyces carlsbergensis*）	α-葡萄糖苷酶	PEG 4000-右旋糖苷 Triton-500	1.5
大肠杆菌（*Escherichia coli*）	异亮氨酰 tRNA 合成酶	PEG 6000-磷酸钾	3.6
	苯基丙氨酰 tRNA 合成酶	PEG 6000-磷酸钾	1.7
	延胡索酸酶	PEG 1550	3.2
	天(门)冬氨酸酶	PEG 1550	5.7

注：$^bK_{enzyme}$定义为酶在低密度相的浓度除以高密度相的浓度。

（二）双相水萃取的特点及其应用

双水相萃取技术具有如下几个特点：

（1）体系的含水量多达70%～90%，两相界面的张力极低，有助于保持生物物质的活性和相间的质量传递。

（2）上下相密度差小，一般为10^{-2}g/cm^{3}左右，是水的密度的1%。

（3）分相时间短，对于聚合物/无机盐体系，自然分相时间为5～15min，对于聚合物/聚合物体系，自然分相时间为5～60min，分离过程也就相对缩短。

（4）双水相萃取易于连续操作和工程放大，可直接线性放大40000倍。

（5）双水相萃取处理容量大，能耗低，主要成本消耗在聚合物的使用上，而聚合物可循环使用，这样，就能降低生产成本。

自从20世纪70年代Kula等人应用双水相萃取技术从细胞匀浆中分离酶和蛋白质以来，双水相萃取以其独特的优势，在生物工程的下游技术中受到广泛重视，如蛋白质、酶等生物大分子的分离纯化、病毒和细胞的分离等。从纯化的效果与效率方面，双水相萃取法纯化某些蛋白质或酶还不如色谱法。然而它在分离细胞碎片和胞内蛋白质方面，却具有很好的优越性和发展潜力。

二、反向微胶团萃取技术

（一）反向微胶团萃取技术的概念及分离原理

与常规的液-液萃取方法有所不同，反向微胶团萃取是一种特殊的萃取技术。在以水为主体的溶液中加入表面活性剂后所形成的胶体或微胶团，是由于表面活性剂极性基团定向排列，其极性基团（即亲水性部分）朝外，即靠向水溶液，而非极性基团（即分子的疏水性部分）则靠内而互相聚集成一种微胶团结构［见图7-28（1）］。如果溶剂是以非极性溶液为主体，当加入表面活性剂至一定浓度时，由于表面活性剂的极性和非极性基团的定向排列，也会形成微胶团结构。但是这种微胶团结构与上述的微胶团结构相反，表面活性剂的非极性基团部分朝外，即朝向非极性溶剂部分，而极性基团部分则朝内，形成一种与水相微胶团结构反向的聚集体，这种聚集体就称为反向微胶团［见图7-25（2）］。

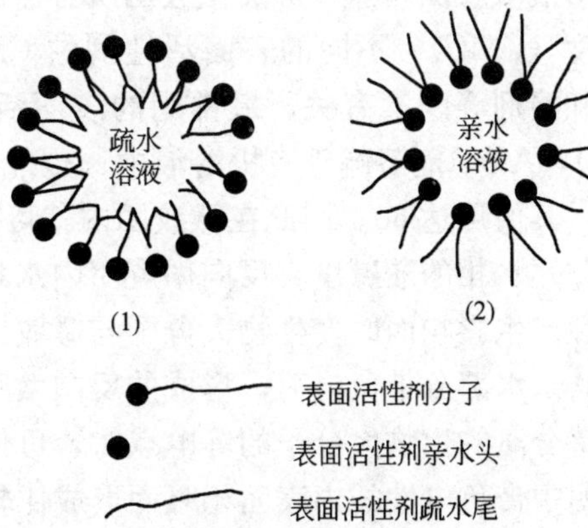

图7-25　表面活性剂在两种溶液中形成的不同微胶团模式

在反向微胶团中，表面活性剂的极性基团部分围成一个极性核心，称为水池。这个水池包括表面活性剂的极性基团内表面和其中的水分，以及溶解于其中的盐离子等。具有亲水性的生物大分子就可以溶解于水池中的水分而被以微胶团的形式萃取出来（见图7-26）。由于待分离组分是以反向微胶团的形式被萃取，所以称为反向微胶团萃取。

在反向微胶团萃取过程中，蛋白质或酶等生物大分子主要以水壳的形式存在于反向微胶团中的极性核心部分，能避免与有机溶剂的直接接触，因而可以尽量地保持整个萃取过程中活性不丧失。关于蛋白质及酶等生物大分子是以何种形式被反向微胶团萃取，依蛋白质等大分子的分子质量及其他特性不同而有三种不同的模式：第一种是在反向微胶团中，由表面活性剂的极性部分围成一个中心，中心为水等极性溶剂占有，生物大分子的分子质量较小并且溶解度较好，可以完全溶解于其中，在生物大分子周围包膜着一层水壳，对生物大分子起保护作用。此种模式即是所谓的水壳模式［见图 7-26（1）］；第二种情况是生物大分子虽然进入到反向微胶团的中心部分，但是生物大分子是以被吸附的状态附着于胶团的极性壁上［见图 7-26（2）］；第三种模式是当生物大分子的分子质量较大时，进不了反向微胶团的极性中心，只能以其分子中的非极性部分与多个微胶团的非极性部分连接，由此形成生物大分子溶解于多个反向微胶团之间的一种状态［见图 7-26（3）］。上述几种模式中，以所谓的“水壳模式”较常见。

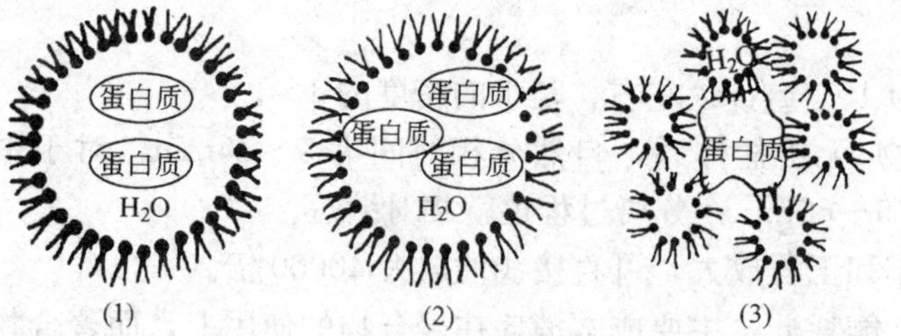

图 7-26　蛋白质被反向微胶团萃取的几种模式

（二）影响反向微胶团形成及分离效果的因素

各种因素在影响到反向微胶团的形成，同时也就影响到反向微胶团萃取的效果。反向微胶团的形成、大小及形状，与表面活性剂的种类、浓度以及操作时的温度、压力等有关。

（1）W_0 值大小　反向微胶团中的水分含量通常用非极性溶剂中的水浓度和表面活性剂的浓度之比 W_0 来表示：$W_0=[H_2O]/[\text{表面活性剂}]$。$W_0$ 值越大，微胶团内的水分含量就越多，形成的反向微胶团的半径就越大。能溶解水溶性成分的量就越多。因此，W_0 大小可以反映出反向微胶团的大小和溶解能力，直接影响到反向微胶团的萃取效率。

（2）表面活性剂和溶剂的种类　表面活性剂在溶剂中的浓度必须达到一定值，否则就不能形成微胶团，这个形成微胶团所必需的最低浓度值，称作表面活性剂形成微胶团的临界浓度（CMC）。不同的表面活性剂的 CMC 值通常在 0.1～1.0mmol/L 之间，与温度、压力和溶剂等因素有关。最常用的表面活性剂为丁二酸二异辛酯磺酸钠（Aerosol OT，AOT），AOT 能溶解于有机溶液中，也能溶解于水中。AOT 在形成反向微胶团时的 W_0 较大，其值可达 60。因此在微胶团内就可以溶解较多的生物大分子而提高萃取效率。

（3）水相的酸碱度　反向微胶团内水相的酸碱度，主要是通过对两性的生物大分子的荷电性产生影响而改变生物大分子与微胶团的结合。例如，AOT 属于阴离子型表面活性剂，其亲水部分带负电荷，形成的反向微胶团内表面带负电。当反向微胶团内水相的 pH 小于待分离的生物大分子的等电点时，可使生物大分子带正电，这样生物大分子可与反向微胶团中带负电性的内表面相吸而形成比较稳定的包含了待分离生物大分子的微胶团，萃取效率和选择性会得到提高。反之，当反向微胶团内水相中的 pH 大于待分离的生物大分子的等电点时，待分离的两性生物大分子带负电，就较难与反向微胶团内壳相结合，而呈较低溶解性甚至是不溶解状态，导致分离效率下降。

（4）水相中的离子强度　反向微胶团中水相的离子强度对反向微胶团萃取的影响，主要是在低离子强度下，酶和蛋白质等生物大分子表面上的荷电性和亲水性得到了改善，溶解度上升，与反向微胶团内表面的结合力增强。当水相中的离子强度增加到一定的程度时，由于抵消了生物大分子表面上的电荷，并且由于离子的水化作用而使蛋白质分子表面上的水膜消失，减少了与反向微胶团内表面的结合，降低了溶解度，使分离效率降低。

（三）反向微胶团分离方法

与其他许多分离技术相比，反向微胶团的萃取过程相对简单。其过程基本上分两步：第一步是含生物大分子的反向微胶团的形成，第二步是反向微胶团的破乳及生物大分子的释放。在这些过程中，根据需要，可以设计将目标成分转入到反向微胶团的水壳中心，也可以将不需要的杂质转入到反向微胶团的水壳中心而实现分离。

当待分离的生物大分子在萃取过程中进入到反向微胶团并达到平衡后，将混合液送入到澄清器中，使反向微胶团与外相分离。然后对溶解有生物大分子的反向微胶团进行破乳以释放其中的生物大分子，破乳的方法有化学破乳和物理破乳等。

图 7-27 是利用反向微胶团从发酵液中分离核糖核酸酶、溶菌酶、细胞色素 C 三种蛋白质的例子。三种蛋白质的特性差别在于：核糖核酸酶：p*I*：7.8～9.0，分子质量 13700u；溶菌酶：p*I*：9.8～10.1，分子质量 12200u；细胞色素 C：p*I*：12，分子质量 13700u。在 pH9 时，核糖核酸酶由于处于等电点而不溶，而其他两种酶可溶，在 pH9，[KCl]=0.1mol/L 的条件下，核糖核酸酶只留在外相中，而溶菌酶和细胞色素 C 则溶于反向微胶团的水壳中；再将含有溶菌酶和细胞色素 C 的有机相（反向微胶团相）分离，并将其 KCl 浓度调到 0.5mol/L，在搅拌条件下，细胞色素 C 由于在反向微胶团水壳中的溶解度下降而转入外相；最后将含有溶菌酶的有机相的 KCl 浓度调到 2.0mol/L，pH11.5，此时，反向微胶团水壳中的溶菌酶也由于溶解度下降而转入到外相中，达到了三种蛋白质分离的目的。

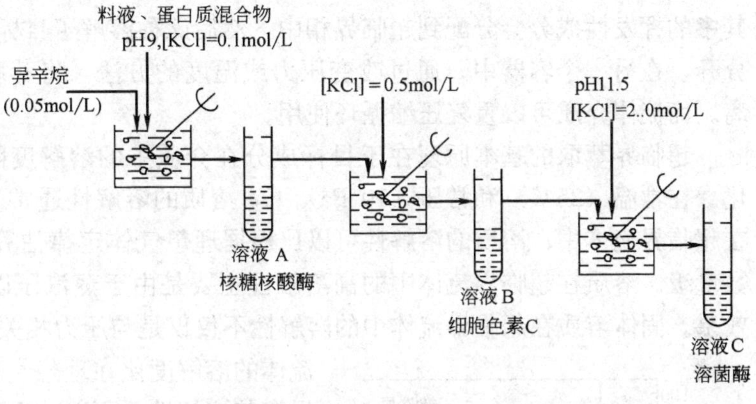

图 7-27　应用反向微胶团萃取发酵液中的蛋白质和酶[5]

第六节　超临界萃取技术

一、超临界萃取及超临界流体的概念

超临界萃取是以超临界流体作为萃取媒介，在临界温度和临界压力条件状态下，从液体或固体物料中萃取出待分离的组分。又称为压力流体萃取、超临界气体萃取、临界溶剂萃取等。

物质有三种物态：固体、液态和气态。但是纯物质还存在着一种第四态：超临界状态。超临界流体是指处于超过物质本身临界温度和临界压力状态时的一种中间流体状态。纯物质都具有固定的临界点，包括临界压力 P_c、临界温度 T_c。物质的临界状态是指其气态和液态共存的一种边缘状态，在此状态中，液态的密度与其饱和蒸汽的密度相同，因此界面消失。这样的状态，只有在临界温度和临界压力下才能实现。如果气体处于临界温度之上，无论施加多大的压力，都不能将其液化。

在超临界条件下，流体既保持了接近于溶剂的溶解能力，又保持了接近于气体的穿透能力。但是在流体临界点附近处，操作温度或压力的微小变化，都会引起流体密度的很大变化，同时会引起其溶解能力的变化。利用超临界流体的此种特性，在高密度条件下（低温、高压）溶解出所需要的组分，然后通过改变操作条件（提高温度或降低压力），在低密度条件下将萃取出来的成分与萃取剂分离，就可以有效地实现分离过程。

二、超临界流体萃取的基本原理

超临界萃取 supercritical fluid extraction 的基本原理是当物料与超临界流体接触时，其中的挥发性成分会分配到超临界相中，然后此种溶解了目标成分的超临界流体便与物料分开，在另一个容器中，通过改变压力或温度的方法，将萃取出来的成分与流体介质分离。而流体介质可以重复压缩循环使用。

超临界萃取的基本原理在于目标成分在介质中的溶解度随着压力和温度的变化而变化。在常温（25℃）和常压（10^5Pa）下，溶质的溶解性通常直接与其蒸汽压相关。但是在超临界流体中，溶质的溶解性可以比根据理想气体定律估算得到的溶解度要高出 10 个数量级。溶质在超临界流体中的高溶解性主要是由于蒸汽压以及溶质-溶剂间相互作用的效果。固体溶质在超临界流体中的溶解性不仅仅是与压力相关。尽管挥发性溶质在超临界流体的溶解度比在理想气体中要高，如果能够进一步提高其溶解性，可以减少过程中溶剂的需要量。

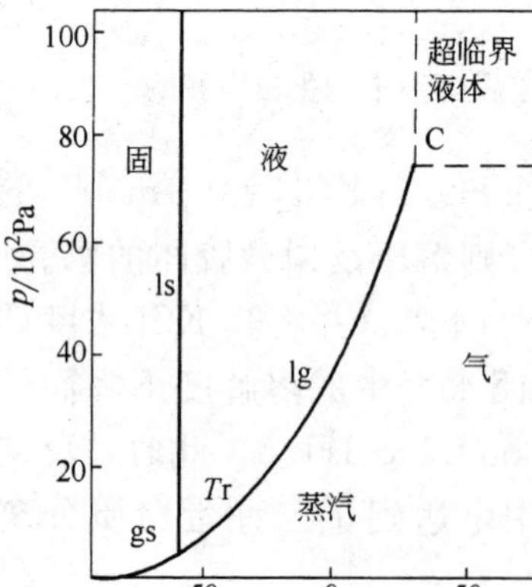

图 7-28　CO_2 的相变与温度压力之间的关系[5]

ls—固-液分界线　gs—气-固分界线

lg—液-气分界线

图 7-28 所示为二氧化碳在固体—气体—液体—超临界流体间的相变与温度、压力之间的关系。图中的蒸汽压曲线 lg 从固液气三相点 Tr 开始，此时温度 T=216.58±0.01K，压力 p=5.185×10^5Pa，在三相点，三相呈平衡状态而共存；在温度 T<216.58K，无论有无压力变化，CO_2 为固体；在温度 T>216.58K，<304.2K 范围，p>5.185×10^5Pa 时，CO_2 为液相；在 p=5.185×10^5Pa～73.858×10^5Pa，T=216.58～304.20K 的范围内，CO_2 为气相；蒸汽压曲线 lg 终止于临界点 C（T_c=304.20K（约 31.1℃），p_c=73.858×10^5Pa）。在临界点以上，液、气形成连续的流体相区（即图上用虚线划出的区域）。此超临界流体相既不同于一般的液相，也有别于一般的气相。

图 7-29 为二氧化碳的 p-ρ（压力-密度）等温线。此图主要说明在等温条件下，处于超临界状态下的萃取剂的密度与压力之间的关系。阴影部分中，在稍高于 CO_2 临界点温

度的区域内，压力的微小变化，都会引起密度 ρ 的较大变化。密度越高，对物质的溶解能力越强。因此超临界流体萃取技术就是利用超临界流体的这种密度变化特性，控制适当的操作条件，在高密度（低温、高压）条件下，将待分离组分萃取出来，然后变化操作条件（稍微提高温度或降低压力），将待分离组分析出而得以分离。图 7-29 中的阴影部分处于 CO_2 的临界温度点附近，因此是最适宜于选用的操作区域。

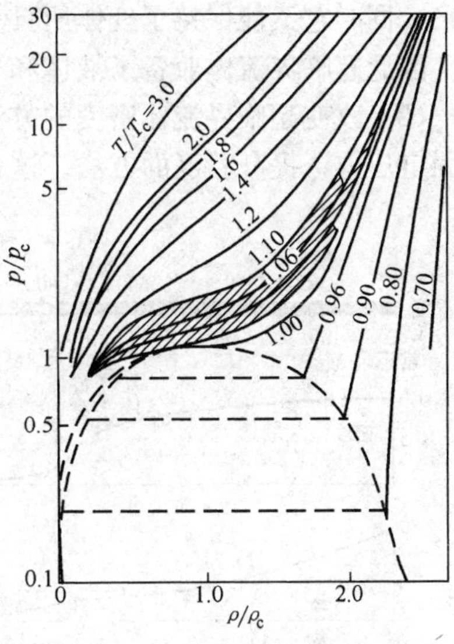

图 7-29 CO_2 的 p-ρ 等温线[6]

三、超临界流体的性质

超临界流体最重要的性质是密度、黏度及扩散系数。表 7-10 列出一些超临界流体萃取中常用到的萃取介质的三个临界值。表 7-11 为 CO_2 的超临界流体与气态、液态的特性比较。从表可知，超临界流体其密度接近于液体，密度越大，溶解能力也越强。又由于超临界流体的黏度接近于气体，扩散系数比液体大 100 倍。因此，渗透性极佳，能够更快地完成传质过程而达到平衡，实现高效的分离过程。

表 7-10　常用超临界流体的临界点

流体种类	临界温度/℃	临界压力/(×101.33kPa)	临界密度/(g/cm³)
乙烷	−88.7	48.8	0.203
丙烷	−42.1	42.6	0.226
丁烷	10.0	38.0	0.228
戊烷	36.7	33.8	0.232
乙烯	9.9	51.2	0.227
氨	132.4	112.8	0.236
二氧化碳	31.1	73.8	0.460
二氧化硫	157.6	78.8	0.525
水	374.3	221.1	0.326
一氧化二氮	36.5	71.7	0.451
氟里昂	28.8	39.0	0.578
甲醇	240.5	81.0	0.272

表 7-11　气态、液态与超临界流态的特性比较

特　性	密度/(kg/m³)	黏度/(×10⁻³Pa·s)	扩散性/(mm²/s)
气态	1	0.01	1～10
超临界流态	100～800	0.05～0.1	0.01～0.1
液态	1000	0.5～1	0.001

四、超临界流体萃取过程的特点

（1）超临界流体的溶解能力随着其密度的增高而提高，因此，提高超临界流体的密度，将待分离成分溶出，然后降低超临界流体的密度，将待分离成分从超临界流体中凝析出来。同时它又能保持了气体所具有的传递特征，比液体溶剂渗透得快，能更快地达到平衡。因此超临界流体兼备了液体和气体的特征，其萃取效率一般都高于液体溶剂萃取。

(2) 改变超临界流体密度的方法有二：一是采用固定温度，降低压力的方法；二是采用固定压力，提高温度的方法。这都是比较容易控制的工艺条件，因为在接近临界点处只要温度和压力有微小的变化，超临界流体的密度和溶解度都会有较大变化。

(3) 萃取过程完成后，超临界流体由于状态的改变，很容易从分离成分中脱除，不给产品和食品原料造成污染，因此，尤其适用于食品和医药等行业。

(4) 超临界流体萃取技术中所选用的萃取剂（如 CO_2），临界温度不过高也不过低，并且化学性质稳定，具有无腐蚀性，因此特别适用于对热敏性或易氧化的成分如食品的香气成分、生理活性成分以及酶和蛋白质等成分的提取和提纯。

(5) 超临界流体萃取技术属于高压技术，需要相应的高压设备。

水在亚临界与超临界状态时的特性变化如图 7-30 所示。

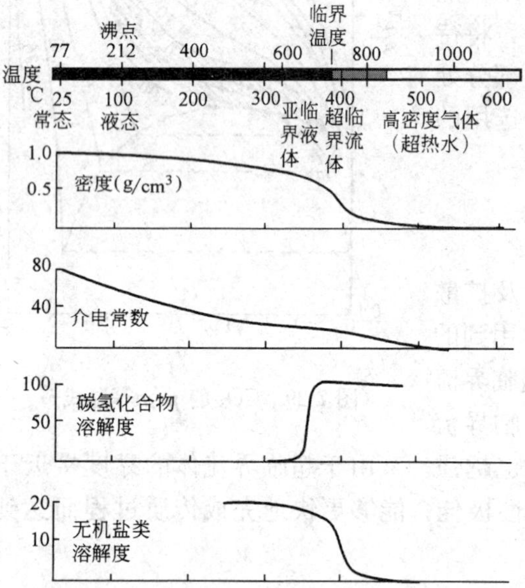

图 7-30　水在亚临界与超临界状态时的特性变化

五、超临界流体的选择

在超临界流体萃取的工艺过程中，超临界流体应该对待分离成分具有良好的溶解性能，并能够兼具选择性。这样才能有效地除杂，提高产品质量。对于超临界流体的具体要求，尤其是应用于食品工程，有如下几点必须注意：①作为超临界流体的萃取剂，应该是化学性质稳定，无毒性和无腐蚀性，不易燃和不易爆；②超临界流体的操作温度应接近于常温，并且操作温度低于待分离成分的分解温度；③超临界流体的操作压力应尽可能的低，以降低压缩机的动力消耗；④对于待分离成分要有较高的选择性和较高的溶解度；⑤来源方便，价格便宜。

化工过程中常用的超临界流体有 CO_2、SO_2、C_2H_6、C_2H_4、C_3H_8、C_4H_{10}、C_5H_{12}、氟里昂等。其中以 CO_2 在食品原料的分离中尤为重要，并且也是最为常用的介质流体，这是因为：①CO_2 的临界温度为常温（31.4℃），操作温度接近于常温，对热敏性的食品原料无破坏性作用，因此不会影响食品的风味，对食品中待分离的热敏成分如香气成分、生理活性物质、酶及蛋白质等也无破坏作用；②CO_2 的临界压力约为 7.29MPa，比较容易达到；③CO_2 的化学性质稳定，不燃烧，不爆炸，腐蚀性小；④CO_2 无色、无臭、无毒，对于食品和医药等行业无污染之虑；⑤CO_2 具有防氧化和抑制好气性微生物活动的作用，因此食品物料在分离过程中不易腐变，对分离过程有利；⑥CO_2 容易得到较纯的产品，来源方便，价格便宜。

六、超临界流体萃取的基本工艺流程

超临界流体萃取是利用萃取剂密度的变化而导致其对待分离组分的溶解能力的变化，从而实现分离的过程。因此，超临界流体萃取过程分萃取和分离两个阶段。在萃取阶段，超临界流体有最大的密度，对待分离组分有最大的溶解度，因而能将所需组分从物料中萃取出来。而在分离阶段，超临界流体的密度变化到最小，对其中已萃取出来的组分溶解度也最小，与流体介质分离。根据对过程中超临界流体密度调控的方法不同，可分为等温变压流程和等压变温流程以及吸附法三个基本流程。

(1) 等温变压流程　此种流程通过压力的变化引起超临界流体密度的变化，使得组分从超临界流体中析出分离。其原理见图 7-31 (1)。萃取剂经压缩升温达到最大溶解能力的状态（即超临界状态）后加入到萃取器中与物料接触进行萃取。当萃取了溶质的超临界流体通过膨胀阀后，压力下降，超临界流体的密度也下降，对其中溶质的溶解度跟着下降。溶质于是析出并在槽底部收集取出。释放了溶质后的萃取剂经压缩机升温加压后再送回萃取槽中循环使用。此种方法是超临界流体萃取中应用最方便的一种。过程中只需补充适量的萃取剂，就可以不断循环。由于过程中的压力变化不大，所以需要的能量输入也不大。

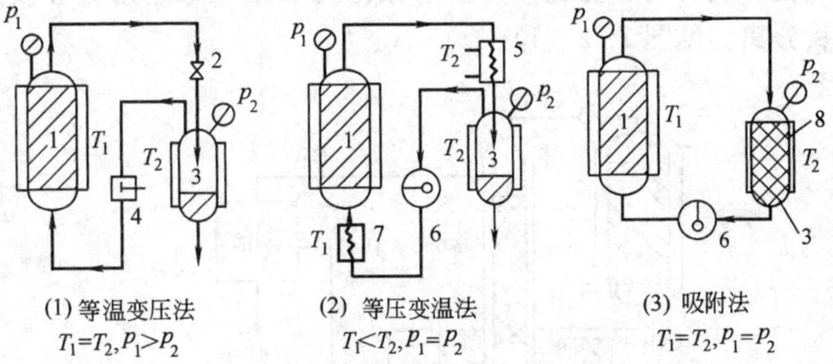

图 7-31　超临界液体萃取的三种典型流程

1—萃取槽　2—膨胀阀　3—分离槽　4—压缩机　5—加热器

6—泵　7—冷却器　8—吸收剂（吸附剂）

(2) 等压变温法　此种流程中，超临界流体的压力保持一定，利用温度的变化引起超临界流体对溶质溶解度的变化，从而实现溶质与超临界流体分离的过程［如图 7-31 (2) 所示］。降温升压后的萃取剂，处于超临界状态，被送入到萃取槽中与物料接触进行提取。然后，萃取了溶质的超临界流体经加热器升温后在分离槽中析出溶质。作为萃取剂的气体经冷却器等降温升压后送回萃取槽循环使用。此种流程中，由于温度升高会使溶质的蒸汽压也提高，其溶解度也会提高，往往会部分地消除了升温导致超临界流体的分离效果。因而比较复杂一些。

(3) 吸附法　此种流程是将萃取了溶质的超临界流体，再通过一种吸附分离器，这种吸附分离器中装有只吸附溶质而不吸附流体介质的吸附剂。当萃取了溶质的超临界流体通过这种吸附分离器后，溶质便与萃取剂即超临界流体分离，萃取剂经压缩后循环使用［如图 7-31 (3) 所示］。

七、超临界流体萃取技术在食品工业中的应用

1. 植物油的提取

压榨法提取植物油，蛋白质往往变性严重，不好利用。溶剂萃取法具有得率高和蛋白

质变性不大的优点。但是产品中的溶剂残留较难控制，并且萃取的纯度也不是很理想，如采用己烷萃取时，磷脂质残留量较高。采用超临界 CO_2 流体萃取大豆油时，磷脂质的残留可降至 100mg/kg。

2. 咖啡豆和茶叶中咖啡碱的提取

咖啡碱存在于咖啡豆和茶叶中。茶叶中咖啡碱的含量在 3%左右。咖啡碱在医药上具有利尿和强心的作用，同时一些国家和地区的人喜欢饮无咖啡碱的咖啡和茶饮料。因此从咖啡豆和茶叶中去除咖啡碱是一举两得的事。CO_2 是一种理想的超临界萃取介质，对于咖啡碱的选择性好，不会造成芳香性成分的损失，不影响咖啡豆的风味，CO_2 也不残留于咖啡豆中或茶叶中。超临界 CO_2 萃取咖啡碱的流程分两种流程。

(1) 水洗流程　将浸泡后的咖啡豆置于萃取器中，通入处于超临界状态的 CO_2，操作压力为 16～20MPa，温度为 70～90℃，密度为 0.4～0.6g/cm³。CO_2 将咖啡碱萃取出来后，在水洗塔用水洗脱，使咖啡碱转入水相，CO_2 则循环使用。水相中的咖啡碱可用蒸馏法分离。见图 7-32 (1)。

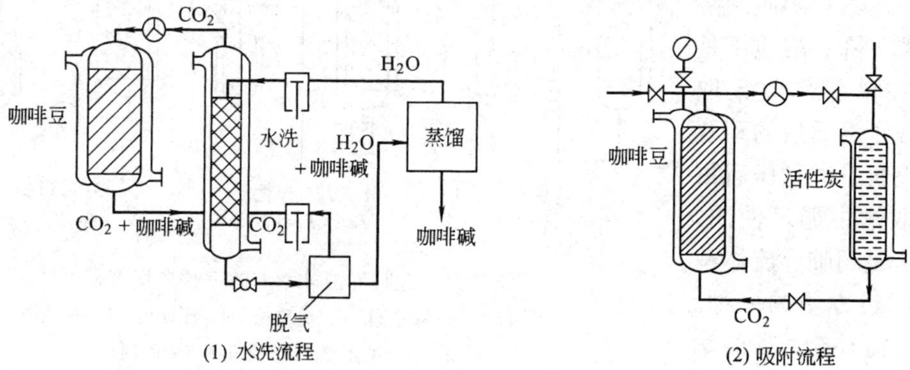

图 7-32　超临界 CO_2 萃取咖啡碱或茶叶中的咖啡碱工艺[6]

(2) 吸附流程　在此流程中，萃取了咖啡碱的 CO_2 经过活性炭柱，其中的咖啡碱被活性炭吸附而与 CO_2 分离，经解吸后即得到咖啡碱，而 CO_2 则回到萃取器中循环利用[见图 7-32 (2)]。

3. 啤酒花有效成分的提取

啤酒花在啤酒酿造中起着重要作用，是啤酒特殊苦味的来源，同时具有防腐和维持泡沫的作用。酿造啤酒时添加的是啤酒花干，由于啤酒花干体积大，运输不便，且不耐贮藏。用啤酒花有效成分代替啤酒花干是一种好方法。如果用正己烷等有机溶剂提取啤酒花的有效成分时，残留的有机溶剂除具有毒性外，还会影响啤酒的风味和品质。采用超临界 CO_2 萃取技术，可以很好的解决上述问题。而且有效成分的提取率也得到了提高。

第七节　分子蒸馏

一、分子蒸馏的基本概念

以加热的手段进行液体混合物的分离，其基本操作是蒸馏和精馏。蒸馏和精馏是以液体混合物中各组分的挥发度的差异作为分离依据。例如，各种芳香成分的提取。简单的蒸馏一般只能实现液体混合物的粗分离，分离效率还远达不到理想的效果。因为在通常的蒸馏过程中，存在着两股分子流的流向：一种是被蒸馏液体的汽化，由液相流向汽相的蒸汽分子流；另一种是由蒸汽回流至液相的分子流。一般说来，这两股分子流的量是不同的，前者大于后者。如果采取特别的措施，增大离开液相的分子流而减少返回液相的分子流，实现从液相到汽相的单一分子流的流向，这种技术就是分子蒸馏。因为减少了蒸汽回流到液相表面的分子流，因此能提高蒸馏的效率，同时能够降低物料组分的热分解，此种技术比较适合于生物工程中对活性成分的萃取。

为了实现分子蒸馏，蒸发器表面到冷凝器表面的距离应该小于在操作压力下分子的平均自由路程。这里所指的分子包括了蒸汽分子和不凝性气体分子。分子蒸馏的基本原理是蒸发和冷凝的表面都在同一个设备单元内，两者之间的距离只有几厘米，但实际上，要使蒸发器表面与冷凝器的距离小于分子的平均自由路程，往往是很不经济的。所以通常是采用蒸发器表面与冷凝器表面之间的距离稍大于分子的平均自由路程，并控制在同一数量级的范围内。

实现单流向的分子蒸馏的先决条件有两个：①不凝性气体的分压必须足够小，使得不凝性气体分子的平均自由路程仅为蒸发器表面与冷凝器表面之间距离的若干倍。②在操作的饱和压力下，汽化分子的平均自由路程必须同蒸发器表面与冷凝器表面的距离具有同一数量级。一般取后者为前者的 10～15 倍。

分子蒸馏的特征：①在中高真空下操作。有人将操作压力≤0.013Pa 的蒸馏过程称为分子蒸馏，把操作压力为 1.33～0.013Pa 的蒸馏过程称为准分子蒸馏。采用中、高真空操作，既能保证单向分子的流动，又保证了液体在较低的温度下高效率地蒸发。②在不发生气泡情况下相变，产品受热的时间较短。液体在不发生气泡的情况下实现相变，也就是相变是发生在被蒸发的液体物料表面，要实现这样的过程，必须尽可能地扩大蒸发表面和不断地更新蒸发表面，以提高传质速率。采用机械式刮板薄膜蒸发装置既可不断更新蒸发表面又能减少停留在蒸发表面的物料量，从而缩短了物料的受热时间，避免或减少了产品受热分解或聚合的可能性。③分子蒸馏设备中，蒸发器的表面与冷凝器表面间的距离很短，为 2～5cm，仅为不凝性气体平均自由路程的一半。这不仅满足了分子蒸馏的先决条件，并且有助于缩短物料汽化分子处于沸腾状态的时间，使之仅为数秒钟。

二、分子蒸馏的设备和流程

（一）分子蒸馏设备

分子蒸馏设备有薄膜式短程蒸发器、离心式分子蒸馏釜、降膜回流式分子蒸馏釜等。

1. 薄膜式短程蒸发器（蒸馏器）

用于分子蒸馏的薄膜式短程蒸发器（蒸馏器）主要由旋转轴带动的刮板式成膜装置、距离间隙极小的蒸发器与冷凝器，以及中高真空系统等组成。一般夹套加热的蒸发器成为圆筒形外壳，冷凝器在与蒸发器距离很近的内圈里面。冷凝器可以是列管式或蛇管式。在蒸发器与冷凝器之间有一个装有刮板或刮片的圆柱状的环形转子。刮板或刮片与蒸发器的内壁蒸发面只有极小的间隙。刮板转动时将蒸发面上的物料刮成薄膜，并不断使蒸发表面的物料更新。操作时从蒸发面上方进料，料液沿蒸发面流下，并被旋转的刮板刮成薄膜，一部分料液被蒸发汽化，另一部分料液依然被刮动并沿蒸发面往下继续蒸发。离开蒸发面后的残液被收集在残液口排出。汽化后的蒸汽物料通过转子在冷凝器表面被冷凝成蒸馏液，由蒸馏液出口排出。蒸发器外壳下部有真空接口与中高真空系统接通，将不凝性气体抽出，并使其分子的平均自由路程减至最短。从而实现整个分离过程。薄膜式短程蒸发器的结构如图 7-33 所示。也有用分段的刮片来代替整块的刮板，刮片紧贴着加热表面而运行，将加热表面上的物料刮起。形成高度涡旋的薄膜，不断更新蒸发面上的物料，从而促进了传质过程。

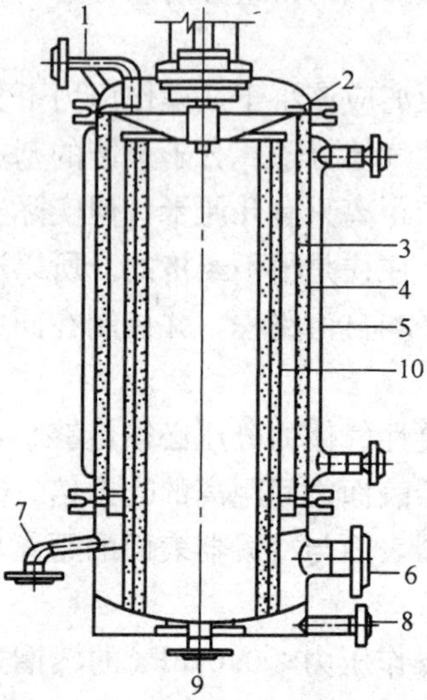

图 7-33　转子型薄膜短程蒸发器

1—进料口　2—转子　3—刮片　4—加热表面　5—加热套　6—真空接口　7—残液排放口　8—冷却水入口　9—蒸馏液出口　10—冷凝器

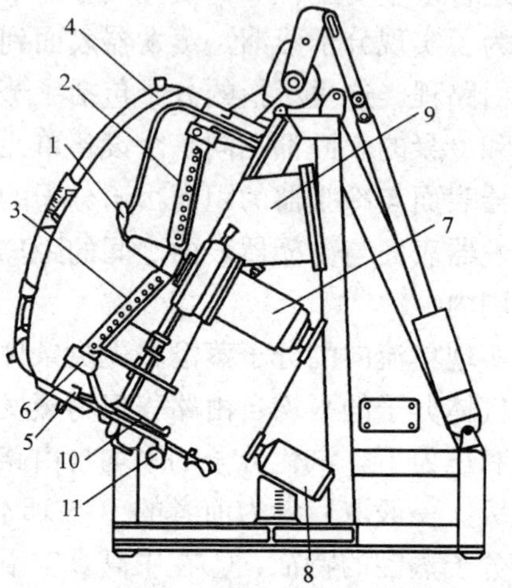

图 7-34　离心式分子蒸馏釜

1—进料管　2—蒸发器　3—铠装加热器　4—冷凝器　5—蒸馏液收集槽　6—残液收集槽　7—密封轴承　8—驱动马达　9—真空接口　10—蒸馏液出口　11—残液出口

2. 离心式分子蒸馏釜

离心式分子蒸馏釜的结构如图 7-34 所示。料液从管 1 进入离心蒸发器。离心蒸发器是一个旋转体。其产生的离心力使进来的料液在蒸发器表面形成薄膜，一面向外运动，一面蒸发汽化。蒸发器下面装有加热器。产生的蒸汽在穹顶冷凝器表面冷却成蒸馏液。蒸发器剩下的残留液经收集后由残液出口排出。不凝性气体由真空接口抽走。由于蒸发器的离心作用，料液很容易形成薄膜，同时料液紧贴着蒸发面，产生气泡的可能性较少，在离心力的作用下，料液薄膜会沿着蒸发面自由向外移动，使蒸发面得到不断的更新，因而传质速率较高，料液在蒸发面停留的时间较短，比其他分子蒸馏设备的过程都短。

离心式分子蒸发器主要的问题是加工制造较难，蒸发面积小，处理能力不够大，并且由于没有刮片构件，对于易结焦的物料不太适合。

（二）分子蒸馏流程

（1）单级转子薄膜式分子蒸馏流程　该流程如图 7-35 所示。流程的特点是：有专门的冷凝脱气设备，设有一台转子型薄膜短程蒸发器以及三级高真空蒸汽喷射泵。

（2）三级转子薄膜式分子蒸馏流程　该流程特点是采用一台非短程的转子式薄膜蒸发器作为脱气预处理设备，采用两台转子式短程薄膜蒸发器作为主要设备，并配以扩散泵，以简化流程。

(3) 离心式分子蒸馏流程　该流程如图 7-36 所示，其特点是仅采用一台离心式分子蒸馏釜作为主要设备，不仅可以完成一次性的分子蒸馏物料处理，而且可根据需要作多次循环操作，进行多级的分子蒸馏。

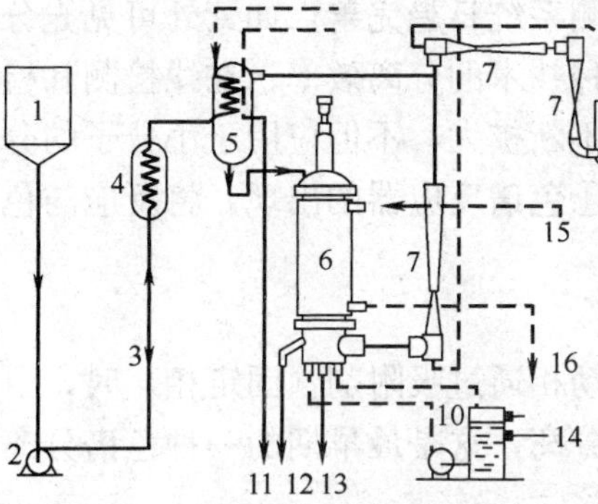

图 7-35　单级转子薄膜式分子蒸馏流程

1—贮料罐　2—进料泵　3—流量计　4—预热器　5—内设冷凝器的脱气罐　6—蒸发器　7—蒸汽喷射泵　8—冷凝器　9—真空泵　10—冷却剂循环系统　11—低沸点馏分出口　12—残液出口　13—蒸馏液出口　14—冷却水　15、16—加热介质进、出口

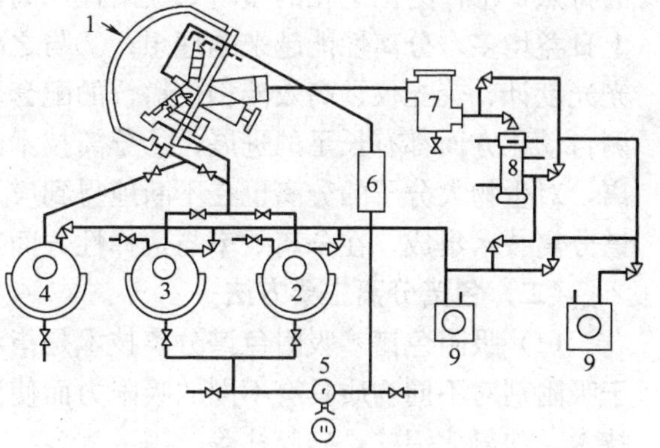

图 7-36　离心式分子蒸馏流程

1—离心式分子蒸馏釜　2、3、4—贮罐　5—进料泵　6—预热器　7—冷却收集器　8—扩散泵　9—油旋转泵

三、分子蒸馏在食品分离中的应用

1. 具有不同沸点产品的分离

脂肪酸甘油单酯的分离：脂肪酸甘油单酯是食品工业中常用的乳化剂。它是由脂肪酸甘油三酯水解而成。水解物由甘油单酯和甘油双酯组成，其中甘油单酯含量约为 50%，甘油单酯对温度较为敏感，不能用分馏方法提纯，只能用分子蒸馏分离。采用二级分子蒸馏流程，可得含量大于 90% 的单甘酯产品。收率在 80% 以上。此外，链长不等的脂肪酸也可用此法进行分离。

2. 从混合物中分离低含量的成分

采用带预脱器的二级分子蒸馏装置，可以从油中分离维生素 A 或维生素 E，加热温度为 200℃，操作压力为 0.001Pa，收得率超过 80%。

3. 从蒸馏残液中分离微量的挥发性成分

从乳脂中分离杀菌剂以及香料的脱臭等都可以采用二级分子蒸馏装置进行。

分子蒸馏也可以用于热敏性物料的浓缩，提纯。例如用于处理蜂蜜、果汁和各种糖液等。

第八节　色谱分离技术

一、色谱分离技术涵义及分类

(一) 色谱分离技术

利用混合液中各种组分之间的理化性质差别，在固定相和流动作相对运动时，由于固定相对组分的作用，不同的组分在两相中被反复多次地分配，形成特有的区段，从而得到分离。根据不同的色谱柱及操作条件的不同，固定相对组分的不同作用包括：吸附、分配、离子交换、亲和吸附、凝胶过滤、聚焦作用等。近年来，色谱技术发展很快，其显著的特点：①作为固定相的填料如吸附柱，离子交换柱、亲和柱、凝胶柱等，在种类和型号上日益增多，分离性能越来越理想；②与之相配套的检测系统日趋完善，如紫外可见光分光光度计、荧光仪、高效液相色谱仪的配套使用，使此种技术的分离效率、在线检测和检测自动化方面都有长足的进展；③分离技术的应用范围不断扩大，不但应用于小分子的分离，对生物大分子的分离也在不断地得到应用和推广；④色谱反应器的出现，将反应与色谱分离技术集成，在分离效率与选择性方面得到了提高。

（二）色谱分离主要方法

（1）吸附色谱　吸附色谱分离技术是指混合物随流动相通过吸附剂（固定相）时，由于吸附剂对不同物质具有不同的吸附力而使混合物组分分离，这是最早期的一种色谱分离技术，如氧化铝柱，硅胶柱等。

（2）离子交换色谱　离子交换色谱是利用混合液中的离子与固定相中具有相同电荷离子的交换作用而进行分离的技术。特点是：①吸附的选择性高，根据待分离组分的带电性、化合价和电离程度，选择合适的离子交换树脂可以从很稀的混合溶液中将待分离的组分进行分离和浓缩。②适应性强。从分析分离到工业制备分离，小分子到生物大分子，实验室到工业生产，水的预处理到产品的分离。③多相操作，分离容易。树脂进行转型后可反复使用。

（3）亲和色谱　利用生物对之间可逆亲和力结合的特性，如蛋白质和辅酶，抗原和抗体、激素及其受体等，在色谱柱上进行分离的技术称为亲和色谱分离。利用生物分子对的这种特性可以分离和纯化的物质包括酶、蛋白质、酶的抑制剂、抗体和抗原、激素和药物受体、核酸、基因、细胞等。

（4）凝胶色谱（凝胶过滤）　当混合物随流动相经过固定相（凝胶）时，混合物中各组分按其分子大小不同而被分离的技术，作为固定相的凝胶，起着过滤分子的筛子的作用，分子质量大的组分先流出，而分子质量小的组分后流出，因此此种技术又被称为分子筛或凝胶过滤。常常被应用于进行分子质量的测定、酶、蛋白质、多糖、核酸的分离和提纯。

（5）分配色谱　利用待分离物（溶质）在流动相和固定相之间的溶解度不同而实现分离的技术，称为分配色谱。主要在气-液色谱或液-液色谱系统中应用。对液-液色谱而言，一般地说，流动相的极性比固定相要小。比如用吸附在硅胶上的水作固定相，用氯仿作流动相分离乙酰化的氨基酸。如果把这个关系颠倒过来，用极性强的液体作流动相。则称为反相分配色谱。比如把某种萃取剂吸附于一定支持物上，用水溶液作流动相分离金属离子就是反相分配色谱的一种。

（6）聚焦色谱　利用具有两性电解质特点的组分氨基酸、蛋白质、酶等在等电点上的差异，当混合物流经具有 pH 梯度的固定相时，各组分在相应的等电点上进行聚焦而得以分离的技术。分辨率极高，但由于其处理量少而目前还较难应用于较大规模的制备过程，通常是作为分析手段对两性电解质进行等电点测定和分析分离。

色谱技术的应用包括实验室分析以及工业规模的分离两个方面。最初的色谱分离技术只适用于生物小分子的分离分析。其中氨基酸、核苷酸、有机酸等一些离子化合物多用离子交换色谱，而生物碱、萜类、苷类、糖类、色素等次生代谢小分子则多采用吸附色谱法或反相色谱法分离。自 20 世纪 60 年代以后，发展了生物大分子的色谱分离法，包括：多糖基离子交换色谱法和大孔树脂离子交换色谱法，凝胶色谱法，亲和色谱法，聚焦色谱法。根据分子的大小和某些化学性质的差异可分别选择不同的色谱法，会取得较佳的分离效果，但这并不意味着某一色谱方法只适用于某一类物质，而只能说明某一类成分较好地适用于某一色谱法，或者用某种色谱法分离某种物质效果更佳。生物大分子与生物小分子的色谱分离存在一定程度上的差异，包括：①生物大分子要求固相载体具有亲水性，并具有一定的三维空间结构以使生物大分子易于进出固定相部分，不应该受到物理上的障碍，从而利用其性质差异而达到分离。②对于生物大分子的分离所选用的固相载体应有利于生物大分子的生理活性的稳定。③生物大分子的色谱分离条件要求比较温和，应避免强酸、强碱和高温操作。

（三）色谱分离的基本理论

1. 分配平衡及分配平衡常数

溶质在色谱系统中的固定相和流动相间达成平衡时的热力学条件是溶质在固定相的化学位和它在流动相的化学位相等，此时在分配色谱中，分配系数以 K 表示：

$$K=\text{单位体积固定相中溶质的量}/\text{单位体积流动相中溶质的量}$$

描述溶质分配特性的另一个重要参数是分配容量 K'，或称容量因子、容量比：

$$K'=\text{溶质在固定相中的量}/\text{溶质在流动相中的量}=n_s/n_m$$

或：

$$K'=C_sV_s/C_mV_m=K\times V_s/V_m$$

式中 n_s，n_m——溶质在固定相和流动相的量

V_s，V_m——分别为两相的体积

C_s——固定相的分离成分浓度

C_m——流动相的分离成分浓度

对于吸附色谱，V_s 可用吸附剂表面积表示；在离子交换色谱中，V_s 可用交换剂的重量或交换剂容量来表示；在凝胶色谱中则用凝胶的孔容表示。分配容量 K'是描述溶质在两相分布的简便形式，它不仅与两相性质有关，还与温度、色谱床结构有关，但与流动相流速及柱长无关。

2. 分配等温线

在恒定温度下，以 C_s 对 C_m 作图，得到的关系曲线称分配等温线。等温线有两种类型：一类为线性等温线，分配系数与溶质浓度无关，能够获得对称的色谱峰，溶质的保留时间恒定，不随浓度而变化；另一类是非线性等温线，若等温线呈凸型，会出现拖尾的色谱峰，保留时间随样品量的增大而减小；若等温线为凹型，会出现前伸色谱峰，随着样品量的增加，保留时间也增加，需要减少样品量才有可能获得对称的色谱峰。凸型等温线表示溶质浓度低时被吸附得牢，浓度高时吸附相对减弱。色谱峰中心部位溶质浓度较高，前沿浓度较低，前沿部分由于吸附较牢，淋洗时向前移动较慢，中心部位由于吸附较弱而相对提前，所以流出峰前沿陡直，后沿由于浓度低而迟迟不被洗出，于是造成拖尾。而凹型等温线的情况则正好相反。

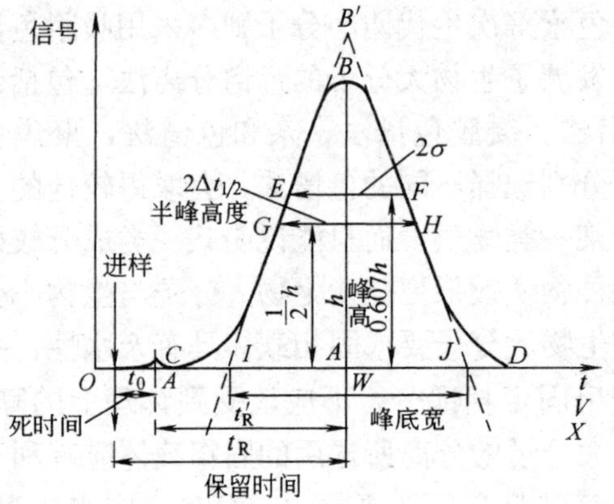

图 7-37　色谱图

3. 色谱图

混合液在经过一个色谱层析柱后，在对组分进行洗脱时，以流出组分的洗脱时间或洗脱体积作横坐标，以分离组分的浓度或相应的检测信号为纵坐标作图，便形成峰形的浓度分布，称为色谱。多个组分流过色层柱后，形成连续出现的多处色谱峰，这些色谱峰构成的图形称为色谱图（见图 7-37）。色谱图中包含如下几个基本概念或信息：

（1）基线：指当没有样品进入检测器时，检测器给出不变的信号。图 7-37 中以 *OD* 表示。

（2）峰高：即色谱峰的顶点到基线的垂直距离，图中以 *AB* 和 h 表示。

（3）σ，标准偏差，为与 0.6070 倍峰高相对应的色谱峰宽度的一半。即图中 *EF* 的一半。

（4）半峰宽度：为峰高一半处的宽度，即图中的 *GH*。

（5）峰底宽：由色谱峰两边拐点作切线，与基线相交，两交点间的距离即是峰底宽。如图 7-37 中的 W。

（6）峰面积：即色谱峰曲线所形成的面积，如图中的 *CBD*。

（7）死时间 t_0：溶质从进入柱到流出柱，处在流动相的时间就是死时间。

（8）保留时间 t_R：进样后到最大出样量的时间（峰值出现的时间），也有用保留体积表示，反映溶质与固定相作用力的大小。

这些基本概念是进行色谱计算的基础。色谱图是色谱分离的重要理论依据。色谱图可以提供如下几个重要信息：①根据峰的数量判断样品中组分；②说明分离情况，评价色谱柱对性质相近的组分间的分离度。峰之间分得越开，分离情况就越好；③提供组分出现的时间和体积数据。根据这些数据可对组分进行适当的收集和分离；④根据峰高和峰面积进行定量计算。

比移值 R_f：R_f＝溶质谱带平均移动速度(u_x)/流动相平均速度(u)

比移值在平板色谱中用作定性分析的依据，在柱色层中也表征保留组分的行为。在色谱系统中溶质不断在流动相和固定相间转移，如果溶质在流动相中的分子数为 n_m，在固定相的分子数为 n_s，当 $n_m=0$ 时，表示全部溶质都在固定相，不会移动，$u_x=0$，$R_f=0$；当 $n_s=0$ 时，表示全部溶质都在流动相，它会同流动相一起移动。$u_x=u$，$R_f=1$。也不能实现分离，一般情况下，$0<u_x<u$，$0<R_f<1$。

比移值 R_f 还与分配容量 K' 有关，$K'=n_s/n_m$，$K'=C_sV_s/C_mV_m=K\times V_s/V_m$

4. 塔板数和塔板高度

如果把色谱柱比作蒸馏塔，那么一个色谱柱的分离效率取决于它的理论塔板数。理论塔板是想象中的概念，在色谱柱中实际上是不存在的，但是可以用其来讨论与色谱分离效果相关的问题。理论塔板数 N 与柱长（L）成正比，与每个理论塔板的高度（H）成反比。即$N=L/H$，H 也是一个色谱柱单位长度的效率的量度，小的 H 值意味着得到高的柱效率，它受各种因素的影响，如小的填料颗粒直径，低的溶剂流速和黏度，以及提高分离温度均可获得较小的 H 值。

根据塔板理论，经过推导可以得出溶质流出的峰形，按高斯分布的规律，其峰底宽 W 同塔板数 N 值和保留体积 V_R 之间的关系为：

$$W=4\sigma=4V_R/\sqrt{N}$$

式中　σ——标准偏差，为与 0.6070 倍峰高相对应色谱峰宽度的一半

保留值用体积（V_R）、时间（t_R）表示时，塔板数可表示为：

$$N=16\left(\frac{V_R}{W_V}\right)^2=16\left(\frac{t_R}{W_t}\right)^2$$

式中　W_V——以体质表示的峰底宽

W_t——以时间表示的峰底宽

5. 分离度

也称分辨率，用以定量描述相邻两组分在色谱柱上的分离程度。有不同的表示方法，最常用的是峰底宽分离度 R，它等于相邻两组分保留值之差与峰底平均宽度之比：

$$R=\frac{t_{R2}-t_{R1}}{\frac{1}{2}(W_{t2}+W_{t1})}=\frac{2(t_{R2}-t_{R1})}{W_{t2}+W_{t1}}$$

式中　t_{R1}，t_{R2}——保留时间

W_{t1}，W_{t2}——峰底宽，如果保留值以体积表示，则为：

$$R=\frac{2(V_{R2}-V_{R1})}{W_{V2}+W_{V1}}$$

二、离子交换色谱分离技术

（一）离子交换色谱分离技术和离子交换剂的特点

1. 离子交换法具有以下优点

吸附的选择性高。可以选择合适的离子交换树脂和操作条件，使对所处理的离子具有较高的吸附选择性，因而可以从稀溶液中把它们提取出来，或根据所带电荷性质、化合价数、电离程度的不同，将离子混合物加以分离；适应性强。处理对象从痕量物质到工业用水，范围广泛，尤其适用于从大量样品中浓集微量物质；多相操作，分离容易。由于离子交换是在固相和液相间操作，通过交换树脂后，固、液相已实现分离，故易于操作，便于维护。

2. 离子交换树脂的结构

离子交换树脂是具有特殊网状结构的高分子化合物，高分子链互相缠绕连接。在高分子链上接有可以电离或具有自由电子对的功能基。带电荷的功能基上还结合有与功能基电荷符号相反的离子。这种离子称为反离子，它可以同外界与它符号相同的离子进行交换。

不带电荷而仅有自由电子对的功能基，也可以通过电子对结合极性分子、离子或离子化合物。

能离解出阳离子（如 H^+）的树脂称阳离子交换树脂，能离解出阴离子（如 Cl^-）的树脂称阴离子交换树脂。

树脂互相交联的高分子链之间具有空隙。链间的空隙在充满水的时候成为分子和离子的通道。这些空隙一般孔径都小于 5nm，称为化学孔。只含有化学孔的树脂称为凝胶树脂。另外一些树脂的凝胶相中还可以形成一些较大的孔穴，它们是在制备树脂时加入了致孔剂，在高聚物结构形成时因发生相分离而生成的。致孔剂被提取出来之后，树脂中留下了互相贯通的孔穴。这些孔穴的直径小则数十纳米，大则数千纳米，这些孔穴称为物理孔。具有这种网状物理孔的树脂就是通常所说的大孔树脂。大孔树脂的孔结构是永久性的，不像凝胶树脂的空隙那样只有在加水溶胀之后才出现。因而大孔树脂表面积较大，交换速度快，可在水溶液或非水溶液中使用。反复溶胀时，不易破碎，热稳定性好。如果以硅胶球或玻璃球为核心，覆以树脂而制成，可用于高压操作，如 HPLC 装置的分析和分离。

3. 离子交换树脂的分类

按树脂的物理结构分类可分为凝胶型、大孔型及载体型；按合成树脂所用原料单体分类可分为苯乙烯系、丙烯酸系、酚醛系、环氧系、乙烯吡啶系；按用途分类时，对树脂的纯度、粒度、密度等有不同要求，可以分为工业级、食品级、分析级、床层专用、混合床专用等几类；最常用的分类法则是依据树脂功能基的类别分为下面几大类：①强酸性阳离子交换树脂：这是指功能基为磺酸基—SO_3H 的一类树脂。它的酸性相当于硫酸、盐酸等无机酸，在碱性、中性乃至酸性介质中都有离子交换的功能。以苯乙烯和二乙烯苯共聚体为基础的磺酸型树脂是最常用的强酸性阳离子交换树脂。②弱酸性阳离子交换树脂，这种树脂以含羧酸基的功能基为多，母体有芳香族和脂肪族两类。③强碱性阴离子交换树脂：这种树脂的功能基为季铵基结构。其骨架多为交联聚苯乙烯。④弱碱性阳离子交换树脂：这是一些含有伯胺—NH_2、仲胺—NRH 或叔胺—NR_2 功能基的树脂。基本骨架也是交联聚苯乙烯。经过氯甲基化后，用不同的胺化试剂处理。与六次甲基四胺反应可得伯胺树脂，与伯胺反应可得仲胺树脂，与仲胺反应可得叔胺树脂。

4. 离子交换树脂的性能

包括物理性能：粒度，含水量，密度，膨胀度，机械性能；化学性能：酸碱性，交换容量，化学稳定性等。

（二）离子交换的操作

1. 操作方式

①静态交换：是一种间歇式交换；将溶液和离子交换剂置于同一容器，经过振荡、搅拌。在接近或达到平衡后，用倾析、过滤或离心等方法使固液两相分离，然后分别处理。②动态交换：是指溶液与树脂层发生相对移动，包括固定床柱式交换和活动床的连续交换。活动床连续交换的特点是交换、再生、清洗等操作在交换装置的不同部位同时进行。

2. 树脂的选择

必须考虑被分离物质带何种电荷及其电性强弱、分子的大小与数量等因素，同时还要考虑环境中存在哪些其他离子和它们的性质。对于两性的氨基酸，应当根据具体的 pH 要求选用阴离子树脂或阳离子交换树脂。强酸强碱性树脂可以在酸性、中性、碱性环境中用；弱酸性树脂宜在碱性环境中使用，弱碱性树脂宜在酸性环境中使用。吸附性强的离子，选用弱酸性或弱碱性树脂，这是因为若用强酸或强碱树脂吸附，洗脱和再生就比较困难。弱酸和弱碱性树脂由于对 H^+ 和 OH^+ 有较大亲和力，洗脱方便。

3. 柱上操作

①树脂的处理：筛分至一定粒度范围的新的干树脂在使用前须用水浸泡使之充分溶胀，除去杂质。②装柱：较大型的离子交换床或交换柱比较容易装匀。而小型柱的手工装填必须防止“节”和气泡的产生。“节”是指柱内产生明显的分界线。这是由于装柱不匀造成树脂时松时紧。气泡的发生往往是在装柱时没有一定量的液体覆盖而混入气体造成的。③通液：溶液准备好（包括温度控制）之后，便可进行通液（交换）操作。通液的目的包括：吸附、洗涤、洗脱、再生等。无论哪种操作，速度控制是个十分重要的参数。流速可以通过计量泵、阀、流量计、液位差等部件调节。小型实验中的简单装置，可通过收集量和滴数等方法控制。④洗脱：分步淋洗和梯度淋洗。分步淋洗：先使用洗脱能力较弱的溶液，使易洗脱组分流出，然后依次使用洗脱能力更强的溶液，洗出较难洗脱的组分；梯度淋洗：采用混合装置，使两种液体边混合边进柱，洗脱液的浓度逐渐提高，洗脱能力增强。混合的方式不同，浓度增强的曲线形式也不同。⑤再生：树脂经过使用后使其恢复原来状态操作就是再生。树脂再生可采用动态法，也可用静态法。静态法是将树脂倾入容器内再生。动态法是在柱上通过淋洗再生。动态法简便实用，效率也高。要依据树脂的再生要求，选择适当的再生剂。在通常情况下主要是一定浓度酸（HCl）和一定浓度酸（NaOH），有时是中性盐。

三、亲和色谱分离技术

（一）亲和色谱的基本原理与过程

利用固相载体上的配基对目标组分所具有的专一的和可逆的亲和力而使生物分子分离、纯化的一种分离技术，称为亲和层析或亲和色谱分离技术。在自然界中，具有这样专一可逆亲和力的生物分子一般都是相配成对的，可将其称为生物对。包括酶及其底物、抑制剂、辅酶或辅基；抗体与抗原、病毒和细菌；外源凝集素与多糖、糖蛋白、细胞表面受体和细胞；核酸与互补的碱基序列、组蛋白、核酸聚合酶、结合蛋白；激素与激素受体和载体蛋白；细胞与细胞表面特异蛋白、外源凝集素等。

配基是指与待分离组分具有特殊专一，可逆结合力的配对物。亲和色谱的固定相是由载体（或基质）、间隔臂、配基配位体三部分组成。

亲和色谱分离的基本过程：载体与配基的选择→载体的活化及与配基的偶联结合→装柱平衡→亲和吸附→洗涤→解吸→柱再生

首先将载体活化，然后把生物对中的即配基，在不损害其生物功能的条件下，把它固定在不溶性载体上（即偶联），并装入层析柱中平衡后作为固定相。再将含有待分离物质的混合液作为流动相，在一定条件下流经固定相。此时流动相的混合物中只有与配基构成亲和生物对的物质被配基亲和吸附，混合液中其他物质不被吸附而直接流出层析柱，这样就把待分离的亲和物与混合液中其他物质分离。然后变换流经亲和柱的溶液，改为洗脱液进行洗脱，使配基与待分离的亲和物解吸，将释放的分离成分收集。而完成分离的过程。整个过程可用图 7-38 来表示。

（二）亲和色谱分离的特点

①分离过程为一步性操作，过程简单迅速，分离效率高。②操作条件温和。对含量少而又不稳定的活性物质的分离比较有效。③选择性和效率都较高，甚至能从粗提取液中一步分离便获得成百上千的纯化倍数。亲和色谱的缺点主要是使用范围受限制，载体的费用

昂贵。

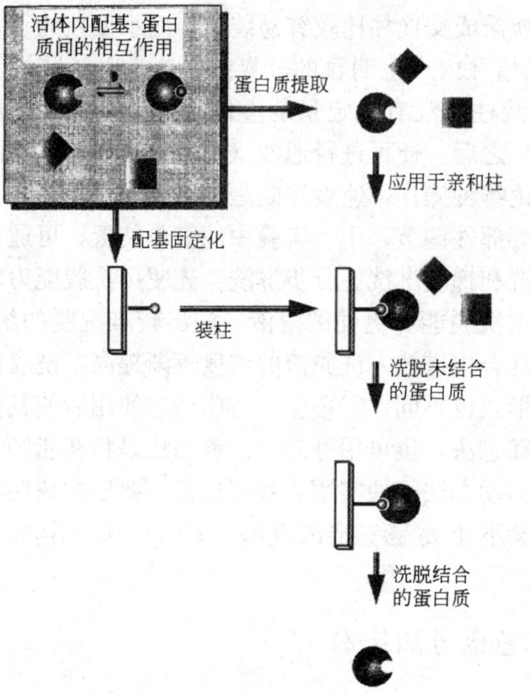

图 7-38 亲和色谱分离流程图

（三）配基的选择

配基选择的要求：对待分离成分具特殊、专一和可逆的亲和结合力；与载体或手臂具有链接的化学基团。同时，具有生物特效亲和对如：酶与底物，酶与竞争性抑制剂；染料配位亲和对：如蓝染料 F3G-A 与核糖核酸酶；定位金属离子亲和对，如金属离子与多肽，蛋白质，核酸，生物酶等；包合配合物亲和对，如环糊精与手性氨基酸和多肽、手性药物等；共价亲和生物对，如 α-吡啶二硫化物与含硫多肽，含硫蛋白质；电荷转移亲和对，如卟啉衍生物与氨基酸、蛋白质、核酸、核苷酸等。

酶与竞争性抑制剂的亲和结合具有以下的特性：①这种亲和结合是可逆的，一旦去除抑制剂，则酶又恢复与底物专一性结合的能力；②竞争性抑制剂对酶的亲和力一般都小于底物对酶的亲和力；③当抑制剂与底物同时存在时，抑制剂的结合能力与两者浓度的比率有关。如果底物浓度过大，则抑制剂难以发挥作用。

酶与辅助因子。酶可分为纯蛋白质组成的酶和由组合蛋白质组成的酶两类。后者除酶蛋白外还需要与辅助因子（辅酶或辅基）结合后才能表现活性，这种酶称为全酶。在亲和层析中常用辅助因子为配基来分离酶。辅助因子包括辅酶和辅基两种，两者之间无本质的区别，仅仅表现为对酶的结合力不同而已，辅基对酶的结合力大于辅酶对酶的结合力。

（四）载体的选择

对载体的要求：①载体必须是不溶性：对水具有亲和性但不溶于水；②渗透性：具有疏松网状结构，容许大分子自由通过；③具有较高的硬度和合适的颗粒度；④应具有较低的吸附力，防止非专一性的吸附；⑤具有较好的化学稳定性并能抗微生物的侵蚀和酶的降解；⑥活化方便，与配基的连接方便等。常见的亲和层析的载体包括纤维素、葡聚糖凝胶、聚丙烯酰胺凝胶、多孔玻璃、琼脂糖等，其中最常用到的是琼脂糖、聚丙烯酰胺和葡聚糖。

（五）载体的活化和偶联

聚丙烯酰胺的活化与偶联：各种载体在亲和色谱分离之前必须活化，才能有效地与配基连接。聚丙烯酰胺凝胶是由单体丙烯酰胺通过交联剂如甲叉双丙烯酰胺聚合而成的高分子聚合物，商品名为 Bio-gel P，呈干粉状，结构紧密，溶胀后成为凝胶，其化学性质较稳定，特别适用于配基与亲和物之间亲和力比较弱的系统。但凝胶的孔隙率与孔的大小，可通过调整其单体丙烯酰胺的含量来解决，以使大分子通过。

聚丙烯酰胺凝胶可以活化成多种衍生物。

（1）形成叠氮衍生物　其酰胺基经水合肼处理形成酰肼基再经亚硝酸处理而成，此种衍生物可以和具有脂族或芳香族氨基的配基偶合。

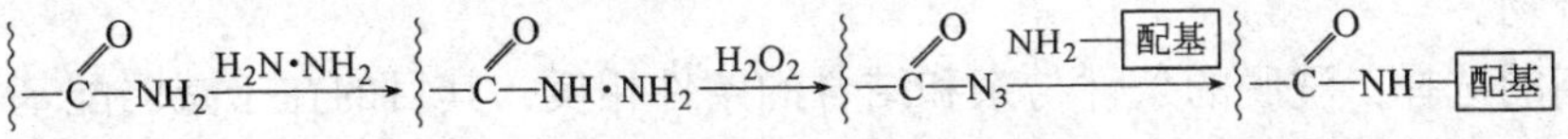

（2）形成酪氨酰衍生物　聚丙烯酰胺的叠氮衍生物进一步和甘氨酰酪氨酸反应，可制得酪氨酰衍生物。这种衍生物可以和带有氨基的配基相偶合。

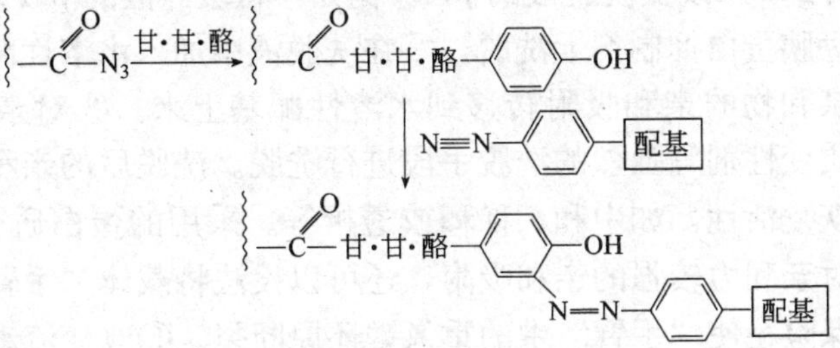

（3）形成氨基衍生物　带酰胺基的聚丙烯酰胺衍生物可与脂族二胺反应制得氨基衍生物。它能与带羧基的配基偶合。脂族二胺中的烃链可以作为配基的“手臂”，利用烃链的长度，可以控制“手臂”的长短：

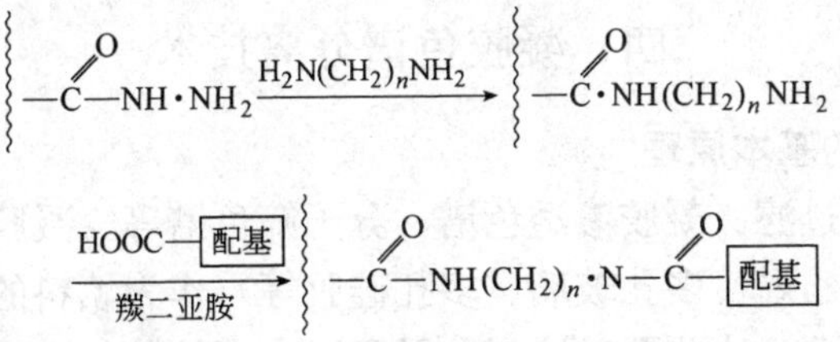

琼脂糖的活化与偶联：琼脂糖为D-半乳糖和3,6-脱水L-半乳糖交替结合的直链状多糖。凝胶态的琼脂糖链呈单螺旋状，中间由氢键维系，纵横交错形成多孔网状结构。琼脂糖已制成珠状凝胶颗粒的商品。商品名为Sepharose，型号Sepharose 2B、4B和6B，分别表示内含2%、4%、和6%的琼脂凝胶，其中以Sepharose 4B的各项性能比较适中，用得最多。琼脂糖的凝胶浓度越低，其结构越松散，即更具有多孔性，但机械强度降低。

琼脂糖的活化通常是在碱性条件，用溴化氰处理，引入活泼的亚氨基碳酸盐，能与带有游离脂肪族或芳香族氨基的配基相偶联，形成氨基碳酸盐和异脲衍生物。

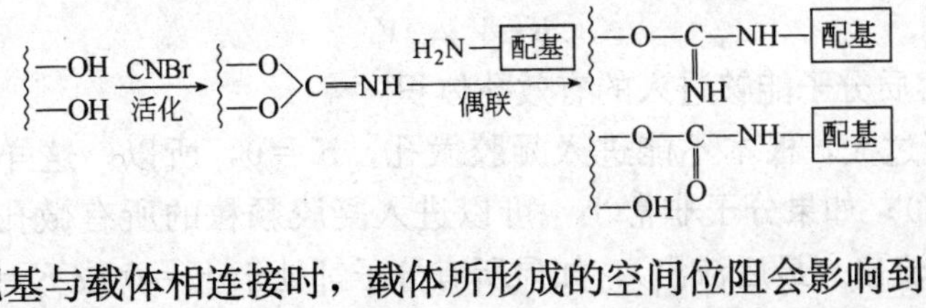

当小分子的配基与载体相连接时，载体所形成的空间位阻会影响到配基与亲和物的连接，不能形成有效的结合。活化后的琼脂糖要求与带游离氨基的配基相连接，如果配基不具有游离的氨基，就无法与载体有效连接。解决的办法是在载体与配基之间引入“手臂”。“手臂”的末端可以带上游离的氨基，以便和不带游离氨基的配基相偶联。

（六）亲和层析条件的选择

平衡缓冲液和样品液的选择：亲和色谱分离中亲和柱所用的平衡缓冲液的组分、pH

和离子强度都应选择对亲和双方作用最强，最有利于形成络合物的条件。样品液应和亲和柱的缓冲液一致。温度常在4℃下进行，可防止生物大分子热变性失活，同时利于亲和双方形成络合物。

洗脱剂的选择：洗脱的条件与亲和结合的条件相反，其目的在于减弱配基与亲和物之间的亲和力，使配基与亲和物组成的络合物完全解离。实际上洗脱剂和洗脱条件应从以下几个方面来考虑：①改变洗脱液的pH。通常利用0.1mol/L乙酸或0.01mol/L盐酸等稀酸或0.1mol/L NH_4OH 来改变洗脱液的pH。例如，将缓冲液的pH从7.8降至3.0，即可将胰蛋白酶从大豆胰蛋白抑制剂上洗脱。②在洗脱液中加入水溶性配基，并且要有一定的浓度，这样可使亲和物的亲和吸附转移到水溶性配基上来。③对亲和吸附较强的生物对，则可采用蛋白质变性剂等强烈的洗脱手段进行洗脱。洗脱后的亲和物应马上采用适当的方法处理。使之恢复活性，如中和、稀释或透析等。采用的蛋白质变性剂包括盐酸胍、尿素、强酸等。④对亲和力较强的亲和吸附，还可以设法将载体"手臂"与配基的连接键断开。例如，使用保险粉使"手臂"中的重氮键还原断裂。⑤改变流动相的离子强度。⑥改变流动相的极性。

常用的洗脱剂有：水、0.1～1mol/L氯化钠-磷酸缓冲液、0.1mol/L硼酸(pH10.5)、0.1～1mol/L乙酸、稀氨水等。

四、凝胶色谱分离技术

（一）凝胶色谱法的基本原理

凝胶色谱又称凝胶过滤、凝胶渗透色谱、分子筛色谱等。凝胶色谱的分离过程是在装有多孔物质（交联聚苯乙烯、多孔玻璃、多孔硅胶等）作为填料的柱子中进行的。填料的颗粒有许多不同尺寸的孔，这些孔对溶剂分子可以自由扩散出入。小溶质分子也可以不同程度地往孔中扩散。大分子的溶质只能占有数量比较少的大孔，溶质的分子越小，占有的孔体积就越大。过柱时，较小的分子在柱中停留的时间比大分子停留的时间长，所以整个样品就按分子的大小分开了，最先淋出的是大的分子。以 V_R 表示溶质的保留体积，则有

$$V_R=V_0+KV_s\text{，即：}K=(V_R-V_0)/V_s$$

式中　V_0——柱内颗粒间的体积

　　　V_s——凝胶微孔内的孔体积

　　　K——分配系数

$$K=V_{s有效}/V_s$$

式中　$V_{s有效}$——溶质分子能够进入的有效孔体积

如果溶质分子过大，根本不能进入凝胶微孔，$K=0$，所以，这样的分子在 $V_R=V_0$ 时流出（最先流出）；如果分子非常小，可以进入凝胶颗粒的所有微孔，则 $K=1$，故将在 $V_R=V_0+V_s$ 时流出（最后流出）；如果所有分子都处于 $K=0$ 或 $K=1$，则分离是不可能的；只有被分离的分子在 $0<K<1$ 的范围，它们的分离才能实现。

（二）凝胶

对凝胶的要求是：化学惰性；含离子基团少；网眼和颗粒大小均匀；凝胶颗粒大小和网眼大小合适，可选择的范围宽；机械强度好。按材料来源可把凝胶分成有机凝胶与无机凝胶两类。按机械性能分可分成软胶、半硬胶和硬胶三类。软胶的交联度小，机械强度

低，不耐压，溶胀性大。它主要用于低压水溶性溶剂的场合。它的优点是效率高，容量大。硬胶如多孔玻璃或硅胶，它们机械强度好。最通常采用的凝胶如高交联度的聚苯乙烯则属于半硬性凝胶。从凝胶对溶剂的适应范围可以把凝胶分成亲水性、亲油性和两性凝胶三类。

亲水性凝胶多用于生化体系，而用于高聚物分析和分离的则多是亲油凝胶。多孔玻璃或硅胶依处理的方法不同，既可以成为亲水的，也可以成为亲油的。

凝胶的三个指标：①渗透极限：是可以分离的分子质量最大极限。超过此极限，则高分子都在凝胶间隙体积 V_0 处流出，没有分离效果。②分离范围：分离范围一般是指分子质量-淋出体积标定曲性的线性部分（$0<K<1$ 的部分）。③固流相比（V_s/V_0）：凝胶柱内部全部可渗透的孔内体积（称为固定相）与凝胶粒间隙体积（称为流动相）的比值。比值越大则分离容量越大。

（三）凝胶色谱分离过程

凝胶色谱分离过程包括 4 个步骤：①凝胶的选择；②柱的选择及填装；③加样及洗脱；④凝胶再生和干燥。

（四）凝胶色谱分离的应用

凝胶色谱分离技术主要应用于①脱盐；②分子质量的测定：用一系列已知分子质量的标准样品在同一条件下进行凝胶色谱分离，记下每一种成分的洗脱体积，并以洗脱体积对分子质量的对数作图，在一定分子质量范围内可得一直线，这就是分子质量的标准曲线。测定未知物的分子质量时，将样品在相同条件进行色谱渗透分离，洗脱后根据此物质的洗脱体积，可在标准曲线上查出它的分子质量。③用于糖、蛋白质、核酸等物质的分离提纯。

第九节　冷冻升华干燥

冷冻干燥是先将浓缩了的溶液物料冷冻成固态，然后在较低温度（≤－35℃）和较高真空度条件下，将水分升华，固型物获得干燥的过程。

因为在低温高真空度下进行，干燥过程中能够避免样品起泡、爆沸、粘壁等现象。因此产品外观好、质构疏松、并且能够保持原有色泽与风味，最适合于热敏性物料的干燥。但此种方法的缺点是设备投资较大，能耗高，产品成本高。

工业用的冷冻干燥装置如图 7-39 所示。

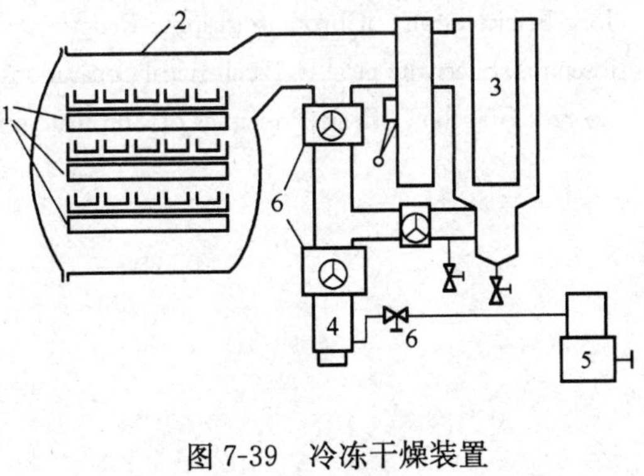

图 7-39　冷冻干燥装置

1—物料　2—真空干燥箱　3—冷凝器

4—增压泵　5—前级泵　6—隔离阀

冷冻干燥在操作时，有下面几点是必须注意的：①溶剂：样品在水中的溶解度要好，溶剂为水，尽量少含或不含有机溶剂，有机溶剂的存在会降低物料的冰点，使冻块易融化。蛋白质和酶溶液的冻块融化后再经减压后会引起大量泡沫，导致变性。而且低沸点的溶剂如乙醇或丙酮的蒸汽压较高，不易凝结，经过冷阱进入泵内，冷凝于泵油，使泵油稀释损害真空泵。②盐浓度：物料中盐的存在也会使溶液冰点下降，冻块易于融化，延长干燥时间。③物料的 pH：由于冻结过程中缓冲液成分的溶解度变化甚至析出，会导致物料的 pH 有很大变化。因此对于对 pH 敏感的活性成分，应加以注意。④在冰块全部升华以前不要扰动物料，干燥结束时，缓慢放入空气，避免急速的气流冲散冻干品。待系统内压力升至大气压后，取出装样容器，关闭真空泵。最后关冷冻机或移去冷阱（关机次序与开机次序相反）。如果在放入空气以前停真空泵，泵油有可能倒流至冷阱，甚至可能进入干燥器，污染样品。为了预防水蒸气进入真空泵，应在关停真空泵以后才停止冷却。

参 考 文 献

[1] M. J. Lewis (Editor), A. S. Grandison (Editor): Separation Processes in the Food and Biotechnology Industries: Principles and Applications, Hardcover Technomic, 1996

[2] Seader, Henley: Separation Process Principles, 2nd Edition, John Wiley & Sons, 2006

[3] 高孔荣，黄惠华，梁照为. 食品分离技术. 广州：华南理工大学出版社，1998

[4] 王学松. 膜分离技术及其应用. 北京：科学出版社，1994

[5] 陆九芳等. 分离过程化学. 北京：清华大学出版社，1994

[6] 刘茉娥等. 新型分离技术基础. 杭州：浙江大学出版社，1993

[7] 蒋维钧. 新型传质分离技术. 北京：化学工业出版社，1992

[8] 高以恒等. 膜分离技术基础. 北京：科学出版社，1989

[9] Rousseau, R. W.. Handbook of Separation Processes Technology. John Wiley & Sons, 1987

[10] Seader & Henley, Separation Process Priciples, John Wiley and Sons, New York, 1998, 7～15, 713～772

[11] Heinrich Strathmann, Universität Stuttgart, Stuttgart: Membranes and Membrane Separation Processes. Wiley-VCH Verlag GmbH & Co. KGaA, 2002

[12] José G. Sanchez Marcano *et al*.. Membrane Reactors. Wiley-VCH Verlag GmbH & Co. KGaA, 2002

[13] Jörg Fricke et al.. Chromatographic Reactors. Wiley-VCH Verlag GmbH & Co. KGaA., 2002

[14] Joseph A. Shaeiwitz et al.. Biochemical Separations, Wiley-VCH Verlag GmbH & Co. KGaA, 2002

[15] Georges Guiochon. Basic Principles of Chromatography. Wiley-VCH Verlag GmbH & Co. KGaA, 2002

第八章 食品生物技术与食品安全检测

第一节 概 述

随着社会的不断进步和现代化工业的发展，人类对环境的过度摄取、盲目或不符合自然规律地改造，使自然环境受到严重污染，生态环境失去平衡，特别是农产品和食品，受到污染的情况日益严重。同时，对食品安全意识和食物链的监管力度也跟不上快速发展的新形势。因而，在世界范围内引发了许多食品安全事件，不仅严重地损害了人类的健康和生命安全，而且造成了重大的经济损失。如英国疯牛病事件，比利时二噁英事件，日本 *E. coli* O157：H7 事件以及亚洲暴发的禽流感和欧洲暴发的口蹄疫等，我国发生的毒米、毒油和瘦肉精事件等，使得食品安全成为全球性和社会性的问题。

食品安全是保护人类健康，提高人类生活质量的基础。目前，食品安全已成为全球性的重大战略性问题，并越来越受到世界各国政府和消费者的高度重视。世界贸易组织（WTO）把《贸易技术壁垒协定》和《实施卫生与植物卫生措施协定》作为国际贸易的强制性措施。世界卫生组织（World Health Organization，WHO）提出了以食品法典委员会（Codex Alimentarius Commission，CAC）制定的标准、准则作为权威性指导原则，各国以此作为制定相关食品卫生标准的依据。特别是对于世界贸易组织成员国，在发生贸易纠纷时则以 CAC 标准为准则，对食源性疾病造成的危害进行评估。联合国粮农组织（Food and Agriculture Organization，FAO）也十分重视食品安全问题。

2000 年 5 月，第 53 届世界卫生大会首次通过了加强食品安全的决议。在这一决议中，不仅将食品安全列入世界卫生组织的工作重点，强化了相应的检测措施，并于 2002 年提出全球食品安全战略规划。主要措施是：加强食源性疾病监测体系；改进危险性评价方法；创建评价新技术产品安全性的方法；提高世界卫生组织法典中的科学和公共卫生作用；加强危险性交流和宣传；增进国家、国际协作；在发展中国家加强职能部门的建设。例如，美国 FDA 根据国际食品安全准则和国家有关法律的授权制定了大量的部门规章，进一步加强了食品安全的监管力度。发展到今天，美国的食品安全监管工作出现了新的特点，建立了现代化的危害分析与关键控制点体系（HACCP）。以预防为主，通过风险评估，协助厂家及时发现在食品生产过程中可能出现的风险，减少病毒侵入食品生产链的机会。特别是近几年来，美国进一步加强了在食品安全方面的投资力度，制定了《动物健康保护法》、《公共卫生安全与生物恐怖应对法》，在法律中规定了一系列的安全保障措施，并对国内外食品厂商实施更加严格的注册登记和通报制度等。日本和欧盟国家也很重视食品安全的监管工作。

我国政府同样也十分重视食品安全工作。2003 年经国务院批准卫生部制定发布了《食品安全行动计划》和建立各种食品安全法规和监管体系，并在全国几十个院校设置食品安全专业，培养高层食品安全检测和管理人才。

生物技术对食品安全的影响主要体现在食品的安全上，尤其是“抗性”转基因食品的安全性。虽然目前尚无明显的证据表明转基因食品存在危险性，但基因工程可以在动植物、微生物以及病毒之间进行基因转导，可培育出常规育种技术难以达到的新型食物，他们对食品的营养价值可产生无法预期的改变，一些抗虫、除草、抗病毒的转基因食品是否存在潜在的毒性、过敏原性、抗生素抗性等，短期内还无法证实。因此，不管转基因食品是否安全，生物技术对食物的安全性影响都将是巨大而深远的，将引发人类在考虑食物营养的同时，更加考虑食物的安全性。

现代生物技术在食品安全检测领域中的应用已成为食品科技发展的重中之重。随着我国食品科学技术的发展以及对外贸易的需要，食品的检测与分析工作已经提高到一个极其重要的地位。特别是为了保证食品的标准品质，开展食品科学技术研究，寻找食品污染的根源，人们更需要对食品进行各种有效营养物质和对人体有害、有毒物质的检验和分析。我国目前采用的食品检验方法还比较落后，已不能适应人们对食品卫生和安全的需求。正如我国专家在“中国食品安全战略研究”中指出的：尽管“食品安全科技得到了较大的发展”，但是“食品安全科技成果和技术储备不足，长期以来，我国的食品科技体系主要是围绕解决食物供给数量而建立起来的，对于食品安全问题的关注相对较少。目前还没有广泛地应用与国际接轨的危险性评估技术，与发达国家相比，我国现行食源性危害关键检测技术仍然比较落后”。因此，改进和完善食品检测技术已迫在眉睫。

传统的微生物检测方法虽然有效且特异性高，但存在检测成本高、速度慢、效率低等问题，难以满足现代社会快速检测的要求，并且由于传统的微生物检测方法基本上都需要对病原菌进行人工培养，对一些生长缓慢或是新的病原菌就难以用传统方法进行检测。另外，对近些年来出现的转基因食品中转基因成分的安全检测也难以用传统检测方法进行检测。

进入 20 世纪 70 年代以后，人们相继建立了各种现代生物技术，主要包括现代免疫学技术、核酸分子杂交技术和 PCR 技术等。这些技术在食品安全检测和分析领域的应用，不仅克服了传统食品安全检测方法的缺点，而且还具有灵敏度高、操作简便、检测周期短、检测成本低等优点。另外，生物芯片技术也在食品检测方面显示了较好的应用前景。

第二节　食源性微生物的毒害与检测

针对国内外情况，食品的食源性微生物污染仍然是食品安全的主要影响因素。因此，对食源性微生物快速检测一直是作为食品生物技术研究的热点。根据近十几年来发生的食品安全事件，食源性微生物主要有以下几种。

一、肠出血性大肠埃希菌

1977 年 Kanowal Chuk 等首次提出，某些大肠杆菌（*E. coli*）能引起人类出血性腹泻。1982 年美国俄勒冈州和密执安州分别发生了一起出血性肠炎的暴发流行，并从一名患者粪便中分离出 *E. coli* O157：H7。1983 年 Riley 等指出：出血性肠炎是由此种新发现的致病性大肠杆菌 O157：H7 引起，并将该菌命名为肠道出血性大肠杆菌。Kanowal Chuk 等发现 EHEC 能产生一种引起 Vero 细胞病毒效应的物质，故又称为 Vero 毒素型大肠杆菌（VTEC）。近年来由 EHEC O157：H7 引起的感染性腹泻有明显上升趋势。

E. coli O157：H7 属于肠杆菌科埃希菌属，革兰氏染色阴性，在 pH 2.5 或 3.0、温度 37℃时能存活 5h，也能在冰箱内长期生存。但不耐热，加热到 75℃ 以上即被杀死。除不发酵或迟缓发酵山梨醇外，其他常见生化特性与大肠杆菌相似。

EHEC 有一个显著特征是能产生大量的 Vero 毒素，毒性实验显示 Vero 毒素是细菌产生的最强的毒素之一，其毒性可与肉毒杆菌或破伤风杆菌毒素相比。完整的毒素由一个毒素的活性中心 A 亚单位和 5 个无毒性的 B 亚单位组成，毒素结构的完整性是致病的必备条件。

EHEC 感染是一种食源性疾病，也是人畜共患病之一。该菌主要通过食品或饲料进入消化道而感染宿主，并通过食品予以传播，最近发现人与人的密切接触也可传播 EHEC。EHEC O157：H7 感染的发生有明显的季节性，多发生于 6～9 月，7～8 月为发病高峰，11 月至次年 2 月很少发生。人群普遍易感，男女均发病，病后无持久免疫力。儿童和老年人的发病率明显高于其他年龄组，而且容易并发 HUS 和血栓形成性血小板减少症状。国内自 1987 年以来，在江苏、北京、山东、新疆等地已发生了 EHEC O157：H7 感染的病例，并发现非 O157：H7 血清型的 EHEC 菌株。

二、金黄色葡萄球菌及其肠毒素

金黄色葡萄球菌（*Staphylococcus aureus*，以下简称金葡菌）是重要的食源性致病菌，广泛存在于自然界。在适宜的环境条件下，其中的一些菌株能够产生肠毒素，从而引起严重的食物中毒。大多数食品及食品原料，如肉、乳、蛋制品、糖果和糕点等，均要求进行金黄色葡萄球菌肠毒素的检测。

金黄色葡萄球菌肠毒素（*Staphylococcus aureus* Entertoxine，SE）是一个世界性的卫生问题。在美国，由金黄色葡萄球菌肠毒素引起的食物中毒占整个细菌性食物中毒的 33%，加拿大则更多，占 45%，我国每年发生的此类中毒事件也不少。

典型的金黄色葡萄球菌为球型，直径 0.8μm 左右，显微镜下排列成葡萄串状。无芽孢、鞭毛，大多数无荚膜。革兰氏染色阳性，衰老或死亡后可转为阴性。对营养要求不高，在普通培养基上生长良好，需氧或兼性厌氧，最适生长温度 37℃，最适生长 pH7.4。平板上菌落厚、有光泽、圆形凸起，直径 1～2mm，血平板菌落周围形成透明的溶血环。

三、肉毒梭菌和肉毒毒素

肉毒梭菌（*Clostridium botulinum*）是一种革兰氏染色阳性的厌氧芽孢梭菌，其产生的肉毒毒素（Botulinum toxin）能引起人和动物的严重中毒症状，甚至导致死亡。肉毒梭菌具有厌氧、低温生长并产毒的特点。这一特点使得它在真空包装、冷冻及罐装食品中具有生长优势，从而成为这类食品中毒的主要原因之一。

肉毒梭菌为自养型革兰氏阳性厌氧菌，长 4～8μm、宽 0.6～1.2μm。一般呈单个或成对存在，有时可形成短链。无荚膜，有鞭毛，能运动。严格厌氧，能产酸产气，在一般培养基上都能生长。繁殖型菌体抵抗力一般，但产生的芽孢抵抗力很强，可耐煮沸 1～6h，在酒精中可存活 2 个月。高压蒸汽灭菌 120℃需 10～20min 才被杀灭，干热 180℃需 5～15min。在 10%盐酸中需 60min 才能破坏芽孢。

肉毒梭菌在缺氧条件下繁殖并产生外毒素——肉毒毒素。肉毒毒素是一类毒力极强（天然物质中最强）的毒素，小鼠 LD_{50} 介于 0.1～1ng/kg 体重。根据抗原属性可将肉毒毒素分为 7 个血清型，分别命名为 A～G 型，A 型、C 型又可再分为 A1、A2 型和 C1、C2 型毒素亚型。各型毒素的结构基本相同，其分子质量约为 150000u；有活性的毒素分子包括一条重链（H，约 100ku）和一条轻链（L，约 50ku），H 链包含了 *N*-末端（约 50ku）和 C-末端（约 50ku），轻链通过二硫键与重链的 *N*-末端连接。从对 A 型毒素的研究中发现，肉毒毒素分子是一种酸性蛋白质，各型毒素的等电点（p*I*）在 5.3～6.1 之间；胰酶对肉毒毒素有激活作用，可使其毒性提高几十至几百倍。

四、幽门螺杆菌

幽门螺杆菌（*Helicchacter pylori*，Hp）的发现被视为现代消化疾病研究领域划时代的大事件。其发现者澳大利亚科学家马歇尔（Barry J. Marshall）和沃伦（Robin Warren）被授予 2005 年度诺贝尔医学奖，以表彰他们的这一重大发现及阐明了幽门螺杆菌在胃炎和消化性溃疡病（包括胃溃疡和十二指肠溃疡）中的作用。自那以后，Hp 感染即成为学术研究的热点。目前，已确认 Hp 与 4 种上消化道疾病密切相关：慢性胃炎、消化性溃疡病、胃癌及胃黏膜相关性淋巴样组织（MALT）恶性淋巴瘤。世界卫生组织和美国国立卫生研究院已正式将 Hp 定为胃癌的Ⅰ类致癌因子。

近年来，世界各国对 Hp 感染的危险因素进行了大量研究，结果表明：年龄、性别、身高、家庭人数和出生顺序；职业和体力劳动；饮食、饮水和饮食习惯；生活习惯（饮酒、吸烟、喝饮料）；家庭社会经济状况，遗传和地理位置等因素与感染存在流行病学的关联。因此，Hp 感染已成为突出的公共卫生问题。

此外，尚有蜡状芽孢杆菌和变形杆菌等食源性微生物均会产生毒素。前者分别在土壤及米面、奶粉及香料等食物中，芽孢能耐高温，煮沸后仍可存活。而后者易在夏季的凉拌菜或存放稍久的食物中，均需注意防范。

五、食源性微生物的检测方法

（一）自动微生物检测系统（AMS）

自动微生物检测系统（AMS）是在传统微生物检测技术基础上结合现代计算机技术，运用概率最大近似值模型法进行微生物检测的技术。首先，将分离的待检菌的纯菌制成符合一定浊度的菌悬液，然后充入细菌检测卡片，封口放入读数器/恒温培养箱培养，根据被鉴卡片各介质反应情况，由读数器按光学扫描原理定时测定，并和预定的阈值进行比较、分析，于 4～18h 内通过数据终端自动显示并打印结果报告。全自动微生物鉴定、药敏分析系统 VITEK 可以鉴定几百种细菌。自动化微生物检测系统还有 Biolog™、MocroStation™、ATBRIdentification 及 Micro Team^R^等。

（二）微生物快速检测试剂盒

micro-ID 是应用于李斯特菌鉴定的微生物快速鉴定系统。试剂盒备有的特异性酶或代谢反应，鉴定结果可根据试纸颜色的变化来判定。

一般试剂盒包括鉴定这些微生物生化反应所必需的全部试剂。

ATB^R^ 鉴定纸条（bioMerieux vitek 公司产品）包括有鉴定肠杆菌、链球菌、厌氧菌、酵母菌、革兰氏阴性杆菌、葡萄球菌和微球菌等细菌32个生化试验，这些生化试验或根据含碳物质的代谢，或根据颜色的反应来进行鉴定。

（三）免疫学方法检测

免疫学原理是外源物质（抗原）进入机体后，刺激机体产生一种复杂的免疫球蛋白（即为抗体），单克隆抗体特异性作用于微生物或其毒素的特定抗原部分。

微生物检测试剂盒中应用的免疫反应类型包括免疫扩散反应、凝聚反应、免疫荧光反应、酶免疫试验（ELA）和酶联免疫吸附试验（ELISA）。

免疫扩散反应过程中，抗体在液体或固定培养基中结合成不溶的抗原体复合物，产生可见的沉淀物，这种反应可在液体或固定培养基中进行。Salmonella 1-2 Test™（Bio Control Systems 公司）和 VIP 免疫抗散试剂条便是此类产品。

VIDAS 系统是应用酶联免疫荧光试验（ELFA）检测食品中的病原菌。该系统可用来对沙门氏菌、李斯特菌、葡萄球菌毒素、*E. coli* O157 和单核细胞增生李斯特菌进行快速筛选。

利用酶免疫试验（EIA）和酶联免疫吸附试验（ELISA）的检测技术有 Tecra Diagnostic、Salmonella-Tek™及 EHEC-Tek™试剂盒。

近年来，在微生物快速检测领域中出现了快速检测试剂盒与使用方便的自动制样系统相结合的快速检测系统。例如，Micro-Screen™试剂盒（Neogen 公司产品）检测沙门氏菌和 *E. coli* O157：H7 时，按常规方法培养 20h 后，检测仅需 15min。VIP™（BioControl Systems 公司产品）是用来筛选和鉴定食品病原菌的可见免疫沉淀试验系统。

（四）分子生物学方法

PCR（polymerase chain reaction）即聚合酶链式反应的简称。以单链 DNA 为模块，以人工设计与合成的寡核苷酸为引物，利用热稳定的 DNA 聚合酶 5′→3′方向掺入单核苷酸来特异性地扩增 DNA 片段的新技术。整个反应过程通常由 20～40 个 PCR 循环组成，每个 PCR 循环由高温变性—低温复性—适温延伸三个步骤组成；高温时，DNA 变性，氢链打开，双链变成单链，作为 DNA 模板特异性地互补结合即复性；然后在适宜的温度下，DNA 聚合酶以单链 DNA 为模板 5′→3′方向掺入单核苷酸，使引物延伸合成模板的互补链，经过多个变性—复性—延伸的 PCR 循环，就使得 DNA 片段得到有效的扩增。利用 PCR 检测食品中的致病菌，可以对那些人工难以培养的微生物进行检测。由于在所有细菌中编码 rRNA 的一些基因保守性很强，因此可用 PCR 扩增其相应的 DNA 片段，以快速、灵敏地检测样品中是否存在某些细菌或致病菌，尤其是那些人工无法培养的微生物。

第三节　食品中的农药残留及其检测

一、食品中农药残留状况

我国是生产和使用农药的大国。目前，我国农药市场需求量达 25.7 万 t。甲胺磷、敌敌畏、杀虫双、硫酸铜、乙草胺等农药年需求量在万吨以上。但是，农药是有毒物品，加上有些使用者违反规定，不合理使用农药，以及农药残留监管力度不够，导致我国部分农产品农药残留量过高。不仅危及农产品的质量，而且危害人畜健康和生命安全。1990 年我国首次进行全膳食研究，调查了几个省、市、自治区食品中有机磷、有机氯残留及人体摄入水平，结果表明九类食品（包括谷类、豆和坚果类、藕类、肉类、蛋类、水产类、乳类、蔬菜类和水果类）样品中均检出有机农药六六六（BHC）和滴滴涕（DDT）。对12种有机磷农药进行检测，其中有5种高毒农药甲胺磷检出率最高，膳食中甲胺磷摄入量占有机磷农药总摄入量的71.3 %。此外，近年经常有因食品农药残留超标引起食物中毒的报道。据统计，现在我国蔬菜农药残留量超过国家卫生标准的比例为22.15%，部分地区蔬菜农药超标比例达到80%！农药对食品的污染，造成食品中的农药残留量过高，已成为人们膳食中的主要食品安全性问题。

果蔬或农作物喷施农药后，经过一段时间，绝大部分农药因日晒（特别是紫外线）、高温、雨淋而挥发和流失，植物代谢作用也会使之分解，但由于使用不当或过量施用，在收获的产品中仍可能残留着微量农药及其衍生物，被称为"农药的残留"。在蔬菜、瓜果上使用高毒农药，采摘后短时间内食用，即会引起急性中毒。长期食用农药残留量超过最高允许限量（MRL值）的农副产品会引起慢性中毒或对人身健康产生潜在的危险。

二、食品中农药残留检测方法

常规的农药检测一般用气相色谱、高效液相色谱、毛细管电泳等仪器分析，但该法除需要使用昂贵的仪器设备外，样品的提取、净化、衍生化等前处理步骤相当烦琐，而免疫分析技术具有灵敏度高、特异性强、操作简便快速、测试费用低等优点，近年来得到迅速发展。近年来，免疫生物传感器技术、流注免疫分析技术（flow immunoassay）的迅速发展，免疫亲和萃取技术与色谱分析手段联合使用，使免疫分析结果定量更加准确、更加可靠；而免疫芯片技术的发展使得快速、高通量的农药残留免疫检测模式逐渐成为现实。

（一）样品的前处理

样品前处理包括待测物的提取、净化和浓缩。现代残留农药检测中提取、净化可一步完成，下面是近年来发展较快的几项农药样品预处理技术。

1. 固相萃取技术

在进行色谱分析上柱前，样品需要经过提取、净化和浓缩处理。固相萃取（solid phase extract，SPE）技术是目前常用的样品前处理手段，具有分离效率高、使用方便、快速、重复性好、节省经费、安全等优点，因而在农药残留，特别适宜处理脂肪和蛋白质含量高的复杂样品中的农药残留物，以及农药多残留的分离、提取、净化和浓缩等。SPE可以分为吸附型（如Florisil、氧化铝、硅苯基柱等）和离子交换型两种，既可以单独使用，也可以与多种分析仪器联机使用，例如SPE-GC、SPE-SFC、SPE-HPLC等。Chen T（2007）等利用SPE技术分离蔬菜中的拟除虫菊酯（pyrethroid）类农药，然后使用HPLC/离子气质谱进行检测，同类农药中各种样品的检出限在0.03～0.1mg/kg的范围，偏差小于20%。

2. 固相微萃取技术

固相微萃取（solid phase micro-extraction，SPME）是在固相萃取（SPE）的基础上发展起来的一种无溶剂萃取技术，在微量进样器的针头部分键合一层固定相、直接将其浸入液体样品或样品的顶空，萃取、浓缩有机化合物后，将进样器直接插入进样口加热脱去有机物质，使被测物进入分析器。具有操作时间短、样品用量少、重现性好、精密度高、检出限低等优点，已成为目前分析方法研究的一个方向。Mughari AR（2007）等用 SPME 技术分离地下水中的四种苯脲类农药，然后使用 HPLC 进行检测，同类农药中各种样品的检出限在 0.051mg/L 到 0.088mg/L 范围之间，药品加标回收率在 86%～105%。

3. 免疫亲和色谱技术

免疫亲和色谱（immuno affinity chromatograph，IAC）利用抗原/抗体特异性可逆结合特性的 SPE 技术，根据抗原抗体的高选择性，从复杂的待测样品中提取目标化合物。IAC 联用技术也可称为在线（on-line）免疫亲和色谱，IAC 提纯后的样品可直接进行 HPLC、LC-MS、GC-MS、CE 分析，通过柱切换连接技术实现样品纯化、分析实现自动化。另外，IAC 在针对药品共同基团进行多残留亲和检测方面有很出色的表现。Degelmann P（2006）等将抗磺酰脲类（sulfonylurea，Sus）杀虫剂共同基团的抗体固定在多孔硅胶颗粒（porous silica particles）上制备成亲和柱，与 HPLC 和 HPLC-MS 自动串联对 30 多种 Sus 进行多残留分析，发现绝大多数 Sus 的回收率大于 80%。He（2005）等和 Hou X（2006）利用 IAC 对阿凡曼菌素（avermectins）类杀虫剂进行多残留检测，结果显示 IAC 的抗原/抗体结合的高度选择性及其亲和力是其他分离方法所无法比拟的。随着越来越多的高性能抗农药小分子抗体的筛选成功，以及亲和柱载体材料研究的不断进展，IAC 净化技术必将在农药残留检测中发挥更加重要的作用。

（二）几种主要的仪器分析方法

残留农药检测是复杂混合物中痕量组分的检测技术，20 世纪 60 年代后气相色谱技术得到飞速发展，许多灵敏的检测器开始使用，解决了过去许多难以检测的农药残留问题。特别是在 20 世纪 80 年代，高效液相色谱的发展拓宽了残留农药的检测范围。进入 20 世纪 90 年代以后，新的检测方法，特别是多种类型农药的多残留检测方法、同类型农药的多残留检测方法以及新的单个农药在多种试剂中的检测方法都取得了重要进展。

1. 毛细管气相色谱（capillary gas chromatography，CGC）

以往在残留分析中占绝对优势的气相色谱法，由以填充柱为主逐渐过渡到以毛细管柱为主，特别是在许多发达国家。毛细管柱在分辨能力、灵敏度、分析速度以及色谱柱的相对惰性等方面都比填充柱优越。特别是由于弹性石英毛细管柱的出现，使操作更为方便。毛细管柱有较高的总柱效、理想的表面惰性、接近于填充柱的负荷量、较长的柱寿命以及较快的分析速度，并可用标准微升注射针做柱上进样。近年来美国国家环保局把 530μm 柱引入到新制定的标准中。

2. 液相色谱-质谱联用技术（liquid chromatograph-matter，LC-MS）

液相色谱与质谱的联用技术已经比较成熟。现在，一种热喷雾和粒子流式接口技术把 LC 和 MS 连接起来，成功地用于分析那些对热不稳定、分子质量较大而难以用 LC-MS 分析的化合物。LC-MS 具有良好的灵敏度和选择性、几乎通用的多残留检测能力，以及进行阳性结果的在线确证和简化样品检测前净化过程等优点。但 LC-MS 使用的仪器相对昂贵，而且与常规分析方法相比需要更高的专业技能培训。

3. 超临界流体色谱（superitical fluid chromatography，SFC）

SFC 弥补了 GC 和 HPLC 各自的不足，适用于分析热不稳定而 HPLC 又不易分析的化合物，许多在 GC 和 HPLC 上需要经过衍生化才能分析的农药，都可以用 SFC 直接测定。典型的 SFC 流程主要包括三个部分：高压流动相输送系统、色谱分离系统和检测系统。色谱柱分为毛细管柱和填充柱两种。SFC 的检测器分为两类：GC 型和 HPLC 型。GC 型检测器适用于毛细管柱 SFC，包括紫外检测器等；HPLC 型检测器适用于填充柱 SFC，包括紫外检测器、荧光检测器等，SFC 可与固相萃取柱直接相连，使样品的提取、净化和测定一次完成，还可以与 MS、FTIR 等联用，是农药残留仪器分析中发展较快的一种类型。

4. 毛细管电泳（capillary elecrophorsis，CE）

毛细管电泳的工作原理是使用毛细管柱内的不同带电粒子（离子、分子或衍生物）在高压场作用下以不同的速度在背景缓冲液中定向迁移，从而进行分离，具有灵敏度高、耗资少、样品消耗量很小（纳升级）、分离柱效高（理论塔板数可以高达百万）、使用方便等优点。根据样品组分的背景缓冲液中所受作用的不同，CE 又被分为毛细管区带电泳（CZE）、毛细管凝胶电泳（CGE）、毛细管等电聚焦（CIEF）、胶束电动色谱（MEKG）等几大类。采用 CZE 和 MEKG 对农药进行分析，在分离和检测两个方面都可以获得理想的效果。Momen-beik F（2007）等用 CE 方法检测食品中的对-硝基苯胺（p-nitroaniline），能够成功排除食品中碳水化合物的干扰，使用柱后衍生紫外吸收方法进行检测灵敏度可以达到 1.1mmol/L。

（三）免疫学方法

1. 酶联免疫分析（enzyme linked immunoassay，ELISA）

近年来，人们对于农药分子半抗原合成中偶联点及抗原决定簇的选择、偶联试剂以及化学合成方法的选择、连接臂的引入等方面摸索出了一些规律，从而使制备针对各种农药的检测抗体的性能不断提高，促进了高性能的农药残留免疫检测试剂的开发。现已有几十余种农药建立了酶联免疫分析方法，包括了杀虫剂、杀菌剂、除草剂等所有农药类别，检测方法以及检测限如表 8-1 所示。

表 8-1　主要农药残留的酶联免疫分析方法研究进展（统计截至 2006 年）

农药类别	农药名称	测定方法	抗体类型	检测范围(检测限)
杀虫剂	对硫磷	RIA ELISA	多抗、单抗	0.28～20ng/mL
	杀螟松	ELISA	多抗、单抗	80～100ng/mL
	甲基嘧啶硫磷	ELISA	多抗	30ng/mL
	甲胺磷	ELISA	多抗	0.032～50ng/mL
	西维因	ELISA	多抗	0.01～100ng/mL
	呋喃丹	ELISA	多抗	0.01ng/mL
	氰戊菊酯	ELISA	多抗	0.1～4.8ng/mL
	菊酯(总量)	ELISA	多抗	50～500ng/mL
	灭多威	ELISA	多抗	0.9ng/mL
杀菌剂	多菌灵	ELISA	多抗	0.1～300ng/mL
	噻菌灵	ELISA	多抗、单抗	9～20ng/mL
	克菌丹	ELISA	多抗	1mg/mL
	异菌咪	ELISA	多抗	0.15～10ng/mL
	硝苯唑	ELISA	单抗	20ng/mL
	福美双	ELISA	多抗	5ng/mL
除草剂	草甘膦	ELISA	多抗	0.076ng/mL
	百草枯	ELISA	多抗	2.5ng/mL

续表

农药类别	农药名称	测定方法	抗体类型	检测范围(检测限)
除草剂	阿特拉津	ELISA	多抗	0.5～2ng/mL
	2,4-D	ELISA	多抗	1～50ng/mL
	麦草畏	ELISA	多抗	0.23ng/mL
	西玛津	ELISA	多抗	1～10ng/mL
	莠去津	ELISA	多抗	0.01ng/mL
	吡草胺	ELISA	单抗	0.05～10ng/mL
	氯磺隆	ELISA	多抗	0.1ng/mL

Yang (2006) 等利用单抗建立针对有机磷农药甲基嘧啶磷 (pirimiphos-methyl) 的 ELISA 检测试剂，IC_{50}值为 4.2ng/mL、检测限度为 0.07ng/mL，在谷物种子中的加标回收率在 83%～96%之间，本底清楚而且对其他有机磷农药没有交叉反应性；Kim (2007) 等利用单抗建立针对有机磷农药杀螟硫磷 (fenitrothion) 的酶联免疫检测试剂，间接竞争抑制法的 IC_{50} 值为 15ng/mL、检测限度为 3.0ng/mL，直接竞争抑制法的 IC_{50} 值为 15ng/mL、检测限度为 1.6ng/mL，检测背景和交叉反应性等性能都令人满意。

2. 农药多残留分析

针对某一类农药分子共有的基团合成免疫抗原，免疫动物后获得能够识别整类农药的抗体，实现对整类农药的多残留检测是提高工作效率的有益思路。Alcocer 等则在仔细研究了有机磷农药的保守结构后，选用膦酸 (trans-4-phosphono-2-butenic acid, TPB) 作为通用半抗原 (generic hapten) 结合 KLH 制备了特异性更为宽广得多克隆抗体，以对硫磷-BSA 作为检测抗原包被在固相，分析了 29 种有机磷农药 ELISA，尽管有些农药的 IC_{50}值较高，但特异性令人满意。他们将对硫磷-BSA 作为检测抗原包被在固相，将相应的抗体应用于传感器分析中，取得了较好的效果，以对硫磷标准液做竞争性分析，线性范围较宽，为 1.562～50μg/mL，芯片表面经 20 次 NaOH 及 HCl 冲洗后，活性仍然很好。

(四) 免疫学方法与现代理化检测手段结合的几项新技术

1. 免疫传感器 (immunosensor)

生物传感器利用生物大分子作用后在传感器上产生光、电、等离子共振等物理信号的变化获得检测结果，具有灵敏、快速、定量准确的特点 (见图 8-1)。检测农药的生物传感器主要有利用农药对靶标酶 (如乙酰胆碱酯酶) 活力的抑制作用研制的酶传感器，利用农药与特异性抗体结合反应研制的免疫传感器，后者由于更加灵敏和特异而在食品残留农

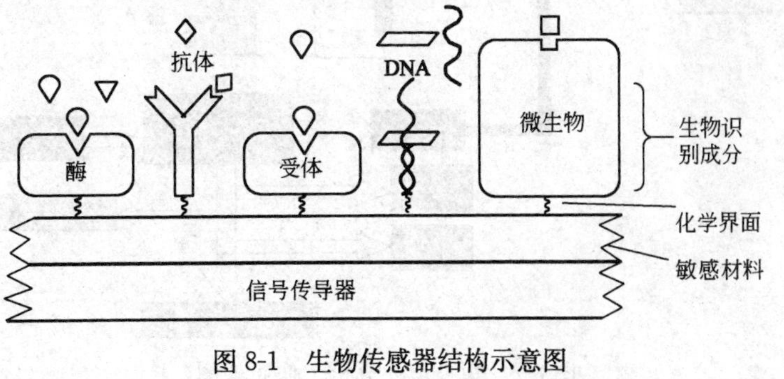

图 8-1　生物传感器结构示意图

药的检测中发展迅速。

在金属薄片载体上以化学键连接酶、抗体、受体、核酸、微生物等物质，当这些生物大分子与检测物发生特异性结合，在传感器上产生光、电、等离子共振等物理信号的变化获得检测结果。

Antje 等人用安培免疫移行传感器检测水样中的阿特拉津（atrazine），检测限可达 1μg/L，检测时间仅需 1～3min；使用压电晶体免疫传感器、流注分析（FIA）免疫传感器、安培酶免疫电极对杀虫剂阿特拉津进行检测，测定限可以分别达到 0.1μg/L、9μg/L、1μg/L；使用光纤免疫传感器于对硫磷的检测，且灵敏度可达 0.3nmol/L。表面等离子共振（surface plasmon resonance，SPR）生物传感器近年来发展迅速。Farré M（2007）等将抗阿特拉津（atrazine）特异性抗体通过共价连接固定在 SPR 金箔上，当抗体结合样品中的目标小分子时，传感器便会直接检测到共振信号，传感器可以重复使用，包括再生处理一个检测循环的时间为 25min，检测下限可以达到 20pg/mL，所检测的 26 个样品经气相/质谱验证结果完全相符。Mauriz E（2007）等对检测 DDT 的 SPR 传感器的工作条件进行了优化，所制备的传感器可以重复使用 270 个循环，每个循环包括再生步骤耗时 20min，检测下限可以达到 15pg/mL，结果显示了好的检测线性相关性（$R^2=0.995$）。随后，该课题组又报道使用双通道 SPR 传感器（two-channelled SPR biosensor），通过平行设置的检测平台（assay formats）同时检测 DDT、毒死蜱（chlorpyrifos）和胺甲萘（Carbaryl）等几种农药的工作成果，所制备的多通道传感器可以重复使用 200 个循环，各种样品检测下限在 18～50ng/L，显示了 SPR 传感器快速、灵敏和高通量等令人兴奋的发展前景。

2. 免疫流注分析技术（flow immunoassay）

免疫分析方法以其灵敏、快速、价廉的优点在农药样品初步筛选中被广泛认可，为了适应对连续、高通量样品进行在线检测，免疫流注分析技术（Flow immunoassay）应运而生。连续流动的在线检测模式比微板检测更加易于自动控制，可以快速获得检测结果并具有很高的灵敏度。免疫流注分析技术工作原理如图 8-2 所示，样品经过微型泵进入免疫亲和柱，经过循环上样、洗涤、洗脱之后，洗脱液进入检测器进行检测。检测信号有酶催

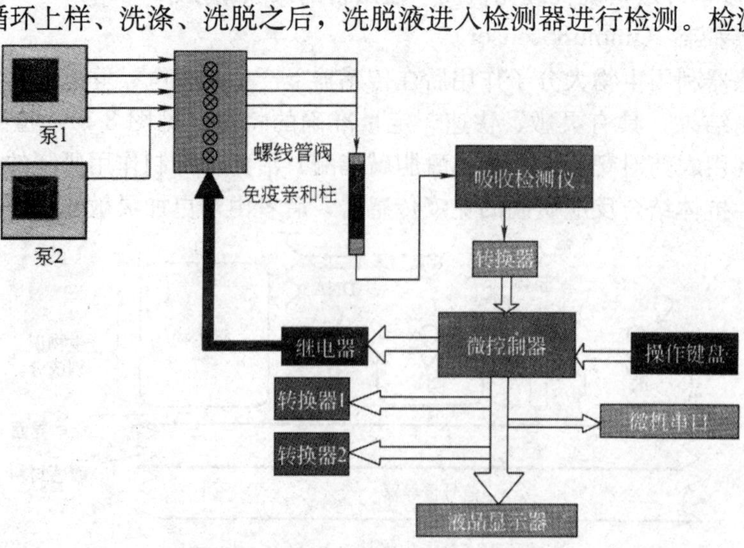

图 8-2　免疫流注分析工作原理图

化底物显色、荧光标记、化学发光等类型，灵敏度和特异性可以获得充分的保证，在设备上并联多个免疫亲和柱之后，还可以对几个目标物质进行高通量检测。

左方是并联的自动微型加样泵，通过电磁阀控制分别加样品，洗涤液和信号探针；中间是免疫亲和柱，检测溶液流经亲和柱完成反应后收集在检测装置；检测结果由连接的数据处理装置实现成像/数据处理一体化。

Kumar（2006）等将抗甲基对硫磷（methyl parathion）抗体连接在活化 Sepharose 凝胶上，然后将凝胶装填在毛细管（35μL）上形成免疫亲和柱，用甲基对硫磷小分子标记辣根过氧化物酶（HRP）制备检测探针。在检测过程中，样品溶液和检测探针溶液通过自动化控制先后流过免疫亲和柱竞争抗体结合位点，样品溶液中甲基对硫磷分子越多，HRP 针挂上亲和柱的量就越少，最后收集在酶联免疫反应板上的溶液中的 HRP 探针浓度越高，加入底物后产生的检测信号强度与样品中甲基对硫磷浓度呈正相关的关系。整个检测周期为 20min，结果显示线性范围在 50～1000μg/mL（$R^2=0.9783$），比传统的 ELISA 方法灵敏度高 2～3 个数量级，亲和柱重复使用 15 次之内检测结果变异系数在 1%～4.5%。Chouhan（2006）等报道了与上述文章类似的工作，只是甲基对硫磷小分子标记的 HRP 探针催化的是化学发光底物，使用 CCD 照相机记录检测信号获得了 10μg/mL的检测灵敏度，在 10～1000μg/mL 的检测范围具有良好的线性相关性（$R^2=0.9892$）。Alexandra（2002）等将 DDT 农药分子共价固定于免疫亲和柱之中，沿用与上述文章相同的检测工作原理对 DDT 农药进行流注免疫分析，以标记了 HRP 酶的抗 DDT 抗体作为检测探针催化化学发光底物，检测灵敏度达到了 0.1mmol/L。由此可见，免疫流注分析技术作为传统的 ELISA 方法的延伸，在自动化程度和高灵敏度方面具有很大的优势。

3. 蛋白质芯片（protein chips）技术

蛋白质芯片又称为抗体微阵列（antibody microarrays），采用基因芯片的微点阵技术将系列抗体密集点阵于介质载体形成免疫微阵列，沿用传统 ELISA 检测原理通过免疫反应产生检测信号，再通过各种检测技术从而对实验结果进行定性或定量分析，如图 8-3 所示。

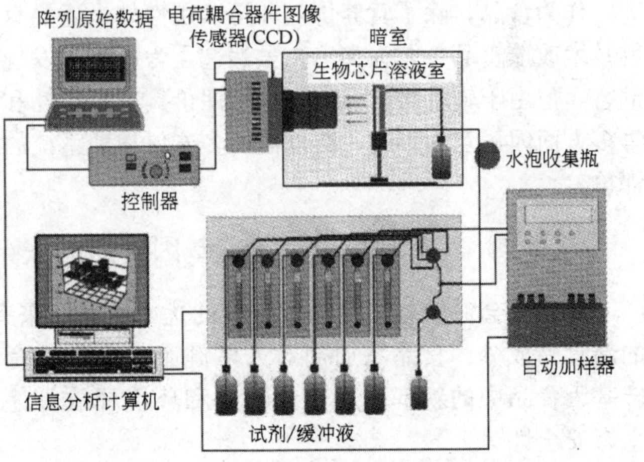

图 8-3　蛋白质芯片自动检测设备示意图

图 8-3 中最右方是自动加样器；正下方是并联的微型加样泵，通过电磁阀控制分别加样品，洗涤液和信号探针；正上方是插入检测芯片检测室，检测溶液流经芯片完成反应后收集在废液瓶；检测结果由目镜和 CCD 照相机以及连接的数据处理装置实现成像/数据处理一体化。

抗体或抗体微阵列的平行点阵结构使不同靶分子在同一水平进行平行分析成为可能，因而具有高通量、可同时检测多种目标物质的特点，为实现大批量大规模的农药残留检测开辟了广阔的发展前景。Belleville（2003）等把小分子的农药敌草腈的代谢物 2,6-二氯苯甲酰胺（BAM）和阿特拉津偶联在载体蛋白上合成检测抗原点阵于载体制成芯片，用荧光染料标记检测抗体，以间接竞争免疫反应工作模式研究了影响免疫微阵列定量分析检测灵敏度的各种因素，结果发现这个全自动操作的免疫微阵列对农药小分子的检测灵敏度高于传统 ELISA，在条件最优化的情况下的最低检测限值为 37ng/mL，比传统 ELISA 低 5 倍。

Naoki Nagatani（2007）等将乙酰胆碱酶（acetylcholinesterase，ACHE）点阵于膜载体上，利用 ACHE 催化底物 thiocholine 与 D TNB（5,5-dithiobis-2-nitrobenzoic acid）反应，生成的产物 5-巯基-2-硝基苯甲酸（5-mercapto-2-nitrobenzoic acid）在膜上形成可以目测判读（detected even by the naked eye）的黄色信号，当样品中存在有机磷或呋喃丹农药时，ACHE 酶活力被抑制从而不能在膜芯片上产生黄色信号而获得阳性检测结果。检测过程仅需使用 100μL 的样品即可以获得 0.1～0.2ng/mL 的检测灵敏度，膜芯片的特异性、重复性等指标也非常出色，而且性能稳定性易于操作，没有经过专业训练的终端用户（end-users）都能够轻松完成操作如图 8-4 所示。

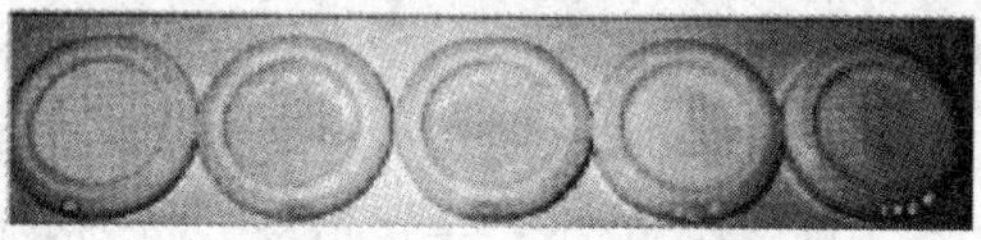

图 8-4 基于 ACHE 催化底物显色的膜芯片结果显示（图中数据单位为 ng/mL）

第四节 转基因食品安全评价方法

作为食品，除了营养价值和可食用性外，还要有被广泛认可接受的安全性。这点在生物技术改造食品中尤为突出。虽然迄今为止尚未发现有证据的转基因食品对健康和环境的危害，但由于转基因食品的安全性评价具有累积性和潜在性特点，并与社会、文化及伦理等多方面因素互为影响，所以需要多方位长期系统的监测才能对其安全性做出较为客观的评价。

一、转基因食品的安全性问题

现在社会对转基因食品安全性的忧虑概括起来有两点：一是担心通过生物技术产生的新食品成分、食品添加剂对人体健康和生长发育是否有潜在的负面影响；二是顾虑转基因食品中的新基因通过食物链和环境释放等途径影响自然界生物多样性，即环境生态安全性。

转基因过程每个环节都可能对食品的安全性产生影响，第一，转移基因的结构稳定性，必须确保这些遗传生物已达到能表达良性性状所需的最小遗传物片段，否则 DNA 结构不稳定会影响性状的表达，可能产生不需要的性状或有毒产物；第二，基因插入受体基因组的位置。如果在受体细胞调控其他基因表达的基因区中插入遗传物质，则可能造成多效性，即在表达生成所需产物的同时还产生其他基因产物。因此基因插入受体基因的位置要准确；第三，载体的选择及使用具有抗生素耐药性的选择性标识基因可能会对人产生影响。

转基因食品可能产生的具体危害包括：

（一）直接危害

（1）转基因寄宿、受体或带菌生物感染人类、动物及植物　有资料显示，英国研究人员发现实验鼠吃了转基因马铃薯后，免疫系统变弱，肾脏、胸腺和脾脏等器官出现缩小或发育不良，多个重要器官遭破坏，实验鼠的脑部也缩小了。科学家对已获准在西班牙和美国商业化种植的转基因玉米和棉花进行针对性研究后认为，转基因作物可能引发出脑膜炎和其他新病种。重组奶牛生产激素在美国投入商业化使用后，很快就发现这类药物可导致奶牛乳腺炎患病率增加，奶牛的繁殖率降低。

（2）转基因生物、组分或代谢物产生毒性或引起过敏反应　转基因食品的毒性（toxic）或过敏性（allergenic）效应在一定程度上引起了有关人群的恐慌。例如，从巴西坚果中提取的 2s 清蛋白基因转入大豆后，产生了与巴西坚果的 2s 清蛋白分子质量及性质都非常相似的致敏性成分。

（3）因意外释放转基因生物而对环境产生影响　对抗杀虫剂转基因作物施用毒性杀虫剂时，会污染食物及水源，并使农场工人患上某些与杀虫剂有关的疾病。

（二）间接危害

（1）产生具有传染性或抗药性的微生物　在基因工程载体介导下，通过水平基因转移和重组，抗生素抗性标记会扩散到很多肠道细菌及病原体中，产生新的病原细菌和病毒。英国有研究显示，转基因作物中的突变基因可能会进入到生物的有机体，突变基因如果跨越种群和转移至细菌，其结果可能会导致新的疾病。英国政府顾问委员会成员、利兹大学微生物学家约翰·荷瑞泰吉博士表达了自己对转基因作物的担忧，他认为虽然产生新病种的可能性很小，但如出现无法治疗并会广泛传播的对生命造成严重威胁的疾病时，其后果将不堪设想。

（2）将有害的基因（例如致癌物质）传给人类　基因工程食品中的外源 DNA 不易在肠道内消化，可能被机体细胞摄取并整合到基因组中，引起细胞突变，这对人类的健康存在着潜在的危害。

（3）转基因植物中有关基因物质转移到杂草类的相关植物中，使之增加抵抗力而变得具有生长的竞争性。抗除草剂转基因作物释放到大田后，通过与其野生近缘种之间的杂交，就会创造出抗杀虫剂特征的“超级杂草（super weeds）”。

二、转基因食品的安全性评价

安全性评价包括转基因食品与传统对应物的比较，集中于异同点的测定。对整个转基因食品的安全评价既要考虑期望效应，又要考虑非期望效应。若新的或改变的危害，营养或安全问题被确定，要分析确定对人类健康的关系。

（一）安全性评价必要性

传统育种已有 100 多年的历史，但只限于种内或近缘种间有性杂交，从来没有人提出生物安全性评价问题。之所以对转基因作物提出生物安全性评价是有其本质原因的。因为转基因作物是通过基因工程的方法，按照人的意图和目的而设计作物的性状，显然不同于传统的有性杂交方法。另外，基因工程方法所用基因可来源于任何生物，生物种（类）之间的界限被完全打破。对出现的新组合和性状在不同遗传背景下的表达、对环境和人类的影响还缺乏认识，有些甚至是一无所知，因此在使用转基因作物以前对其进行生物安全性评价是十分必要的。

（二）安全性评价原则

鉴于新的生物技术在食品中的应用给人类健康带来的新问题，传统食品安全性评价方法不能完全适合生物技术产品。FAO/WHO 联合专家评议会制定的生物技术食品的安全性评价规则与政策着重强调，任何生物技术食品的安全性评价，应首先阐明其分子、生物学和化学特性。如分子、生物和化学分析表明与传统食品一致。则应主要对其杂质和加工过程进行评价；对基因改造的动物类食品，动物本身的健康可作为安全性评价的标志。对于某些本身能产生毒素的鱼类等，应做进一步的安全性评价；对于已进行安全性评价并已批准用于消费的食品，需有计划地对食用后的人群进行健康监测。

1993 年经济合作与发展组织（Organization for Economic Cooperation and Development，OECD）提出了“现代生物技术食品安全性评价：概念和原则”的报告，提出了“实质等同性”（substantial equivalence）的概念。1995 年世界卫生组织（WHO）将这一原则用于现代生物技术产品的植物食品的安全性评价，将转基因作物的食品分为 3 类：①与市售传统食品具有“实质等同性”；②除某些特定的差异外，与传统食品具有“实质等同性”；③与传统食品没有“实质等同性”。考虑到基因、转基因作物种类及环境的多样性，应采取个案分析的原则。即不能笼统地说转基因作物安全与否，应该逐个分析转基因作物的安全性。

目前国际上对转基因作物/食品的安全性评价适宜方法和策略已达成初步一致，提出转基因食品的安全性应着重从宿主、载体、插入基因、重组 DNA、基因表达产物和对食品营养成分的影响几方面来考虑。包括新基因产品的特征、已知毒素和营养素含量变化、基因产品潜在过敏性、在植物与人/动物体内转移的可能性等。对转基因食品安全评价遵循以科学为基础、个案分析、实质等同性和逐步完善的原则。评价原则主要包括三个层次：①了解被评价食物的遗传背景与基因改造方法；②检测食品中可能存在的毒素、过敏源等；③进行毒理学实验。安全评价的主要内容包括毒性、过敏性、营养成分、抗营养因子、标记基因转移和非期望效应等。推荐对转基因食品的安全性评价应用“实质性等同”原则。

（三）实质性等同概念

由于很难将传统的毒理学实验和危险性评价步骤应用于整个食物，因此包括重组 DNA 植物在内的食用植物的安全性评价需要一个更加有针对性的方案。经济发展合作组织提出了“实质性等同”概念，作为现代生物技术食品的安全性评价原则，得到了 FAO（1996 年）的认同。这一原则的核心是现代生物技术生产的新食品及食品成分与目前市场上销售的传统食品具有实质等同性。比较包括表型性状、分子特性、关键营养成分及抗营养因子、有毒物质及过敏源等内容是否属“实质性等同”。根据比较的三种结果确定其后的评价程序。根据基因修饰食品的表型性状、分子特征、主要营养成分、毒性物质及过敏原等特性，实质等同性可分为以下三类：

（1）与传统食品及食品成分具有实质等同性基因修饰生物如在表型性状和成分比较上与市售食品具有等同性，可认为其与市售食品一样安全，无需作进一步的安全性分析。

（2）除某些特定差异外，与传统食品及食品成分有实质等同性，指传统食品经特定的基因定向修饰后需对基因的产物作集中性安全性分析。即对目标蛋白的结构功能及基因表达产物产生的其他物质，如脂肪、碳水化合物或小分子化合物作安全性分析并证明其安全性。

(3) 与传统食品及其成分无实质等同性，应全面分析新食品的营养性和安全性。首先应分析宿主生物、载体插入基因、重组 DNA 及其基因表达产物的分子、生物学、化学特征和营养成分等，根据分析结果，再结合该新食品在人类膳食中的作用，确定是否进行进一步的体内、外毒理学、营养学评价。

实质等同性概念是安全性评价过程中的关键步骤，这一概念被用来鉴别新食品和其传统认为是重组 DNA 植物食品安全性评价的最适当策略。通过这种方式进行安全性评价并不意味着新产品的绝对安全，它更注重针对于任何确定的差异方面的安全性进行评价，因此新食品相对于传统对应物的安全性即可得到考虑。由于转基因产品的复杂性，其远期影响包括营养学、毒理学还需深入监测，因此实质等同本身并非是安全性评价的全部，而是构建新食品相对于其传统对应物的安全性评价这一框架的起点。

（四）安全性评价的框架

重组 DNA 食品的安全性评价遵循一个逐步的过程，这一过程涉及以下相关因子：新品种的描述、宿主植物及其被用于食品的描述、供体的描述、遗传修饰的描述、遗传修饰的特性。安全性评价包括：所表达的物质（非核酸物质）、重要组分的组成分析、代谢评价、食品加工、营养的改变和其他。

引入非核酸物质的安全性评价。体外核酸技术导入的 DNA 能导致植物体内合成新的物质，这些物质可能是植物食品的常规组分（如蛋白质、脂肪、碳水化合物、维生素），但对于重组 DNA 植物来说是新的成分。考虑到暴露原因，当一种物质或一种密切相关的物质作为食品可安全食用时，则不需考虑传统的毒理学试验。

在其他情况下，对引入的新物质有必要进行传统的毒理学试验研究。这需要从重组 DNA 作物中分离出新物质，或从另一种替代来源合成或产生该物质。在这种情况下，该物质必须在结构、功能和生化方面都与 DNA 植物所产生的物质具有等同性。引入物质的安全性评价应该确定此物质在重组 DNA 植物可食用部分的浓度，包括其变异和均值。也应考虑到其在亚人群当前膳食中的暴露和可能产生的效应。以蛋白质为例，对其潜在毒性的评价应集中于蛋白质与已知蛋白毒素和抗营养物质（如蛋白酶抑制剂、凝集素）的氨基酸序列相似性，其对热/加工的稳定性以及对适宜、典型的胃肠模型降解的稳定性。

如果尚未安全食用过的食品中的蛋白质与已安全食用的食品中的蛋白质无相似之处，则可进行适宜的动物试验。应表明所表达的特性与可能对人体健康产生危害之供体的任何特性无关。要提供确保供体中编码已知毒素或抗营养素的基因不被转入到在正常情况下并不表达这些毒素或抗营养素的重组 DNA 植物中的信息，这在重组 DNA 植物与供体的加工方式不同时显得尤为重要，因为对供体生物的传统加工技术可能使抗营养素或毒素失活。另外，在按个例处理的基础上还需对引入物质的毒性经体内、外研究加以评价。此研究依赖于引入物质的最初来源及它们的功能，研究内容可包括代谢测定、毒物动力学、慢性毒性/致癌性、对生殖功能的影响以及致畸性。

安全性评价应考虑到任何物质的潜在蓄积，如毒性代谢物、污染物或可能由于基因修饰而产生的害虫控制剂等。

（五）安全性评价的主要内容

转基因食品的安全评估，一般按以下内容进行：

1. 过敏性

食物过敏反应（food allergy）是一种特殊的病理性免疫反应，其主要原因是人体对某种原本无害的食品过敏源（food allergen）产生不正常的免疫反应（不耐受反应），并产生相当量的食品过敏源特异性 IgE 免疫球蛋白。由 IgE 介导引起过敏反应的常见食物有鱼类、花生、大豆、牛乳、蛋、甲壳纲，约占过敏反应的 90%。由于食物过敏源几乎都是蛋白质，且过敏反应目前尚无预防措施，故将转基因食物过敏性评价设为安全性的指标之一。特别是当修饰基因供体是过敏的食物，则对此类食品潜在的过敏性分析将成为其安全性评价的要点。

2. 毒性反应

许多生物体含有毒性物质。若修饰基因来自此类生物，则需检测转基因食品是否带有相同或相关的毒性蛋白，并与传统食品作实质等同性分析以证明其安全性。

3. 水平基因转移

转基因食物安全性的另一焦点问题是外源基因是否能够水平转移至肠道微生物或人体细胞，从而对机体的正常生理功能造成特别的影响；或在生长时释放至周围或环境生物中，从而扰乱生态平衡。从分子生物学角度来看，这种水平基因转移的可能性极小。目前尚无此类转化实例的报道，也无扰乱人体和环境的证明。

4. 与生物技术改良的有关食品变化产生的任何非预期影响

目前对转基因食品安全性的评估主要还侧重于对健康、营养和自然环境的负面影响，随着转基因食品社会影响的深化还可能对心理、文化和伦理产生潜在影响，FAO/WHO 在新出版的转基因食品研究报告中已考虑到现代食品生物技术给人类社会带来的多方面的影响，针对这种新出现的情况要求新型的转基因食品在投入市场之前扩大评估范围，对任何有可能出现的非预期影响进行严格的风险分析和管理，预防新技术食品对人类社会的风险危害。

（六）目前对转基因食品安全性的初步评价

(1) 因为所有生物的 DNA 都是由相同的 4 种碱基组成，标记基因在胃肠中与生物食品中含有的 DNA 一样被降解，所以 WHO 认为食品中的转基因 DNA 本身并没有安全性问题。

(2) 关于“基因多效性” 目前既无基因随机插入而激活毒性代谢的报道，也无标记基因插入的不同而引起特殊次生效应或多效应的证据。

(3) 关于标记基因编码蛋白的安全性 标记基因是帮助对转基因生物工程体进行筛选和鉴定的一类外源基因，包括选样标记基因和报告基因。常用的选择标记基因有抗生素抗性基因和除草剂抗性基因。目前尚无转基因作物中标记基因编码的蛋白有直接毒性的证据，经过序列分析也未得出标记基因编码蛋白的氨基酸与毒性蛋白氨基酸有同源性。但是，如果标记基因来源于含有食品过敏源的生物，则有可能在转基因作物中表达而产生过敏性，但目前还没有这方面的证据。至于标记基因编码的蛋白质是否参与其他代谢中的催化等功能还有待于进一步的研究。

(4) 标记基因及其产物对人、畜等动物的安全性　突出的问题是关于 Bt 基因的安全性。Bt 杀虫蛋白基因已被广泛地转入植物，使其获得抗鳞翅目昆虫的侵害。因为苏云金杆菌（含 Bt 基因）作为生物防虫制剂已在世界各地应用近 30 年，对人、畜、禽、鱼都是安全的，所以认为含该基因的转基因作物也理应是安全的。转基因 Bt 玉米在美国已被批准种植了 5 年，目前各有关部门都认为是安全的，但有两点应引起注意：第一，大面积种植的含 Bt 的转基因作物是否会引起选择压力的增大而导致昆虫对 Bt 产生抗性；第二，应测试不同类型的 Bt 杀虫蛋白的急性、慢性毒性，抗蛋白酶能力等和蛋白酶抑制剂、歇毒蛋白和凝集素等杀虫蛋白基因产物对人、哺乳动物、禽和有益昆虫的潜在危险。目前抗病和抗除草剂的目标基因及其产物对人畜等动物的安全性还没有详细数据。

(5) 转基因作物中通常含有标记基因和目标基因，这些基因会随转基因作物的花粉发生基因漂流至临界作物，也可通过 DNA 的直接转移将基因扩散到某些土壤微生物或人畜肠道微生物。但这种转化几率非常小，而且不可能提供转化子表达的条件，所以转基因不会改变土壤和肠道微生物生态，也不会发生明显的基因扩散。

第五节　转基因食品的检测方法

目前已有的转基因产品的检测方法分为以表达蛋白为目标和以外源 DNA 为目标的两类，有免疫学方法、核酸探针法和分子标记法。检测目标包括：DNA、RNA 和蛋白质，其中蛋白质的检测用血清学方法，DNA 和 RNA 的检测主要采用 PCR 及核酸杂交的方法。通过对蛋白质和核酸的检测不但可以确认转基因食品种类，而且还可以确认转基因成分的含量。

一、除草剂活性的生物分析法

除草剂活性的生物分析法是检测未加工材料的某种特定特征的存在或缺失（如抗除草或耐除草性征）的方法。该方法对可发芽的种子和谷粒的性征识别非常准确，是种子公司的一种精确、廉价、实用的初步预防性检测方法。该方法对每个样品的检测包括阴性特征和阳性特征的对照准确性取决于发芽情况，发芽数目越高则检测可信度水平越高。除草剂生物分析法只能用来检测可发芽的种子或谷粒，不能检测加工食品。每个检测需 7d 完成。

二、免疫学分析技术

免疫学分析技术是从蛋白质水平对转基因食品进行检测，即对外源蛋白质的测定。其基本原理是通过抗原（antigen）抗体（antibody）之间的特异反应来实现的。抗原抗体反应是一种非共价键特异性吸附反应，通常情况下，抗原只与它自己（或者具有相同抗原决定族的抗原）诱导产生的抗体发生反应。这种方法的主要优点是具有高度的特异性，即使在待测样品中有干扰性化合物存在时，也能准确地识别抗原性物质。可将其分为蛋白质印迹法（也称 Western 杂交）、酶联免疫法（enzyme linked immune absorbent assay，ELISA）、试纸条法和快速检测试剂盒法。

（一）蛋白质印迹法

蛋白质印迹法将电泳较高的分离能力、抗体的特异性和显色酶反应的灵敏性结合起来，是检测复杂混合物中特异蛋白质的最有力的工具之一，普遍用于分离、检测特异的目的蛋白质，灵敏度为1～5ng。它可确定一个样品中是否含有低于或超过预定限值水平的目的蛋白质，特别用于不可溶蛋白质的分析。van Duijn 等人用蛋白质印迹法检测 Roundup Ready 大豆中的 CP4 合成酶的含量，检测限为 5～10mg。经验证这种方法可以应用于转基因 Roundup Ready 大豆原料和大豆蛋白质产品的检测。Western 杂交检测的关键是抗体的制备。

（二）酶联免疫吸附法

ELISA 检测是将抗原和抗体反应的特异性与酶对底物的高效催化作用结合起来，根据酶作用于底物后的显色反应，当抗原与抗体结合时，借助于比色或荧光反应鉴定转基因食品。此法通过酶反应将抗原抗体反应信号放大，不仅提高了检测灵敏度，而且还能产生有颜色的底物，通过仪器或肉眼识别。一般在酶联板上或膜上进行检测，检测时间约需 4h。这种方法具有高度选择性、灵敏性和商业可利用性。ELISA 既能定性又能定量，Rogan 等人用 ELISA 法能检测出传统大豆加工产品中混有 2%的转基因大豆 Roundup Ready。

免疫测定的主要缺点之一是复杂基质对它的准确性和精确度有干扰，如加工的蔬菜和食品。实际上，许多存在于食物基质中的物质，如表面活性剂（皂角苷）、酚化物、脂肪酸、内源磷酸（酯）酶均可能抑制特异的抗原-抗体相互作用。此外，外源基因表达的蛋白质在较低水平时或热处理变性时，免疫方法的检测能力下降。某些导入蛋白质并不是在植物的所有组织中均有表达，例如在玉米中一些蛋白质大部分表达在叶子中，而不在谷粒中。特别需要指出的是，在加工过程中蛋白质会发生降解，因此这种技术只适合未加工的原材料的检测。而且如果导入的 DNA 没有表达相应的蛋白质，也不能应用这种技术。

（三）试纸条法

试纸条法（lateral flowstrip）主要将特异性抗体交联到试纸条上，当纸上抗体与特异抗原（待测抗原）结合后，再与带有标记物的特异抗体进行反应，即可在试纸条上形成带有颜色的三明治结构。如果样品中无待测抗原，则不显色。此法不需要特殊的仪器设备，适用于现场检验或初筛。

三、DNA 检测法

DNA 分子是相当稳定的，因此 DNA 检测法适合多数种类的样品（原料、食品配方组成成分、加工产品）的检测。转基因食品的 DNA 检测方法的基础原理是互补的 DNA 双螺旋的两条链的序列特异性杂交。转入作物中的 DNA 构成了具有某种功能的元件，它们通常是启动子序列、结构基因和基因的终止子序列。欧盟当前使用的基因修饰物大多是三个基因元件：Camv35S 启动子、NOS 终止子及 NptI1 等报告基因。因为这些元件也天然存在于一些植物和土壤微生物中，所以用 PCR 检测有可能呈现假阳性。应用于转基因食品检测的特异性 PCR 方法可防止假阳性，该方法采用一套成对引物，这些引物横跨两个毗邻的基因元件或特异地结合目的基因序列。

（一）PCR 技术（polymerase chain reaction，PCR）

PCR 技术（聚合酶链反应技术）是指模拟体内 DNA 复制方式在体外选择性扩增 DNA 某个特殊区域的技术，它能在短时间内准确地大量复制目的顺序，具有灵敏度较高、特异性强、可准确定量等优点，是目前转基因食品检测中最为成熟的方法。

PCR 的基本要素包括模板、引物、合成 DNA 的原料即 dNTP 和 DNA 聚合酶。该方法的一个关键的限速步骤是 DNA 抽提与纯化。对 9 种 DNA 抽提方法进行了比较分析，目前有两种方法被广泛应用：CTAB 方法和 Wizard 方法。这两种方法都可以分离出令人满意的 DNA，较少出现 DNA 的降解并且成本较低，在 GMO 检测中被广泛应用。确定抽提 DNA 产物的方法有：①用限制性内切酶对扩增产物特异性剪切；②用一个 DNA 探针与目的基因特异性杂交；③对 PCR 产物直接测序；④巢式 PCR 法。抽提出的 DNA 质量可以用 260nm 紫外光谱来评估。

PCR 既可做定性又可做定量分析，目前大多以定性检测为主，定性检测的检出范围为 0.1%，但该项技术的检测结果也有可能出现假阴性或假阳性结果。

1. 定性 PCR 技术

转基因食品重组 DNA 的基本结构包括启动子、目的基因、终止子和标记基因，其中启动子和终止子为表达目的基因所必需的。到目前为止，全世界已有 30 多种转基因食品得到相关国家的安全评价，在现有的商品化转基因食品中绝大多数含花椰菜花叶病毒启动子 CaMV35s、根癌农杆菌转录终止子 NOS 及抗生素抗性基因 NFI′Ⅱ。这就为人们建立相应的 PCR 筛选检测方法提供了便利，通过 PCR 扩增这些特殊的启动子和终止子序列，是目前最常用的鉴定食品中有无转基因成分的方法。Shirai 等通过对 35s 启动子、NOS 终止子的检测，实现了对抗草甘膦大豆 Roundup Ready 转基因成分的筛选检测。曹际娟等对转基因玉米及其粗加工食品，如爆米花、熟玉米棒、速溶玉米片的基因进行了 PCR 定性检测。但定性的 PCR 方法对转基因玉米原材料的灵敏度比转基因大豆原料略低（如检测 0.1%的转基因玉米种的 35s 启动子的假阴性数量是 14 个，而相应的转基因大豆的 35s 启动子的假阴性数量是 5 个）。PCR 方法已经发展为检测转基因 Roundup Ready 大豆的方法，呈现高度特异性和敏感度，适用于从大豆到豆制品、大豆蛋白质、卵磷脂及豆油的半成品和终产品样品，迄今为止，利用定性 PCR 检测技术可检测如大豆、玉米、番茄、油菜等多种转基因作物。

2. 定量 PCR 技术

尽管采用特异 DNA 片段的定性 PCR 筛选方法已广泛应用于 GMO 食品的检测，但是随着各国有关 GMO 标签法的建立和不断完善，对食品中的 GMO 含量的下限已有所规定。定性筛选 PCR 本身具有的局限性逐渐显现出来，如因其高敏感性常伴有假阳性现象，而操作上的误差加上一些反应抑制因素也可带来假阴性现象，其最大的不足是无法对 GMO 进行定量分析。为此，研究者们在定性筛选 PCR 方法的基础上发展了不同的定量转基因食品的 PCR 检测方法。如在实验设计中引入内部参照反应以消除检测时的干扰，并与已知含量的系列 GMO 标准样品的 PCR 结果进行比较，从而可以半定量地检测待测样品中的 GMO 含量。目前转基因成分的定量检测方法有半定量 PCR（Semiquantitative PCR）、定量竞争 PCR（quantitative competitive PCR）、实时荧光定量 PCR（realtime fluorescence quantitative PCR）。

（1）半定量 PCR　半定量 PCR 是通过同时扩增待测样品和一系列标准样品（0、0.1%、0.5%、1%、2%、5% 转基因食品含量）中的共有核酸成分，如 CaMV35s 启动子，凝胶电泳扫描定量 PCR 产物，由标准品建立的标准曲线来判定待测样品中转基因成分的含量。

（2）定量竞争性 PCR 法（quantitative competitive PCR，QC-PCR）　定量竞争 PCR 的基本原理是采用构建的竞争 DNA 与样品 DNA 相互竞争相同底物和引物，并根据电泳结果以竞争模板的稀释度和结果做标准曲线，从而得到可靠的定量分析结果。其特点是含有内部标准子，可降低实验室之间的检测误差。选择由突变克隆产生的含有一个新内切酶位点的外源竞争性模板，在同一反应管中，用同一对引物同时扩增待测样品与竞争模板（其中一个引物为荧光标记）。扩增后用内切酶消化 PCR 产物，竞争性模板的产物被酶解为两个片段，而待测模板不被切割，可通过电泳或高效液相色谱将两种产物分开，分别测定荧光强度，根据已知模板推测未知模板的起始拷贝数。

构建理想的内标是竞争性定量 PCR 法的关键，前提是假定内标具有与靶基因相同的动力学特点和扩增效率，并且要求 DNA 片段大于 100bp。目前，内标法构建的方法有：靶基因扩增产物的突变；限制性片段的插入或缺失；含靶基因引物结合位点的非同源性 DNA 序列等。其中通过 PCR 方法构建的探针结合位点核苷酸直接突变构建内标物是目前应用最多、最方便的方法。单竞争性 PCR 因为没有考虑样品分析中可能发生的 DNA 降解，通常被用来进行半定量测定，适合于原料和未加工食品的分析。双竞争性 PCR 法则同时考虑了 DNA 的断裂和扩增两个因素，并且有应用设备成本相对较低的优点。

其主要问题是异源双链核酸分子的构成会改变 PCR 反应中靶基因和内标扩增产物的比率，而异源双链核酸分子有相似的电泳特性也会使随后的扩增产物的电泳分析复杂化。3 个欧洲食物控制实验室在确认这些方法时比较了定量 PCR 检测方法的实验操作特性。用 QC-PCR 测定 Bt176 玉米，平均偏离 2%±10%。能够确定大豆 DNA 中 0.3%～36% Roundup Ready 大豆的含量，RSD 为 25%左右。

（3）实时荧光定量 PCR（realtime fluorescence quantitative PCR）　实时荧光定量 PCR 技术是在常规 PCR 基础上，添加了一条标记了两个荧光基团的探针，一个标记在探针的 5′端，另一个标记在探针的 3′端。两者可构成能量传递结构，当两者距离较远时，抑制作用消失，报告基团荧光信号增强。荧光信号随着 PCR 产物的增加而增强。在 PCR 过程中，连续不断地检测反应体系中荧光信号的变化。因为循环参数（ct 值）与 PCR 体系中起始 DNA 量的对数值之间有严格的线性关系，根据阳性梯度标准品的 ct 值就可以准确确定起始 DNA 的数量。它采用了独特的全封闭反应，减少了污染，具有高度的灵敏性。

日本、韩国和美国等采用这一方法分析了 5 个转基因玉米品种（Bt11、T25、MON810、GA21、Event176）和 1 种转基因大豆（Roundup Ready）。结果显示，这种方法能特异定量检测 GMO，Bt11、T25 和 MON810 的检测限为 0.5%，GA21、Event176 和 Roundup Ready 大豆的检测限为 0.1%；同时测试结果表明这种方法可以应用于转基因作物标识制度的实际检测。Vaitilingom 等应用实时定量 PCR 可以在 DNA 抽提出 3h 后检测出含 2μg 的基因修饰物质或 1g 待测样品中的基因组 DNA，并可以在已确认的代表性的食物产品中检测出“Maximizer”玉米和“Roundup Ready”大豆的含量。实时定量 PCR

特异测定 GMO 的检测限（LOQ），在实验上达到了 30～50 目的分子，接近理论预期值。陈颖等采用这一技术建立了商业化转基因玉米 Mon 810 和 Event 176 的定量检测方法，检测灵敏度小于 0.01%，是国际上设定的转基因最低限量的 100 倍。

这种方法的主要缺点是荧光标记探针会在一些食物基质中水解；另外，操作的仪器较贵。尽管如此，它仍然是目前最具应用前景的一种方法。

（二）PCR-ELISA

PCR-ELISA 是一种将 PCR 的高效性、高灵敏度与 ELISA 的高准确度相结合的方法，它是以地高辛标记的特异性探针诱捕 PCR 产物在合适条件下杂交，再用碱性磷酸脂酶标记的链霉亲和素进行 ELISA 反应，既适合于快速的定性筛选又可进行准确的定量分析。

（三）巢式定性 PCR（nested-PCR）

如前所述，PCR 法因其高敏感性常伴有假阳性或假阴性现象，特别在已加工食品中这一现象更为突出，而巢式定性 PCR 由两对巢式引物和两轮 PCR 扩增所组成，极大地提高了检测的灵敏度和特异性，具体方法是在第一轮扩增中使用一对外引物产生扩增产物，然后用一对内引物对第一轮扩增产物进行第二轮扩增。据报道，此法在转基因成分很少时也能将其检测出来。

（四）复合扩增 PCR（multiplex PCR）

复合扩增 PCR 是一种高效的针对多个靶位点进行同时检测的技术。具体是在同一反应管中放入一对以上引物，在同一个反应中同时扩增两个或多个目标基因序列，可以同时针对几个靶位点进行 PCR 技术检测。陶震等采用自行设计的多重 PCR 方法检测了 5 个大豆和 6 个豆粕样品，结果表明该方法不仅可以检测完整的大豆样品，而且可以有效检测整体结构已经遭到严重破坏的豆粕，并可用于检测其他植物材料。Permingeat 等仅用两对引物就可同时检测出转基因玉米 Bt176、MON810、Bt11 和 T25 中存在的CrylA（b）和 pat 基因。多重 PCR 也可同时准确地扩增出 Roundup Ready 大豆的 NOS 和 epsps 序列片段。张平平等为了同时检测转基因食品中所含的多个目标基因序列并排除扩增结果的假阴性，采用多重 PCR 对转基因大豆食品进行了检测，当转基因大豆含量仅为 0.15%时，仍然可以对转基因食品进行可靠的鉴定，从而表明该方法的高度敏感性。多重 PCR 还可同时准确地扩增出 Roundup Ready 大豆的 NOS 和 epsps 序列片段 fl。刘光明根据转基因农作物中常用的花椰菜花叶病毒启动子（CaMV 35s）和根癌农杆菌终止子（NOS）的序列，设计并合成了两对不同的引物和相对应的两种荧光双链探针（FDCP），分别建立了常规 PCR 和应用 FDCP 的新型实时荧光 PCR 检测转基因成分 35s 启动子和 NOS 终止子的方法。试验结果表明，建立的多重 PCR 方法能有效检测出 35s 和 NOS 成分，其中多重 PCR 具有灵敏度高、特异性好的特点，多重荧光 PCR 则更为简便、快速、准确。

（五）电化学发光 PCR（electrochemi luminescence-PCR，ECL-PCR）

电化学发光 PCR 是一种新型的基因检测技术，它将电化学发光的高灵敏性和传统分子生物学方法的稳定性结合于一体，与传统的基因检测方法相比，具有无放射性危害、高灵敏度、操作简便、结果准确等优点。近年来，被广泛地应用于核酸序列分析，基因突变分析，遗传病、转基因物种、病毒、微生物等的检测。

刘晋峰等首次将电化学发光分析方法、PCR 技术和双探针杂交技术结合起来用于转基因植物的检测，希望能够建立一种新的快速准确检测转基因植物的方法。结果显示：非转基因植物样品的电化学发光信号只有几个计数，与空白对照基本一致；而在转基因植物样品中则明显检测到发光信号，信号强度约为101，转基因和非转基因植物样品的电化学发光信号的信噪比很高，认为此方法可以准确地检测到CaMV 35s（cauliflower mosaic virus）启动子的存在，有望成为一种定量检测转基因植物的方法。

四、基因芯片

转基因食物的工作者们在将来所面对的一个挑战是以新的和多个基因调节元件为特征的转基因作物的快速发展。需要有新的技术和设备满足高通量和日益增加的各种GMO的低成本检测。目前使用的转基因食品检测方法只能检测食品中一个外源基因或外源蛋白，如果食品中含有几个外源基因或外源蛋白时，一般的检测方法就对其无能为力了。基因芯片技术正适合于鉴定和分析具有多种特征的转基因食品。它必将成为转基因检测技术的一个新的发展方向。

基因芯片（gene chip）又称DNA微阵列，是指将许多特定的寡核苷酸片段或基因片段作为探针，有规律的排列固定于支持物上形成的DNA分子阵列。芯片与待测的荧光标记样品的基因按碱基配对原则进行杂交后，通过检测杂交信号的强弱判定样品中靶分子的数量和序列信息，此技术可将大量的核酸分子同时固定于玻璃、硅等载体上，这样就可以同时对大量DNA或RNA分子进行检测分析，与传统核酸印迹杂交相比，具有高效、敏捷、精确、快速等优点。目前基因芯片技术已被应用于对大豆、棉花、马铃薯、番茄等转基因食品的检测。它具有PCR的优点，可以精确地进行GMO的定性检测。不同之处为可在固体表面固定上千个特定的探针，一次能够对样品中大量不同种类的GMO进行分析和筛查，具有定性、定量，高通量、集成化和自动化的特点。此外，微阵列技术非常灵活，当有新的GMO出现时可以在阵列中增加布点，将新的基因序列包括在筛查程序中。与其他新兴的技术一样，微阵列技术也存在一些问题，其中主要的问题是如何提高寡核苷酸或cDNA在玻片表面固定的效率，降低高背景的干扰，减少自动杂交的消耗成本，保证相似条件下同一实验操作的结果重现性。微阵列技术作为一种新兴技术，随着技术的完善必将会得到更广泛的应用。

五、其他技术

目前，随着国内外对转基因产品研究的深入，其检测方法正在向着简便、高效、准确、低耗费的方向发展。色谱技术（如 high-performance liquid chromatography，HPLC）、毛细管电泳技术（capillary electrophoresis，CE）、近红外波谱技术（near-infrared spectroscopy，NIS）和超分支滚环扩增技术（hyper-branched rolling cycle amplification，HRCA）将在转基因食品的检测方面发挥越来越重要的作用。

第六节　转基因食品安全管理及相关法规

一、国外对转基因食品安全的管理现状

世界各国在积极发展转基因技术的同时，加强了对转基因产品的监控和管理，但因各

国生物技术发展的历史和水平不同、农业在经济中占的比重不同等诸多因素，所以对转基因产品的管理原则也不尽相同。美国采取着重管理产品本身是否对环境及身体健康造成威胁的可靠科学原则，而欧盟管制的重点是用于生产制造食品的转基因技术，采取预防为主的原则。尽管存在差异，但对转基因食品加强管理已是各国的共识。

（一）国际组织

联合国2000年制定的GMO贸易协定已由62个国家签署通过。在这一被称为《卡塔赫纳生物安全协定书》中规定，任何含有GMO的产品都必须粘贴“可能含有GMO”的标签；出口商必须事先告知进口商，他们的产品是否含有GMO，进口商或其政府有权拒绝进口含有GMO产品。2001年，出席“蒙特利尔生物安全国际会议”的130多个国家的代表通过了《生物安全议定书》，其中规定基因改良产品的出口商必须在产品标签上标注“可能含有基因改良成分”字样；同时各国有权禁止认为可能对人类及环境构成威胁的基因改良食物进口。但此协议必须经50个国家批准后才能生效。世界卫生组织（WHO）和联合国粮农组织（FAO）2001年联合宣布：联合国食品法典委员会已经制定了世界首批评价GMF是否符合健康标准的原则，即GMF在推向市场前，其卫生标准必须经过政府的检验和批准，特别需要检验的是“引起变态反应的能力”。2002年3月8日FAO和WHO宣布，食品法典和地区委员会的特别工作组已经就生物技术食品的风险评估方面提供一个指导框架，并规定了必须逐案对转基因食品在投放市场前进行风险评估的原则。2003年7月1日，国际食品法典委员会通过了三项有关转基因食品安全问题的标准。要求转基因生物产品应该“与其相应的常规产品一样安全”；同时还规定了玉米、大豆等转基因食用植物及用于生产啤酒和奶酪的转基因微生物的安全评估准则；规定了转基因食品营养学变化的检测程序；指出在转基因产品投放市场前应首先进行安全评估。

（二）美国

美国是对转基因食品政策最宽松的国家，采用以产品为基础的管理模式，即转基因生物与非转基因生物没有本质的区别，监控管理的对象应是生物技术产品，而不是生物技术本身。1992年美国FDA公布了转基因作物作为食物的政策。2000年1月7日美国政府对转基因玉米的种植颁布了限令，以防止害虫对转基因玉米中毒素形成抗药性。2001年1月美国出台了“转基因食品管理草案”。强制性地要求制造商必须在转基因食品进入市场前至少120d，向美国食品与药品管理署提出申请，以确认此类食品与相应的传统产品相比具有同等的安全性。在标签中使用“来源于生物工程的”和“生物工程改造过的”等字样，而不用“GMO”、“非GMO”、“GM”等字样。

（三）欧盟

欧盟于1990年4月规定了转基因生物的批准程序。1997年5月批准的《新食品法》规定，经基因工程修饰使得新食品或食品成分不再等同于已经上市的食品，则应对该基因工程食品加贴特殊标签。根据该法规定，所有含有可以检测到GM成分（DNA或蛋白质）的食品都必须加贴标签。标签内容应包括：①GMO的来源；②过敏性；③伦理学考虑；④不同于传统食品（成分、营养价值、效果等)。1998年9月1日欧盟增补了标签指南，规定来自于转基因豆类和玉米的食品（目前不包括食品添加剂如大豆卵磷脂）必须标签。2001年颁布了关于转基因生物的审慎释放的指令于2002年10月17日开始实施。欧盟议会于2003年7月2日通过了有关转基因食品和动物饲料的新法规，在两年内必须在欧洲所有超市中对食物贴上清楚标明食物成分是否包含转基因的标签。各成员国的农民允许播种转基因作物用于商业销售，简化和统一转基因产品的上市审批程序，还规定转基因物质含量在0.9%以上的农作物、食品、动物饲料和植物油等必须清楚标明“本产品为转基因产品”。

（四）英国

英国在1999年3月进一步规定，餐馆和咖啡厅等出售的食品中如果含有转基因成分，必须在菜单上注明。英国消费者协会经过调查发现，1/4以上的消费者希望餐馆和超级市场一样，都在商品上标明是否掺有任何转基因作物成分。

（五）日本

日本对转基因食品也采用限制进口的措施。所有转基因食品必须通过农林水产省的安全评价后才准许进口。1991年5月日本厚生省制定了转基因食品和食品添加剂安全性审查准则。1996年1月进行部分修订，追加了直接食用转基因种子植物的安全性审查。2000年4月实施的《转基因食品的标准值内容及实施办法》，对28种含有可检测量转基因配料的食品（包括大豆、玉米和马铃薯）进行强制性标记。含有5%以上源于转基因作物的DNA或蛋白质的食品都必须标记。转基因和非转基因的混合食品应标记为“无差异性”。在产品加工过程中转基因原料蛋白质和遗传成分被降解的产品（如酱油），不需标记。

（六）澳大利亚、新西兰

新西兰虽然目前暂时禁止转基因技术的商业化运作，但不禁止从别国进口含转基因成分的食品出售或原料进行再加工。加工的含转基因成分的食品在新出售以前，必须经过澳、新食品管理局的评定。所有使用转基因技术加工生产的食品，包括各种辅助剂和添加剂，都必须标明其含转基因成分的状态，以供消费者选择。在该食品中含量<0.1%的转基因调味料可以不用标识。餐馆、酒吧和快餐店所售食品可以不必进行标记，但顾客有权询问其转基因成分。

澳大利亚1999年5月起实施《转基因工程生产的食品标准》，规定对用基因工程技术生产的食品必须进行安全性评价，如未认可，不得进入市场销售。转基因食品必须加以标注。澳大利亚还于2000年制定了《基因法》，设立了基因技术执行长官，负责对转基因生物安全评价及其管理事务。

（七）俄罗斯

俄罗斯从1999年7月起，对转基因食品及其原料建立州政府登记制度，在转基因食品投放市场前，必须通过医学科学院食品研究所的鉴定，然后才能取得国家登记证书，国家登记证书有效期为3年，到期后如续登可延长到5年。未在外包装的商标、标签及说明文字中指出所含转基因成分的转基因食品和药物不准出售。

（八）瑞士

瑞士政府规定，如果食品中转基因成分不超过1%的，不需在标签上标明；超过或无法确定的，需标签说明。

（九）加拿大

在加拿大转基因农产品和食品被归为“新型食品”类。按照《新型食品规定》的要求，在销售或广告推销新型食品（包括转基因食品）之前，生产商必须告知卫生部产品安全局，并提交有关该食品的详细资料。经卫生部审查批准后，产品才可进入市场销售。在产品标识上转基因产品与传统产品享受相同待遇。1995年发布了《新食品资源法》和《新食品安全评价指南》，对通过生物技术生产的食品实施安全管理审批制度。没有强制性地对所有转基因食品作标签表述，只要表述真实而无误导的，允许食品生产商进行自愿性的标签表述。当基因突变导致对部分消费者造成可能的健康与安全风险时，比如引入某种已知的过敏原，要求转基因食品实行强制性标签。

（十）韩国

韩国国会通过了食品卫生修改案。2001年7月开始实行转基因食品标识制。如违反这一法律，将被处以2年以下徒刑和1000万韩元的罚款。与此同时，从2001年3月起，大豆、玉米等4种作物必须标明是否是转基因农作物，如违反这一规定，也将处以1000万韩元的罚款。2001年9月1日起对所有进口的大豆、玉米以及含有这些成分的食品要求加贴“转基因”标识，并出具转基因检测证明，马铃薯的标识从2002年3月开始实施。

二、我国对转基因食品的管理及相关法规

我国政府对转基因食品的安全以及可能带来的风险给予了高度重视，十余年间国家出台了一系列相关的法律法规。

1992年国家卫生部颁布了《新资源食品卫生管理办法》，其中明确规定了新资源食品的定义和管理范围。对新资源食品的试生产、正式生产的审批及其包装标识和产品说明书作了规定，转基因食品作为一类新资源食品，我国卫生部转基因食品卫生管理办法规定，须经卫生部审查批准后方可生产或者进口转基因食品。

国家科委于1993年12月24日颁布了《基因工程安全管理办法》，主要从技术角度对转基因生物进行宏观调控。按照潜在的危险程度将基因工程分为4个安全等级（Ⅰ、Ⅱ、Ⅲ、Ⅳ级），分别表示对人类健康和生态环境尚不存在危险、具有低度危险、具有中度危险及具有高度危险。规定在从事基因工程实验研究的同时还应进行安全性评价。其重点是目的基因、载体、宿主和遗传工程的致病性、致癌性、抗药性、转移性及生态环境效应以及确定生物控制和物理控制等级。

1996年7月10日，农业部发布了《农业生物基因工程安全管理实施办法》，从保护我国农业遗传资源，农业生物工程产业和农业生产安全角度对转基因作物的实验研究、环境释入或商业化生产进行管理。就农业生物基因工程的安全等级和安全性评价、申报、审批、安全控制措施及法律责任均作了规定。生物技术农产品的商品化生产要报农业部批准。

1998年5月，农业部生物工程安全委员会批准了6个准许商业化的许可证，其中3个涉及食品即抗病番茄、抗病甜椒和耐贮番茄。

2000年国家环保总局牵头，8个相关部门参与，共同制定了《中国国家生物安全框架》。2000年7月18日通过的《中华人民共和国种子法》对转基因植物的品种选育、试验、审定和推广的安全性评价、安全控制措施做出明确规定。

2001年6月6日，国务院公布的《农业转基因生物安全管理条例》规定，不得销售未标识的农业转基因生物，标识应注明产品中含有转基因成分的主要原料名称；有特殊销售范围的还应注明并在指定范围内销售。对出口农产品、进口农业转基因生物方面也作了明确规定。

2001年9月5日，国家质量监督检验检疫总局颁布并实施了《进出境转基因产品检验检疫管理办法》。

2002年1月5日，农业部签发了三个农业法令《农业转基因生物安全评价管理方法》、《农业转基因生物进口安全管理办法》和《农业转基因生物标识管理办法》三个配套细则，从实验研究、中间试验、环境释入、商业化、生产等进行全面管理。要求从2002年3月20日起，含有转基因成分的大豆、番茄、棉花、玉米、油菜等5种农作物及其产品（如大豆油）需要标明转基因成分才能加工和销售。用农业转基因生物加工制成的产品、已不再含有或检测不出转基因者，应标注为“本产品为转基因××加工制成，但本产品中已不再含有转基因成分”，否则将处以1万～5万元的处罚。第一批列入目录的农业转基因生物是“大豆种子、大豆、大豆粉、大豆油、豆粕、玉米种子、玉米、玉米油、油菜种子、油菜籽、油菜籽油、油菜籽粕、棉花种子、番茄种子、鲜番茄、番茄酱等”。我国对转基因食品实行了生产许可证和经营许可证管理，以确保转基因技术应用的安全。

2002年4月8日，国家卫生部颁布了《转基因食品卫生管理办法》，并于7月1日开始实施。规定：“以转基因动植物、微生物或者其直接加工品为原料生产的食品和食品添加剂”必须进行标识。要标注“转基因××食物基因，请××食物过敏者注意”。规定转基因食品安全性和营养质量评价采用危险性评价、实质等同、个案处理原则。卫生部设立了转基因食品专家委员会，负责转基因食品食用安全性与营养质量的评价工作。委员会由食品安全、营养和基因工程等方面专家组成。认定具备条件的检验机构承担对转基因食品食用安全性与营养质量评价验证工作，并规定了标志及监督办法。

三、转基因食品安全管理的对策

转基因食品的出现是市场化发展的必然，符合国际社会对生物技术发展、食品选择的取向，带来的好处也是显而易见的。但由于转基因食品本身所具有的各种特殊性，无法真正对其潜在的环境和食用安全性进行评价，至今也没有关于转基因食品安全性的国际标准。为了最大限度地保证环境安全和消费者食用健康，有必要采取措施，促进转基因技术研究和管理的健康发展，使之创造较大利益。

（一）合理应用生物技术

与快速发展的转基因食品的研制与推广速度而言，对其管理则显得有些滞后。有必要对转基因生物技术制定合适的原则，如“需求原则”，即在进行转基因食品生产之前，必须有证据证明对其产出有需要，以从源头上控制生产不必要或可能造成长期风险转基因食品的可能性。对我国转基因食品安全要进行严格而非局限的管理，将转基因方面的立法与国际惯例接轨，覆盖转基因生物安全的各个方面，为其健康发展提供保障，准确地把握执行条款的尺度，既要保证转基因食品的安全性又不过于限制转基因技术的发展，为我国转基因技术的发展提供一个良好的环境。完善生物工程转基因安全性法律制度，实现转基因技术的可持续发展。

（二）加强检测和风险评估

虽然转基因食品的推广可以带来可观的经济利益和社会效益，但是不能忽视其潜在的风险，要从可持续发展的角度，对其长期可能具有的影响有充分的考虑。我国目前转基因技术的安全技术手段还比较弱，虽然我国科技部和农业部于1993年和1996年分别颁布了《基因工程安全管理办法》和《农业生物基因工程安全管理实施管理办法》，但执行力度有待加强。我国应加强转基因食品的检测工作，加快转基因食品安全性研究和评价技术的步伐，做到对转基因食品的检测快速、准确而经济，对转基因食品的安全评价公开、透明。

关于转基因食品安全性评价至今还没有一个公认的方法程序，1993 年国际经济合作与发展组织在《现代生物技术安全性评价：概念和原则》的报告中提出了“实质等同性”的概念，即转基因食品是否与目前市场上销售的传统食品具有实质等同性。1996 年在联合国粮农组织（FAO）/世界卫生组织（WHO）专家咨询会上，专家建议实质等同性的原则适应于所有转基因生物的安全性评价。此原则是目前国际上公认的安全性评价准则，目前美国、加拿大、澳大利亚等已建立了健全的从事食品安全与环境检测的管理机构和严格的安全标准，并以实质等同性为基础，对每一种新的转基因食品都要做一系列评价和检测，若无异议，经登记后方可生产。

我国加入 WTO 后，国外越来越多的转基因产品涌入我国市场。因此，国家应进一步完善进口产品的检验和监督管理制度，特别要加强转基因产品的安全性检测，尽可能在 WTO 规则允许的范围内控制未经相关试验的转基因品种及其产品进入国内市场。

（三）完善转基因食品的标识制度

对转基因食品实施标识管理是世界多数国家和国际组织的普遍做法，主要是为了维护消费者的知情权和选择权。另外，转基因食品中含有同类天然食品所没有的异体物质，有可能引起个别的过敏反应。因此，有必要实行标签标示制度，使消费者了解食品性质。

我国对转基因产品的消费问题，采取了国际上通行的做法，对转基因产品实行标识，让消费者自行选择，给消费者提供关于转基因产品的真实、准确的信息。消费者在购买转基因食品时，有权向经营者询问其性能、有效期限、生产厂商等问题；经营者也有义务和责任向消费者说明具体情况。消费者如果食用了没有标识的转基因食品，可以向当地相关部门举报。但据了解，近年来我国进口的很多转基因食品都没有贴上转基因标签说明身份，标识制度有待完善，而加强监管是确保知情权的关键。

（四）加大生物技术的研究力度

现代生物技术不断向食品领域渗透，为了尽量避免负面效应发生，在研究与开发转基因产品的同时，应加强对转基因食品生态风险和食用安全的防范性应用研究。加大科学研究力度，进一步探讨转基因技术及其产品的研制与开发利用的方法。政府要继续加大对转基因生物安全技术工作的支持力度，将其列入国家相关发展计划中，以建立一套既符合国情，又与国际接轨，且科学合理的转基因食品安全管理体系。在发展自身技术水平的同时，积极开展国际合作，借鉴欧美发达国家的开发和管理方法，及时获得国际信息，缩小与发达国家的差距。

（五）对公众进行广泛的宣传教育

转基因食品对于消费者来说应该并不陌生，目前我们食用的大豆色拉油有 50%是转基因技术生产的，但是消费者对转基因食品的认知却停留在初试阶段，毕竟转基因食品兴起的时间不长，普通老百姓对转基因食品这个概念也不是很了解。食品的“安全”与“危险”只是相对的概念，世上没有绝对安全的食物。到目前为止，还没有食用转基因食品造成人体伤害的实际证据。因此。我们应该用理性的眼光看待转基因食品，加强相关的科学知识的宣传，进行正确的舆论引导，让公众了解转基因技术和转基因食品，使其具有选择、接受安全的转基因食品的能力。设立权威性的咨询机构，为消费者提供有效的指导。

四、结 束 语

转基因食品的生产前景广阔，发展转基因食品符合我国的战略需要，应正确评估转基因食品的安全性，根据“实质等同性”等原则，对不同转基因食品实施有效的检测，对转基因技术和食品进行有效评估和监控，从而促进我国转基因技术和转基因食品生产的健康快速发展。21世纪将是生物技术蓬勃发展的时代，转基因食品的兴起是生物技术革命的必然。转基因技术带给我们的不仅是餐桌上的革命，巨大的市场和高额的利润，也将是思维与生活方式上的变革。尽管转基因食品就总体而言尚处于起步（或称初级）阶段，但是它的发展具有划时代和革命性的意义，其前景是光明的，更是势不可挡的。事实上，已有不少转基因食品进入了人们的日常生活。在许多国家，包括我国，食用转基因的大豆、玉米、小麦、油菜等及其制品已是很平常的事，从婴幼儿乳制品、面包、蔬菜、豆制品、食用油到日常面食等，人们每天都在普遍地、下意识地、不知不觉地、甚至于被动地食用着转基因食品。从现有的科学研究看，包括数以亿万计的人群试验结果说明，没发现现有的转基因食品会损害人体的健康和生态环境，可以说目前的转基因食品是安全可靠的。鉴于我国人多耕地少，转基因食品将是丰富和保障我国食品供应的一个高科技手段。同时，它是实现我们人口与自然资源可持续发展梦想的理想途径。完善科学监控体系，包括相应的法典，能够有效地规避转基因食品可能带来的风险。科学发展史告诉人们，科学技术是一把双刃剑，只要我们顺应和符合自然发展的规律，就能成功地驾驭它并使之规避风险、兴利除弊，为人类谋取幸福。因此，如何正确地对待转基因食品不仅是一个自然科学问题，而且也是一个社会科学问题。科学家们不仅有责任明智和人道地利用新知识来发展健康的转基因食品生物技术，造福子孙后代，而且也有义务向普通消费者科学传播转基因食品的基本知识，让消费者对转基因食品有一个正确的认识，理智地对待转基因食品，消除消费者的顾虑。同时建立转基因生物安全评价和检测体系，通过严格的、行之有效的检测，加强对转基因生物（包括转基因食品）的监督和管理，确保人类赖以生存的地球生态环境和生态系统不被基因污染和破坏，保护人类的安全与健康。

参 考 文 献

［1］ Xu C，Chakravarty K，Kong X *et al*.. Several transcription factors are recruited to the glucose-6-phosphatase gene promoter in response to palmitate in rat hepatocytes and H4 Ⅱ E cells. J Nutr. 2007 Mar；137（3）：554～559

［2］ Dalla Costa L，Martinelli L. Development of a real-time PCR method based on duplo target plasmids for determining an unexpected genetically modified soybean intermix with feed components. J Agric Food Chem. 2007 Feb 21；55（4）：1264～1273

［3］ Jeganathan J，Nakhla G，Bassi A. Oily wastewater treatment using a novel hybrid PBR-UASB system. Chemosphere. 2007 Apr.；67（8）：1492～1501

[4] Watanabe T, Tokishita S, Spiegelhalter F *et al.*. Development and evaluation of event-specific qualitative PCR methods for genetically modified Bt10 maize. J Agric Food Chem. 2007 Feb 21; 55 (4): 1274～1279
[5] Sinha G. AGBIOTECH. GM technology develops in the developing world. Science. 2007 Jan 12; 315 (5809): 182～183
[6] Sotgiu A, Tala M, Sardu G *et al.*. Genetically modified organisms: European and Italian legislation to protect citizens' health Ig Sanita Pubbl. 2005 Sep-Oct. ; 61 (5): 475～496
[7] Ocana MF, Fraser PD, Patel RK *et al.*. Mass spectrometric detection of CP4 EPSPS in genetically modified soya and maize. Rapid Commun Mass Spectrom. 2007; 21 (3): 319～328
[8] Yang L, Guo J, Pan A *et al.*. Event-specific quantitative detection of nine genetically modified maizes using one novel standard reference molecule. J Agric Food Chem. 2007 Jan 10; 55 (1): 15～24
[9] Rege K, Viswanathan G, Zhu G *et al.*. In vitro transcription and protein translation from carbon nanotube-DNA assemblies. Small. 2006 Jun; 2 (6): 718～722
[10] Chen T, Chen G. Identification and quantitation of pyrethroid pesticide residues in vegetables by solid-phase extraction and liquid chromatography/electrospray ionization ion trap mass spectrometry. Rapid Commun Mass Spectrom [J]. 2007; 21 (12): 1848～1854
[11] Mughari AR, Parrilla Vázquez P, Martínez Galera M. Analysis of phenylurea and propanil herbicides by solid-phase microextraction and liquid chromatography combined with post-column photochemically induced fluorimetry derivatization and fluorescence detection. Anal Chim Acta [J]. 2007 Jun 19; 593 (2): 157～163
[12] Degelmann P, Egger S, Jürling H, *et al.*. Determination of sulfonylurea herbicides in water and food samples using sol-gel glass-based immuno-affinity extraction and liquid chromatography-ultraviolet/diode array detection or liquid chromatography-tandem mass spectrometry. Agric Food Chem [J]. 2006 Mar 22; 54 (6): 2003～2011
[13] He J, Hou X, Jiang H, *et al.*. Multiresidue analysis of avermectins in bovine liver by immunoaffinity column cleanup procedure and liquid chromatography with fluorescence detector. AOAC Int [J]. 2005 Jul-Aug; 88 (4): 1099～1103
[14] Hou X, Jiang H, Ding S, *et al.*. Multiresidue analysis of avermectins in cattle liver by liquid chromatography/tandem mass spectrometry. AOAC Int [J]. 2006 Jul-Aug; 89 (4): 1110～1115
[15] Colquhoun IJ, Le Gall G, Elliott KA *et al.*. Shall I compare thee to a GM potato? Trends Genet. 2006 Oct; 22 (10): 525～528
[16] Xia S, Lu Y, Wang J *et al.*. Melanoma growth is reduced in fat-1 transgenic mice: impact of omega-6/omega-3 essential fatty acids. Proc Natl Acad Sci U S A. 2006 Aug 15: 103 (33): 12499～12504
[17] Koropatkin NM, Koppenaal DW, Pakrasi HB *et al.*. The structure of a cyanobacterial bicarbonate transport proteinm, CmpA. J Biol Chem. 2007 Jan 26: 282 (4): 2606～2614
[18] Funke T, Han H, Healy-Fried ML *et al.*. Molecular basis for the herbicide resistance of Roundup Ready crops. Proc Natl Acad Sci U S A. 2006 Aug 29; 103 (35): 13010～13015
[19] Morris SH. EU biotech crop regulations and environmental risk: a case of the emperor's new clothes? Trends Biotechnol. 2007 Jan; 25 (1): 2～6
[20] Kim SH, Kim HM, Ye YM *et al.*. Evaluating the allergic risk of genetically modified soybean. Yonsei Med J. 2006 Aug 31; 47 (4): 505～512
[21] Begg GS, Gullen DW, Iannetta PP *et al.*. Sources of uncertainty in the quantification of genetically modified oilseed rape contamination in seed lots. Transgenic Res. 2007 Feb; 16 (1): 51～63

[22] Melnitchouck A, Leinweber P, Broer I *et al.*. Pyrolysis-field ionization mass spectrometry of rhizodeposits-a new approach to identify potential effects of genetically modified plants on soil organisms. Environ Biosafety Res. 2006 Jan-Mar.; 5 (1): 37～46

[23] Basha E, Friedrich KL, Vierling E. The N-terminal arm of small heat shock proteins is important for both chaperone activity and substrate specificity. J Biol Chem. 2006 Sep. 19.

[24] 刘晓云，何晓维. 转基因食品安全评估. 食品工业科技，2005 (3): 20～23

[25] Hillers Virginia N. Food safety and quality topics in National Plans Of Action for Nutrition Food Control, 1997, 8 (1): 7～13

[26] 蔡磊明，王捷，宋宏宇. 主要国际组织关于转基因食品安全性评价的研究动态. 农药科学与管理，2001，5～9

[27] 邓平建，李良成. 转基因食品安全性评价程序和方法. 中国卫生监督杂志，2002，1～4

[28] 王扬，张海琪，郑重莺. 转基因食品安全性评价和安全保障. 广州食品工业科技，2002，4～7

[29] 王瑞淑. 基因食品安全性评价及管理. 预防医学情报杂志，2002，6～10

[30] 郭红卫. 转基因食品的安全性评价概况. 上海预防医学杂志，2001，4～8

[31] 李洁. 转基因食品的安全性评价及管理. 上海预防医学杂志，2001，9

[32] 徐茂军. 转基因食品安全性评价. 食品与发酵工业，2001，6～9

[33] 魏伟，钱迎倩，马克平，裴克全，桑卫国. 转基因食品安全性评价的研究进展. 自然资源学报，2001，2～6

[34] 黄幸纾. 转基因食品安全性评价. 浙江预防医学，2000，7～9

第九章　生物技术与食品工业“三废”治理

食品科学与环境科学紧密相关。食品工业“三废”治理或“清洁生产”也要依靠生物技术。因此，食品工业生物治理“三废”同样是食品生物技术的重要研究领域。

第一节　概　　述

一、环境生物技术涵义

环境生物技术（environmental biotechnology 或 environmental bioengineering）是近20年来发展起来的一门新兴交叉学科。广义的环境生物技术涉及面很广，凡自然环境中涉及环境控制的一切与生物技术有关的技术，都可归结为环境生物技术。德国K. N. Timmis博士认为[1]，生物技术中的三个部分属于环境生物技术的范畴。一是在环境中应用的生物技术；二是涉及环境中的某些可看作为一个生物反应器部分的生物技术；三是与环境材料有关的生物技术。

由于环境生物技术是一门新兴学科，迄今为止，对环境生物工程的定义出现了多种说法。国际环境生物工程学会（ISEB）认为，环境生物工程是开发、利用和调节生物系统污染环境（土地、水、空气）的补救和环境友好的产品生产工艺的工程技术系统。南京大学的程树培教授在其1994年出版的《环境生物工程》中提出[2]，环境生物工程可以认为是生物工程定义的延伸和扩展，即直接或间接利用完整的生物体或生物体的某些组成部分或某些机能，建立降低或消除污染物产生的生产工艺，或者能够高效净化环境污染以及同时生产有用物质的工程技术系统，称为环境生物工程。

近十年来，环境生物工程发展极其迅速，目前已成为一种经济效益和环境效益俱佳的、解决复杂环境污染问题的最有效手段。我国国家环保局在制定1995—2010年科技发展思路框架中也明确指出：要重点研究微生物工程处理技术，大力开展污染场地补救、修复等环境生物工程研究，以解决我国面临的许多环境难题。

二、环境生物技术基本特征

目前生物技术应用于环境保护中主要是利用微生物，少部分利用植物作为环境污染控制的生物。生物技术已是环境保护中应用最广、最为重要的技术，其在水污染控制、大气污染治理、有毒有害物质的降解、可再生能源的开发、废物处置（资源化）、环境监测、环境友好材料的合成、污染环境的修复和污染严重的工业企业的清洁生产等环境保护等各个方面，发挥着极为重要的作用。

环境生物技术的基本特征包括：

(1) 生物技术处理污染物时，最终产物大都是无毒无害的、稳定的物质，如二氧化碳、水、氮气和甲烷等。利用生物方法处理污染物通常能一步到位，可避免污染物的多次转移，因此它是一种消除污染环境而彻底的方法。

（2）由于大部分有机污染物适于作为生物过程反应的底物，其中一些有机污染物经生物过程处理后可转化成沼气、酒精、生物蛋白等有用物质。因此，生物处理方法也常是将有机废物转化为有用资源的首选技术。

（3）生物过程是以酶促反应为基础的，作为催化剂的酶是一种活性物质，因此，生物反应过程通常是在常温、常压下进行的。另外，酶对底物有高度的特异性，因此，生物转化的效率高、副产物少，这与常常需要高温、高压条件的普通化学过程相比，反应条件大大简化，因而投资省、效果好、过程稳定、操作简便，同时，在多数情况下，它还可和其他技术结合使用。

（4）用生物过程代替化学过程可以降低生产活动的污染水平，有利于实现工艺过程生态化或无废物生产，真正实现清洁生产的目标。

（5）生物处理技术除易于大规模应用外，还可利用天然水体或土壤作为污染物的处理场所，从而大大节约处理过程的费用。

（6）用生物制品代替一切可以取代的化学药物、石化能源、人工合成物等，有助于把人类活动产生的环境污染降至最低程度，使经济发展进入可持续发展的轨道。

三、环境生物技术的研究进展

自20世纪70年代以来，发达国家一直重视生物技术在环境领域的应用，并开展了大规模研究和开发工作，至今取得了一系列的环境生物工程技术及其产品，并在世界上广泛应用于废水处理、大气净化及污染环境介质治理等诸多方面。英、法、德、荷等国取得的大量实用性的环境生物工程研究成果，部分已经商品化。

目前，国际上许多环境生物工程成果已进入商品化、产业化发展。生物技术是水污染处理产业应用在国外的环保产业中市场最成熟也是最富挑战性的技术。并随着经济的发展，治理污染的新技术、新设备不断出现并产业化，美国在此领域内的年市场总额达数百亿美元。数十项环境生物工程产品已获得有关国家政府部门的许可，进行应用实验，以去除土壤和水体中的重金属和有毒有机化学物质。

当前，环境生物工程在国际上已进入蓬勃发展的轨道。随着全球范围内对环境保护的高度重视，市场对环境生物工程的需求越来越广泛。例如，美国的清洁空气法（Clean Air Act）实施后将形成高达几百亿美元的燃煤脱硫市场，其中预计微生物脱硫将达250亿美元，而越来越低的燃油硫分标准也促进了石油微生物脱硫技术的发展，多年来，由于全球范围内滥用化学品，特别是杀虫剂造成了大规模的水体、土壤污染，对其治理和恢复也将成为一个巨大的发展潜力。

随着环境生物技术的进展和市场开拓，其应用已从单个的环境目标治理，发展为广泛应用于环境保护的各个方面。环境生物工程已不单纯是一种污染治理技术，而已开始影响到包括其他行业的产业政策，促进各工业部门逐步以生物过程替代传统的化工过程，使许多污染行业的工业生产真正进入无污染的清洁生产轨道。

目前，我国的环境生物工程技术处于刚刚起步阶段。环境生物工程的研究需要多领域科学家和工程师的紧密合作，也需要政府和社会的广泛支持。在良好的研究和开发环境下，大力开展环境生物工程的研究，必将大力推进生物技术在环境保护中的应用，解决我国目前和未来面临的严峻的环境保护问题，并为环保市场提供兼具经济与环境效益的新技术。环境生物工程的发展对我国环境保护和社会、经济的可持续发展具有极其重大的意义。

四、环境生物技术与食品工业“三废”治理

食品加工过程产生大量的废水、废渣和废气，其有机物含量高，直接排放到环境中会造成严重的环境污染。由于环境生物技术具有无二次污染、反应条件温和、废物处理成本不高并可把污染降到最低程度，因而，环境生物技术对“三废”治理同样具有巨大发展潜力。

第二节　食品工业废水生物处理技术

一、食品工业废水的来源和基本特征

（一）废水的水质指标[3]

废水的水质指标可分为物理指标、化学指标和生物指标三大类。分别代表水中杂质的种类和数量，可用于判断废水水质的优劣及污染程度，并作为确定废水处理的程度和工艺流程的重要依据。

（1）废水的物理指标　废水的物理指标主要包括温度、颜色、臭味及固体含量等。由于食品工业废水常含有有机物、生物色素、有机添加剂等影响废水色度的物质和大量悬浮固体，因此，重点监测的指标是色度和固体含量。

衡量水色程度的指标为色度。测定色度时，一般以除去悬浮物后的真色为标准，采用比色分析法，即用已知浓度的标准有色溶液（如铂钴标准溶液，1L 水中含 1mg 铂时具有的颜色称为色度 1 度）和未知色度的水样在颜色上进行比较而得出结果。

废水中的固体物质以溶解或悬浮的形式存在于水中，二者统称为总固体（TS），其中包括有机化合物、无机化合物和各种生物体。在水质分析中，除测定总固体含量外，还测定悬浮固体（SS）、挥发性悬浮固体（VSS）和溶解性固体含量（DS）等指标。一定量水样在 105～110℃烘干后的残渣重量即为总固体。悬浮固体的测定是将一定量的水样过滤，截留下来的滤渣 105～110℃烘干并称重。挥发性的悬浮固体是悬浮固体在 600℃加热灼烧下的减重。

（2）废水的化学指标　废水的化学指标包括有机和无机两大类。生化需氧量、化学需氧量、总有机碳、总氮和氨氮、含磷化合物等都是最常用的有机物水质指标。常用的无机指标包括 pH、碱度、硫酸盐、氯化物、氰化物和重金属等。

① 生化需氧量（BOD）：BOD（biochemical oxygen demand）是指 1L 废水中的有机污染物在好氧微生物作用下进行氧化分解时消耗的溶解氧。实际测定时，常采用 BOD_5，即水样在 20℃条件下培养 5d 的生化需氧量。

② 化学需氧量（COD）：COD（chemical oxygen demand）是指用强氧化剂使被测废水中有机物进行化学氧化时所消耗的氧量。常用的氧化剂有高锰酸钾和重铬酸钾。后者氧化能力较前者强，能使废水中的绝大部分还原性污染物氧化，因此，实际使用时常采用 COD_{cr}。一般来说，可根据 BOD/COD 的比值大小判断废水的可生物降解性，该比值小于 0.3 时，说明废水中含有难生物降解的物质，生物处理的难度较大甚至不宜采用生物处理的方法；该比值大于 0.3 则代表废水可采用生物技术进行处理。

③ 总有机碳（TOC）：TOC是指废水中所含有机物的含碳量。可采用TOC测定仪进行测定，当燃烧温度为950℃时，样品中所有的有机碳和无机碳皆燃烧生成CO_2，此即为总碳。当燃烧温度为150℃时，只有无机碳转化为CO_2，即为总无机碳（TIC），总碳和无机碳之差即为TOC。

④ 总氮和氨氮：总氮是废水中一切含氮化合物的总称，包括无机氮和有机氮，其测定一般采用容量法。废水中的氨氮大多来自有机含氮化合物的生物分解，也可直接来自食品工业的含氮废水，如味精工业废水，氨氮浓度可达7000mg/L以上。总氮的测定一般采用容量法，浓度低时也可采用比色法。

⑤ 含磷化合物：在废水中，含磷化合物分为有机与无机两大类。有机磷化合物如葡萄糖-6-磷酸、α-磷酸甘油酸、磷肌酸等，有机磷化合物大多呈胶体和颗粒状，可溶性的只占30%左右。无机磷化合物主要是一些可溶性的磷酸盐，如正磷酸盐（PO_4^{3-}）、磷酸氢盐（HPO_4^{2-}）、磷酸二氢盐（$H_2PO_4^-$）、偏磷酸盐（PO_3^-）等。这些废水中的化合物主要来自马铃薯加工厂、骨粉厂、罐头厂等产生的废水。

废水中的一切含磷化合物都是先设法转化成正磷酸盐后，再进行测定。目前常用的方法是磷钼酸铵比色法。某些食品工业废水中缺少磷营养源，需要加以补充。

（3）废水的生物指标　一般通过细菌总数和大肠菌群数两个指标来度量废水中所含生物污染物质，用特定暴露时间内使实验生物死亡50%的毒物或废水的浓度，即称为半致死浓度LD_{50}来具体评价。

废水水样中含有的细菌总菌落数量，说明水质的有机污染程度，以细菌个数/L废水计，它的测定是将定量水样接种于营养琼脂培养基中，在37℃温度下培养24h后，计数生长细菌菌落数，然后根据接种的水样数量，算出1mL水样中的菌数，即得细菌总数值。

大肠菌群数是水质细菌检验的常用指标，以每1L水样中所含的大肠菌群数目来表示。大肠菌群的测定方法目前常用的有两种：发酵法和滤膜法。

（二）食品工业废水的来源和基本特征[4]

食品工业废水来源。按所用的原料可分为：①肉与肉制品工业；②禽蛋加工工业；③制糖工业；④水果、蔬菜加工工业；⑤鱼与鱼制品工业；⑥粮食加工工业；⑦食用油脂加工工业；⑧乳与乳制品加工工业；⑨含酒精饮料工业；⑩无酒精饮料工业；⑪茶与咖啡工业；⑫调味料与添加剂工业；⑬特殊食品工业（指婴幼儿童食品、疗效食品、保健食品等）；⑭下脚料的综合利用工业；⑮其他。

食品加工过程中，需要大量用水，废水排放量大。主要污染物包括：漂浮在废水中的固体物质，如菜叶、果皮、鱼鳞、碎肉、禽羽、畜毛等；悬浮在废水中的油脂、蛋白质、淀粉胶体物质等；溶解在废水中的糖、酸、碱、盐等；从原料中夹带的泥沙和动物粪便，可能存在腐败菌和致病菌等。

食品工业废水本身无毒性，但含有大量可降解的有机物质，废水不经处理排入自然水体要消耗水中大量溶解氧，造成水体缺氧，使鱼类和水生生物死亡。废水中的悬浮物沉入河底在厌氧条件下分解，产生臭气恶化水质，污染环境。将废水引入农田进行灌溉，会污染农业产品和地下水源。废水中夹带的动物排泄物，含有虫卵和致病菌，导致疾病传播，直接危害人畜健康。因此，为保护环境、消除污染，食品工业废水必须进行有效处理。

废水处理的任务是采用各种技术措施将废水中所含有的各种形态的污染物分离出来或

将其分解、转化为无害和稳定的物质，使废水得到净化[5]。现代废水处理技术按其作用原理和去除对象可分为物理法、化学法和生物法。①物理法是利用物理作用，分离废水中呈悬浮状态的污染物质，在处理过程中不改变水的化学性质，如重力分离、气浮、反渗透、离心分离、蒸发等。②化学法是利用化学反应作用来分离、转化、破坏或回收废水中的污染物，并使其转化为无害物质，如混凝、中和、氧化还原、吸附、电渗析、汽提、萃取等处理工艺。③生物法是利用水中的微生物的新陈代谢功能，使废水中呈溶解和胶状的有机物被降解，并转化成为无害的物质，废水得以净化。

由于食品工业废水中微生物营养物质较为充分，无毒性，可生物降解，因此较适宜采用生物技术进行处理。属于生物法处理工艺的有活性污泥法、生物膜法、自然生物处理法和厌氧生物处理法等[6]。活性污泥法是当前应用最为广泛的一种生物处理技术。将空气连续鼓入大量溶解有机污染物的废水中，经过一段时间，水中即形成生物絮凝体——活性污泥，在活性污泥上栖息、生活着大量的好氧微生物，这种微生物以溶解性有机物为食料，获得能量，并不断增长，使废水得到净化处理。生物膜法是废水连续流经固体填料（碎石、塑料填料等），在填料上就会生成污泥状的生物膜。生物膜上繁殖着大量的微生物，起到与活性污泥同样的净化效果的作用。利用在自然条件下生长、繁殖的微生物处理废水的技术，称为自然生物处理法。其特征是工艺简单、建设与运行费用低，但净化功能受自然条件的制约。主要的处理技术是稳定塘和土地处理法。上述生物处理法适合处理污染物浓度较低的食品工业废水。

厌氧生物处理是利用兼性厌氧菌和专门厌氧菌在无氧条件下降解有机污染物的处理技术。某些高浓度有机物含量的食品工业废水，如酒精废水、柠檬酸废水等适宜于用厌氧生物处理法处理。目前也有用厌氧生物处理法进行某些低浓度有机废水和城市污水的处理。用于厌氧处理的构筑物最普通的是消化池，最近一二十年来在这个领域有很大的发展，开创了一系列新的、高效的厌氧处理反应器，如厌氧滤池、上流式厌氧污泥床、厌氧转盘、挡板式厌氧反应器和复合厌氧反应器等。下面分别就几种典型的好氧和厌氧生物处理技术进行介绍。

二、废水好氧生物处理技术

（一）废水好氧生物处理技术的基本原理

（1）絮凝、吸附作用　在正常发育的活性污泥微生物体内，存在着由蛋白质、碳水化合物和核酸组成的生物聚合物，这些生物聚合物是带有电荷的电介质。因此，由这种微生物形成的生物絮凝体，都具有生物、物理、化学吸附作用和凝聚、沉淀作用，在其与废水中呈悬浮的胶体状的有机污染物接触后，能够使后者失稳、凝聚，并被吸附在活性污泥表面被降解。

活性污泥具有很大的表面积，能够与混合液广泛接触，在较短的时间内（15～40min），通过吸附作用，就能够去除废水中大量的含悬浮的胶体状态的有机污染物，使废水的BOD值（或COD值）大幅度下降。

小分子有机物能够直接在透膜酶的催化作用下，透过细胞壁被摄入细菌体内，但大分子有机物则首先被吸附在细胞表面，在水解酶的作用下，水解成小分子再被摄入体内。一部分被吸附的有机物可能通过污泥排放被去除。

活性污泥吸附作用的大小与一系列因素有关。首先是废水的性质、特征。由于活性污泥对含悬浮的胶体状态的有机污染物吸附能力较强，因而对含有这类污染物多的废水处理效果好。此外，活性污泥应当经过比较充分的再生曝气，使其吸附功能得到恢复和增强，一般应使活性污泥中的微生物进入内源代谢期。

(2) 活性污泥中微生物的代谢及其增殖规律　活性污泥中的微生物将有机物摄入体内后，以其作为营养加以代谢。在好氧条件下，代谢按两个途径进行（见图 9-1)，一为合成代谢，部分有机物被微生物所利用，合成新的细胞物质；一为分解代谢，部分有机物被分解，形成 CO_2 和 H_2O 等，并产生能量，用于合成代谢。同时，微生物细胞物质也进行自身的氧化分解，即内源代谢。当废水中有机物充足，合成反应占优势，内源代谢不明显；但当有机物浓度大为降低或已耗尽时，微生物的内源代谢就成为向微生物提供能量，维持其生命活动的主要方式了。

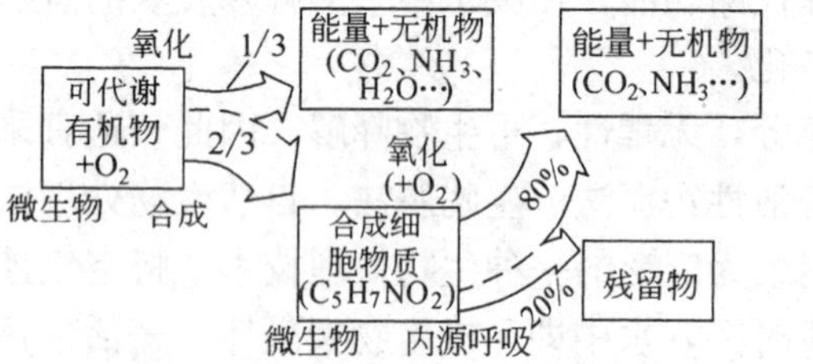

图 9-1　好氧处理过程中的微生物学机制

微生物增殖、有机物降解、微生物的内源代谢以及氧的消耗等过程，在曝气池内是同步进行的。活性污泥微生物是多属种细菌与多种原生动物的混合群体，但从整体来看其增殖过程是遵循一定规律进行的，分为对数增殖期、减衰增殖期与内源呼吸期。

在温度适宜、溶解氧充足，而且不存在抑制物质的条件下，活性污泥微生物的增殖速率主要取决于微生物与有机基质的相对数量，即有机基质（F）与微生物（M）的比值（F/M)。它也是影响有机物去除速率、氧利用速率的重要因素。在推流式曝气池内，有机物与活性污泥微生物在数量上的变化规律与间歇培养相同，只是其变化是在从池始端到终端这一空间内进行的。

(3) 活性污泥的凝聚、沉淀与浓缩　活性污泥系统净化废水的最后程序是泥水分离，这一过程在二次沉淀池或沉淀区内进行。良好的凝聚、沉降与浓缩性能是正常活性污泥所具有的特性。活性污泥在二次沉淀池的沉降，经历絮凝沉淀、成层沉淀与压缩等过程，最后在池的污泥区形成浓度较高的作为回流污泥的浓缩污泥层。

正常的活性污泥在静置状态下，于 30min 内即可基本完成絮凝沉淀与成层沉淀过程。浓缩过程比较缓慢，要达到完全浓缩，需时较长。影响活性污泥凝聚与沉淀性能的因素较多，其中以原废水性质为主。此外，水温、pH、溶解氧浓度以及活性污泥的有机物负荷也是重要的影响因素。对活性污泥的凝聚、沉淀性能，可用 SVI、VS 和 MLSS 三项指标共同评价。

（二）活性污泥中的微生物

废水中所含的可溶性有机物，不能作为微小动物的营养源，因此，废水中的净化机能虽然可看作是利用直接接种的细菌或真菌等腐生动物营养型微生物的作用，但实际上，如果没有原生动物、袋形动物存在的话，则也达不到废水净化的目的。活性污泥为 300～1000μm 的不定形细菌的凝集体，无数微小动物则附着在其中。将曝气池的混合液静置，通常 5～10min 内上清液就与污泥分离，约 30min 沉淀后，对良好的活性污泥，上清液会变透明。曝气池虽然也是一种完全的水环境，但由于通气和搅拌，对较大尺寸微生物的生存极为不利。因此，活性污泥中所出现的微生物，最大为1mm左右，主要以细菌和原生动物为主。但是随污泥种类的不同，也有真菌类和微小动物出现[6]。

（1）细菌　废水中，直接摄取可溶性有机物者以细菌为主。构成活性污泥的细菌群中，有形成菌胶团的主枝动胶菌（*Zoogloea ramigera*），形成丝状体的浮游球衣菌（*Sphaerotilus natans*）。动胶菌属（*Zoogloea*）因为是活性污泥菌胶团的主体而受到重视，其菌体以凝胶状物质包裹成手指状、树枝状、羽状形态而增殖。实际的活性污泥中出现典型的动胶菌属（*Zoogloea*）絮凝体的为数不多。一般而言，大多是以多种类细菌构成的絮凝胶团。球衣菌属（*Sphaerotilus*）形成如剑鞘并列状的透明丝状体，其丝状体中假分支较多。如果污泥中的球衣菌属（*Sphaerotilus*）异常增殖的话，则会引起污泥膨胀（bulking）现象，导致终沉池中固液相不能分离。此外，根据培养试验的结果，污泥中常见细菌种类以无色杆菌属（*Achromobacter*）、产碱杆菌属（*Alcaligenes*）、芽孢杆菌属（*Bacillus*）、黄杆菌属（*Flavobacterium*）为多。对于正常的城市污水的活性污泥，1mg的MLSS中含$2.0\times10^7\sim1.6\times10^8$活菌数（1mL的活性污泥混合液中有$10^7\sim10^8$个）。

（2）原生动物　原生动物与细菌都是在废水中起净化作用的主要成员，并且是污水处理效率的重要指示生物。活性污泥中虽含有多种不同的原生动物，但以纤毛虫占多数，据报道约有80种之多。

（3）真菌类　有关活性污泥中真菌类的报道很少，通常出现在工业废水的活性污泥中，大多为藻菌类的*Leptomitas*、主霉（*Mucor*），半知菌类的*Geotrichum*、木霉（*Trichoderma*），酵母类的假丝酵母（*Candida*）、红酵母（*Phodotorula*）等。

（4）微小后生动物　活性污泥中通常出现的微小后生动物有轮虫类（*rotataria*）与线虫类（*nematoda*）。常出现的轮虫类有*Rotaria*、*Philodina*、*Lecane*、*Notommata*、*Lepadella*、*Colurella*等，但为数不多。线虫类有*Dorylaimus*、*Rhabdolaimus*、*Rhabditis*、*Diplogaster*等。而且，这些后生动物常摄食污泥中细菌、原生动物残骸的碎片。普通的活性污泥混合液1mL中的轮虫类个体数在200以上，不超过微小动物总数的5%。贫毛虫类以优势种出现，一般仅限于长时间曝气法的情况，如果在1mL混合液中出现500个以上的话，活性污泥即呈赤褐色。线虫类的出现个数在100～200，很难形成优势增殖。其他的后生动物如腹毛虫类和甲壳虫类等则仅仅是偶尔出现。不管任何场合，这些微小动物在1mL混合液中的个体数皆在100以下。

（三）活性污泥法

活性污泥法是一种应用最广的废水好氧生物处理技术，其基本流程如图9-2所示，是由曝气池、二次沉淀池、曝气系统（含空气或氧气的加压设备、管道系统和空气扩散装置）以及污泥回流系统等组成。曝气池与二次沉淀池是活性污泥系统的基本处理构筑物。由初次沉淀池流出的废水与从二次沉淀池底部回流的活性污泥同时进入曝气池，其混合体称为混合液。在曝气的

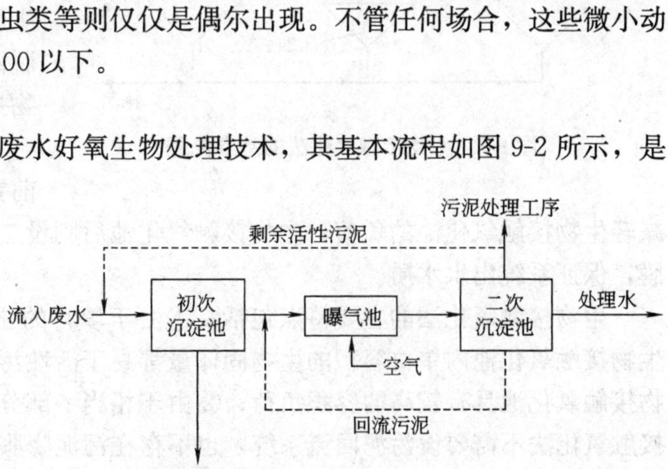

图9-2　活性污泥法的基本流程

作用下，混合液得到足够的溶解氧并使活性污泥和废水充分接触。废水中的可溶性有机污染物为活性污泥所吸附并被微生物群体所分解，使废水得到净化。在二次沉淀池内，活性污泥与已被净化的废水（称为处理水）分离，处理水排放，活性污泥在污泥区内进行浓缩，并以较高的浓度回流曝气池。由于活性污泥不断地增长，部分污泥作为剩余污泥从系统中排出。

活性污泥处理系统有效运行的基本条件是：①废水中含有足够的可溶性易降解有机物，作为微生物生理活动所必需的营养物质；②混合液含有足够的溶解氧；③活性污泥在池内呈悬浮状态，能够充分地与废水相接触；④活性污泥连续回流、及时地排除剩余污泥，使混合液保持一定浓度的活性污泥；⑤没有对微生物有毒害作用的物质进入。

废水中所含的可溶性有机物，不能作为微小动物的营养源，因此，废水中的净化机能虽然可看作是利用直接接种的细菌或真菌等腐生动物营养型微生物的作用，但实际上，如果没有原生动物、袋形动物等存在的话，则也达不到废水净化的目的。活性污泥为300～1000μm的不定型细菌的凝集体，无数微小动物则附着在其中。将曝气池的混合液静置，通常5～10min内上清液就与污泥分离，约30min沉淀后，对良好的活性污泥，上清液会变透明。曝气池虽然也是一种完全的水环境，但由于通气和搅拌，对较大尺寸微生物的生存极为不利。因此，活性污泥中所出现的微生物，最大为1mm左右，主要以细菌和原生动物为主。但是随污泥种类的不同，也有真菌类和微小动物出现。

（四）生物接触氧化法

（1）生物接触氧化法的基本原理和特点　生物接触氧化法是一种介于活性污泥法与生物滤池之间的生物膜法工艺。接触氧化池内设有填料，部分微生物以生物膜的形式附着生长于填料表面，部分则呈絮状悬浮物生长于水中。因此，它兼有活性污泥法与生物滤池二者的特点。由于滤料及生物膜均淹没于水中，故又被称为淹没式生物滤池。

生物接触法中微生物所需的氧常通过人工曝气供给。生物膜生长至一定厚度后，近填料壁的微生物将出于缺氧而进行厌氧代谢，产生的气体及曝气形成的冲刷作用会造成生物膜的脱落，并促进新生膜的生长，形成生物膜的新陈代谢。脱落的生物膜将随出水流出池外。生物接触氧化法的基本流程见图9-3。

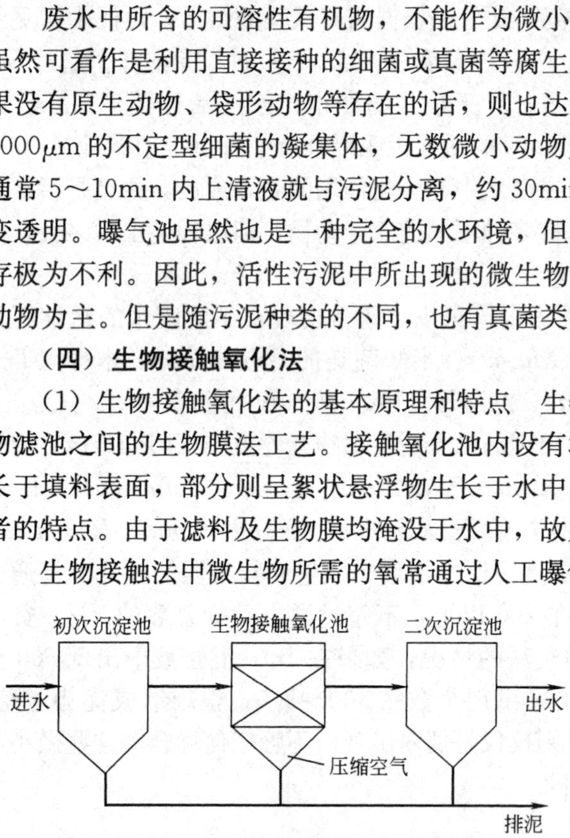

图9-3　生物接触氧化法的基本流程

由图可见，一般生物接触氧化池前要设初次沉淀池，以去除悬浮物，减轻生物接触氧化池的负荷；生物接触氧化池后则设二次沉淀池，以去除水中挟带的生物膜，保证系统出水水质。

生物接触氧化法的主要特点包括：①由于填料的比表面积大，池内的充氧条件良好，生物接触氧化池内单位容积的生物固体量都高于活性污泥法曝气池及生物滤池，因此，生物接触氧化池具有较高的容积负荷；②由于相当一部分微生物附着生长在填料表面，生物接触氧化法不需要设污泥回流系统，也不存在污泥膨胀问题，运行管理简便；③由于生物接触氧化池内生物固体量多，水流属完全混合型，因此生物接触氧化池对水质水量的骤变有较强的适应能力；④由于生物接触氧化池内生物固体量多，当有机容积负荷较高时，其

F/M 比可以保持在一定水平，因此污泥产量可相当于或低于活性污泥法。生物接触氧化法与生物滤池、活性污泥法主要运行参数的比较列举于表 9-1。

表 9-1　　三种处理工艺主要运行参数的比较

处理工艺	生物量 /(g/L)	容积负荷 /[$kgBOD_5/(m^3 \cdot d)$]	水力停留时间 /h	BOD_5 去除率 /%	废水种类
生物接触氧化法	10～20	3.0～6.0	0.5～1.5	80～90	城市废水
生物接触氧化法	10～20	1.5～3.0	1.5～3.0	80～90	印染废水
高负荷生物滤池	0.7～7.0	<1.2	—	75～90	城市废水
塔式生物滤池	0.7～7.0	1.0～3.0	—	60～85	城市废水
普通活性污泥法	1.5～3.0	0.4～0.9	4～12	85～95	城市废水

(2) 生物接触氧化池的构造　生物接触氧化池由池体、填料、布水装置和曝气系统四部分组成。

一般生物接触氧化池中填料高度为 3.0m 左右，决定于采用的鼓风机风压。填料层上水层高度约 0.5m，填料层下布水区高度与池型有关，在 0.5～1.5m 之间。

根据曝气装置与填料的相对位置，生物接触氧化池可分为两大类：①曝气装置与填料设在不同隔间内的。这种类型的生物接触氧化池可分成曝气区和接触氧化区两部分。废水先经曝气充氧，再进入填料层与生物膜相接触。显然，在填料层内水流比较平静，这有利于生物膜的生长，但缺点是冲刷力小，生物膜不易脱落，较易发生堵塞现象。一般适用于废水三级处理。此类生物接触氧化池的曝气装置，可采用表面曝气机械或鼓风曝气系统，曝气区设在中心或一侧。②曝气装置直接设在填料底部的，其曝气装置多为鼓风曝气系统。与前一类生物接触氧化池相比，这种构造可增加有效容积，填料层间紊流激烈，生物膜更新快，活性高，不易堵塞；但曝气装置设在填料底部，检修不便。

(3) 填料　生物接触氧化池中的填料是微生物的载体，其特性对接触氧化池中生物固体量、氧的利用率、水流条件和废水与生物膜的接触情况等起着重要的作用，是影响生物接触氧化池处理效果的重要因素。

常用的填料可分为硬性填料、软性填料和半软性填料。硬性填料系指由玻璃钢或塑料制成波状板片，在现场再黏合成蜂窝状的，常称为蜂窝填料。软性填料由尼龙、维纶、腈纶、涤纶等化学纤维编织而成，又称纤维填料。为防止生物膜生长后纤维结成球状，减小填料的比表面积，又有以硬性塑料为支架，上面缚以软性纤维的，称为半软性填料或复合纤维填料。

选择填料时应考虑废水性质、有机负荷及填料的特性。蜂窝填料寿命较长，但易堵塞，因此应根据有机负荷选择合适的孔径。软性纤维填料不易堵塞，重量较轻，价格也低，但生物膜易结成团块，使用寿命也较短。

三、废水厌氧生物处理技术

(一) 废水厌氧生物处理技术的基本原理

厌氧生物处理过程又称厌氧消化，是在厌氧条件下由活性污泥中的多种微生物共同作用，使有机物分解并生成 CH_4 和 CO_2 的过程。这种过程广泛地存在于自然界，直至 1881 年法国报道了罗伊斯·莫拉斯 (Louis Mouras) 发明的“自动净化器” (automatic scavenger)，人类才开始了利用厌氧消化处理废水的历史，至今已 100 多年。

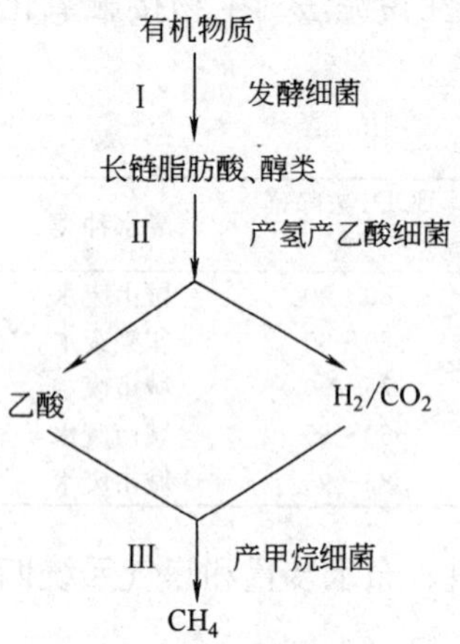

图 9-4 厌氧生物处理过程的三阶段理论

1979 年布利安特（Bryant）等人提出了厌氧消化的三阶段理论，如图 9-4 所示。三阶段理论认为，厌氧消化过程是按以下步骤进行的。

第一阶段，称为水解、发酵阶段，复杂有机物在微生物作用下进行水解和发酵。例如，多糖先水解为单糖，再通过酵解途径进一步发酵成乙醇和脂肪酸，如丙酸、丁酸、乳酸等；蛋白质则先水解为氨基酸，再经脱氨基作用产生脂肪酸和氨。

第二阶段，称为产氢、产乙酸阶段，是由一类专门的细菌，称为产氢产乙酸菌，将丙酸、丁酸等脂肪酸和乙醇等转化为乙酸、H_2 和 CO_2。

第三阶段，称为产甲烷阶段，由产甲烷细菌利用乙酸和 H_2、CO_2，产生 CH_4。研究表明，厌氧生物处理过程中约有 70%CH_4 产自乙酸的分解，其余少量则产自 H_2 和 CO_2 的合成。

至今，三阶段理论已被公认为对厌氧生物处理过程较全面和较准确的描述。与好氧生物处理相比较，厌氧生物处理的主要特征是：

(1) 能量需求大大降低，还可产生能量　这是因为厌氧生物处理不要求供给氧气，相反却能生产出含有 50%～70%甲烷（CH_4）的沼气，含有较高的热值（21000～25000 kJ/m^3），可以用作能源。为去除 1kg 废水，好氧生物处理约需消耗 0.5～1.0kW・h 电能，而厌氧生物处理每去除 1kgCOD 约能产生 3.5kW・h 电能。

(2) 污泥产量极低　这是因为厌氧微生物的增殖速率比好氧微生物低得多。一般，厌氧消化中产酸细菌的产率 Y 为 0.15～0.34，产甲烷细菌为 0.03 左右，混合菌群的产率约为 0.17。而好氧微生物的产率为 0.25～0.6（Y 的单位为 kgVSS/kgCOD)。因此，好氧生物处理的污泥产量约为 250～600gVSS/kgCOD（去除），而厌氧生物处理的污泥产量仅为 180～200gVSS/kgCOD（去除）。

(3) 对温度、pH 等环境因素更为敏感　厌氧细菌可分为高温菌和中温菌两大类，其适宜的温度范围分别为 55℃左右和 35℃左右。

(4) 处理后废水有机物浓度高于好氧处理。

(5) 厌氧微生物可对好氧微生物所不能降解的一些有机物进行降解（或部分降解）。

(6) 处理过程的反应较复杂。如前所述，厌氧消化是由多种不同性质、不同功能的微生物协同工作的一个连续的微生物学过程，远比好氧生物处理中的微生物过程复杂。

（二）废水厌氧生物治理中的微生物

(1) 发酵细菌（产酸细菌）　主要包括梭菌属（*Clostridium*）、拟杆菌属（*Bacteroides*）、丁酸弧菌属（*Butyrivibrio*）、真细菌属（*Eubacterium*）和双歧杆菌属（*Bifidobacterium*）等。

这类细菌的主要功能是先通过胞外酶的作用将不溶性有机物水解成可溶性有机物，再将可溶性的大分子有机物转化成脂肪酸、醇类等。研究表明，该类细菌对有机物的水解过程相当缓慢，pH 和细胞平均停留时间等因素对水解速率的影响很大。不同有机物的水解速率也不同，如类脂的水解就很困难。因此，当处理的废水中含有大量类脂时，水解就会成为厌氧消化过程的限速步骤。但产酸的反应速率较快，并远高于产甲烷反应。

发酵细菌大多数为专性厌氧菌，但也有大量兼性厌氧菌。按照其代谢功能，发酵细菌可分为纤维素分解菌、半纤维素分解菌、淀粉分解菌、蛋白质分解菌和脂肪分解菌等。

除发酵细菌外，在厌氧消化的发酵阶段，也可发现真菌和为数不多的原生动物。

(2) 产氢产乙酸菌　近 10 年来的研究所发现的产氢产乙酸菌包括互营单胞菌属（*Syntrophomonas*）、互营杆菌属（*Syntrophobacter*）、梭菌属（*Clostridium*）和暗杆菌属（*Pelobacter*）等。

这类细菌能把各种挥发性脂肪酸降解为乙酸和 H_2。其反应如下：

对乙醇：$CH_3CH_2OH + H_2O \longrightarrow CH_3COOH + 2H_2$

对丙酸：$CH_3CH_2COOH + 2H_2O \longrightarrow CH_3COOH + 3H_2 + CO_2$

对丁酸：$CH_3CH_2CH_2COOH + 2H_2O \longrightarrow 2CH_3COOH + 2H_2$

上述反应只有在乙酸浓度低、液体中氢分压也很低时才能完成。

产氢产乙酸细菌可能是绝对厌氧菌或是兼性厌氧菌。

(3) 产甲烷细菌　对绝对厌氧的产甲烷菌的分离和研究，是自 20 世纪 60 年代末 Hungate 开创了绝对厌氧微生物培养技术而得到迅速发展的。产甲烷菌大致可分为两类：一类主要利用乙酸产生甲烷，另一类数量较少，利用氢和 CO_2 的合成生成甲烷。也有极少量细菌，既能利用乙酸，也能利用氢。

以下是两个典型的产甲烷反应：

利用乙酸：$CH_3COOH \longrightarrow CH_4 + CO_2$

利用 H_2 和 CO_2：$4H_2 + CO_2 \longrightarrow CH_4 + 2H_2O$

按照产甲烷细菌的形态和生理生态特征，可将产甲烷菌分类，见图 9-5。

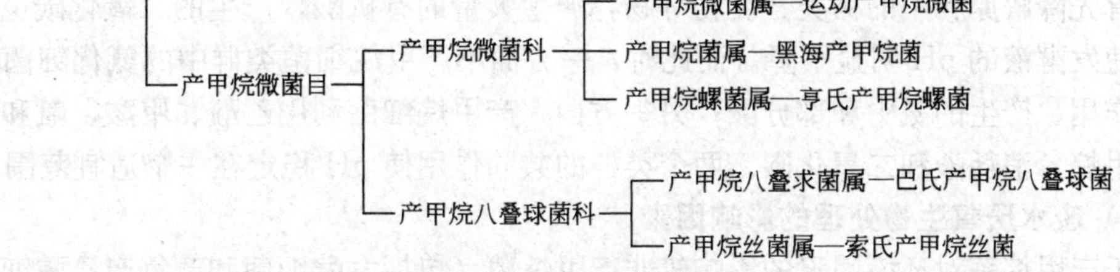

图 9-5　产甲烷菌的分类

由图 9-5 可见，产甲烷菌有各种不同的形态。最常见的是产甲烷杆菌、产甲烷球菌、产甲烷八叠球菌、产甲烷螺菌和产甲烷丝菌等。产甲烷菌的大小虽与一般细菌相似，但其细胞壁结构不同，在生物学分类上属于古细菌或称原始细菌（*Acrchebacteria*）。

产甲烷菌都是绝对厌氧细菌，要求生活环境的氢化还原电位在－400～－150mV 范围内。氧和氧化剂对产甲烷菌有很强的毒害作用。产甲烷的增殖速率慢，繁殖世代期长，甚至达 4～6d，因此在一般情况下产甲烷反应是厌氧消化的控制阶段。

(4) 厌氧微生物群体间的关系　在厌氧生物处理反应器中，不产甲烷菌和产甲烷菌相互依赖，互为对方创造与维持生命活动所需要的良好环境和条件，但又相互制约。厌氧微生物群体间的相互关系表现在以下几个方面：

① 不产甲烷细菌为产甲烷细菌提供生长和产甲烷所需要的基质：不产甲烷细菌把各种复杂的有机物质，如碳水化合物、脂肪、蛋白质等进行厌氧降解，生成游离氢、二氧化碳、氨、乙酸、甲酸、丙酸、丁酸、甲醇、乙醇等产物，其中丙酸、丁酸、乙醇等又可被产氢产乙酸细菌转化为氢、二氧化碳、乙酸等。这样，不产甲烷细菌通过其生命活动为产甲烷细菌提供了合成细胞物质和产甲烷所需的碳前体和电子供体、氢供体和氮源。产甲烷细菌充当厌氧环境有机物分解中微生物食物链的最后一个生物体。

② 不产甲烷细菌为产甲烷细菌创造适宜的氧化还原条件：厌氧发酵初期，由于加料使空气进入发酵池，原料、水本身也携带有空气，这显然对于产甲烷细菌是有害的。它的去除需要依赖不产甲烷细菌类群中那些需氧和兼性厌氧微生物的活动。各种厌氧微生物对氧化还原电位的适应也不相同，通过它们有顺序地交替生长和代谢活动，使发酵液氧化还原电位不断下降，逐步为产甲烷细菌生长和产甲烷创造适宜的氧化还原条件。

③ 不产甲烷细菌为产甲烷细菌清除有毒物质：在以工业废水或废弃物为发酵原料时，其中可能含有酚类、苯甲酸、氰化物、长链脂肪酸、重金属等对产甲烷细菌有毒害作用的物质。不产甲烷细菌中有许多种类能裂解苯环、降解氰化物等从中获得能源和碳源。这些作用不仅解除了对产甲烷细菌的毒害，而且给产甲烷细菌提供了养分。此外，不产甲烷细菌的产物硫化氢，可以与重金属离子作用生成不溶性的金属硫化物沉淀，从而解除一些重金属的毒害作用。

④ 产甲烷细菌为不产甲烷细菌的生化反应解除反馈抑制：不产甲烷细菌的发酵产物可以抑制其本身的不断形成。氢的积累可以抑制产氢细菌的继续产氢，酸的积累可以抑制产酸细菌继续产酸。在正常的厌氧发酵中，产甲烷细菌连续利用由不产甲烷细菌产生的氢、乙酸、二氧化碳等，使厌氧系统中不致有氢和酸的积累，就不会产生反馈抑制，不产甲烷细菌也就得以继续正常的生长和代谢。

⑤ 不产甲烷细菌和产甲烷细菌共同维持环境中适宜的 pH：在厌氧发酵初期，不产甲烷细菌首先降解原料中的糖类、淀粉等物，产生大量的有机酸，产生的二氧化碳也部分溶于水，使发酵液的 pH 明显下降。而此时，一方面不产甲烷细菌类群中的氨化细菌迅速进行氨化作用，产生的氨中和部分酸；另一方面，产甲烷细菌利用乙酸、甲酸、氢和二氧化碳形成甲烷，消耗酸和二氧化碳。两个类群的共同作用使 pH 稳定在一个适宜范围。

（三）废水厌氧生物处理的影响因素

由于产甲烷菌对环境因素的影响较非产甲烷菌（包括发酵细菌和产氢产乙酸细菌）敏感得多，产甲烷反应常是厌氧消化的控制阶段。因此，以下主要讨论对产甲烷菌有影响的各种环境因素。

(1) 温度　温度是影响微生物生命活动最重要因素之一，其对厌氧微生物及厌氧消化的影响尤为显著。

图 9-6 所示为温度对厌氧消化期的影响，由图可见，厌氧消化速率随温度的升高变化

比较复杂，在厌氧消化过程中存在着两个不同的最佳温度范围：55℃左右和35℃左右。根据不同的最佳温度范围，厌氧微生物分为嗜热菌（高温细菌）和嗜温菌（中温细菌）两大类，相应的厌氧消化则被称为高温消化（55℃左右）和中温消化（35℃左右）。高温消化的反应速率约为中温消化的1.5～1.9倍，产气率也高，但气体中甲烷所占百分率却较中温消化低。当处理含有病原菌和寄生虫卵的废水或污泥时，采用高温消化可取得较理想的卫生效果，消化后污泥的脱水性能也较好。在工程实践中，当然还应考虑经济因素，采用高温消化需要消耗较多的能量，当处理废水量很大时，往往不宜采用。

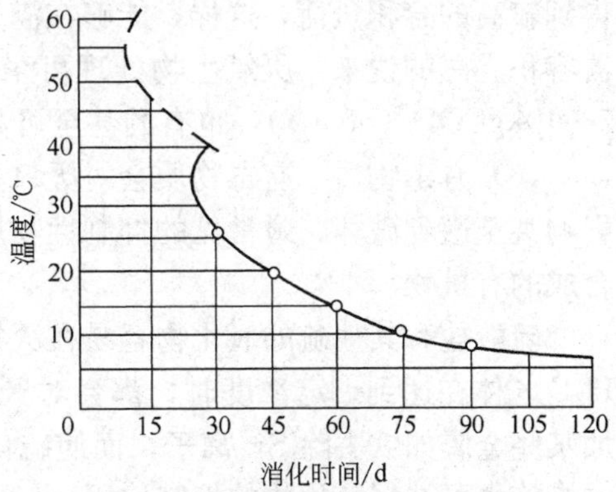

图 9-6　温度对厌氧消化的影响

随着各种新型厌氧反应器的开发，温度对厌氧消化的影响由于生物量的增加而变得不再显著，因此处理废水的厌氧消化反应常在常温条件（20～25℃）下进行，以节省能量的消耗和运行费用。

（2）pH　产甲烷菌对pH变化的适应性很差，其最适pH范围为6.8～7.2。在pH6.5以下或8.2以上的环境中，厌氧消化会受到严重的抑制，这主要是对产甲烷菌的抑制。水解细菌和产酸菌也不能承受低pH的环境。

厌氧发酵体系中的pH除受进水pH的影响外，还取决于代谢过程中自然建立的缓冲平衡。影响酸碱平衡的主要参数为挥发性脂肪酸、碱度和CO_2含量。系统中脂肪酸浓度的提高，将消耗HCO_3^-并增加CO_2浓度，使pH下降。但产甲烷细菌的作用会产生HCO_3^-，使系统的pH回升。若系统中没有足够的HCO_3^-将使挥发酸积累，导致系统缓冲作用的破坏，即所谓的“酸化”。受破坏的厌氧消化体系需要很长的时间才能恢复。

（3）氧化还原电位　绝对的厌氧环境是产甲烷菌进行正常活动的基本条件，可以用氧化还原电位表示厌氧反应器中含氧浓度。研究表明，不产甲烷菌可以在氧化还原电位为＋100～－100mV的环境下进行正常的生理活动，而产甲烷菌的最适氧化还原电位为－400～－150mV，培养产甲烷菌的初期，氧化还原电位不能高于－320mV。

（4）营养　厌氧微生物对碳、氮等营养物质的要求略低于好氧微生物，但大多数厌氧菌不具有合成某些必要的维生素或氨基酸的功能。为了保证细菌的增殖和活动，还需要补充某些专门的营养，如钾、钠、钙等金属盐类是形成细胞或非细胞的金属络合物所必需的，而镍、铝、钴、钼等微量金属，则可提高若干酶系统的活性，使产气量增加。

（5）食料微生物比　与好氧生物处理相似，厌氧生物处理过程中的食料微生物比对其进程影响很大，在实用中常以有机负荷表示，即kgCOD/（kgVSS·d）。

在有机负荷、处理程度和产气量三者之间，存在着密切的联系和平衡关系。较高的有机负荷一般可获得较大的产气量，但处理程度会降低。由于厌氧消化过程中产酸阶段的反应速率比产甲烷阶段的反应速率高得多，必须十分谨慎地选择有机负荷，使挥发酸的生成及消耗不致失调，形成挥发酸的积累。为保持系统的平衡，有机负荷的绝对值不宜太高。随着反应器中生物量（厌氧污泥）浓度的增加，有可能在保持相对较低污泥负荷的条件下得到较高的容积负荷，这样，能够在满足一定处理程度的同时，缩短消化时间，减少反应器容积。总的说来，厌氧生物处理可采用较好氧生物处理高得多的有机负荷，一般可达5～10kgCOD/(m^3·d)，也有的甚至可高达50kgCOD/(m^3·d)。

(6) 有毒物质　有毒物质会对厌氧微生物产生不同程度的抑制，使厌氧消化过程受到影响甚至遭到破坏。最常见的抑制性物质为硫化物、氨氮、重金属、氰化物以及某些人工合成的有机物。

硫酸盐和其他硫的氧化物容易在厌氧消化过程中被还原为硫化物。可溶性的硫化物和H_2S气体在达到一定浓度时，都会对厌氧消化过程，主要是对产甲烷过程产生抑制。投加某些金属如铁去除S^{2-}离子，而使硫化物的抑制作用有所缓解，通过从系统中吹脱H_2S的措施也可减轻硫化物的抑制作用。

氨是厌氧消化的缓冲剂，但高浓度的氨对厌氧消化有害，表现为挥发性脂肪酸的积累，系统的缓冲能力不能补偿pH的降低，最终甚至使反应器失效。

重金属常能使厌氧消化过程失效，表现为产气量降低和挥发酸的积累。其原因是细菌的代谢酶受到破坏而失活，是一种非竞争性抑制。不同重金属离子及其不同的存在形态，会产生不同的抑制作用，如有人报道277mg/L的硫酸镍不会引起消化过程的变化，而30mg/L的硝酸镍却能使产气量减少80%。重金属的浓度也会显著影响其抑制作用，当氯化镍的浓度为500mg/L时，其对沼气产量的影响可以忽略不计，而1000mg/L的氯化镍会使产气量大大减少。

氰化物对厌氧消化的抑制作用决定于其浓度和接触时间，如浓度小于10mg/L，接触时间为1h，抑制作用不明显，浓度如增高到100mg/L，气体产量会明显降低。

研究表明，厌氧微生物对很多在好氧条件下难以降解的合成有机物，如蒽醌类染料、偶氮染料、含氯的有机杀虫剂等，都具有降解的能力，但仍有相当一部分合成有机物对厌氧微生物有毒害作用，其作用大小与浓度相关。如3-氯-1,2丙二醇、2-氯丙酸、1-氯丙烷、2-氯丙烯、丙烯醛和甲醛等。

在厌氧条件下混合细菌种群对有毒性的合成有机物进行降解的速率要比单一菌种的速率快。对厌氧微生物的驯化也可提高其适应和降解合成有机物的能力。

（四）升流式厌氧污泥床反应器

升流式厌氧污泥床（upfow anaerobic sludge blanket，UASB）反应器是荷兰学者莱廷格（Lettinga）等人在20世纪70年代初开发的[7]。图9-7为UASB反应器工作原理示意，图9-8为UASB反应器的工作状态模型。

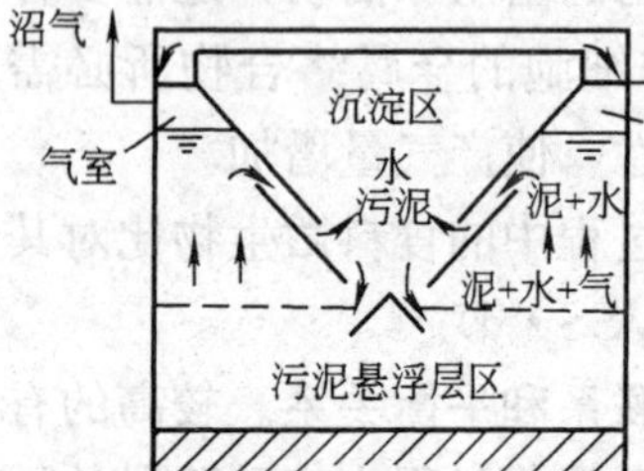

图9-7　UASB反应器工作原理示意图

UASB反应器由反应区和沉降区两部分组成。反应区又可根据污泥的情况分为污泥悬浮层区和污泥床区。污泥床主要由沉降性能良好的厌氧污泥组成，浓度可达50～100gSS/L或更高。污泥悬浮层主要靠反应过程中产生的气体的上升搅拌作用形成，污泥浓度较低，一般在5～40gSS/L范围内。在反应器上部设有气（沼气）、固（污泥）、液（废水）三相分离器，分离器首先使生成的沼气气泡上升过程受偏折，然后穿过水层进入气室，由导管排出反应器。脱气后的混合液在沉降区进一步进行固、液分离，沉降下的污泥返回反应区，使反应区内积累大量的微生物。待处理的废水由底部布水系统进入，澄清后的处理水从沉淀区溢流排出。由于在 UASB 反应器中能够培养得到一种具有良好沉降性能和高产甲烷活性的颗粒厌氧污泥（granular anaerobic sludge），因而相对于其他同类装置，颗粒污泥 UASB 反应器具有一定的优势[8]。

食品工业废水或与其性质相似的其他工业废水，采用 UASB 反应器处理，在反应器内往往能够形成厌氧颗粒污泥。不同反应温度下的进水容积负荷可参考表 9-2 所列数据确定，COD 去除率一般可达 80%～90%。但如果反应器内不能形成厌氧颗粒污泥，而主要为絮状污泥，则反应器的容积负荷不可能很高，因为负荷高絮状污泥将会大量流失，所以进水容积负荷一般不超过 5kgCOD/(m³·d)。

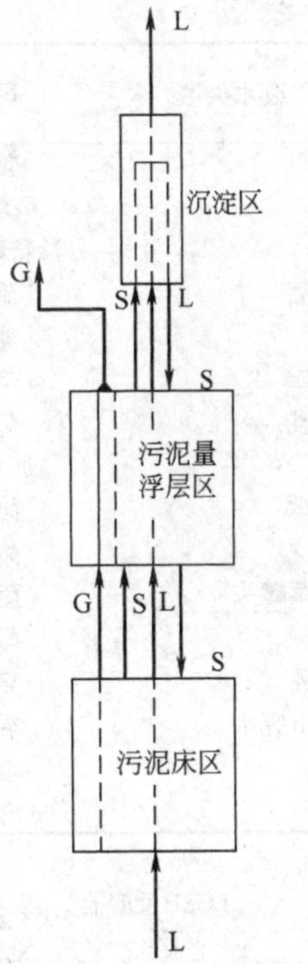

图 9-8 UASB 反应器的工作状态模型

L—液体 G—气体 S—固体

（五）厌氧颗粒污泥膨胀床反应器

研究和实践表明，工业规模处理中等浓度废水时，采用 UASB 反应器混合效果尚不够理想。新的厌氧颗粒污泥膨胀床（expanded granular sludge bed，EGSB）反应器具有如下特点：①颗粒污泥可以将微生物固定于反应器之中，反应器单位容积的生物量更高；②能承受更高的水力负荷，并具有较高的有机污染物净化效能；③具有较大的高径比，一般在 5～10 以上；④占地面积小；⑤动力消耗小。国外部分 UASB 反应器的应用情况见表 9-3。世界范围各种厌氧反应器的应用情况如图 9-9 所示。

表 9-2　不同温度下的设计容积负荷

温度/℃	设计容积负荷/[kgCOD/(m³·d)]	温度/℃	设计容积负荷/[kgCOD/(m³·d)]
高温(50～55)	20～30	常温(20～25)	5～10
中温(30～35)	10～20	低温(10～15)	2～5

表 9-3　国外部分 UASB 反应器的应用情况

废水类型	国家	装置数	设计负荷/[kgCOD/(m³·d)]	反应器体积/m³	温度/℃
甜菜制糖	荷兰	7	12.5～17	200～1700	30～35
	德国	2	9,12	2300,1500	30～35
	奥地利	1	8	3040	30～35
马铃薯加工	荷兰	8	5～11	240～1500	30～35
	美国	1	6	2200	30～35
	瑞士	1	8.5	600	30～35
马铃薯淀粉	荷兰	2	10.3,10.9	1700,5500	30～35
	美国	1	11.1	1800	30～35
玉米淀粉	荷兰	1	10～12	900	30～35
小麦淀粉	荷兰	1	6.5	500	30～35
	爱尔兰	1	9	2200	30～35
大麦淀粉	澳大利亚	11	9.3	4200	30～35
酒精	芬兰	1	8	420	30～35
	荷兰	1	16	700	30～35
	德国	2	9	2300	30～35

续表

废水类型	国家	装置数	设计负荷 /[kgCOD/(m³·d)]	反应器体积 /m³	温度/℃
酵母	美国	1	7.0	2100	30～35
	美国	1	10.8,10.3	1800,5000	30～35
	沙特阿拉伯	1	10.5	950	30～35
啤酒	荷兰	1	5～10	1400	23
	美国	1	14	4600	30～35
屠宰	美国	1	5.7	1500	20
牛乳	荷兰	1	3～5	600	24
	加拿大	2	6～8	450	24
造纸	荷兰	1	8～10	740,1000	24
	荷兰	1	4	740	20
蔬菜罐头	荷兰	1	5～6	2200	25
	荷兰	1	10	375	30～35
白酒	美国	1	11	500	30～35
城市废水	泰国	1	15	3000	30～35
	印度	1	2.3	1200	常温
	哥伦比亚	1	2	6600	常温

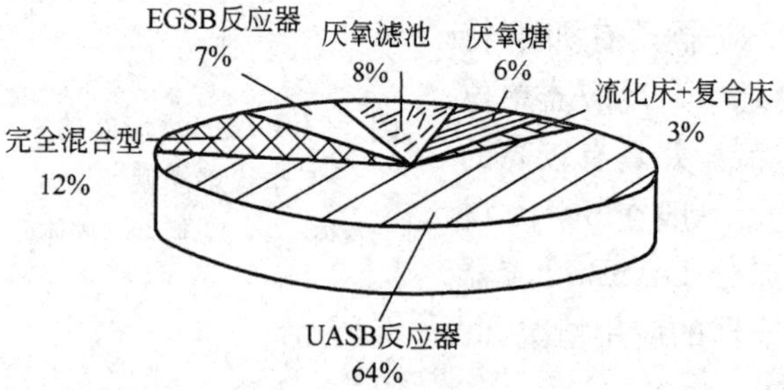

图 9-9 世界范围各种厌氧反应器的应用情况

（1）厌氧颗粒污泥 颗粒污泥（granular sludge）是 1974 年在荷兰 CSM 公司的用于处理甜菜制糖废水的 6m³ 反应器中首先发现的。它实际上是由菌体多样的自身固定化机制形成的一种生物聚体。颗粒污泥的出现不仅促进了第二代厌氧反应器（特别是 UASB 反应器）的应用和发展，而且还为第三代厌氧生物反应器的诞生奠定了基础。

颗粒污泥的出现大大改善了活性污泥的沉降性能，有效地减少了悬浮于消化液中的微生物个体数量，避免了微生物随消化液大量流失的可能性，保证了厌氧反应器中高浓度活性污泥的滞留量，进而为反应器的高效、稳定运行奠定了基础。

颗粒污泥可被认为是球状生物膜，污泥颗粒化过程与生物膜的形成有许多相似性。其形成过程可分为四个阶段：①将细胞运到惰性物质或其他细胞（以下称作基底）的表面；②通过物理化学作用力可逆吸附于基底上；③通过微生物表面的鞭毛、纤毛或胞外多聚物将细胞吸附于基底上；④细胞的倍增和颗粒污泥的形成。

厌氧污泥的主要聚集形式包括颗粒（granules）、团体（pellets）、絮体（flocs）、絮状污泥（flocculent sludge）等。Dolfing 对颗粒、团体、絮体、絮状污泥的定义为：团体和颗粒是结构紧密的聚集体。这些聚集体沉降后呈现固定的形态。絮体和絮状污泥则是具有蓬松结构的聚集体，这些聚集体沉降后无固定形态[9]。

（2）EGSB 反应器 20 世纪 90 年代初期，荷兰 Wageningen 农业大学开始了颗粒污泥厌氧膨胀床（expanded granular sludge blanket，EGSB）反应器的研究。1992 年，Lettinga 等[10]在常温条件下，研究 0.12m³、6m³ 和 12m³ UASB 反应器用于处理剩余污泥时发现，0.12m^3 UASB反应器的处理效果明显高于6m^3和12m^3 UASB反应器，其原因在于污泥中的悬浮性物质太多，而进水水力负荷较低，从而导致反应器中非活性固体累积。为了提高UASB反应器的处理效果，研究者开始考虑通过改变UASB反应器的结构设计和操作参数，以使反应器适合在高的液体表面上升流速条件下稳定运行，进而发展成为膨胀或流化状态的颗粒污泥床，由此形成了早期的EGSB反应器[10]。图9-10为EGSB反应器结构示意图。

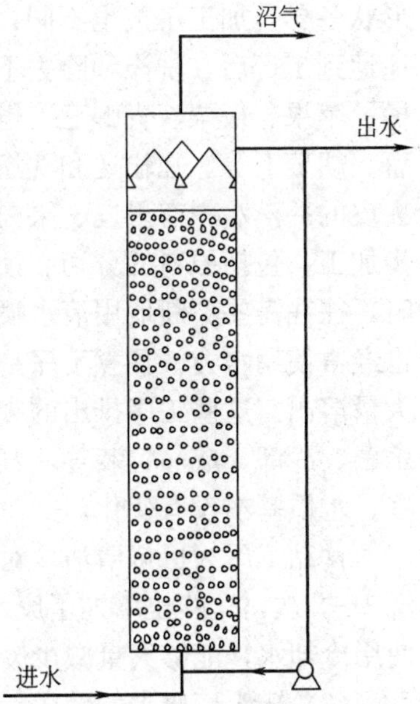

图9-10 EGSB反应器结构示意图

EGSB反应器实质上是固体流态化技术。固体流态化技术是一种改善固体颗粒与流体间接触，并使其呈现流体性状的技术，这种技术已经广泛应用于石油、化工、冶金和环境等部门。

(3) EGSB反应器的研究和应用 20世纪90年代以来荷兰Biothane System公司推出了一系列工业规模的厌氧膨胀颗粒污泥床（商品名：Biobed EGSB）反应器，应用领域已涉及啤酒、食品、化工等行业。著名的荷兰喜力（Heineken）啤酒公司、丹麦嘉士伯（Carsberg）啤酒公司和中国深圳金威（Kingway）啤酒公司等都已是EGSB反应器的用户，截止到2000年6月世界范围内已经正常投入运行的EGSB反应器共计76座。实际运行结果表明，EGSB反应器的处理能力可达到UASB反应器的2～5倍。从目前的世界厌氧反应器的工程实际来看，EGSB厌氧反应器可以称得上是世界上处理效能最高的厌氧反应器。表9-4是几个典型的EGSB处理不同类型废水运行情况的例子。

表9-4 EGSB反应器的应用

反应器容积/m^3	处理对象	温度	COD负荷/[gCOD/(L·d)]	水力负荷/[m^3/(m^2·h)]	备注
4×290	制药废水	中温	30	7.5	荷兰
2×95	发酵废水	中温	44	10.5	法国
95	发酵废水	中温	40	8.0	德国
275	化工废水	中温	10.2	6.3	荷兰
780	啤酒废水	中温	19.2	5.5	荷兰
1750	淀粉废水	中温	15.5	2.8	美国

随着对EGSB反应器研究的不断深入，它将越来越多地替代UASB反应器。但是，由于EGSB反应器技术的研究主要集中在荷兰等国家，我国无自主开发报道，目前我国厌氧反应器的研究与应用现状是，第二代厌氧反应器（主要是UASB）仍处于实践探索阶段。在第三代厌氧反应器迅速发展的今天，如何缩短与世界先进水平的差距是摆在我们面前的一个挑战性课题。

四、食品工业废水的生物治理

（一）罐头加工厂废水的生物治理[11]

(1) 罐头厂废水的来源 罐头生产多以水果蔬菜为主要原料。水果蔬菜的种类繁多，形状各异，加工工艺也不同，但可概括为三个阶段：第一阶段为原料预处理，即原料从产地运到工厂后，洗涤和除去不可食的皮、核、梗、壳等。剥皮、去核有机械处理法，如柑橘、苹果、板栗、青豌豆。也有先用低浓度烧碱浸泡，后用冷水冲洗的，如桃、杏、马铃薯、胡萝卜等。在输送和洗涤原料的水中，含有泥沙、污物以及腐烂的果品、蔬菜。碱法去皮的冲淋水中有果皮、果肉和烧碱。罐头工厂的废水主要来自以上工序。第二阶段为初步加工，包括原料的分切、预煮、调味等，为装罐前做好准备。这些工序在应用机械操作时，往往需要不断地用清水喷淋起润滑作用，避免机械堵塞。各工序之间的半成品输送，也经常使用水力。预煮工序是用沸水或蒸汽对原料进行加热处理，使原料中的水溶性物质大量溶出。这些工序排出的废水，也是罐头厂废水的主要来源。第三阶段是装罐、封口、杀菌、冷却、成品包装等。其中只有冷却工序是用大量清水，排出的废水只是温度高一些，水质基本没有变化。

食品工厂为保持清洁，对大部分生产设备、车间地板及运装原料的木箱，通常每班冲洗1～2次，这样也增加了废水的排出量。果蔬罐头厂用水量很大，合理改革工艺，循环使用冷却水，能够大量减少废水。美国某罐头厂每1t原料产生的废水总量为108.2t。

(2) 罐头厂废水的性质　果蔬罐头工厂排出的废水成分由于所用原料不同而有很大差异，但有一个共同的特点即都含有糖、蛋白质和淀粉。这些都是水中微生物的良好养料。当氧气充足时，好氧菌迅速生长繁殖，大量消耗水中的溶解氧，鱼类由于缺氧而死亡。当氧气不充足时，厌氧菌便活跃起来，产生臭气，影响环境卫生。有些蔬菜、水果需用烧碱去皮，排出的废水呈碱性。有些漂洗水果的废水含有机酸。生产甜菜罐头时，排出废水带有大量泡沫，浮在河流表面，不仅影响观瞻，而且容易孳生害虫和产生不良气味恶化环境。

(3) 罐头厂废水的生物治理　为了提高处理效果，节约处理费用，不同品种的罐头废水和不同工序的废水，最好采用不同的处理方法。像罐头冷却水如不再使用，可以直接排入河流，而其他工序的废水，一般根据有机物和悬浮物的含量多少，采用过筛、絮凝、灌溉、生物滤池等方法进行处理。有时需添加化学药剂，以加速沉淀作用。

绝大多数罐头工厂采用灌溉法及氧化塘法处理废水。也有采用活性污泥法和生物滤池法，但有人认为生物滤池投资大，微生物的活化时间长，而果蔬罐头的生产季节短，并不合算。

柑橘罐头废水是一种生物性较好的食品污水，因其含有柑橘肉、柑橘皮及果胶等物质目前绝大部分处理工艺采用先经过格栅去除较大颗粒的悬浮物，再加药混凝沉淀或气浮去除小颗粒的悬浮物及果胶，最后经不同的好氧生化工艺处理。

（二）啤酒厂废水的生物治理

(1) 啤酒厂废水的来源　啤酒是世界通用性饮料，是酒类中酒精含量最低的饮料酒，而且营养丰富。它以优质大麦和水为主要原料，啤酒花为香料，经过麦芽制备、麦芽汁制备、酿造或发酵等工序制成，富含营养物质和二氧化碳。

随着改革开放和人民生活水平的提高，我国的啤酒行业发展迅速，2002年以2386.83万t超过了美国的2200多万t的产量，位居世界第一。但由于我国的啤酒工业发展起步较晚，废水处理投资费用较低，在生产中对形成的废渣、废水的控制还不很得力，因此造成废水量较大。据有关部门测算，2002年全国啤酒废水排放量2.7亿m^3，年排放COD

约为 2.9 万 t；啤酒废水占全国工业废水排放总量的 1.3%，COD 占全国工业废水中 COD 排放总量的 0.5%。虽然啤酒生产的废水属有害而无毒性的废水，但由于每生产 100t 啤酒，排放废水中 BOD 量相当于 1.4 万人的生活污水，每瓶啤酒的 BOD 相当于 1 个人每天生活的污水。因此，随着啤酒生产的日益集中化、大规模化，啤酒废水污染环境的状况严重，环境污染问题越来越不能忽视了。

麦芽制备工段的废水主要来自浸麦、洗麦，废水中含有大麦粒、瘪大麦、麦芒、麦皮和泥沙等悬浮固体，以及谷皮内的浸出物，如单宁物质、矿物质、蛋白质、苦味质等。悬浮固体含量占原大麦投加质量的 2%左右。每浸渍 1t 大麦产生 COD 污染物 10～12kg 或 BOD_5 污染物 5～6kg，废水中挟带的浮麦量约 20.0kg。

麦汁制备工段的废水主要来自糖化锅、糊化锅的刷锅水、清洗水和麦糟贮存池底流出的麦糟水，一般冷、热凝固物也含在废水中排出。该工段产生的废水中有机物质比较多，COD 浓度高达 2×10^4～4×10^4mg/L。该废水的排放量占废水总量的 5%～10%，废水排放为间歇排放。麦糟是麦汁制备过滤后产生的副产物，含水 75%～80%，组分主要有蛋白质、脂肪、淀粉、还原糖、粗纤维以及灰分。热凝固物是麦汁煮沸过程中由于蛋白质变性和多酚物质氧化、聚合而产生的。热凝固物含水 80%，组分为蛋白质、酒花树脂、多酚物质和灰分。冷凝固物是在麦汁冷却过程中析出的，主要组分是蛋白质、碳水化合物、多酚物质和灰分。在此工段，每制 1t 成品酒，产生 COD 污染物 7.24kg，或 BOD_5 污染物 3.77kg。

酿造工段的废水来源于洗涤水，COD 浓度为 2000～3000mg/L，排放量为废水总量的 15%～20%，采取间歇排放的方式。这个工段的废弃物是废酵母和硅藻土。酵母是在啤酒发酵过程中沉淀下来的，一般因为生产所需，沉淀下来的酵母经洗涤后重复使用，但多余的和失去活力的酵母，如不综合利用则随废水排出。酵母除含水 80%～85%外，其他组分是蛋白质、脂肪、纤维、灰分和无机氮浸出物。在此工段，每制 1t 成品酒，产生 COD 污染物 8.3kg 或 BOD_5 污染物 5kg。

灌装工段的废水来自洗瓶水、喷淋杀菌水、洗麦水、地面冲洗水和包装物破损流出的残酒等。这部分的排放量较大，占总量的 30%～40%，COD 浓度为 500～800mg/L，采取连续排放的方式。

此外，生活污水来自办公室、食堂、宿舍和浴室，每制成品酒 1t，产生生活污水约 1.7m^3，含 COD 污染物 0.85kg 或 BOD_5 污染物 0.5kg。

（2）啤酒厂废水的性质　啤酒废水的主要特点是：①废水中有机物浓度较高，可生化性良好，其 B/C 比在 0.6 左右，适合用生物方法处理；②废水排放不均匀，水质、水量波动较大，处理系统必须要有一定的可调性和抗冲击负荷能力；③废水 pH 有一定的变化，为确保生物处理系统尤其厌氧生物处理系统运行正常，需要对废水的 pH 进行调节，使其在中性范围内（pH6.5～8.0）；④废水的悬浮物浓度较高，含有大量的麦皮、渣皮。在进入处理系统前需要进行拦截，以免堵塞后续处理系统；⑤废水中含有氮、磷污染物，浓度虽不是很高，但直接排到环境中，还是会对环境造成一定的污染，因此，处理系统要有较好的脱氮除磷能力，以确保在去除有机污染物的同时去除氮磷污染。

排放的啤酒废水超标项目主要是 COD、BOD_5、SS、pH 四项。水质一般为：pH5.5～7.0，水温 20～25℃，COD1000～2500mg/L，$BOD_5$600～1400mg/L，SS200～600mg/L，

TN30～70mg/L，属中浓度有机废水，BOD_5/COD 为 0.5～0.7，可生化性良好。

（3）啤酒厂废水的生物治理　目前，国内外啤酒废水的主要处理工艺有：直接采用好氧处理工艺；水解-好氧处理工艺；厌氧-好氧处理工艺。

① 接触氧化法：生物接触氧化法是利用固着在填料上的生物膜来吸附水中的有机污染物并加以氧化分解，使污水得到净化。20 世纪 80 年代初，接触氧化法在啤酒废水处理中得到了广泛应用。但由于啤酒废水的进水 COD 浓度很高，所以一般采用二级接触氧化工艺。采用接触氧化工艺代替活性污泥法，可以防止高糖含量废水易引起污泥膨胀的现象，并且不用投配氮、磷营养。用接触氧化法，可以选择的负荷范围是 1.0～1.5kgBOD_5/（m^3·d）；用鼓风曝气，每去除 1kgBOD_5 约需空气 80m^3。该法的缺点是对于较大型污水厂填料需要量过大，不便于运输和装填，而且污泥排放量大。

② SBR 法及改进工艺：与连续的活性污泥法相比，序批式活性污泥法（简称 SBR）的处理效率高，但在实际运行中有很大的困难。近年来，随着自动控制技术和控制元件的发展，SBR 工艺基本实现了自动控制。另一方面，SBR 工艺具有以下特点：a. 运行方式灵活，脱氮、除磷效果好；b. 工艺简单，自动化程度高，节省费用；c. 反应推动力大；d. 能有效防止丝状菌的膨胀。CASS 工艺（即循环式活性污泥法）是对 SBR 方法的改进，在国内有很多工程实例。阜新市啤酒厂用 CASS 工艺处理啤酒废水的实践结果表明，工艺处理效果稳定，可达到排放标准，平均出水水质：COD 为 25～86mg/L，去除率为96%～98%；BOD_5 为 21～25mg/L，去除率为 97%～98%；SS 为 52～64mg/L，去除率为 88%～92%。该工艺投资较低，运行费用省，每 1m^3 废水总投资为 1100 元，运行成本 0.56 元/m^3。

③ 水解-好氧处理工艺：水解-好氧处理技术的典型工艺流程是：

格栅 → 调节池 → 水解酸化池 → 接触氧化 → 气浮 → 达标排放

此流程的特点是将好氧工艺中的两级接触氧化工艺简化为一级接触氧化，使能耗大幅度下降。水解反应器事实上是一种以水解产酸菌为主的上流式厌氧污泥床，利用厌氧反应中的水解酸化阶段，而放弃了停留时间长的甲烷发酵阶段。水解反应器对有机物的去除率显著高于具有相同停留时间的初沉池。由于水解反应器可使啤酒废水中的大分子难降解有机物转变为小分子易降解的有机物，出水的可生化性能得到改善，这使得好氧处理单元的停留时间小于传统的工艺。与此同时，悬浮固体物质（包括进水悬浮物和后续好氧处理中的剩余污泥）被水解为可溶性物质，使污泥得到处理。水解反应工艺是一种预处理工艺，其后面可以采用各种好氧工艺，如活性污泥法、接触氧化法、氧化沟和 SBR 等。

啤酒废水一般并不需要水解酸化，但由于啤酒废水的悬浮性有机物成分较高，而水解池又具有有效截留去除悬浮性颗粒物质的特点，将其应用于啤酒废水的处理可去除相当一部分的有机物。从实验结果看，水解池最高 COD 去除率可达到 50%，当废水中包含制麦废水（浓度较低）时去除率也在 30%～40%。而且，啤酒废水经水解酸化后进行接触氧化处理，具有显著的节能效果，BOD/COD 值增大，废水的可生化性增加，可充分发挥后续好氧生物处理的作用，提高啤酒废水的生物处理效率。因此，水解和好氧处理相结合，确实要比纯好氧处理经济一些。

④ 厌氧-好氧处理工艺：厌氧处理技术是一种有效去除有机污染物并使其碳化的技

术，它将有机化合物转变为甲烷和二氧化碳。厌氧处理与好氧处理相比有许多优点：a. 对中高浓度废水，厌氧比好氧处理不仅运转费用要便宜得多，而且可回收沼气；b. 所需反应器的体积更小；c. 能耗低，为好氧处理工艺的10%～15%；d. 产泥量少，为好氧处理工艺的10%～15%；e. 对营养物需求低；f. 既可应用于小规模，也可应用于大规模的废水处理工程。

废水厌氧生物处理技术发展到现在，已有120多年的历史。近年来，由于高效厌氧反应器的发展，厌氧处理工艺已经可以应用于常温低浓度啤酒废水。据报道，应用UASB反应器在21.8℃处理BOD_5为1150mg/L、COD为2030mg/L的啤酒废水，在水力停留时间为4h的条件下，COD及BOD_5的去除率分别为89.1%和91.3%。

厌氧法的缺点主要是不能去除氮、磷，出水往往达不到排放要求，因此对于高浓度有机废水采用以厌氧生物处理为主，好氧生物处理为辅的技术路线，是最佳的选择。

（三）乳品厂废水的生物治理

（1）乳品厂废水的来源　目前中国的乳品工业在国民经济中占的比例比较小。但在一些发达国家，乳品业所占比例大，例如法国占食品工业21.9%，美国占12.4%，英国占11.8%。但是随着人民物质生活水平的不断提高，乳品将逐渐成为人们食品结构中的重要组成部分，因而乳品工业具有极大发展潜力。但乳品工业更具有非常大的污染，为此，业内人士对如何改善现有污水处理工艺投以极大关注。

乳品工业包括乳场、乳品接收站和乳品加工厂。乳场废水主要来自于洗涤水和冲洗水；乳品接收站废水主要是运送乳品所用设备的洗涤水；乳品加工厂废水包括各种设备的洗涤水、地面冲洗水、洗涤与搅拌黄油的废水以及生产各种乳制品的废水。

（2）乳品厂废水的性质　由于工艺实施及设备规模的不同，乳品加工业排放的废水中，COD、BOD_5及SS有一定差别。一般，COD浓度平均为800～2500mg/L，BOD_5为600～1500mg/L。BOD_5/CODcr比值大于0.5，属可生化性较好的废水。但在进行这种工业废水处理时，除氮措施往往被忽视，这是由于原水水质给予人们一种错觉。乳品加工废水水质分析资料显示，原水中氨氮值确实不高，仅为2～11mg/L，低于国家一级排放标准，但是不少已建污水站其处理后的水中氨氮的指标却经常超标（大于15mg/L，有的达到60mg/L左右）。分析其原因是人们忽视了水的总氮（或凯氏定氮）值。实际上乳品加工废水的总氮值平均达到60～100mg/L（有的总氮值达到265mg/L）。氮素主要来源于废水中的蛋白质（牛乳中蛋白质含量占2.7%～2.8%，蛋白质的组分中氮素占16%左右）。刚从车间排出的废水，蛋白质尚未分解，故废水中的氨氮浓度显示出来的数据很低。但是当蛋白质在生化处理装置被生物降解时，必然会发生氨化反应。氨氮就会从蛋白质有机污染物降解中间体释入水中，废水的氨氮值升高。如果处理装置设计时仅按原水的低氨氮值考虑，就会使设计走入误区，忽视必要的生物脱氮处理措施，那么处理装置难免运行失败。

（3）乳品厂废水的生物治理　乳品废水中的乳糖为低聚合物$(C_6H_{10}O_5)_x$，其聚合度x为2，即为2糖类物质。水解工艺中利用兼性微生物的代谢作用，在缺氧条件下，首先将低聚合糖转化为单糖。如果反应仍处于缺氧条件。则单糖（葡萄糖）将通过糖的酵解作用。分解成2个丙酮酸，从而完成低聚合糖的水解过程。进一步的彻底降解，只能在有氧条件下才能完成。即在有氧条件下，丙酮酸进入三羧酸循环，达到完全的氧化。

乳品废水中的脂肪的生物降解也是首先在细胞外，通过脂肪水解酶发生水解、生成甘油和相应的脂肪酸。甘油的进一步降解类似于糖解过程的一部分，转化为丙酮酸。水解产物脂肪酸及丙酮酸的进一步降解，则同样需要在有氧条件下进入三羧酸循环、达到完全的氧化。

乳品废水中的蛋白质是由多种氨基酸分子组成的复杂有机物。它与糖类、脂肪类物质分子结构的主要不同点在于它的组分中含有氮素；在蛋白质组分中，氮的含量平均约为16%。蛋白质不能直接被微生物利用，在进入细胞组织之前，需经蛋白质水解酶的作用，使其水解成氨基酸。其水解过程为：蛋白质—多肽—二肽—氨基酸。至此，蛋白质的水解过程完成，接下来需要在有氧条件下进入三羧酸循环，达到完全氧化。

目前，国内主要采用全好氧生化处理（活性污泥法居多，接触氧化法其次）、厌氧-好氧生化处理，以及水解-好氧生化处理（H/O工艺）等处理技术路线。由于乳品工业废水中含有蛋白质成分，废水的生物降解速率较缓慢，若降解时间不足，出水中会残留蛋白质及蛋白质降解中间体，因而出水很难达标。以国内外经典的延时曝气处理流程分析，为使排放达到国家二级出水标准，水力停留时间必须在30h以上，若要达到一级标准，则需48h以上。所以用全好氧生物降解工艺，不仅能耗较高，占地面积大，而且只能完成生物硝化过程，不能实现生物反硝化、完成真正意义上的脱氮。

只采用好氧处理，由于废水有机物浓度高，并且含有大量不易降解的有机物和少量有毒有害物质，好氧微生物难以存活，生化性较差。通过厌氧处理不仅可去除废水中大部分污染物，而且可使废水中大分子、难降解的有机物分解为小分子有机物，同时可降低废水中的有毒有害成分，改善废水的生化性能，为下一步好氧处理提供条件。实践证明，经过厌氧处理后的废水再进行好氧处理，污染物的去除率可明显提高。

（四）大豆油废水的生物治理

（1）大豆油废水的来源　大豆油呈黄色或者棕黄色，是一种半干性食用油，因富含亚油酸、α-亚麻酸等人体必需脂肪酸以及磷脂、维生素A、维生素D等成分，因此营养价值较高。除了作煎炸油、色拉油直接消费外，还可做人造奶油、起酥油的原料，工业上制造涂料、油墨与润滑油等用途也很广泛。

大豆油生产废水主要来源于制油和精炼车间。其中，制油车间废水主要产生于植物油自大豆中的浸出过程，虽其含油量低，水质污染相对较轻，但水量较大；精炼车间废水主要来源于连续碱炼过程中产生的水洗水、各类洗涤水以及脱臭、蒸汽冷凝器排水等。

（2）大豆油废水的性质　废水水量虽不大，但有机物浓度高、污染程度重，水中污染成分主要是钠皂（或脂肪酸）、可浮油、乳化油、水溶性的非甘油三酸酯、悬浮颗粒等，基本不含有毒成分。大豆油废水的特征如表9-5所示。

表9-5　大豆油废水的特征

项目	水量/(m^3/d)	COD/(mg/L)	BOD/(mg/L)	SS/(mg/L)	油/(mg/L)	氨氮/(mg/L)	pH	水温/℃
废水	200	4000～5000	2000～2500	400～600	800～1000	30～40	5～6	40

（3）大豆油废水的生物治理　大豆油废水有机污染物含量高，可生化性好，采用以生化处理为核心的废水处理流程是可行的。考虑到废水中含有大量的浮油、乳化油及钠皂，会强烈抑制微生物的生长繁殖，因此在进入生化处理之前，必须进行除油脱皂的预处理。

第三节　食品工业废渣生物治理技术

一、食品工业废渣的来源和基本特征

食品工业作为我国国民经济的重要产业，近年来发展迅速。我国食品资源丰富，粮食、油料、蔬菜、水果、肉类和水产品等产量均居世界首位。随着食品工业的快速发展，如何处理国内食品工业的大量废弃物和下脚料已经成为新世纪的大课题。根据食品工业特征，食品工业废渣主要可分为水果残渣、酒糟、鱼类及肉类加工废弃物、淀粉质废弃物和纤维素废弃物等。

（一）水果残渣的来源及特征

随着水果种植业和加工业的发展，果渣产量逐年增加。以苹果加工业为例，每年都有大量的苹果加工下脚料产生（加工 1t 原料平均可产生 0.3t 下脚料）。苹果渣中不仅含有纤维素和果胶等多糖类成分，而且还富含低聚糖、单糖、氨基酸、有机酸、维生素和香气成分等多种有用物质。目前，除一小部分苹果渣作为肥料和家畜饲料被利用外，大部分残渣尚未得到利用而作为废物丢弃，造成严重的资源浪费和环境污染。

（二）酒糟的来源及特征

我国是世界最大酒类生产国和消费国。生产白酒、黄酒主要用大米、高粱米、小米、玉米、红薯干以及糯米等为原料。在酒酿成后剩下的酒糟大多作为饲料。以大米为原料发酵法生产白酒为例，发酵过程中只消耗了粮食中的部分淀粉，而蛋白质、脂肪等营养成分大部分留在酒糟中。但是鲜酒糟水分含量高，长途运输困难，并不能混合到饲料中去，因此酒糟的利用率很低。大部分堆沤作肥料或是排入江河，不仅造成资源浪费，而且污染环境。

（三）鱼类及肉类加工废弃物的来源及特征

鱼品在加工过程中必然会产生大量的下脚料（包括鱼头、鱼皮、鱼鳍、鱼尾、鱼骨及残留鱼肉）。鲢鱼鱼头、鱼皮、鱼骨刺混合物中蛋白质含量达 14%，油脂为 9.22%。鳗骨、鳗头等废弃物中含有丰富的蛋白质、磷脂质、软骨素、维生素等。目前，发达国家的水产品加工率在 80%以上，而我国的水产品加工率不足 30%，下脚料的加工更是少之又少，往往被直接抛弃，造成资源浪费和环境污染。

目前我国有大中型生猪屠宰加工肉联厂 1500 多家，每年宰杀生猪约 8000 万头以上，家禽数量就更难以估算，产生的大量屠宰下脚料更难以预计。屠宰下脚料中含有丰富的蛋白质，可以用来生产动物性蛋白饲料。然而屠宰下脚料目前的利用率不到 30%，多数厂只是当作农肥处理或直接抛弃，造成环境污染。

（四）淀粉质废弃物的来源及特征

淀粉工业废弃物主要指淀粉加工过程中产生的大量废渣，根据淀粉来源的不同分为薯渣和玉米渣。我国木薯产区广阔，主要产于广西、广东、福建等省。全国年产木薯 1000 多万 t。目前，木薯主要用于制取淀粉，生产后有大量的木薯渣残余，以干物质计有 30 万 t 左右。薯渣中淀粉和膳食纤维含量比较高，淀粉含量达 45%左右，膳食纤维量达 30%左右，但是粗蛋白含量很低，用来喂养禽畜效果很差，因此大部分的薯渣无法被直接利用，造成极大的浪费。玉米也是生产淀粉、酒精的主要原料。生产玉米淀粉的副产物玉米渣中

蛋白质含量约60%，然而玉米蛋白水溶性差、组成复杂、口感粗糙，严重影响了其在食品中的应用。又加之原料丰富、价格低廉，玉米渣很多未经利用即自然排放，这不仅是对可利用粮食资源的极大浪费，而且对环境造成一定程度的污染。

（五）纤维素质废弃物的来源及特征

蔗渣是制糖工业的主要副产物，是甘蔗机械压制后所剩的主要部分。我国有多个省份可以种植甘蔗，海南、广东、广西、福建、云南都是我国重要的产糖地区。每生产1t的蔗糖，就会产生2t的甘蔗渣，蔗渣来源集中，产量大，是取之不尽用之不竭的再生性资源。甘蔗渣中纤维素占蔗渣总干质量的30%～40%，半纤维素占蔗渣总干质量的20%左右。纤维素废弃物是一种主要的可再生能源和初等原材料，因此通过有效的方法利用纤维素废弃物具有重大的意义和前景。

二、废渣生物治理技术及综合利用

（一）纤维素废弃物发酵产乙醇技术

虽然目前生产燃料和有机化工产品工业仍然采用石油和天然气等矿物原料作为原材料，但是20世纪70年代石油价格的急骤上涨，促使了人们对替代能源的研究和开发，乙醇被誉为“绿色石油”而捷足先登，被认为是一个特别具有发展潜力的替代品。乙醇作为燃料的突出优点有：①产能效率高；②在燃烧过程中不生成有毒的CO，其污染程度低于其他常用的燃料；③可通过微生物发酵大量生产，其成本相对较低。因此，利用乙醇替代化石燃料很容易被人们所采纳和推广[12]。

乙醇燃料的生产首先需要政府部门投入大量的资金及保持大规模产业化生产，小农经济体系不适合大规模产业化生产的需要。再者，目前用于乙醇生产的原料大多是农产品的精料，在人口膨胀、粮食短缺及其价格较高的当今世界，以粮食为原料进行乙醇的大规模生产，显然是有限度的。因此，廉价生产原料的开发和使用，成为乙醇发酵生产工业发展的关键之一。表9-6列出了可用于微生物发酵生产乙醇的原料。

从表9-6所总结的资料可以看出，虽然可用于微生物发酵生产乙醇的原材料很多，但其中的多数原料都是人及动物的粮食和食品，仅在纤维素一栏中所列出的原材料不能作为粮食及饲料使用。因此，如能开发出可以高效利用纤维素来代替粮食作为生产乙醇原材料的技术，那么用乙醇替代石油完全是有可能的。从现在生产乙醇的技术来分析，生物技术是最有希望在较短时间内实现这种可能性的技术。

表9-6　微生物发酵生产乙醇的原料

淀粉类	纤维素类	糖类	其他
禾谷类	木材	蔗糖、转化糖、甜高粱	菜花
大米	木屑	糖蜜	葡萄干
高粱	废纸	糖甜菜	香蕉
小麦	森林残留物	饲料甜菜	
大麦	农业残留物	乳浆	
面粉饲料	固体废物	葡萄糖	
碎玉米饲料	产品废物	硫化废物	
淀粉			
木薯			
马铃薯			

研究表明，木质纤维经过化学或生物学处理后，可转化为各种各样的产品，例如，纤维素可转化为葡萄糖、醇类、有机酸类和SCP类等；半纤维素可以转化为五碳糖、糖醛和乙醇等；由木质素的转化可以获得香草素、二甲基硫醚和苯酚等。其种类之多几乎囊括了所有石油化工产品，因此它已成为很有前途的无污染的工业原料。

目前，国内外许多生产乙醇的高活性菌株均不能直接利用纤维素作为发酵原料，纤维素必须经过一系列酸碱处理，转化成微生物可利用的糖类，例如蔗糖、葡萄糖后，才能成为这些高活性菌株的发酵底物。但纤维素类物质的酸解中存在不少问题，如酸解条件苛刻，对设备有很强的腐蚀作用，要求设备耐酸碱；酸解成本较高等。碱解法水解纤维素为糖类同样存在类似的问题。因此，酸碱水解法不适合用于水解纤维素作为微生物发酵生产乙醇的底物。

降解纤维素成为低分子糖类的另一种方法是酶水解法。完全水解纤维素需要葡聚糖内切酶、纤维二糖水解酶和β-葡萄糖酶这三种酶的协同作用。能产生这三种酶并分泌到体外的微生物大多是真菌，而不是细菌。显然，如利用这些微生物对纤维素进行直接发酵，就不需要对纤维进行酸碱预处理。这种发酵工艺所需的设备简单，工艺流程短，但由于乙醇产量不高，成本也会因之提高。

混合发酵法是目前探讨直接利用纤维素发酵生产乙醇的热点之一，也是潜在的最有发展前途的技术。它可避免利用酸碱法和酶法处理纤维素转化为糖时所引发的部分问题。例如，热纤维梭菌（*Clostridum themocellum*）能分解纤维素，但乙醇产量低（50%），而热硫化氢梭菌（*C. thermohydrosulopaircum*）不能利用纤维素，但发酵乙醇产量相当高，因此，如把这两种微生物进行混合培养，直接发酵纤维素，不仅避免了纤维素的糖化预处理，而且其乙醇产率可达75%以上。

（二）淀粉工业废弃物发酵产乳酸技术

目前用于乳酸发酵的原料，多为玉米、小麦、大米、马铃薯等农作物的淀粉。从资源利用和降低生产成本方面考虑，利用含丰富淀粉及纤维素类的废物进行乳酸发酵无疑更具有优势。当前国际上常常采用的有机废物原料主要是食品工业废物（玉米渣、马铃薯渣、麦糠、麸皮等）。美国最大的聚合物生产企业Cargilldow公司最近已研制成功将玉米渣作为起始原料，商品化生产聚乳酸的技术。M. Chatterjee等（1997）利用纤维二糖乳杆菌（*Lb. cellobiosus*）从制作马铃薯沙拉后的残渣中制取乳酸，48h后淀粉的50%被转化成乳酸。此外，还有用麸皮水解液、甘蔗渣、干酪工厂的下脚料、面包废物、造纸污泥以及贝类加工后的废物进行乳酸发酵的报道。

（三）食品废弃物生产单细胞蛋白及饲料技术

单细胞（single cell protein，SCP）是通过培养单细胞生物而获得的生物体蛋白，又称微生物蛋白，包括细菌、放线菌中的非病原菌、酵母菌、霉菌和微型藻类等。SCP是从纯培养的微生物细胞中提取的总蛋白，它可以作为人或动物蛋白的补充。用于人类食用的SCP即为食物，用于动物的SCP则是饲料。

虽然利用微生物的发酵过程中生产各种食品的历史可以追述到几千年前，但是以纯培养的微生物作为食物还是20世纪以来的事情。第一次世界大战期间，德国为了解决当时粮食问题，开展了利用小球藻、酵母作为粮食资源的研究，用由纸浆和造纸厂排出的废液作底物（主要利用其中的木糖）生产食用酵母，并将酵母用作肉类的代用食品。现在，对如何利用其他各种有机废料作为原料生产SCP的研究，在世界上仍是一个热门课题。

（1）可生产SCP的食品废弃物　由于自然界微生物资源十分丰富，因此，能用于生产SCP的原料多种多样。某种有机废料是否适合于生产SCP，应考虑以下原则：①价廉；②易于被微生物降解；③原料能常年可靠的供应，并能够安全、经济的贮存；④能经济地把原料运往工厂所在地；⑤质量稳定且可预测。

在酿造业的生产工艺过程中会产生大量的有机废物，其中大部分均以半固态形式未经干燥就被排出。酿造业副产品之一的酒糟一直被用作反刍家畜的饲料。如果直接用湿的酒糟进行某种产品的生产，就无须进行物料干燥，不仅可以简化工艺，还可以减少能耗。

罐头食品加工中的废物，如豆粉、甜菜粕、咖啡渣、亚麻籽粉、柑橘渣等均味美且富有营养。蔬菜加工中的废物由于含水量很高，欲大范围使用会有些困难。这些废物中的干物质含量为11%～90%，其余是水分，这样运输费用难于降低。因此大多数罐头厂的废物通常都埋入地下。在美国，像乳酪乳清、柑橘渣、马铃薯加工的废物，苹果、番茄加工的废物，以及甘蔗加工副产品等最常见食品加工废物已用于食品生产。

海产品加工中的废物，或为含有溶解物质和悬浮固体的废水，或为由肉、壳、骨头和内脏构成的固体废物。这些固体废物通常回收作为肥料和饲料，而废水由于太稀难于回收。从鱼类及海味加工废料中获得的浓缩鱼蛋白、从鱼中提取的可溶性物质及鱼的青饲料的浓缩物（在酸性pH下被自发产生的酶所液化的产物）可用作食品。无论哪一种资源，只要具有适当化学成分的液态废物就可以作为微生物发酵底物。除了考虑有毒物质的转化与富集可能造成的不良后果外，理想的底物成分应有合理的碳、氮、磷比，C∶N∶P为100∶5∶1比较适宜。

（2）SCP的一般生产工艺　所有单细胞蛋白生产工艺一般都包含预处理、有氧发酵、细胞分离和细胞干燥等主要工序。每种工艺都要求对原料进行某种预处理，预处理的内容繁简又各不相同，从极简到极繁的均有。生产单细胞蛋白，特别是酵母，和通过发酵生产乙醇相类似，但有两个重要的差别：首先，细胞物质的大规模生产过程是一个需氧过程，要求使用氧分子。由于把氧气传递到溶液中去是关键，因此需要以搅拌的形式输入能量；其次，酵母的新陈代谢是一个强放热过程，因而通常必须把多余的热量除去以保持最佳的发酵温度。在SCP生产过程中，通常用过滤或离心方法收集细胞，然后对所得到的细胞产物进行洗涤和喷雾干燥就得到可以出售的产品，以这种方式生产的单细胞蛋白可用作动物饲料，如果供给人类食用，还需要另外进行一些加工：蛋白质的提取和纯化、细胞溶解和核酸水解等。作为人类食用的SCP，特别是作为蛋白质的来源，它必须是干的可溶性的粉末，色泽极淡且极少气味；活细胞数低，没有病原体；营养价值高，核酸含量低，并且毒性物质含量低。

（3）利用有机废物生产饲料　用固体发酵法利用食品工业废物生产菌体蛋白饲料也是目前国内外研究的一个方向。这是一种投资少，耗能低，见效快，操作简便的生物转换技术。利用食品工业废渣作为原料进行酵母固态发酵，可以提高其蛋白质和维生素的含量，以此来代替大豆、鱼粉等蛋白饲料。如大米渣主要成分为淀粉外，还含有丰富的蛋白质及一些双糖、单糖、矿物质及微量元素，因此，可将米渣直接用于发酵生产饲料蛋白。它的技术路线为：废渣—配料—拌料—蒸煮—冷却—接种—固体发酵—粉碎—干燥—粉碎—包装—成品。

用固体发酵法利用工业废物生产菌体蛋白的技术操作简单，设备投资省，使大米和淀粉发酵的废渣能够得到充分利用，具有广阔的市场前景。对于固体发酵来说，调节发酵物质的水分、pH、温度等是必要的，因为这些都是影响菌体蛋白增加的重要因素。一般情况下，初始含水量要求在65%左右，初始pH在5.9～6.2，温度控制在28～31℃之间，比较有利于酵母菌的生长。

利用发酵法将食品工业废物变为动物可以利用的饲料，提高了饲料的蛋白质含量。降低了粗纤维的含量，有利于动物的消化吸收。还可以从中得到高附加值的产品，既解决了环境问题，又解决了垃圾的资源化问题，是一种值得推广的好方法。

三、食品工业废渣生物治理中的应用实例

食品工业行业种类繁多，但所排放固体废弃物的一个共同特点就是含有一定的营养物质，成分相类似的固体废弃物可采用相同的综合利用和处理工艺，这里以酒糟和水果渣的治理为例加以介绍。

（一）酒糟的治理与综合利用

酒糟是酿酒企业以粮食为原料发酵生产食用酒后产生的副产品，包括酒精糟、啤酒糟、曲酒糟、白酒糟、果酒糟等。在酿酒企业中，有很大一部分粮食随酿酒生产过程变成了废渣、废水等废弃物而进入了环境，造成了粮食的巨大浪费和环境的严重污染。据统计，生产1t白酒约产生2.5t副产物酒糟，照此估计，我国白酒行业每年产生的白酒酒糟数量在1625万t（以干重计）左右，数量相当巨大。分析结果表明，酒糟的主要成分为：淀粉、蛋白质、稻壳（白酒糟含有）、纤维素、脂肪、灰分、氨基酸、维生素等（见表9-7）。

表9-7　　酒糟的常规成分

项目	酒糟/%	玉米(对照)/%	项目	酒糟/%	玉米(对照)/%
水分	7～10	10～19	粗脂肪	4.2～6.9	2.7～5.3
粗淀粉	10～13	62～70	粗纤维	16.8～21.2	1.5～3.5
粗蛋白	14.3～21.8	8～16	灰分	3.9～15.1	1.5～2.6

统计表明，目前，酒厂产生的酒糟一部分被当地农民运去作为肥料，另有一小部分被利用作为燃料使用，只有很少一部分被养殖业或当地农民利用作饲料（在喂养过程中添加5%～10%），大部分弃于环境中，引起周围环境的严重污染。因此，进行酒糟的资源化很有必要。根据酒糟的组成，酒糟除可发酵生产蛋白饲料外，还可生产调味品和培养有用菌种。

（1）酒糟生产饲料　酒糟做饲料被普遍认为是利用的最好方法和途径，所产生的效益和价值也最大，同时又能实现废物的资源化，尤其是在全世界人均耕地越来越少，人畜争粮日益严重的今天，在饲料日趋紧张的情况下，酒糟生产饲料更显示了其生命力。

酒糟干燥粉碎做饲料，有自然晒干法和机械干燥法。自然晒干的特点是简单易行，投资省，缺点是这种工艺易受雨天的限制，其次是仅仅进行了简单的物理分离，没有对以酿酒为唯一产品所排的废弃物酒糟的营养结构进行改善和调整。机械干燥代替自然干燥避免受天气影响的缺点。这些工艺最大的特点是加工工艺简单易行，缺点是对酒糟仅仅进行了物理加工，没有降低酒糟中粗纤维的含量，蛋白质含量也没有明显提高，直接利用作饲料

用于喂养，只能极少量的添加掺和，并且动物的消化率低，适应性差，难于消化吸收，影响饲养效果。

酒厂及其附近企业利用酒糟可以直接取新鲜酒糟，但饲料生产单位利用新鲜酒糟最先遇到的问题就是酒糟的贮存。据报道，青贮是酒糟贮存的较好办法，它利用厌氧环境使乳酸菌生长，产生乳酸，增加酸度，从而抑制杂菌的生长，防止霉烂。其方法是：鲜酒糟与其他碾碎料以 3：1 混合，含水量在 70%左右，密封，用时用石灰水中和。另一方法是：将酒糟置于窖中，2～3d 后，待渗出液体后将清液除去，再加鲜酒糟，渗出液体后再除去，如此层层添加，最后一次保留上清液，盖好窖口。青贮不仅可以有效地保存酒糟中营养成分，更主要的是可以延长酒糟的保存时间，防止霉变腐败。此外，在青贮过程中，酒糟中的残留酒精挥发掉可以增加酒糟饲料的适口性。

采用生物发酵转化法也可使酒糟资源化。主要是针对固态发酵酿酒过程的特点，固态发酵过程物质转化不彻底，酒糟中除含有大量的发酵菌体外，还含有一定量的淀粉物质以及可转化的有机物、纤维素、脂肪等，可以通过接种好氧微生物将其中可以利用和转化的物质转化合成为菌体蛋白，采用好氧多菌发酵过程可以使有用物质的转化更快、更完全、更彻底，其工艺流程如图 9-11 所示。

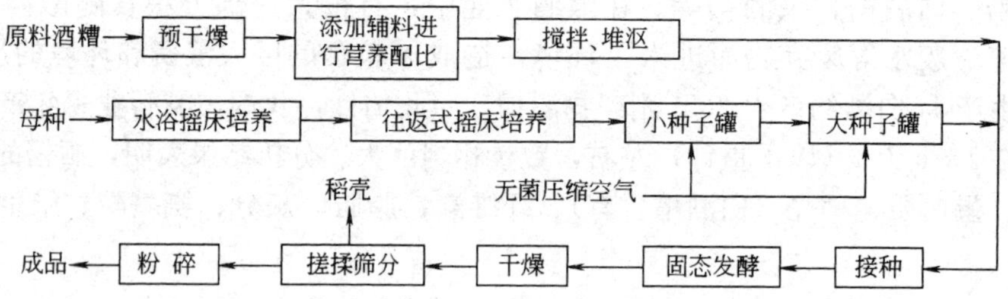

图 9-11　利用白酒糟生产高蛋白饲料的工艺流程

本技术原料不需灭菌，采用复合菌直接高效协同固态生物好氧发酵技术，使传统的厌氧酿酒过程中微生物不易利用的还原性营养物质得到充分的生物转化，使酒糟中的蛋白质、氨基酸成分显著提高，粗蛋白含量由 18%提高到 33%以上，氨基酸含量提高 25%以上，粗纤维含量显著降低，实现了酒糟的生物工程快速高效转化。该技术工艺简单，操作方便，成本低，发酵周期短，产品芳香，适口性好，且富含多种促生长因子，经检测，产品各项指标均合格。该方法也适用于啤酒糟、酒精糟生产蛋白饲料，但在具体的工序上会有所不同。

(2) 酒糟制取调味品　酱油是人们日常生活中不可缺少的调味品。据考证，我国生产酱油的历史迄今已有 2000 多年，酱油生产从工艺到原料都形成了一套固定模式。利用酒糟作为主要原料，采用低盐固态发酵工艺，是对传统酿造技术的一种突破。酒糟酿制酱油主要是用酒糟代替大豆，两者主要成分的比较见表 9-8。另外，酒糟中的氨基酸种类较多，含量也较为丰富，完全能满足酱油生产中曲霉生长的要求，且酒糟中残留的酒精对酱油风味物质的形成也有很大的好处。

表 9-8　　酒糟与大豆的营养成分比较　　单位：%（质量分数）

项目	水分	蛋白质	脂肪	碳水化合物	纤维素	灰分
酒糟	60～65	5.7～6.1	1.3～3.0	8.5～11.3	10～11	3.5～5.8
大豆	8～12	35～45	15～25	21～31	4.3～5.2	4.4～5.1

利用酒糟生产酱油的原料有：酒糟、豆饼、麦麸、水、食盐、米曲霉（As3.951）黑曲霉（As3.350），工艺流程如图 9-12 所示。

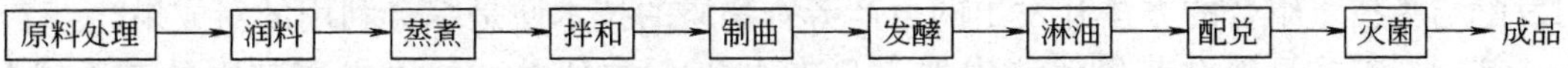

图 9-12　酒糟生产酱油工艺流程

利用低盐固态技术以酒糟为主要原料生产酱油是可行的，酱油的质量能够达到国家标准的要求。要最大限度地利用酒糟资源，今后的工作重点应放在筛选适应性和针对性更强的菌种，或者采用多菌种发酵，以尽量减少其他原料的用量，真正达到变废为宝的目的。

酒糟中（由于设备、工艺、技术等条件不同）残存丰富的粗淀粉、粗蛋白、氨基酸、钙、磷等物质。新鲜酒糟温度高达 80℃以上，应用于酿醋可提高醋醅基础温度 20～23℃，这对高寒地区的酿醋业应用，更有它的现实意义。上述酒糟中的残存成分，恰好又是酿造食醋所需的重要成分和前体物质。在酿酒过程中的菌体经过蒸馏杀死后，作为新菌体生化反应的氮源，继而被新菌新陈代谢，最终产生食醋中不可缺少的氨基酸态氮，将为提高食醋的风味起重要作用。图 9-13 为利用啤酒糟通过 As3.350 黑曲霉与 As3.951 米曲霉接种，生产食醋的工艺流程。

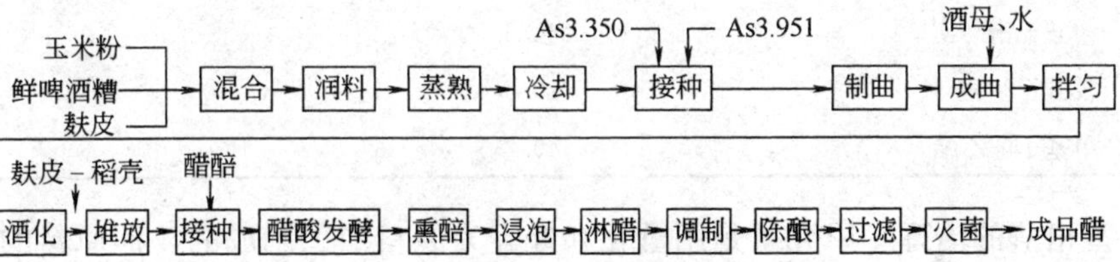

图 9-13　利用酒糟生产食醋工艺流程

鉴于酒糟是酿酒的副产品，粗淀粉含量较高粱等原料的淀粉含量低得多，因此在生产中，必须将所采用麦麸的淀粉浓度调到 20%左右，以确保醋酸发酵的正常进行。否则，作为醋酸氧化的碳源就满足不了醋酸菌氧化过程中的需要，结果造成醋酸自身氧化，最终导致脱氧而变成 CO_2 和水随气体蒸发，使发酵失败。

（3）酒糟的其他用途　随着人们生活水平的提高，对食用菌的需求量也日益增加，但近年来由于食用菌栽培原料价格的不断上涨，造成食用菌生产成本大幅度地提高。针对我国酒糟产量大的特点，利用酒糟进行食用菌栽培的探索，既降低食用菌的生产成本，又变废为宝，其生物转化率（以酒糟干物质计）达到 60%～90%。该技术是酒厂综合利用资源，提高经济效益行之有效的方法。

啤酒糟中主要成分是麦芽壳和未糖化的麦芽和辅料（大米）中的不溶性高分子物质，含有丰富的碳水化合物、含氮化合物、多种维生素和无机元素，它质地疏松，利于通气，是微生物生长繁殖的优良基质，有报道利用啤酒糟的上述特点以干啤酒糟为苏云金杆菌发酵基质生产生物农药。

另外，也有利用酒糟中含丰富蛋白质、氨基酸、微量元素和矿物质及免疫活性物质的特点，生产高档保健饮料的研究报道。酒糟还可用于改良盐碱地，生产乳酸等。

（二）水果加工厂的废渣治理

（1）苹果渣的治理　苹果渣中不仅含有纤维素和果胶等多糖类成分，而且还富含低聚糖、单糖、氨基酸、有机酸、维生素和香气成分等多种有用物质。目前，除了一小部分苹果渣是作为肥料和家畜饲料被利用外，大部分残渣尚未得到利用。利用苹果渣为原料，经用发酵与膜技术组合的方法开发出的生产芳香物质的技术便是综合利用的新成果。

其制造工艺是先在苹果残渣中加入自来水和L-抗坏血酸，以提取其中的芳香成分，然后用超滤膜（UF膜）过滤得到提取液后，添加从水果原料经纯种分离而得的接合酵母于20℃发酵2d左右，发酵后经反渗透膜（RO）浓缩，得到含有如表9-9所示的各种芳香物质的浓缩液，其中以正己醇为最多，为64.6mg/kg，其次为2-甲基丁醇57.8mg/kg，以及2-甲基丁酸乙酯40.2mg/kg和异丁醇26.5mg/kg，反式-2-己烯醛20.6mg/kg。正己醇、2-甲基丁酸乙酯、反式-2-己烯醛是呈现水果香味和绿叶香味的香气成分。利用该技术，苹果渣香味成分的回收率为12%。

表9-9　发酵与膜技术组合生产的芳香物质浓缩液

芳香物质	RO浓缩液/(mg/kg)	浓缩倍数
正丁醇	0	—
异丁醇	26.5	—
2-甲基丁醇	57.8	28
正己醇	64.6	18
反式己烯醛	20.6	—
2-甲基丁酸乙酯	40.2	7

（2）蜜柑渣的治理　甲壳素是用蟹壳和虾壳为原料加工制成的，但原料的稳定供应和品质的稳定是加工中的难题。日本的技术人员利用柑橘渣为原料研究开发出高品质和可以稳定供应的壳聚糖的生产方法。它利用Absidia属的霉菌（butleriHUT1001），以柑橘榨汁后的残渣经进一步榨取后得到的废糖蜜为营养源，发酵培养出菌体，然后再提取菌体，制得的壳聚糖。最终的结果使用20L培养基制得菌体培养液后可制得干燥菌体320g，其中包括碱不溶物98g，微生物壳聚糖2.5g。

对比用微生物方法制得的壳聚糖与甲壳类原料制得的壳聚糖的结构发现，由甲壳类原料制成的市售壳聚糖是甲壳素用浓稠的碱溶液进行不均匀脱乙酰化后制成的，因此在结构上乙酰基形成压缩的扁平状分布。但与之相对的微生物壳聚糖是在生物合成过程中脱乙酰基的，因此，不是扁平的压缩分布。它也不同于用灰色链霉菌（*Streptomyces griseus*）产甲壳素分解酶消解而得的壳聚糖，后者含有的二糖类低聚糖多。原因在于这种甲壳素分解为末端型酶，不具备分解形成*N*-乙酰化葡聚糖胺单糖的能力，因此，最终分解生成的最小单位是二糖类多。这就是说，生成二糖多可显示形成*N*-乙酰化葡聚糖胺的连接部分也多；反之如果生成的二糖少，也就显示出*N*-乙酰化葡聚糖胺被分散了。

微生物壳聚糖分解物中含有的三到五糖的特殊化合物多，其中三糖占总量的72%，对比四到六糖的低聚糖收率，10g壳聚糖经酶分解作用后，市售普通壳聚糖的收率为4.3g，而微生物壳聚糖为5.3g，明显高于前者。研究认为，这种乙酰基分布均匀的微生物壳聚糖由于利用酶等选择性切割是可能的，因此，作为壳聚糖低聚糖的生成基质量较有用，四到六糖的壳聚糖低聚糖被认为是具有赋活免疫特性，能促进植物生长等活性效果，因此，作为食品材料和农业材料等的前景引人注目。

第四节　食品工业废气生物处理技术

一、废气生物处理技术的基本原理

工业废气的生物处理是利用微生物以废气中的有机组分作为其生命活动的能源或其他养分，经代谢降解转化为简单的无机物（二氧化碳、水等）及细胞组成物质。微生物对各类污染物均有较强、较快的适应性，并可将其作为代谢规范化底物降解、转化，同常规的废气处理方法相比，生物处理具有效果好、设备简单、投资及运行费用低、安全性好、无二次污染、易于管理等优点[13]，具体如表 9-10 所示。生物处理技术尤其在处理低浓度(<3mg/L)、生物可降解性好的有机废气时更显其优越性。

表 9-10　生物技术与传统方法的经济性比较

方　法	投资费用/美元①	运转费用	
		燃料和药剂消耗/美元②	能耗/W②
燃烧法	130	15	～0
化学吸附法	60	8	1
活性炭吸附法	20	—	—
生物法	8	～0	0.6

注：①以每 106 立方英尺的处理气量计；②以单位时间（min）处理每立方英尺气量计。

用生物法处理空气中的污染物可以追溯到 20 世纪 50 年代中期，最先是用于处理空气中低浓度的臭味物质。第一个利用微生物处理废气的专利于 1957 年出现在美国。但是到 1970 年后才引起各国重视。到 1980 年，德国、日本、荷兰等国家已有相当数量工业规模的各类生物处理废气的装置投入运行，对混合有机废气的去除率一般在 95%以上[14]。目前，我国在这方面的研究还处于起步阶段，仅同济大学、昆明理工大学等单位进行了初步研究。

由于微生物将废气中的有害物质进行转化的过程在气相中难以进行，所以废气生物净化过程与废水生物处理过程的最大区别在于气态污染物首先要经历由气相转移到液相或固体表面的液膜中的传质过程，然后污染物才在液相或固相表面被微生物吸附降解。实际上，对于生物化学法净化处理工业废气的机理研究虽然已做了许多工作，但至今仍然没有统一的理论，目前在世界上公认影响较大的是荷兰学者 Ottengraf 依据传统的气体吸收双膜理论提出的生物膜理论[15]。

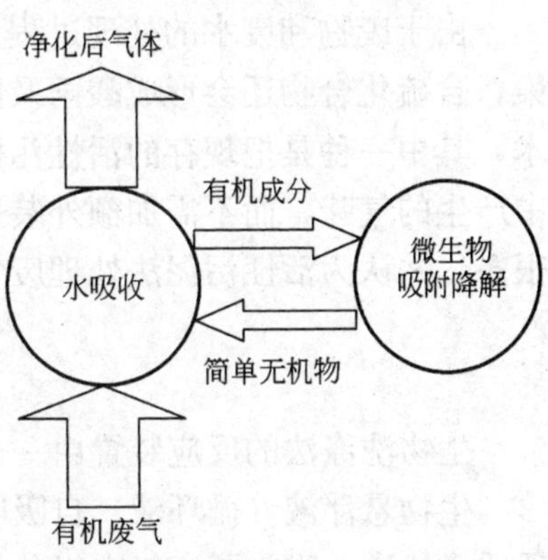

图 9-14　生物化学法净化处理工业废气的过程

按生物膜理论（如图 9-14 所示），生物化学法净化处理工业废气一般要经历以下几个步骤：①废气中的有机污染物首先同水接触并溶解于水中（即由气膜扩散进入液膜）；②溶解于液膜中的有机污染物成分在浓度差的推动下进一步扩散到生物膜，进而被其中的微生物捕获并吸收；③在此条件下，微生物对有机物进行氧化分解和同化合成，产生的代谢物一部分溶入液相，一部分作为细胞物质或细胞代谢能源，还有一部分（如 CO_2）则析出到空气中。废气中的有机物通过上述过程不断减少，从而得到净化。

用来进行气态污染物降解的微生物也分为自养菌和异养菌两类。自养菌可在有机碳和氮的条件下由硫化氢、硫和铁离子及氨的氧化获得能量，其生存所必需的碳由二氧化碳通过循环提供。自养菌适于进行无机物转化，但由于新陈代谢活动较慢，其生物负荷不可能很大，应用上有一定的困难。但在浓度不太高的脱臭场合还是采用了硝化、反硝化及硫酸菌等来转化硫化氢及氨。异养菌则是通过有机物的氧化来获得营养物和能量，适合进行有机物的转化，在适当的温度、酸碱度和有氧的条件下，此类微生物能较快地完成污染物的降解。

微生物的种类繁多，几乎所有的有机和无机污染物都能被转化。目前适合于生物处理的气态污染物主要有乙醇、硫醇、酚、甲酚、吲哚、脂肪酸、乙醛、酮、二硫化碳、氨和胺等。同废水的生物处理一样，特定的待处理成分都有其特定的适宜的微生物群落。在某些情况下，起净化作用的多种微生物在相同的条件下均可正常繁殖，因此，在一个装置里可同时处理含多种成分的气体。微生物的降解过程是一个自然的过程，人类所进行的技术开发不外是强化和优化该过程，主要是从强化传质和控制有利于转化反应过程的条件两方面着手。

根据微生物在工业废气处理过程中存在的形式，可将其处理方法分为生物洗涤法（悬浮态）和生物过滤法（固着态）两类。

生物洗涤法是利用由微生物、营养物和水组成的微生物吸收液处理废气，适合于吸收可溶性气态物。吸收了废气的微生物混合液再进行好氧处理，去除液体中吸收的污染物，经处理后的吸收液再重复使用。在生物洗涤法中，微生物及其营养物配料存在于液体中，气体中的污染物通过与悬浮液接触后转移到液体中从而被微生物所降解，其典型的形式有喷淋塔、鼓泡塔和穿孔板塔等生物洗涤器。

生物过滤法是用含有微生物的固体颗粒吸收废气中的污染物，然后微生物再将其转化为无害物质。在生物过滤法中，微生物附着生长于固体介质上，废气通过由介质构成的固定床层时被吸附、吸收，最终被微生物所降解，其典型的形式有土壤、堆肥等材料构成的生物滤床。

由于废物和废水的处理过程产生的气味能够对周围人口造成损害并形成严重的大气污染，含硫化合物还会形成酸雨及酸雾。近十年来，出现了一些既有效又经济的生物处理技术，其中一种是把现存的活性污泥厂用作生物涤气器，这样，就可直接处理废水处理过程中产生的气味，而不需加额外装置或中断废水处理过程。目前北美有关这方面的报道已有很多，并认为活性污泥法处理废气的技术可向全世界推广。

二、生物洗涤法

生物洗涤法的反应装置由一个吸收室和一个再生池构成，如图 9-15 所示[16]。

生物悬浮液（循环液）自吸收室顶部喷淋而下，使废气中的污染物和氧转入液相，实现质量传递，吸收了废气中组分的生物悬浮液流入再生池（活性污泥池）中，通入空气充氧再生。被吸收的有机物通过微生物氧化作用，最终被再生的活性污泥悬浮液从液相中除去。生物洗涤法处理工业废气，其去除效率除了与污泥的浓度、pH、溶解氧等因素有关，还与污泥的驯化与否、营养盐的投加量及投加时间有关。有文献报道，当活性污泥浓度控制在5000～10000mg/L、气速＜$20m^3/h$时，装置的负荷及去除率均较理想。日本一铸造厂采用此法处理含胺、酚和乙醛等污染物的气体，设备由两段吸收塔、生物反应器及辅助装置组成。第一段中，废气中的粉尘和碱性污染物被弱酸性吸收剂去除；第二段中，气体与微生物悬浮液接触，每个吸收器配一个生物反应器，用压缩空气向反应器供氧，当反应器效率下降时，则由营养物储槽向反应器内添加特殊营养物，装置运行10多年来一直保持较高的去除率（95%左右）。德国开发的二级洗涤脱臭装置，臭气从下而上经二级洗涤，浓度从2100mg/L降至50mg/L，且运行费用极低。

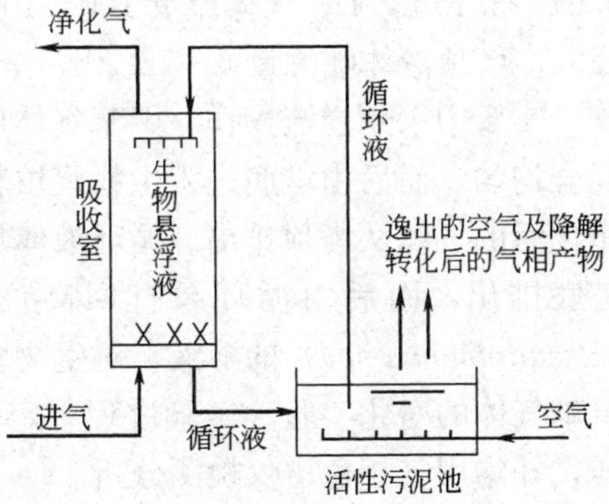

图 9-15　生物洗涤法处理工业废气装置

生物洗涤法中气、液两相的接触方法除采用液相喷淋外，还可以采用气相鼓泡。一般，若气相阻力较大可用喷淋法，反之，液相阻力较大时则采用鼓泡法。鼓泡与污水生物处理技术中的曝气相仿，废气从池底通入，与新鲜的生物悬浮液接触而被吸收。由此，许多文献中将生物洗涤法分为洗涤式和曝气式两种。日本某污水处理厂用含有臭气的空气作为曝气空气送入曝气槽，同时进行废水和废气的处理，取得了良好的效果。曝气池水深4.6m，MLSS6000mg/L，脱臭效率99%。通常曝气脱臭效率与pH、溶解氧、活性污泥中悬浮固体含量及曝气强度有关[曝气强度一般取0.1～$1m^3/(m^2 \cdot min)$]。

与鼓泡法处理相比，喷淋法的设备处理能力大，可达到$60m^3/(m^2 \cdot min)$，从而大大减少了处理设备的体积。喷淋净化气态污染物的影响因素与鼓泡法基本相同。

昆明理工大学对生物膜填料塔净化低浓度有机废气进行了大量研究。具体研究工作是以含有低浓度挥发性有机污染物——甲苯的废气为研究对象，采用国内的微生物菌种，在实验研究生物膜填料塔净化低浓度甲苯废气性能的基础上，运用化学工程学与生物化学反应原理，对生物法净化废气中低浓度挥发性有机物的过程机理进行探索研究，以期为这一方法的工业装置设计和操作提供理论依据。据报道采用的实验装置如图9-16所示[17]。

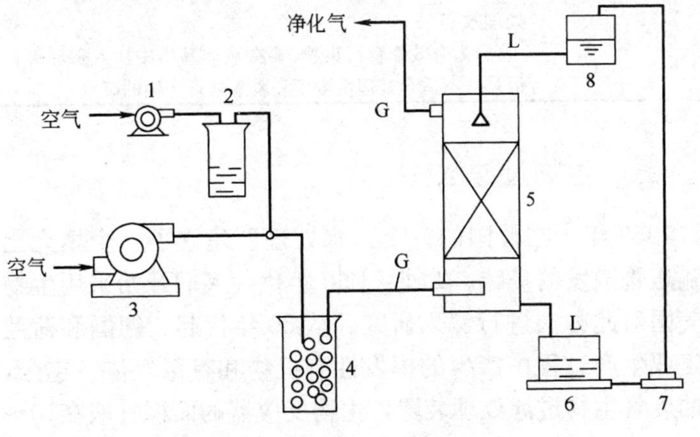

图 9-16　生物膜填料塔净化低浓度有机废气实验装置

1—小气泵　2—纯甲苯瓶　3—风机　4—气体混合瓶　5—生物膜填料塔　6—循环水槽　7—循环水泵　8—高位槽　G—气体取样点　L—液体取样点

生物膜填料塔由直径为72mm的玻璃管制作，其中的填料为不锈钢拉环（10mm×10mm×0.5mm），1000mm高的填料分为两层，每层高度为500mm，中间间距100mm。实验在常温17～22℃条件下进行，入口气体中甲苯浓度范围

0.61～3.15mg/L，气体流量 100～400L/h。气体在生物膜填料层中的停留接触时间 30～123s，塔顶液体喷淋量 6～72L/h，全塔阻力降 9.80～78.45Pa，液体 pH 为 6～7。

实验中采用逆流操作。甲苯气体用动态法配制，纯甲苯气体和主气流首先在混合瓶中混合均匀，而后由塔底进入生物膜填料塔，在上升过程中与润湿的生物膜接触而被净化，净化后的气体从塔顶排出。循环液体从塔顶向下喷淋到填料上，自上而下润湿填料层并由塔底排出，而后由循环泵打回高位槽循环使用。采用含有先期筛选的短杆菌菌种（*Pseudomonas* sp.）的溶液，对生物膜填料塔进行生物挂膜并保养 23d 后，即进行低浓度甲苯气体的净化实验。实验过程中定时在生物膜填料塔的气体和液体的入口、出口处取样，并均用气相色谱仪检测分析。

实验结果表明：

（1）入口气体中甲苯浓度、气体流量、液体喷淋量、填料层高度、操作方式等因素对生物膜填料塔净化性能均有影响，生物膜填料塔对于净化低浓度甲苯废气具有很好的适应性。当入口气体中甲苯浓度低于 2000mg/m^3 时，逆流操作的单塔净化效率可保持在 80%以上，对甲苯的去除量可达 104.4mg/（L·h）；

（2）生物膜填料塔净化低浓度甲苯废气是一个气膜控制的传质过程，因此，凡能改善传质条件、减少气膜阻力的措施均能强化这一生物吸收净化过程；

（3）本研究中所用的菌种不仅对甲苯有很强的生化降解能力，而且对废气中苯、二甲苯等苯系物也同样具有降解作用。

生物洗涤方法可以通过增大气液接触面积，如鼓泡法中加填料，以提高处理气量；或在吸收液中加某些不影响生物生命代谢活动的溶剂，以利于气体吸收，达到去除某些不溶于水的有机物的目的。生物洗涤法在应用过程中的优缺点见表 9-11[18]。

表 9-11　生物洗涤法的优缺点

优　点	缺　点
(1)温度、pH、营养物平衡以及代谢物的去除可以用反应器中的水进行调节，因此系统更容易控制	(1)由于气体溶解非常重要，因此本法只能有效去除高溶解性的污染物(气态污染物在空气/水中分配系数小于 1)
(2)可以将污染物降解产物洗出	(2)要控制生物量增长以减少固体废物量和增加气体处理效率
(3)液体介质的组成容易控制	(3)为有效降解污染物，要在液体基质中加入磷和钾，但是这不适合处理低浓度和废水处理产生的废气
(4)生物驯化后可以高效率降解污染物	

三、生物过滤法

生物过滤法最早出现在德国。1959 年，在德国的一个污水处理厂建立了一个填充土壤的生物过滤床，用于控制污水输送管散发的臭味。20 世纪 60 年代，人们开始采用生物过滤法处理气态污染物，德国和美国对此方法进行深入研究。从 80 年代起，德国和荷兰越来越多地采用生物过滤法控制工业生产过程中产生的挥发性有机物和有毒气体。迄今，在德国和荷兰有 500 多座大规模的废气生物过滤处理装置，生物反应器的面积一般在10～2000m^2 之间，废气处理流量达到 1000～150000m^3/h。美国 1990 年通过的清洁空气法修正案严格限制了 189 种危险空气污染物（其中 70%是挥发性有机物）的排放，这促进了包括生物过滤法在内的废气控制技术的研究和应用，大规模的生物过滤装置开始被建立用来处理各种污染气体。

图 9-17 为废气生物过滤反应装置示意图[19]。由图可见，废气首先经过预处理，包括去除颗粒物和调温调湿，然后经过气体分布器进入生物过滤器。生物过滤器中填充了有生物活性的介质，一般为天然有机材料，如堆肥、泥煤、骨壳、木片、树皮和泥土等，有时候也混用活性炭和聚苯乙烯颗粒。填料均含有一定水分，填料表面生长着各种微生物。当废气进入滤床时，废气中的污染物从气相主体扩散到介质外层的水膜而被介质吸收，同时氧气也由气相进入水膜，最终介质表面所附的微生物消耗氧气而把污染物分解/转化为二氧化碳、水和无机盐类。微生物所需的营养物质则由介质自身供给或外加。

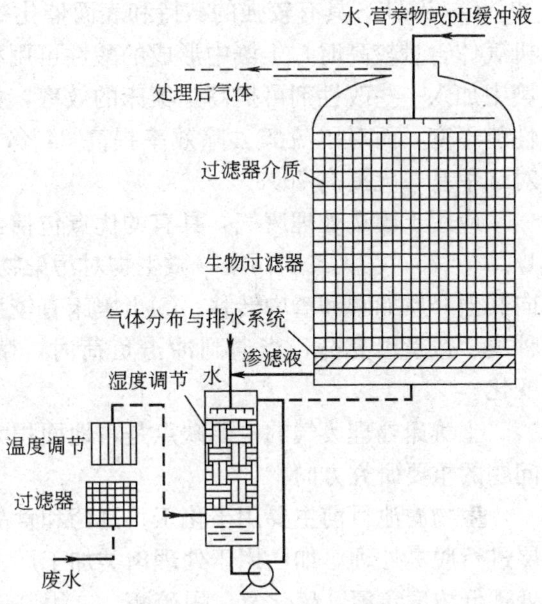

图 9-17　废气生物过滤反应装置示意图

生物滤池具体由滤料床层（生物活性填充物）、沙砾层和多孔布气管等组成。多孔布气管安装在沙砾层中，在池底有排水管排出多余的积水。按照所用固体滤料的不同，生物滤池分为土壤滤池和堆肥滤池以及微生物过滤箱。

（一）土壤滤池

土壤滤池的构造为：气体分配层下层由粗石子、细石子或轻质陶粒骨料组成，上部由黄砂或细粒骨料组成，总厚度为 400～500mm。土壤滤层可按黏土 1.2%、含有机质沃土 15.3%、细沙土 53.9%和粗沙 29.6%的比例混配，厚度一般为 0.5～1.0m。有资料报道，在土壤中添加 3%的鸡粪、2%的膨胀珍珠岩，滤层透气性不变，对二甲基二硫的去除率提高 70%。土壤使用一年后，就逐渐酸化，需及时用石灰调整 pH。

土壤是有机物和无机物组成的多孔混合物，其孔隙率为 40%～50%，比表面积为 1～100m^2/g。其中有机物的含量为 1%～5%，主要分布在无机物表面上。土壤中含有大量微生物，具有较高的生物活性。每 1g 土壤中约含有 109 个细菌、107 个放线菌和 105 个真菌。细菌如假单胞菌属（*Pseudomonas*）和诺卡氏菌属（*Nocardia*）易于分解小分子有机污染物，诺卡氏菌属还能降解芳香族化合物（如二甲苯和苯乙烯等）；黄杆菌属（*Flavobacterium*）能氧化五氯苯酚类化合物和三氯甲烷；分枝杆菌属（*Mycobacterium*）能降解氯乙烯。放线菌（*Actinomyces*）能降解芳香族化合物。真菌（*Fungi*）能降解三氯甲烷，但更趋于降解复杂分子，其分泌胞外酶使聚合物断裂。此外，土壤颗粒表面所具有的生物活性物质对废气中污染物也有一定的催化作用。

影响土壤床去除效率的主要因素有：温度、湿度、pH 以及土壤中的营养成分。土壤中微生物的活性温度范围为 0～65℃，以 37℃时活力最大。湿度对土壤床的影响为：一方面湿度增加，有利于微生物的氧化分解作用；另一方面湿度增加，水分子与废气中的污染物在土壤表面吸附点产生竞争吸附，这对污染物的处理不利，因此湿度一般保持为50%～70%。对于开放式生物滤池，通过喷淋水来调节湿度。由于土壤对废气中无机气体如 SO_2

和 NO_x 及 H_2S 具有较强的截持和表面催化氧化能力，其产物会使土壤床酸化，因此当无机气体含量较高时，土壤中形成的酸性可用石灰中和，pH 一般控制在 7～8。此外，向土壤中加入一些改性剂可提高土壤床的效率，如土壤中加入 3%鸡粪和 2%珍珠岩后，透气性能不变，而对甲硫醇去除效率提高 34%，对硫化氢提高 5%，对二甲基硫提高 80%，对二甲基二硫提高 70%。

应用土壤法处理废气，具有的优点包括：①首先是投资小。仅为活性炭吸附法投资的 1/10～1/5；②无二次污染。微生物对污染物的氧化作用完全，土壤中无污染物的积累或向其他介质如水和渣中转移；③土壤床有较强的抗冲击能力。土壤床中氧、营养和微生物种类、数量很充分，当遇到冲击负荷时，微生物的种类与数量能随废气中有机物迅速变化。

土壤床处理废气的主要缺点是占地面积大。目前正在研究多层土壤床，这将是解决该问题的重要研究方向。

生物滤池目前主要用于化工、制药和食品加工行业中废气的处理及卫生填埋场作覆盖层进行脱臭处理。如已用于处理肉类加工厂、动物饲养场和堆肥场等产生的废气，土壤床处理低浓度含氨、硫化氢、甲硫醇、二甲基硫、乙醛、三甲胺等的废气，这类废气的主要特点是带有强烈的臭味，臭味是由一种或多种有机成分引起的，但这些有机成分在废气中的浓度不高，脱臭率均大于 99%。此外，土壤床还能脱除废气中的烟尘。

（二）堆肥滤池

堆肥床（堆肥滤池）处理废气是将堆肥如畜粪、城市垃圾、污水处理厂的污泥等有机废弃物经好氧发酵、热处理后，盖在废气发生源上，使污染物分解而达到净化的目的。堆肥具有 50%～80%的孔隙率，1～100m^3/g 的比表面积，含有 50%～80%的部分腐殖化的有机物质。堆肥的生物活性与土壤一样，由大量各种微生物组成并具有不同的降解性能。

堆肥床的构造是在地面挖浅坑或筑池，池底设排水管。在池的一侧或中央设输气总管，总管上再接出直径约 125mm 的多孔配气支管，并覆盖沙石等材料，形成厚 50～100mm 的气体分配层，在分配层上再铺放厚 500～600mm 的堆肥过滤层。过滤气速通常在 0.01～0.1m/s。

堆肥床工作原理同土壤床基本相同，但在应用上有以下不同点：①土壤床的孔隙较小，渗透性较差，所以在处理相同量的废气时，土壤床占地的面积较大；②土壤床对处理无机气体如 SO_2、NO_x、NH_3 和 H_2S 所形成的酸性有一定的中和能力，如果经石灰预处理，其中和能力更强。堆肥床不能用石灰处理，否则会变成致密床层，降低处理效果；③堆肥床中的微生物较土壤中多，对废气去除率较高，且接触时间只有土壤床的 1/4～1/2，约 20s，所以适用于处理含易生物降解污染物、废气量大的场合。对于生物降解较慢的气体，需要较长的反应时间。如果在废气量不大的情况下，用土壤层较合适；④堆肥床使用一定时间后，有结块的趋势，因此需周期性的进行搅动，防止结块。堆肥为疏水性、需防止干燥，否则再润湿较困难。土壤为亲水性，一般不会发生上述现象；⑤在服务年限方面，土壤床比堆肥床长，土壤床处理挥发性有机废气，其使用时间几乎趋于无限长；而对有机废气的使用年限则取决于土壤的中和能力。1964 年在华盛顿污水提升站建的土壤床，至今仍工作正常。堆肥由于本身可生物降解，因此使用年限有限，一般 1～5 年内更换一次。

堆肥床目前在欧洲用得较多，已有500多座处理装置投入实际应用中。其原因是堆肥床占地较少，在温湿性气候条件下不易干燥，以及工艺比较成熟。

过滤材料可用泥炭（特别是纤维状泥炭）、固体废弃物堆肥或草等。用堆肥作滤料，必须经过筛选，滤层要均匀、疏松，空隙率需大于40%，滤料必须保持湿润，泥炭滤层含水量应不低于25%，堆肥滤层含水量不低于40%，但又不能有水淤积。同时必须使滤层保持适当的温度。图9-18为敞开的土壤或堆肥滤池示意图[18]。

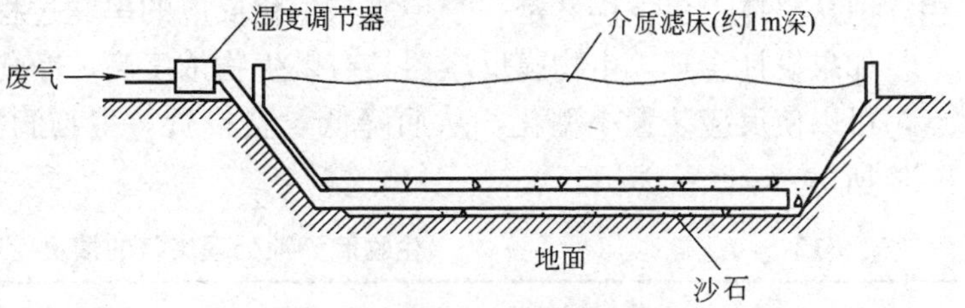

图9-18　敞开的土壤或堆肥滤池

（三）微生物过滤箱

微生物过滤箱为封闭式装置，主要由箱体、生物活性床层、喷水器等组成。床层由多种有机物混合制成的颗粒状载体构成，有较强的生物活性和耐用性。微生物一部分附着于载体表面，一部分悬浮于床层水体中。

废气通过床层，污染物部分被载体吸附，部分被水吸收，然后由微生物对污染物进行降解。床层厚度按需要确定，一般在0.5～1.0m。床层对易降解碳氢化合物的降解能力约为200g/(m^3·h)，过滤负荷高于600m^3/(m^2·h)。气体通过床层的压降较小，使用一年后，在负荷为110m^3/(m^2·h)时，床层压降约为200Pa。

微生物过滤箱的净化过程可按需要控制，因而能选择适当的条件，充分发挥微生物的作用。微生物过滤箱已成功地用于化工厂、食品厂、污水泵站等方面的废气净化和脱臭。处理含硫化氢50mg/m^3、二氧化硫150mg/m^3的聚合反应废气，在高负荷下硫化氢的去除率可达99%。处理食品厂高浓度（6000～10000Nod/m^3，Nod为臭味单位）恶臭废气、脱臭率可达95%。此外，还用于去除废气中的四氢呋喃、环己酮、甲基乙基甲酮等有机溶剂蒸气。

（四）生物滴滤池

生物滴滤池处理有机废气的工艺流程如图9-19所示[16]。

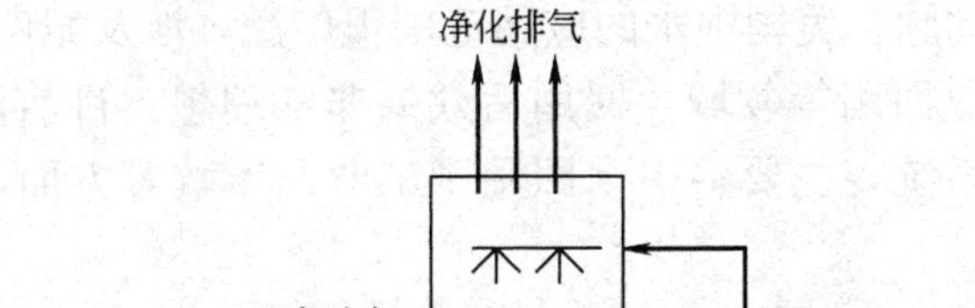

图9-19　生物滴滤池系统示意图

生物滴滤池（biological trickling filter）在我国虽又称为生物滤池（biological filter），但两者实际上是有区别的。在处理有机废气上二者主要不同之处如下：①使用的填料不同。滴滤池使用的填料如粗碎石、塑料蜂窝状填料、塑料波纹板填料等，不具吸附性，填料之间的空隙很大；②由图看出，回流水由生物滴滤池上部喷淋到填料床层上，并沿填料上的生物膜滴流而下。通过水回流可以控制滴滤池水相的pH，也可以在回流水中加入K_2HPO_4和NH_4NO_3等物质，为微生物提供 N、P 等营养元素。

由于生物滴滤池中存在一个连续流动的水相，因此整个传质过程涉及气、液、固三相。但从整体上讲，仍然是一个传质与生化反应的串联过程。

如果设计合理，生物膜反应器具有微生物浓度高、净化反应速度快、停留时间短等优点，可以使反应装置小型化，从而降低设备投资。生物滴滤池处理废气的情况总结如表 9-12 所示[18]。

表 9-12　　生物滴滤池处理废气的情况

优　点	缺　点
(1)简单，设计变通性好	(1)设计方法仍然在开发
(2)投资低，运行和维修成本小，特别是在已有滴滤池可以使用时	(2)气体进入液体是限速步骤，因此要求气体较长的停留时间和必要的循环
(3)可以处理高达 500mg/kg 的 H_2S	(3)填料需要定期更换，使运行和维护成本增加；腐蚀也增加维修
(4)在硝化滤池中产酸减慢	(4)H_2S 的去除效率大约为 60%
	(5)多余生物量在填料上的积累会减少比表面积、床容积，使压力下降

第五节　现代生物技术与食品工业“三废”的资/能源化

一、膜生物反应器技术与食品工业废水的资源化

（一）膜生物反应器技术概况

随着水资源需求量的急剧增加、环境污染的日益严重，许多国家都面临着水资源短缺的危机，因此，将外排污水加以开发利用作为第二水资源显得尤为重要。美国、以色列、日本及欧盟等国家和地区的污水回用已具备相当高的水平，厕所冲洗、园林灌溉、道路保洁、城市喷泉等用水都在大量使用中水。

中水是指各种排水经过处理，达到规定的水质标准后，可以在一定范围内重复利用的非饮用的杂用水，应用于市政杂用、农业灌溉、工业用水和地下回灌等领域，将污水处理为中水后，加以回收利用的过程就是中水回用。日本目前各大城市“工业用水管道”贯穿全市，形成和自来水管道并存的又一条城市动脉。美国中水的应用范围很广泛，涉及城市回用、农业回用、环境回用、娱乐回用、工业回用等领域，回用后效果非常理想。目前，北京、大连、天津等缺水城市都有中水回用系统，主要将中水回用于工业及市政等方面，取得了显著的效益。

膜生物反应器（membrane bio-reactor，MBR）是 20 世纪 60 年代发展起来的一种高效污水生化处理工艺。相对于传统活性污泥法，MBR 具有污泥浓度高、处理水质好、占地面积小、耐水质水量冲击性强、无污泥膨胀、易于实现自动化、操作管理简单等突出优点。作为一种污水处理与资源化工艺，MBR 引起了广大水处理工作者的浓厚兴趣。

MBR 主要由生物反应器和膜组件两部分组成。根据膜组件与生物反应器的组合方式可分为分置式 MBR 和一体式 MBR 两类。分置式 MBR 把膜组件和生物反应器分开设置，如图 9-20 所示。分置式 MBR 的料液是循环错流运行的，在分置式 MBR 中，污染物在生物反应器中得到降解，混合液经加压泵送入膜组件，透过液可做中水回用，浓缩液再返回

生物反应器。其优点是由高的膜面流速产生的剪切力可降低污染物在膜面的沉积，膜污染较轻，但加压泵的高速旋转产生的剪切力会使某些菌体失活，污泥活性较差，且能耗较高，因此限制了分置式MBR在水处理中的广泛应用。

为了解决MBR能耗较高的问题，人们开始研究第二代MBR：一体式又称浸没式MBR（submerged membrane bioreactor，SMBR），如图9-21所示。一体式MBR的膜组件直接浸泡于生物反应器中，为减轻膜污染，曝气器设置在膜组件的正下方，混合液随气流向上流动，在膜表面产生剪切应力。在这种剪切应力的作用下，胶体颗粒被迫离开膜表面，允许水通过，然后在负压下透过膜成为出水。与分置式MBR相比，一体式MBR的突出特点是运行能耗低，极具吸引力。近年来在水处理领域受到了特别关注，但是其膜通量相对较低，容易发生膜污染，不容易清洗和更换膜组件。

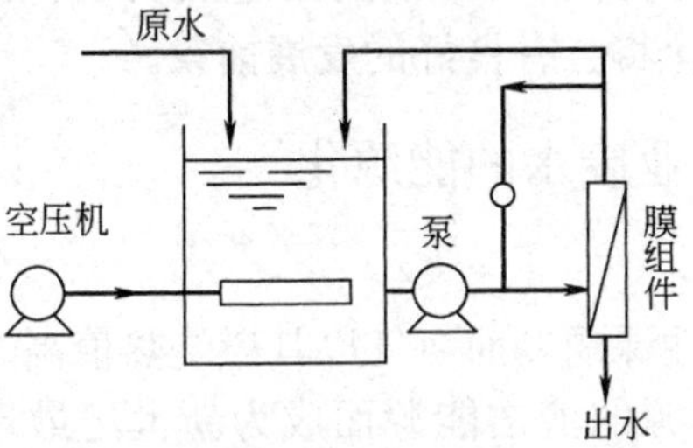

图9-20　分置式MBR

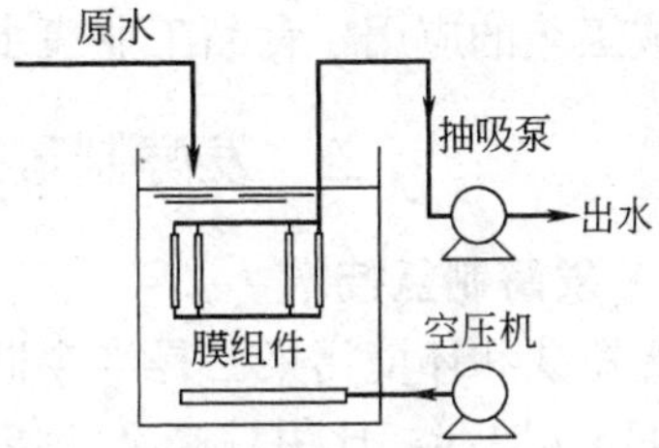

图9-21　一体式MBR

目前，MBR已应用于美国、德国、法国和埃及等十多个国家，规模从6～13000m^3/d不等。近年来，MBR在国内已进入了实用化阶段。其处理对象从生活污水扩展到食品工业高浓度有机废水，如酿造废水、屠宰废水、豆制品废水、黄泔污水等。

（二）膜生物反应器技术实现食品工业废水的回用

早在20世纪90年代，食品工业中就开始大规模地采用膜技术处理废水。用膜技术分离发酵液中菌体、浓缩产品、开发新产品、改革生产工艺、提高工艺用水的回用率，具有十分广阔的前景。这里以产生废水量大、污染严重的食品工业中的糖蜜废水和味精废水为例，讨论膜分离技术在食品工业废水回用方面的应用。

甘蔗糖厂的副产品糖蜜发酵生产酒精的企业排放的废水中由焦糖色素产生的COD、BOD及色度是生物法难以去除的。用MBR与NF膜集成工艺处理糖蜜制酒精厂排放废水，出水的COD、色度都达到国家一级排放标准，废水回收率>80%。表9-13列出了采用复合的中空纤维大孔（MF/UF）膜装置（最大膜面积为由55支元件组装成的385m^2）处理酿酒工业废水的效果[20]。该复合膜表面涂覆了具有强亲水性和强抗蛋白质黏附性能的PVA，因此该复合膜对于富含蛋白质的食品工业废水有很好的去除效果。经该大孔复合膜处理后，废水中的BOD、SS的含量都远低于废水排放标准，有望实现回用。

表9-13　PVA/PS复合中空纤维膜处理食品工业废水结果

废水来源	原水/(mg/L)		膜处理后水/(mg/L)	
	BOD	SS	BOD	SS
酿酒企业	70000	15000	160	2
畜牧企业	200	800	20	1
鱼品加工企业	2030	42	10	1

日本用聚乙烯（PE）中空纤维型 MBR 法处理味精废水，效果显著。在容积为 6.89m^3 的玻璃钢槽内，放置 6 支横置式 ϕ2000×3000mm 中空纤维膜组件，24h 连续曝气运行，废水中的 BOD、SS、总氮，从 1900～5500mg/L、467～2800mg/L、68～410mg/L 下降到 1～5.1mg/L、1mg/L 以下和 0.8～29.8mg/L。在厌氧上流式污泥床-换热器-MBR 工艺处理玉米加工废水中，采用聚醚砜（PES）为膜材料的 MBR 装置总膜面积为 688m^2，处理废水量为 500m^3/d。MBR 装置的废水、出水的 COD 浓度分别为 15000mg/L、400mg/L，COD 的去除率达 97%。

食品工业的废水可以通过膜技术处理，废水净化回用，高价值物质回收利用，经济效益和环境效益显著。已建成运行的食品废水处理工程表明，组合不同膜技术的膜集成工艺处理食品工业废水，具有高效、节能的优点。由于食品产品的生产工艺的特殊性、产品的创新性，因此，废水处理具有一定的难度。加大新型分离膜及其废水工艺的开发，注重新型膜集成工艺的应用，食品工业废水处理及其资源化将会有良好的发展前景。

二、发酵制氢技术与食品工业废水的能源化

（一）发酵制氢技术

能源短缺和环境污染已是当今世界面临的挑战性课题，而氢气以其燃烧热值高（氢的热值达 118.4kJ/g，比甲烷高 2.3 倍）、清洁无污染源的清洁能源而成为新世纪最理想的能源。人们已通过太阳能制氢，水电解制氢，水煤气转化制氢及甲烷裂解制氢等方法获得了氢气，但由于经济上的制约，至今无法低价获取氢气，从而也制约了氢气的广泛应用。

利用厌氧菌将大量有机分子转化为小分子脂肪酸，然后利用耗氧菌将脂肪酸转化为 CO_2 和水的过程是处理高浓度废有机废水的有效方法，而通过兼气光合细菌生物制氢比上述过程更简单，使仅利用单菌将有机化合物分解成为可能。

甲烷发酵常分为两个阶段，即产酸菌的产酸阶段和产甲烷菌的产甲烷阶段。事实上，一些氢会参与到产酸过程，产生的氢和有机酸被产甲烷菌用作能源和电子受体产甲烷。与产甲烷相比，从废水中生物制氢显然缩短了代谢途径。

除此之外，制氢尚有诸多优点（见表 9-14）[21]。因兼气光合细菌可利用广泛的碳源和氢供体，可同化太阳能，高效并可在厌氧条件下将有机化合物彻底降解为 CO_2 和氢，因此受到广泛关注。Tanisho 等利用产气肠杆菌 E82005 获得的有效产氢率（H_2/糖）为 1.5mol/mol，Yokio 等分离到耐酸菌 HO-39 的产氢率（H_2/培养基·时间）为 240mL/(L·h)，Rachman 等研究产气肠杆菌（*E. aerogenes HU*-101）的突变株 *E. aerogenes AY*-2 获得的产氢率（H_2/糖）为 1.17mol/mol。国内有学者也研究了生物制氢的技术、方法和原理，这些研究不但具有开发新能源及净化废水的重要意义，而且还能为社会带来显著的经济效益和环境生态效益。

利用产氢菌厌氧发酵，优点是产氢速度快，反应器设计简单，且能够利用可再生资源和废弃有机物进行生产。根据末端发酵产物组分含量的不同，可以将发酵制氢分为 3 种：丁酸型发酵、乙醇型发酵和丙酸型发酵。对应于每种发酵类型的发酵菌群有着不同的生理代谢途径，其中丁酸型发酵是发酵法生物制氢中常见的发酵类型。在实际废水处理中，也出现了混合酸发酵。从生物制氢的角度分析，乙醇型发酵菌群在产气速率、比产氢速率和氢气含量等指标上都远远高于丙酸型发酵菌群。因而通过生态因子的调控，维持乙醇型发酵同时避免丙酸型发酵，可保证生物制氢反应器获得较高的氢气产量。

表 9-14　　产氢和产甲烷比较

	产甲烷	产氢	
		兼气光合细菌	异养厌氧菌
碳源	较有限 乙酸，CO_2（产酸菌提供）	广泛 糖、脂、蛋白质、脂肪酸、芳香化合物、乙醇等	广泛 纤维糖、糖、脂、蛋白质、芳香化合物等
能源	氢的氧化	还原态有机化合物和光能的氧化	还原态有机化合物的氧化，有机化合物
关键酶	氢化酶	固氮酶和氢化酶、氢化酶	氢化酶
抑制剂	O_2，S_2^-，SO_4^{2-}，NO_3^-	O_2，NH_4^+	CO，O_2
停留时间	5～10d（高温） 10～20d（低温）	<4d	<4d
pH	较窄（6.7～7.4）	较宽（6.5～9.0）	中等（6.5～8.5）
生产速率	高	高	高
代表菌种	*Methanosarcina methanica* *Methanothrix* sp. *Methanobacter* sp. *Methanococcus* sp.	*R. sphaeroides* *R. capsulatus*	丁酸梭菌（*C. butyricum*） *Methanobacterium* sp.

发酵法生物制氢的生物反应特性非常近似于两相厌氧消化中的产酸相，大分子的有机物在微生物的作用下水解、发酵，进而被转化为小分子物质（如挥发酸、氢气和二氧化碳等）并被合成细胞物质。只有一点不同：能够产氢的生物群落中禁止有耗氢生物的存在（如产甲烷菌）。因此，制氢过程控制的重要内容是减少体系内甲烷菌的存在量及其活性。研究者尝试了控制 pH、水力停留时间和热处理接种的策略，本质都是降低产甲烷菌的活性，从而提高产氢效率。

然而，目前对生物制氢所进行的优化研究主要针对废水中很小的一部分氢。例如，由已糖制氢，1mol/L 的已糖最多产生 4mol/L 的氢气，因为在这个过程会产生 2mol/L 的乙酸。但实际上氢气的产率要远远低于理论的 4mol/L，每摩尔已糖典型的产氢范围是在1～2.5mol/L。在理论上，如果能把 1mol/L 的已糖彻底氧化成二氧化碳和氢气，将会产生 12mol/L 的氢气。当丁酸作为主要的产物时，1mol/L 的已糖则只能产生 2mol/L 的氢气。当乳酸、丙酸和乙醇作为终端产物时，氢气的产率会更低。即使在最优的条件下，在碳氢化合物浓度高的废水中氢气的转化率也不超过 15%。因此，研究者开展了在生物制氢后面进行厌氧消化产甲烷的研究，以提高整个过程的能量产率。

兼气光合细菌制氢在废水处理领域有极大的潜力，阻碍其应用的障碍之一是像废水中 NH_4^+ 等抑制因子的存在。生物制氢可为固氮酶催化。NH_4^+ 抑制制氢是因为它可通过谷氨酸合成酶抑制固氮酶的活力，谷氨酸合成酶是同化 NH_4^+ 的关键酶。谷氨酸营养缺陷型诱变株或 GS 抑制剂存在时的制氢活性被 NH_4^+ 抑制。固氮酶有两种形式，即固氮酶 A 和固氮酶 R，前者是与其他固氮菌相同的标准形式，后者分子质量较低，其铁蛋白被失活，需 Mn^{2+} 活化因子使蛋白活化。谷氨酸盐合成酶通过将固氮酶 A 转化为固氮酶 R 来调节固氮酶的活力。有研究表明捕获的兼气光合细菌可以避开氧气和 NH_4^+ 的抑制效应，产氢效率大大提高。

（二）发酵生物制氢技术实现食品工业废物的能源化

经过多年的探索，生物制氢技术已经成为非常重要的潜在再生能源技术。但是在生物制氢过程中，随着生化程度的升高，挥发酸浓度上升和 pH 下降，产物抑制作用非常明显。同时其他研究表明，很多环境条件，如 pH、温度、氮气吹扫以及底物等都对发酵法生物制氢有一定的影响。但是，目前对于产氢发酵的中间代谢过程仍然知之甚少。Steven 等人对食品加工废水产氢进行了研究[22]。任南琪等[23]研究发现以糖蜜为底物时，在高效产酸反应器中乙醇型发酵具有很高的产氢能力，而 pH 和氧化还原电位是决定产氢发酵类型的重要因素。但是，该研究仍然有很多需要进一步探索的地方，例如产氢能力有待进一步提高，还需寻找经济可行的产氢底物，产氢过程中哪些因素是最重要的影响因素等。

Zhu 等人利用兼气光合细菌及其突变株从豆腐废水发酵生物制氢，结果表明，发酵生物制氢是处理豆腐废水的有效方法。产氢 85h 后，TOC 去除率达 40%，当废水稀释 50% 时，TOC 去除率增加到 66%。

在自然界中，淀粉是一种广泛分布在多种植物中的多糖类储能物质。在植物为原材料的加工过程中会产生大量含淀粉的废水和废弃物。2002 年中国的淀粉加工量达到 560×10^4t。2002 年中国的淀粉生产量达到 560×10^4t。淀粉加工过程中生成的废水浓度 COD 达 5000～6000mg/L，而废水产量为 8.2～8.5t 废水/t 淀粉。由此可见，淀粉加工过程中废水产量大，污染严重。在很多以前的研究中，淀粉废物处理时需要杀菌预处理随后将之部分水解成糖，仅有少量研究采用不进行杀菌预处理的厌氧发酵工艺。研究表明，厌氧发酵生物制氢工艺可以为解决这一问题提供有效的思路。

采用连续流和静态试验进行了模拟淀粉废水厌氧发酵法生物制氢，探讨了有机负荷（OLR）和 pH 对产氢能力和液相末端产物的影响。在连续流反应器中，发酵气体产量和氢产量随负荷的增加而升高，当发酵类型为乙醇型，pH3.9，有机负荷率为 22.0kgCOD/(m^3·d) 时，可同时获得最大气体产量和氢气产量，最大比氢产率为 87.5mLH_2/g 淀粉。在静态试验中，初始 pH 在 3.5～4.3 时，氢气产量随着 pH 增加而增加，pH 范围在4.3～5.0 时氢气产量先是下降随后保持稳定，pH 为 4.3 时获得最大氢气产量，最大比氢产率为 80mLH_2/g 淀粉。结果表明，淀粉废水可以作为厌氧发酵法生物制氢底物。

三、微生物燃料电池技术与食品工业废水的能源化

1911 年，英国 Durham 大学的 PotterM. C. 教授说："有机物的微生物分解伴随电能释放"，即为如今 MFC 的雏形，MFC 处理生活污水的报道则首次出现于 1991 年。2005 年，Logan 等人将 MFC 技术用于玉米加工废水的处理[24]，取得一定效果。

像所有的燃料电池一样，MFC 发电不是将燃料燃烧，而是从燃料分子剥取电子并将其通过预定途径（电极）传递到氧，将原本用于氧化磷酸化生物合成 ATP 的能量转化为电。与常规的氢氧等燃料电池相比，MFC 具有诸多优势[25]：①原料来源广泛：其燃料可为多种多样的有机废弃物，而不是高纯燃料；②过程环保：MFC 中的微生物能将燃料氧化进行到底，产物为 CO_2 和水，其中的能量直接转化为电，抵消部分运行成本；③条件温和：可在微生物能够生长的任意温度尤其是室温下运行；④运行成本低廉：用天然存在的微生物替代普通燃料电池中昂贵的催化剂催化电子供体的氧化。

2001 年，韩国高等科技学院 Kim B. H. 领导的研究小组首次发现 *Clostridium* 菌可直

接从葡萄糖虹吸电，但该微生物仅能将分子中0.04%的电子转化为电能，电子收率即库伦效率极低。2003年，美国马萨诸塞（Amherst）大学的微生物学家 Lovley D. R. 及其博士后 Chaudhuri S. K. 在 Nature Biotechnology 杂志第10期的报道中[26]，将电子收率提高到83%，并且将 MFC 的燃料首次扩展到生物质，所得微生物可从植物中的葡萄糖、果糖和木糖等为燃料。2006年，美国宾夕法尼亚州立大学 Logan B. E. 教授[27]的研究小组以生活污水为阳极介质，将电流密度提高到2W/m^2，这是研究至今已有报道从废水中回收的最高电能。然而，与现有高效 UASB（up-flow anaerobic sludge blanket，UASB）产沼气系统相比，MFC 的输出功率达到8.5W/m^2 以上时才具有竞争力。

为了提高 MFC 的输出功率，需要采取以下几种措施：

（一）添加介体的微生物燃料电池

MFC 的早期研究证实发酵微生物和酵母可产电，但产电机理不清楚。据推测，阳极表面微生物发酵的还原态产物如 H_2、乙醇或 NH_3 可在阳极继续氧化并提供电子，但反应速度很慢，当试图通过阳极修饰提高产电活性时，其氧化产物又易污染电极。相对而言，发酵产生的 H_2S 较易与电极反应，遗憾的是其初级氧化产物可能是不溶的单质S，将硫酸盐燃料氧化成 H_2S 需要8个电子，而 H_2S 氧化成S仅仅在电极表面释放8个电子中的2个，显然，这不是将电子传递到阳极的有效方法。

外援电子介体（电子介体也称作电子"梭"）为微生物提供了生产比上述发酵产物更具电化学活性的还原产物的可能。这些电子介体可穿越微生物细胞膜从胞内一个或多个电子载体接受电子，并将其传递到电极表面，使细胞处于还原态。外援介体对不能有效地将电子从胞内中心代谢传递到胞外的大肠杆菌（*Escherichia coli*）、假单胞菌（*Pseudomonas*）、变形杆菌（*Proteus*）和芽孢杆菌（*Bacillus* MFC）尤为重要。常用的外援电子介体有劳氏紫、吩嗪、吩噻嗪、铁螯合剂和中性红等。

（二）无介体微生物燃料电池

在底泥中发现了在无外援介体时能将铁氧化物远距离还原的产电微生物，如 *Shewanella oneidensis*[28]、*Geothrix feremantans* 和铜绿色假单胞菌（*Pseudomonas aeruginosa*），这些微生物可在生长过程中自产生电子介体，提高电子收率，从而构建无外援介体 MFC，但生物合成电子介体需要昂贵的能量代价，而在如废水处理这样的开放体系中又被轻易洗出，因此，自产电子介体微生物在废水处理 MFC 中也许不具备竞争优势。又一个限制产电子介体微生物在 MFC 中富集的因素是它们往往不能将有机燃料的氧化进行到底，如铜绿色假单胞菌（*Psuedomonas aeruginosa*）分离株实验表明，其纯培养存在发酵代谢，导致葡萄糖分子中1/3的电子被用于产电，2/3的电子则留在乙酸和丁酸等发酵产物中，产电效率很难提高。

令人鼓舞的是，国外陆续发现了几种特殊的细菌，可在无电子传递介体（外缘或自产）存在的条件下，将电子直接传递给电极产生电，从而构建无介体 MFC。目前，已报道的这类细菌包括 *Shewanella putrefaciens*、*Geobacteraceae sulferreducens*[29]、*Rhodoferax ferrireducens* 和 *Desulfobulbus propionicus*。同时，连续流系统乙酸降解的电化学活性微生物群落分析表明，含有许多系统发育截然不同的组分，而底泥 MFC 中富集的微生物很少，这就意味着可能有大量的无电子介体产电菌尚未被发现。

（三）无质子交换膜的微生物燃料电池

在化学燃料电池中，质子交换膜（PEM）是不可缺少的。因此 MFC 开始研究时也都采用 PEM，但其价格昂贵，会增大内阻，而且当大规模应用时，由于悬浮固体或溶解性污染物的存在，会产生臭味。而研究者对开路电压的测试表明，不用 PEM 引起阴极电压增高，从而使输出功率增高。为了增加功率输出，同时减少成本，可以省去 PEM。对使用 PEM 和不用 PEM 的 MFC 进行的对比研究表明，无 PEM 时输出功率更大。因此使用空气-阴极，不使用 PEM 将是经济有效的设计方式。

有实验表明，采用上流式无膜 MFC，接种污水处理厂活性污泥，以人工配制废水作为燃料，经过 4 周培养就有大约 2mA 的稳定电流产生；但有大量溶解氧扩散至阴极，影响了功率输出，且质子传递是限速步骤。根据该研究结果，应进一步改进 MFC 的构造。

总体来讲，MFC 仍处于实验室研究阶段，输出功率较小，对 COD 去除效率不高，需进一步研究，但其前景很好。与其相比，生物制氢技术相对成熟一些。

（四）MFC 的应用前景及存在问题

作为可再生能源的生产，基于 MFC 方法的生物技术具有美好前景。然而，经济的利用这一功率仍是一个极大挑战。通常认为，MFC 的首次应用应是作为环境和水处理监控装置的电源。实验表明，底泥 MFC 可为数据收集装置长期、自动地提供足够的电。由于已有耗电水处理生物反应器的高运行成本，基于产电的 MFC 系统具有重要前景。用 MFC 作为处理反应器具有好的经济意义。

随着科技进步，作为从可再生的生物质资源生产移动燃料的方法，MFC 可能变成现实。乙醇目前被认为在替代化石燃料用于交通方面具有美好前景。乙醇目前由精制糖生产，限制了其用途和经济潜能，尽管希望有一天纤维材料可用于乙醇生产。随着进一步开发，MFC 或改良的 MFC 可成为从生产乙醇同样的材料（糖和纤维废弃物）及其他可生物降解材料生产氢气。对 MFC 的结构构造和运行作微小的调整，就可以得到高产量的氢而不是电。如果氧从阴极去除，施加额外的小电压，阴极就可产氢，被称作生物电化学协助的微生物反应器（BEAMR），或简单地称为有机质的微生物电解，因为电子和质子均来源于有机质而不是水。实际上，水电解是一个高吸热反应，需要施加 1.8V 的电压。而有机质的微生物电解是放热的，为微生物提供能量，生产约－0.3V 的阳极势（对标准氢电极）。中性 pH 时，这对从系统产生的质子和电子生产氢气是不足的。通过施加约 0.25V（理论上 0.11V）的电压，在阴极可以产生氢气。来自乙酸的氢产量是每摩尔乙酸 2.9mol 的氢（理论最大值是 4），输入的能量相当于 0.5mol 的氢。因此，MFC 即可从有机废水包括食品废水产电，也可用于产氢。

生物质具有能量价值。1kg 糖一般含有 4.41kW・h（MFC 回收 83%）的能量或 13×10^6C（库仑）的电荷，也相当于 1.06kgCOD。从 1kg 碳水化合物，目前可得到 0.5L 乙醇、1.2m^3 氢气、0.36m^3 甲烷和 0.5m^3 沼气，这些过程约产生 1kW・h 的有用能量，在欧洲，相当于€0.16。生产 1kg 糖的成本是€0.25，市场价格是€1，大规模将糖转化为电驱动电池是不可行的。然而，利用废弃生物质的 MFC 却不同。

目前，采用传统的好氧处理技术，氧化每 1kg 碳水化合物需 1kW・h 的能量。如处理生活污水，曝气能量约需 0.5kW・h/m^3，相当于每人每年使用能量 30kW・h。广泛应用的是产沼气的 UASB，尤其是工业污水。一个负荷为 10～20kgCOD/(m^3 · d) 的反应器，使用内燃机时，总发电效率是 35%，每立方米反应器的电能输出为 0.5～1kW，其效率决定于沼气燃烧的能量损失。

MFC 目前达不到这样的能量输出。负荷为 0.1～10kgCOD/(m^3 · d) 的反应器可得到 0.01～1.25kW/m^3 的能量输出。对 MFC 而言，目前设备成本是每立方极室€ 4000，需达到每立方阳极 1kW 的能量输出才有竞争力，这已是目前报道的 10 倍。尽管未来 MFC 的材料成本降低到化学电池材料的成本，使其在经济上可行仍需较大突破，但其在室温应用和操作的潜力仍未开发。而且，与好氧处理相比，废物驱动的 MFC 不产生剩余污泥。好氧处理的产泥系数是 0.4g 每克有机质，厌氧是 0.077g，葡萄糖 MFC 介于二者之间为 0.07～0.22g，而每吨干污泥的处理成本是€ 500，可见，MFC 节约了剩余污泥的处理成本。

四、厌氧-发酵偶合技术与食品工业废渣的资源化

食品工业废渣厌氧发酵过程中会产生很多有机酸，如乙酸、丁酸、乳酸等，它们可作为发酵工业原料生产高附加值的发酵产品，或作为化工原料合成其他产品。因此本章作者提出食品废弃物两阶段发酵法生产高附加值生物活性产品的新思路，即在第一阶段，控制食品废弃物厌氧消化过程停留在产酸阶段，利用混合厌氧微生物菌群将其中的有机物厌氧发酵定向酸化转化为乙酸、丁酸、乳酸等少数几种挥发性脂肪酸（VFA）产品，实现废弃物的粗加工过程；第二阶段，采用筛选得到的高产菌株以有机酸为底物，发酵生产得到生物活性产品，实现食品废弃物的精加工过程。

（一）有机废弃物定向酸化及有机酸的生物合成

目前的研究较多集中于工艺参数对产酸的影响，如污泥停留时间（SRT）、有机物负荷（VOL）以及微生物生长条件包括温度、pH、氧化还原电位（ORP）、微生物营养物质构成比。这些工艺参数能够影响反应器中生长的微生物的种类及其活性，其中 pH 和氧化还原电位（ORP）对厌氧酸化过程中各菌群的比例和代谢产物的分布也有重要影响，通过控制厌氧产酸反应器中的 pH 可选择性生产有机酸。

由于废弃物厌氧发酵产酸过程是一个涉及多种微生物，分阶段进行的过程，因此了解各厌氧微生物的种群构成及其变化规律有助于阐明污泥厌氧产酸、定向酸累积的机理。20 世纪 90 年代后期，有学者开始运用生物技术揭示厌氧消化过程产甲烷以及产氢过程中，反应器内微生物种群多样性及其动态变化规律。

不依赖于传统的培养技术，避免了厌氧培养技术费时、费力的培养过程，能够比较好的研究厌氧微生物的种群变化规律，因此正越来越多的应用于揭示厌氧发酵过程中微生物种群的变化。但目前为止，利用分子生物学手段揭示污泥厌氧发酵产酸过程中厌氧微生物种群构成的报道还很少。

废弃物厌氧发酵产酸过程中，需要定向的、选择性的生产某种挥发性脂肪酸，如乙酸或丁酸等，对于废弃物高效定向产酸体系、目标有机酸产生和累积过程中一些重要的机理还未得到阐明，一些关键的工艺参数还未确定，提高废弃物中有机物转化为目标有机酸产率的潜力还很大。

（二）废弃物厌氧酸化生产有机酸再利用这些有机酸为底物生产高附加值产品

已经有研究报道利用厨房垃圾厌氧发酵生产乳酸的报道。还有一些利用 VFA 为碳源生产生物塑料、生物表面活性剂、生物絮凝剂、酶制剂、有机酸、氨基酸等的报道，总结如表 9-15 所示。

表 9-15　有机废弃物酸化后生产的生物化学品

底　物	微 生 物	生 化 产 品	产 品 类 型
VFA	*Alcaligenes eutrophus*	PHA	生物可降解塑料
乙酸	*Pseudomonas putida BH*	生物表面活性剂	生物表面活性剂
乙酸	*Corynebacterium glutamicum*	生物絮凝剂	生物絮凝剂
乙酸、葡萄糖	*White-rot fungi*	锰-过氧化物酶	酶制剂
乙酸	*Rhodopseudomonas capsulata*	异柠檬酸裂合酶	酶制剂
乙酸	*Candida tropicalis*	柠檬酸	有机酸
酸	*Phycomyces blakesleeanus*	辅酶 Q10	医药保健
VFA/葡萄糖	*Mucor circinelloides CBS*	γ-亚麻酸	医药保健
乳酸	*Hansenula polymorpha*	丙酮酸	有机酸
乳酸	*Pichia pastoris*	丙酮酸	有机酸
丁酸	*Thermobifida fusca*	角质酶	纺织用酶制剂

目前，研究的焦点在于如何筛选得到能够高效利用有机酸合成生物活性产品的微生物，以及如何对生产这些产品的过程进行优化使之达到高产量、高有机酸利用效率以及高生产强度。

对于如何强化微生物利用有机酸能力的研究，目前主要集中于微生物生理学方面，涉及微生物内部代谢途径的修饰与改造，主要是针对微生物内部生理功能的研究，属于基础研究领域。目前还没有研究人员从如何高效生产目标代谢产物的角度，采用化学诱变、定向诱变、基因修饰与改造等技术手段从应用基础的角度对这一问题进行广泛而深入的研究。

对于微生物如何利用有机酸高效合成或转化为高附加值的研究，主要集中于采用培养基优化、连续流加等发酵优化技术。然而，还没有以目标代谢产物的高产量、高有机酸利用率和高生产强度的相对统一为目标，综合运用微生物反应计量学、生化反应和传递动力学、生物反应器工程以及代谢工程理论，对强化微生物利用有机酸高效合成高附加值这一生物活性产品问题进行广泛而深入的研究，没有提出综合考虑生物学、动力学和物理学现象的目标代谢产物高效合成或转化策略。

（三）利用偶合技术将厌氧酸化产生的有机酸合成或转化为高附加值的生物活性产品

目前，一些研究主要集中于生物反应与产物分离偶合技术，主要是采用层析技术、膜技术、双液相技术和电渗析等技术成功的实现了有机酸、氨基酸、有机溶剂、手性化学品、医药蛋白等发酵产品的大量生产。堵国成教授等人[30]已成功地将食品废弃物厌氧酸化生产有机酸的过程与 *R. eutropha* 发酵生产 PHA 过程实现了偶合，PHA 含量可达 72.6%（质量分数），为废水处理生产 PHA 的最高值，可与以葡萄糖为原料相媲美。这一研究证实了“厌氧酸化、偶合发酵生产高附加值产品”策略具有科学性和现实可行性。

参考文献

[1] Timmis K N. Environmental biotechnology. Current Opinion in Biotechnology，1992，3：225～226

[2] 程树培．环境生物工程．南京：南京大学出版社，1994

[3] 秦麟源．废水生物处理．上海：同济大学出版社，1989

[4] 徐乃珩．食品工业废水的治理技术．环境保护，1992，(6)：22～24

[5] 顾夏声等．水处理技术．北京：清华大学出版社，1985

[6] 张自杰等．环境工程手册（水污染防治卷）．北京：高等教育出版社，1996

[7] Lettinga G，van Velzen，Hobma A F M，Hobma S W，de Zeeuw W & Klapwijk A. Use of the Upflow Sludge Blanket (USB) Reactor concept for biological wastewater treatment，especially for anaerobic treatment. Biotechnology and Bioengineering，1980，22：699～734

[8] 陈坚．厌氧污泥颗粒化和UASB反应器放大的研究．无锡：无锡轻工大学博士学位论文，1990

[9] 周洪波．有毒化合物对厌氧颗粒污泥生物学性质的影响．无锡：无锡轻工大学博士学位论文，2000

[10] Lettinga G，Field J，van Lier J，Zeeman G & Hulshoff Pol L W. Advanced anaerobic wastewater treatment in the near future. Wat. Sci. Tech. 1997，35 (10)：5～12

[11] 彭志英．食品生物技术．北京：中国轻工业出版社，1999

[12] 赵由才等．固体废物处理与资源化．北京：化学工业出版社，2005

[13] 羌宁．气态污染物的生物净化技术及应用．环境科学，1996，17 (3)：87～90

[14] 陶有胜．微生物法在空气污染控制中的应用．生物技术，1997，7 (6)：39～42

[15] Simon P. P Ottengraf. Treatment of waste gases with new technology-Biotreatment system. Trends in Biotechnology，1987，5 (5)：6～11

[16] 陈建孟等．生物技术在有机废气处理中的研究进展．环境科学进展，1998，6 (3)：30～36

[17] 黄若华等．甲苯废气的生物膜法净化处理研究．环境科学，1996，17 (3)：8～10

[18] Burgess J. E.，Parsons S. A.，Stuetz R. M.. Developments in odour control and waste gas treatment biotechnology：a review. Biotechnology Advances，2001，19：35～63

[19] 张彭义等．挥发性有机物和臭味的生物过滤处理．环境污染治理技术与设备，200 (1)：1～5

[20] 蔡邦肖．食品工业废水的膜法处理与回用技术．食品与发酵工业，2005，31 (10)：102～106

[21] Zhu H.，Ueda S.，Asada Y.，Miyake J.. Hydrogen production as a novel process of wastewater-treatment-studies on tofu wastewater with entrapped *R. sphaeroides* and mutagenesis. International Journal of Hydrogen Energy，2002，27：1349～1357

[22] Steven W. Van Ginkel，Sang-Eun Oh，Bruce E. Logan. Biohydrogen gas production from food processing and domesticw astewaters. International Journal of Hydrogen Energy，2005，30：1535～1542

[23] 宫曼丽，任南琪，唐婧．pH5条件下生物制氢反应器的启动及运行特性．环境科学，2005，26 (2)：177～180

[24] Oha S.，Logan B. E. Hydrogen and electricity production from a food processing wastewater using fermentation and microbial fuel cell technologies. Water Research，2005，39：4673～4682

[25] Lovley，D. R. Bug juice：harvesting electricity with microorganisms. Nature Microbiol.，2006，6：497～508

[26] Chaudhuri，S. K. & Lovley，D. R. Electricity from direct oxidation of glucose in mediator-less microbial fuel cells. Nature Biotechnol.，2003，21：1229～1232

[27] Cheng，S.，Liu，H. & Logan，B. E. Increased power generation in a continuous flow MFC with advective flow through the porous anode and reduced electrode spacing. Environ. Sci. Techn-

ol.，2006，40：2426～2432

[28] Newman，D. K. & Kolter. A role for excreted quinines in extracelular electron transfer. Nature，2000，405，94～97

[29] Bond，D. R.，Holmes，D. E.，Tender，L. M. & Lovley，D. R. Electrode-reducing microorganisms harvesting energy from marine sediments. Science，2002，295，483～485

[30] Guocheng Du，Jian Yu. Green Technology for Conversion of Food Scraps to Biodegradable Thermoplastic Polyhydroxyalkanoates. Environ. Sci. Tenchnol，2002，17：457～463

附录　中英文名词索引

续表

英文名称	中文名称	页码
enzyme engineering	酶工程	75
enzyme einked immune absorbent assay(ELISA)	酶联免疫吸附法	260,270
essential water	必需水	88
expanded granular sludge blomket(EGSB)	颗粒污泥厌氧膨胀床	297
feed back inhibition	反馈抑制	12
feeding culture	流加式培养	203
fermentation process contral	发酵过程控制	149
fluidized bed bioreactor	流化床生物反应器	202
food allergy	食物过敏反应	268
Food and Agriculture Organization(FAO)	世界粮农组织	253
food biotechnology	食品生物技术	1
forge gene	外源基因	12
fructooligsosacharide	低聚果糖	104
gene chip	基因芯片	274
gene engineering	基因工程	14
gene library	基因文库	23
Genencor	美国杰能科公司	52
genomics	基因组学	4
genetically modified foods(GMF)	转基因食品	33
genetically modified crops(GMS)	转基因作物	46
glucose isomerase	葡萄糖异构化酶	101
hollow fiber bioreactor(HFB)	中空纤维生物反应器	202
high performance liquid	液相色谱技术	259
high fructose glucose syrup(HFGS)	高果糖浆	2、101
hybridoma technology	淋巴细胞杂交瘤技术	226
inclusion bodies	包含体	67
insertion vector	插入型载体	29
junping gene	跳跃基因	11
lac operon	乳糖操纵子	11
lacto sucrose	低聚乳果糖	108
large-scale culture technology	大规模培养技术	202
lateral flow strip	试纸条法	270
liquid emulsion separation(LEM)	液膜分离	215
liquid submerged fermentation	液体深层发酵	128
lysozyme	溶菌酶	117
magneto-electro fusion	磁电融合法	222
membrane bioreactor(MBR)	膜生物反应器	320
messenger RNA(mRNA)	信息核糖核酸	11
micro filtration	微孔过滤	215
micro culture	微室培养	181
micro carrier culture technique	微载体培养技术	205
mitochodron	线粒体	11
molecular cloning	分子克隆	14
molecular erolution	分子进化	64
Monsanto	美国孟山都公司	48
multiplex PCR	复合扩增 PCR	273
nano-filtration(NF)	纳滤	214

续表

英 文 名 称	中 文 名 称	页 码
Novo zyme	丹麦诺维信公司	40
near-infrared spectroscopy(NIS)	NIS近红外波谱技术	274
nested-PCR	巢式定性PCR	273
nurse culture	看护培养	205
nutrigenomics	营养基因组学	4、54
objective gene	目的基因	29
oligosaccharide	低聚糖	104
operater gene	操纵基因	18
organization for economic cooperation and development(OECD)	经济合作与发展组织	266
packed bed bioreactor	填充床生物反应器	202
passage culture	继代培养	184
plant cell engineering	植物细胞工程	178
planting culture	平板培养	181
polyethylene glycol(PEG)	聚乙二醇	86
polygaeturonase(PG)	聚半乳酸糖酶	104
polymerase chain reaction(PCR)	聚合酶链式反应	25、32
post-genomics	后基组学	4
primary culture	初代培养	184
promoter gene	启动基因	12
protein engineering	蛋白质工程	2、56
proteomics	蛋白质组学	4
pullulanase	支链淀粉酶(或茁霉多糖酶)	51、122
qucmtitative competitive PCR	定量竞争 PCR	272
real time fluorescence PCR	实时荧光定量PCR	272
regulator gene	调节基因	12
replacement vector	替换型载体	29
repressor protein	阻遏蛋白	12
restriction end nuclease	限制性内切酶	16
reverse osmosis	反渗透	214
ribosome	核糖体	11
semi conservative replication	半保留复制	10
semi-continuous culture	半连续培养	203
semi-quantitative(PCR)	半定量PCR	273
singlt cell protein(SCP)	单细胞蛋白	126、166
site directed mutagenesis	定位突变	2、56
solid fermentation	固态发酵	127
sparged bioreactor	鼓泡式生物反应器	200
structure gene	结构基因	12
submerged membrane bioreactor(SMBR)	浸没式膜生物反应器	321
substantial equivalence	实质等同性	266
supercritical fluid extraction(SFE)	超临界流体萃取技术	234
suspenosion culture	悬浮培养	179
target gene	靶基因(或目的基因)	21
transformation	转化	8
transfer-RNA(tRNA)	运送核糖核酸	11
ultra filtration	反渗透	214
upfow anaerobic sludge blanket(UASB)	升流式厌氧污泥床	296
up stream process	上游过程	5、209

续表

英文名称	中文名称	页码
vaporization permeation	汽化渗透	215
western blot	蛋白质印迹法	270
World health organization(WHO)	世界卫生组织	253
Zeneca	捷利康生物技术公司	49

中国轻工业出版社食品教材书目

本科教材

粮食机械原理及应用技术（普通高等教育“十一五”国家级规划教材）	44.60
食品工艺学（普通高等教育“十五”国家级规划教材）	48.00
食品分析（普通高等教育“十五”国家级规划教材）	38.00
食品工程原理（普通高等教育“十五”国家级规划教材）	60.00
食品工厂设计与环境保护（普通高等教育“十一五”国家级规划教材）	39.00
食品生物技术导论（普通高等教育“十一五”国家级规划教材）	43.00
粮油食品加工工艺学（普通高等教育“十五”国家级规划教材）	35.00
食品加工机械与设备（北京市高等教育精品教材立项项目）	55.00
功能食品教程（北京市高等教育精品教材立项项目）	50.00
现代食品微生物学（北京市高等教育精品教材立项项目）	55.00
现代食品微生物学实验技术（北京市高等教育精品教材立项项目）	30.00
天然产物提取工艺学（教育部高等学校轻工与食品学科教学指导委员会推荐教材）	45.00
食品物性学（教育部高等学校轻工与食品学科教学指导委员会推荐教材）	25.00
大豆制品工艺学（第二版）(教育部高等学校轻工与食品学科教学指导委员会推荐教材)	36.00
食品物流学（教育部高等学校轻工与食品学科教学指导委员会推荐教材）	26.00
食品原料与资源学（教育部高等学校轻工与食品学科教学指导委员会推荐教材）	32.00
动植物检验检疫学（教育部高等学校轻工与食品学科教学指导委员会推荐教材）	22.00
食品毒理学（普通高等教育“十一五”国家级规划教材）	41.00
现代食品检测技术（第二版）(普通高等教育“十一五”国家级规划教材)	42.00
食品质量与安全实验技术（普通高等教育“十一五”国家级规划教材）	36.00
食品安全保藏学（第二版）(普通高等教育“十一五”国家级规划教材)	32.00
水产品安全性（普通高等教育“十一五”国家级规划教材）	36.00
食品加工中的安全控制（第二版）(普通高等教育“十一五”国家级规划教材)	43.00
食品标准与法规（食品质量与安全专业）	36.00
食品原料安全控制（食品质量与安全专业）	38.00
食品工艺学概念（食品质量与安全专业）	45.00
食品环境学（食品质量与安全专业）	35.00
食品微生物学（食品质量与安全专业）	40.00
食品免疫学（食品质量与安全专业）	35.00
食品安全学导论（食品质量与安全专业）	32.00
动植物检验检疫学（食品质量与安全专业）	47.00

食品质量与安全专业英语（食品质量与安全专业）	30.00
食品工程导论（第三版）	54.00
食品加工原理（影印版）	37.00
食品科学导论（影印版）	43.00
功能性食品学（第二版）	48.00
食品酶学	24.00
食品化学与营养学	50.00
食品安全与检测	34.00
食品安全与质量控制	30.00
食品感官评定	18.00
食品保藏学	32.00
粮油检验与分析	35.00
粮油加工概论	30.00
食品化学实验手册	20.00
乳品微生物学实验技术	32.00
天然香料加工工艺学	20.00
乳品工艺学	48.00
食品科学实验技术	18.00
大学生饮食营养与健康	22.00
食品营养与健康	12.80
食品科学导论	50.00
食品加工技术装备（第二版）	60.00
冷库建筑	36.00
果蔬采后生理生化实验指导	22.00
发酵乳制品工艺学	33.00
食品病源微生物学	59.00
合成香料工艺学	45.00
日用香精调配技术	35.00
香料分析	22.00
制冷技术与食品冷冻冷藏设施设计	35.00
食品分析实验教程	30.00
食品微生物学实验指导	25.00
食品物理化学	28.00
食品工艺实验与检验技术	28.00
现代仪器分析技术及其在食品中的应用	42.00
食品工艺学（第二版）	78.00
食品营养学（第二版）	35.00
食品分析	22.00
食品生物技术	45.00

食品质量管理学	21.80
食品加工技术装备	79.00
食品风味化学	26.00
食品化学	44.00
食品卫生学	25.00
食品研究与数据分析（第二版）	32.00
食品专业英语文选	30.00
食品微生物学	21.50
食品生物化学	29.80
食品酶学导论	18.00
食品技术原理	50.00
动物性食品加工学（面向21世纪课程教材）	45.00
肉品科学与技术	42.00
肉与肉制品工艺学	38.00
软饮料工艺学	36.00
焙烤食品工艺学	50.00
园艺产品贮藏加工学	49.00
HACCP 原理与实施	46.00
食品加工原理	30.00
乳及发酵乳制品工艺学	32.00
生物化学学习指导	32.00
食品工厂机械与设备（含光盘）	58.00
蛋品加工技术	30.00
生物化学实验（工科专业适用）	22.00

高职高专教材

焙烤食品加工技术（普通高等教育“十一五”国家级规划教材）	22.80
食品分析与检验（普通高等教育“十一五”国家级规划教材）	30.00
食品卫生与安全管理（普通高等教育“十一五”国家级规划教材）	28.00
食品营养（普通高等教育“十一五”国家级规划教材）	28.00
食品安全性与质量控制（普通高等教育“十五”国家级规划教材）	21.00
食品工厂设计（普通高等教育“十五”国家级规划教材）	22.00
果蔬加工工艺学（普通高等教育“十五”国家级规划教材）	25.00
食品检验技术（感官评价部分）（高职食品类专业系列教材）	20.00
食品检验技术（微生物部分）	22.80
食品检验技术（理化部分）	30.00
食品机械与设备	28.50
食品加工技术概论	24.00
食品生物化学	26.00

肉制品加工技术	18.00
食品工程原理	30.00
软饮料生产技术	22.00
乳与乳制品检测技术	30.00
乳品微生物学	36.00
食品包装技术	26.00
食品分析技术	55.00
软饮料工艺学	28.00
食品添加剂	30.00
食品化学	25.00
食品微生物学	26.00
畜禽食品工艺学	30.00
食品掺伪鉴别检验	28.00
功能食品加工技术	26.00
食品工业企业管理	26.00
果蔬贮运学	22.00
食品生物化学	24.00
食品生物技术	22.00
食品理化与微生物检测实验	22.00
商品检验技术	28.00
食品营养与卫生学	30.00
食品掺伪鉴别检验（第二版）	36.00
西方饮食文化	25.00
药膳食疗学	28.00
面点制作技术	18.00
烹调工艺学（第二版）	29.00
面点工艺学（第二版）	26.00
中国名点（第二版）	30.00
中国名菜（第二版）(含光盘)	44.00
烹饪卫生与安全学（第二版）	45.00
烹饪化学（第二版）	35.00
烹饪营养学（第二版）	28.00
饭店厨房的设计和运作	28.00
中式面点工艺（北京高等教育精品教材立项项目）(含光盘)	38.00
烹饪器具及设备	26.00
烹饪工艺美术	24.00
饮食文化概论	25.00
烹饪原料学	48.00
西餐工艺	20.00

冷菜工艺	19.00
食品雕刻（含光盘）	20.00
饮食消费心理学	24.00
中国饮食保健学	30.00
饮品知识	26.00
餐饮企业管理	24.00
中国名点（含光盘）	38.00
宴会设计	24.00
粤菜烹饪教程	40.00
山东菜烹饪教程	18.00
西餐工艺	18.00

中 职 教 材

乳制品生产技术	25.00
焙烤食品工艺学	25.00
饮料生产技术	25.00
方便与休闲食品生产技术	25.00
罐头生产技术	25.00
食品微生物学	25.00
食品机械与设备	52.00
食品分析修订版	27.00
食品生物化学	18.00
食品营养与卫生	18.80
食品烘焙 MES 模块教程	42.00
烹调工艺	14.00
烹饪原料加工工艺	12.00
烹饪化学	14.00
烹饪原料	20.00
西餐烹调技术	16.50
面点工艺（含光盘）	25.00
筵席知识	12.00
饮食营养与卫生	20.00
餐饮企业经营管理	16.00
食疗保健	13.00

国家职业资格培训教程

现代食品营养与安全（食品企业营养师培训教材）	48.00
烘焙工——初级（含面包、中式糕点、西式糕点）	22.00
烘焙工——中级（含面包、中式糕点、西式糕点）	22.00

烘焙工——高级（含面包、中式糕点、西式糕点） 22.00
烘焙工——基础知识（含面包、中式糕点、西式糕点） 39.00
烘焙工——技师（含面包、中式糕点、西式糕点） 30.00
烘焙工——高级技师（含面包、中式糕点、西式糕点） 31.00